U0427301

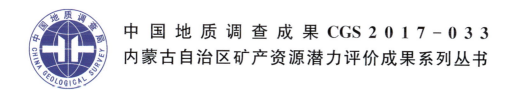

中国地质调查成果 CGS 2017-033
内蒙古自治区矿产资源潜力评价成果系列丛书

内蒙古自治区
重要矿产区域成矿规律

NEIMENGGU ZIZHIQU ZHONGYAO KUANGCHAN QUYU CHENGKUANG GUILÜ

许立权 张 彤 张 明 康小龙 许 展 等编著

中国地质大学出版社
ZHONGGUO DIZHI DAXUE CHUBANSHE

内容简介

本书论述了内蒙古自治区铁、铝、金、铜、铅、锌、钨、稀土、锑、磷、银、铬、锰、镍、锡、钼、硫、萤石、菱镁矿、重晶石等20个矿种的资源概况、主要矿床类型及典型矿床特征，编制了典型成矿模式图及成矿要素表，划分了矿产预测类型及预测工作区；在全国统一Ⅲ级成矿区(带)的基础上，首次进行了全覆盖Ⅳ级成矿区(带)划分，共划分34个Ⅳ级成矿区(带)，148个综合矿种Ⅴ级矿集区；对自治区重要Ⅲ级成矿区(带)的地质背景、成矿特征及演化进行了总结，划分了矿床成矿系列及亚系列，编制了区域成矿模式图，建立了区域成矿谱系，全区共划分成矿系列43个，其中前寒武纪成矿系列9个，古生代成矿系列15个，中新生代成矿系列19个；对铁、铜等20个矿种的成矿规律进行了全面总结。

图书在版编目(CIP)数据

内蒙古自治区重要矿产区域成矿规律/许立权等编著．—武汉：中国地质大学出版社，2017.11
(内蒙古自治区矿产资源潜力评价成果系列丛书)
ISBN 978-7-5625-4137-0

Ⅰ．①内⋯

Ⅱ．①许⋯

Ⅲ．①成矿区-成矿规律-研究-内蒙古

Ⅳ．①P617.226

中国版本图书馆CIP数据核字(2017)第271157号

内蒙古自治区重要矿产区域成矿规律	许立权　张　彤　张　明　康小龙　许　展　等编著	
责任编辑：舒立霞	选题策划：毕克成　刘桂涛	责任校对：张咏梅
出版发行：中国地质大学出版社(武汉市洪山区鲁磨路388号)		邮编：430074
电　　话：(027)67883511	传　　真：(027)67883580	E-mail:cbb@cug.edu.cn
经　　销：全国新华书店		http://cugp.cug.edu.cn
开本：880毫米×1230毫米　1/16		字数：872千字　印张：25　插页：10
版次：2017年11月第1版		印次：2017年11月第1次印刷
印刷：武汉中远印务有限公司		印数：1—900册
ISBN 978-7-5625-4137-0		定价：298.00元

如有印装质量问题请与印刷厂联系调换

《内蒙古自治区矿产资源潜力评价成果》
出版编撰委员会

主　　　任：张利平

副 主 任：张　宏　赵保胜　高　华

委　　　员（按姓氏笔画排列）：

于跃生　王文龙　王志刚　工博峰　乌　恩　田　力
刘建勋　刘海明　杨文海　杨永宽　李玉洁　李志青
辛　盛　宋　华　张　忠　陈志勇　邵和明　邵积东
武　文　武　健　赵士宝　赵文涛　莫若平　黄建勋
韩雪峰　路宝玲　褚立国

项目负责：许立权　张　彤　陈志勇

总　　编：宋　华　张　宏

副 总 编：许立权　张　彤　陈志勇　赵文涛　苏美霞　吴之理
　　　　　方　曙　任亦萍　张　青　张　浩　贾金富　陈信民
　　　　　孙月君　杨继贤　田　俊　杜　刚　孟令伟

《内蒙古自治区重要矿产区域成矿规律》
编委会

主　　编：许立权　张　彤

编著人员：许立权　张　彤　张　明　康小龙　许　展　韩宗庆
　　　　　赵文涛　苏美霞　张　青　张玉清　张永清　贾和义
　　　　　贺　锋　闫　洁　孙月君　贾金福　魏雅玲　张婷婷

项目负责单位：中国地质调查局　内蒙古自治区国土资源厅

编撰单位：内蒙古自治区国土资源厅

主编单位：内蒙古自治区地质调查院
　　　　　内蒙古自治区煤田地质局
　　　　　内蒙古自治区地质矿产勘查院
　　　　　内蒙古自治区第十地质矿产勘查开发院
　　　　　内蒙古自治区国土资源勘查开发院
　　　　　内蒙古自治区国土资源信息院
　　　　　中化地质矿山总局内蒙古自治区地质勘查院

序

2006年,国土资源部为贯彻落实《国务院关于加强地质工作决定》中提出的"积极开展矿产远景调查评价和综合研究,科学评估区域矿产资源潜力,为科学部署矿产资源勘查提供依据"的精神要求,在全国统一部署了"全国矿产资源潜力评价"项目,"内蒙古自治区矿产资源潜力评价"项目是其子项目之一。

"内蒙古自治区矿产资源潜力评价"项目2006年启动,2013年结束,历时8年,由中国地质调查局和内蒙古自治区政府共同出资完成。为此,内蒙古自治区国土资源厅专门成立了以厅长为组长的项目领导小组和技术委员会,指导监督内蒙古自治区地质调查院、内蒙古自治区地质矿产勘查开发局、内蒙古自治区煤田地质局以及中化地质矿山总局内蒙古自治区地质勘查院等7家地勘单位的各项工作。我作为自治区聘请的国土资源顾问,全程参与了该项目的实施,亲历了内蒙古自治区新老地质工作者对内蒙古自治区地质工作的认真与执着。他们对内蒙古自治区地质的那种探索和不懈追求精神,给我留下了深刻的印象。

为了完成"内蒙古自治区矿产资源潜力评价"项目,先后有270多名地质工作者参与了这项工作,这是继20世纪80年代完成的《内蒙古自治区地质志》《内蒙古自治区矿产总结》之后集区域地质背景、区域成矿规律研究,物探、化探、自然重砂、遥感综合信息研究以及全区矿产预测、数据库建设之大成的又一巨型重大成果。这是内蒙古自治区国土资源厅高度重视、完整的组织保障和坚实的资金支撑的结果,更是内蒙古自治区地质工作者八年辛勤汗水的结晶。

"内蒙古自治区矿产资源潜力评价"项目共完成各类图件万余幅,建立成果数据库数千个,提交结题报告百余份。以板块构造和大陆动力学理论为指导,建立了内蒙古自治区大地构造构架。研究和探讨了内蒙古自治区大地构造演化及其特征,为全区成矿规律的总结和矿产预测奠定了坚实的地质基础。其中提出了"阿拉善地块"归属华北陆块,乌拉山岩群、集宁岩群的时代及其对孔兹岩系归属的认识、索伦山-西拉木伦河断裂厘定为华北板块与西伯利亚板块的界线等,体现了内蒙古自治区地质工作者对内蒙古自治区大地构造演化和地质背景的新认识。项目对内蒙古自治区煤、铁、铝土矿、铜、铅锌、金、钨、锑、稀土、钼、银、锰、镍、磷、硫、萤石、重晶石、菱镁矿等矿种，划分了矿产预测类型；结合全区重力、磁测、化探、遥感、自然重砂资料的研究应用，分别对其资源潜力进行了科学的潜力评价，预测的资源潜力可信度高。这些数据有力地说明了内蒙古自治区地质找矿潜力巨大，寻找国家急需矿产资源，内蒙古自治区大有可为，成为国家矿产资源的后备基地已具备了坚实的地质基础。同时，也极大地鼓舞了内蒙古自治区地质找矿的信心。

"内蒙古自治区矿产资源潜力评价"是内蒙古自治区第一次大规模对全区重要矿产资源现状及潜力进行摸底评价，不仅汇总整理了原1∶20万相关地质资料，还系统整理补充了近年来1∶5万区域地质调查资料和最新获得的矿产、物化探、遥感等资料。期待着"内蒙古自治区矿产资源潜力评价"项目形成的系统的成果资料在今后的基础地质研究、找矿预测研究、矿产勘查部署、农业土壤污染治理、地质环境治理等诸多方面得到广泛应用。

2017年3月

前　言

为了贯彻落实《国务院关于加强地质工作的决定》中提出的"积极开展矿产远景调查和综合研究,科学评估区域矿产资源潜力,为科学部署矿产资源勘查提供依据"的要求和精神,国土资源部部署了全国矿产资源潜力评价工作,内蒙古自治区矿产资源潜力评价是其下的工作项目,工作起止年限为2006—2013年,本书是该项目的系列成果之一。

成矿规律研究是矿产预测的主要工作内容之一,也是不可分割的组成部分。通过典型矿床及区域成矿规律研究,将基础地质、矿床地质等资料,运用科学的方法有机地联系起来,总结矿产的时间、空间分布规律、物质组成规律及随地质历史时期变化而聚集成矿的历史演化规律等,为矿产预测提供基础资料。

根据全国任务书的要求,结合内蒙古自治区的具体情况,确定煤炭、铀、铁、铜、铅、锌、锰、镍、钨、锡、金、铬、钼、铝、锑、稀土、银、磷、硫、萤石、菱镁矿、重晶石为本次工作的矿种。其中铀矿由核工业部门独立完成,煤炭作为自治区重要资源,单独出版,所以本书共涉及铁、铜等20个矿种。

本次工作以成矿系列理论为指导,以《重要矿产和区域成矿规律研究技术要求》(陈毓川等,2010)为规范,开展铁、铝、铜等20个重要矿产典型矿床研究,建立矿床模型(式),编制典型矿床成矿要素图及成矿模式图;划分矿产预测类型及预测工作区;开展预测工作区成矿规律研究工作,编制预测工作区成矿要素图及成矿模式图;开展单矿种及综合矿种成矿规律研究,编制单矿种成矿规律图及综合矿种成矿规律图,划分成矿区带;研究各成矿区(带)的成矿规律,建立与完善成矿系列、亚系列,深化矿床式的研究,建立区域成矿模式、区域成矿谱系。

内蒙古自治区地处古亚洲和滨太平洋两大成矿域,后者呈北东向叠加在前者之上,成矿地质条件优越。自治区以煤和石油、天然气为主的能源矿产储量丰富,是国家重要的能源基地;稀土资源得天独厚,为世界最大的稀土原料生产和供应基地;有色金属矿产资源分布集中、储量丰富,具有规模化开发的地理条件;非金属矿产种类繁多,分布广。

通过对全区(截至2012年底,部分截至2010年底)435个铁矿床(点)、367个铜矿床(点)、262个金矿床(点)、296个铅锌矿床(点)、14个稀土矿床(点)、41个钨矿床(点)、1个锑矿床(点)、36个磷矿床(点)、1个铝土矿床、71个钼矿床(点)、148个银矿床(点)、19个镍矿床(点)、22个锡矿床(点)、34个锰矿床(点)、39个铬铁矿床(点)、44个硫铁矿床(点)、48个萤石矿床(点)、1个重晶石矿点、1个菱镁矿点等的综合研究,归纳各单矿种的矿床类型,总结了各单矿种的时空分布规律及成矿谱系,划分了单矿种成矿区带;在此基础上划分了各单矿种的矿产预测类型(163个)和预测工作区(177个);编制各单矿种成矿规律图、预测类型及预测工作区分布图。

对铁、铜等20个矿种的典型矿床进行了详细的资料收集与研究,包括矿区地质、矿床地质、成矿物理化学条件及成矿时代等,填制了典型矿床的地质描述模型、评价找矿模型卡片;总结了典型矿床的成矿要素(分必要、重要和次要);编制典型矿床成矿要素图;通过对典型矿床的成矿地质背景、控矿因素及与地质构造演化关系的研究,编制了典型矿床成矿模式图。

在全国统一Ⅲ级成矿区(带)的基础上,首次对自治区进行了全覆盖Ⅳ级成矿区带划分,对铁、铝、金、铜、铅、锌、钨、稀土、锑、磷、银、铬、锰、镍、锡、钼、硫、萤石、菱镁矿、重晶石等各单矿种进行Ⅴ级成矿区(带)划分,并对综合矿种进行了Ⅴ级矿集区划分。共划分34个Ⅳ级成矿区(带),148个综合矿种Ⅴ

级矿集区。

对自治区重要Ⅲ级成矿区(带)的地质背景、成矿特征及演化进行了总结,划分了矿床成矿系列及亚系列,总结了区域成矿模式;全区共划分成矿系列43个,其中前寒武纪成矿系列9个,古生代成矿系列15个,中新生代成矿系列19个,并进一步划分出亚系列44个,建立了区域成矿谱系。

对铁、铜等20个矿种的成矿规律进行了全面总结,编制了自治区综合矿种地质矿产图、成矿规律图、成矿系列图。

主要编写人员:前言、第一章概述、第三章主要矿床类型及矿产预测类型由许立权编写,第二章矿产资源概况由许立权、闫洁编写,第四章典型矿床及其成矿模式由许立权、韩宗庆编写,第五章Ⅳ级成矿亚带及Ⅴ级矿集区的划分由许立权、张彤编写,第六章重要Ⅲ级成矿区带成矿特征及其演化由张明、康小龙、许展编写,第七章重要矿种成矿规律总结由许立权、苏美霞、张青编写,全书最后由许立权统稿。插图均由魏雅玲、张婷婷矢量化。前期负责单矿种工作的还有贺锋、张玉清、张永清、贾和义、孙月君等。

本项目是在国土资源部、中国地质调查局、天津地质调查中心、全国矿产资源潜力评价项目办公室、全国成矿规律汇总组等各级主管部门领导下完成的,内蒙古自治区财政厅、内蒙古自治区国土资源厅对项目资金、管理、协调等方面均给予大力支持和帮助,对各级领导的关心与帮助表示衷心感谢!

在项目实施过程中,得到项目负责单位、参加单位的各位领导的大力支持,在此一并表示感谢!

编著者
2016年12月

目 录

第一章 概 述 ··· (1)
　　一、目标任务 ··· (1)
　　二、本次研究的主要工作过程 ··· (1)
　　三、成矿规律研究技术方法 ·· (2)
　　四、已有成矿规律研究基础 ·· (3)
　　五、完成主要工作量及取得主要成果 ·· (6)

第二章 矿产资源概况 ·· (8)
　　一、黑色金属 ·· (8)
　　二、有色金属 ··· (11)
　　三、贵金属 ·· (15)
　　四、稀土及非金属矿产 ·· (16)

第三章 主要矿床类型及矿产预测类型 ·· (20)
　第一节 铁 矿 ·· (20)
　　一、矿床类型及主要特征 ·· (20)
　　二、矿产预测类型划分及其分布范围 ··· (21)
　第二节 锰 矿 ·· (24)
　　一、矿床类型及主要特征 ·· (24)
　　二、矿产预测类型划分及其分布范围 ··· (24)
　第三节 铬铁矿 ··· (26)
　　一、矿床类型及主要特征 ·· (26)
　　二、矿产预测类型划分及其分布范围 ··· (26)
　第四节 铜 矿 ·· (27)
　　一、矿床类型及主要特征 ·· (27)
　　二、矿产预测类型划分及其分布范围 ··· (29)
　第五节 铅锌矿 ··· (31)
　　一、矿床类型及主要特征 ·· (31)
　　二、矿产预测类型划分及其分布范围 ··· (31)
　第六节 钼 矿 ·· (34)
　　一、矿床类型及主要特征 ·· (34)
　　二、矿产预测类型划分及其分布范围 ··· (35)
　第七节 钨 矿 ·· (37)
　　一、矿床类型及主要特征 ·· (37)

二、矿产预测类型划分及其分布范围 …………………………………………………………………（37）

　第八节　锑　矿 ……………………………………………………………………………………………（38）

　第九节　锡　矿 ……………………………………………………………………………………………（39）

　　一、矿床类型及主要特征 …………………………………………………………………………………（39）

　　二、矿产预测类型划分及其分布范围 …………………………………………………………………（40）

　第十节　镍　矿 ……………………………………………………………………………………………（41）

　　一、矿床类型及主要特征 …………………………………………………………………………………（41）

　　二、矿产预测类型划分及其分布范围 …………………………………………………………………（42）

　第十一节　金　矿 …………………………………………………………………………………………（43）

　　一、矿床类型及主要特征 …………………………………………………………………………………（43）

　　二、矿产预测类型划分及其分布范围 …………………………………………………………………（44）

　第十二节　银　矿 …………………………………………………………………………………………（47）

　　一、矿床类型及主要特征 …………………………………………………………………………………（47）

　　二、矿产预测类型划分及其分布范围 …………………………………………………………………（47）

　第十三节　铝土矿 …………………………………………………………………………………………（49）

　　一、矿床类型及主要特征 …………………………………………………………………………………（49）

　　二、矿产预测类型划分及其分布范围 …………………………………………………………………（49）

　第十四节　稀土矿 …………………………………………………………………………………………（50）

　　一、矿床类型及主要特征 …………………………………………………………………………………（50）

　　二、矿产预测类型划分及其分布范围 …………………………………………………………………（50）

　第十五节　硫铁矿 …………………………………………………………………………………………（52）

　　一、矿床类型及主要特征 …………………………………………………………………………………（52）

　　二、矿产预测类型划分及其分布范围 …………………………………………………………………（52）

　第十六节　磷　矿 …………………………………………………………………………………………（54）

　　一、矿床类型及主要特征 …………………………………………………………………………………（54）

　　二、矿产预测类型划分及其分布范围 …………………………………………………………………（55）

　第十七节　菱镁矿 …………………………………………………………………………………………（56）

　　一、矿床类型及主要特征 …………………………………………………………………………………（56）

　　二、矿产预测类型划分及其分布范围 …………………………………………………………………（56）

　第十八节　萤石矿 …………………………………………………………………………………………（57）

　　一、矿床类型及主要特征 …………………………………………………………………………………（57）

　　二、矿产预测类型划分及其分布范围 …………………………………………………………………（58）

　第十九节　重晶石 …………………………………………………………………………………………（60）

　　一、矿床类型及主要特征 …………………………………………………………………………………（60）

　　二、矿产预测类型划分及其分布范围 …………………………………………………………………（60）

第四章　典型矿床及成矿模式 …………………………………………………………………………………（62）

　第一节　铁矿典型矿床及成矿模式 ………………………………………………………………………（62）

　　一、海底喷流沉积-热液改造型铁矿床 …………………………………………………………………（62）

　　二、海相火山岩型铁矿床 …………………………………………………………………………………（69）

　　三、沉积变质型（BIF型）铁矿床 ………………………………………………………………………（73）

　　四、接触交代型（矽卡岩型）铁矿床 ……………………………………………………………………（78）

第二节　锰矿典型矿床与成矿模式 …………………………………………………… (86)
  一、热液型锰矿床 ……………………………………………………………………… (86)
  二、沉积变质型锰矿床 ………………………………………………………………… (91)
第三节　铬矿典型矿床与成矿模式 …………………………………………………… (94)
第四节　铜矿典型矿床与成矿模式 …………………………………………………… (96)
  一、海底喷流沉积型铜矿床 …………………………………………………………… (96)
  二、斑岩型铜矿床 ……………………………………………………………………… (101)
  三、块状硫化物型(VMS)铜矿床 ……………………………………………………… (105)
  四、岩浆型铜矿床 ……………………………………………………………………… (115)
  五、热液型铜矿床 ……………………………………………………………………… (118)
  六、接触交代型(矽卡岩型)铜矿床 …………………………………………………… (130)
第五节　铅锌矿典型矿床与成矿模式 ………………………………………………… (134)
  一、喷流沉积型铅锌矿床 ……………………………………………………………… (134)
  二、接触交代型(矽卡岩型)铅锌矿床 ………………………………………………… (137)
  三、热液型铅锌矿床 …………………………………………………………………… (141)
第六节　钼矿典型矿床与成矿模式 …………………………………………………… (149)
  一、斑岩型钼矿床 ……………………………………………………………………… (149)
  二、沉积(变质)型钼矿床 ……………………………………………………………… (156)
第七节　钨矿典型矿床与成矿模式 …………………………………………………… (159)
第八节　锑矿典型矿床与成矿模式 …………………………………………………… (169)
第九节　锡矿典型矿床与成矿模式 …………………………………………………… (171)
  一、热液型锡矿床 ……………………………………………………………………… (171)
  二、斑岩型锡矿床 ……………………………………………………………………… (177)
  三、接触交代型(矽卡岩型)锡矿床 …………………………………………………… (181)
第十节　镍矿典型矿床与成矿模式 …………………………………………………… (182)
  一、风化壳型镍矿床 …………………………………………………………………… (182)
  二、岩浆型镍矿床 ……………………………………………………………………… (185)
  三、沉积(变质)型镍矿床 ……………………………………………………………… (187)
第十一节　金矿典型矿床与成矿模式 ………………………………………………… (187)
  一、沉积-热液改造型金矿床(黑色岩系型金矿) ……………………………………… (187)
  二、热液-氧化淋滤型金矿床 ………………………………………………………… (194)
  三、热液型金矿床 ……………………………………………………………………… (197)
  四、斑岩型金矿床 ……………………………………………………………………… (208)
  五、变质热液(绿岩)型金矿床 ………………………………………………………… (213)
  六、火山隐爆角砾岩型金矿床 ………………………………………………………… (218)
第十二节　银矿典型矿床与成矿模式 ………………………………………………… (222)
  一、热液型银矿床 ……………………………………………………………………… (222)
  二、陆相火山次火山岩型银矿床 ……………………………………………………… (226)
第十三节　铝土矿典型矿床与成矿模式 ……………………………………………… (229)
第十四节　稀土矿典型矿床与成矿模式 ……………………………………………… (231)
  一、碱性花岗岩型稀土矿床 …………………………………………………………… (231)
  二、沉积变质型稀土矿床 ……………………………………………………………… (235)

三、岩浆晚期分异交代稀土矿床 (237)
四、海底喷流沉积-热液改造型稀土矿床 (241)

第十五节 硫铁矿典型矿床与成矿模式 (241)
一、喷流沉积型硫铁矿床 (241)
二、沉积型硫铁矿床 (245)
三、海相火山岩型硫铁矿床 (248)
四、接触交代型(矽卡岩型)硫铁矿床 (253)
五、热液型硫铁矿床 (254)

第十六节 磷矿典型矿床与成矿模式 (257)
一、沉积变质型磷矿床 (257)
二、沉积型磷矿床 (261)
三、岩浆型磷矿床 (264)

第十七节 萤石矿典型矿床与成矿模式 (268)
一、沉积改造型萤石矿床 (268)
二、热液充填型萤石矿床 (270)

第十八节 重晶石矿典型矿床与成矿模式 (278)

第十九节 菱镁矿典型矿床与成矿模式 (280)

第五章 Ⅳ级成矿亚带及Ⅴ级矿集区的划分 (283)

第一节 内蒙古Ⅳ级成矿亚带的划分 (283)
一、Ⅳ级成矿亚带的划分原则 (283)
二、Ⅳ级成矿亚带的划分 (284)

第二节 内蒙古Ⅴ级矿集区的划分 (284)
一、Ⅴ级矿集区的划分原则 (284)
二、Ⅴ级矿集区的划分 (285)

第六章 重要Ⅲ级成矿区带成矿特征及其演化 (299)

第一节 觉罗塔格-黑鹰山 Cu-Ni-Fe-Au-Ag-Mo-W-石膏-硅灰石-膨润土-煤成矿带
(Ⅲ-1) (299)
一、区域成矿地质背景 (299)
二、区域成矿规律 (299)
三、矿床成矿系列划分 (300)
四、区域成矿模式及成矿谱系 (312)

第二节 磁海-公婆泉 Fe-Cu-Au-Pb-Zn-W-Sn-Rb-V-U-磷成矿带(Ⅲ-2)
 (313)
一、区域成矿地质背景 (313)
二、区域成矿规律 (314)
三、矿床成矿系列划分 (315)
四、区域成矿模式及成矿谱系 (315)

第三节 阿拉善(隆起)Cu-Ni-Pt-Fe-REE-磷-石墨-芒硝-盐类成矿带(Ⅲ-3) …… (316)
一、区域成矿地质背景 (316)
二、区域成矿规律 (317)

三、矿床成矿系列划分 …………………………………………………………………… (318)
四、区域成矿模式及成矿谱系 …………………………………………………………… (319)

第四节　河西走廊 Fe-Mo-Ni-萤石-盐类-凹凸棒石-石油成矿带(Ⅲ-4) ……………… (320)
一、区域成矿地质背景 …………………………………………………………………… (320)
二、区域成矿规律 ………………………………………………………………………… (320)
三、矿床成矿系列划分 …………………………………………………………………… (321)
四、区域成矿模式 ………………………………………………………………………… (321)

第五节　新巴尔虎右旗-根河 Cu-Mo-Pb-Zn-Au-萤石-煤(铀)成矿带(Ⅲ-5) ………… (322)
一、区域成矿地质背景 …………………………………………………………………… (322)
二、区域成矿规律 ………………………………………………………………………… (323)
三、矿床成矿系列划分 …………………………………………………………………… (324)
四、区域成矿模式及成矿谱系 …………………………………………………………… (325)

第六节　东乌珠穆沁旗-嫩江 Cu-Mo-Pb-Zn-Au-W-Sn-Cr 成矿带(Ⅲ-6) ……………… (327)
一、区域成矿地质背景 …………………………………………………………………… (327)
二、区域成矿规律 ………………………………………………………………………… (329)
三、矿床成矿系列划分 …………………………………………………………………… (330)
四、区域成矿模式及成矿谱系 …………………………………………………………… (331)

第七节　白乃庙-锡林郭勒 Fe-Cu-Mo-Pb-Zn-Mn-Cr-Au-Ge-煤-天然碱-芒硝
　　　　成矿带(Ⅲ-7) …………………………………………………………………… (332)
一、区域成矿地质背景 …………………………………………………………………… (332)
二、区域成矿规律 ………………………………………………………………………… (334)
三、矿床成矿系列划分 …………………………………………………………………… (335)
四、区域成矿模式及成矿谱系 …………………………………………………………… (336)

第八节　突泉-翁牛特 Pb-Zn-Ag-Cu-Fe-Sn-REE 成矿带(Ⅲ-8) ………………………… (338)
一、区域成矿地质背景 …………………………………………………………………… (338)
二、区域成矿规律 ………………………………………………………………………… (339)
三、矿床成矿系列划分 …………………………………………………………………… (341)
四、区域成矿模式及成矿谱系 …………………………………………………………… (343)

第九节　华北陆块北缘东段 Fe-Cu-Mo-Pb-Zn-Au-Ag-Mn-U-磷-煤-膨润土
　　　　成矿带(Ⅲ-10) …………………………………………………………………… (345)
一、区域成矿地质背景 …………………………………………………………………… (345)
二、区域成矿规律 ………………………………………………………………………… (345)
三、矿床成矿系列划分 …………………………………………………………………… (346)
四、区域成矿模式及成矿谱系 …………………………………………………………… (346)

第十节　华北陆块北缘西段 Au-Fe-Nb-REE-Cu-Pb-Zn-Ag-Ni-Pt-W-石墨-
　　　　白云母成矿带(Ⅲ-11) …………………………………………………………… (348)
一、区域成矿地质背景 …………………………………………………………………… (348)
二、区域成矿规律 ………………………………………………………………………… (349)
三、矿床成矿系列划分 …………………………………………………………………… (350)
四、区域成矿模式及成矿谱系 …………………………………………………………… (351)

第十一节　鄂尔多斯西缘 Fe-Pb-Zn-磷-石膏-芒硝成矿带(Ⅲ-12) ……………………… (352)
一、区域成矿地质背景 …………………………………………………………………… (352)

二、区域成矿规律 (352)
　　三、矿床成矿系列划分 (352)
　　四、区域成矿模式及成矿谱系 (353)

第七章　重要矿种成矿规律总结 (355)

第一节　矿床的空间分布规律 (355)
　　一、华北陆块北缘成矿带 (355)
　　二、突泉-翁牛特旗 Pb-Zn-Ag-Cu-Fe-Sn-REE 成矿带(Ⅲ-8) (355)
　　三、东乌旗-嫩江成矿带(Ⅲ-6) (355)
　　四、新巴尔虎右旗-根河成矿带(Ⅲ-5) (356)

第二节　矿床的时间分布规律 (356)

第三节　成矿物质演化规律 (358)
　　一、金属矿床的成矿主元素 (359)
　　二、重要矿种的成矿物质演化规律 (359)

第四节　矿床成矿系列演化规律 (359)
　　一、时间演化规律 (359)
　　二、空间演化规律 (359)
　　三、区域成矿谱系 (360)
　　四、矿床成矿系列与矿产预测的关系探讨 (361)

第五节　构造对成矿的控制作用 (361)
　　一、深部构造对成矿的控制作用 (362)
　　二、区域性深断裂构造带对成矿的控制作用 (362)
　　三、基底构造与新生构造的联合控矿作用 (362)
　　四、褶皱构造的控矿作用 (364)
　　五、韧性剪切变形变质带的控矿作用 (364)

第六节　地层对成矿的控制作用 (364)
　　一、在成岩过程中直接成矿 (364)
　　二、成矿物质的初始预富集作用 (365)
　　三、化学性质活泼的岩性间接控矿 (365)

第七节　火成岩对成矿的控制作用 (365)

第八节　地质构造演化对成矿的控制作用 (366)
　　一、陆块区 (366)
　　二、天山-兴蒙造山系 (367)

第九节　物化探区域场信息与成矿关系 (368)
　　一、区域磁场信息与成矿关系 (368)
　　二、区域重力场信息与成矿关系 (369)
　　三、化探区域场与成矿关系 (370)

主要参考文献 (377)

第一章 概 述

为了贯彻落实《国务院关于加强地质工作的决定》中提出的"积极开展矿产远景调查和综合研究,科学评估区域矿产资源潜力,为科学部署矿产资源勘查提供依据"的要求和精神,国土资源部部署了全国矿产资源潜力评价工作,该项工作纳入国土资源大调查项目。内蒙古自治区矿产资源潜力评价是其下的工作项目,工作起止年限为2006—2013年,历时8年,本书即是该项目的系列成果之一。

项目编号:1212010813005(2006—2008);1212010881609(2009—2010);1212011121003(2011—2013)。历年任务书编号:资〔2006〕039-01号;资〔2007〕038-01-05号;资〔2008〕01-06号;资〔2008〕增08-16-09号;资〔2009〕增16-05号;资〔2010〕增22-05号;资〔2011〕02-39-05号;资〔2012〕02-001-005号;资〔2013〕01-033-003号。

一、目标任务

1. 潜力评价项目总体目标任务

(1)在现有地质工作程度的基础上,充分利用我国基础地质调查和矿产勘查工作成果和资料,充分应用现代矿产资源预测评价的理论方法和GIS评价技术,开展本区银、铬、锰、镍、锡、钼、硫、萤石、菱镁矿、重晶石等的资源潜力预测评价,基本摸清矿产资源潜力及其空间分布。

(2)开展本区成矿地质背景、成矿规律、物探、化探、遥感、自然重砂、矿产预测等项工作,编制各项工作的基础和成果图件,建立本区矿产资源潜力评价相关的地质、矿产、物探、化探、遥感、自然重砂空间数据库。

(3)培养一批综合型地质矿产人才。

2. 成矿规律研究的目标任务

开展铁、铝、铜等20个重要矿产典型矿床研究,建立矿床模型(式),编制典型矿床成矿要素图及成矿模式图;划分矿产预测类型及预测工作区;开展预测工作区成矿规律研究工作,编制预测工作区成矿要素图及成矿模式图;开展单矿种及综合矿种成矿规律研究,编制单矿种成矿规律图及综合矿种成矿规律图,划分成矿区(带);研究各成矿区(带)的成矿规律,建立与完善成矿系列、亚系列,深化矿床式的研究,建立区域成矿模式、区域成矿谱系。

二、本次研究的主要工作过程

本次研究工作于2007年北京蟹岛培训后开始启动。2007年11月,项目总体设计通过天津大区项目办组织的评审。总体设计中,根据全国任务书要求的25个矿种,结合各矿种在自治区境内是否具备成矿条件等因素,除铀矿煤外,本次工作选定铁、铝、铜、金、铅、锌、钨、锑、稀土、磷、银、钼、铬、镍、锰、锡、萤石、重晶石、菱镁矿、硫铁矿等20个矿种进行规律研究与资源潜力评价;初步划分了矿产预测类型、预测工作区,选择了典型矿床。随后工作中,根据矿产勘查新进展及新认识,对矿产预测类型、典型矿床及预测工作区进行了适当调整。

此项工作可划分为3个阶段：

第一阶段为2007—2010年，完成了全区1∶50万地质图数据库、工作程度数据库、矿产地数据库及重力、航磁、化探、遥感、自然重砂等基础数据库的更新与维护；完成铁、铝、铜、铅、锌、金、钨、锑、稀土、磷等矿种的成矿规律研究工作及相关报告编写。

第二阶段为2011—2012年，完成银、铬、锰、镍、锡、钼、硫、萤石、菱镁矿、重晶石等10个矿种的成矿规律研究工作及相关报告编写。

第三阶段为2013年，完成全区综合矿种成矿规律专题报告编写。

2007—2012年期间，全国成矿规律汇总组组织召开了多次成矿规律研讨会，为项目工作的顺利开展奠定了良好的基础。如2010年7月，在吉林市召开了成矿规律研讨会；2012年在西安、贵阳召开了铬、锰单矿种成矿规律研讨会等。

三、成矿规律研究技术方法

本次工作以成矿系列理论为指导，以《重要矿产和区域成矿规律研究技术要求》（陈毓川等，2010）为规范，对内蒙古自治区的20个重要矿种和区域成矿规律开展了系统的研究。

成矿规律研究工作是矿产预测的主要工作内容之一，也是不可分割的组成部分，互为因果。成矿规律研究工作就是将基础地质、矿产勘查、矿山开采等资料，以及物探、化探、遥感、自然重砂所显示的地质找矿信息，运用科学的方法有机地联系起来，总结矿产的时间、空间分布规律、物质组成规律及随地质历史时期变化而聚集成矿的历史演化规律等，为矿产预测提供基础资料。

1. 准备工作

通过学习培训，了解本次矿产预测的总体技术思路，全面熟悉和掌握区域成矿规律研究工作的技术思路、工作内容、技术方法和技术要求等，为研究工作的顺利开展做好准备。

全面了解以往成矿规律研究及矿产预测工作情况，收集自治区一轮成矿区划研究成果（1980—1982）、二轮成矿区划研究成果（1993—1995）、成矿系列研究成果（1999—2002）、区域矿产总结报告、中国矿床发现史（内蒙古卷），以及其他各类专题研究报告等。

详细了解自治区各成矿区带内的主要矿种、成因类型、成矿地质条件及控矿因素、时空分布规律等，为后续工作打下良好基础。

2. 确定预测矿种，划分矿产预测类型

（1）矿种确定。按照全国确定预测矿种的要求，凡是有小型矿产地的矿种，必须开展预测工作；本省只有矿化线索，但具有成矿地质条件的，应进行评价工作，经评价后认为没有意义者，不再进入预测程序，但必须明确提出无资源前景的结论。

根据全国任务书的要求，结合内蒙古自治区的具体情况，确定煤炭、铀、铁、铜、铅、锌、锰、镍、钨、锡、金、铬、钼、铝、锑、稀土、银、磷、硫、萤石、菱镁矿、重晶石为本次工作的矿种。其中铀矿和煤炭由其他单位独立完成，钾盐、锂、硼在内蒙古自治区境内不具有成矿条件，所以本次工作共涉及20个矿种。

（2）划分矿产预测类型。矿产预测类型是为了进行区域矿产预测，根据相同的矿产预测要素以及成矿地质条件，对矿产划分的类型。矿产预测类型是开展矿产预测工作的基本单元，凡是由同一地质作用下形成的，成矿要素和预测要求基本一致，可以在同一张预测底图上完成预测工作的矿床、矿点和矿化线索可以归为同一矿产预测类型。

3. 编制单矿种矿产地分布图，确定预测工作区分布范围，编制预测工作区分布图

（1）编制单矿种矿产地分布图：以内蒙古自治区矿产地数据库为基础，检索各单矿种矿产地及与其共生、伴生的矿产地,结合近年矿产勘查新进展,编制内蒙古自治区单矿种矿产地分布图。

(2)确定预测工作区分布范围,编制预测工作区分布图。参照大地构造单元和成矿区(带)范围,确定矿产预测分布区范围。矿产预测工作区分布范围,也是成矿规律研究工作区的范围,以及矿产预测专题底图编图范围。

4. 典型矿床研究

(1)典型矿床选择。按矿产预测类型择定每类中一个或两个以上的矿产作为典型矿床;优选地质工作和研究工作程度较高的矿床;所选矿床要具有代表性、完整性和习惯性。

(2)典型矿床研究内容。包括成矿地质作用、成矿构造体系、成矿特征(包括矿床特征,矿体特征,矿石特征,蚀变特征,成矿期次,成矿物理化学条件)等,填制典型矿床地质描述模型、综合找矿模型卡片。

(3)编制典型矿床成矿要素图(1∶1万～1∶2.5万)。典型矿床成矿要素图主要反映矿床成矿地质作用、矿田构造、成矿特征等内容;以大比例尺矿区地质图为底图,突出标明和矿床时空定位有关的成矿要素;对成矿要素分为必要的、重要的、次要的。

(4)编制典型矿床成矿模式图。一般以剖面或平面投影图形式简化表达成矿作用过程,表达成矿地质作用、成矿构造、成矿特征等要素内容,以及时空变化及其相互关系。

5. 预测工作区成矿规律研究

(1)按照预测方法类型确定区域成矿要素底图。沉积型预测底图为构造岩相古地理图、沉积建造古构造图、地貌与第四纪地质图,侵入岩体型底图为侵入岩浆构造,变质型预测底图为变质建造构造图,火山岩型预测底图为火山岩性岩相图,层控"内生"型底图为建造构造图,复合"内生"型预测底图为建造构造图。

(2)以矿产预测工作区范围为基本单元,研究区域成矿作用,确定成矿要素,编制预测工作区成矿要素图及成矿模式图。研究区域成矿地质作用、区域成矿构造体系、区域成矿特征及它们的时空物相互关系;在预测底图上突出标明与成矿有关的地质、矿床、矿点、矿化线索、采矿遗迹、蚀变等有关内容,淡化其他与成矿无关的内容;综合分析成矿地质作用、成矿构造、成矿特征等内容,确定区域成矿要素及其区域变化特征,编制预测区成矿要素图。

以区域地质剖面或平面图投影形式简要表达成矿地质作用、成矿构造、成矿特征的区域变化及其相互关系,标明区域成矿要素及其特征,编制预测区成矿模式图。

6. 区域成矿规律研究

包括单矿种(组)和综合矿种成矿规律研究两方面。

对各矿种各矿床类型的成矿地质构造环境、成矿特征、时空分布规律进行总结,突出重要类型;进行Ⅳ、Ⅴ成矿区(带)划分,指出找矿方向;编制1∶150万单矿种(组)成矿规律图和综合的成矿规律图。

7. 数据库建设、编图说明书及报告编写

按技术要求,一图一库一说明书,随工作进度开展;编写单矿种(组)成矿规律报告和总体成矿规律研究报告。

四、已有成矿规律研究基础

内蒙古自治区境内正规的、系统的地质调查工作是从新中国成立后开始的,此前仅有个别国内外地质学家进行过简单的路线或矿点调查。如1915—1925年间翁文灏、王竹泉曾到大青山石拐沟一带进行煤炭资源调查;1920年谢家荣曾到呼伦贝尔盟扎赉诺尔一带,做煤用地质调查并估算了煤储量;1927年丁道衡参加中瑞西北考察团去西北考察，途经乌兰察布盟草原时，发现了白云鄂博铁矿，对铁矿储量做了概略估计；1930年孙健初对大青山一带的地质情况进行了较为详细的调查研究，填绘了相应的地质图；1935年何作霖对白云鄂博铁矿进行了调查并发现稀土矿物等。

20世纪80年代以前，针对经济社会发展急需的矿种、个别矿床（如白云鄂博铁铌稀土矿）或某一地区某个矿种的找矿和成矿规律研究较多，全区性多矿种区域成矿规律研究较少。如50年代，围绕包头钢铁基地建设，对白云鄂博铁矿、炼钢用焦煤、白云岩等辅助冶金材料开展的调查研究；"大跃进"期间，对国家急需的铬铁矿开展的调查评价；1958年，在全民大办钢铁运动的影响下，在集二线附近对铁矿及航磁异常的调查评价；1962年，内蒙古自治区地质局对赤峰南部金矿产地进行调研，初步总结了成矿地质条件；1963年，由105地质队负责，内蒙古自治区地质局实验室和中国地质科学院及中国科学院有关单位参加，对白云鄂博矿区矿石的物质成分、稀土和稀有元素的赋存状态、分布规律以及资源数量进行的调查评价等。

20世纪60—80年代开展的国际分幅1：20万区域地质调查工作，对测区内矿产进行了调查，初步总结了成矿规律，划分了成矿远景区，并编写了矿产报告，客观地反映了该图幅内矿产资源状况，目前仍然有重要的参考价值。

1979—1985年，根据地矿部的统一部署，内蒙古自治区地质矿产勘查开发局开展了第一轮成矿远景区划工作。这是首次以统一的标准开展以成矿带为目标区的成矿远景预测工作及对铁、金、钨、铁、锡多金属、铜多金属、煤炭、磷、萤石、石墨、石灰岩等矿种的成矿预测工作。工作区主要集中在内蒙古自治区东部和中部地区。同时对内蒙古自治区鞍山式铁矿、温都尔庙式铁矿、白云鄂博式铁矿、霍各乞式铁矿和宣龙式铁矿、狼山—渣尔泰山一带铜矿、白乃庙-朱日卡铜矿、大兴安岭中段和赤峰北部铜矿、得尔布干多金属成矿带南段铜矿、东乌旗-加格达奇Ⅲ级成矿带铜矿、赤峰市南部金矿等矿种进行了资源总量预测工作。

1989年，由内蒙古自治区地质资料处对第一轮成矿远景区划成果进行了汇编。该汇编共有成矿远景区划成果摘要42篇，包括煤，有色金属铜、锡、钨、金、多金属，铁矿，盐湖矿产，萤石，石墨，石灰岩，磷矿等矿种的Ⅲ级、Ⅳ级、Ⅴ级成矿区、成矿带资源总量及预测资料。论述了预测区的地质背景，包括地层、构造、岩浆岩，依据区内已知矿产的数量、矿床类型论述了资源现状与特点，总结了成矿规律和控矿条件，建立成矿模型，采用逻辑信息法或蒙特卡罗法进行资源预测，全面反映了20世纪80年代末内蒙古自治区矿产资源面貌。

1992—1994年，按照地矿部的要求，内蒙古自治区开展了第二轮固体矿产远景区划工作，主要进行了：赤峰市南部金矿区第二轮成矿远景区划；赤峰市北部铅、锌、锡多金属矿第二轮成矿远景区划；大兴安岭萨马街—布敦花地区铜多金属矿第二轮区划；满都拉-白乃庙铜矿第二轮成矿远景区划；包头至乌兰浩特金、铜多金属矿第二轮成矿远景区划成果汇总。第二轮固体矿产成矿远景区划成果总结归纳了区内的区域成矿规律及综合找矿信息，建立了成矿模式和地质、物探、遥感等综合性找矿模型。在类比基础上，通过成矿远景预测，圈定了Ⅳ级成矿远景区25处（其中A类3处，B类18处，C类4处），选择了可能取得找矿突破和按地区需要或利于勘查开发一体化实施找矿的重点普查区15处，并提出了相应的矿产勘查工作部署意见和建议，同时对成矿远景区内主要矿种（铜、铅、锌、金、银等）的资源量进行了E+F级估算和汇总。

1988—1995年，内蒙古自治区地质矿产勘查开发局进行了"内蒙古自治区区域矿产总结"工作，编制了《内蒙古自治区区域矿产总结》报告，系统总结了全区76种探明储量矿种的地质特征和分布规律；以成因类型划分方法，优选代表性的矿床做了重点描述和研究；强调了燕山期成矿的重要性。初步讨论了区域矿产分布不均匀的主要原因；在成矿规律、成矿地质条件和物探、化探及自然重砂资料的基础上，圈定了63处成矿预测区，其中A级成矿预测区11处，B级成矿预测区26处，C级成矿预测区26处。《内蒙古自治区区域矿产总结》反映了全区矿产的全貌、特色及矿产资源配套状况，是继《区划成果摘要汇编》之后的又一重要矿产总结。

1996年出版的《中国矿床发现史·内蒙古卷》，阐述了内蒙古自治区境内，除水资源以外，以固体矿产为主的57种矿产、143处大中小型矿产地的发现与勘查历史中的主要情况和经验教训，反映数以万计的地质工作者发现和勘查矿产资源的贡献，再现矿产勘查工作的光辉历程，也让人们进一步了解矿产勘查事业在整个国民经济建设中的作用和价值。

2001年，中国地质调查局设立了由陈毓川院士负责的"中国成矿体系与区域成矿评价"项目，目的在于总结我国50余年来地质找矿工作取得的成果，提出中国区域成矿新理论。作为子项目，邵和明等（2001）领导的研究小组开展了内蒙古自治区（额济纳旗-大兴安岭成矿带和华北地台北缘成矿带）的研究和总结，著有《内蒙古自治区主要成矿区（带）和成矿系列》。以地质事件为主线，对区内主要成矿区（带）矿产的时空演化及相互关系进行了专题研究，建立了矿床成矿系列和区域矿床成矿谱系，划分了成矿区（带），是目前被广泛应用的一项研究成果。

2001—2003年由沈阳地质矿产研究所主持、内蒙古自治区地质调查院、黑龙江地质调查院参加的中国地质调查局项目"内蒙-兴安成矿带成矿规律和找矿方向综合研究"于2004年5月提交报告。该报告在贵金属、有色金属成矿地质背景研究，区域成矿模式及找矿模型建立，区域成矿规律总结，找矿远景区划分及成矿预测等方面均取得了较大进展。

此外，20世纪80—90年代，国家计委、国家科委、地矿部组织有关研究院所、大学和内蒙古自治区及相关省的地矿局等单位开展了"中国北方板块构造及成矿规律的研究""我国北方前寒武纪成矿地质背景及找矿远景预测""华北地块北缘矿化集中区控矿因素及成矿预测"以及"内蒙古东南部铜多金属成矿地质条件及矿产预测"等研究项目，对包括内蒙古自治区在内的中国北方广大地区的地质、构造和成矿特征进行了系统研究，提交了一系列专著及研究报告。

20世纪90年代末，中国地质科学院矿床地质研究所开展了"大兴安岭及其邻区铜多金属矿床成矿规律与远景评价""北山地区金属矿床成矿规律及找矿方向"等研究；内蒙古自治区有色地质勘查局开展了"内蒙古狼山地区铜多金属成矿规律、找矿方向研究"；内蒙古自治区地质矿产勘查开发局开展了"大兴安岭中南部中生代火山岩""内蒙古兴安盟地区与火山-侵入活动有关的铜多金属矿床成矿条件和成矿预测""内蒙古锡盟-赤峰地区斑岩型和火山-潜火山热液型铜矿床找矿前景研究"等一系列研究工作，均提交了相应的研究报告与论著。

内蒙古自治区勘查基金中心（原项目办）2004年实施了9个综合研究项目，即：①内蒙古北山-阿拉善成矿远景区成矿环境及找矿方向综合研究；②华北地台北缘西段狼山金及铜多金属及铂族元素成矿规律与找矿方向研究；③华北地台北缘乌拉山-大青山段金、多金属成矿规律与找矿方向研究；④华北克拉通北缘中段（多伦-赤峰）金矿成矿规律与找矿方向研究；⑤内蒙古大兴安岭中南段多金属成矿带成矿环境及找矿方向研究；⑥内蒙古大兴安岭中北段成矿环境及找矿方向研究；⑦内蒙古得尔布干成矿规律与找矿方向研究；⑧内蒙古索伦山-东乌旗成矿带成矿环境及找矿方向研究；⑨内蒙古重要成矿区（带）矿产资源勘查部署综合研究。部分项目已提交了成果报告。

2005—2006年，分别以翟裕生院士、张本仁院士、陈毓川院士为顾问的研究项目"内蒙古自治区大矿、富矿成矿系统及找矿预测研究""内蒙古区域成矿规律及重要矿产成矿预测地球化学综合研究""内蒙古自治区重要矿产资源潜力评价和区域成矿规律研究"开始实施，均已取得了非常优秀的成果。

上述项目的实施均对不同的地域或从不同的研究角度，对主要矿种的成矿规律进行了研究和总结，对内蒙古自治区矿产资源勘查规划与部署起到了很好的导向作用。

五、完成主要工作量及取得主要成果

1. 完成的主要工作量

成矿规律课题完成实物工作量见表1-1。

表1-1 成矿规律完成实物工作量一览表

类　别	单位	编图总工作量	数据库建设	编图说明书
1. 矿产预测类型分布图（铁、铝、金、铜、铅、锌、钨、稀土、锑、磷、银、铬、锰、镍、锡、钼、硫、萤石、菱镁矿、重晶石20个矿种）	张	20	20	20
2. 典型矿床研究及编图				
典型矿床成矿要素图	张	152	152	152
典型矿床成矿模式图	张	152		
3. 预测工作区编图				
预测工作区成矿要素图	张	177	177	177
预测工作区成矿模式图	张	177		
4. 全省图件				
单矿种（组）区域成矿规律图及Ⅳ、Ⅴ级成矿区带划分图（1∶50万）	张	20	20	20
综合矿种成矿规律图（1∶150万）	张	1	1	
综合矿种Ⅳ、Ⅴ级成矿区（带）图（1∶150万）	张	1	1	
矿床成矿系列图（1∶150万）	张	3	3	
5. 卡片填写及报告编写				
典型矿床卡片	份	304		
单矿种成矿规律报告	份	20		
成矿规律专题报告	份	1		

2. 取得的主要成果

（1）搜集了铁、铝、金、铜、镍、钼等20个矿种典型矿床资料1000余份,搜集了各类相关文献千余篇,并对搜集到的资料进行扫描、复制、矢量化,共矢量化典型矿床矿区地质图、勘探线剖面图及相关图件1000余份。

（2）对全区435个铁矿床（点）、367个铜矿床（点）、262个金矿床（点）、296个铅锌矿床（点）、14个稀土矿床（点）、41个钨矿床（点）、1个锑矿床（点）、36个磷矿床（点）、1个铝土矿床、71个钼矿床（点）、148个银矿床（点）、19个镍矿床（点）、22个锡矿床（点）、34个锰矿床（点）、39个铬铁矿床（点）、44个硫铁矿床（点）、48个萤石矿床（点）、1个重晶石矿点、1个菱镁矿点进行综合研究,划分了163个矿产预测类型、177个预测工作区,编制各单矿种成矿规律图、预测类型及预测工作区分布图各20张。

（3）对各单矿种典型矿床（共152个）进行了详细的研究:填制了典型矿床的地质描述模型、评价找矿模型卡片;总结典型矿床的成矿要素,填制成矿要素表,编制典型矿床成矿要素图;通过对典型矿床的成矿地质背景、控矿因素及与物探、化探异常关系的研究,编制了典型矿床成矿模式图。

（4）对预测工作区的成矿规律进行了研究：填制预测区成矿要素表、预测要素表，编制预测区成矿要素图、预测要素图、区域成矿模式图、预测模型图各177份。

（5）在全国统一Ⅲ级成矿区（带）的基础上，首次对自治区进行了全覆盖Ⅳ级成矿区（带）划分，对铁、铝、金、铜、铅、锌、钨、稀土、锑、磷、银、铬、锰、镍、锡、钼、硫、萤石、菱镁矿、重晶石等各单矿种进行Ⅴ级成矿区带划分，并对综合矿种进行了Ⅴ级矿集区划分。共划分34个Ⅳ级成矿区（带）、148个综合矿种Ⅴ级矿集区。

（6）对内蒙古自治区重要Ⅲ级成矿区（带）的成矿特征及演化进行了总结，共划分成矿系列43个，其中前寒武纪成矿系列9个，古生代成矿系列15个，中新生代成矿系列19个，并进一步划分出亚系列44个，建立了区域成矿谱系。

（7）对综合矿种的成矿规律进行了全面总结。编制了内蒙古自治区综合矿种地质矿产图、成矿规律图、成矿系列图，比例尺为1∶150万。

（8）完成铁、铝、金、铜、铅、锌、钨、稀土、锑、磷、银、铬、锰、镍、锡、钼、硫、萤石、菱镁矿、重晶石等20个矿种各专题图件的成果数据库建设。

第二章　矿产资源概况

内蒙古自治区地处古亚洲和滨太平洋两大成矿域,前者呈近东西向带状分布,后者呈北东向叠加在前者之上。西南端有一小部分跨入秦祁昆成矿域。区内地层发育较齐全,地质构造复杂,岩浆活动强烈,成矿地质条件优越。

截至 2010 年底,内蒙古自治区查明资源储量的矿产共 103 种(含亚种),列入"内蒙古自治区矿产资源储量表"(以下简称上表)的矿产为 99 种(石油、天然气、铀矿、地热由国土资源部统计管理)。共查明矿产地 1696 处,其中能源矿产地 548 处、金属矿产地 827 处、非金属矿产地 321 处。已开发利用的有84 种,开发利用矿产地 1227 处。

从成矿区域上,矿产资源集中分布于"四带"和"三盆"内。"四带"指华北陆块北缘成矿带(包括东段和西段)、突泉-翁牛特旗成矿带、东乌旗-嫩江成矿带和新巴尔虎右旗-根河成矿带,蕴藏了内蒙古自治区两大稀土稀有矿床,95%以上的有色金属储量和 90%以上的铁矿石储量。"三盆"即鄂尔多斯盆地、二连盆地(群)和海拉尔盆地(群),集中了全区 90%以上的煤炭资源,亦是石油、天然气和铀矿的主要产地。

从地域分布上,东部区以有色多金属为主,其次为能源和非金属矿产;中部区以能源、黑色金属、有色金属、贵金属、稀有稀土为主,其次是非金属矿产;西部区以能源、非金属矿产为主,其次为金属矿产。

总体上内蒙古自治区矿产资源的主要特点表现为:以煤和石油、天然气为主的能源矿产品种较齐全、储量丰富,是国家重要的能源基地;稀土资源得天独厚,为世界最大的稀土原料生产和供应基地;有色金属矿产资源分布集中、储量丰富,具有规模化开发的地理条件;非金属矿产种类繁多,分布广。

下面就本次工作涉及到的铁、铜等 20 个矿种的资源概况分述如下。其中内蒙古自治区境内铝土矿、菱镁矿及重晶石矿产地发现较少,资源量少,这里不再赘述。

一、黑色金属

1. 铁矿

内蒙古自治区铁矿成矿时代以太古宙、元古宙为主,古生代、中生代次之(表 2-1)。成因类型多样,数量上以沉积变质型最多,储量上以喷流沉积型和沉积变质型为主;矿床规模以小型矿床、矿点为主,大型、特大型矿床少(图 2-1～图 2-4),区域上集中分布在华北陆块北缘西段包头至集宁地区(Ⅲ-11)(图 2-5、图 2-6)。总体上具有时间跨度大、成因复杂、类型多但分布相对集中的特点。铁矿成矿谱系见图 2-7。

截至 2010 年底,全区铁矿上表单元 408 个,除 14 个为共生上表单元外,其余 394 处均为单一或以铁为主的矿产地。统计到矿区为 385 处。全区累计查明铁矿资源储量 40.77×10^8 t,其中基础储量 15.53×10^8 t,资源量 25.24×10^8 t。大中型矿床占据了内蒙古铁矿总资源量的 80%。

全区 12 个盟市均有探明的铁矿资源,但主要分布在包头市、赤峰市和巴彦淖尔市,3 个市的铁矿保有资源储量占全区的 79.5%。

表 2-1 内蒙古自治区主要铁矿类型成矿时代演化

成矿时代		矿床类型	沉积变质型	沉积型	矽卡岩型	火山岩型	热液型	岩浆岩型	风化淋滤型
新生代	第四纪	喜马拉雅期		+					+
	第三纪			+					
中生代	白垩纪	燕山期			++		+		
	侏罗纪				+		+		
	三叠纪	印支期			+				
古生代	二叠纪				+			+	
	石炭纪	海西期		+	++	++	+		
	泥盆纪								
	志留纪								
	奥陶纪	加里东期							
	寒武纪								
元古宙	新元古代					++			
	中元古代			+++					
	古元古代								
太古宙	新太古代		+++						
	中太古代		++						
	古太古代		++						

注：+++为重要成矿时代，++为较重要成矿时代，+为次要成矿时代。

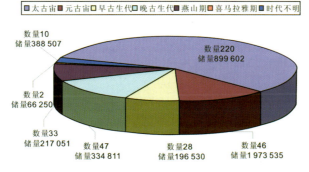

图 2-1 不同时代铁矿床数量（个）与资源储量（×10³t）统计图

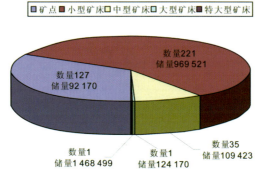

图 2-2 铁矿床规模与数量（个）统计图（储量：×10³t）

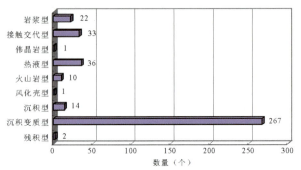

图 2-3　铁矿成因类型及数量统计图　　　　图 2-4　不同成因类型铁矿储量统计图

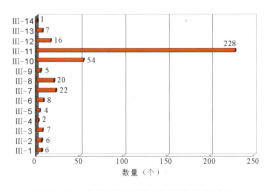 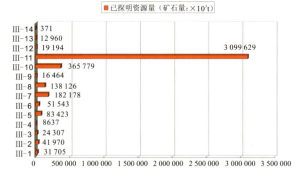

图 2-5　各成矿区(带)铁矿数量统计图　　　图 2-6　各成矿区(带)铁矿资源量统计图

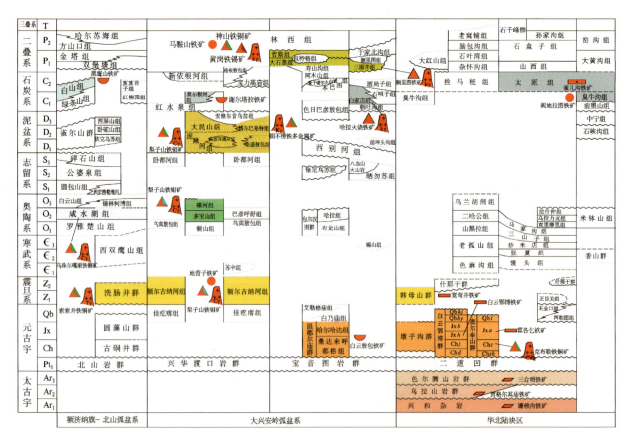

图 2-7　内蒙古自治区铁矿成矿谱系图

2. 锰矿

截至 2010 年,内蒙古全区锰矿上表矿区(床)10 处,资源储量为 13 301×10³ t(图 2-8、图 2-9)。多以共生和伴生矿产出,独立锰矿床较少。锰矿床主要形成在中元古代、古生代及中生代。中元古代沉积变质型锰矿分布在华北陆块北缘狼山-渣尔泰山裂陷槽(华北陆块北缘西段成矿带),古生代及中生代热液型锰矿则主要分布在大兴安岭弧盆系(大兴安岭成矿省),华北陆块北缘由于中生代构造岩浆活化,也有少量银锰矿分布。

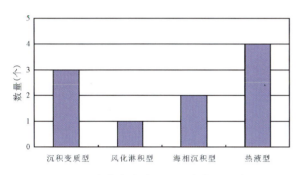

图 2-8 内蒙古自治区锰矿床数量统计图

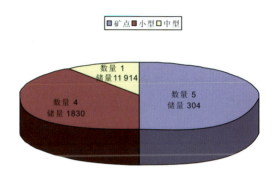

图 2-9 内蒙古自治区锰矿床规模统计图(储量:×10³ t)

3. 铬铁矿

截至 2010 年,上表的铬矿床有 9 处,独立铬铁矿 7 处,伴生矿床 2 处。保有资源储量(矿石量) 2587×10³ t,累计查明资源储量 3049×10³ t。

内蒙古自治区的铬铁矿均为蛇绿岩型,分布在天山兴蒙造山系中的洋壳残片中,主要为索伦山蛇绿岩带、贺根山蛇绿岩带及柯单山蛇绿岩等。成矿与蛇绿岩的形成时间一致,主要为古生代(贺根山),部分可能延入到中生代(索伦山-柯单山)。

二、有色金属

1. 铜矿

内蒙古自治区铜矿主要分布在大兴安岭弧盆系中,华北陆块北缘亦有少量分布;矿床成因类型复杂,数量上以热液型居多,储量则以斑岩型最多;矿床规模以小型和矿点为主,大型和特大型少;成矿时代以中生代为主,其次为中元古代和古生代,前者主要分布在得尔布干、大兴安岭中南段,后者集中分布在华北陆块北缘西段(图 2-10~图 2-13)。

至 2010 年,全区铜矿上表单元为 153 个,除 46 个共生上表单元和 55 个伴生上表单元外,统计到矿区 140 处。全区累计查明铜金属资源储量为 667.46×10⁴ t,其中基础储量 391.97×10⁴ t,资源量 275.49×10⁴ t。

全区铜矿资源主要分布在呼伦贝尔市、巴彦淖尔市、赤峰市、锡林郭勒盟和乌兰察布市,5 个盟市铜金属资源储量合计占全区保有资源储量的 96.4%。

2. 铅锌矿

铅锌矿是内蒙古自治区的优势矿种,都是多组分共生复合矿体构成矿床,很少以单一矿种产出,铅矿以铅锌共生矿床为主,锌矿则是以锌为主的多金属矿床。至 2010 年,全区共有铅上表单元 151 处,锌上表单元163处,统计到矿区148处。全区累计查明铅金属资源储量为1029.18×10^4t,其中基础储量341.12×10^4t、资源量688.06×10^4t;锌金属资源储量2174.42×10^4t,其中基础储量707.96×10^4t、资源量1466.46×10^4t。

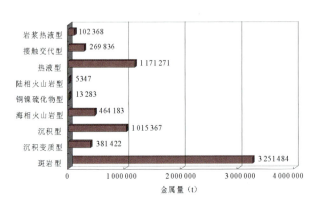

图2-10 内蒙古自治区铜矿成因类型与储量统计图　　图2-11 内蒙古自治区铜矿成因类型与数量统计图

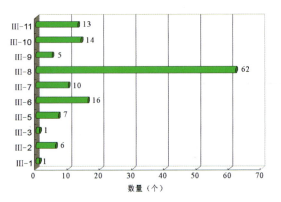
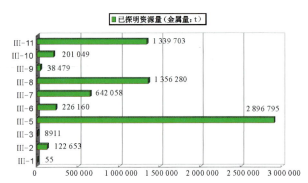

图2-12 不同成矿区(带)铜矿数量统计图　　图2-13 不同成矿区(带)铜矿资源量统计图

内蒙古自治区的铅锌矿分布相对集中,主要分布在得尔布干、大兴安岭中南段和华北陆块北缘西段乌拉特中旗。矿床成因类型主要以热液型为主,其次为矽卡岩型和喷流沉积型;矿床规模以小型和矿点为主;古元古代和中生代是重要的成矿期(图2-14～图2-21)。

巴彦淖尔市、赤峰市、呼伦贝尔市、锡林郭勒盟4个盟市合计铅锌分别占全区保有资源储量的90.6%和94.4%。

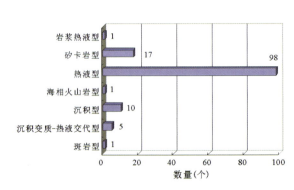
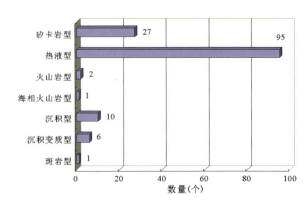

图2-14 铅矿成因类型与数量统计图　　图2-15 锌矿成因类型与数量统计图

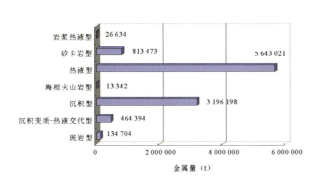
图 2-16 铅矿成因类型与储量统计图

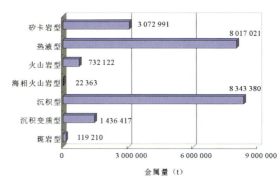
图 2-17 锌矿成因类型与储量统计图

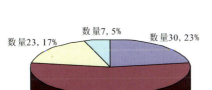
图 2-18 铅矿矿床规模统计图

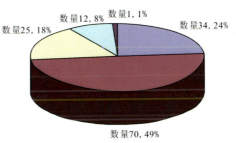
图 2-19 锌矿矿床规模统计图

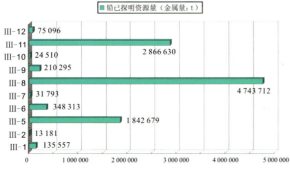
图 2-20 各成矿区(带)铅矿资源量统计图

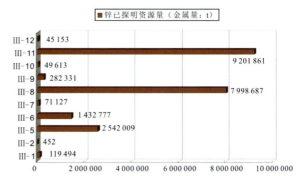
图 2-21 各成矿区(带)锌矿资源量统计图

3. 钼矿

近几年,内蒙古自治区钼矿床的矿产勘查有非常大的突破,新发现有岔路口超大型钼铅锌矿、曹四夭超大型钼矿、迪彦钦阿木超大型钼矿、查干花大型钼矿、大苏计大型钼矿等,显示了在内蒙古自治区境内的华北陆块北缘、大兴安岭地区钼矿成矿有非常大的潜力。矿床类型以斑岩型和热液型为主,中生代是重要的成矿期,古生代形成钼矿床相对少。大、中型钼矿床主要分布在得尔布干、华北地台北缘及大兴安岭中南段,构成了全区最重要的矿集区(图 2-22～图 2-25)。钼矿成矿谱系图见图 2-26。至2010年全区共有钼矿上表单元52个,其中以单一和钼为主矿产的钼矿产地21处,共生钼上表单元18个,伴生钼上表单元13个。包括近年新发现还未上表的矿区共计57处。

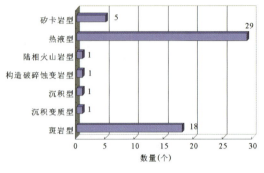

图 2-22 钼矿成因类型与数量统计图

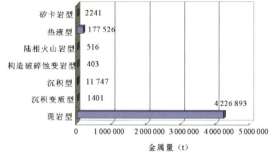

图 2-23 钼矿成因类型与储量统计图

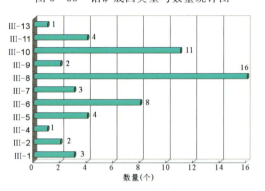

图 2-24 各成矿区（带）钼矿数量统计图

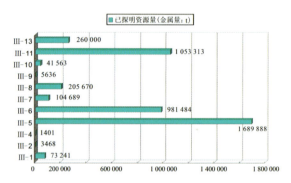

图 2-25 各成矿区（带）钼矿资源量统计图

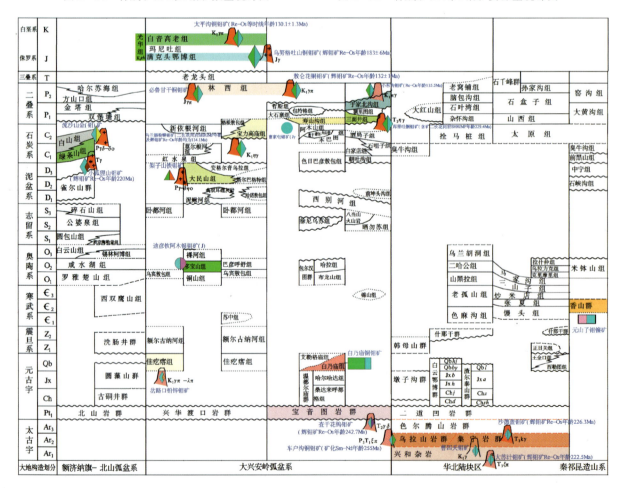

图 2-26 内蒙古自治区钼矿成矿谱系图

4. 钨矿

至2010年,全区共有钨矿上表单元24个,其中包括钨矿产地12处,共生钨上表单元3个,伴生钨上表单元9个。全区钨矿累计查明资源储量WO_3 12.50×10^4 t,其中基础储量4.97×10^4 t,资源量7.53×10^4 t。

主要集中分布在二连浩特-东乌旗、库伦旗大麦地、镶黄旗-太仆寺旗白石头洼、石板井-东七一山4个地区,成矿时代均为燕山期。

5. 锑矿

内蒙古自治区仅有小型锑矿1处,资源储量907t,分布在阿拉善右旗的阿木乌苏地区。成因类型为低温热液型。成矿时代为中二叠世到早白垩世。

6. 锡矿

至2010年全区锡矿上表单元15个,包括以锡为主矿产的矿产地5处、共生锡上表单元5个、伴生锡上表单元5个,其中大型、特大型矿床3处,中型5处,其余为小型矿床或矿点。多数为共生和伴生矿床,独立锡矿床较少。资源储量403 140t。

在空间上,锡矿床集中分布在兴蒙造山系大兴安岭弧盆系的乌兰浩特-林西-克什克腾旗,华北陆块北缘受中生代构造岩浆活动也有少量分布。时间上,全区锡矿床的形成主要在早二叠世—早白垩世,尤其集中于侏罗纪—早白垩世。

7. 镍矿

内蒙古自治区已知镍矿床数量不多,至2010年全区已探明储量的镍矿床及共伴生镍矿床有12处,包括正在进行普查(部分详查)阶段工作的乌拉特后旗达布逊镍钴矿以及刚完成预查工作的阿拉善左旗小亚干铜镍钴多金属矿。其中大型矿床1处,中型3处,其余为小型矿床或矿点。多数为共生和伴生矿床,独立镍矿床较少。累计查明资源储量101 972t。

已探明的镍矿床、矿点,多沿华北陆块北缘深断裂带、索伦山-二连-贺根山蛇绿混杂岩带分布,这些断裂带往往切穿岩石圈,有利于幔源岩浆的上侵,此外在额济纳旗-北山弧盆系以及秦祁昆造山系也有零星分布。加里东晚期至海西期,是内蒙古自治区镍矿的主要成矿时期,其次为新元古代。

三、贵金属

1. 金矿

内蒙古自治区金矿资源分布相对比较集中,主要分布在华北陆块北缘乌拉特中旗—包头—赤峰地区,其他地区分布零星;成因比较复杂,类型多样,以岩浆热液型为主;中生代是最重要的金矿成矿期,其次为中元古代和古生代。矿床规模以小型及矿点为主,目前仅探明大型矿床5处(图2-27~图2-32)。成矿谱系见图2-33。

至2010年,全区共有金矿上表单元203个,其中单一和以金为主矿产的金矿产地161处,共生金上表单元6个,伴生金上表单元36个。全区累计查明的金资源储量为504.46t,其中基础储量326.69t,资源量177.77t。

2. 银矿

内蒙古自治区银矿床多沿华北陆块北缘深断裂带两侧及得尔布干断裂带之北西侧分布,集中分布

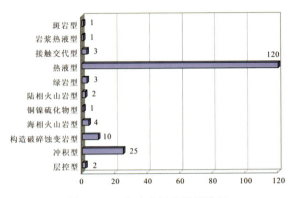
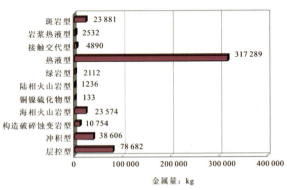

图 2-27 金矿成因类型统计图　　　　图 2-28 金矿成因类型与储量统计图

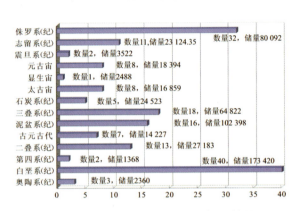

图 2-29 金矿矿床规模统计图　　　　图 2-30 不同成矿时代金矿数量统计图(储量:kg)

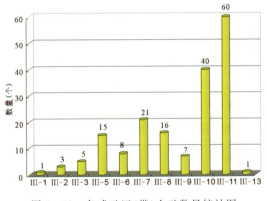
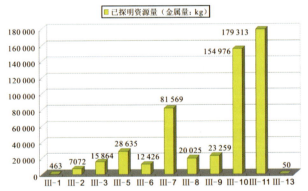

图 2-31 各成矿区(带)金矿数量统计图　　　　图 2-32 各成矿区(带)金矿资源量统计图

在大兴安岭弧盆系,该区内矿床个数占全区矿床的52%,已探明储量占全区储量的78%(图2-34、图2-35)。从元古宙—燕山期均有银矿产出,成矿作用由老到新逐渐增强,燕山期为最重要的成矿期。

至2010年,全区共有银矿上表单元214个,其中单一和以银为主共伴生其他矿产的银矿产地24处,共生银上表单元31个,伴生银上表单元159个。累计查明银矿资源储量31 522t,其中基础储量11 571t,资源量19 950t。大型矿床7处,中型26处,小型134处,矿(化)点75处。

四、稀土及非金属矿产

1. 稀土矿

内蒙古自治区是中国乃至世界的重要的稀土生产加工基地,分布有世界级超大型规模的白云鄂博

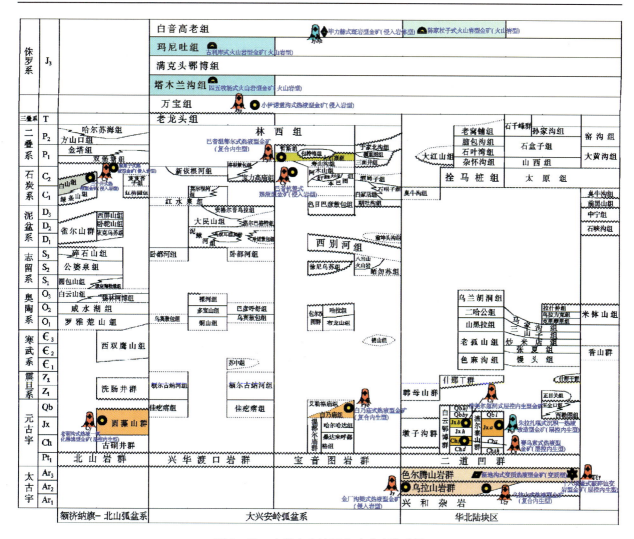

图 2-33　内蒙古自治区金矿成矿谱系图

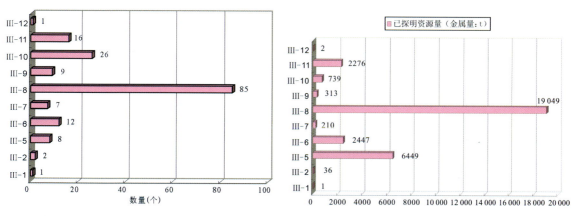

图 2-34　银矿按成矿区(带)数量统计图　　　　图 2-35　银矿按成矿区(带)资源储量统计图

铁稀土矿床和巴尔哲大型稀土矿床。成因类型主要为岩浆晚期热液交代型。

至 2010 年,全区共有稀土矿上表单元 7 个,其中包括稀土矿产地 2 处,共生稀土上表单元 2 个,伴生稀土上表单元 3 个。

内蒙古自治区稀土矿的形成时代跨越比较大,新太古代、元古宙、中生代均有分布,其中以中元古代和中生代为主。中元古代时期是内蒙古自治区及全国最重要的稀土成矿期,形成白云鄂博超大型稀土矿,占稀土总量的99%。中生代时期为岩浆晚期型稀土矿,以巴尔哲大型铌稀土矿为代表。在空间上,稀土矿主要集中分布在华北陆块北缘白云鄂博一带,其次分布于巴尔哲地区,在集宁三道沟、阿拉善右旗桃花拉山等地也有少量分布。

2. 硫铁矿

内蒙古自治区硫矿主要分布在狼山-渣尔泰山、准格尔旗-清水河县、白乃庙-哈达庙、黄岗梁-大井子、朝不楞-博克图及陈巴尔虎旗-根河等地区。集中分布在巴彦淖尔市,主要有东升庙、炭窑口、甲升盘、山片沟、对门山等大中型硫铁矿多金属矿区,保有资源储量占全区的94.6%。硫矿形成时代跨越比较大,从太古宙至新生代均有不同程度的分布,其中以中元古代和晚古生代为两个非常重要的成矿期,主要的大型、超大型硫矿均形成在这个时期。至2010年,全区共有硫铁矿上表单元32处,其中单一和以硫铁矿为主矿产的矿产地8处,共生硫铁矿上表单元5个,伴生上表单元19个。资源储量$60\,783.6\times10^4$t(图2-36、图2-37)。

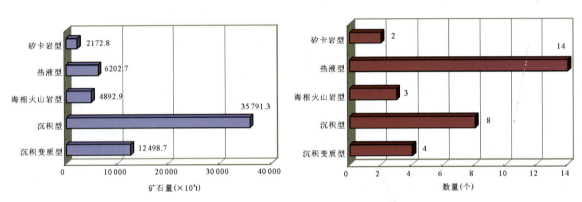

图2-36 硫铁矿成因类型与矿石量统计图　　图2-37 硫铁矿成因类型与数量统计图

3. 磷矿

内蒙古自治区已发现磷矿床(点)集中分布在华北陆块中西部地区。中元古代是重要的成矿期。

截至2009年底,内蒙古自治区上表磷矿区3处(布龙图磷矿、炭窑口磷矿、哈马胡头沟磷矿),提交资源量的磷矿区12处。资源储量$27\,763.4\times10^4$t。

4. 萤石矿

在内蒙古自治区境内,总体上大型矿床数量较少,占据萤石矿主导地位的应属小型矿床,其次为中型矿床。矿床的分布从地域上来看不是很集中,自最西端额济纳旗至东部鄂伦春自治旗,南起阿拉善盟北至额尔古纳市均发现有不同规模的萤石矿床、矿(化)点多处。内蒙古自治区内萤石矿主要为热液充填型矿床,形成时代多集中于燕山期,次为海西期、印支期。成矿谱系见图2-38。

内蒙古自治区区内现有萤石矿床(点)共计50个,特大型矿床2处,探明资源总量为1296.241×10^4t(不含白云鄂博伴生萤石矿);中型矿床10处,探明资源总量为415.405×10^4t;小型矿床27处,探明资源总量为187.065×10^4t;矿(化)点11处,探明资源总量为1.507×10^4t。全区萤石矿累积探明资源量1900.224×10^4t。

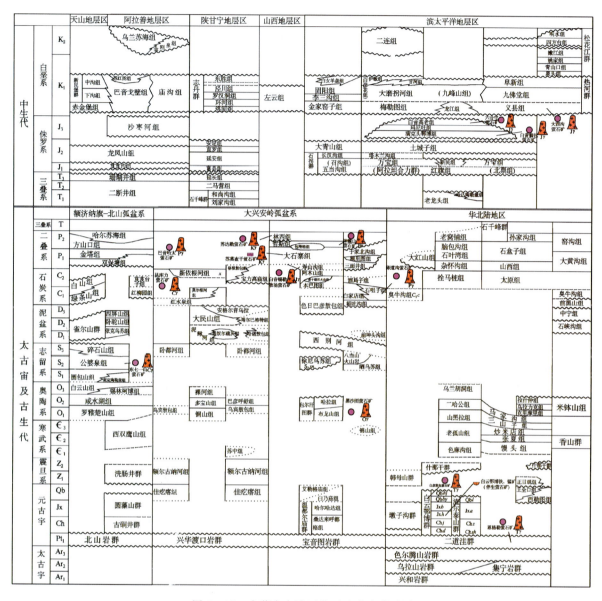

图 2-38 内蒙古自治区萤石矿成矿谱系图

第三章 主要矿床类型及矿产预测类型

第一节 铁 矿

一、矿床类型及主要特征

铁矿床成因类型主要有沉积变质型、矽卡岩型、海相火山岩型、热液型、沉积型(包括陆相沉积型、海底喷流沉积型)等,以沉积变质型和沉积型为主。

1. 沉积变质型铁矿

沉积变质型铁矿床是区内重要的铁矿床类型,其查明铁矿石资源储量占全区铁矿石总量的35%。主要分布在华北陆块北缘的包头—集宁地区和赤峰地区,在乌海市及阿拉善盟也有少量分布。赋存于新太古代色尔腾山岩群(三合明式)、中太古代乌拉山岩群(贾格尔其庙式)及古太古代兴和岩群(壕赖沟式)中。中、大型矿床主要产于色尔腾山岩群中。

铁矿的赋矿围岩主要为麻粒岩类(兴和岩群)、片麻岩类(乌拉山岩群和色尔腾山岩群)。矿体受褶皱控制明显,后期断裂破坏严重。矿体多呈层状、似层状、透镜状及马鞍状等。延深及延长一般不稳定,几十米至几百米不等,厚度变化大,在褶皱轴部变厚,向两翼逐渐变薄,甚至拉断。一般几米到几十米。

矿石构造大多为条带状或条纹状,表现为以石英为主的条带(纹)和以磁铁矿为主的条带(纹)相间产出。由于变质程度的不同,矿石的粒度有一定差异,变质程度深,矿石粒度较粗(壕赖沟铁矿),反之粒度较细(三合明铁矿)。金属矿物主要为磁铁矿,次为假象赤铁矿,可含少量黄铁矿和磁黄铁矿。

2. 海相火山岩型铁矿

按形成时代划分为中元古代温都尔庙式和晚古生代黑鹰山式海相火山岩型铁矿,二者均分布在天山-兴蒙造山系中,集中分布在内蒙古自治区中部苏尼特右旗和阿盟额济纳旗北山地区,目前发现有矿床10余处,规模均为中小型。主要为与海相中偏基性(或偏酸性)火山活动有关的铁矿床。其中温都尔庙式铁矿含矿岩系为中元古代温都尔庙群,铁矿主要赋存在桑达来音呼都格组海相火山岩建造上部和哈尔哈达组碎屑岩-火山岩建造下部,黑鹰山式铁矿产于下石炭统白山组凝灰岩和碧玉岩中,局部铁矿体产于石英斜长斑岩及石英正长斑岩脉中。矿体呈层状、似层状和透镜状及不规则状,与围岩产状一致或呈渐变关系。主要铁矿物为假象半假象赤铁矿、磁铁矿、褐铁矿,少量针铁矿、纤铁矿、镜铁矿。

3. 接触交代-热液型铁矿

该类型包括接触交代型(矽卡岩型)铁矿床和热液型铁矿床,在内蒙古自治区分布最为广泛。成矿时代以古生代和中生代为主。其储量约占全区铁矿床查明资源储量总数的15%。

(1)接触交代(矽卡岩)型铁矿床。主要分布在大兴安岭、华北地台北缘和阿拉善盟地区。成矿与海西期中性中偏基性(或偏碱性)侵入体(卡休他他式铁钴矿、沙拉西别式铁铜矿)、中酸性侵入体(梨子山式铁钼矿、索索井式铁铜矿)及燕山期中酸性侵入体(黄岗式铁锡矿、朝不楞式矽卡岩型铁锌矿)等有关。矿体呈似层状、透镜状、马鞍状及楔状。金属矿物主要有磁铁矿,其他矿石矿物有闪锌矿或锡石或辉钼矿等。

(2)热液型铁矿床。主要受不同时代侵入岩(花岗岩)(主要是晚古生代和燕山期)及断裂构造控制。有分布在额尔古纳岛弧的地营子式中低温热液铁矿床,锡林浩特岩浆弧的马鞍山式中高温热液铁矿床,走廊弧后盆地的阎地拉图式低温热液铁矿。矿体呈不规则脉状、透镜状。矿石矿物以赤铁矿、褐铁矿、磁铁矿为主。

4. 沉积型铁矿

(1)陆相沉积型铁矿床。主要分布在华北陆块上,矿床规模多为小型,成矿时代为石炭纪—二叠纪。有分布在乌海地区的雀儿沟铁矿,呼和浩特市清水河地区的西磁窑沟铁矿等。赋矿围岩为太原组碎屑岩-泥岩-煤建造。矿体呈似层状、透镜状,与围岩产状一致,多数近水平。有用金属矿物主要为褐铁矿。

(2)海底喷流沉积型铁矿床。分布在狼山-渣尔泰山及白云鄂博中元古代裂谷内,赋矿地层为渣尔泰山群阿古鲁沟组碳质板岩(霍各乞式)和白云鄂博群哈拉霍疙特组白云岩(亦称 H8 段)(白云鄂博式)。矿体与围岩产状一致,呈层状产出。有用矿物主要为磁铁矿,霍各乞式共伴生有铜铅锌硫等,白云鄂博式共伴生有铌矿物和稀土矿物等。

二、矿产预测类型划分及其分布范围

根据内蒙古自治区的铁矿床的空间分布情况和地质特征,共划分出 25 个铁矿预测类型,31 个预测工作区(图 3-1,表 3-1)。

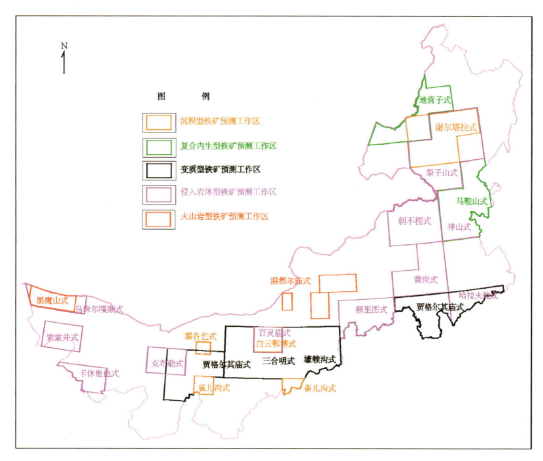

图 3-1 内蒙古自治区铁矿预测类型分布示意图

表 3-1　内蒙古自治区铁矿预测类型一览表

序号	矿产预测类型	成矿时代	矿种	典型矿床	构造分区名称	研究范围	预测方法类型	预测工作区名称	全国矿产预测类型
1	白云鄂博式喷流沉积型铁矿	Pt_2	Fe、Nb、REE	白云鄂博铁铌稀土矿	狼山-白云鄂博裂谷(Pt_2)	白云鄂博地区	沉积型	白云鄂博预测工作区	白云鄂博式
2	百灵庙式风化淋滤型铁矿	P	Fe	百灵庙铁矿	狼山-白云鄂博裂谷(Pt_2)	百灵庙地区	复合内生型	百灵庙预测工作区	朱崖式
3	壕赖沟式沉积变质型铁矿	Ar_1	Fe	壕赖沟铁矿	华北陆块区	包头—集宁地区	变质型	包头—集宁地区(古太古代)预测工作区	鞍山式
4	三合明式沉积变质型铁矿	Ar_3	Fe	三合明铁矿	华北陆块区	包头—集宁地区	变质型	包头—集宁地区(新太古代)预测工作区	鞍山式
5	王成沟式沉积型铁矿	Pt_2	Fe	王成沟铁矿	色尔腾山-太仆寺旗古岩浆弧(Ar)	王成沟和西德令山地区	沉积型	乌拉特后旗预测工作区	宣龙式
6	雀儿沟式沉积型铁矿	C_2	Fe	雀儿沟铁矿	贺兰山夭折裂谷(Pz_1)	雀儿沟地区	沉积型	雀儿沟预测工作区	山西式
					吕梁碳酸盐岩台地	清水河地区	沉积型	偏关县预测工作区	山西式
7	额里图式矽卡岩型铁矿	J	Fe	额里图铁矿	狼山-白云鄂博裂谷(Pt_2)	额里图地区	侵入岩体型	正镶白旗-多伦县预测工作区	黄岗式
8	朝不楞式矽卡岩型铁矿	K_1	Fe、Zn、Cu	朝不楞铁锌矿	东乌旗-多宝山岛弧(O、D、C)	朝不楞-苏呼河地区	侵入岩体型	朝不楞-苏呼河预测工作区	黄岗式
9	黄岗式矽卡岩型铁矿	K_1	Fe Sn	黄岗铁锡矿	锡林浩特岩浆弧	黄岗、神山地区	侵入岩体型	克旗-西乌旗预测工作区	黄岗式
10	宽湾井式沉积型铁矿	Nh—Z	Fe	宽湾井铁矿	龙首山基底杂岩带(Ar)	宽湾井地区	沉积型	宽湾井预测工作区	宽湾井式
11	卡休他他式矽卡岩型铁矿	Pz_1	Fe、Co	卡休他他铁矿	哈特布其岩浆弧	卡休他他地区	侵入岩体型	卡休他他预测工作区	野马泉式
12	阎地拉图式热液型铁矿	C_1	Fe	阎地拉图铁矿	走廊弧后盆地(O—S)	阎地拉图地区	复合内生型	阎地拉图预测工作区	野马泉式

续表3-1

序号	矿产预测类型	成矿时代	矿种	典型矿床	构造分区名称	研究范围	预测方法类型	预测工作区名称	全国矿产预测类型
13	克布勒式矽卡岩型铁矿	C_2	Fe、Cu、S	沙拉西别铁铜矿	叠布斯格岩浆弧	沙拉西别地区	侵入岩体型	克布勒预测工作区	野马泉式
14	乌珠尔嘎顺式矽卡岩型铁矿	C	Fe	乌珠尔嘎顺铁矿	额济纳旗-北山弧盆系	乌珠尔嘎顺地区	侵入岩体型	乌珠尔嘎顺预测工作区	黄岗式
15	黑鹰山式海相火山岩型铁矿	C_1	Fe	黑鹰山铁矿	额济纳旗-北山弧盆系	黑鹰山地区	火山岩型	黑鹰山预测工作区	黑鹰山式
16	索索井式矽卡岩型铁矿	T	Fe、Cu、Zn、Pb	索索井铁铜矿	额济纳旗-北山弧盆系	索索井地区	侵入岩体型	索索井预测工作区	野马泉式
17	哈拉火烧式矽卡岩型铁矿	P	Fe	哈拉火烧铁矿	恒山-承德-建平古岩浆弧(Ar)	哈拉火烧地区	侵入岩体型	哈拉火烧预测工作区	黄岗式
18	谢尔塔拉式海相火山岩型铁矿	C	Fe	谢尔塔拉铁锌矿	海拉尔-呼玛弧后盆地(Pz)	谢尔塔拉地区	火山岩型	谢尔塔拉预测工作区	谢尔塔拉式
19	马鞍山式热液型铁矿	J	Fe、Cu	马鞍山铁矿	锡林浩特岩浆弧	马鞍山地区	复合内生型	马鞍山-神山预测工作区	黄岗式
20	温都尔庙式海相火山岩型铁矿	Pt_2	Fe	白云敖包铁矿	锡林浩特岩浆弧(Pz)包尔汉图-温都尔庙弧盆系	温都尔庙地区	火山岩型	脑木根预测工作区	温都尔庙式
								苏尼特左旗预测工作区	温都尔庙式
								二道井预测工作区	温都尔庙式
21	地营子式热液型铁床	J	Fe	地营子铁矿	额尔古纳岛弧(Pt_3)	地营子地区	复合内生型	满洲里-地营子预测工作区	黄岗式
22	神山式矽卡岩型铁矿	J—K	Fe、Cu	神山铁铜矿	锡林浩特岩浆弧	马鞍山—神山地区	侵入岩体型	马鞍山-神山预测工作区	黄岗式
23	梨子山式矽卡岩铁矿	D_3—C	Fe、Mo	梨子山铁钼矿	东乌旗-多宝山岛弧(Pz)	梨子山地区	侵入岩型	罕达盖-梨子山预测工作区	黄岗式

续表 3-1

序号	矿产预测类型	成矿时代	矿种	典型矿床	构造分区名称	研究范围	预测方法类型	预测工作区名称	全国矿产预测类型
24	贾格尔其庙式沉积变质型铁矿	Ar_2	Fe	贾格尔其庙铁矿	华北陆块区	包头—集宁地区	变质岩型	包头—集宁地区中太古代变质岩型铁矿预测工作区	鞍山式
						图克木—吉兰泰地区	变质岩型	图克木—吉兰泰中太古代变质岩型铁矿预测工作区	鞍山式
						赤峰地区	变质岩型	赤峰地区中太古代变质岩型铁矿预测工作区	鞍山式
25	霍各乞式海底喷流沉积型铁矿	Pt_2	Cu、Pb、Zn、Fe	霍各乞铜铅锌铁矿	狼山-白云鄂博裂谷	霍各乞地区	沉积型	霍各乞预测工作区	霍各乞式

第二节 锰 矿

一、矿床类型及主要特征

内蒙古自治区锰矿床成因类型主要有热液型和沉积变质型。

1. 热液型锰矿

该类型锰矿分布广，多为矿点、矿化点，共伴生矿多。

西里庙式热液型锰矿位于内蒙古自治区四子王旗卫井苏木，矿体产于下二叠统大石寨组第二段第一岩石组合下部的凝灰质砂砾岩与青灰色厚层状微晶灰岩接触处，这是矿区锰矿的主要产出部位或富集部位，也见有产于灰岩、凝灰质砂砾岩中的次要矿层。矿体呈层状，形态规则，矿体与围岩界线明显。矿石矿物为硬锰矿和软锰矿，属氧化锰矿石。

额仁陶勒盖式热液型银锰矿位于新巴尔虎右旗，围岩成分简单，岩性单一，主要为硅化安山岩，偶见绿泥石化或绢云母化安山岩。矿体严格受控于断裂构造，主要矿化与充填-交代形成的石英脉密切相关，均呈脉状产出，矿体局部呈膨缩现象，沿倾向延长具舒缓波状。银锰矿石主要矿物为角银矿、硬锰矿。

2. 沉积变质型锰矿

该类型锰矿赋存于古生代、中元古代地层中，受到后期的变质作用的改造。分布少，但储量较大。主要有乔二沟锰矿、东加干锰矿等。分布在巴彦淖尔市乌拉特前旗及乌拉特中旗，赋矿地层为中元古代阿古鲁沟组或中—下奥陶统乌宾敖包组，矿体形态较为简单，与围岩产状一致，主要呈似层状产出，局部有分支复合现象。矿石矿物主要为硬锰矿和软锰矿。

二、矿产预测类型划分及其分布范围

根据内蒙古自治区锰矿床空间分布和矿床特征，共划分出 5 个锰矿预测类型和 5 个预测工作区（图 3-2，表 3-2）。

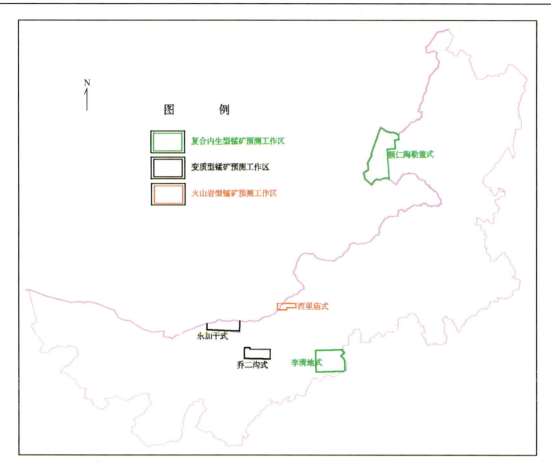

图 3-2 内蒙古自治区锰矿预测类型分布示意图

表 3-2 内蒙古自治区锰矿预测类型一览表

序号	矿产预测类型	成矿时代	矿种	典型矿床	构造分区名称	研究范围	预测方法类型	预测工作区名称	全国矿产预测类型
1	额仁陶勒盖式热液型银锰矿	J—K	Mn、Ag	额仁陶勒盖锰银矿	额尔古纳岛弧(Pt_3)	新巴尔虎右旗地区	复合内生型	额仁陶勒盖预测工作区	额仁陶勒盖式
2	李清地式热液型银锰多金属矿	J—K	Mn、Ag、Pb、Zn	李清地银锰矿	固阳-兴和陆核	集宁	复合内生型	李清地预测工作区	额仁陶勒盖式
3	西里庙式火山热液型锰矿	P	Mn	西里庙锰矿	锡林浩特岩浆弧	二连浩特市	火山岩型	西里庙预测工作区	西里庙式
4	东加干式沉积变质型锰矿	O_2	Mn	东加干锰矿	宝音图岩浆弧(Pz)	乌拉特中旗地区	变质型	东加干预测工作区	黑峡口式
5	乔二沟式沉积变质型锰矿	Pt_2	Mn	乔二沟锰矿	狼山-白云鄂博裂谷(Pt_2)	巴彦诺尔市	变质型	乔二沟预测工作区	黑峡口式

第三节 铬铁矿

一、矿床类型及主要特征

内蒙古自治区铬铁矿床类型为产于蛇绿岩中变质地幔岩局部熔融改造型。

主要分布于索伦山蛇绿岩带、贺根山蛇绿岩带及柯单山蛇绿岩带内的超镁铁质岩块内。矿体往往集中在纯橄榄岩异离体的中上部，往下逐渐减弱。矿体呈透镜状、豆荚状等断续分布。矿石主要结构为等粒浸染状自形—半自形结构，构造主要为浸染状、显微网环状、网状构造，其次为条带状和斑杂状构造。矿石矿物以铬尖晶石为主，少量磁铁矿、磁黄铁矿、镍黄铁矿、黄铁矿、黄铜矿和赤铁矿。围岩蚀变有蛇纹石化、闪石化、绢石化、碳酸盐化、绿泥石化、硅化等，以蛇石化为主。矿石工业类型有富铬的冶金型（索伦山）、富铝的耐火型（贺根山）、冶金用贫铬铁矿石（柯单山）。

二、矿产预测类型划分及其分布范围

根据内蒙古自治区铬矿床空间分布和矿床特征，划分了4个铬铁矿预测类型和6个预测工作区（图3-3，表3-3）。

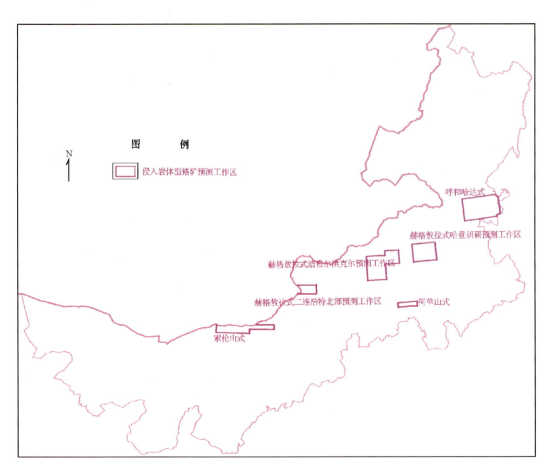

图3-3 内蒙古自治区铬铁矿预测类型分布示意图

表3-3 内蒙古自治区铬铁矿预测类型一览表

序号	矿产预测类型	成矿时代	矿种	典型矿床	构造分区名称	研究范围	预测方法类型	预测工作区名称	全国矿产预测类型
1	呼和哈达式岩浆岩型铬铁矿	P_3	铬铁矿	呼和哈达铬铁矿	二连-贺根山蛇绿混杂岩带(Pz_2)	呼和哈达地区	侵入岩体型	乌兰浩特预测工作区	贺根山式
2	柯单山式蛇绿岩型铬铁矿	O_2	铬铁矿	柯单山铬铁矿	索伦山-西拉木伦结合带	柯单山地区	侵入岩体型	柯单山预测工作区	贺根山式
3	赫格敖拉式蛇绿岩型铬铁矿	D_{2-3}	铬铁矿	赫格敖拉铬铁矿	二连-贺根山蛇绿混杂岩带(Pz_2)	二连浩特地区	侵入岩体型	二连浩特北部预测工作区	贺根山式
						浩雅尔洪克尔地区		浩雅尔洪克尔预测工作区	
						哈登胡硕地区		哈登胡硕预测工作区	
4	索伦山式蛇绿岩型铬铁矿	P_1	铬铁矿	索伦山铬铁矿	索伦山蛇绿混杂岩带(Pz_2)	索伦山地区	侵入岩体型	索伦山预测工作区	索伦山式

第四节 铜 矿

一、矿床类型及主要特征

内蒙古自治区铜矿床类型主要有斑岩型、海底喷流沉积-改造型、火山-次火山岩型、热液型(狭义)、矽卡岩型以及与超基性岩有关的铜镍硫化物型等6种类型。其中以斑岩型、喷流-沉积改造型、火山-次火山热液型及热液型为主要类型,其他成因类型多为小型矿床、矿点及矿化点。

1. 海底喷流沉积-改造型铜矿

该类型铜矿主要分布在华北陆块北缘狼山-渣尔泰山裂谷内,赋存在中新元古界渣尔泰山群阿古鲁沟组中,主要有霍各乞铜多金属矿、东升庙铅锌铜硫矿和炭窑口铜锌矿等。

含铜矿岩系为渣尔泰山群阿古鲁沟组碳质石英岩,铅锌矿主要赋存于碳质板岩和白云岩中。矿体呈似层状(板状)产出。矿石中有用元素主要有铜、铅、锌,可综合利用银、铟、镉、铁、硫。金属矿物主要有黄铜矿、方铅矿、铁闪锌矿、磁黄铁矿、黄铁矿、磁铁矿。次要矿物有方黄铜矿、斑铜矿、毒砂等。

2. 斑岩型铜矿

区内该类型铜矿床主要与燕山期斑状中酸性侵入岩体有成因联系,分布在大兴安岭地区。有乌努格吐山铜钼矿、敖瑙达巴铜锡矿、车户沟铜钼矿等。

多与钼矿共伴生。矿体主要赋存在斑岩体的内接触带,矿体形态呈不规则状、脉状及透镜状,矿石矿物有黄铜矿、辉钼矿、黄铁矿、铜蓝、斑铜矿、黝铜矿、辉铜矿；次为赤铁矿、方铅矿、闪锌矿、磁铁矿、毒砂等。矿石具有明显的分带性，由蚀变中心向外从细粒浸染状为主到细脉浸染状为主。围岩蚀变具有典型的斑岩铜钼矿床蚀变特征，蚀变分带明显，与矿化关系十分密切。

3. 矽卡岩型铜矿

内蒙古自治区有工业意义的矽卡岩型铜矿床比较少，有宫胡洞铜矿和盖沙图铜矿，主要分布在华北陆块北缘。矿体主要产于中性、中酸性或酸性中浅成侵入体和碳酸盐或火山－沉积岩系围岩的接触带矽卡岩或附近围岩中，近矿围岩碱质交代现象显著。此外，矽卡岩型铁多金属矿床（如罕达盖等）均伴生有一定储量的铜矿。

4. 热液型铜矿

受海西期—燕山期中酸性侵入岩及断裂构造控制，成矿时代主要为燕山期，海西期、印支期少量。主要有分布在锡林浩特岩浆弧上的布敦花中低温热液铜矿床、道伦达坝中高温热液型铜矿床；西部红石山裂谷上的珠斯楞中高温热液铜矿床，哈布其特岩浆弧上的欧布拉格中低温热液型铜矿床；内蒙古自治区中东部温都尔庙俯冲增生杂岩带上的白马石沟中温热液型铜矿床等。矿体受断裂控制，呈脉状、不规则状、透镜状等分布于围岩中，主要矿物为黄铜矿、磁黄铁矿、闪锌矿、方铅矿等。围岩蚀变可见硅化、黄铁绢云岩化、碳酸盐化、绿泥石化、高岭土化、钾长石化、云英岩化、萤石化、电气石化等。

5. 火山岩型铜矿

该类型铜矿包括与陆相火山-次火山活动有关的铜矿床及与海相火山活动有关的块状硫化物型铜矿床。

（1）陆相火山岩型铜矿床：主要有奥尤特铜矿，位于扎兰屯-多宝山岛弧上，为小型，成矿时代为晚侏罗世。赋矿围岩为上侏罗统玛尼吐组中性火山熔岩-碎屑岩建造。矿体呈细脉型、浸染型、斑杂型、蜂窝型和角砾型。矿石矿物主要为蓝铜矿、孔雀石、褐铁矿、赤铜矿、黑铜矿、辉铜矿。

（2）海相火山岩型铜矿床：主要分布在天山-兴蒙造山系中的温都尔庙弧盆系和大兴安岭弧盆系，成矿时代为新元古代和古生代。

白乃庙海相火山岩型铜矿床：位于包尔汉图-温都尔庙俯冲增生杂岩带上，赋矿围岩为新元古界白乃庙组岛弧火山-沉积岩系（也有研究认为白乃庙组形成于早古生代），受区域变质作用底部形绿片建造，其原岩为海底喷发的基性—中酸性火山熔岩、凝灰岩夹正常沉积的碎屑岩和碳酸盐。矿体呈似层状产出，与围岩产状一致。矿石类型有花岗闪长斑岩型铜矿石（钼矿石）、绿片岩型铜矿石（钼矿石）。矿石矿物为黄铜矿、黄铁矿、辉钼矿。后期的花岗闪长斑岩对成矿也贡献。

小坝梁铜金矿：与古生代岛弧火山岩关系密切。赋矿围岩为下二叠统格根敖包组安山质凝灰岩、石英角斑岩、凝灰质砂岩、凝灰质粉砂岩及少量的粗安岩。矿体呈透镜状、似层状，与围岩产状基本一致；矿石矿物主要为黄铜矿、黄铁矿、斑铜矿等，围岩蚀变有绿泥石化、绢云母化、次闪石化、硅化、碳酸盐化、青磐岩化，其中以绿泥石化为主。查干哈达庙铜矿、别鲁乌图铜矿等也是海相火山岩型，只是赋矿围岩为石炭系本巴图组。

6. 与基性—超基性侵入杂岩体有关的硫化物型铜矿

该类型铜矿床主要分布在华北陆块北缘，与深大断裂（槽台断裂）密切相关，为与基性—超基性侵入岩有关的深部熔离-贯入型矿床。成矿时代主要为古生代。

矿体可以分为两种：一是熔离型，如克布铜镍矿、小南山铜镍矿等，矿体呈层状或透镜状，多位于岩体底部或中下部；另一种是熔离-贯入型，如小南山，矿体受岩体与围岩的接触带或围岩中的断裂控制，多呈脉状、透镜状及不规则状。

矿石矿物主要有黄铁矿、紫硫镍铁矿、黄铜矿、磁黄铁矿、辉铜矿,还有少量的斑铜矿、辉砷钴镍矿、锑针镍矿、方黄铜矿、闪锌矿、镍矿、辉砷钴镍矿等。主要铂族矿物为砷铂矿、硫锇钌矿、碲钯矿、锑碲钯矿等。围岩蚀变表现为次闪石化、绿泥石化、钠帘石化、绢云母化。

二、矿产预测类型划分及其分布范围

根据内蒙古自治区的铜矿床分布情况和特征,划分出18个矿产预测类型和18个预测工作区(图3-4,表3-4)。

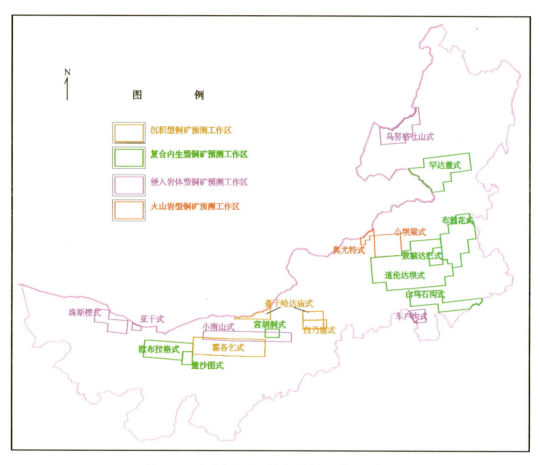

图3-4 内蒙古自治区铜矿预测类型分布示意图

表3-4 内蒙古自治区铜矿预测类型一览表

序号	矿产预测类型	成矿时代	矿种	典型矿床	构造分区名称	研究区范围	预测方法类型	预测工作区名称	全国矿产预测类型
1	霍各乞式海底喷流沉积型铜矿	Pt_2	Cu、Pb、Zn	霍各乞铜铅锌多金属矿	狼山-白云鄂博裂谷(Pt_2)	乌拉特中旗	沉积型	乌拉特中旗预测工作区	霍各乞式
2	查干哈达庙式海相火山岩型铜矿	C_2	Cu	查干哈达庙铜矿、别鲁乌图铜矿	温都尔庙俯冲增生杂岩带	达茂旗满都拉地区和白乃庙地区	沉积型	查干哈达庙预测工作区	刘山岩式
								别鲁乌图预测工作区	

续表 3-4

序号	矿产预测类型	成矿时代	矿种	典型矿床	构造分区名称	研究区范围	预测方法类型	预测工作区名称	全国矿产预测类型
3	白乃庙式海相火山岩型铜多金属矿	C	Cu、Mo	白乃庙铜钼矿	温都尔庙俯冲增生杂岩带	白乃庙地区	沉积型	白乃庙预测工作区	白乃庙式
4	乌努格吐式斑岩型铜钼矿	J	Cu、Mo	乌努格吐山铜钼矿	额尔古纳岛弧	海拉尔地区	侵入岩体型	乌努格吐预测工作区	乌努格吐山式
5	敖瑙达巴式斑岩型铜矿	J_2-K_1	Cu、Sn	敖瑙达巴铜锡矿	锡林浩特岩浆弧	阿鲁科尔沁地区	侵入岩体型	敖瑙达巴预测工作区	乌奴格吐山式
6	车户沟式斑岩型铜钼矿	K	Cu、Mo	车户沟铜钼矿	冀北古弧盆系	赤峰地区	侵入岩体型	车户沟预测工作区	乌奴格吐山式
7	小南山式岩浆型铜镍矿	Pz	Cu、Ni	小南山铜镍矿	狼山-白云鄂博裂谷	四子王、达茂、乌拉特后旗	侵入岩体型	小南山预测工作区	小南山式
8	珠斯楞式斑岩型铜矿	C—P	Cu	珠斯楞铜矿	红石山裂谷	额勒根—珠斯楞地区	侵入岩体型	珠斯楞预测工作区	乌奴格吐山式
9	亚干式岩浆型铜镍矿	Pt_3	Cu、Ni	亚干铜镍矿	红石山裂谷	阿拉善左旗	侵入岩体型	亚干预测工作区	小南山式
10	奥尤特式陆相火山岩型铜矿	J_2	Cu	奥尤特铜矿	东乌旗-多宝山岛弧	锡林浩特	火山岩型	奥尤特预测工作区	刁泉式
11	小坝梁式海相火山岩型铜矿	C—P	Cu、Au	小坝梁铜金矿	东乌旗-多宝山岛弧	锡林浩特小坝梁地区	火山岩型	小坝梁预测工作区	刘山岩式
12	欧布拉格式热液型铜矿	P	Cu、Au	欧布拉格铜矿	哈布其特岩浆弧	欧布拉格-巴彦毛道	复合内生型	欧布拉格预测工作区	莲花山式
13	宫胡洞式矽卡岩型铜矿	D—P	Cu、Au、Ag	宫胡洞铜矿	温都尔庙俯冲增生杂岩带、狼山-白云鄂博裂谷	狼山、白云鄂博地区	复合内生型	宫胡洞预测工作区	寿王坟式
14	罕达盖式矽卡岩型铜多金属矿	C—P	Fe、Cu	罕达盖铁铜矿	东乌旗-多宝山岛弧	罕达盖地区	复合内生型	罕达盖预测工作区	寿王坟式
15	白马石沟式热液型铜矿	T—J	Cu	白马石沟铜矿	温都尔庙俯冲增生杂岩带	赤峰白马石沟-喇嘛洞	复合内生型	白马石沟预测工作区	莲花山式
16	布敦花式热液铜矿	J_2	Cu	布敦花铜矿	锡林浩特岩浆弧	通辽科尔沁右翼中旗、突泉	复合内生型	布敦花预测工作区	莲花山式
17	道伦达坝式热液铜矿	P—T	Cu	道伦达坝铜矿	锡林浩特岩浆弧	赤峰、锡林浩特	复合内生型	道伦达坝预测工作区	莲花山式
18	盖沙图矽卡岩型铜矿	P	Cu	盖沙图铜矿	狼山-白云鄂博裂谷(Pt_2)	磴口县	复合内生型	盖沙图预测工作区	寿王坟式

第五节 铅锌矿

一、矿床类型及主要特征

内蒙古自治区铅锌矿成因类型主要有矽卡岩型、热液型、海底喷流沉积型等。

1. 矽卡岩型铅锌矿

矽卡岩型是内蒙古自治区境内最主要的铅锌矿床类型：一类是以铅锌为主，如白音诺尔铅锌矿；一类是与铁锡铜等共生的锌多金属矿，如浩布高锌多金属矿床等。一般具规模大、品位高、可选性好等特点。

主要分布在大兴安岭中南段。在突泉—林西一带，赋矿地层为下二叠统大石寨组碳酸盐岩-安山岩建造和中二叠统哲斯组砂板岩-碳酸盐岩建造；在东乌旗朝不楞一带，赋矿地层为泥盆系塔尔巴格特组碎屑岩-碳酸盐岩建造；构造上通常产于基底隆起和断陷火山盆地交接带的基底隆起一侧或隆坳交接带位置；与成矿作用关系密切的岩体主要是燕山期中酸性火山-侵入杂岩或中酸性侵入岩（闪长玢岩、花岗闪长斑岩、花岗斑岩等）。

2. 热液型铅锌矿

热液型是内蒙古自治区分布较广的铅锌矿床类型，可进一步划分为：

（1）与燕山期中酸性侵入-火山杂岩有关的热液型铅锌矿。代表性矿床如甲乌拉、比利亚古、李清地、得耳布尔、二道河铅锌多金属矿。矿床主要产于隆坳交接带附近，北东和北西向断裂构造系统控矿；成矿与酸性、浅成、浅剥蚀的侵入-火山杂岩体有关，矿脉周围发育强烈的硅化、铁锰碳酸盐化、绢英岩化蚀变。

（2）与火山岩有关的层控热液型铅锌矿床。目前仅发现扎木钦1处，矿体赋存于地表以下300～500m之间，均为隐伏矿体。呈层状或似层状赋存于凝灰岩及凝灰质角砾岩中，矿体与围岩界线不清，围岩亦有弱矿化现象，矿体多依据采样化验而定。

3. 海底喷流沉积型铅锌矿

产于华北板块北缘中元古代裂陷槽（裂谷）内。赋矿地层为渣尔泰山群阿古鲁沟组碳质砂板岩。矿体呈似层状、镜透状产出，矿床有用元素组合自西向东变化为：Cu(PbZn)（霍各乞）→Zn 为主多金属，Cu>Pb（炭窑口）→Zn 为主多金属，Cu≈Pb（东升庙）→Zn、Pb、S，尤 Cu（甲生盘）。

二、矿产预测类型划分及其分布范围

本次工作铅锌矿共划分了15个矿产预测类型，确定4种预测方法类型。根据矿产预测类型及预测方法类型共划分了15个预测工作区（图3-5，表3-5）。

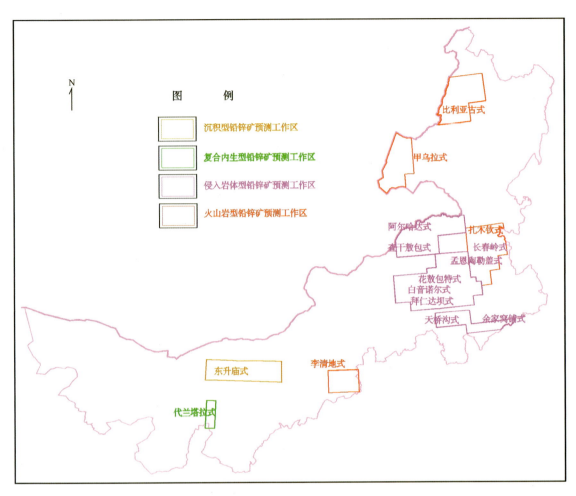

图 3-5　内蒙古自治区铅锌矿预测类型分布示意图

表 3-5　内蒙古自治区铅锌矿预测类型一览表

序号	矿产预测类型	成矿时代	矿种	典型矿床	构造分区名称	研究区范围	预测方法类型	预测工作区名称	全国矿产预测类型
1	东升庙式喷流沉积型铅锌矿	Pt_2	Pb、Zn	东升庙铅锌矿	狼山-白云鄂博裂谷	东升庙地区	沉积型	东升庙预测工作区	甲生盘式
2	查干敖包式矽卡岩锌矿	J—K	Zn	查干敖包铅锌矿	东乌旗-多宝山岛弧	朝不楞地区	侵入岩体型	查干敖包预测工作区	白音诺尔式
3	天桥沟式岩浆热液型铅锌矿	J—K	Pb、Zn	天桥沟铅锌矿	温都尔庙俯冲增生杂岩带	翁牛特旗	侵入岩体型	天桥沟预测工作区	拜仁达坝式
4	阿尔哈达式岩浆热液型铅锌银矿	J—K	Pb、Zn、Ag	阿尔哈达铅锌矿	东乌旗-多宝山岛弧	朝不楞地区	侵入岩体型	阿尔哈达预测工作区	拜仁达坝式

续表 3-5

序号	矿产预测类型	成矿时代	矿种	典型矿床	构造分区名称	研究区范围	预测方法类型	预测工作区名称	全国矿产预测类型
5	长春岭式岩浆热液型银铅锌矿	J	Ag、Pb、Zn	长春岭银铅锌矿	锡林浩特岛弧	科尔沁右翼中旗	侵入岩体型	长春岭预测工作区	拜仁达坝式
6	拜仁达坝式岩浆热液型银铅锌多金属矿	K	Cu、Ag、Pb、Zn	拜仁达坝铅锌矿	锡林浩特岛弧	黄岗地区	侵入岩体型	拜仁达坝预测工作区	拜仁达坝式
7	孟恩陶勒盖式热液型铅锌银矿	J	Pb、Zn、Ag	孟恩陶勒盖铅锌矿	锡林浩特岛弧	科尔沁右翼中旗	侵入岩体型	孟恩陶勒盖预测工作区	拜仁达坝式
8	白音诺尔式矽卡岩型铅锌矿	J—K	Pb、Zn	白音诺尔、浩布高铅锌矿	林西残余盆地	黄岗地区	侵入岩体型	白音诺尔预测工作区	拜仁达坝式
9	余家窝铺式矽卡岩型铅锌矿	J—K	Pb、Zn	余家窝铺、荷尔乌苏铅锌矿	温都尔庙俯冲增生杂岩带	翁牛特旗	侵入岩体型	余家窝铺预测工作区	白音诺尔式
10	比利亚古式火山岩型铅锌矿	J	Pb、Zn	比利亚古、三河、二道河子铅锌矿	额尔古纳岛弧	额尔古纳市	火山岩型	比利亚古预测工作区	甲乌拉式
11	扎木钦式火山岩型铅锌矿	J—K	Pb、Zn	扎木钦铅锌矿	锡林浩特岛弧	科尔沁右翼中旗	火山岩型	扎木钦预测工作区	扎木钦式
12	李清地式火山岩型铅锌银矿	J—K	Pb、Zn	李清地铅锌银矿	固阳-兴和古陆核	乌兰察布市南部	火山岩型	李清地预测工作区	甲乌拉式
13	甲乌拉式火山岩型铅锌银矿	J—K	Pb、Zn	甲乌拉、查干布拉根铅锌银矿	额尔古纳岛弧	满洲里-新巴尔虎右旗	火山岩型	甲乌拉预测工作区	甲乌拉式
14	花敖包特式热液型银铅锌矿	J	Pb、Zn	花敖包特铅锌矿	锡林浩特岛弧	黄岗地区	复合内生型	花敖包特预测工作区	甲乌拉式
15	代兰塔拉式热液铅锌矿	J	Pb、Zn	代兰塔拉铅锌矿	鄂尔多斯陆块	乌海地区	复合内生型	代兰塔拉预测工作区	甲乌拉式

第六节 钼 矿

一、矿床类型及主要特征

内蒙古自治区钼矿床类型主要有斑岩型、热液型、矽卡岩型及沉积变质型。其中以斑岩型为主，其他成因类型多为中小型矿床、矿点或矿化点。

1. 斑岩型钼矿

多与铜矿共伴生，是内蒙古自治区最为重要的钼矿类型，成矿时代主要为印支期和燕山期。

（1）与中酸性浅成超浅成侵入岩（如花岗闪长斑岩）有关的铜钼矿，成矿时代为燕山期，如乌努格吐山、八大关等，矿床特征详见铜矿一节。

（2）与酸性浅成超浅成侵入岩（石英斑岩、花岗斑岩）有关的以钼为主的多金属矿，成矿时代为印支期和燕山期，如岔路口、大苏计、曹四夭等。印支期或燕山期浅成超浅成石英斑岩、花岗斑岩及隐爆角砾岩是重要的赋矿围岩。钼矿体以穹状为主，局部为层状、似层状、透镜状，局部有膨胀及收缩。主要矿石矿物为辉钼矿、黄铁矿、闪锌矿、磁黄铁矿、方铅矿，少量黄铜矿等。蚀变类型有硅化、钾化、绢云母化、萤石化、碳酸岩化、高岭土化，按蚀变矿物共生组合关系可以进行分带。

2. 热液型钼矿

多为矿点、矿化点。成矿时代主要为燕山期，空间上主要分布在锡林浩特岩浆弧。典型的为曹家屯高温热液型钼矿床，受侵入岩（花岗岩）及断裂构造控制。钼矿体产于砂板岩断裂破碎带中，为隐伏陡倾斜钼矿，平面上矿体矿化强度及元素不具明显水平分带，在纵向上地表矿化相对较贫，在深部矿化增强。矿石矿物主为辉钼矿、黄铁矿及黄铜矿等；围岩蚀变沿矿化蚀变带（破碎带）呈线性分布，主要有云英岩化、硅化，次为钾长石化、绿泥石化、碳酸盐化、高岭土化及萤石化，云英岩化、硅化及钾长石化与钼矿化关系密切。

3. 接触交代型钼矿

目前仅有梨子山铁钼矿，成矿时代为晚古生代。矿床产于海西晚期白岗质花岗岩与奥陶系多宝山组大理岩及砂板岩的接触带内，钼矿体主要赋存在铁矿体顶、底板围岩及铁矿体内。矿体存在垂直分带，地表为低硫富铁矿，深部为高硫富铁矿，钼矿标高最低。矿石矿物有磁铁矿、赤铁矿、辉钼矿、黄铁矿、闪锌矿、镜铁矿、褐铁矿、针铁矿、黄铜矿、方铅矿等。本区矽卡岩属于简单钙质矽卡岩，当出现石榴子石矽卡岩与透辉石矽卡岩，磁铁矿化随之出现，出现符山石石榴子石矽卡岩时，有色金属钼、铅、锌等发生矿化。

4. 沉积变质型钼矿

是近年勘查发现的新类型，为分布在阿拉善盟的元山子钼镍矿。含矿岩系为中寒武统香山群黑色含碳石英绢云母千枚岩。矿体与围岩产状完全一致，矿体呈似层状（板状）产出。层位比较稳定。矿石矿物主要为辉钼矿、辉砷镍矿、针镍矿、辉铁镍矿。

二、矿产预测类型划分及其分布范围

根据成矿地质背景、空间分布和矿床特征,共划分出 13 个钼矿预测类型和 15 个预测工作区(图 3-6,表 3-6)。

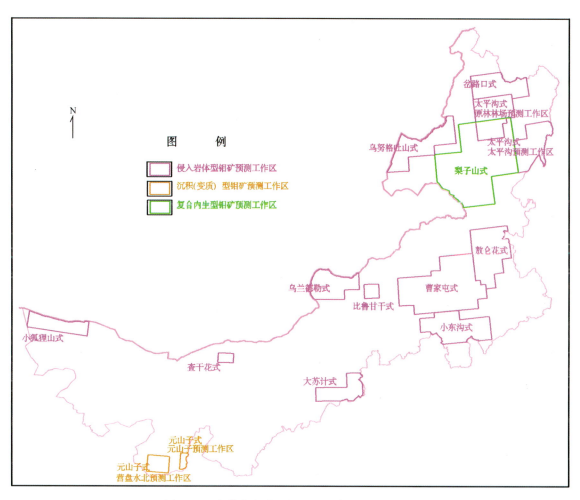

图 3-6 内蒙古自治区钼矿预测类型分布示意图

表 3-6 内蒙古自治区钼矿预测类型一览表

序号	矿产预测类型	成矿时代	矿种	典型矿床	构造分区名称	研究范围	预测方法类型	预测工作区名称	全国矿产预测类型
1	乌兰德勒式斑岩型钼矿	燕山晚期	Mo	乌兰德勒钼矿	东乌旗-多宝山岛弧	查干敖包地区	侵入岩体型	达来庙预测工作区	乌兰德勒式
2	乌努格吐山式斑岩型铜钼矿	燕山早期	Cu、Mo	乌努格吐铜钼矿	额尔古纳岛弧	新巴尔虎右旗地区	侵入岩体型	乌努格吐预测工作区	乌努格吐山式

续表 3-6

序号	矿产预测类型	成矿时代	矿种	典型矿床	构造分区名称	研究范围	预测方法类型	预测工作区名称	全国矿产预测类型
3	太平沟式斑岩型钼矿	燕山晚期	Mo	太平沟钼矿	东乌旗-多宝山岛弧	阿荣旗地区	侵入岩体型	太平沟预测工作区	乌兰德勒式
					海拉尔-呼玛弧后盆地（Pz）	原林镇地区		原林林场预测工作区	
4	敖仑花式斑岩型钼矿	燕山晚期	Mo	敖仑花钼矿	锡林浩特岩浆弧（Pz₂）	孟恩陶勒盖地区	侵入岩体型	孟恩陶勒盖预测工作区	乌兰德勒式
5	曹家屯式岩浆热液型钼矿	燕山期	Mo	曹家屯钼矿	林西残余盆地	黄岗地区	复合内生型	拜仁达坝预测工作区	曹家屯式
6	大苏计式斑岩型钼矿	印支期	Mo	大苏计钼矿	固阳-兴和陆核（Ar₃）	凉城—兴和地区	侵入岩体型	凉城—兴和预测工作区	大苏计式
7	小狐狸山式斑岩型钼矿	印支期	Mo	小狐狸山钼矿	圆包山岩浆弧（O—D）	甜水井地区	侵入岩体型	甜水井预测工作区	大苏计式
8	小东沟式斑岩型钼矿	燕山晚期	Mo	小东沟钼矿	温都尔庙俯冲增生杂岩带	克什克腾旗—赤峰地区	侵入岩体型	克什克腾旗—赤峰预测工作区	乌兰德勒式
9	查干花式斑岩型钼矿	印支期	Mo	查干花钼矿	狼山-白云鄂博裂谷（Pt₂）	乌拉特后旗地区	侵入岩体型	查干花预测工作区	大苏计式
10	比鲁甘干式斑岩型钼矿	燕山期	Mo	必鲁甘干钼矿	东乌旗-多宝山岛弧（Pz₂）	阿巴嘎旗地区	侵入岩体型	阿巴嘎旗预测工作区	乌兰德勒式
11	岔路口式斑岩型钼矿	燕山期	Mo	岔路口钼矿	海拉尔-呼玛弧后盆地（Pz）	金河镇—劲松镇地区	侵入岩体型	金河镇—劲松镇预测工作区	乌兰德勒式
12	梨子山式矽卡岩型钼铁矿	D₃—C₁	Mo、Fe	梨子山钼铁矿	扎兰屯-多宝山岛弧（Pz₂）、海拉尔-呼玛弧后盆地（Pz）	阿尔山地区	复合内生型	梨子山预测工作区	三道庄式
13	元山子式沉积变质型钼矿	寒武纪	Mo、Ni	元山子镍钼矿	走廊弧后盆地（O—S）	元山子地区	沉积变质型	元山子预测工作区	元山子式
						营盘水地区		营盘水北预测工作区	

第七节 钨 矿

一、矿床类型及主要特征

钨矿类型比较单一，主要为热液脉型（沙麦），少量伴生的钨矿为矽卡岩型（乌日尼图）。矿床与燕山期的花岗岩关系密切，为岩浆期后热液成矿。矿体产于岩体内或围岩裂隙中，多为脉状，地表为细脉，向下逐渐变为大脉或大脉与细脉的混合带，矿脉具有分支复合、尖灭再现、膨缩及分段富集现象。钨矿的载体矿物以黑钨矿为主，少量以白钨矿为主。围岩蚀变以云英岩化、硅化、绢云母化、萤石化为主。

二、矿产预测类型划分及其分布范围

根据内蒙古自治区钨矿分布的构造位置、围岩特征等，共划分了5个预测类型和5个预测工作区（图3-7，表3-7）。

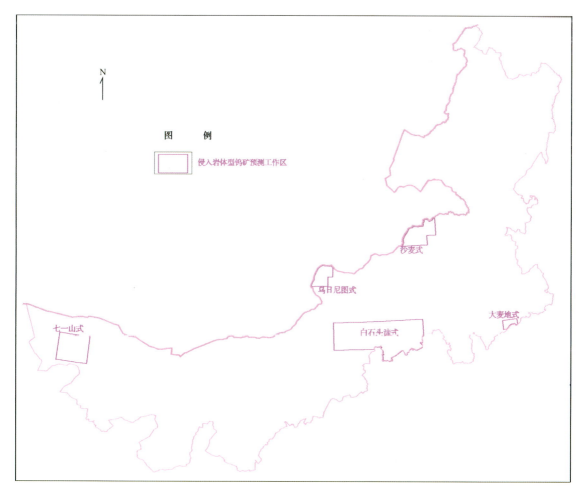

图3-7 内蒙古自治区钨矿预测类型分布示意图

表 3-7　内蒙古自治区钨矿预测类型一览表

序号	矿产预测类型	成矿时代	矿种	典型矿床	构造分区名称	研究范围	预测方法类型	预测工作区名称	全国矿产预测类型
1	沙麦式花岗岩型钨矿	J—K	W	沙麦钨矿	东乌旗-多宝山岛弧(Pz_2)	沙麦地区	侵入岩体型	沙麦地区沙麦式侵入岩体型钨矿预测工作区	沙麦式
2	白石头洼式花岗岩型钨矿	J—K	W	白石头洼钨矿	狼山-白云鄂博裂谷	白石头洼地区	侵入岩体型	白石头洼地区白石头洼式侵入岩体型钨矿预测工作区	白石头洼式
3	七一山式花岗岩型钨矿	J—K	W	七一山钨萤石矿	公婆泉岛弧	七一山地区	侵入岩体型	七一山地区七一山式侵入岩体型钨矿预测工作区	红尖兵山式
4	大麦地式花岗岩型钨矿	J—K	W	大麦地钨矿	朝阳地-翁牛特旗弧陆碰撞带	大麦地地区	侵入岩体型	大麦地地区侵入岩体型钨矿预测工作区	沙麦式
5	乌日尼图式花岗岩型钨矿	J—K	W、Mo	乌日尼图钨钼矿	东乌旗-多宝山岛弧(Pz_2)	乌日尼图地区	侵入岩体型	乌日尼图地区侵入岩体型钨矿预测工作区	沙麦式

第八节　锑　矿

内蒙古自治区仅有小型锑矿 1 处,成因类型为低温热液型。共划分了 1 个预测类型和 1 个预测工作区(表 3-8,图 3-8)。

表 3-8　内蒙古自治区锑矿预测类型一览表

序号	矿产预测类型	成矿时代	矿种	典型矿床	构造分区名称	研究范围（附图）	预测方法类型	预测工作区名称	全国矿产预测类型
1	阿木乌苏式热液型锑矿	P_2—K_1	Sb	阿木乌苏锑矿	柳园裂谷(C—P)	阿木乌苏地区	侵入岩体型	阿木乌苏地区阿木乌苏式侵入岩体型锑矿预测工作区	阿木乌苏式

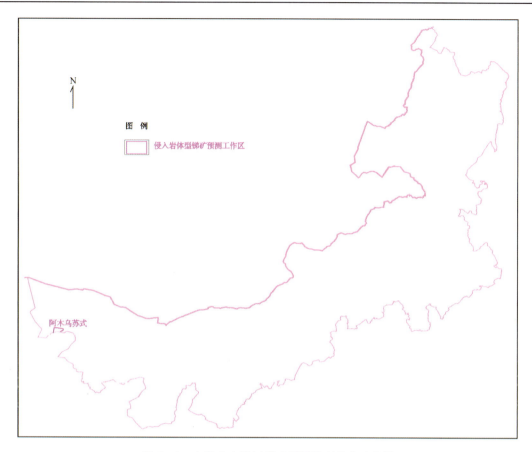

图 3-8 内蒙古自治区锑矿预测类型分布示意图

第九节 锡 矿

一、矿床类型及主要特征

内蒙古自治区锡矿床类型主要为热液型、矽卡岩型,少量斑岩型。具有热液型分布广泛,成矿规模较小,矽卡岩型分布集中、成矿规模大的特点。没有单一的锡矿床,多与一种或两种以上金属矿物共生。

1. 热液型锡矿

热液型锡矿集中分布于突泉-林西成矿带。根据热液的来源可以进一步分为两类:与岩浆热液有关的锡矿床,如毛登铜锡矿、孟恩陶勒盖银铅锌锡矿,与火山-次火山热液有关的锡矿床,如大井子铜锡多金属矿等。

毛登式热液型铜锡矿:为与岩浆热液有关的锡矿床,以毛登铜锡矿为代表。围岩为二叠纪碎屑岩夹火山岩及碳酸盐岩建造,与成矿关系密切的侵入岩为燕山期中酸性花岗岩类。产于成矿侵入岩体围岩地层中的矿体多呈脉状,受构造裂隙控制,而产于侵入体内接触带的矿体多为网脉状。矿石类型以锡石-石英脉细网脉型矿石为主,次为锡石-硫化物型。矿石矿物以锡石为主,脉石矿物以石英为主。蚀变类型有云英岩化、电气石化、黄玉化、硅化、绿泥石化、绢英岩化。

大井子式热液型锡矿:与火山-次火山热液有关的锡矿床,以大井子铜锡矿为代表。空间上与次火山岩密切相伴,地表及深部的次火山岩顶部均看见隐爆角砾岩,说明该类型矿床的形成与完整的火山杂岩套紧密相关。围岩主要为二叠纪碎屑岩建造,无较大的岩体出露,但酸性、中性、基性岩脉非常发育,断裂构造发育,且多被中酸性脉岩及矿脉充填,其控岩、控矿作用十分明显。矿床水平及垂直元素分带明显,中部以铜锡矿化为主,向外逐渐过渡为以铅锌矿化为主;剖面上,浅部铅锌矿化相对发育,向深部铜锡矿化逐渐增强。矿化主要呈充填脉状产出,仅局部有浸染状和细脉-浸染状。据组成矿体的矿脉形态和组合关系,将矿体划分为单脉型、复脉型和细脉-浸染型3种基本类型。各期次火山岩脉蚀变很普遍,主要有碳酸盐化、硅化、绢云母化、绿泥石化。

2. 矽卡岩型锡矿

该类型矿床是内蒙古自治区大型锡矿床主要的一种成因类型。成矿时代为燕山期。主要有黄岗梁铁锡矿(共生锡)、朝不楞铁锌多金属矿(伴生锡)等。详见铁矿一节。

3. 斑岩型锡矿

分布比较少,仅见有敖瑙达巴斑岩型锡铜矿。矿区地处大兴安岭中南段的黄岗-甘珠尔庙-乌兰浩特复背斜中部。矿床与侵入二叠纪碎屑岩建造的燕山期石英斑岩密切相关。岩体顶部及边部发育隐爆角砾岩,岩体边部及接触带裂隙十分发育,是主要的容矿构造。矿体主要呈不规则脉状、囊状、透镜状分布于岩体内外接触带。围岩蚀变非常强烈,岩体中心钾硅酸盐化核,其外侧发育着绢英岩带,岩体顶部是黄玉云英岩带,外接触带为青磐岩带,最外侧则是较厚大的角岩化带。在后3个蚀变带中,金属矿物呈浸染状、细脉浸染状分布,形成全岩型、面型矿化(Sn、Ag、Cu、硫化物、砷化物等),而在钾硅酸盐化核中仅见少量黄铁矿化。锡矿体主要赋存在岩体顶部的黄玉云英岩化带及绢英岩化带中,独立的银矿体见于黄玉云英岩化带,铜矿体主要赋存于青磐岩带中。

二、矿产预测类型划分及其分布范围

根据锡矿床空间分布和矿床特征,共划分出6个锡矿预测类型和7个预测工作区(表3-9,图3-9)。

表 3-9 内蒙古自治区锡矿预测类型一览表

序号	矿产预测类型	成矿时代	矿种	典型矿床	构造分区名称	研究范围	预测方法类型	预测工作区名称	全国矿产预测类型
1	毛登式石英脉型锡矿	J	Sn	毛登铜锡矿	锡林浩特岩浆弧	黄岗地区	复合内生型	毛登—林西预测工作区	毛登式
2	黄岗式矽卡岩型铁锡矿	K	Sn	黄岗铁锡矿	林西残余盆地	黄岗地区	侵入岩体型	黄岗预测工作区	黄岗式
3	毛登式石英脉型锡矿	P	Sn	毛登铜锡矿	额尔古纳岛弧	太平林场地区	复合内生型	太平林场预测工作区	毛登式
4	孟恩陶勒盖式花岗岩型多金属矿	J	Sn	孟恩陶勒盖银铅锌矿	锡林浩特岩浆弧	孟恩陶勒盖地区	复合内生型	孟恩陶勒盖预测工作区	毛登式
5	朝不楞式矽卡岩型铁多金属矿	J—K	Sn	朝不楞铁多金属	东乌旗-多宝山岛弧	朝不楞地区	侵入岩体型	朝不楞预测工作区	黄岗式
6	大井子式锡石-硫化物型锡矿	J_3	Sn	大井子锡矿	林西残余盆地	黄岗地区	复合内生型	大井子预测工作区	大井子式
7	千斤沟式花岗岩型锡矿	J_3	Sn	千斤沟锡矿	色尔腾山-太仆寺旗古岩浆弧(Ar_3)	太仆寺旗地区	复合内生型	千斤沟预测工作区	毛登式

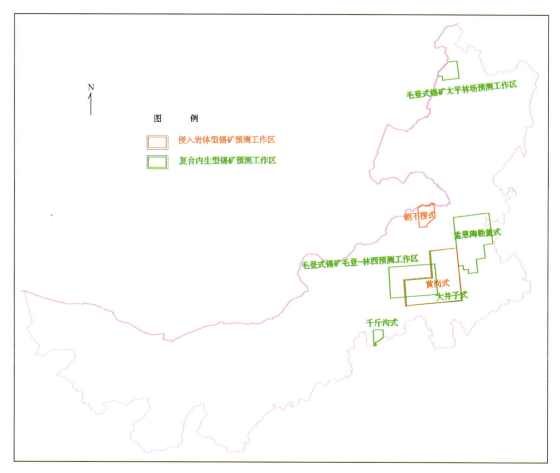

图 3-9 内蒙古自治区锡矿预测类型分布示意图

第十节 镍 矿

一、矿床类型及主要特征

内蒙古自治区镍矿床类型有风化壳型、基性—超基性岩铜-镍硫化物型及沉积变质型3种类型。其中以基性—超基性铜-镍硫化物型为主,其他成因类型数量不多。

1. 风化壳型镍矿

风化壳型镍矿仅见于锡林郭勒盟西乌珠穆沁旗的白音胡硕苏木一带,以白音胡硕镍矿为典型,包括白音胡硕中型镍矿、珠尔很沟中型镍矿及乌斯尼黑矿点,与中晚泥盆世超基性岩关系密切。矿体赋存在超基性岩-斜辉、二辉辉橄岩体中。矿体平面形态为不规则纺锤型。矿石类型为绿高岭石黏土型镍矿石及风化蛇纹岩型矿石,其中绿高岭石型主要分布于盖砂覆土或赭石层下部,呈松散-致密型土状,沙土状、粉土状,矿物成分主要为绿高岭石、镍蛇纹石,可见蛇纹石残留构造,风化蛇纹岩型主要分布于绿高岭石型矿体下部,含镍品位普遍偏低。在绿高岭石型和风化蛇纹岩型之间有2～4m厚的硅质骨架黑土状型夹石层。矿床中镍品位一般在1‰~1.5‰之间,属低品级矿石。

2. 铜-镍硫化物型镍矿

该类型矿床主要沿槽台边界深断裂分布,与镁铁-超镁铁质岩有关,铜镍常共生,且多数以镍为主,少数以铜为主,并常伴生有铂、钴、金、银等多种有用组分。形成于陆内裂谷、大陆边缘裂陷槽区及碰撞后伸展环境。主要有小南山铜镍矿、达布逊镍钴多金属矿、哈拉图庙镍矿、亚干铜镍矿、克布镍矿及额布图镍矿等,除亚干铜镍矿成矿时代为新元古代外,其余均形成于志留纪—二叠纪。详见铜矿一节。

3. 沉积变质型镍钼矿

该类型矿床现仅见于阿拉善左旗元山子镍钼矿。该类矿床多形成于深水还原条件下,分布于黑色硅质岩、碳质岩、磷质岩等黑色岩系中,常富含Ni、Mo、As、Se、Re、Au、Ag、Pt、Pd等多元素矿化组合,并往往构成镍、钼、重晶石等矿床。详见钼矿一节。

二、矿产预测类型划分及其分布范围

根据本区镍矿床空间分布和矿床特征,共划分出6个镍矿预测类型和10个预测工作区(图3-10,表3-10)。

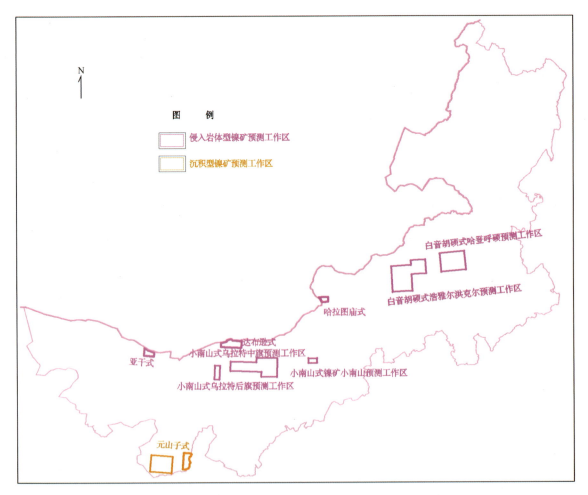

图3-10 内蒙古自治区镍矿预测类型分布示意图

表 3-10 内蒙古自治区镍矿预测类型一览表

序号	矿产预测类型	成矿时代	矿种	典型矿床	构造分区名称	研究范围	预测方法类型	预测工作区名称	全国矿产预测类型
1	白音胡硕式风化壳型镍矿	D	Ni	白音胡硕镍矿	二连-贺根山蛇绿混杂岩带	浩雅尔洪克尔地区	侵入岩体型	浩雅尔洪克尔预测工作区	墨江式
					锡林浩特岩浆弧(Pz_2)	哈登胡硕地区		哈登胡硕预测工作区	
2	小南山式基性—超基性岩铜-镍硫化物型铜镍矿	S—P	Ni	小南山铜镍矿	狼山-白云鄂博裂谷	小南山地区	侵入岩体型	小南山预测工作区	小南山式
						乌拉特后旗地区		乌拉特后旗预测工作区	
						乌拉特中旗地区		乌拉特中旗预测工作区	
3	达布逊式基性—超基性岩铜-镍硫化物型镍矿	C	Ni	达布逊镍矿	宝音图岩浆弧	达布逊地区	侵入岩体型	达布逊预测工作区	小南山式
4	亚干式基性—超基性铜-镍硫化物型镍矿	Pt_3	Ni	亚干铜镍矿	红石山裂谷	亚干地区	侵入岩体型	亚干预测工作区	小南山式
5	哈拉图庙式基性—超基性铜-镍硫化物型镍矿	D	Ni	哈拉图庙镍矿	二连-贺根山蛇绿混杂岩带	哈拉图庙地区	侵入岩体型	哈拉图庙预测工作区	小南山式
6	元山子式沉积变质型镍矿	∈	Ni	元山子镍钼矿	走廊弧后盆地	元山子地区	沉积变质型	元山子预测工作区	遵义式
						营盘水地区		营盘水北预测工作区	

第十一节 金 矿

一、矿床类型及主要特征

根据各类金矿床的主要成矿地质作用、赋矿岩石建造及矿床特征等因素,将本区金矿划分为岩浆热液型、火山岩型、斑岩型、绿岩型及砂金等,其中岩浆热液型是金矿主要的成因类型。

1. 岩浆热液型金矿

该类型金矿与侵入岩体有着密切的关系,矿体赋存在距岩体一定距离的围岩地层中或直接赋存在岩体内或岩体的内外接触带。矿体和近矿围岩具有较强烈的热液蚀变现象和较复杂的矿石矿物共生组合。该类型金矿化较为普遍,在陆块区、造山带均有分布。陆块区内太古宇—元古宇含金元素较高的地层受加里东期—燕山期岩浆活动的影响,在地层中富集成矿,如赋存在太古宇乌拉山岩群中的金厂沟梁金矿、乌拉山金矿及色尔腾山岩群中的十八顷壕金矿,元古宇中的金矿主要有白云鄂博群中的赛乌素金矿、浩尧尔忽洞金矿及渣尔泰山群中的朱拉扎嘎金矿;造山带中的岩浆热液型金矿主要形成于古生代地层中,如巴音温都尔金矿、碱泉子金矿、巴音杭盖金矿等。

与金矿化有关的侵入岩,主要为燕山早期花岗岩、花岗闪长岩、花岗斑岩及其杂岩体,少数则与海西期、印支期花岗岩类有关。

2. 火山岩型金矿

该类型金矿分布于大兴安岭地区,与中生代火山活动,尤其是晚侏罗世火山活动有着密切的联系。主要形成于火山爆破角砾岩筒内,与火山机构关系密切。矿体(矿化)直接赋存在火山岩内,可见玉髓状非晶质胶体石英以及角砾状、梳状、晶洞晶簇状构造,碳酸盐、萤石、冰长石等低温矿物,具有浅成低温热液的特征。蚀变为典型的青磐岩化。金呈不均匀窝状富集。如四五牧场金矿、古利库金矿、陈家杖子金矿等。

3. 斑岩型金矿

该类型金矿分布在锡林浩特岩浆弧内,成矿与海西期—燕山期的闪长玢岩、石英闪长岩和花岗斑岩有关,矿体产在侵入岩的内外接触带上。广泛发育硅化、电气石化、绢英岩化和黄铁矿化。有哈达庙、毕力赫等斑岩型金矿等。

4. 绿岩型金矿

该类型金矿分布在华北陆块区大青山东段,主要赋存在色尔腾山岩群柳树沟岩组绿泥绢云石英片岩、糜棱岩、千糜岩、花岗质糜棱岩中,属层控(顺层)绿岩型金矿床。有油篓沟、新地沟等金矿床(点)。

含矿岩石为绿泥石英片岩,顶底板为薄层大理岩。矿体呈层状、似层状、脉状、似脉状及透镜状,与容矿围岩呈渐变过渡关系,矿体产状与岩层产状完全一致。矿体多数分布在褶皱翼部近核部附近。蚀变主要有硅化、黄铁矿化、绢云母化等。

5. 砂金矿

内蒙古自治区砂金主要集中在内蒙古自治区中部金盆及呼伦贝尔市北部额尔古纳河一带。

砂金分布及富集具有以下特征:

(1)砂金的分布与富集严格受砂金的物质来源及有利于形成砂金的地貌控制,即山间碟形、勺形洼地出水口附近的冲沟,其次是第四纪堆积地貌区。

(2)砂金的富集与河谷的宽窄、谷底的起伏有关,河谷转弯处,缓坡沉积物堆积岸,河谷变宽处,沉积陡崖侵蚀岸,河谷出口处,均为砂金分布与富集地区。

(3)有的砂金的形成与冰碛层有关。冰碛层普遍含金,但因品位低未能形成工业矿体,而在冰碛层分布的沟谷发育区则形成了再沉积的砂金矿床,距含金冰碛层由近到远,砂金品质由富变贫。

(4)受外部营力作用控制,沉积物近距离搬运,有利于砂金富集。含金砂砾层的砾级越粗或分选性越差,砂金品位越富。

二、矿产预测类型划分及其分布范围

内蒙古自治区共划分18个金矿预测类型,22个预测工作区(图3-11,表3-11)。

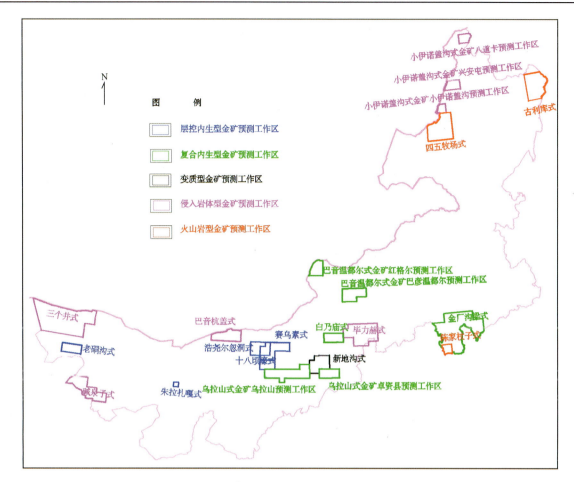

图 3-11　内蒙古自治区金矿预测类型分布示意图

表 3-11　内蒙古自治区金矿预测类型一览表

序号	矿产预测类型	成矿时代	矿种	典型矿床	构造分区名称	研究范围	预测方法类型	预测工作区名称	全国矿产预测类型
1	朱拉扎嘎式沉积-热液改造型金矿	Pt_2	Au	朱拉扎嘎金矿	狼山-白云鄂博裂谷	朱拉扎嘎地区	层控内生型	朱拉扎嘎预测工作区	朱拉扎嘎式
2	浩尧尔忽洞式沉积-热液改造型金矿	C	Au	浩尧尔忽洞金矿	狼山-白云鄂博裂谷	浩尧尔忽洞地区	层控内生型	浩尧尔忽洞预测工作区	金厂沟梁式
3	赛乌素式岩浆热液型金矿	C	Au	赛乌素金矿	狼山-白云鄂博裂谷、色尔腾山-太仆寺旗古岩浆弧	赛乌素地区	层控内生型	赛乌素预测工作区	金厂沟梁式
4	十八顷壕式岩浆热液型金矿	T	Au	十八顷壕金矿	色尔腾山-太仆寺旗古岩浆弧	十八顷壕地区	层控内生型	十八顷壕预测工作区	玲珑式
5	老硐沟式热液-氧化淋滤型金矿	C	Au	老硐沟金矿	公婆泉岛弧	老硐沟地区	层控内生型	老硐沟预测工作区	金厂沟梁式

续表 3-11

序号	矿产预测类型	成矿时代	矿种	典型矿床	构造分区名称	研究范围	预测方法类型	预测工作区名称	全国矿产预测类型
6	乌拉山式岩浆热液型金矿	T	Au	乌拉山金矿	固阳-兴和陆核	乌拉山地区	复合内生型	乌拉山预测工作区	金厂沟梁式
						卓资县地区	复合内生型	卓资县预测工作区	
7	巴音温都尔式岩浆热液型金矿	P	Au	巴音温都尔金矿	锡林浩特岩浆弧	巴音温都尔地区	复合内生型	巴音温都尔预测工作区	金厂沟梁式
					东乌旗-多宝山岛弧	红格尔地区	复合内生型	红格尔预测工作区	
8	白乃庙式岩浆热液型金矿	P	Au	白乃庙金矿	温都尔庙俯冲增生杂岩带	白乃庙地区	复合内生型	白乃庙预测工作区	金厂沟梁式
9	金厂沟梁式岩浆热液型金矿	J—K	Au	金厂沟梁金矿	恒山-承德-建平古岩浆弧	金厂沟梁地区	复合内生型	金厂沟梁预测工作区	金厂沟梁式
10	毕力赫式斑岩型金矿	P	Au	毕力赫金矿	温都尔庙俯冲增生杂岩带	毕力赫地区	侵入岩体型	毕力赫预测工作区	毕力赫式
11	小伊诺盖沟式岩浆热液型金矿	J_2	Au	小伊诺盖沟金矿	额尔古纳岛弧	小伊诺盖沟地区	侵入岩体型	小伊诺盖沟预测工作区	金厂沟梁式
						八道卡地区	侵入岩体型	八道卡预测工作区	
						兴安屯地区	侵入岩体型	兴安屯预测工作区	
12	碱泉子式岩浆热液型金矿	C	Au	碱泉子金矿	哈特布其岩浆弧	碱泉子地区	侵入岩体型	碱泉子预测工作区	金厂沟梁式
13	巴音杭盖式岩浆热液型金矿	C	Au	巴音杭盖金矿	宝音图岩浆弧	巴音杭盖地区	侵入岩体型	巴音杭盖预测工作区	金厂沟梁式
14	三个井式岩浆热液型金矿	C	Au	三个井金矿	园包山(中蒙边界)岩浆弧-明水岩浆弧	三个井地区	侵入岩体型	三个井预测工作区	金厂沟梁式
15	新地沟式绿岩型金矿	Ar_3	Au	新地沟金矿	固阳-兴和陆核	新地沟地区	变质型	新地沟预测工作区	金厂峪式
16	四五牧场式火山岩型金矿	J—K_1	Au	四五牧场金矿	海拉尔-呼玛弧后盆地	四五牧场地区	火山岩型	四五牧场预测工作区	四五牧场式
17	古利库式火山岩型金矿	J	Au	古利库金矿	东乌旗-多宝山岛弧	古利库地区	火山岩型	古利库预测工作区	四五牧场式
18	陈家杖子式火山岩型金矿	J	Au	陈家杖子金矿	恒山-承德-建平古岩浆弧	陈家杖子地区	火山岩型	陈家杖子预测工作区	陈家杖子式

第十二节 银 矿

一、矿床类型及主要特征

银多与金铅锌等多金属共伴生,单独银矿较少。银、银多金属矿多与燕山期火山-侵入岩浆活动有关,成因类型主要为热液型和矽卡岩型。

1. 热液型银矿

根据热液来源,可以进一步划分为与火山-次火山热液有关的银多金属矿床和与侵入岩浆热液有关的银矿床。

(1)与火山-次火山热液有关的银多金属矿床,独立银矿床仅见于此类型中。主要分布在大兴安岭中南段和得尔布干地区。成矿与燕山晚期火山-次火山岩等浅成斑岩有关,矿床均产于中、晚侏罗世火山岩系中,矿体呈脉状产出,严格受断裂构造控制。围岩蚀变为硅化、绿泥石化、绢云母化和高岭土化。矿床中金属矿物主要为方铅矿、闪锌矿、黄铜矿、自然银、辉银矿(螺状硫银矿)、银黝铜矿、深红银矿和辉锑银矿等。该类型矿床主要有比利亚谷、三河、甲乌拉、查丁布拉根银铅锌矿、额仁陶勒盖银矿等。

(2)岩浆热液(脉)型银多金属矿。该类型矿床主要分布于大兴安岭中南段,主要受控于燕山期形成的北东向断裂次级配套的东西向压扭性断裂,以及同期的北西向张性断裂。成矿与燕山期的岩浆活动有关。金属矿物主要为磁黄铁矿、黄铁矿,其次有毒砂、铁闪锌矿、黄铜矿、方铅矿、硫铅矿、黝铜矿等。主要载银矿物为黄铜矿、方铅矿、黄铁矿、铁闪锌矿、磁黄铁矿、毒砂等。包括拜仁达坝、孟恩陶勒盖、长春岭、双山、黄土梁等银多金属矿床。

2. 矽卡岩型银多金属矿

该类型矿床主要产于白音诺尔—浩布高一带。矿床均产于中生代火山凹陷与二叠纪隆起交接处的隆起一侧。矿体产于花岗闪长斑岩与大理岩接触带的矽卡岩中,呈透镜状、似层状、脉状。矿石矿物为闪锌矿、方铅矿、黄铁矿、黄铜矿、银黝铜矿和螺状硫银矿等,有白音诺尔、浩布高铅锌银矿等。

二、矿产预测类型划分及其分布范围

内蒙古自治区共划分8个银矿预测类型,8个预测工作区(表3-12,图3-12)。

表3-12 内蒙古自治区银矿预测类型一览表

序号	矿产预测类型	成矿时代	矿种	典型矿床	构造分区名称	研究范围	预测方法类型	预测工作区名称	全国矿产预测类型
1	拜仁达坝式热液型银矿	Pz	Ag	拜仁达坝	锡林浩特岩浆弧	拜仁达坝地区	侵入岩体型	拜仁达坝预测工作区	拜仁达坝式
2	花敖包特式热液型银矿	J	Ag	花敖包特	锡林浩特岩浆弧	拜仁达坝地区	复合内生型	拜仁达坝预测工作区	拜仁达坝式
3	孟恩陶勒盖式热液型银矿	J	Ag	孟恩陶勒盖	锡林浩特岩浆弧	孟恩陶勒盖地区	侵入岩体型	孟恩陶勒盖预测工作区	拜仁达坝式

续表 3-12

序号	矿产预测类型	成矿时代	矿种	典型矿床	构造分区名称	研究范围	预测方法类型	预测工作区名称	全国矿产预测类型
4	李清地式陆相火山-次火山型银矿	J—K	Ag	李清地	固阳-兴和陆核	察右前旗地区	复合内生型	察右前旗预测工作区	额仁陶勒盖式
5	吉林宝力格式陆相火山-次火山型银矿	J—K	Ag	吉林宝力格	锡林浩特岩浆弧	乌珠穆沁旗地区	复合内生型	乌珠穆沁旗预测工作区	额仁陶勒盖式
6	额仁陶勒盖式陆相火山-次火山型银矿	J—K	Ag	额仁陶勒盖	额尔古纳岛弧	新巴尔虎右旗地区	复合内生型	新巴尔虎右旗预测工作区	额仁陶勒盖式
7	官地式陆相火山-次火山型银矿	J—K	Ag	官地	温都尔庙俯冲增生杂岩带	赤峰地区	复合内生型	赤峰预测工作区	额仁陶勒盖式
8	比利亚谷式陆相火山-次火山型银矿	J	Ag	比利亚谷	东乌旗-多宝山岛弧	比利亚谷地区	复合内生型	比利亚谷预测工作区	额仁陶勒盖式

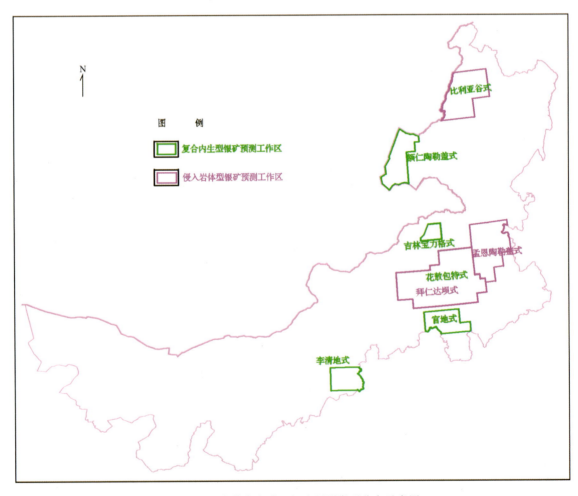

图 3-12 内蒙古自治区银矿预测类型分布示意图

第十三节 铝土矿

一、矿床类型及主要特征

内蒙古自治区内高铝黏土、硬质耐火黏土矿床均赋存于奥陶纪灰岩侵蚀面上和石炭系本溪组下部地层中,常与山西式铁矿伴生,属陆台型滨海潟湖相胶体化学沉积,区域上称之为G层铝土矿。

区内该层铝土矿分布较为普遍,黄河两岸本溪组出露的地区均能见到。多呈似层状、透镜状产出,厚度变化较大,1.0~4.0m,不稳定。矿石品位Al_2O_3为21.76%~71.24%,一般为50%~65%。矿石类型为一水铝土矿。

二、矿产预测类型划分及其分布范围

内蒙古自治区境内铝土矿仅分布在清水河县境内,划分了1个矿产预测类型和1个预测区,预测类型为陆台型滨海潟湖相胶体化学沉积型铝土矿(图3-13,表3-13)。

图3-13 内蒙古自治区铝土矿预测类型分布示意图

表 3-13　内蒙古自治区主要铝土矿预测类型一览表

序号	矿产预测类型	成矿时代	矿种	典型矿床	构造分区名称	研究范围	预测方法类型	预测工作区名称	全国矿产预测类型
1	城坡式沉积型铝土矿	C	铝土矿	城坡铝土矿	固阳-兴和陆核	清水河地区	沉积型	清水河预测工作区	孝义克俄式

第十四节　稀土矿

一、矿床类型及主要特征

稀土矿床成因类型主要有沉积变质型、沉积-改造型、岩浆型。

1. 沉积变质型稀土矿

目前仅发现桃花拉山稀土矿 1 处，以铌矿的伴生元素存在，形成时代为古元古代。

分布于阿拉善陆块，赋存于古元古界龙首山群塔马沟组（或二道洼群）条带状大理岩中。矿体多为似层状，少数呈透镜状。矿体与围岩呈渐变关系，并可见同步褶皱现象，局部为断层接触。矿石自然类型分为大理岩型（系指褐铁矿化大理岩、黑云母大理岩）和片岩型（系指黑云方解片岩、绿泥钙质片岩、方解黑云片岩）2 种。目前在 2 种不同类型的矿石中已发现 57 种矿物。主要工业矿物为铌铁矿、铁金红石、独居石、易解石、褐帘石、磷灰石、锆石等。

2. 沉积-改造型稀土矿

沉积-改造型稀土矿发现白云鄂博 1 处，见铁矿一节。

3. 岩浆型稀土矿

岩浆型是内蒙古自治区重要稀土矿类型之一，主要有巴尔哲（八〇一）大型稀有稀土矿。成矿与（岩浆分异晚期）过碱性花岗岩（钠闪石花岗岩）有关。岩体具明显的水平分带和垂直分带。在水平方向上自边部向内部分为 3 个相带：晶洞状钠闪石花岗岩带，伟晶状花岗岩带，强蚀变钠闪石花岗岩带。垂向上自上而下分 5 个带：晶洞状钠闪石花岗岩带，伟晶状花岗岩带，强蚀变钠闪石花岗岩带，弱蚀变似斑状钠闪石花岗岩带，似斑状钠闪石花岗岩带。矿化与蚀变强弱密切相关。岩体自上而下蚀变由强变弱，稀有稀土元素含量由高变低。主要工业矿物为羟硅铍钇铈矿、铌铁矿、锌日光榴石、烧绿石、独居石、锆石。

二、矿产预测类型划分及其分布范围

根据内蒙古自治区的稀土矿床分布情况和特征，共划分出 4 个稀土矿预测类型和 4 个预测工作区（表 3-14，图 3-14）。

表 3-14 内蒙古自治区稀土矿预测类型一览表

序号	矿产预测类型	成矿时代	矿种	典型矿床	构造分区名称	研究范围	预测方法类型	预测工作区名称	全国矿产预测类型
1	白云鄂博式沉积型稀土矿	Pt_2	Fe、Nb、REE	白云鄂博	狼山-白云鄂博裂谷	白云鄂博地区	沉积型	白云鄂博式沉积型稀土矿白云鄂博预测工作区	白云鄂博式
2	桃花拉山式沉积变质型稀土矿	Pt_1	Nb、REE	桃花拉山	龙首山基底杂岩带	桃花拉山	变质型	桃花拉山式变质型稀土矿桃花拉山预测工作区	桃花拉山式
3	巴尔哲式岩浆型稀土矿	K_1	REE、Nb、Be	巴尔哲	锡林浩特岩浆弧	巴尔哲地区	侵入岩体型	巴尔哲式侵入岩体型稀土矿巴尔哲预测工作区	巴尔哲式
4	三道沟式岩浆型稀土矿	Ar_3—Pt_1(?)	P、REE	三道沟	固阳-兴和陆核	三道沟地区	复合内生型	三道沟式复合内生型稀土矿三道沟预测工作区	三道沟式

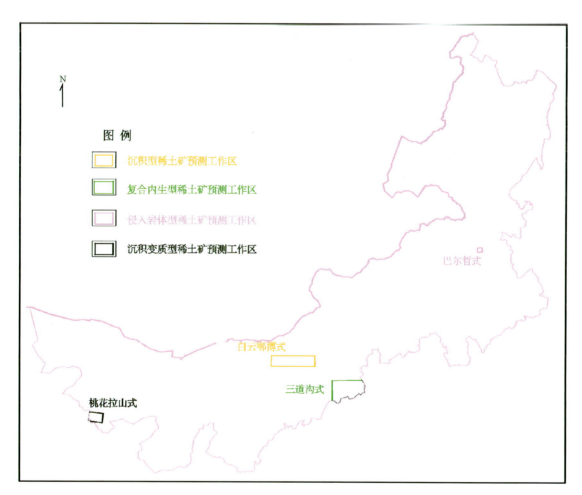

图 3-14 内蒙古自治区稀土矿预测类型分布示意图

第十五节 硫铁矿

一、矿床类型及主要特征

硫铁矿成因类型主要有海底喷流沉积型、沉积型、岩浆热液型和海相火山岩型,以海底喷流沉积型最为重要。

1. 海底喷流沉积型硫铁矿

该类型硫铁矿分布在华北陆块区狼山-渣尔泰山裂陷槽中。硫铁矿多金属矿为海底喷流沉积形成,后经过低绿片岩相变质作用改造。主要有东升庙、炭窑口、甲升盘、山片沟、对门山等大中型硫铁矿多金属。单一硫铁矿或以硫铁矿为主矿产的有山片沟和对门山矿区,其他均为共生矿产。

含矿地层为中元古界长城系渣尔泰山群阿古鲁沟组(Jxa),含矿岩性主要为碳质细晶灰岩、碳质板岩、千枚状碳质粉砂质板岩。矿体呈层状似层状,产状与围岩地层一致,矿石主要有用组分有硫、锌、铅、铜、铁。硫主要赋存于黄铁矿和磁黄铁矿中。

2. 沉积型硫铁矿

该类型硫铁矿分布在华北陆块区鄂尔多斯盆地房塔沟—榆树湾一带。含矿地层为上石炭统本溪组。本溪组下部的铝土页岩建造是本区主要的含硫铁矿层位,矿层亦同样产于奥陶纪石灰岩风化壳上。在铝土页岩分布的地区断续有黄铁矿存在,底部多呈星散状,中部多呈结核状,为结核状黄铁矿床,有时可见星散状、条带状等出现。

3. 岩浆热液型硫铁矿

该类型硫铁矿分布于大兴安岭中南段、内蒙古自治区中部别鲁乌图等,范围较广,多为共伴生硫铁矿。主要有朝不楞铁锌多金属矿(伴生硫铁矿)、拜仁达坝银铅锌矿(伴生硫铁矿)。成矿与燕山期、海西期侵入岩关系密切。

4. 海相火山岩型硫铁矿

该类型硫铁矿比较少,主要有陈巴尔虎旗的六一硫铁矿和赤峰地区的驼峰山硫铁矿。

六一海相火山岩型硫铁矿:含矿地层为上石炭统莫尔根河组(?)、宝力高庙组(?)绢云母石英片岩、火山碎屑岩。矿床赋存在片岩带中,与上下熔岩大致呈过渡关系。矿体呈透镜状、扁豆状。矿石类型为单一的黄铁矿型。岩石普遍遭受强烈的绢云母化、叶蜡石化、硅化及绿泥石化、黄铁矿化等蚀变作用。

驼峰山海相火山岩型硫铁矿:以硫铁矿、铜矿、金矿(岩金)为主矿产,伴生有用组分为 S、Cu、Au、Ag、Mo、Se,矿层主要赋存在下二叠统大石寨组第二、第三岩段中,该组岩性以晶屑凝灰岩、凝灰岩、角砾凝灰岩为主,以普遍具黄铁矿化为特征,矿体与围岩界线不明显。

二、矿产预测类型划分及其分布范围

根据内蒙古自治区的硫矿床分布情况和特征,共划分出 7 个矿产预测类型和 7 个预测工作区(表 3-15,图 3-15)。

表 3-15 内蒙古自治区硫铁矿预测类型一览表

序号	矿产预测类型	成矿时代	主矿种	典型矿床	构造分区名称	研究范围	预测方法类型	预测工作区名称	全国矿产预测类型
1	东升庙式沉积变质型硫铁矿	Pt_2	硫铁矿、Pb、Zn	东升庙	狼山-白云鄂博裂谷带	东升庙—甲生盘	变质型	沉积变质型硫铁矿东升庙—甲生盘预测工作区	狼山式
2	榆树湾式沉积型硫铁矿	C_2	硫铁矿	榆树湾	鄂尔多斯盆地	房塔沟—榆树湾	沉积型	沉积型硫铁矿房塔沟—榆树湾预测工作区	阳泉式
3	别鲁乌图式沉积型硫铁矿	P	硫铁矿、Cu、Zn	别鲁乌图	温都尔庙俯冲增生杂岩带	别鲁乌图—白乃庙	沉积型	沉积型硫铁矿别鲁乌图—白乃庙预测工作区	白乃庙式
4	拜仁达坝式岩浆热液型伴生硫铁矿	C_2	Pb、Zn	拜仁达坝	锡林浩特岩浆弧	拜仁达坝—哈拉白旗	侵入岩体型	岩浆热液型硫铁矿拜仁达坝—哈拉白旗预测工作区	
5	六一式海相火山岩型硫铁矿	C	硫铁矿	六一	海拉尔-呼玛弧后盆地	六一—十五里堆	火山岩型	海相火山岩型硫铁矿六一—十五里堆预测工作区	白银厂式
6	驼峰山式海相火山岩型硫铁矿	P_2	硫铁矿、Cu	驼峰山	锡林浩特岩浆弧	驼峰山—孟恩陶力盖	火山岩型	海相火山岩型硫铁矿驼峰山—孟恩陶力盖预测工作区	放牛山式
7	朝不楞矽卡岩型伴生硫铁矿	K_1	Fe	朝不楞	东乌旗-多宝山岛弧	朝不楞—霍林河	侵入岩体型	岩浆热液型硫铁矿朝不楞—霍林河预测工作区	朝不楞式

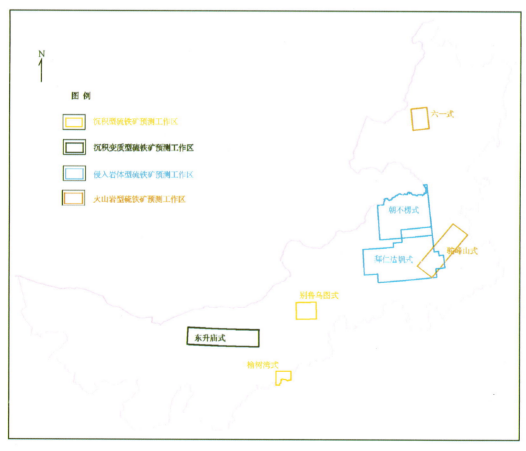

图 3-15 内蒙古自治区硫铁矿预测类型分布示意图

第十六节 磷 矿

一、矿床类型及主要特征

磷矿成因类型主要有沉积变质型、沉积型和岩浆岩型。

(一)沉积变质型磷矿

沉积变质型磷矿分布在华北陆块区狼山-白云鄂博裂谷带内,分别产于白云鄂博群和渣尔泰山群。

1. 布龙图式沉积变质型磷矿

含矿地层为中元古界长城系白云鄂博群尖山组第三岩段,主要磷矿体赋存于尖山组第三岩段第二亚段(Chj^{3-2})和第三亚段(Chj^{3-3}),含矿岩性为灰色变质中粒含磷榴石石英砂岩、含磷砂质板岩、榴石铁闪石磷灰岩,灰黑色碳质板岩底部夹薄层榴石铁闪石磷灰岩,灰白色变质含磷长石石英砂岩、变质中粒含磷长石石英砂岩夹含磷砂质板岩及磷灰岩透镜体。矿体以层状、似层状产出。主要矿物有磷灰石、石英、铁铝榴石、铁闪石、黑云母;次为少量锰土、铁质、碳质、黄铁矿、褐铁矿及微量白云母、金红石、锆石、电气石、磁铁矿、绿帘石。为单一矿,具规模大、品位低特点。

2. 炭窑口式沉积变质型磷矿

含矿地层为中元古界长城系渣尔泰山群增隆昌组(Chz),含矿岩性为灰白色含磷变质砂岩、磷灰石硅质灰岩、含磷砂质硅质灰岩,围岩为白云质灰岩、碳质板岩。矿体呈层状、似层状,与围岩产状一致。矿石矿物为磷灰石、黄铜矿、黄铁矿,为共生矿。

(二)沉积型磷矿

沉积型磷矿分布在阿拉善盟,构造属华北陆块区。

1. 正目观式沉积型磷矿

含矿地层为下寒武统馒头组第一岩段($\epsilon_1 m^1$),含矿岩性由含磷砾岩、钙质磷灰细砂岩和磷块岩组成,顶板岩性为白云质灰岩,底板岩性为泥板岩。矿体呈层状、似层状。根据矿物组合特征,矿石自然类型划分为3个,即磷块岩型、钙质磷灰细砂岩型和含磷砾岩型。磷块岩型矿石矿物为胶磷矿及少量磷灰石,脉石矿物为石英、方解石、铁质。钙质磷灰细砂岩型和含磷砾岩型矿石矿物为磷灰石,少量胶磷矿,脉石矿物为石英、长石、钙质、泥质。

2. 哈马胡头沟式沉积型磷矿

含矿地层为震旦系韩母山群草大板组(Zc),磷矿体赋存于草大板组第一岩段(Zc^1)含磷石英砂岩、砂质磷质岩、含磷绢云母石英千枚岩中,顶板岩性为薄层结晶灰岩,底板岩性为石英砂岩。矿石矿物主要有磷灰岩、胶磷矿、黄(褐)铁矿,脉石矿物为石英、绢云母、方解石、钾长石。

(三)岩浆岩型磷矿

岩浆岩型磷矿分布在内蒙古自治区中部呼和浩特市—集宁地区。

1. 三道沟式岩浆岩型磷矿

含磷透辉岩赋存于太古宇集宁群片麻岩中，含矿带由致密块状磷灰岩、含磷透辉岩、透辉-钾长岩及钾长岩组成，属岩浆晚期分异交代作用产物，蚀变强烈而普遍，表现为微斜长石化、钠长石化、透辉石-次闪石化、黄铁矿化、绢云母化、矽化、碳酸盐化及高岭土化，磷矿化与透辉-次闪石化密切相关。块状磷灰岩：由90%以上的磷灰石及少量的石英、透辉石、赤铁矿组成。

2. 盘路沟式岩浆岩型磷矿

成矿与矿区内广泛出露脉状透辉岩及带状透辉正长岩体有密切关系，含矿带由含磷透辉岩、钾长石化含磷透辉岩组成，呈脉状侵入于中太古界集宁群黄土窑组中。矿体以脉状、混合型浸染状、透辉石型浸染状产出。矿石矿物为磷灰石，脉石矿物主要为透辉石、钾长石，次为石榴子石、榍石、黄铁矿、斜长石、次闪石及碳酸盐等。

二、矿产预测类型划分及其分布范围

根据内蒙古自治区磷矿床的分布情况和特征，共划分出6个矿产预测类型，3个预测方法类型，6个磷矿预测工作区（表3-16，图3-16）。

表3-16 内蒙古自治区磷矿预测类型一览表

序号	矿产预测类型	成矿时代	主矿种	典型矿床	构造分区名称	研究范围	预测方法类型	预测工作区名称	全国矿产预测类型
1	正目观式沉积型磷矿	$\in$	P	正目观	鄂尔多斯陆块	阿拉善左旗南部	沉积型	正目观—崔子窑沟预测工作区	辛集式
2	哈马胡头沟式沉积型磷矿	Nh—Z	P	哈马胡头沟	迭布斯格岩浆弧	阿拉善右旗南部	沉积型	哈马胡头沟—夹沟预测工作区	辛集式
3	布龙图式沉积变质型磷矿	Pt_2	Fe、P	布龙图	狼山-白云鄂博裂谷	布龙图—百灵庙地区	沉积变质型	布龙图—百灵庙预测工作区	布龙图式
4	炭窑口式沉积变质型磷铜矿	Pt_2	Pb、Zn、P	炭窑口	狼山-阴山陆块	炭窑口—东升庙地区	沉积变质型	炭窑口—东升庙预测工作区	炭窑口式
5	盘路沟式岩浆型磷矿	$Ar_3—Pt_1$	P	盘路沟	固阳-兴和陆核	乌兰察布市南部	复合内生型	盘路沟—保安乡预测工作区	右所堡式
6	三道沟式岩浆型磷稀土矿	$Ar_3—Pt_1$	P、REE	三道沟	固阳-兴和陆核	乌兰察布市南部	复合内生型	三道沟—旗杆梁预测工作区	右所堡式

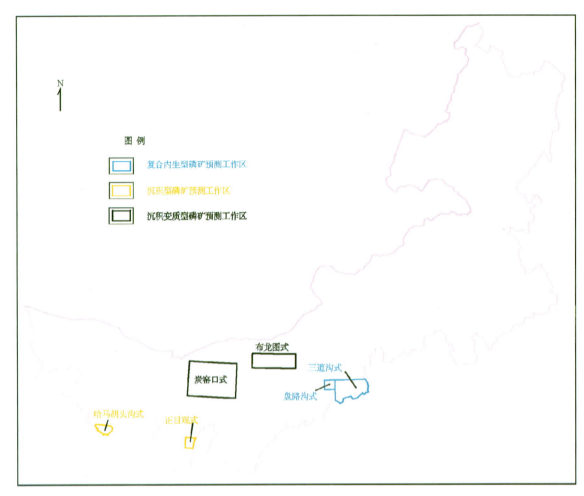

图 3-16 内蒙古自治区磷矿预测类型分布示意图

第十七节 菱镁矿

一、矿床类型及主要特征

内蒙古自治区菱镁矿矿床(点)分布在内蒙古自治区索伦山和贺根山地区,矿床成因类型为风化壳型。矿床主要产在蛇绿岩组合中超基性岩风化壳中,分布在碳酸盐化淋滤蛇纹岩带中。呈不规则透镜状及层状。矿石主要由非晶质菱镁矿组成。

二、矿产预测类型划分及其分布范围

内蒙古自治区内菱镁矿矿床仅有1处,1个矿产预测类型,1个预测方法类型,1个菱镁矿预测工作区(表3-17,图3-17)。

表 3-17 内蒙古自治区菱镁矿预测类型一览表

序号	矿产预测类型	成矿时代	矿种	典型矿床	构造分区名称	研究范围	预测方法类型	预测工作区名称	全国矿产预测类型
1	察汗奴鲁式风化壳型菱镁矿	P	菱镁矿	察汗奴鲁	索伦山蛇绿混杂岩带	索伦山地区	侵入岩体型	索伦山预测工作区	

图 3-17 内蒙古自治区菱镁矿预测类型分布示意图

第十八节 萤石矿

一、矿床类型及主要特征

萤石矿成因类型主要有沉积改造型、热液充填型、伴生萤石矿 3 种，其中以热液充填型为主。

1. 沉积改造型萤石矿

沉积改造型萤石矿可细分为弱改造型、强改造型和彻底改造型 3 小类。该类型萤石矿均形成于大石寨组（P_1d）内，且多集中于大石寨组第三岩段底部结晶灰岩层或顶部结晶灰岩透镜体内。早白垩世似斑状黑云二长花岗岩体的侵入，导致了古地温的升高，在基本封闭的条件下形成了强烈改造萤石矿，其代表矿石类型为糖粒状萤石矿，此时成矿溶液表现了地下热水的特征。但是在岩浆期后阶段，成矿热液表现了岩浆水和地下热水的特征，并在构造裂隙中形成了伟晶脉状萤石矿。属沉积弱改造型矿床的只有瑙尔其格萤石矿，属沉积强改造型矿床的有苏莫查干萤石矿、温多尔努如萤石矿，属沉积彻底改造型矿床的有西里庙萤石矿、北敖包吐萤石矿、满提萤石矿。

2. 热液充填型萤石矿

该类型矿床是分布最广和数量最多的矿床类型，形成时代以印支期—燕山期为主，此类型矿床完全受到中、酸性岩浆岩控制，成矿物质来源主要为早期岩浆热液中挥发分物质，受到断裂构造所制约，此类型矿床的矿体形态多呈脉状、透镜状等。

3. 伴生萤石矿

内蒙古自治区内的伴生的萤石矿床仅有白云鄂博萤石矿，为特大型矿床，该矿床主要矿产为铁矿、稀土矿、铌矿，无论是主矿种或者是本次预测工作所研究的伴生萤石矿，其规模比世界上已知的任何萤石矿床都大。

萤石矿化在主、东矿中烈发育，主矿尤甚，广泛分布于各类型的矿石中，呈条带状、浸染状。矿体呈似层状、透镜状。倾向南，倾角60°～70°。萤石随铁矿从富至贫而增加，与稀土则有同步消长趋势。萤石可分为早、晚和表生3个阶段。早期呈浸染状、条带状，分布广泛；晚期呈脉状。早期萤石呈不规则粒状，颗粒较小；晚期颗粒较大，一般为0.03～5mm，细脉中可达1～3cm。颜色多为深浅不同的紫色，少数为黑色和无色。

二、矿产预测类型划分及其分布范围

根据内蒙古自治区萤石矿床的分布情况和特征，共划分出2个矿产预测类型，2个预测方法类型，17个萤石矿预测工作区（表3-18，图3-18）。

表 3-18 内蒙古自治区萤石矿预测类型一览表

序号	矿产预测类型	成矿时代	矿种	典型矿床	构造分区名称	研究范围	预测方法类型	预测工作区名称	全国矿产预测类型
1	苏莫查干敖包式层控热液型	Pz	萤石	苏莫查干敖包	锡林浩特岩浆弧	四子王旗苏莫查干敖包—敖包吐地区	层控内生型	苏莫查干敖包—敖包吐预测工作区	苏莫查干敖包式
2	神螺山式岩浆热液型	Pz	萤石	神螺山	柳园裂谷	额济纳旗神螺山地区	侵入岩体型	神螺山预测工作区	武义式
3	东七一山式岩浆热液型	Pz	萤石	东七一山	明水岩浆弧、公婆泉岛弧	额济纳旗七一山地区	侵入岩体型	东七一山预测工作区	武义式
4	哈布达哈拉式岩浆热液型	T	萤石	哈布达哈拉	迭布斯格-岩浆弧	阿拉善左旗哈布达哈拉—恩格勒地区	侵入岩体型	哈布达哈拉—恩格勒预测工作区	武义式

续表3-18

序号	矿产预测类型	成矿时代	矿种	典型矿床	构造分区名称	研究范围	预测方法类型	预测工作区名称	全国矿产预测类型
5	库伦敖包式岩浆热液型	T	萤石	库伦敖包	狼山-白云鄂博裂谷	乌拉特中旗库伦敖包—刘满壕壕地区	侵入岩体型	库伦敖包—刘满壕预测工作区	武义式
6	黑沙图式岩浆热液型	S—∈	萤石	黑沙图	狼山-白云鄂博裂谷	达茂旗黑沙图—乌兰布拉格地区	侵入岩体型	黑沙图—乌兰布拉格预测工作区	武义式
7	白音敖包式岩浆热液型	J—K	萤石	白音敖包	二连-贺根山蛇绿混杂岩带	二连浩特市白音敖包—赛乌苏地区	侵入岩体型	白音敖包—赛乌苏预测工作区	武义式
8	白彦敖包式岩浆热液型	T	萤石	白彦敖包	狼山-白云鄂博裂谷	四子王旗-镶黄旗白彦敖包—石匠山地区	侵入岩体型	白彦敖包—石匠山预测工作区	武义式
9	太仆寺东郊式岩浆热液型	J—K	萤石	太仆寺东郊	色尔腾山-太仆寺旗古岩浆弧	太仆寺旗地区	侵入岩体型	东井子—太仆寺东郊预测工作区	武义式
10	跃进式岩浆热液型	T	萤石	跃进	锡林浩特岩浆弧	锡林浩特市跃进地区	侵入岩体型	跃进预测工作区	武义式
11	苏达勒式岩浆热液型	J—K	萤石	苏达勒	锡林浩特岩浆弧	巴林右旗—阿鲁科尔沁旗苏达勒—乌兰哈达地区	侵入岩体型	苏达勒—乌兰哈达预测工作区	武义式
12	大西沟式岩浆热液型	J—K	萤石	大西沟	恒山-承德-建平古岩浆弧	赤峰市大西沟—桃海地区	侵入岩体型	大西沟—桃海预测工作区	武义式
13	白杖子式岩浆热液型	J—K	萤石	白杖子	温都尔庙俯冲增生杂岩带	敖汉旗白杖子—陈道沟地区	侵入岩体型	白杖子—陈道沟预测工作区	武义式
14	昆库力式岩浆热液型	Pz	萤石	昆库力	海拉尔-呼玛弧后盆地	呼伦贝尔市昆库力—旺石山地区	侵入岩体型	昆库力—旺石山预测工作区	武义式
15	哈达汗式岩浆热液型	J—K	萤石	哈达汗	东乌旗-多宝山岛弧	鄂伦春自治旗哈达汗—诺敏山地区	侵入岩体型	哈达汗—诺敏山预测工作区	武义式
16	协林—六合屯式岩浆热液型	J—K	萤石	协林	锡林浩特岩浆弧	科尔沁右翼前旗协林—六合屯地区	侵入岩体型	协林—六合屯预测工作区	武义式
17	白音锡勒牧场式岩浆热液型	J—K	萤石	白音锡勒牧场	锡林浩特岩浆弧	锡林浩特市白音锡勒牧场—水头地区	侵入岩体型	白音锡勒牧场—水头预测工作区	武义式

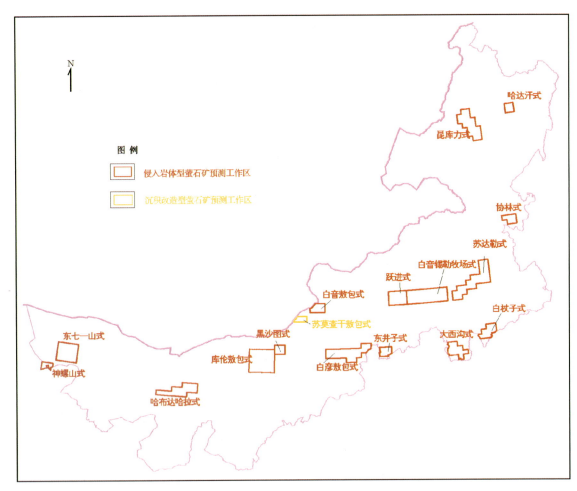

图 3-18　内蒙古自治区萤石矿预测类型分布示意图

第十九节　重晶石

一、矿床类型及主要特征

目前仅发现巴升河热液型重晶石矿床 1 处。

该矿床位于呼伦贝尔市扎兰屯市塔尔气镇南偏东 20km。含矿地层为中生界上侏罗统满克头鄂博组，岩性为凝灰质砂岩、粉砂岩、安山玢岩及安山质凝灰熔岩。出露有早白垩世正长花岗岩岩体。

二、矿产预测类型划分及其分布范围

内蒙古自治区内仅划分 1 个矿产预测类型，1 个预测方法类型，1 个重晶石矿预测工作区（表3-19，图 3-19）。

表 3-19 内蒙古自治区重晶石矿预测类型一览表

序号	矿产预测类型	成矿时代	矿种	典型矿床	构造分区名称	研究范围	预测方法类型	预测工作区名称	全国矿产预测类型
1	巴升河式热液型重晶石矿	K	重晶石矿	巴升河重晶石矿	扎兰屯-多宝山岛弧（Pz_2）	扎兰屯市地区	侵入岩体型	巴升河预测工作区	宋官瞳式

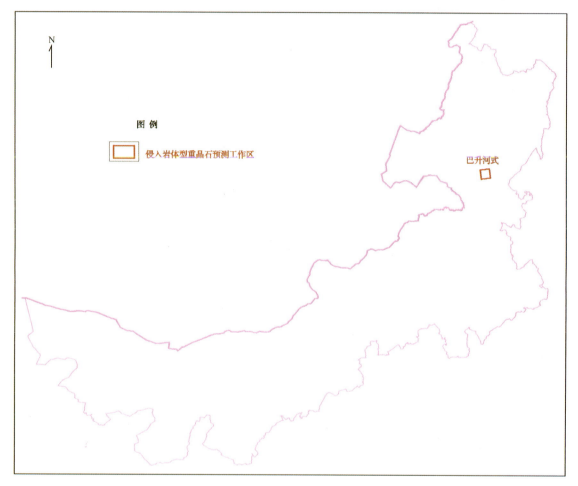

图 3-19 内蒙古自治区重晶石矿预测类型分布示意图

第四章　典型矿床及成矿模式

第一节　铁矿典型矿床及成矿模式

一、海底喷流沉积-热液改造型铁矿床

该类型铁矿床分布局限，目前仅有白云鄂博铁铌稀土矿和霍各乞铜铅锌铁多金属矿。

白云鄂博铁铌稀土矿位于包头市白云鄂博区，大地构造位置处于狼山-白云鄂博裂谷。

（一）矿区地质

地层主要出露白云鄂博群都拉哈拉组碎屑岩夹泥质岩建造、尖山组砂板岩建造，哈拉霍疙特组碎屑岩-碳酸盐建造和比鲁特组板岩及碳酸盐、砂岩建造。其中哈拉霍疙特组为主要赋矿层位（图4-1）。

矿区内的主要褶皱构造为白云向斜，其北与宽沟背斜相邻，二者之间为高位同生断裂构造相隔。区内铁矿、稀土矿、铌矿体较严格受褶皱构造控制。东介勒格勒矿段位于白云向斜的南翼，菠萝头矿段、东部接触带矿段位于白云向斜的北翼。高磁异常区矿段位于白云向斜南翼次级小背斜构造的南翼，倾向南西，倾角70°～85°。

区内断裂比较发育，主要有同生沉积断裂、韧性剪切带及节理等，前者是主要的控矿构造。白云鄂博同生沉积断裂主要有高位同生断裂和东介勒格勒同生断裂。高位同生断裂为白云鄂博矿区及外围规模最大、切割较深、活动时间较长的断裂构造，分布于宽沟背斜和白云向斜之间，断层产状165°～195°∠45°～60°，该断裂严格控制着矿区内白云鄂博群哈拉霍疙特组三段白云岩地层的展布，断裂带中分布有大量的同生角砾岩。

侵入岩集中分布于矿区东部乌日图一带，总出露面积5km^2，岩浆活动时间较长，由元古宙至中生代，岩石类型从中酸性—酸性均有分布。矿区内脉岩比较发育。

（二）矿床地质

该矿分布在东西长16km，南北宽1～2km的范围内，主要矿体及矿化体均受矿区向斜构造的控制。可分为西矿、主矿（含高磁区）、东矿（含东介勒格勒）及菠萝头和东部接触带（为铌、稀土矿床）4个区。

1. 主矿、东矿和西矿

（1）东矿：主要矿体产于向斜北翼白云岩中，共有19个矿体，矿体产状与围岩一致，分3层平行排列，中上部规模较大。矿体地表形态东宽西窄，整体如彗状，其西部呈棒状，东部为锯齿状，矿体长1300m，最宽处340m，平均宽179m，已控制斜深870m。矿体地表厚20.4m，钻孔中平均厚40.55m，向北倾，倾角70°～75°，或近于直立。全铁平均含量为33.85%。白云岩蚀变强烈，分带明显，以钠、氟交代为主，铌、稀土矿化很强烈。

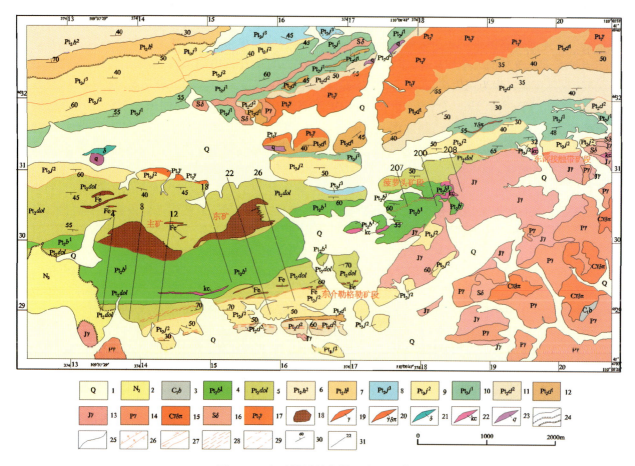

图 4-1 白云鄂博铁铌稀土矿区地质图

1.第四系砂土、碎石;2.新近系上新统杂色砂质泥岩、砂岩、砂砾岩;3.石炭系宝力高庙组中酸性火山岩;4.白云鄂博群比鲁特组:灰黑色、灰绿色萤石矿化钠铁闪石化富钾板岩、绢云母板岩;5.白云鄂博群哈拉霍疙特组白云岩;6.白云鄂博群哈拉霍疙特组二段:灰色硅质板岩夹变质中粗粒石英砂岩;7.哈拉霍疙特组一段:灰色灰岩变质钙质砂岩;8.白云鄂博群尖山组三段:深灰色、灰黑色硅质板岩、变质石英砂岩夹碳质板岩;9.尖山组二段:深灰色、灰白色变质砂岩及变质含砾岩屑长石砂岩;10.尖山组一段:灰黑色、暗灰色粉砂质绢云母板岩、含粉砂铁锰质板岩、碳质板岩夹灰色粉砂质板岩、变质含砾中粒长石石英砂岩;11.都拉哈拉组二段:灰色、灰白色变质石英砂岩;12.都拉哈拉组一段:灰色变质细粒石英砂岩夹变质中粒石英砂岩;13.侏罗纪花岗岩;14.二叠纪花岗岩;15.石炭纪花岗闪长玢岩;16.志留纪细粒闪长岩;17.古元古代片麻状黑云母斜长花岗岩;18.铁矿体;19.花岗岩脉;20.花岗闪长玢岩脉;21.闪长岩脉;22.碳酸岩脉;23.石英脉;24.地质界线;25.侵入界线;26.实测断层;27.实测平移断层、性质不明断层;28.糜棱岩带;29.构造破碎带;30.地层产状;31.勘探线位置及编号

矿石类型复杂,分带性明显,块状铌稀土铁矿石分布于矿体中部,萤石型铌稀土铁矿石夹钠辉石型铌稀土铁矿分布于矿体下盘。钠辉石型铁矿分布于矿体上盘或近矿上盘部位,钠闪石型铁矿石分布于铁矿体最上盘。铁矿体的下盘及上盘均为白云质大理岩铌稀土矿石。

（2）主矿:主要矿体产于向斜北翼白云岩内,向斜南翼有两层向北陡倾的铁矿。矿体产状与围岩产状相一致,矿体下盘为白云岩,上盘为长石板岩、黑云母化板岩。矿体最长1250m,最宽处415m,平均宽245m,总体呈一个南平北凸的透镜体,控制最大延深1030m。全铁平均含量为35.97%。

矿石类型分带状况:块状铌稀土铁矿分布于矿体中部,下盘为厚大的萤石型铌稀土铁矿石,深部夹有霓石型铌、稀土铁矿透镜体。上盘为霓石型铌稀土铁矿石,最上部为钠闪石型铌稀土铁矿石,铁矿体的上盘依次为黑云母岩、白云母碳酸盐岩型及长石板岩型等铌稀土矿石。主矿东端矿石类型为白云岩型铌稀土铁矿石。

主矿、东矿矿体中均伴生有丰富的稀土矿物,在矿体的上下盘及距矿体稍远的白云岩围岩中,稀土矿物含量亦富。主矿、东矿矿体上下盘围岩包括白云岩、白云质石灰岩、钠辉石岩、云母岩及硅质板岩等，在白云岩、白云质石灰岩及钠辉石岩中稀土品位较高，品位变化亦小；在云母岩及硅质板岩中稀土品位很低。矿体的形态沿走向为透镜状，沿倾斜方向为层状、似层状和铁矿产状一致。

主矿共分出单独的 8 个铌矿体，平均品位为 0.238%，东矿共分出单独的 6 个铌矿体，平均品位为 0.20%，主要含铌矿物为铌铁矿、黄绿石、易解石。

(3) 西矿：东距主矿 1km，延伸长 9km，共有 16 个矿体，赋存在向斜两翼的白云岩中。北翼矿体与围岩产状南倾，倾角 50°～60°，南翼北倾，倾角 70°～80°，局部直立倒转。含矿带厚 40～130m，集中于上、中、下 3 个层位，每层含铁矿 2～6 层，上层厚度薄，品位低，中、下两层厚度大，品位高。铁矿体为层状、似层状或透镜状，规模大小不一，呈东西向分布。16 个矿体中最大矿体为 9 号、10 号，长 1300～1500m，一般厚 50～100m，延深 700～750m；次大矿体为 8 号及 12 号，长 800～950m，一般厚 25～50m，延深 360～400m；矿带东端的 13～16 号矿体最小，一般长 125～170m，最长 350m，一般厚 10 余米，最厚仅 40m。产于向斜两翼的矿体在向斜轴部相连成一体（图 4 - 2）。

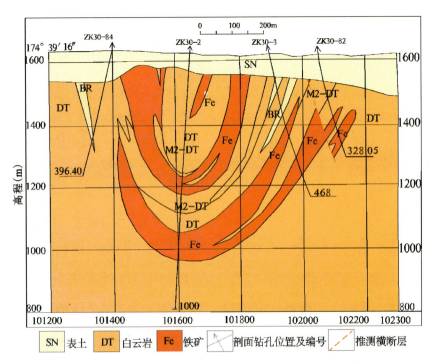

图 4 - 2　白云鄂博西矿区 30 线剖面图

矿体主要产于白云岩内，白云石型矿石占西矿总量的 79%，集中分布于矿体的中部，次要的矿石类型为闪石白云母型铁矿石，占总量的 20%～25%，且集中分布在矿体的上部。矿体中、下部的白云石型铁矿体中还有独立的含锰菱铁矿层出现，一般为 2～3 层，最多为 5～7 层，单层厚由几米至 10 余米不等。沿走向最长为 850m，沿倾向斜深 250～400m。

全铁平均含量 33.57%，Nb_2O_5 0.064%～0.080%。

2. 矿石的物质组成及结构构造

已发现 73 种元素，除铁、铌、稀土外，还有多种分散元素和放射性元素。稀土元素主要为铈族元素，占稀土总量的 97%。分散元素有 Ga、In、Sc、Rb、Cs 及 Zr、Hf，但含量都较低。

已知有 161 种矿物。含铁矿物：磁铁矿、赤铁矿、镜铁矿、磁赤铁矿、假象赤铁矿、褐铁矿、针铁矿、纤铁矿、水赤铁矿、菱铁矿、菱镁铁矿、菱铁镁矿、铁白云石等 14 种。稀土矿物：独居石、氟碳铈矿、氟碳铈钡矿等18种。铌矿物：铌铁金红石、铌铁矿、烧绿石、易解石等19种。

矿石结构有粒状变晶、粉尘状、交代及固溶分离结构等。矿石具块状构造、浸染状构造、条带状构造、层纹状构造、斑杂状构造、角砾状构造等。

（三）矿床成因

白云鄂博铁铌稀土矿床成因有多种认识，主要有特种高温热液型、沉积变质型、热液交代型、沉积变质-热液交代型、喷流沉积型、碳酸岩岩浆型以及多成因型等，各种成因学说都有成矿事实可以佐证。

基于以下认识，该矿床成因应为海底喷流沉积-热液改造型：①铁矿产于白云岩与板岩接触带，与围岩产状一致，总体受白云向斜控制。②矿床主要成矿时代与围岩一致，为中元古代。③同位素研究表明，成矿物质主要来源于地幔（袁忠信，2012）。④铁矿石的条带状纹层状构造显示其具沉积成因。⑤铌及稀土矿除与铁矿共伴生之外，在铁矿的顶底板一定的范围内均富集成矿，可能主要为后期热液交代形成。

（四）成矿时代

白云鄂博矿床的同位素年龄列于表4-1，共46个数据。从表中数据看出，白云鄂博矿床的同位素年龄大体可分为4组，相应分为4个成矿时段。

表4-1 白云鄂博铁铌稀土矿成矿年龄数据表

序号	采样地点	测试对象	年龄（Ma）	测试方法	资料来源
1	主东矿	矿石	1592±530	Sm-Nd	Yuan et al.,1992
2	主矿	矿石	1580±360	Sm-Nd	Yuan et al.,1992
3	主矿北、东矿	独居石-氟碳铈矿	1313±41	Sm-Nd	任英忱等,1994
4	主矿北、东矿	浸染状独居石	1700±480	Sm-Nd	曹荣龙等,1994
5	主东矿	白云石全岩	1273±100	Sm-Nd	张宗清等,2001
6	主东矿	白云岩中稀土矿物	1250±210	Sm-Nd	张宗清等,2001
7	主东矿	矿石	1286±91	Sm-Nd	张宗清等,1994
8	主东矿	矿石	1305±78	Sm-Nd	张宗清等,2003
9	东矿	矿石	1013±69	Sm-Nd	张宗清等,2003
10	西矿	矿石	809±80	Sm-Nd	刘玉龙等,2005
11	矿体	独居石	1700±480	Sm-Nd	曹荣龙等,1994
12		氟碳铈矿、黄河矿、易解石	402±18	Sm-Nd	曹荣龙等,1994
13		褐帘石、钠闪石等	422±91	Sm-Nd	张宗清等,2003
14	主东矿	矿石	523±23	U-Pb	裴愉卓,1997
15	主矿体及接触带	独居石	800~1000	U-Pb	任英忱等,1994
16	主矿北	独居石	445±11	Th-Pb	任英忱等,1994
17	主矿北	独居石	461±62	Th-Pb	任英忱等,1994
18	主东矿	独居石	400~555	Th-Pb	Wang et al.,1994
19	西矿	独居石	532±31	Th-Pb	Wang et al.,1994
20	主矿	独居石	404±14	Th-Pb	Chao et al.,1997
21	白云石型矿石	独居石	419±37	Th-Pb	Chao et al.,1998

续表 4-1

序号	采样地点	测试对象	年龄(Ma)	测试方法	资料来源
22	白云石型矿石	氟碳铈矿	555±11	Th-Pb	刘玉龙等,2005
23	矿体	单颗粒独居石	1231±200	Th-Pb	刘玉龙等,2005
24	矿体	黄铁矿	439±86	Re-Os	张宗清等,2003
25	西矿	矿石	391±97	Rb-Sr	张宗清等,2003
26	东矿	黄河矿、钠长石、钠闪石	422±18	Sm-Nd	张宗清等,1994
27	东矿	独居石	1008±320	Sm-Nd	刘玉龙等,2005
28	主矿	白云岩、板岩及矿石	485	Rb-Sr	白鸽等,1985
29	主矿	矿石中后期细脉中易解石	273	U-Th-Pb	中国科学院地球化学所,1988
30	主东矿	云母岩中的金云母、铁镁云母	269.29	K-Ar	中国科学院地球化学所,1988
31	东矿	黑云母岩,黑云母	277.4	K-Ar	中国科学院地球化学所,1988
32	东矿	霓石脉中的易解石、黄河矿	438.2±25.1	U-Th-Pb	赵景德等,1991
33	东矿	矿石中的独居石	423±13	U-Th-Pb	赵景德等,1991
34	西矿	矿化白云岩的钠闪石	789±5	K-Ar	张宗清等,2003
35	主东矿	碱性岩-碳酸岩矿石	1378±88	Sm-Nd	张宗清等,2003
36	主矿	后期矿脉中钠闪石	427.5±4.0	K-Ar	裴愉卓等,2009
37	主矿	后期矿脉中硅镁钡石	398±5	Ar-Ar	裴愉卓等,2009
38	西矿	矿石中钠闪石	465±14	Sm-Nd	裴愉卓等,2009
39	东矿	钠闪石白云岩全岩	385.7±3.9	K-Ar	裴愉卓等,2009
40	都拉哈拉	钠闪石岩全岩	436.4±3.6	K-Ar	裴愉卓等,2009
41	西矿	黑云母岩全岩	271.4±1.7	K-Ar	裴愉卓等,2009
42	主矿	浅色板岩全岩	255.3±1.7	K-Ar	裴愉卓等,2009
43	东矿	暗色板岩全岩	255.7±2.6	K-Ar	裴愉卓等,2009
44	主东矿	白云岩中浸染状独居石	1500±100	Th-Pb	曹荣龙,1994
45	主东矿	白云岩中浸染状独居石	1685	Th-Pb	邵和明等,2002
46	主东矿	白云岩中浸染状磷灰石	1693	U-Th-Pb	邵和明等,2002

（1）中元古代早期，同位素年龄集中在1700～1500Ma，这是与海底喷流有关热水成矿时代。

（2）中、新元古代，主东矿同位素年龄1300～1000Ma，西矿为800Ma，为与火成碳酸岩有关的富稀土的流体交代了先期沉积的稀土铁矿，使稀土进一步富集。这一年龄反映了稀土矿物的形成与火成碳酸岩活动直接有关。

（3）加里东期，同位素年龄集中在420Ma，矿石受到明显改造，并有新的稀土矿物形成。

（4）海西期，在270Ma。形成矽卡岩化，并有稀土矿化形成。

中、新元古代的年龄多由Sm-Nd法测得，Sm-Nd属稀土族元素，用Sm-Nd法测稀土矿的成矿年龄，二者能更好的结合。加里东期及海西期年龄样品，不是取自晚期矿脉，就是取自蚀变岩石，或取自晚期矿物，如黄河矿、易解石，代表了后期叠加成矿作用。

(五)矿床成矿要素

矿床成矿要素见表4-2。

表4-2 白云鄂博式海底喷流沉积-热液改造型铁铌稀土矿白云鄂博典型矿床成矿要素表

成矿要素		描述内容			要素类别
储量		146 849.9×10⁴t	平均品位	TFe 33.19%~35.57%	
特征描述		海底喷流沉积-热液改造型铁矿床			
地质环境	构造背景	Ⅱ华北陆块区,Ⅱ-4 狼山阴山陆块,Ⅱ-4-3 狼山-白云鄂博裂谷(Pt₂)			必要
	成矿环境	Ⅰ-4 滨太平洋成矿域(叠加在古亚洲成矿域之上),Ⅱ-14 华北成矿省,Ⅲ-11 华北陆块北缘西段 Au-Fe-Nb-REE-Cu-Pb-Zn-Ag-Ni-Pt-W-石墨-白云母成矿带,Ⅲ-11-①白云鄂博-商都 Au-Fe-Nb-REE-Cu-Ni 成矿亚带(Ar₃、Pt、V、Y)			必要
	成矿时代	中元古代			必要
矿床特征	矿体形态	东矿矿体地表形态东宽西窄,整体如带状,其西部呈棒状,东部为锯齿状;主矿矿体总体呈一个南平北凸的透镜体;西矿铁矿体为层状、似层状或透镜状,规模大小不一,呈东西向分布			重要
	岩石类型	哈拉霍疙特组含磁铁石英岩,含磁铁细晶白云岩夹含磁铁矿粉晶灰岩、中晶灰岩,萤石化细晶白云岩,中元古代白云质碳酸岩			必要
	岩石结构	中粗粒结构、中细粒结构、等粒结构			次要
	矿石矿物	含铁矿物:磁铁矿、赤铁矿、镜铁矿、磁赤铁矿等; 稀土矿物:氟碳铈矿、独居石、氟碳钙铈矿等; 铌矿物:铌铁金红石、铌铁矿、烧绿石、易解石等; 共生矿物:萤石、磷灰石、重晶石、白云石等			重要
	矿石结构构造	结构:粒状变晶结构、粉尘状结构、交代结构、固溶分离结构等; 构造:块状构造、浸染状构造、条带状构造、层纹状构造、斑杂状构造、角砾状构造等			次要
	围岩蚀变	长石化、萤石化、霓石化、碱性角闪石化、黑云母化、金云母化、磷灰石化、矽卡岩化等			次要
	主要控矿因素	褶皱控矿、向斜、断层			重要

(六)矿床成矿模式

中元古代早期,在华北陆块北缘形成了近东西向的白云鄂博裂陷槽,沉积了一套巨厚的碎屑岩、黏土岩和碳酸盐岩等类复理式建造。同生深断裂带同时是幔源含矿热液活动的通道,大量的成矿组分(Fe、REE、Nb)、挥发组分(H_2O、CO_2、F、P、S)以及碱金属组分(K、Na)等,通过喷气带入盆地。在适当的物理化学条件下,Fe、REE、Nb便大量沉积富集。中元古代中晚期,与火成碳酸岩有关的富稀土的流体交代了先期沉积的稀土铁矿,使稀土进一步富集(图4-3A)。

原始沉积作用形成了矿床的基本形态。经过漫长的固结成岩过程,元古宙末期—加里东期区域褶

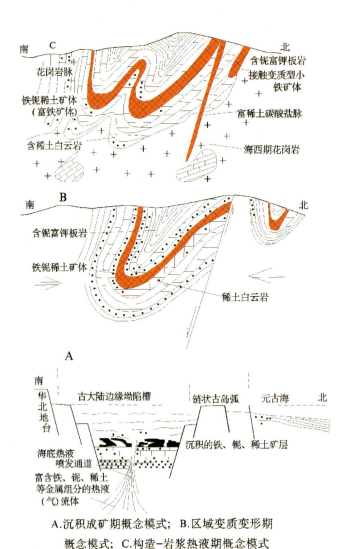

图 4-3 白云鄂博式铁铌稀土矿成矿模式图(据侯宗林修改,1989)

皱隆起,产生了广泛的区域变质变形作用(图4-3B)。在一定的温度和压力作用下,碳酸铁相当部分赤铁矿转化为磁铁矿,部分硅酸铁转化为磁铁矿和云母、钠闪石等矿物。稀土元素具有很强的活泼性,在H_2O、CO_2、F、P等作用下,除部分组合成新的矿物外,在局部构造发育地段充填富集。H_2O、CO_2、F、Na、K等可在围岩中引起广泛的交代作用,如钾长石化、钠长石化、萤石化、磷灰石化、霓石化、云母化、方解石化等。由于褶皱作用,使矿体发生形变,最主要的是使矿体加厚和普遍透镜体化。

在海西期,由于区域性花岗岩体的大面积侵入,带来大量的热和气液,导致矿区内成矿元素的再度活动,广泛的钠、氟交代和稀土元素的局部富集,主要发育在这一阶段。同时,在热力的作用下,铁矿物颗粒进一步变粗,赤铁矿、碳酸铁转变为磁铁矿。在构造活动部位,铁质有进一步富集的趋势,如块状磁铁富矿的形成并有富稀土碳酸盐岩脉沿裂隙充填(图4-3C)。同时,在含铁的白云质灰岩同花岗岩接触部位形成小的接触交代型铁矿体。

总之,由于多期地质作用,诱发成矿元素和各种活动组分的多期活动。因此,白云鄂博铁铌稀土矿显示以海底喷流沉积作用为基础,为具有多种地质作用叠加特征的复杂矿床。

二、海相火山岩型铁矿床

按形成时代分为中元古代温都尔庙式和古生代黑鹰山式。

(一)黑鹰山式铁矿

黑鹰山铁矿位于内蒙古自治区阿拉善盟额济纳旗。

1. 矿区地质

地层主要有第四纪沉积物和下石炭统白山组火山沉积岩,后者主要是英安岩、英安质流纹岩、凝灰熔岩、火山角砾岩、次生石英岩和灰岩。其中火山(次火山)岩是主要的赋矿围岩。

侵入岩分布广泛,最发育的是花岗岩和花岗闪长岩,其次是各种中酸性脉岩。脉岩对早期形成的铁矿体形态及物质成分的变化有重要影响。具有经济价值的透镜状矿体一般在石英长石斑岩或长石斑岩的接触带上,上盘为石英长石斑岩或长石斑岩,下盘为二长斑岩,围岩一般具矽卡岩化及高岭土化现象。

矿区构造形态主要为一倒转背向斜,轴向北西-南东或近东西向,一般倾向南西,倾角$50°\sim70°$,具向北西端翘起、向南东侧伏的特点,但其形态大部分被花岗岩侵入所破坏。断裂构造主要有2组,即北北西向扭性断裂和北西西向压性断裂。其中,近东西向和北西向断裂对铁矿体的空间分布及形态具有明显的控制作用(图4-4)。

2. 矿床地质

1)块状铁矿体

在黑鹰山铁矿床范围内先后发现铁矿体215处,自北向南可划分为5个矿段。第Ⅱ和第Ⅲ矿段主要由致密块状铁矿体所组成,约占整个铁矿床储量的2/3以上。致密块状铁矿体呈似层状、囊状和透镜状在各类火山-沉积岩地层和中酸性侵入岩脉中产出。铁矿体长度变化范围为$5\sim330m$,厚$5\sim20m$(最厚处可达110m),倾斜延伸$100\sim200m$。矿石矿物主要为假象赤铁矿和磁铁矿,脉石矿物有磷灰石、石英、绿泥石和碧玉。近矿体热液蚀变有绿泥石化、硅化、次生石英岩化、绢云母化和碳酸盐化。高炉富矿TFe平均品位57.93%,需选的中贫矿石TFe平均品位33.26%(图4-5)。

需要提及的是,在黑鹰山铁矿床第Ⅱ和第Ⅲ矿段之间分布有一系列独立的磷-钇矿体,这些矿体多呈透镜状和楔状在钠长斑岩和英安岩中产出。磷-钇矿体长度变化范围为$44\sim120m$,宽为$12\sim39m$,倾斜延伸$100\sim200m$。矿石主要矿物组合为磷灰石、磁铁矿、赤铁矿、钛铁矿、黄铁矿、石英、辉石、绢云母和绿帘石。Y_2O_3和P_2O_5的储量分别为733t和57×10^4t,矿石中Y_2O_3和P_2O_5的品位变化范围分别为$0.058\%\sim0.13\%$(平均值0.08%)和$3.98\%\sim5.74\%$(平均值为4.26%)(赵觉仁等,1975;黄永瑞,1985;转引自聂凤军等,2005)。

2)脉状铁矿体

脉状铁矿化常呈不规则状石英-磁铁矿脉和石英-磷灰石-磁铁矿脉在英安岩、钠长斑岩和英安质流纹岩中产出,部分地段可以观察到各类脉状的铁矿体明显切割或穿插到致密块状铁矿体和容矿火山岩地层中。含铁矿脉长为$6\sim160m$,宽$0.5\sim2m$,倾斜延伸$100\sim250m$。矿石矿物主要为磁铁矿、自然金、黄铜矿和黄铁矿,脉石矿物有磷灰石、石英、长石、辉石和角闪石等。

近矿体热液蚀变为硅化、绢云母化、绿泥石化和角岩化。脉状铁矿体无论在分布范围和储量方面,还是在矿物组合、热液蚀变类型及形成时间上均不同于前述致密块状铁矿体,它们反映了两者在形成机理上存在有一定的差别。

3. 矿床成因

从矿区所有的矿体出露形态及其围岩相互之间的关系初步推测成矿分为两个阶段:①当岩浆分异

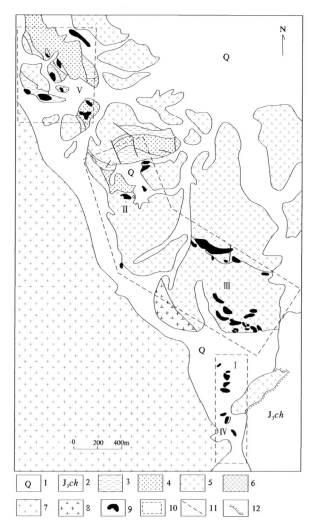

图 4-4 黑鹰山铁矿区地质略图(据孟贵祥等,2009)

1.第四系;2.上侏罗统黏土岩及砂岩;3.下石炭统白山组凝灰岩;4.下石炭统白山组次生石英岩;5.下石炭统白山组中酸性火山熔岩;6.下石炭统白山组赤铁矿化碧玉岩;7.海西期花岗岩;8.花岗闪长岩;9.铁矿体;10.矿段位置及编号;11.断层;12.不整合界线

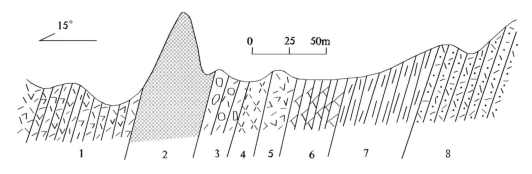

图 4-5 黑鹰山铁矿Ⅲ号矿段地质剖面图(据孟贵祥等,2009)

1.粗面英安岩;2.磁铁矿-赤铁矿矿体;3.蚀变流纹岩;4.斜长流纹岩;5.钠长流纹岩;6.粗面安山岩;7.硅质岩;8.流纹岩

喷发时就有一部分铁质熔液被携带上,分异后在岩浆凝固时富集成不规则的矿体,或与火山岩接触后经变质作用形成别的矿体,因此围岩即为喷发的石英长石斑岩或长石斑岩,其次就是火山岩。矿体形状有鸡窝状、串珠状、小扁豆体等。矿石一般无磁性或者弱磁性。②当岩浆分异过渡到中基性时,有大量的铁质熔液首先沿着二长斑岩与石英长石斑岩或长石斑岩的接触软弱带贯入,富集成具有经济价值的矿体或者沿着二长斑岩的节理侵入富集成脉状或其他形状的矿体,是主要成矿时期。

从铁矿的矿物成分、化学成分来看,主要是铁质熔液,但是从铁矿本身含有磷灰石,或者磷灰石细脉、石英细脉穿插在铁矿和围岩中的现象推测,证明矿液是属于火山岩型的,部分为接触变质型。

4. 成矿时代

聂凤军等(2005)获得黑鹰山富铁矿床致密块状铁矿石的磷灰石 Sm-Nd 同位素等时线年龄为 322.0 ± 4.3 Ma,结合该矿床地质特征,黑鹰山富铁矿床成矿作用主要发生在海西期。

5. 矿床成矿要素及矿床成矿模式

矿床成矿要素见表4-3,成矿模式见图4-6。

表4-3 黑鹰山式海相火山岩型铁矿黑鹰山典型矿床成矿要素表

成矿要素		描述内容			要素类别
储量		2366.8×10^4t	平均品位	TFe 49.07%	
物征描述		海相火山岩型铁矿床			
地质环境	构造背景	Ⅰ天山-兴蒙造山系,Ⅰ-9 额济纳旗-北山弧盆系,Ⅰ-9-1 圆包山岩浆弧(O—D)			必要
	成矿环境	Ⅰ-1古亚洲成矿域,Ⅱ-2准噶尔成矿省,Ⅲ-1觉罗塔格-黑鹰山Cu-Ni-Fe-Au-Ag-Mo-W-石膏-硅灰石-膨润土-煤成矿带,Ⅲ-1-①黑鹰山-小狐狸山Fe-Au-Cu-Mo-Cr成矿亚带(Vm、I)			必要
	成矿时代	石炭纪			必要
矿床特征	矿体形态	致密块状铁矿体呈似层状、囊状和透镜状在各类火山-沉积岩地层和中酸性侵入岩脉中产出			重要
	岩石类型	英安岩、英安质流纹岩、凝灰熔岩、火山角砾岩、次生石英岩和灰岩			重要
	矿石矿物	金属矿物主要为磁铁矿、假象赤铁矿,次为褐铁矿、黄铁矿、黄铜矿;非金属矿物为石英、磷灰石、方解石、萤石、绿泥石等			重要
	矿石结构构造	矿石结构为自形—半自形细粒结构及等粒结构;矿石构造为致密块状构造和稠密浸染状构造及细脉状构造			次要
	围岩蚀变	主要有绿泥石化、硅化及碳酸盐化			次要
	主要控矿因素	石炭系白山组火山岩			必要

成矿过程可表述为:从泥盆纪末至早石炭世开始,北侧的古大洋向南俯冲形成圆包山岩浆弧,石炭纪时期在黑鹰山一带发生了强烈的火山喷溢和喷发,形成了一套巨厚的中酸性夹中基性火山岩,其铁质就是在这样一个特殊的环境中从下地壳和地幔伴随火山岩浆活动被带到深海底,在火山岩系中形成了黑鹰山式铁矿。

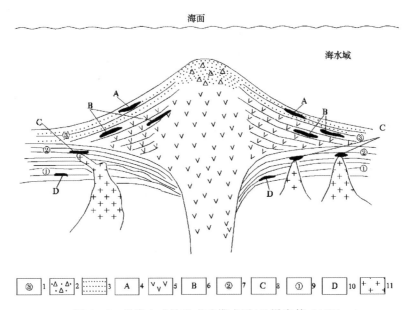

图 4-6 黑鹰山式铁矿成矿模式图(孟祥贵等,2009)

1.下石炭统白山组火山岩段;2.火山角砾岩;3.凝灰质火山岩;4.硅质凝灰岩型铁矿体;5.中酸性火山熔岩;6.块状铁矿体;7.下石炭统白山组砂板岩段;8.矽卡岩型铁矿体;9.下石炭统绿条山组;10.沉积铁矿体;11.海西期花岗岩类

(二)中元古代温都尔庙式铁矿

该类型铁矿床主要分布在集二线附近,温都尔庙—红格尔一带。选择白云敖包铁矿进行叙述。

1. 矿区地质

矿区地层仅有零星出露中元古界温都尔庙群桑达来呼都格组第二岩段顶部,大部分被第四系覆盖。岩性有绿泥片岩、阳起片岩、石英岩、绢英片岩,局部见千枚岩和千枚状板岩。绿泥片岩、阳起片岩和其他绿片岩的原岩均应为海底火山喷发的细碧质火山岩。

矿区褶皱构造异常复杂,由2个背斜和1个向斜组成紧密的倾没复式背斜构造,在平面上形成向北开阔、向南收敛的"W"形构造,从剖面上则呈"M"形。本区的断裂主要为成矿后的,多为近东西向和北东向分布,性质有逆断层、正断层和平推断层(图4-7)。

2. 矿床地质

矿层规模大小不等,已探明8层矿体,其中以第六层最大,第五、七层次之,一般长700~1200m,最长1800m。一般厚4~15m,最厚63m,一般延深200~350m,最大延深大于500m。矿体呈层状、似层状、扁豆状和透镜状,与围岩产状一致。

矿石自然类型按主要铁矿物(锰矿)的含量、矿石构造和脉石矿物种类,共划分为19种类型。其中以假象赤铁矿矿石为主,次为磁铁矿矿石、赤铁矿矿石和褐铁矿矿石。工业类型以磁性强弱、含铁品位和有害杂质的含量作为分类基础,共分成五大类六亚类:高品位磁铁矿矿石(A型TFe>45%,B型40%~44.99%)、低品位磁铁矿矿石(20%~39.99%)、高品位假象赤铁矿(赤铁矿)矿石(A型大于45%,B型40%~44.99%)、低品位假象赤铁矿(赤铁矿)矿石(25%~39.99%)、褐-赤铁矿矿石(25%~39.99%)。

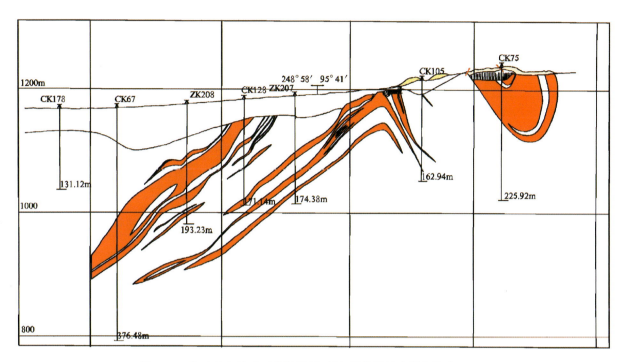

图 4-7　白云鄂博铁矿区勘探线剖面图（据储量核实报告修改，2004）

主要铁矿物有假象、半假象赤铁矿、磁铁矿、褐铁矿，少量针铁矿、纤铁矿、镜铁矿。锰矿物有褐锰矿、硬锰矿、水锰矿。硫化物有黄铜矿、黄铁矿。脉石矿物有石英、绢云母、次闪石（阳起石）、碳酸盐矿物（方解石）等。

矿石结构有半自形—他形晶粒、晶架、镶边、针状、放射状结构；构造有条带状、致密块状、脉状充填、层理构造、角砾状、皱纹状、蜂窝状、土状、胶状构造等。

3. 矿床成因与成矿时代

①含矿层为含铁石英岩、含铁碧玉岩，围岩为绿泥片岩、阳起片岩等原岩为海相火山岩的一套组合。②矿体呈层状、似层状，与围岩产状一致，并且严格受褶皱构造控制；矿石具条带状、层状构造，具沉积特征。③富矿体呈似层状顺层交代围岩，亦有呈不规则状、囊状、脉状斜穿围岩层理者。矿体中可见围岩交代残留体。主要蚀变为绢云母化、高岭土化和硅化。近矿围岩常有铁染及褪色现象，矿体与围岩界线不清。具有后期热液交代局部富集特征。

综上，该矿床为海相火山岩型，成矿时代与温都尔庙群时代一致，为中元古代，后期区域变质变形作用对矿体有一定改造。

4. 矿床成矿要素及成矿模式

矿床成矿要素见表 4-4，成矿模式见图 4-8。

三、沉积变质型（BIF 型）铁矿床

沉积变质铁矿主要分布在华北陆块北缘包头—集宁地区和赤峰地区。赋存在新太古界色尔腾山岩群、中太古界乌拉山岩群及古太古界兴和岩群中。中、大型矿床主要产于色尔腾山岩群中。

以三合明大型铁矿为例介绍。该铁矿位于内蒙古自治区达尔罕茂明安联合旗石宝乡。

表 4-4 温都尔庙式海相火山岩型铁矿白云敖包典型矿床成矿要素表

成矿要素		描述内容			要素类别
储量		$9525.7×10^4$ t	平均品位	TFe 36.04%	
特征描述		海相火山岩型铁矿床			
地质环境	构造背景	Ⅰ天山-兴蒙造山系,Ⅰ-8 包尔汉图-温都尔庙弧盆系,Ⅰ-8-2 温都尔庙俯冲增生杂岩带(Pt_2—P)			必要
	成矿环境	Ⅰ-4 滨太平洋成矿域(叠加在古亚洲成矿域之上),Ⅱ-12 大兴安岭成矿省,Ⅲ-7 白乃庙-锡林郭勒 Fe-Cu-Mo-Pb-Zn-Mn-Cr-Au-Ge-煤-天然碱-芒硝成矿带,Ⅲ-7-⑤温都尔庙-红格尔庙 Fe-Au-Mo 成矿亚带(Pt、V、Y)			必要
	成矿时代	中元古代			必要
矿床特征	矿体形态	层状、似层状、扁豆状和透镜状,以层状和似层状为主,铁矿层形态受褶皱构造严格控制,平面上呈"W"形,剖面上呈"M"形			重要
	岩石类型	绿泥片岩、阳起片岩、石英岩、绢英片岩			重要
	矿石矿物	主要铁矿物:假象、半假象赤铁矿、磁铁矿、褐铁矿,少量针铁矿,纤铁矿,镜铁矿; 锰矿物:褐锰矿,硬锰矿,水锰矿; 硫化物:黄铜矿,黄铁矿; 非金属矿物:石英、绢云母、次闪石(阳起石)、碳酸盐矿物(方解石)			重要
	矿石结构构造	半自形-他形晶粒结构,晶架结构,镶边结构,针状、放射状结构;条带状、致密块状、脉状充填、层理构造、角砾状、皱纹状、蜂窝状、土状、胶状构造			次要
	围岩蚀变	主要蚀变为绢云母化、高岭土化和硅化,近矿围岩常有铁染及褪色现象			次要
	主要控矿因素	中元古界温都尔庙群桑达来呼都格组第二岩段顶部			必要

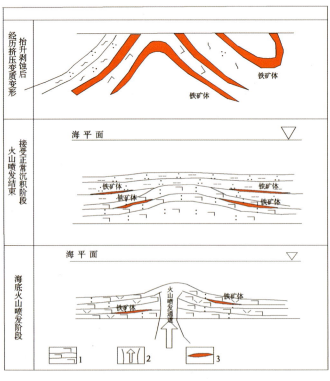

图 4-8 温都尔庙式铁矿成矿模式图
1.火山岩;2.岩浆上涌通道;3.矿体

1. 矿区地质

地层主要为色尔腾山岩群，由下至上分为5个岩段：①绿泥条痕状混合岩、云母斜长片麻岩；②白云母斜长片麻岩、白云绿泥斜长片麻岩；③角闪斜长条痕混合岩；④白云斜长片麻岩；⑤角闪岩夹透闪片岩、云母片岩夹厚层条带状磁铁石英岩。

矿区内未见有大的侵入岩，仅有几处闪长岩、辉石闪长岩、闪斜煌斑岩、碳酸岩等脉岩(图4-9)。

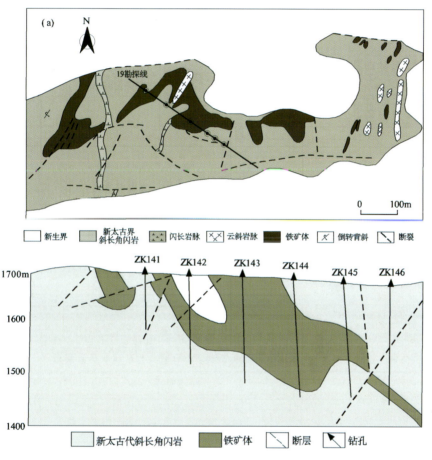

图4-9 三合明铁矿区地质图及19线剖面图(据刘利等，2012)

区内发育两背三向褶皱构造，轴面走向北东或南北，枢纽向南西或南倾伏，表现为被挠曲构造复杂化了的单斜构造，总体向南倾斜。矿区断裂构造特别发育，均为成矿后断裂，对矿体有一定的破坏作用，其中东西向两条大的反冲逆断层(F_{16}、F_{12})，贯通整个矿区，中部上升，南北两侧下降，使含矿地层呈东西向狭长带状，超覆在新生界地层之上。

2. 矿床地质

下含矿层：分布于中部露头区及东部异常区，主矿体有一层。中部露头区矿体受褶皱控制，西段矿体走向NE45°，南东倾，倾角正常翼为45°，倒转翼70°。东段矿体走向北西，倾向南西，倾角大于50°。因受走向褶曲控制，矿体多次重复出现，形成短轴倒转褶曲构造。中部露头区矿体长1200余米，厚8.32~91.56m，最大延深250~300m。东异常区矿体产状近南北向，向东倾，倾角70°，呈陡倾单斜构造。东部异常区仅有5个小矿体，呈透镜状夹在磁铁透闪片岩中，最大厚度小于10m，长度和斜深仅十数米至数十米。

上含矿层:分布在西异常区,有2个主矿体,呈单斜构造,产状变化大。上部矿体呈似层状,长1100m,厚5.79~71.75m,垂深390m。下部矿体呈似层状,长110m,厚2~56.71m,最大延深465m。

矿石结构:自形-半自形粒状变晶、纤维状、束状、放射状变晶结构,包含变晶结构,交代溶蚀结构;矿石构造:条带、条痕状构造,皱纹状构造,细脉浸染状构造。

矿石矿物以磁铁矿为主,其次为假象赤铁矿、半假象赤铁矿及褐铁矿。脉石矿物以铁闪石、镁闪石和石英为主,其次有少量极少量黑云母、金云母、石榴石、黄铁矿、绿泥石、榍石等。

铁矿石TFe最高达51.37%,平均为34.51%,SFe最高达44.59%,平均为27.52%,SFe含量主要集中在25%~32%之间。伴生元素硫含量0.003%~1.272%,平均为0.219%,磷为0.034%~0.219%,平均为0.105%,砷为0.05%。

工业类型属低硫、磷不含氟的弱磁性需选酸性硅质单一磁铁贫矿矿石。自然类型为按脉石矿物划分为石英型、石英闪石型和闪石型;按有用矿物为磁铁矿石;按结构构造划分为条带状、皱纹状和细脉浸染状磁铁矿矿石。

3. 矿床成因与成矿时代

①铁矿床赋存于新太古界色尔腾山岩群中,严格受地层层位控制;②铁矿体围岩主要为斜长角闪岩、片岩,其原岩主要为基性火山岩;③矿体受褶皱构造控制明显,在褶皱转折端明显增厚,受后期变质变形改造明显。因此三合明铁矿的成因类型应属于沉积变质型矿床。

据刘利等(2012)对选自斜长角闪岩中的锆石进行SIMS U-Pb定年,具有核边结构、Th/U大于0.4的锆石其核部给出了2562±14Ma的上交点年龄,可大致作为色尔腾山岩群的形成时代,因此成矿时代是新太古代。

4. 矿床成矿要素及成矿模式

矿床成矿要素见表4-5。

表4-5 三合明式沉积变质型铁矿三合明典型矿床成矿要素表

成矿要素		描述内容			要素类别
储量		$16\ 573.75×10^4$t	平均品位	TFe 34.53%	
特征描述		沉积变质型铁矿床			
地质环境	构造背景	华北陆块区,狼山阴山陆块,色尔腾山-太仆寺旗古岩浆弧(Ar_3)			必要
	成矿环境	滨太平洋成矿域(叠加在古亚洲成矿域之上),华北成矿省,华北陆块北缘西段Au-Fe-Nb-REE-Cu-Pb-Zn-Ag-Ni-Pt-W-石墨-白云母成矿带,固阳-白银查干Au-Fe-Cu-Pb-Zn-石墨成矿亚带(Ar_3,Pt)			必要
	成矿时代	新太古代			必要
矿床特征	矿体形态	层状、似层状、透镜状			重要
	岩石类型	斜长角闪岩、片岩			重要
	矿石矿物	有用矿物以磁铁矿为主,其次为假象赤铁矿、半假象赤铁矿及褐铁矿。脉石矿物以铁闪石、镁闪石和石英为主,其次有少量极少量黑云母、金云母、石榴子石、黄铁矿、绿泥石、榍石等			重要
	矿石结构构造	矿石结构:自形-半自形粒状变晶结构、纤维状、束状、放射状变晶结构,包含变晶结构,交代溶蚀结构; 矿石构造:条带、条痕状构造,皱纹状构造,细脉浸染状构造			次要
	围岩蚀变	无			次要
	主要控矿因素	新太古界色尔腾山岩群			必要

矿床成矿模式：太古宙时地壳尚未很好固结，水域中海底火山活动非常活跃。在火山活动间歇期，火山喷发或海底火山温泉活动将大量的硅铁物质带入水体之中，同时受火山活动影响而形成的酸性海水使喷溢于海底的基性火山岩发生海解，汲取其部分成矿物质。这时在海底火山活动中心附近，通过火山喷气与温泉带来大量 Cl^-、SO_4^{2-}、CO_3^{2-} 等酸根离子，使水体呈强酸性和使成矿物质以络合物、胶体、离子等多种形式存在于海水中。而距火山中心较远处以及海盆边部的水体中，由于陆源水的大量加入及火山活动影响减弱，使其形成正 Eh 值、pH 值为中性—弱酸性的水体环境。由于在同一海盆中同时存在着这两种差异很大的水体环境，因而必定发生对流作用，使火山中心附近的酸性水携带着硅铁物质向海盆边缘运移，并在边部的中性—弱酸性水体中沉积成矿。但是，在太古宙成矿的漫长时期中，这两种水体的环境时有强弱变化，其影响范围也因此时有往复摆动，因而在海盆中成矿有利环境将因时而异。在火山活动中心附近的酸性水体环境中通常不利于铁质沉积成矿，只是在火山活动暂时减弱，陆源水体影响很弱时，才能在短暂时间内形成零星、分散的铁矿小矿体。在距火山中心较远的地方以受陆源水影响为主，具有良好沉积条件，所形成的矿体层数较少，但厚度稳定。在上述两者交替部位，由于环境往复变化，往往形成层数多、规模大的矿床(图 4-10)。

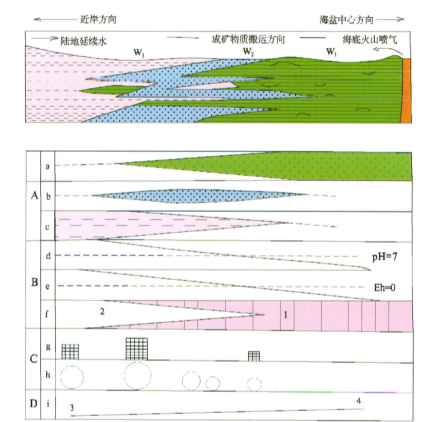

图 4-10 三合明式铁矿成矿模式示意图（据裴荣富，1995）

沉积成矿水体环境；W_1. 强酸性水环境；W_2. 酸碱性交替环境；W_3. 中性—弱碱性水环境；A. 地层原岩组成(a. 海底火山喷发的基性火山岩；b. 海底火山喷发之中酸性凝灰质火山；c. 陆源泥质-粉砂质沉积岩)；B. 沉积水体特征(d. 水体中之酸碱性；e. 水体中的氧化电位；f. 水体成分；1. 海底火山影响的酸性水；2. 陆源水体影响之中性-弱酸性水)；C. 铁矿床发育特征(g. 矿石储量；h. 矿床规模)；D. 铁矿石成分(3. 矿石 Fe_2O_3+FeO 含量；4. 矿石 $Al_2O_3+MgO+CaO$ 含量)

四、接触交代型（矽卡岩型）铁矿床

该类型铁矿床主要分布在造山带中。根据与成矿有关的岩体可以分为：与酸性花岗岩有关，成矿元素为铁多金属，如：黄岗梁铁锡矿（正长花岗岩）、朝不楞铁多金属矿（粗粒花岗岩）、梨子山铁钼矿（白岗岩）；与中基性岩体有关，成矿元素为铁（铜、金），如卡休他他铁（金、钴）矿（辉长岩）、罕达盖林场铁铜多金属矿（二长闪长岩）。从成矿时代分为燕山期（黄岗梁）和海西期（卡休他他）。下面就黄岗梁铁锡矿（正长花岗岩，燕山期）、卡休他他铁（金、钴）矿（辉长岩，海西期）分别叙述。

（一）黄岗梁铁锡矿

黄岗梁铁锡矿位于内蒙古自治区中部赤峰市克什克腾旗境内锡林浩特岩浆弧，黄岗-甘珠尔庙复式背斜的北西翼。西拉木伦断裂北约60km。

1. 矿区地质

地层出露有石炭系、二叠系，北东-南西向带状分布。此外还广泛分布有侏罗纪火山岩。酒局子组（C_1j）岩性为一套砂泥质碎屑沉积；大石寨组（P_1d）下部东段为火山碎屑岩，向西逐渐相变成海底火山喷发熔岩，上部的底为黑色凝灰质碎屑岩与安山质晶屑凝灰岩互层，顶以灰绿色厚层状安山岩及辉石安山岩为主。哲斯组（P_2zs）主要分布在矿区中部偏北侧，下部为厚层状白色大理岩、灰岩、含砾结晶灰岩、硅质大理岩夹薄层凝灰岩、碎屑岩，上部由黑色、灰黑色厚层状粉砂岩、含钙凝灰质粉砂岩夹砂砾岩、砾岩、凝灰质角砾岩、凝灰岩、中基性火山岩薄层组成。林西组（P_3l）零星出露，岩性为灰黑色、灰绿色砂岩，粉砂岩及凝灰质粉砂岩（图4-11）。

岩体主要为燕山早期第二阶段第二次侵入的正长花岗岩，少量黑云母正长花岗岩。脉岩不发育。

矿区位于黄岗梁复式背斜北西翼，属单斜构造，与区域构造线基本一致，总体倾向北西，倾角50°～82°。区内断裂构造发育，北东向压性兼扭性断裂具多期活动，为本区成岩、成矿提供了有利条件，是控矿、导矿、容矿的主要构造。

2. 矿床地质

矿体产于正长花岗岩与大石寨组上部火山岩和哲斯组下部大理岩、上部含钙凝灰质粉砂岩接触带矽卡岩中（图4-12）。矿带呈北东向展布，含矿带长19km，宽0.2～2.5km，划分为7个矿段，圈出铁矿体67个，铁锡矿体84个，铁锡钨矿体24个，锡矿体64个，其中Ⅰ矿段和Ⅲ矿段矿体最集中，且规模大。矿体呈似层状、透镜状、马鞍状及楔状。矿体一般长300～400m，最长达1475m，厚几米至数十米。矿体多集中分布在海拔1000～1400m之间，分段成群出现。

矿石矿物已查明约有60多种，金属矿物以磁铁矿、锡石、锡酸矿、闪锌矿、黄铜矿、斜方砷铁矿、白钨矿、辉钼矿为主，其次是毒砂、辉铜矿、斑铜矿、辉铋矿、方铅矿、黄铁矿。非金属矿物主要有石榴子石、透辉石、角闪石，其次为萤石、云母类、绿泥石、石英、方解石、符山石等。

根据矿石化学全分析及光谱分析资料可知有40余种元素，除铁、锡、钨为本区主要元素外，含量较高的伴生元素尚有锌、砷、铅、铜、钼、铋，以及稀有分散元素镓、铟、镉、铍等。镉铟在闪锌矿中富集。镓、铍、铟、镉、铋呈分散状态赋存于透辉石、普通角闪石、石榴子石等硅酸盐矿物中。全铁含量在各矿体含量不均，最高平均达45.23%，一般在40%左右；锡在铁矿石中占56.8%，在含锡硅酸盐中占22.3%，在矽卡岩中占91.5%，次为单体锡石，占65%；钨平均为0.17%。

矿石工业类型属需选矿石，进一步分为磁铁矿矿石、铁锡矿矿石、铁锡钨矿矿石、含锡矽卡岩矿石。矿石自然类型按脉石及金属矿物组合分7种类型：硅酸盐-磁铁矿矿石、锡石-磁铁矿矿石、硫化物-磁铁矿矿石、白钨矿-磁铁矿矿石、萤石-磁铁矿矿石、碳酸盐-磁铁矿矿石、锡石-矽卡岩矿石。按结构构造分

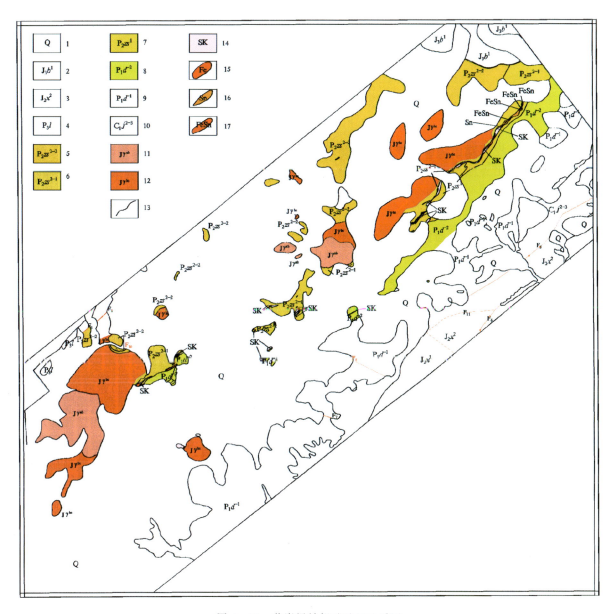

图 4-11 黄岗梁铁锡矿矿区地质图

1.第四系;2.白音高老组下段;3.新民组二段;4.林西组;5.哲斯组上段上部;6.哲斯组上段下部;7.哲斯组下段;8.大石寨组上部;9.大石寨组下部;10.酒局子组中上段;11.侏罗纪中粗粒正长花岗岩;12.侏罗纪中细粒钾长花岗岩;13.地质界线;14.矽卡岩化;15.磁铁矿体;16.锡矿体;17.铁锡矿体

5种类型:块状及致密块状矿石、浸染状及稠密浸染状矿石、条带状矿石、角砾状矿石、斑杂状矿石等。

矿石结构构造:根据磁铁矿结晶程度和粒级分全自形粒状、半自形粒状、他形-半自形粒状结构;根据磁铁矿形成方式分交代残余、假象结构。构造有块状、浸染状、条带状、角砾状、斑杂状构造。

区内矽卡岩化强烈,钠长石化广泛,角岩化普遍。其次有绿帘石化、绿泥石化、硅化、萤石化、碳酸盐化、蛇纹石化等多种蚀变。

3. 成矿物理化学条件

石英包裹体均一温度:矽卡岩阶段 $T=460\sim660℃$,$P<1000\times10^{-5}Pa$;氧化物阶段 $T=303\sim504℃$,硫化物阶段 $T=210\sim370℃$,$P=600\times10^{-5}Pa$。成矿流体 pH 值为 $4.04\sim4.49$。

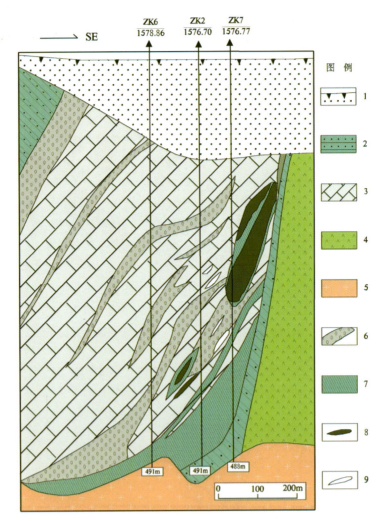

图 4-12　黄岗梁铁锡矿 418 线剖面图(转引自周振华,2010)
1. 第四纪砂砾石;2. 中二叠世凝灰质粉砂岩;3. 中二叠世大理岩;4. 早二叠世安山岩;5. 花岗岩;
6. 矽卡岩;7. 锡矿体;8. 铁锡矿体;9. 钨矿体

闪锌矿 $\delta^{34}S$ 值为 $-1.5‰\sim+2.2‰$,黄铜矿 $\delta^{34}S$ 值为 $-4.0‰\sim+3.4‰$,方铅矿 $\delta^{34}S$ 值为 $-1.3‰\sim -0.2‰$,黄铁矿 $\delta^{34}S$ 值为 $+3.4‰$,毒砂 $\delta^{34}S$ 值为 $+1.0‰$,它们的 $\delta^{34}S$ 值变化于 $-4.0‰\sim+3.4‰$ 之间,均值为 $+0.33‰$。磁铁矿的 $\delta^{18}O$ 值为 $-1.7‰\sim 3.9‰$,锡石的 $\delta^{18}O$ 值为 $+1.1‰$,石英的 $\delta^{18}O$ 值为 $+6.8‰\sim+9.6‰$。$^{206}Pb/^{204}Pb$ 值为 $18.183\sim18.414$,$^{207}Pb/^{204}Pb$ 值为 $15.448\sim15.690$,$^{208}Pb/^{204}Pb$ 值为 $37.897\sim38.632$(转引自邵和明,2002)。

4. 成因类型及成矿时代

①矽卡岩阶段:高温(460~660℃)、高盐度、偏碱性的热流体,与富钙质围岩反应,首先形成钙铁榴石、透辉石-钙铁辉石及少量磁铁矿。其后流体碱度降低,出现角闪石、阳起石、绿帘石,磁铁矿矿物组合,锡主要呈锡酸矿赋存于矽长岩矿物及磁铁矿中。②高温热液阶段:高温(303~504℃),盐度减小,形成石英、磁铁矿、锡石、萤石、毒砂(或斜方砷铁矿)组合,叠加于矽卡岩铁矿体上或它的外侧矽卡岩中。局部呈脉状,穿入离岩体较远的砂岩中,形成锡石石英脉。③硫化物阶段:随流体不断向外渗流,其温度降低(215~375℃),酸度增高(pH=4.04~4.49),盐度降低,出现石英、方解石、闪锌矿、黄铜矿等矿物组合,主要叠加于外侧矽卡岩铁锡矿体上。成矿介质水主要来自岩浆,只是在硫化物阶段有少量雨水渗入。因此,从某种意义上来说,矿床是一个复合成因的矽卡岩型铁锡多金属矿床。其铁质主要来自早二

叠世海底火山作用,锡主要来自燕山期岩浆作用(地层也提供少量的锡)。

岩体 Rb-Sr 等时线年龄为 140.7Ma,^{87}Sr/^{86}Sr 初始比值为 0.7028,矽卡岩中角闪石的 K-Ar 年龄为 140~122Ma(裴荣富等,1995);周振华(2010)获得辉钼矿 Re-Os 模式年龄为 136.5±1.9~134.6±2.0Ma,加权平均年龄为 135.31±0.85Ma;张梅等(2011)获得黄岗梁矿区 2 件辉钼矿样品模式年龄介于 141.2±4.3~133.6±1.8Ma 之间;翟德高(2012)获得花岗岩锆石 LA-ICP-MS 年龄为 139.96±0.87Ma,辉钼矿 Re-Os 等时线年龄为 134.9±5.2Ma;主成矿期为燕山晚期。

5. 矿床成矿要素及成矿模式

矿床成矿要素见表 4-6。

表 4-6 黄岗梁式矽卡岩型铁矿黄岗梁典型矿床成矿要素表

成矿要素		描述内容			要素类别
储量		9605.9×10^{4}t	平均品位	TFe 34.84%	
特征描述		岩浆期后矽卡岩型铁矿床			
地质环境	构造背景	天山-兴蒙造山系,索伦山-林西结合带(P$_2$末—T$_2$),林西残余盆地(P$_2$—T$_2$)			必要
	成矿环境	滨太平洋成矿域(叠加在古亚洲成矿域之上),大兴安岭成矿省,突泉-翁牛特 Pb-Zn Ag Cu-Fe-Sn-REE 成矿带,索伦镇-黄岗 Fe-Sn-Cu-Pb-Zn-Ag 成矿亚带(V—Y)			必要
	成矿时代	燕山晚期			必要
矿床特征	矿体形态	矿体呈似层状、透镜状、马鞍状及楔状			重要
	岩石类型	下二叠统大石寨组上部安山岩和中二叠统哲斯组碳酸盐,燕山晚期(黑云母)正长花岗岩			重要
	矿石矿物	金属矿物以磁铁矿、锡石、锡酸矿、闪锌矿、黄铜矿、斜方砷铁矿、白钨矿、辉钼矿为主,其次为毒砂、辉铜矿、斑铜矿、辉铋矿、方铅矿、黄铁矿;非金属矿物主要有石榴子石、透辉石、角闪石,其次为萤石、云母类、绿泥石、石英、方解石、符山石等			重要
	矿石结构构造	根据磁铁矿结晶程度和粒级分全自形粒状结构、半自形粒状结构、他形-半自形粒状结构;根据磁铁矿形成方式分交代残余结构、假象结构。构造有块状构造、浸染状构造、条带状构造、角砾状构造、斑杂状构造			次要
	围岩蚀变	矽卡岩化强烈,钠长石化广泛,角岩化普遍。其次有绿帘石化、绿泥石化、硅化、萤石化、碳酸盐化、蛇纹石化等多种蚀变			次要
	主要控矿因素	北东向压性兼扭性断裂,矽卡岩			必要

矿床成矿模式:矿床的成矿作用分为二叠纪预富集和燕山期定型两个过程。早二叠世海槽中的玄武质岩浆海底喷发过程中,形成与海相中基性火山喷发作用有关的贫铁矿层,并且在早二叠世火山喷发沉积岩中锡、砷丰度较高。因此,早二叠世海底火山作用不仅为燕山期热液成矿作用准备了足够的铁质,也提供了一定的锡。燕山期陆壳强烈活化。在基底(二叠系)隆起区含锡花岗岩浆沿区域大断裂上升并侵入于早二叠世地层中。岩浆期后高温热流体与围岩交代形成钙矽卡岩,并改造或汲取早二叠世火山岩中的贫铁矿层及锡金属,形成铁锡多金属的富集(图 4-13)。

(二)卡休他他铁(金、钴)矿

卡休他他铁(金、钴)矿位于内蒙古自治区阿拉善盟阿拉善右旗,是一个以铁为主,金、钴为伴生元素

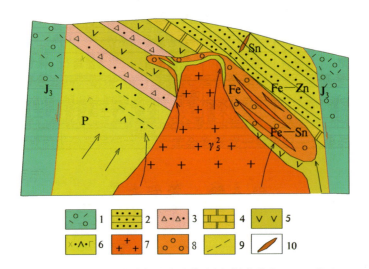

图 4-13 黄岗梁式铁锡矿成矿模式图（据裴荣富，1995，修改）

1.晚侏罗世断陷盆地中火山岩；2~6.基底地层（P_1）（2.砂岩；3.火山碎屑岩；4.大理岩；5.安山岩；6.细碧角斑岩）；7.燕山晚期花岗岩；8.矽卡岩；9.早二叠世火山喷发沉积贫铁矿层；10.铁锡多金属矿体

（局部富集）的中型矽卡岩型磁铁矿床。

1. 矿区地质

矿区内出露的地层主要为第四纪风成砂，在南部零星出露震旦纪黑云母石英千枚岩夹大理岩透镜体，这些大理岩透镜体规模小，一般厚度约 0.1~0.5m，长 10m 左右。由于海西中期辉长岩的侵入，使该地层产生不同程度的接触变质作用，由接触带向外依次产出有矽卡岩、角岩化千枚岩及角岩 3 个变质晕带，并与成矿关系密切。

矿区主要构造为近东西向断裂，其次为北东向、北西向断裂。东西向断裂生成最早，活动时间最长，延伸达 4km，总体产状南倾，倾角 60°~75°。早期活动充填有辉长岩、石英闪长岩及各种东西向展布的脉岩带，在有利地段形成宽大的矽卡岩带，为矿床主要容矿构造，依次充填有磁铁矿、硫砷化物等。北东向、北西向断裂均为成矿期后断裂，各由数条近似平行的断裂组成，均具走滑性质，使矿体在走向和倾向上产生不同程度的错动（图 4-14）。

矿区所见的侵入岩主要有海西中期的变辉长岩、辉长岩或辉长辉绿岩和石英闪长岩，以及海西晚期的含角闪石英二长岩和含角闪石英正长岩，在钻孔中还见有超基性岩。另有灰白色花岗斑岩、细粒花岗岩和石英脉岩等岩脉穿切产出，这些脉岩与成矿无关。辉长岩与成矿关系密切，其出露面积约占基岩区的 1/5。辉长辉绿岩与辉长岩系同一岩体的不同岩相，两者无明显的界线。超基性岩在钻孔 ZK12、ZK14、ZK17、ZK19 可见，并在 ΔZ 磁异常图上形成强度达 100~1500nT，呈北西西向展布，宽度 80~470m 的西窄东宽形似楔形的磁异常带，侵入于辉长岩（南）与含角闪二长岩（北）之间，向东有继续延伸的趋势。岩石属镁质超基性岩，并且 $Cr_2O_3 > TiO_2 + Na_2O + K_2O$，有利于铬的成矿富集。

2. 矿床地质

1）铁矿体

卡休他他铁（金、钴）矿床由相距 400m 左右、走向北西西近似平行的南、北 2 条矿带组成。其中，北矿带长 1800m，宽 80~150m，矿体基本上与磁异常 ΔZ 1000nT 等值线范围一致；南矿带长 700m，宽 70~200m。北矿带产出铁矿体 16 个，以 3 号矿体为代表。南矿带由 8 个矿体组成，以赋存深度划分为上、下两层矿体，上层矿体赋存标高 1330~1160m，由平行排列的 17、18、19 号矿体组成，以 18 号矿体为代表；下层矿体赋存标高自 1160~880m，以 22 号矿体为代表，南、北矿带均南倾，倾角 46°~76°，与区域近

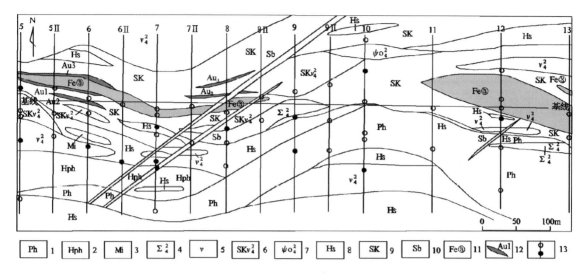

图 4-14 卡休他他铁矿区基岩地质简图(据陈其平等,2009)

1.震旦纪千枚岩;2.震旦纪角岩化千枚岩;3.震旦纪混合岩;4.超基性岩;5.辉长岩;6.矽卡岩化辉长岩;7.斜长角闪岩;
8.角岩;9.矽卡岩;10.构造角砾岩;11.铁矿体及编号;12.金矿体及编号;13.勘探线及钻孔

东西向断裂破碎带产状一致。3号矿体为北矿带最大矿体,纵贯全区,长1300m,分布于3～16线之间,呈透镜状赋存于矽卡岩带中。矿体厚度变化大,最小厚度12.9m,最厚处达57m(12线1253m水平)。矿体厚度变化系数达21.16%,长与厚度比为(25～100):1,长与斜深比为7:1。矿体南倾,倾角46°～81°,由东向西倾角逐渐变缓,沿斜深亦为上陡下缓,向下变薄趋于尖灭,矿体两端高,中间低,成马鞍状凹陷,磁法 ΔZ 异常在此处呈低缓状(图4-15)。

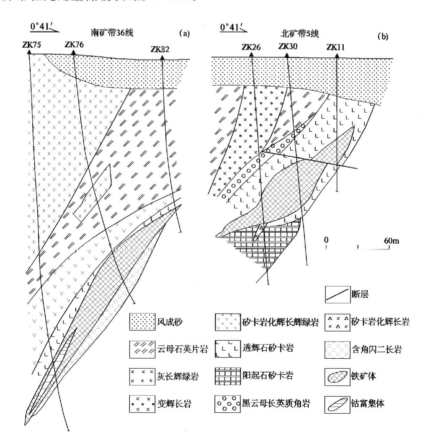

图 4-15 卡休他他铁矿区南、北矿带地质剖面图(据许东青等,2006)

22号矿体为南矿带最大的矿体,属于盲矿体,呈似层状产于透辉石矽卡岩内,部分地段则与石榴子石透辉矽卡岩、黑云母石英片岩或角闪二长岩直接接触。原甘肃省地质六队认为该矿体纵贯全矿带,长770m,一般厚14.5～22m,最厚29.6m,最薄1.5m,平均15.4m。后经庆华公司阿右旗铁矿南矿带1090m水平地质探矿工程揭露,22号矿体走向上由西向东3个独立矿体呈串珠状不连续产出。其中32线处矿体呈透镜状产出,长轴方向为北东向,长52m,宽29m;34线西40～100m处矿体长轴方向变为北西向,长70m,最大水平厚度22m,矿体形态呈囊状,矿体上、下盘均见有含角闪二长岩不规则侵入接触;36线处矿体长轴方向呈北东向,长95m,最大水平宽度26m,最小16m,矿体下盘及矿体中均见有含角闪石英二长岩侵入接触。总之,南矿带下层矿体普遍受后期含角闪二长岩体的侵入、穿插和分割吞噬,矿体支离破碎。

铁矿石中主要金属矿物为磁铁矿,呈灰色至钢灰色,半自形粒状结构,粒径0.01～0.25mm。另有少量红砷镍矿、磁黄铁矿、斜方砷钴矿、辉钴矿、镍质辉钴矿、镍黄铁矿、紫硫镍铁矿、钴毒砂、黄铜矿、黄铁矿等。脉石矿物主要有透辉石、石榴子石和阳起石等。矿石构造以致密块状、稠密浸染状、浸染状为主,另有条带状、角砾状和块状等构造。

2) 钴矿体

钴矿体在南、北矿带铁矿体和矿体外围的矽卡岩带中均有产出。在铁矿体中钴以独立富集体(平均含量0.04%)或伴生状态出现(平均含量0.01%)。矿体形态除少数呈透镜体外,多数为小矿条,沿走向及倾向极不稳定,规模小,埋深大,一般长75m左右,最大150m,厚度一般为1～3m,最厚8m,倾斜延伸一般50～60m,最大117m。在空间分布上,钴富集体多较有规律地成群产出,这可能与次一级的羽状裂隙有关。

钴主要赋存在斜方砷钴矿、辉钴矿、镍质辉钴矿和毒砂中(质量百分比为78.5%),在其他金属矿物和脉石矿物中很少(共占13%)。这些单矿物常与黄铁矿、磁黄铁矿、红砷镍矿等金属硫砷化物相伴产出,多以星点状、浸染状、细脉浸染状等叠加于铁矿体及其上、下盘的各种矽卡岩中,尤其在铁矿体的中下部及其下盘的围岩中较多。

3) 金矿体

金矿体均产出于北矿带矽卡岩带中,尤其集中于3号矿体上、下盘,分布宽度约60m,长约1300m(4～16线),共发现29条矿化体,圈定11个金矿体,其中3号金矿体较大,走向长度225m,平均厚度2.3m,最厚达5.9m,倾斜延伸61m,位于铁矿体下凹部位的底部。

金矿石类型主要有含金磁铁矿型和含金矽卡岩型。金属矿物以磁铁矿为主,次为黄铁矿、毒砂、黄铜矿和磁黄铁矿,含有极少量的自然金、自然铋和辉铋矿等。自然金呈浅金黄色,形态不规则,粒径0.02～0.05mm,与自然铋连生,包于毒砂之中。脉石矿物有透辉石、阳起石和石榴子石等。因此,可以判定金矿体形成于铁矿床接触交代成矿作用的硫砷化物阶段,由磁铁矿化后残余的岩浆热液中富含Bi、As、S、Fe和Au等元素在热动力和挥发分的作用下沿构造薄弱带上升,叠加浸染于矽卡岩及磁铁矿中而成矿。

卡休他他铁(金、钴)矿体的产出受海西中期辉长岩与震旦系所形成的接触变质带的控制。在空间上,自辉长岩向外依次可以见到矽卡岩带、角岩化千枚岩带(或角岩化矽卡岩)和角岩带,由之构成矿体的蚀变围岩。矽卡岩依产出空间位置分为2类:一类产出于辉长岩体与千枚岩外接触,如北矿带(5～7线);另一类产出于辉长岩体的内接触带,如南矿带(30～36线)和北矿带(8～16线)。

3. 同位素地球化学特征

卡休他他铁矿床硫化物的硫同位素分析结果表明,其$\delta^{34}S_{V-CDT}$值变化于$-8.3‰\sim+3.2‰$之间,而且多数位于零值附近。由于辉长岩浆来源较深,通常来自下地壳或者上地幔,因此其$\delta^{34}S$值一般在0左右,与陨石硫接近(许东青等,2006)。而较低的$\delta^{34}S$负值,则很有可能来自老地层,即震旦纪的浅变质岩。因此硫同位素分析结果表明,硫主要来自于岩浆岩,即辉长岩,只有少量来自于围岩地层。这可能说明,成矿物质也主要来自于辉长岩。

4. 成因类型及成矿时代

内蒙古自治区阿右旗卡休他他铁金矿床属于矽卡岩型矿床。特定岩性、岩浆岩、构造是形成该种类型矿床的基本条件:辉长岩和石英闪长岩与围岩的接触带控制矿床的产出部位,岩体接触带的矽卡岩控制着铁、金矿体的分布范围,层间破碎带和构造裂隙带中则控制着铁、金矿体的形态。铁矿体产于中基性岩体和围岩接触的矽卡岩带中,金矿体产在富铁矿体及其附近的矽卡岩中,金矿和铁矿是同一地质作用过程中不同阶段的产物,矿床可能形成于海西中期。

5. 矿床成矿要素及成矿模式

矿床成矿要素见表 4-7。

表 4-7 卡休他他式矽卡岩型铁矿卡休他他典型矿床成矿要素表

成矿要素		描述内容			要素类别
储量		9605.9×10^4 t	平均品位	TFe 34.84%	
特征描述		岩浆期后矽卡岩型铁矿床			
地质环境	构造背景	华北陆块区,阿拉善陆块,乔布斯格岩浆弧(Pz_2)			必要
	成矿环境	华北陆块成矿省(最西部),阿拉善(隆起)Cu-Ni-Pt-Fe-REE-磷-石墨-芒硝-盐类成矿带,碱泉子-卡休他他 Au-Cu-Fe-Co 成矿亚带			必要
	成矿时代	海西中期			必要
矿床特征	矿体形态	透镜状、囊状			重要
	岩石类型	地层为震旦纪大理岩、黑云母石英千枚岩、角岩化千枚岩、透闪透辉石英角岩、矽卡岩等,侵入岩为晚石炭世辉长岩、角闪辉长岩			重要
	矿石矿物	磁铁矿为铁矿石的主要矿物,斜方砷钴矿、辉钴矿、镍质辉钴矿、钴毒砂为主要含钴矿物;非金属矿物主要为透辉石、石榴子石、阳起石、绿泥石等			重要
	矿石结构构造	结构主要为半自形晶粒状结构、交代格架结构及交代残余结构;构造以致密块状、稠密浸染状、浸染状为主,次为稀疏浸染状、木纹状、条带状、角砾状、脉块状			次要
	围岩蚀变	主要为矽卡岩化,其次是角岩化、绿泥石化等			次要
	主要控矿因素	主要受震旦系与晚石炭世辉长岩内外接触带控制,与北东东向(近东西向)断裂构造有一定关系			必要

矿床的形成可分为3个成矿期。①矽卡岩期:包括早矽卡岩阶段和晚矽卡岩阶段(磁铁矿阶段)2个阶段。早矽卡岩阶段形成阳起石-透辉石-钙铝榴石-钙铁榴石组合;晚矽卡岩阶段形成透辉石-角闪石-磁铁矿组合,溶液中的铁大量以磁铁矿的形式沉淀。②硫化物期:分为2个硫化物阶段。早期阶段形成磁黄铁矿-黄铜矿-红砷镍矿-斜方砷钴矿-辉钴矿-钴毒砂-毒砂-辉铋矿-自然铋-自然金组合,主要在高-中温热液条件下生成;晚期阶段形成方铅矿-闪锌矿-黄铁矿-黄铜矿中温热液矿物组合。③表生氧化期:形成铜蓝-针铁矿-孔雀石等表生氧化物组合(图4-16)。

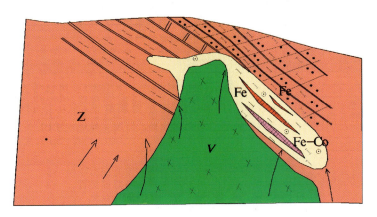

图 4-16 卡休他他式铁矿成矿模式示意图

第二节 锰矿典型矿床与成矿模式

一、热液型锰矿床

该类型锰矿床按成矿时代可分为海西期西里庙式锰矿和燕山期额仁陶勒盖式锰银矿。下面仅叙述西里庙锰矿,后者将在银矿中叙述。

西里庙锰矿位于四子王旗北部,卫井苏木额尔登西 6km。

1. 矿区地质

矿区出露地层主要为下二叠统大石寨组第一、第二段的地层,西里庙锰矿矿区地质见图 4-17。现由老到新分述如下。①大石寨组第一段三岩石组合(P_1d^{1-3}):主要为该岩段的上部或顶部的一部分,分布于该矿区的西部,岩性为灰绿色流纹岩、流纹质凝灰熔岩及流纹质熔结凝灰岩。②大石寨组第二段一岩石组合(P_1d^{2-1}):该岩段分布于全矿区,底部为浅灰绿色凝灰质砂砾岩及流纹质岩屑晶屑凝灰岩,下部为厚层状含砂屑微晶灰岩;中部为紫红色千枚状砂质、泥质板岩;上部为玫瑰色灰岩及流纹质晶屑凝灰岩。锰矿产于该岩段的下部。

矿区内岩浆活动微弱,仅有小的脉岩沿着构造活动地带侵入,脉岩仅为闪斜煌斑岩,岩石呈浅棕褐色,呈岩墙状产出,破坏了矿体的完整性。

矿区位于西里庙向斜的北西翼,矿区地层走向近南北,以单斜产出。以断裂构造为主,按构造线的方向分为近南北向和北西向两组断裂。南北向断裂为北东向的压性断裂,被后期的北西向压扭性断裂错断,它对找矿、勘探有着重要意义。北西向断裂将矿体错断,为成矿后断裂。

2. 矿床地质

矿体产于下二叠统大石寨组第二段第一岩石组合下部的凝灰质砂砾岩与灰岩、青灰色厚层状微晶灰岩接触处,这是矿区锰矿的主要产出部位或富集部位。矿体顶板岩石为厚层状含砂屑微晶灰岩(LS_1),层理清楚,底板岩石为凝灰质砂砾岩或流纹质岩屑晶屑凝灰岩($Sc\xi$)(图 4-18)。

共圈定 4 个矿体,主要矿体特征分述如下。

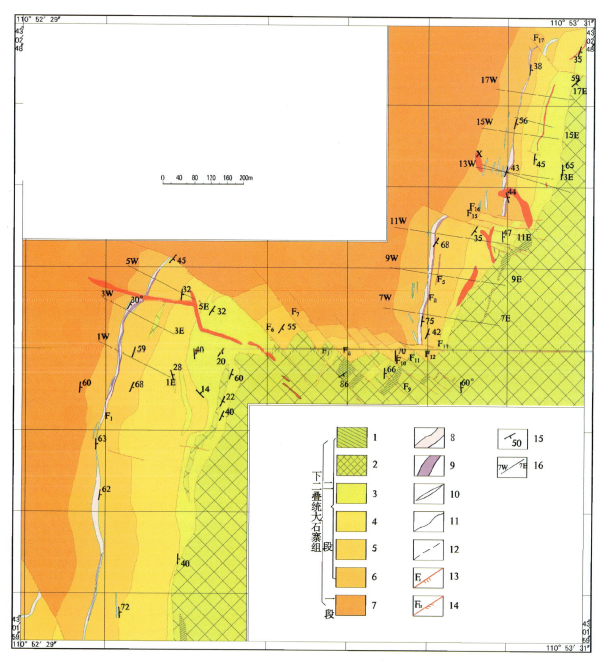

图 4-17 西里庙锰矿区地质图

1.灰白—浅肉红色结晶灰岩;2.灰绿色变质流纹质凝灰岩;3.浅玫瑰色灰岩;4.紫红色粉砂质板岩;5.微晶灰岩;6.灰绿色凝灰质砂砾岩;7.灰绿色变质流纹质熔结凝灰岩;8.锰矿化带;9.锰矿体;10.闪斜煌斑岩;11.实测地质界线;12.推测地质界线;13.压性断裂或冲断裂及编号(带齿盘为上冲盘);14.压扭性断裂及编号(齿向示所在盘相对斜冲方向);15.地层产状;16.勘探线位置及编号

(1)Ⅱ-1号矿体,位于Ⅱ号矿段的南段,矿体长325m,控制斜深90m,矿体平均厚2.37m,厚度较稳定,锰含量13.59%~42.06%,加权平均品位23.70%。矿体呈层状,形态规则,矿体与围岩界线明显,矿体走向10°,倾向100°,倾角变化较大,南段陡、北段缓,矿体向深部变缓。矿体南部被F_{13}号断裂,北端被F_{14}号断裂错断,该矿体是品位最好、规模最大的矿体。

(2)Ⅰ-1号矿体,长207m,已控制斜深75m,矿体最厚4.18m,最薄0.77m,平均厚度2.38m,单样最高锰品位33%~51%,最低14.41%,单工程最高锰品位29.92%,最低16.90%,矿体加权平均品位

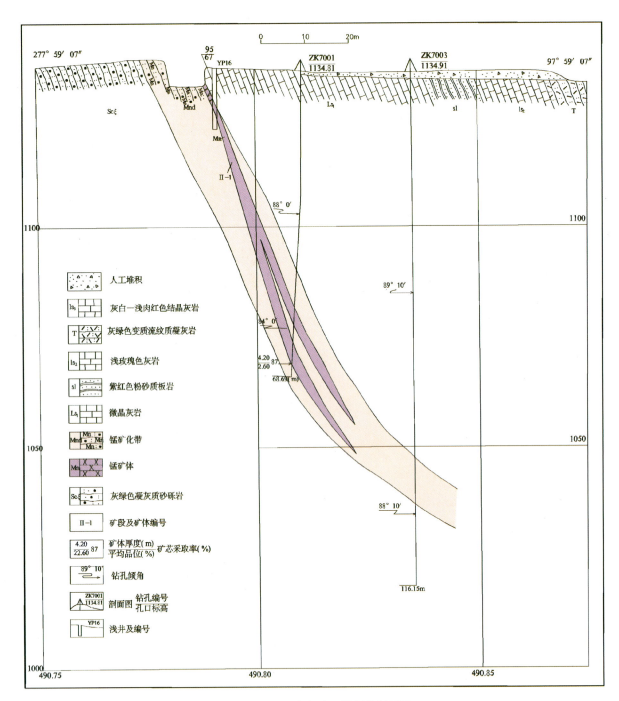

图 4-18 西里庙锰矿 7 勘探线剖面图

为 25.15%，矿体形态为层状、似层状，地表较贫，向深部变富。矿体走向 10°，倾向 100°，倾角 42°～53°。矿体因受 F_1 断裂的影响，部分地段上盘岩石及矿体均较破碎。

矿石中铁的含量一般较低，在 1% 左右，高者 4%～6%，低者 0.6%，锰铁比高者在 40 以上。矿石中磷的含量较低，磷锰比在 0.001～0.002 间的占 57%。伴生有益有害组分（元素）含量均较低。其中 Pb 0.003%～0.007%，Zn<0.001%，Cu<0.002%，Mo<0.001%，Ag<0.0001%。矿石经组合分析 CaO 7.03%，MgO 0.757%，SiO_2 34.29%，Al_2O_3 6.66%，烧失量 12%。$CaO/SiO_2=0.21$，为酸性矿石。矿石物相中氧化锰 19.07%，占有率 98.10%；碳酸锰 0.37%，占有率 1.90%；说明矿石为氧化锰矿石，碳酸锰矿石极少。

矿石结构为角砾状、填隙、网脉状、似包含结构；矿石构造主要有网脉状（或网格状）、角砾状和块状构造、肾状或葡萄状构造。

矿石自然类型以脉石成分划分为两大类，即脉石成分为方解石的定为灰岩型锰铁矿，脉石成分为凝灰质砂砾岩的定为凝灰质砂砾岩型锰铁矿。矿石工业类型根据矿物成分为硬锰矿和软锰矿，属氧化锰矿石；根据锰铁含量属锰矿石（锰铁比≥1）；根据工业用途属冶金用锰矿石；按矿石中锰、铁、磷的含量属低磷低铁锰矿石（锰铁比≥5，磷锰比≤0.003）。

矿石金属矿物主要为硬锰矿，次为软锰矿。脉石矿物主要有方解石、凝灰质砂砾岩、凝灰岩、石英等，少许孔雀石。围岩蚀变弱，具硅化、锰矿化。

3. 成因类型及成矿时代

前人认为西里庙锰矿属沉积型碳酸锰矿或产于火山碎屑沉积岩系中的热液叠加的氧化锰矿床，本书认为该锰矿床的成因类型为火山热液型。含锰质热液沿着火山活动形成的火山口及断裂构造上升，在层间裂隙中形成了层状或似层状矿体，潜火山岩内、外围则形成脉状或网脉状矿点。①西里庙锰矿床主要产于大石寨组一、二段之间的层间破碎带内，矿体呈层状、似层状。在底板凝灰质砂砾岩、晶屑凝灰岩中发育着网脉状锰矿，与似层状矿体连为一体，即下部为脉状矿，上部为似层状矿，矿层顶板以大理岩为主，与锰矿呈整合接触。②构造控矿非常明显，矿化的强弱与构造密切相关，构造强则矿化强，且离开构造带矿化逐渐减弱。③锰不单产于凝灰质砂砾岩与灰岩接触部位，在灰岩中的凝灰质砂砾岩夹层中也含有锰矿。除了西里庙锰矿床之处，在矿区的西部还发现有许多的锰矿（化）点，这些锰矿（化）点的共同点都是产在流纹斑岩附近或内部，更进一步说明了锰矿床的形成与火山活动后期的热液是密不可分的。④在矿体或矿化带中，锰矿物多呈网脉充填于构造裂隙中，锰矿细脉与岩石（脉石）界线十分清楚，说明是后期热液充填而成。在砾石的裂隙中普遍有锰矿细脉充填，所以锰矿床与后期热液密不可分。⑤灰岩型矿石中的灰岩（脉石矿物）重结晶并为玫瑰色，这是由于热液作用受锰的影响而成。近矿围岩有褪色现象和轻微的硅化，这是热液蚀变现象。从以上的情况分析，该锰矿床的成因类型为火山热液型。

满都拉幅1∶25万区域地质调查在矿区南西侧大石寨组中英安质凝灰岩和流纹质凝灰岩中获得原岩年龄为276.8±1.0Ma（铀铅TIMS法）。矿床与大石寨组火山岩同时形成或稍晚，成矿时代应为二叠纪。

4. 矿床成矿要素及成矿模式

矿床成矿要素见表4-8。

表4-8 西里庙式火山岩型锰矿西里庙典型矿床成矿要素表

成矿要素		描述内容			要素类别
储量		矿石量：23.77×10^{4}t	平均品位	24.54%	
特征描述		火山热液型锰矿床			
地质环境	构造背景	Ⅰ天山-兴蒙造山系，Ⅰ-1大兴安岭弧盆系，Ⅰ-1-7锡林浩特岩浆弧（Pz$_2$）			必要
	成矿环境	滨太平洋成矿域（叠加在古亚洲成矿域之上）；大兴安岭成矿省；白乃庙-锡林郭勒Fe-Cu-Mo-Pb-Zn-Mn-Cr-Au-Ge-煤-天然碱-芒硝成矿带；苏木查干敖包-二连Mn-萤石成矿亚带（Ⅵ）			必要
	成矿时代	海西期			必要

续表 4-8

成矿要素		描述内容			要素类别
储量		矿石量：$23.77×10^4$ t	平均品位	24.54%	
特征描述		火山热液型锰矿床			
矿床特征	矿体形态	矿体形态规则，主要呈层状、似层状			重要
	岩石类型	含砂屑微晶灰岩、凝灰质砂砾岩、流纹质岩屑晶屑凝灰岩、微晶灰岩、砂质、泥质千枚岩			重要
	矿石矿物	矿石矿物：主要为硬锰矿，次为软锰矿			重要
	矿石结构构造	结构：角砾状结构、填隙结构、网脉状结构、似包含结构；构造：主要有网脉状、角砾状、块状构造、肾状或葡萄状构造			次要
	围岩蚀变	锰矿化、硅化			重要
	主要控矿因素	①下二叠统大石寨组与潜火山岩；②近南北向的断裂构造控矿非常明显，矿化的强弱与构造密切有关，构造强则矿化强，且离开构造带矿化逐渐减弱			必要

矿床成矿模式：本区锰矿火山热液活动在起主导作用，特别是与中二叠世的潜火山岩关系密切，在矿区西部发现的几个锰矿点均产在流纹斑岩内部或附近，说明了锰矿的形成是与潜火山岩的活动分不开的，因此潜火山岩（流纹斑岩）应作为寻找锰矿的找矿标志，西里庙式锰矿床成矿模式见图4-19。锰

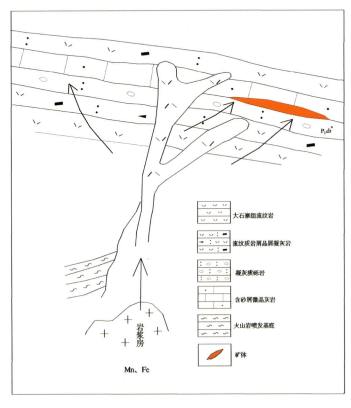

图 4-19 西里庙式锰矿成矿模式图

矿的成矿机制是：当中二叠世第一次火山活动的间歇期间大部分的岩浆喷溢活动停止后，局部火山热流的喷流作用仍在继续，火山热水沿着火山活动形成的火山口及断裂构造（特别是层间的断裂构造）上升，因此在层间裂隙中形成了层状或似层状矿体，而在其下部或潜火山岩内则形成脉状或网脉状矿体。

二、沉积变质型锰矿床

该类型锰矿床主要为中元古代乔二沟锰矿和奥陶纪东加干锰矿，前者为近年勘查发现，规模达到中型，是目前内蒙古境内规模最大的锰矿。

乔二沟锰矿位于内蒙古自治区巴彦淖尔市乌拉特前旗小佘太乡。

1. 矿区地质

矿区内出露的地层主要为中元古界渣尔泰山群阿古鲁沟组一段（Jxa）粉砂质板岩。零星出露色尔腾山岩群（$Ar_3S.$）斜长角闪片岩和中元古界渣尔泰山群增隆昌组（Chz）结晶灰岩。矿区内岩浆岩不太发育，主要为古元古代灰黑色片麻状斜长花岗岩（$Pt_1\gamma o$）。

矿区总的构造线方向为东西向，地层呈单斜构造，向北东及北斜倾，倾角$50°\sim82°$。矿区内断层不发育，只在局部地段见有层间滑动面，对矿体没有破坏作用（图4-20）。

2. 矿床地质

乔二沟矿区发现了3条矿体，呈南东向一字排列，尖灭再现分成3段。

①号北矿体：走向$50°\sim65°$呈似层状产出，局部有分支复合现象。倾向北东转北西，倾角$51°\sim81°$，平均$69°$。矿体长度1836m，斜深$88\sim124$m，矿体厚度$2.40\sim23.60$m，平均12.66m；品位TMn $6.02\%\sim19.94\%$，平均14.42%。②号中矿体：呈似层状产出，矿体长度526m，斜深$64\sim114$m，倾向北东，倾角$57°\sim70°$，平均$68°$。矿体厚度$2.83\sim25.30$m，平均16.01m；品位TMn $6.19\%\sim15.46\%$，平均11.48%。③号南矿体：呈似层状产出，矿体长度334m，斜深$74.5\sim103$m，倾向北东，倾角$60°\sim75°$，平均$64°$。矿体厚度$3.82\sim17.30$m，平均11.85m；品位TMn $6.17\%\sim13.12\%$，平均10.81%。

矿体顶底板围岩均为中元古界渣尔泰山群阿古鲁沟组粉砂质板岩，与围岩产状一致，界线不清楚，矿体与围岩的界线是依据化学样品来圈定的。矿体内基本无夹石存在，矿体内部结构相对简单。

矿石矿物主要为硬锰矿，少量软硬锰矿及褐铁矿。脉石矿物主要为石英、其次为斜长石、角闪石、云母。锰矿物多以微细粒晶呈土状集合体形式产出，与脉石矿物相间分布，锰矿集合体内部常含有少量微细粒褐铁矿，另在矿石中常见有褐铁矿斑发育。

矿石呈不等粒状变晶结构、土状微细晶状结构，块状构造。

矿石工业类型为需选的低贫硬锰矿矿石。自然类型按组成矿石的主要锰矿物划分为硬锰矿矿石，按矿石中主要脉石矿物划分为石英型硬锰矿矿石。

TMn含量在$12.30\%\sim18.92\%$之间，TFe含量在$4.10\%\sim5.70\%$之间，SiO_2含量在$48.95\%\sim68.68\%$之间，S含量在$0.013\%\sim0.023\%$之间，P含量在$0.013\%\sim0.027\%$之间，主要有害杂质含量较低。

矿石中主要化学成分为硅和锰的氧化物，其次是铁的氧化物。$(CaO+MgO)/(SiO_2+Al_2O_3)$为0.49，冶金用锰矿石中属酸性锰矿石。

矿石中含微量Cu、Pb、Zn、Ni、Co、Ag，其中Cu平均含量0.032%，Pb平均含量均小于0.05%，Zn平均含量0.008%，Ni平均含量均小于0.05%，Co平均含量均小于0.005%，Ag平均含量均小于0.0001%。均未达到共伴生矿产综合利用指标，无综合利用价值。

3. 矿床成因与成矿时代

矿床赋存在阿古鲁沟组砂质板岩内，矿体产状与围岩产状一致，矿体与围岩呈渐变关系，矿体需要

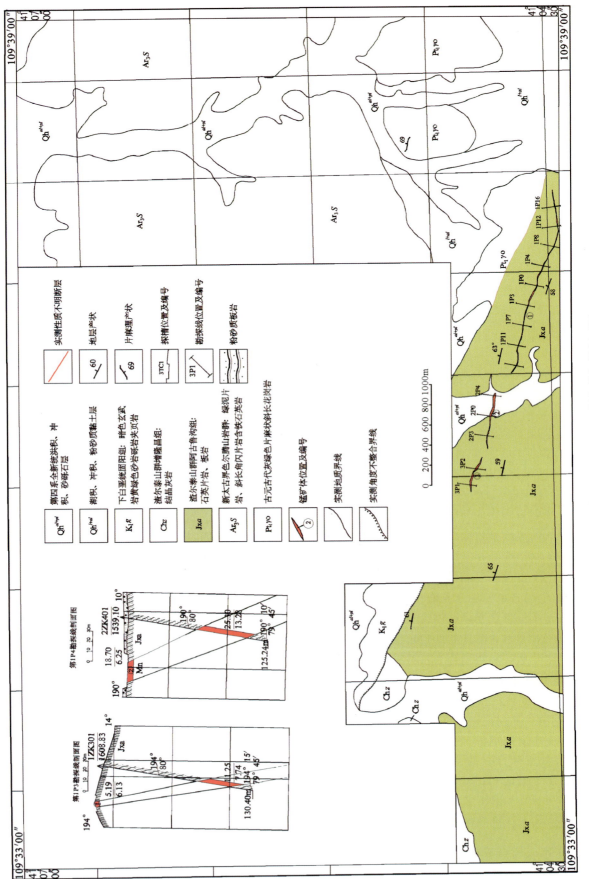

图 4-20 乔二沟锰矿矿区地质图、勘探线剖面图

依靠化学分析结果圈定,说明矿体与围岩是同时沉积形成,并一起受到后期的变质变形改造。所以该矿床应该为沉积变质型锰矿,成矿时代与围岩一致,为中元古代蓟县纪。

4. 矿床成矿要素与成矿模式

矿床成矿要素见表4-9。

表4-9 乔二沟式沉积变质型锰矿乔二沟典型矿床成矿要素表

成矿要素		描述内容			要素类别
储量		锰矿石量:1191.4×10⁴t	平均品位	TMn:13.67%	
特征描述		沉积变质型锰矿床			
地质环境	构造背景	Ⅱ华北陆块区、Ⅱ-4狼山-阴山陆块(大陆边缘岩浆弧Pz₂)、Ⅱ-4-3狼山-白云鄂博裂谷(Pt₂)			必要
	成矿环境	Ⅰ-4滨太平洋成矿域(叠加在古亚洲成矿域之上),Ⅱ-14华北成矿省,Ⅲ-11华北地台北缘西段Au-Fe-Nb-REE-Cu-Pb-Zn-Ag-Ni-Pt-W-石墨-白云母成矿带,Ⅲ-11-②狼山-渣尔泰山Pb-Zn-Au-Fe-Cu-Pt-Ni成矿亚带			必要
	成矿时代	中元古代			必要
矿床特征	矿体形态	主要呈似层状产出,局部有分支复合现象			重要
	岩石类型	粉砂质板岩			重要
	岩石结构	变余粉砂质泥质结构			次要
	矿石矿物	金属矿物:主要为硬锰矿,少量软锰矿及褐铁矿; 非金属矿物:主要为石英,其次为斜长石、角闪石、云母			主要
	矿石结构构造	结构:不等粒状变晶结构,土状微晶状结构; 构造:块状构造			次要
	主要控矿因素	阿古鲁沟组一段粉砂质板岩			必要

矿床成矿模式:在中元古界渣尔泰山群阿古鲁沟组沉积的同时,伴有Mn(OH)₂胶体沉淀,形成了含锰矿层的赋存。早先在中元古界渣尔泰山群阿古鲁沟组沉淀Mn(OH)₂胶体,经区域变质作用,使得Mn(OH)₂胶体脱水,形成乔二沟式的沉积变质型锰矿床(图4-21)。

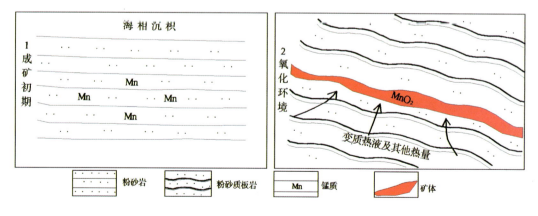

图4-21 乔二沟式锰矿成矿模式图

第三节 铬矿典型矿床与成矿模式

内蒙古自治区境内仅见有蛇绿岩型铬铁矿。

赫格敖拉铬铁矿,即原582铬铁矿,位于内蒙古自治区锡林浩特市北约110km处,行政区划隶属于锡林浩特市朝克乌拉苏木管辖。

1. 矿区地质

地层出露有上石炭统本巴图组安山岩、玄武岩、火山碎屑岩和长石砂岩、灰岩透镜体。下二叠统格根敖包组中—酸性火山岩、砂岩、灰岩。中下侏罗统之砂岩、砾岩。下白垩统泥岩、砾岩、砂岩和褐煤。

贺根山超基性岩体平面形状为一椭圆透镜状,长轴方向呈北东向,长约8km,宽约6km,面积约48km^2。岩体走向NE30°,倾向120°,倾角67°～78°。岩体分异程度好,根据岩石组合分为以下岩相带:①边缘岩相带,处于岩体边缘,其岩石类型由纯橄岩、含长纯橄岩及斜辉辉橄岩等组成,含较多的蚀变异剥辉长岩。其中含矿纯橄岩带具一定规模。但岩石镁铁比值、镁硅比值低,铝铬比值小。所以铬铁矿规模小。②中间岩相带,分布于岩体中部,岩石类型主要由斜辉辉橄岩及少量纯橄岩异离体组成。纯橄岩呈透镜状及疙瘩状产出,并密集成群出现。岩石基性程度高,镁铁比值、镁硅比值及铝铬比值高。纯橄岩和斜辉辉橄岩硅的差值大,是成矿的有利岩相带。其中造矿铬尖晶石以铝铬铁矿为主。根据纯橄岩密集程度、产状及含矿性可进一步分为3756岩相带及基东岩相带。3756岩相带处于岩体中部,基性程度最高,斜辉辉橄岩辉石含量一般<17%,构成低辉石带,两侧斜辉辉橄岩辉石含量一般为20%～25%。纯橄岩异离体较为密集,呈北东向展布。基东岩相带呈北西向延伸,基性程度较3756岩相带差,但比边缘岩相带好。

古生代地层均强烈褶皱。断裂构造对超基性岩有破坏作用,主要有贺北和贺南2条断裂。同时还发现有推覆构造,使白音山一带超基性岩呈低角度推覆于中、下侏罗世和早二叠世地层之上。

2. 矿床地质

铬铁矿床产于岩体中部斜辉辉橄岩岩相带纯橄岩异离体中。它由10余个纯橄岩异离体组成。纯橄岩异离体长约400m,平均宽12m。矿床由186个大小不等的铬铁矿体组成。矿体总体走向为北东向,倾向南东,倾角20°～70°,矿体向北东东向侧伏,侧伏角20°～90°。轴向最大延伸已控制930m,沿倾斜最大延深280m。矿体呈透镜状、豆荚状、似脉状和囊状等产出。矿体有急剧变薄,尖灭再现的现象,而且产状陡缓变化大,从而造成复杂的矿体形态(图4-22)。

近矿围岩蚀变通常为致密隐晶质—微晶质的绿泥石集合体,形成很薄的矿体外壳,并与纯橄岩呈渐变过渡关系。绿泥石外壳厚十厘米至数十厘米。岩体普遍具蛇纹石化、钠黝帘石化、次闪石化、绢石化、碳酸盐化。

矿石具有半自形细粒—中粒及半自形—自形粒状结构。矿石构造以稠密浸染状构造为主,少数为致密块状构造和条带状构造。

矿石矿物以铬尖晶石为主,尘点状磁铁矿为次,极少量黄铁矿、黄铜矿和赤铁矿。脉石矿物以叶蛇纹石为主,绿泥石次之。铬尖晶石主要为镁质铝铬铁矿,次为富铬尖晶石和富铁铬铁矿。在不同矿石类型中,铬尖晶石化成分变化规律为:由稀疏浸染状—致密块状矿石,铝镁及Mg/FeO、Al_2O_3比值递增。

3. 矿床成因与成矿时代

贺根山超基性岩K-Ar法同位素年龄为430～346Ma(邵和明,2001);包志伟等(1994)测得蛇绿岩套全岩Sm-Nd等时线年龄为403±27Ma;苗来成等(2008)对贺根山蛇绿岩所做的锆石SHRIMP

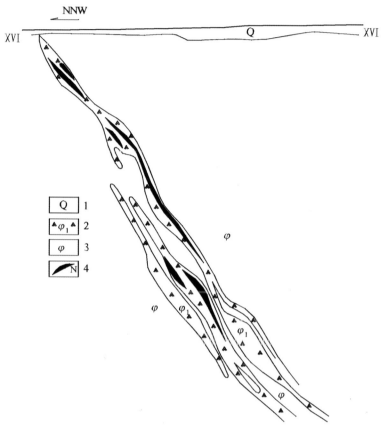

图 4-22　赫格敖拉铬铁矿勘探线剖面图

1.第四系；2.纯橄岩；3.斜辉辉橄岩；4.铬铁矿体及编号

U-Pb 年龄为 295Ma，Ar-Ar 年龄为 293Ma；石炭系—二叠系格根敖包组不整合覆盖在超基性岩之上（西乌旗幅 1∶25 万区调，2008）。因此，贺根山超基性岩体构造就位时间应该在格根敖包组之前。该矿床成因为分异式的晚期岩浆矿床。

4. 矿床成矿要素与成矿模式

矿床成矿要素见表 4-10。

表 4-10　赫格敖拉式岩浆型铬铁矿赫格敖拉典型矿床成矿要素表

成矿要素		描述内容			要素类别
储量		145.4×10^4 t	平均品位	Cr_2O_3:22.94%；MgO/FeO:8～10	
特征描述		分异式的晚期岩浆矿床			
地质环境	构造背景	Ⅰ天山-兴蒙造山系、Ⅰ-1 大兴安岭弧盆系、Ⅰ-1-6 二连-贺根山蛇绿混杂岩带（Pz_2）			必要
	成矿环境	Ⅰ-4 滨太平洋成矿域（叠加在古亚洲成矿域之上）、Ⅱ-12 大兴安岭成矿省、Ⅲ-6 东乌珠穆沁旗-嫩江（中强挤压区）Cu-Mo-Pb-Zn-Au-W-Sn-Cr 成矿（Pt_3、Vm-l、Ye-m）、Ⅲ-6-② 朝不楞-博克图 W-Fe-Zn-Pb 成矿亚带（V、Y）			必要
	成矿时代	泥盆纪			必要

续表 4-10

成矿要素		描述内容			要素类别
储量		145.4×10^4 t	平均品位	$Cr_2O_3:22.94\%$；$MgO/FeO:8\sim10$	
特征描述		分异式的晚期岩浆矿床			
矿床特征	矿体形态	透镜状、扁豆状及不规则豆荚状（似脉状）			重要
	岩石类型	纯橄榄岩、斜辉橄榄岩、橄榄岩、橄榄辉石岩、辉石岩等			重要
	矿石矿物	金属矿物以铬尖晶石为主、以磁铁矿次之，并含黄铁矿、黄铜矿和赤铁矿少量；非金属矿物以叶蛇纹石为主，绿泥石次之，方解石、橄榄石、高岭土含量极少			主要
	矿石结构构造	结构：①半自形细粒-中粒结构；②链状网环结构，少量自形铬尖晶石围绕橄榄石颗粒呈环状；③半自形—自形粗粒结构；④交代结构；⑤压碎结构。构造：①豆斑状构造；②浸染斑点构造；③条带状构造；④含块状矿石的浸染状构造			次要
	围岩蚀变	蛇纹石化、钠黝帘石化、次闪石化、绢石化、碳酸盐化			次要
	主要控矿因素	纯橄榄岩控矿			必要

成矿模式：在扩张脊环境下，地幔上涌，而比较重的矿浆则沉淀于上地幔中岩浆房底部。当扩张脊温度和压力下降时，铬铁矿结晶并聚集形成矿体。随着板块在扩张脊两侧的相向运动，矿体也随板块向大陆边缘运移，并受到地幔运移中的塑性剪切作用，而在地幔橄榄岩中发育叶理，使与叶理不整合的矿体逐渐转为整合。板块运移离扩张脊越远，水平拉伸持续的时间越长，剪切作用也越强，从而使原矿体支离破碎，形成串珠状小豆荚体。矿床的时空演化是一个连续的、持续很长的过程。在空间上，矿体要经历从上地幔、扩张脊、大陆边缘仰冲带这样宽广的区域；时间上要经历板块从扩张脊至大陆边缘所需的时间，最终定位形成矿床（图4-23）。

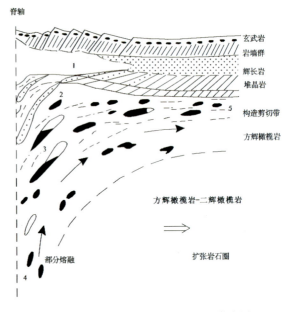

图 4-23 赫格敖拉式铬铁矿成矿模式图

第四节 铜矿典型矿床与成矿模式

一、海底喷流沉积型铜矿床

该类型铜矿床主要为霍各乞铜多金属矿、东升庙铅锌多金属矿（见本章铅锌矿床部分）。

霍各乞铜多金属矿位于巴彦淖尔市乌拉特后旗巴音宝力格镇，大地构造单元属于狼山-阴山陆块狼山-白云鄂博裂谷。

1. 矿区地质

矿区内出露中—新元古界渣尔泰山群的刘鸿湾组和阿古鲁沟组。青白口系刘鸿湾组(Qbl)，主要出露于矿区的北部大敖包一带及南部摩天岭一带，总厚500m，不含矿，总体走向 NE 50°~60°，SE∠40°~80°，上段中厚层纯石英岩夹薄板状石英岩，下段石英片岩、片状石英岩类，与下伏阿古鲁沟组整合接触。阿古鲁沟组(Jxa)分3个段，上段为二云母石英片岩、碳质二云母石英片岩、碳质千枚状石英片岩，厚度大于360m，不含矿；中段为碳质板岩、碳质千枚岩、碳质条带状石英岩、含碳石英岩、黑色石英岩及透闪石岩、透辉石岩及其相互过渡岩类（原岩为泥灰岩），厚度100~150m，是铜、铅、锌矿床的赋存层位；下段上部为黑云母石英片岩类、红柱石二云母石英片岩及含碳云母石英片岩夹角闪片岩，下部为碳质千枚岩、碳质千枚状片岩、碳质板岩夹钙质绿泥石片岩、绿泥石英片岩及结晶灰岩透镜体，总体厚度大于320m，不含矿。岩石均经历了绿片岩相-低角闪岩相的区域变质作用（图4-24）。

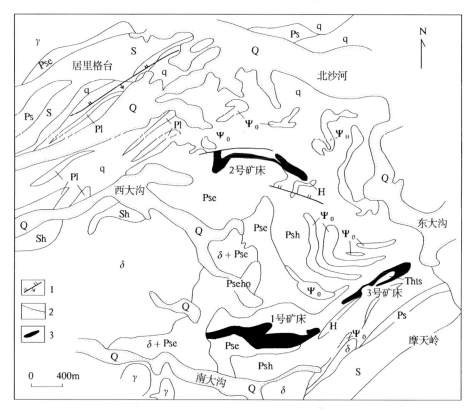

图4-24 霍各乞铜矿区地质图

1. 逆断层；2. 地质界线；3. 矿体；Pse. 二云石英片岩；Pseho. 红柱石二云石英片岩；Psh. 黑云石英片岩；
q. 千枚岩；Q. 第四系；H. 大理岩化灰岩；Thts. 透辉透闪岩；Sh. 黑色石英岩；Pl. 绿片岩；Ps. 石英岩；
S. 石英岩；δ+Pse. 闪长岩混染二云石英片岩；γ. 花岗岩；δ. 闪长岩；Ψo. 斜长角闪岩

矿区岩浆活动具有多期性、多相性及产状多样性，其中以元古宙和海西期最为强烈。各类侵入岩与成矿关系不大。

断裂构造有成矿期断裂——深断裂，是控矿构造，成矿期后断裂——逆斜断层、横断层、裂隙构造，是坏矿构造。褶皱构造总体表现为继承了原始沉积的古地理格局，即背斜核部为古隆起部位，向斜核部为古凹陷位置。裂隙构造十分发育，与矿体有关的主要是层内裂隙构造及层间滑动裂隙。

2. 矿床地质

霍各乞矿区共有4个矿床。2号、4号矿床位于倒转背斜的北翼，1号、3号矿床位于南翼，1号矿床位于矿区南部；3号为1号的东延部分,居矿区的东部,两者相距400m；2号在矿区北部,距1号矿床约1700m。

1号矿床是以铜为主的铜、铅锌、铁矿床,2号矿床是以铅锌为主的铅锌、铜、铁矿床,3号矿床是以铁为主的铁、铅锌、铜矿床,4号仅见铅锌矿化。绝大部分储量集中在1号矿床(铜90.4%,铅77.6%,锌90.5%)。

1号矿床全长1500m,走向70°～80°,倾向南东,倾角70°,矿床的顶板为二云母石英片岩,底板为黑云母石英片岩,局部为千枚岩。含矿围岩为与顶底板呈整合接触的层状-透镜状的碳质片(板)岩、条带状碳质石英岩和透辉透闪石化灰岩,含矿层共厚91m。1号矿床共有19个矿体(铜矿体3个、铅锌矿体4个、铁矿体12个),其中主要矿体共有6个,铜矿体3个(Cu-1、Cu-2、Cu-3),铅锌矿体2个(Pb-1、Pb-3)、铁矿体1个(Fe-1)。Cu-1矿体：赋存在矿床西段的上条带状石英岩中,呈似层状(板状)产出,长750m,平均厚23.7m,铜品位1.45%,铜金属量占1号矿床铜总储量的51%左右。矿体形态整齐,在矿体东段垂深300m处厚36m,品位较高,以此为中心向四周均匀变薄,向两侧品位变贫。Cu-6矿体：分布于矿床东段的上条带状石英岩及下伏的透辉透闪石化灰岩的上部,以上条带状石英岩中的矿体为主,全长600m,平均厚度27.5m,铜品位1.07%,铜金属量占1号矿床铜总储量的43%。矿体产状稳定,形态规整(图4-25)。

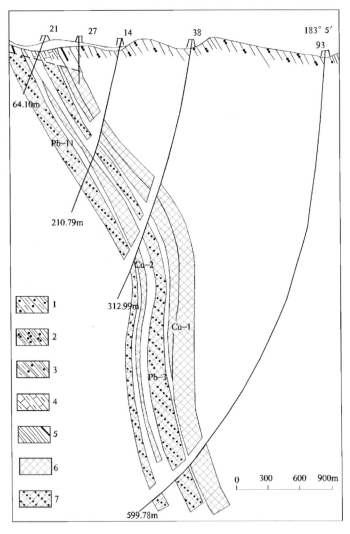

图4-25 霍各乞铜矿1号矿床(矿段)勘探线剖面图(据邵和明,2002)

1.黑云母石英片岩；2.二云母石英片岩；3.含铜条带状石英岩；4.含铅锌透辉透闪石化灰岩；5.含铅锌碳质板岩；6.铜矿体；7.铅锌矿体

矿石中有用元素主要有铜、铅、锌，可综合利用银、钢、镉、铁、硫。金属矿物主要有黄铜矿、方铅矿、铁闪锌矿、磁黄铁矿、黄铁矿、磁铁矿。次要矿物有方黄铜矿、斑铜矿、毒砂和其他氧化物。主要矿物生成顺序为黄铁矿→磁黄铁矿→黄铜矿→铁闪锌矿→方铅矿。

矿石自然组合有黄铜矿型、黄铜矿-磁黄铁矿型、黄铜矿-方铅矿-铁闪锌矿-磁黄矿型、方铅矿-铁闪锌矿-磁黄铁矿-黄铁矿型、磁黄铁矿-磁铁矿型、磁铁矿-方铅矿-铁闪矿-磁黄铁矿型、磁铁矿型。

矿石构造主要为条带状、细脉-网脉状、斑杂-团块状及浸染状构造，另外还有块状构造、花纹状构造、角砾状构造。矿石结构主要有变晶结构、交代结构、交骸晶结构、固溶体分离结构、文象结构、塑性变形结构。

矿石平均品位 Cu 1.39%，Pb 1.3%，Zn 1.53%。

矿床的近矿围岩蚀变有硅化、电气石化、透辉透闪石化和白云母化、阳起石化、绿泥石化、碳酸盐化等，但与铜锌成矿有密切关系的主要是前3种蚀变。

3. 矿床同位素特征

矿石硫同位素（$\delta^{34}S$）变化范围较大为 $-3.1‰\sim23.5‰$（李兆龙等，1986；刘玉堂等，2004），大多为正值，在频率图上未形成明显的峰值。硫化物产状不同，硫同位素组成不同，总特征是脉状矿石中硫化物重硫含量低。如脉状黄铁矿 $\delta^{34}S$ 比层状黄铁矿的低 10.83‰，脉状磁黄铁矿比条带状磁黄铁矿低 5.52‰，层状硫化物富重硫，范围为 $10.6‰\sim23.5‰$，平均值为 16.68‰，与产在沉积岩中的铅锌矿床硫同位素组成相近。这种硫同位素特征反映层状和条带状硫化物中的硫主要来自海水硫酸盐的还原硫，而脉状矿石的硫同位素则是热液进一步分馏的结果（费红彩等，2004）。

铅同位素组成比较稳定，在 $^{206}Pb/^{204}Pb-^{208}Pb/^{204}Pb$ 图上均位于增长曲线附近，放射性铅含量低，表明铅同位素是均一的，属正常铅。在 Pb 构造演化图上，落在上地幔 Pb 演化线和造山带 Pb 演化曲线之间克拉通化地壳 Pb 边部。这说明大陆边缘裂谷系内，随地幔物质上涌，也使基底乌拉山岩群地层中的成矿物质（Cu，Pb，Zn）活化带入到成矿热液中。按 Doe 单阶段铅同位素演化模式计算的模式年龄为 $1116\sim796Ma$，与成矿时代较接近（刘玉堂等，2004）。

统计资料指出，外生（沉积）成因的黄铁矿、磁黄铁矿中 Co 含量小于 Ni，$\omega(Co)/\omega(Ni)<1$，$\omega(S)/\omega(Se)>200\,000$；内生（岩浆热液）成因的黄铁矿、磁黄铁矿中 Co 含量大于 Ni，$\omega(C)/\omega(Ni)>1$，$\omega(S)/\omega(Se)$ 为 $100\,000\sim200\,000$。无论条带状 Cu 矿体、Pb，Zn 矿体，还是网脉状、角砾状 Cu 矿体，其 Co/Ni 均大于1，说明成矿金属元素为内生成因（其中2号矿床 Pb 是外生的），而 S/Se 均大于 200 000，说明黄铁矿中 S 是外源即海解 S，另外网脉状、角砾状铜矿体中 Co、Ni 含量是条带状矿石的2倍，说明其更直接来自深部，未经搬运（刘玉堂等，2004）。

金属硫化物中包裹体爆裂测温的3个参数区间，即为 $150\sim220℃$、$305\sim350℃$ 和 $480\sim530℃$，分别代表喷流沉积成矿、区域变改造和侵入接触改造3个成矿期的温度。石英和方解石的包裹体均一测温则表现为喷流沉积（162℃）和后期改造（300℃±）两个参数区间。成矿压力也有两个参数区的明显差别，即代表喷流沉积和区域变质改造 $[180\times10^5Pa$ 和 $(210\sim600)\times10^5Pa]$。测定6件包裹体含盐度平均值 $\omega(NaCl)$ 为 31.03%，$\omega(Na_2O)/\omega(K_2O)=2.2$，见有石盐和较少的钾盐子晶（邵和明等，2002）。

4. 成矿时代及成因类型

成矿时代为中元古代。海西期辉长-闪长岩体对矿体局部有明显的富集改造作用。①矿床的产出受华北古陆北缘裂陷槽内三级断陷盆地控制。②矿床具有鲜明的层控特征，所有矿体总体呈层状产在中元古代白云石大理岩、石英岩、碳质千枚岩（或片岩）中；即铜矿主要赋存在碳质条带状石英岩、透辉石透闪石石英岩、砂质白云石大理岩中；铅锌矿主要赋存岩石为碳质板岩、透闪石岩、泥碳质白云石大理岩；黄铁矿主要赋存在白云石大理岩、碳质板岩中。这说明矿床在严格受地层控制的前提下，矿化类型、规模和富集程度与原始沉积物的性质有一定联系，而原始沉积物性质则是沉积环境的反映。受变形作用影响,矿体与围岩形成协调一致的褶皱,并使矿体在背斜轴部加厚,品位变富。③矿石具有细纹层状、条带状构造,喷流沉积成矿特征十分明显;后生叠加作用主要表现为硫化物活化再侵位,脉状、角砾状、浸染状矿石生成及交代溶蚀结构、固溶体分离结构、斑状变晶结构的产生。④成矿过程中伴有明显的同生断裂活动,它在一定程度上控制了矿体的空间分布及其组合;但不同矿床同生断裂活动的强度、时限、规模都不同,从而导致不同矿床在相同含矿岩组中矿体产出的先后顺序不同和大量层间砾岩与同生角砾状矿石的形成。⑤厚大 Zn、Pb、Cu 复合矿体具有明显的分带性,自下至上,$Cu/(Zn+Pb+Cu)$ 比值由高→低。⑥重晶石层发育,多与黄铁矿层互层状产出,也有与闪锌矿层互层。

从成矿基本特征、物质来源及形成环境看,成矿作用与海底热卤水活动有密切关系,但成矿以后受后期区域构造变动影响,发生了变质变形作用,使成矿物质进一步富集,因此矿床应属于热卤水沉积(海底喷流沉积)-改造类型。

5. 矿床成矿要素与成矿模式

矿床成矿要素见表 4-11。

表 4-11 霍各乞式沉积型铜矿霍格乞典型矿床成矿要素表

成矿要素		描述内容		要素类别
储量		286 273.44t	平均品位 1.39%	
特征描述		海底喷流沉积-改造型铜矿床		
地质环境	构造背景	Ⅱ华北陆块区、Ⅱ-4 狼山-阴山陆块、Ⅱ-4-3 狼山-白云鄂博裂谷		必要
	成矿环境	Ⅲ-11 华北地台北缘西段 Au-Fe-Nb-REE-Cu-Pb-Zn-Ag-Ni-Pt-W-石墨-白云母成矿带,Ⅲ-11-②狼山-渣尔泰山 Pb-Zn-Au-Fe-Cu-Pt-Ni 成矿亚带		必要
	成矿时代	中元古代		必要
矿床特征	矿体形态	薄层状、似层状、透镜状,矿体倾向南东		重要
	岩石类型	主要为条带状变质石英岩、石英岩		必要
	岩石结构	微细粒粒状变晶结构、鳞片变晶结构,纹层状构造、片状构造		次要
	矿石矿物	以黄铜矿为主,磁黄铁矿、黄铁矿次之,方铅矿微量		次要
	矿石结构构造	结构:他形晶粒状结构、交代残余结构、充填结构、共边结构;构造:条带状构造、浸染状构造、脉状构造和块状构造		次要
	围岩蚀变	硅化、电气石化、透辉透闪石化、白云母化、阳起石化、绿泥石化、碳酸盐化		重要
	主要控矿因素	严格受中—新元古界渣尔泰山群阿古鲁沟组控制,同时受褶皱及层间构造控制		必要

矿床成矿模式:该类型矿床经历了海底喷气沉积和变形变质改造两阶段:由于地热梯度的增加及火山热液活动,高盐度地下水被加热成热卤水。当热卤水温度为 130℃、pH=5 时,硫以 HS^- 形式存在。Zn^{2+}、Pb^{2+}、Cu^{2+}、Cl^- 呈络合物的形式被搬运。这样,热卤水不断淋滤萃取矿源层中的成矿组分,成为高盐度含矿热卤水,并沿同生断裂喷溢至海底。这种高温、高密度流体不与海水混合,而呈不混溶的流体沿海底地形向低凹地带(三级盆地)中聚集,形成卤水池。海底卤水池中热卤水和海水混合、中和,温度降低,金属硫化物按溶度积由小到大(CuS—PbS—ZnS—FeS)顺序依次沉淀。后期变形变质作用,使得矿质在含矿层内部重新活化、迁移、富集,导致褶皱转折端矿体厚度加大、品位变富(图 4-26)。

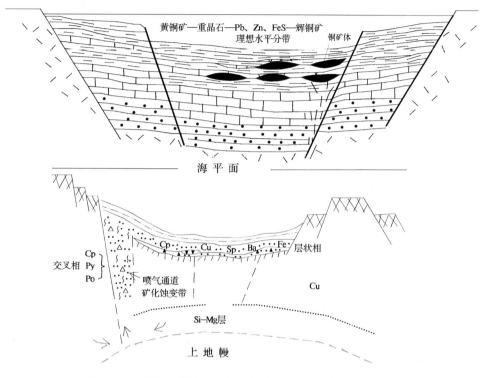

图4-26 霍各乞式铜矿成矿模式图（据刘玉堂等,2004,修改）

二、斑岩型铜矿床

该类型铜矿床主要有乌努格吐山铜钼矿、车户沟铜钼矿、敖瑙达巴锡铜多金属矿（见本章锡矿床部分）。

乌努格吐山铜钼矿

乌努格吐山铜钼矿位于内蒙古自治区新巴尔虎右旗呼伦镇,满洲里市南西22km。

1. 矿区地质

见少量中泥盆统乌奴尔组碳酸盐岩地层零星残留于花岗岩中。矿区外围上侏罗统安山岩、英安岩、流纹岩及其碎屑岩广泛分布。

矿区中生代火山-岩浆活动频繁而剧烈,有多期次火山喷发和浅成侵入。印支期黑云母花岗岩以较大的岩基产出,是主要的赋矿围岩。燕山期以二长花岗斑岩（部分报告及文献称为斜长花岗斑岩、花岗闪长斑岩）为主的杂岩体,为同源不同期的中酸性火山喷溢、浅成侵入体的复式杂岩体,是矿区的主要"成矿母岩",产于北东向与北北西向断裂交会处。平面上呈北西向拉长的椭圆形,剖面近于陡立略向北西侧伏,分3期侵位:①成矿早期为充填于火山通道中的流纹质角砾凝灰岩;②主成矿期为沿火山管道侵位的二长花岗斑岩;③成矿期后为侵入英安角砾岩,此外还有花岗斑岩、石英斑岩及闪长玢岩等脉岩充填于四周环状裂隙中（图4-27）。

本区铜钼成矿作用主要与二长花岗斑岩关系密切,围绕二长花岗斑岩四周分布着环状蚀变带和环状矿体。这是因为二长花岗斑岩的侵入导致环状裂隙系统的形成,本身构造裂隙的发育又成为深部热液上升的通道,故以其为中心形成了热液运移的循环流体,形成筒状的蚀变交代柱和筒状矿体。

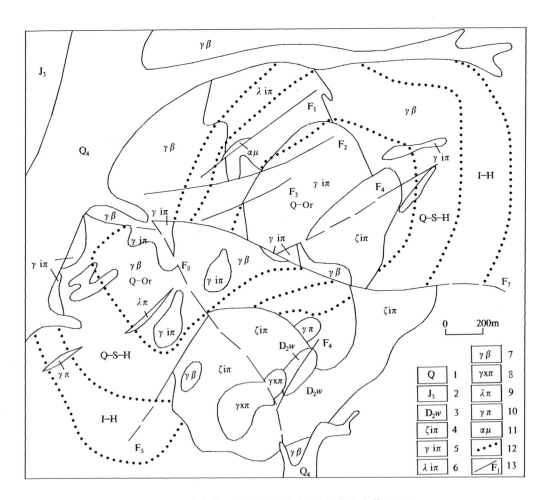

图 4-27 乌努格吐山铜矿地质略图(据金力夫等,1990)

1.第四系;2.晚侏罗世中酸性火山岩;3.乌奴尔组安山玢岩;4.次英安质角砾熔岩;5.次斜长花岗斑岩;6.次流纹质晶屑凝灰熔岩;7.黑云母花岗岩;8.花岗斑岩;9.流霙板岩;10.花岗斑岩;11.安山玢岩;12.蚀变带界线;13.断层及编号;I-H.伊利石-水白云母化带;Q-S-H.石英-绢云母-水白云母化带;Q-Or.石英-钾长石化带

本矿床东距得尔布干断裂仅25km,受该深大断裂的继承性影响,北东向次级断裂及北西向或北西西向张扭性断裂发育,但以北东向断裂为主。北西向断裂和北东向断裂交叉复合部位形成贯通构造,与深部岩浆房连通时,往往形成中心式火山通道,并控制了浅成侵入岩的侵入及其热液成矿活动。

2. 矿床地质

全区共探明铜矿体33条,钼矿体13条,由于断裂的破坏而使矿区分为南、北两个矿段。

北矿段位于F_7断层以北,矿体主要受二长花岗斑岩及其与围岩的接触带构造控制,赋存在含矿岩体周边或外接触带中,共查明5条铜钼矿体。A1号铜矿体:围绕含矿岩体外接触带呈环形筒状展布。在三度空间上该筒状矿体位于钼矿体外侧;总体产状向北西倾斜,倾角60°~85°。垂向上表现为上薄下厚,上缓下陡。平面上呈马蹄形展开,东西直径为1700m,环长2550m,延深260~600m,厚10~200m。含矿围岩为蚀变流纹质晶屑熔岩,蚀变斜长花岗斑岩和蚀变黑云母花岗岩。A2号钼矿体:位于A1号铜矿体内侧,矿体赋存于石英-钾化带外侧,其内侧为强蚀变无矿核心。含矿围岩主要是强蚀变的斜长花岗斑岩和黑云母花岗岩。平面上矿体亦呈马蹄形展开,环长2150m,倾斜延深大于600m,厚70~190m。垂向上厚度向深部逐步增大,矿化增强(图4-28)。

南矿段:是矿床被F_7破坏的小半环,圆环直径约1100m。矿体被F_7、F_8破坏,东南部分又被英安质

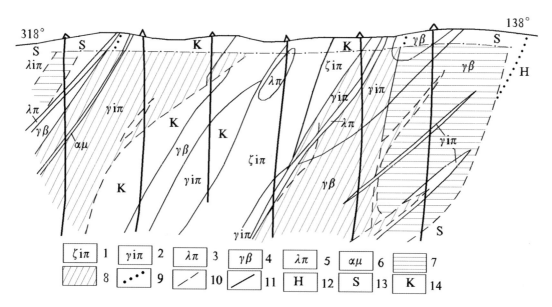

图 4-28 乌努格吐山北矿段地质剖面图(据金力夫等,1990)

1.次英安质角砾熔岩;2.次斜长花岗斑岩;3.次流纹质晶屑凝灰熔岩;4.黑云母花岗岩;5.流纹斑岩;6.安山玢岩;7.铜矿体;8.钼矿体;9.蚀变带界线;10.氧化淋滤带界线;11.断层;12.伊利石-水白云母化带;13.石英-绢云母-水白云母化带;14.石英-钾长石化带

角砾熔岩侵入破坏,因此矿体规模较小。由于 F_7 使南盘抬升剥蚀,这小半环表现的石英钾化带范围相对较大,内环钼矿体与铜矿体有相间分布的特点,但以钼矿体为主,外环仍为铜矿体,但低品位矿体较多,矿化连续性不如北矿段。

本矿床主要为硫化矿石,氧化矿和混合矿石仅局部发育。硫化矿石主要为黄铜矿、辉钼矿、黄铁矿、铜蓝、斑铜矿、黝铜矿、辉铜矿;次为赤铁矿、方铅矿、闪锌矿、磁铁矿、毒砂等。矿石氧化后,矿石成分为褐铁矿、黄钾铁矾、孔雀石、蓝铜矿、钼华。脉石矿物有石英、绢云母、绿泥石、钾长石、斜长石、方解石、伊利石、硬石膏、褐帘石、高岭石等。

矿石结构以他形-半自形粒状结构为主,其次有交代、包含、镶边、叶片状、半自形-自形粒状、固溶体分离结构。矿石构造为细粒浸染状、细脉浸染状构造,少量团块状构造,有明显的分带性,由蚀变中心向外从细粒浸染状为主到细脉浸染状为主。

矿区具有典型的斑岩铜钼矿床蚀变特征,蚀变分带明显,可划分为3个蚀变带:①石英-钾长石化带(K):主要发育在斜长花岗斑岩和黑云母花岗岩中,主要标型蚀变矿物为钾长石(局部见黑云母),蚀变矿物组合主要为石英、钾长石、绢云母及少量硬石膏。并伴有后期蚀变叠加改造的水白云母、伊利石和方解石。在黑云母花岗岩外接触带中钾长石化交代原岩长石呈坏边状、树枝状,交代强烈时呈云雾状,次之为复合小脉产出。斜长花岗斑岩中钾长石化主要呈各种复合小脉产出,其中钼矿化与含硫化物石英钾长石小脉关系密切。②石英-绢云母-水白云母化带(S):此带位于石英-钾长石化带外侧,主要发育在黑云母花岗岩、次流纹质晶屑凝灰熔岩或斜长花岗斑岩的小岩枝中。此带中含硫化物石英、绢云母网脉发育,脉壁不平直,界线模糊,在脉壁两侧产生较宽的蚀变晕圈,与成矿关系密切。③伊利石-水白云母化带(H):位于石英-绢云母-水白云母化带外侧,主要发育在黑云母花岗岩和次流纹质晶屑凝灰熔岩中。标型蚀变矿物为伊利石和水白云母,此带一般不见或少见石英细脉,而石英脉多呈白色,脉壁平直,脉壁两侧不见蚀变晕圈,有时可见铜及铅锌矿化。

乌努格吐山铜钼矿床矿化分带明显,由蚀变中心向外金属元素水平分带是:$Mo \rightarrow Mo$、$Cu \rightarrow Cu \rightarrow Cu$、$Pb$、$Zn \rightarrow Pb$、$Zn$。根据金属矿物组合发育特征,从蚀变中心向外,依次可大致划分为4个金属矿化带:黄铁矿-辉钼矿带、(辉钼矿)-黄铁矿-黄铜矿带、黄铁矿-黄铜矿带、黄铁矿-方铅矿-闪锌矿带。

3. 成矿物理化学条件

矿床金属硫化物的硫同位素组成多为偏离陨石硫不大的正值。$\delta^{34}S$ 为 $-0.2‰\sim+3.5‰$，平均 $+2.568‰$，极差小，离散度小，直方图塔式分布明显。矿区样品显示没有明显的同位素分馏，硫化物基本上是在同位素平衡条件下产生的，硫源应为上地幔或地壳深部大量地壳物质均一化的结果（张海心，2006）。

矿石铅同位素 $^{206}Pb/^{204}Pb$ 为 $18.327\sim18.526$，$^{207}Pb/^{204}Pb$ 为 $15.436\sim15.633$，$^{208}Pb/^{204}Pb$ 为 $37.997\sim38.421$，比值波动不大。$^{238}U/^{204}Pb$ 变化为 $9.42292\sim9.26762$，表明铅源来自深部岩浆房（邵和明等，2002）。

石英-钾长石化带 $\delta^{18}O$ 为 $+6.27‰$，稍低于岩浆水数值：$+7‰\sim+9.5‰$，表明成矿热液以岩浆水为主，但有天水加入。石英绢云母化带与伊利石-水白云母化带 $\delta^{18}O$ 为 $+3.23‰$ 和 $+1.31‰$，表明天水的影响越来越大。这些大致说明，含矿热水溶液从深部上来后，在向外渗滤扩展运动中有天水的加入，共同组成了热液循环体系（张海心，2006）。

石英流体包裹体十分丰富，主要有气体包裹体、液体包裹体、多相包裹体3种类型。多相包裹体中含多种子矿物，如 $NaCl$、KCl（岩盐）、Fe_2O_3、Fe_3O_4（赤铁矿）、$CaSO_4$（硬石膏）等子晶。流体包裹体的均一化温度为 $180\sim795℃$。但在不同矿体，不同接触带是有差别的。钼矿体均一温度大致为 $317\sim445℃$，平均为 $380℃$；铜矿体均一化温度为 $324\sim410℃$，平均为 $364℃$。矿床形成后，英安质角砾熔岩的均一化温度为 $312℃$，这一温度普遍低于铜钼矿体形成温度。包裹体的盐浓度有高有低，大部分为 $9\%\sim14\%$ 范围内，高者可达 $42\%\sim68\%$，低者为 $3.2\%\sim6.8\%$。不同矿体包体盐浓度差别不大，钼矿体平均 11.1%；铜矿体平均 11.2%，各蚀变带包体的盐浓度也有差别浓度为 $3.2\%\sim12.8\%$。成矿流体的酸碱度变化不大，在弱酸性条件下成矿，故缺乏泥化带的发育。利用矿物平衡反应可以估算成矿的 f_{O_2}。从成矿早期到成矿中晚期，f_{O_2} 值变化范围为 $10^{-13}\sim10^{-44}Pa$，表现成矿流体向氧逸度降低的方向演化。

矿床形成的压力大约在 $50\sim100bar$（$1bar=10^5Pa$）。石英-钾化带压力为 $200\sim300bar$，甚至大于 $1000bar$；石英-绢云母化带 $<200bar$；伊利石-水白云母化带 $50\sim180bar$。

4. 矿床成因类型及成矿时代

乌努格吐山铜钼矿为典型的斑岩型铜钼矿床。乌努格吐山含矿二长花岗斑岩的锆石 U-Pb 年龄为 $204\sim188Ma$，为岩体成岩年龄。矿区辉钼矿 Re-Os 年龄为 $183\sim177Ma$，与蚀变岩中的绢云母 K-Ar 年龄 $183.5\pm1.7Ma$ 在误差范围内基本一致，应该反映了流体成矿年龄（表4-12）。由上乌努格吐山斑岩型铜钼矿的成矿时代为早侏罗世晚期。

表4-12 乌努格吐山斑岩铜钼矿床同位素年龄值一览表

测试对象	同位素方法	年龄(Ma)	资料来源
二长花岗斑岩	单颗粒锆石 U-Pb 年龄	188.3 ± 0.6	秦克章等，1999
二长花岗斑岩	全岩 Rb-Sr 等时线年龄	183.9 ± 1.0	秦克章等，1999
（含矿）蚀变岩绢云母	K-Ar 年龄	183.5 ± 1.7	秦克章等，1999
辉钼矿	Re-Os 模式年龄	155 ± 17	赵一鸣等，1997
辉钼矿	Re-Os 等时线年龄	178 ± 10	李诺，2007
辉钼矿	Re-Os 等时线年龄	180 ± 2.7	王登红，2010
二长花岗斑岩	SHRIMP U-Pb	202.5 ± 2.2	王登红，2010
二长花岗斑岩	锆石 U-Pb	202.9 ± 2.8	佘宏全，2009
二长花岗斑岩	LA-ICP-MS	204.2 ± 2.8	佘宏全，2009
辉钼矿	Re-Os 等时线	177.4 ± 2.4	佘宏全，2009

5. 矿床成矿要素与成矿模式

矿床成矿要素见表 4-13。

表 4-13 乌努格吐山式斑岩型铜矿乌努格吐山典型矿床成矿要素表

成矿要素		描述内容			要素类别
储量		1 850 668t	平均品位	0.431%	
特征描述		斑岩型铜钼矿床			
地质环境	构造背景	Ⅰ 天山-兴蒙造山系、Ⅰ-1 大兴安岭弧盆系、Ⅰ-1-2 额尔古纳岛弧(Pz_1)			必要
	成矿环境	Ⅱ-12 大兴安岭成矿省,新巴尔虎右旗-根河 Cu-Mo-Pb-Zn-Ag-Au-萤石-煤(铀)成矿亚带,八大关-陈巴尔虎旗 Cu-Mo-Pb-Zn-Ag-Mo 成矿亚带			必要
	成矿时代	燕山早期			重要
矿床特征	矿休形态	整个矿带呈哑铃状、不规则状、似层状			次要
	岩石类型	黑云母花岗岩、流纹质晶屑凝灰熔岩、次斜长花岗斑岩			重要
	岩石结构	岩石结构:半自形—他形粒状为主,斑状结构			次要
	矿石矿物	金属矿物:黄铜矿、辉铜矿、黝铜矿、辉钼矿、黄铁矿、闪锌矿、磁铁矿、方铜矿			重要
	矿石结构构造	矿石结构:粒状结构、交代结构、包含结构、固溶体分离结构、镶边结构;构造:浸染状和小细脉状为主,局部见有角砾状构造			次要
	围岩蚀变	主要蚀变类型主要有石英化、钾长石化、绢云母化、水白云母化、伊利石化、碳酸盐化,次为黑云母化、高岭土化、白云母化、硬石膏化,少见绿泥石化、绿帘石化和明矾石化等			重要
	主要控矿因素	①携矿岩体是成矿的主导因素;②火山机构是成矿和矿化富集的有利空间;③矿化明显受蚀变控制;④矿化富集的物理化学条件			必要

乌努格吐山斑岩铜钼矿床的成矿模式可概括如图 4-29 所示。印支期—燕山早期,受太平洋板块向西推挤(或鄂霍次克海的闭合),得尔布干深断裂复活,黑云母花岗岩侵位,带来铜、钼等成矿元素的富集。燕山早期受与得尔布干深断裂带相对应北西向拉张断裂的影响,形成许多中心式火山喷发机构,二长花岗斑岩沿火山管道相侵位,带来铜、钼等成矿元素的富集。由于多期次的构造岩浆活动,引发了深源岩浆水与下渗的天水对流循环,这种混合热流体由于既富挥发份又富碱质,同时对围岩具强裂的萃取和交代反应能力,从而导致围绕斑岩体形成环带状蚀变分布的矿化分带。

三、块状硫化物型(VMS)铜矿床

该类型铜矿床主要有白乃庙铜钼矿、小坝梁铜金矿和查干哈达庙铜矿。

(一)白乃庙铜钼矿

白乃庙铜钼矿隶属内蒙古自治区乌兰察布市四子王旗白音朝克图镇管辖。

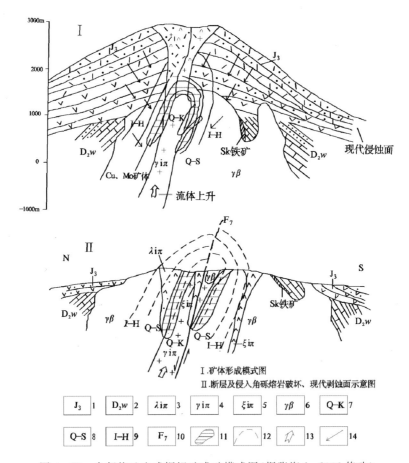

图 4-29　乌努格吐山式铜钼矿成矿模式图（据张海心，2006 修改）

1. 晚侏罗世火山岩；2. 中泥盆统乌奴尔组；3. 流纹质晶屑凝灰熔岩；4. 斜长花岗斑岩；5. 英安质角砾凝灰熔岩-英安岩；6. 黑云母花岗岩；7. 石英-钾化蚀变带；8. 石英-绢云母化蚀变带；9. 伊利石-水白云母化蚀变带；10. 断层；11. 铜钼矿体；12. 蚀变带界线；13. 流体上升方向；14. 天水运动方向

1. 矿区地质

矿区出露的地层主要有白乃庙组、上志留统西别河组、下二叠统三面井组、上侏罗统大青山组和第四系。在矿区东北部零星出露一些变质较深的地层，岩性主要为长英变粒岩、黑云斜长片麻岩、条带状混合岩等。

白乃庙组由一套中浅变质的绿片岩、长英片岩组成，共划分为5个岩性段，在矿区呈近东西向分布（图4-30）。第一、第三、第五岩段以绿片岩为主；第二、第四岩段以长英片岩为主，局部夹薄层含铁石英岩。第五岩段大面积出露在矿区南部，岩性为绿泥斜长片岩、阳起绿泥斜长片岩夹残斑变岩及大理岩透镜体，是白乃庙铜矿的主要赋矿层位，厚1251m。第三岩段分布在矿区中部和西部，岩性主要为斜长角闪岩、绿泥斜长片岩夹角闪残斑变岩，是北矿带的主要赋矿层位。白乃庙组原岩为海底喷发的基性—中酸性火山熔岩、凝灰岩夹正常沉积的碎屑岩和碳酸盐。聂凤军等（1991）测定了白乃庙组第三岩性段中残斑阳起斜长片岩的常规锆石 U-Pb 年龄，在 U-Pb 不一致年龄图上，获得上交点年龄为 1130.5 ± 16Ma，下交点年龄值为 384.5 ± 6Ma，认为上交点年龄值 1130.5 ± 16Ma 代表白乃庙组火山岩的成岩年龄。

矿区内岩浆岩主要为新元古代石英闪长岩、加里东期花岗闪长斑岩和海西期斜长花岗岩。另外还有一些较晚形成的花岗斑岩、闪长玢岩等中酸性脉岩出露。与成矿有关系的为花岗闪长斑岩，分布于矿区的中部及北部，受矿区主体构造控制，呈小岩株、岩枝、岩脉等形态近东西向断续出露，为加里东晚期

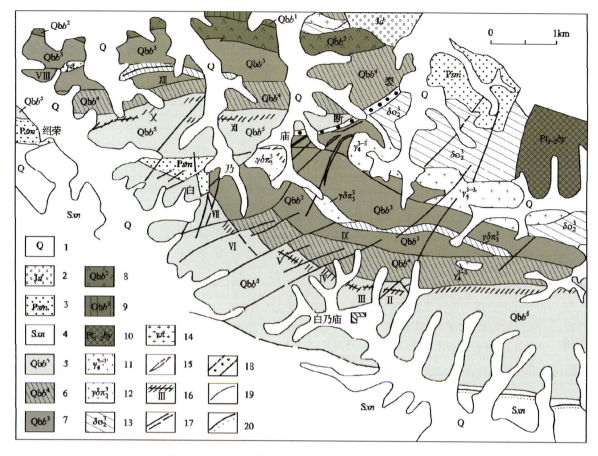

图 4-30 白乃庙铜矿区地质略图（据李进文等，2007）

1.第四系；2.上侏罗统大青山组；3.下二叠统三面井组；4.中志留统徐尼乌苏组；5.白乃庙组第五岩段；6.白乃庙组第四岩段；7.白乃庙组第三岩段；8.白乃庙组第二岩段；9.白乃庙组第一岩段；10.中元古界白银都西群；11.海西晚期白云母花岗岩；12.加里东晚期花岗闪长斑岩；13.新元古代石英闪长岩；14.花岗斑岩脉；15.石英脉；16.矿化带、矿体及矿段编号；17.实测及性质不明断层；18.白乃庙断裂带；19.地质界线；20.不整合界线

沿白乃庙组绿片岩层间断裂侵入形成，空间上与北矿带关系极密切。在南矿带Ⅵ、Ⅶ矿段的深部亦见有与矿化关系密切的花岗闪长斑岩岩枝。岩石多具程度不同的糜棱岩化，普遍出现变形组构。唐克东（1992）报道了斑岩体常规锆石 U-Pb 年龄为 466Ma，Rb-Sr 等时线年龄为 427±17Ma，花岗岩的白云母 K-Ar 年龄为 430Ma；聂凤军等（1995）报道了斑岩 Sm-Nd 等时线年龄为 440±40Ma。

白乃庙铜矿区的构造比较复杂。矿区内新元古界白乃庙组在新元古代末期经历了区域变质变形，产生 3 期近东西向的褶皱构造，南北向的主压应力方向反映了元古宙末期白乃庙古岛弧向华北板块北缘的拼贴增生。加里东中晚期，本区遭受了近东西向韧性剪切带的强烈改造，发育于整个白乃庙组和较早侵入的石英闪长岩和花岗闪长斑岩中。剪切带大小疏密不一、强弱交替更迭、没有明显的边界，由于原岩物理性质的差异，区内韧性剪切带呈现若干强弱相间的构造岩带，大致平等展布。原岩普遍糜棱岩化，并形成部分糜棱岩和超糜棱岩。区内的近东西向构造是铜矿的控矿构造，铜矿体则受韧性剪切带的直接控制。铜多金属矿成矿之后，北东向断裂又破坏了先成的构造格局，同时将近东西向的矿带切错为东区和西区两部分，北东向断裂还控制了区内金矿床的产出。

2. 矿床地质

白乃庙铜钼矿断续分布在东西长 10km，南北宽 1.5km 的狭长地带内，按矿床的产出部位与地层特征的不同，分南北两个矿带 12 个矿段。

南矿带包括Ⅱ、Ⅲ、Ⅳ、Ⅴ、Ⅵ、Ⅶ、Ⅹ、Ⅺ 8 个矿段。矿体主要产于韧性变形的白乃庙组绿片岩中，矿体产状与围岩基本一致。矿体呈似层状、透镜状，单层或多层平行或呈斜列式产出。除Ⅱ号和Ⅹ号矿段外，矿体不论沿走向或沿倾向其厚度和品位均有较大的变化。矿体空间形态较为复杂，具有膨大、收缩、分支、复合的现象。从整体来讲，矿体在空间上的延续性较好（图 4-31）。

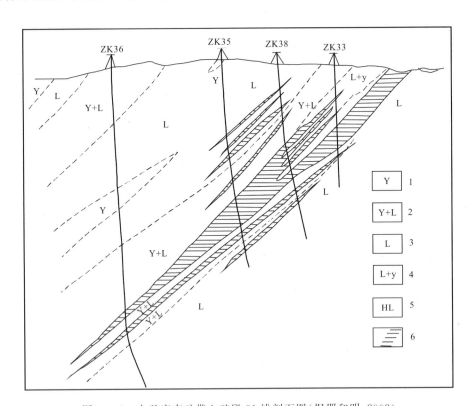

图 4-31 白乃庙南矿带六矿段 31 线剖面图（据邵和明，2002）
1.阳起片岩；2.阳起斜长片岩；3.绿泥斜长片岩；4.绿泥斜长片岩夹斜长片岩；5.黑云母绿泥斜长片岩；6.矿层

北矿带包括Ⅷ、Ⅸ、Ⅻ、ⅩⅢ 4 个矿段。矿体主要产于花岗闪长斑岩中，花岗闪长斑岩普遍遭受韧性剪切带的改造作用。斑岩体沿东西向断裂侵入，基本上与后期的韧性剪切带同空间。铜矿化受斑岩体和韧性剪切带的共同控制，在Ⅷ号和Ⅻ号矿段的一些地段岩体就是矿体；同时，铜矿体和矿化带有穿越岩体到围岩中的情况。北矿带矿体的形态变化与南矿带相似。

白乃庙铜矿是一个以铜为主，伴生金、钼、银、硫的铜多金属矿床。单独圈定的铜、钼矿体共计 724 个。其中，铜矿体 449 个（产于花岗闪长斑岩中的 110 个），钼矿体 275 个（产于花岗闪长斑岩体中的钼矿体 143 个）。矿体规模大小不一，大矿体长度超过 1000m，13-2 号矿体最长为 1240m；而小矿体长仅有几十米，厚不足 1m。

Ⅱ矿段位于南矿带的东部，为绿片岩型铜矿石。是全矿区品位最高、矿体厚度大、产状稳定、延续性好、储量最大的一个矿段。该矿段的储量占全区总储量的 34.6%，共圈出铜矿体 10 个。主要有Ⅱ-1、Ⅱ-2 两大矿体，矿体呈似层状较稳定产出，一般走向为东西向，倾向南，倾角一般在 45°～65°。Ⅱ-1 矿体长 160m，厚度 0.87～18.41m，矿体最大控制斜深 760m，垂深 570m，还有延伸趋势。Ⅱ-2 硫化物矿体长 520m，厚 0.87～29.23m，矿体控制最大斜深 950m，矿化未见减弱，仍有延伸趋势。

Ⅻ矿段（北矿带）矿体主要产于花岗闪长斑岩中，矿体数目最多，共圈定出铜矿体 64 个，其中绿片岩型铜矿体 37 个，花岗闪长岩型铜矿体 27 个；圈定出钼矿体 47 个，其中绿片岩型钼矿体 22 个，花岗闪长岩型钼矿体 25 个。该矿段最大的 12～14 矿体氧化矿体长 393m，硫化矿体长 840m，矿体沿走向具有侧伏现象。矿体的上部为花岗闪长岩型矿石，矿体向下延出岩体为绿片岩型矿石，矿体的最大控制斜深

500m，向下还有延伸趋势；矿体厚度 0.86～10.92m。矿体走向 255°～300°，倾向南东或南西，倾角 37°～80°，一般为 37°～64°。

工业类型根据脉石矿物成分分为花岗闪长斑岩型铜矿石（钼矿石）、绿片岩型铜矿石（钼矿石）。自然类型为硫化矿石（10%以下）、混合矿石（10%～30%）、氧化矿石（30%以上）。

绿片岩型硫化铜矿石的主要结构是晶粒状结构、交代溶蚀结构，其次是固溶体分解结构、压碎结构、胶状结构；矿石构造主要是条带状构造、浸染状构造、脉状构造，其次为网状构造、风化胶状构造。花岗闪长斑岩型矿石的主要结构为半自形晶粒状、他形晶粒结构、包含结构、交代结构、压碎结构。主要构造为浸染状、细脉浸染状、脉状、片状等。

已知金属矿物有 17 种，非金属矿物有 20 余种。金属矿物主为黄铁矿、黄铜矿、辉钼矿，少量磁铁矿、方铅矿、闪锌矿，偶见白钨矿、磁黄铁矿、自然金，脉石矿物则以石英为主。矿石中黄铁矿按粒径可分为粗粒和细粒两种，部分粗粒黄铁矿被压碎，并被黄铜矿呈网脉状充填交代，细粒黄铁矿形成较晚，二者呈交切、交代关系，并与石英、黄铜矿共生。矿石中普遍具有碎裂和变形的特点，反映出后期韧性剪切带和断裂构造的影响。

北矿带矿石中 $w(Cu)=0.45\%～0.54\%$，平均值为 0.50%；$w(Mo)=0.033\%～0.048\%$，平均值为 0.041%；$w(Au)=0.03\times10^{-6}～0.05\times10^{-6}$，平均值为 0.04×10^{-6}。南矿带矿石的 $w(Cu)=0.49\%～0.98\%$，平均值为 0.65%；$w(Mo)=0.017\%～0.035\%$，平均值为 0.027%；$w(Au)=0.07\times10^{-6}～0.75\times10^{-6}$，平均值为 0.36×10^{-6}。显示出北矿带 Cu、Mo 的质量分数高，而 Au 较低；南矿带 Cu、Au 的质量分数较高，Mo 较低的特点。

铜矿化带的围岩蚀变发育，且有较明显的分带现象。由中心向两侧可以分为：钾长石化（黑云母化）带→硅化带→绿泥石化、绿帘石化带。南、北矿带因围岩成分的差异造成蚀变的不同之处：北矿带的钾化主表现为钾长石化，次为黑云母化，且在斑岩体中有绢云母化出现；而南矿带的钾化主要为黑云母化，次为钾长石化，绿泥石化和绿帘石化明显较北带发育。硅化在南、北两带均有广泛分布，且是与成矿关系最为密切的一种蚀变。

3. 成矿物理化学条件

矿石中方铅矿和黄铁矿的铅同位素组成变化范围小，$^{206}Pb/^{204}Pb=17.854～18.882$，$^{207}Pb/^{204}Pb=15.519～15.794$，$^{208}Pb/^{204}Pb=38.155～39.063$。南、北矿带中的铅源是一致的，同时说明本区铜多金属矿化是在同一种成矿作用下形成的（李进文等，2007）。

南矿带和北矿带金属硫化物的硫同位素组成相似，$\delta^{34}S$ 值变化范围分别为 $-5.3‰～+1.9‰$（均值 $-3.7‰$）和 $-4.6‰～-0.5‰$（均值 $-4.1‰$），说明其硫源相同（李进文等，2007）。矿区硫同位素具有分布范围较窄、平均值接近陨石硫、富含轻硫同位素 ^{32}S、$\delta^{34}S$ 值绝大部分为负值的特点。这与岩浆热液矿床的硫同位素特点有很多相似之处。

矿石中石英 $\delta^{18}O$ 为 $9.04‰～10.95‰$，与石英呈平衡的成矿热液的 $\delta^{18}O_水$ 值为 $1.51‰～3.41‰$。石英流体包裹体的 $\delta D_水$ 值为 $-117.70‰～-90.93‰$，变化范围小，但明显偏低。推测成矿流体源于岩浆水，为一种以岩浆水为主，并有地下水参与的混合流体。南、北矿带矿石中的石英氧同位素组成分别为 $\delta^{18}O=9.05‰～10.95‰$、$\delta^{18}O=9.04‰～10.04‰$，可见两矿带的成矿流体相同或相似（李进文等，2007）。

白乃庙铜多金属矿以含液相包裹体为主，其次为气液包裹体，气相包裹体少见。硫化物爆裂温度为 270～370℃（黄铁矿），240～310℃（黄铜矿），220～250℃（方铅矿）；石英包裹体的均一温度为 250～360℃；据此确定铜多金属矿床的成矿温度为 250～300℃。石英流体液相成分中 $K^+/Na^+=0.375～1.681$（平均 0.755），$Ca^{2+}/Mg^{2+}=8.125～20.833$（平均 12.493），$Cl^-/SO_4^{2-}=0.22～0.877$（平均 0.49），$F^-/Cl^-=0.107$，$H_2O/CO_2=14.85～53.19$（平均 31.55），与矿区附近的金矿床包裹体成分相比，具有富 Na^+、Ca^{2+}、SO_4^{2-}、F^- 和 H_2O 的特点（转引自王中杰，2011）。

4. 矿床成因及成矿时代

南、北两矿带的赋矿围岩不同，矿石类型也不相同；但是矿床的大部分地质特征和地球化学特点上却极为相似：两矿带的围岩蚀变类型一致，且矿化与硅化有关，主要矿体均产于硅化蚀变带内；两矿带中矿体的矿物组合一致，矿物特征和矿物化学特征具有一致性；两矿带的稳定同位素组成极为相似，都显示出深源的岩浆热液特点；两矿带的石英包裹体成分也很相似，具有相近的成矿温度。说明矿床是在同一种成矿作用下形成的，成矿物质、成矿流体、成矿环境、成矿时间基本一致，只是矿化的地质构造部位不尽相同。

白乃庙铜矿产于白乃庙组特定的层位中，矿石组构、铜矿化分布和黄铜矿、黄铁矿的硫同位素组成显示，该矿床曾经历海底沉积成矿作用。该组地层普遍含铜，第三、第五基性岩段铜丰度高于酸性岩段，第三岩段铜含量为 110×10^{-6}，第五岩段为 144×10^{-6}，后者是前者的 1.31 倍，且同岩段内铜亦呈一定规律分布。星散状、条带状、条纹状含铜贫矿石，成为后期热液叠加改造成矿的矿源层。

矿床与加里东期花岗闪长斑岩有着密切的空间关系，而且矿化特征、围岩蚀变及分带以及铅硫同位素组成和成矿流体特征均表明，白乃庙铜矿的形成与花岗闪长斑岩有着密切的联系。岩体内具有广泛的细脉浸染状和团块状等矿化以及在外接触带绿片岩中出现晚期黄铜矿脉切穿早期顺层黄铜矿脉、含黄铜矿石英脉充填于岩层挠曲部位的裂隙中等现象，也证实了斑岩成矿作用的叠加。

矿区曾遭受过一次韧性剪切作用，而这次韧性剪切作用发生的时间与铜、钼等金属成矿大致同时；赋矿岩石（包括白乃庙组和花岗闪长岩）和部分先成金属矿物（黄铁矿、黄铜矿、辉钼矿等）发生韧性变形。铜多金属矿的成矿与这次构造作用在时间和空间上关系最为密切，因而它对成矿的控制作用也是极为重要的。铜、钼矿体无例外地均产于韧性剪切带内，而且一般产于剪切变形较强的部位。

综上，白乃庙铜钼矿应属于多期次的复杂成因的层控矿床。

如上所述，白乃庙铜钼矿经历了多期的成矿作用，中元古代预富集，加里东期是主要的成矿期，海西期韧性剪切作用进一步叠加改造。

5. 矿床成矿要素与成矿模式

矿床成矿要素见表 4-14，成矿模式见图 4-32。

表 4-14 白乃庙式块状硫化物型铜矿白乃庙典型矿床成矿要素表

成矿要素		描述内容			要素类别
储量		铜金属量：60 640.73t	平均品位	Cu 0.4%	
特征描述		块状硫化物型叠加热液改造型铜矿床			
地质环境	构造背景	天山兴蒙造山系，包尔汉图-温都尔庙弧盆系 I-8-2 温都尔庙俯冲增生杂岩带			必要
	成矿环境	大兴安岭成矿省，白乃庙-锡林郭勒 Fe-Cu-Mo-Pb-Zn-Mn-Cr-Au-Ge-煤-天然碱-芒硝成矿带，白乃庙-哈达庙 Cu-Au-萤石成矿亚带			必要
	成矿时代	中元古代—泥盆纪			必要
矿床特征	矿体形态	似层状			重要
	岩石类型	主要为绿泥斜长片岩、阳起绿泥斜长片岩及大理岩			必要
	岩石结构	微细粒粒状变晶结构、鳞片变晶结构，片状构造			次要
	矿石矿物	斑铜矿、黄铜矿、辉钼矿、黄铁矿、磁铁矿			次要
	矿石结构构造	结构：他形晶粒状结构、交代熔蚀结构、压碎结构；构造：条带状构造、浸染状构造、脉状构造			次要
	围岩蚀变	石英-钾长石化、黑云母化、绢云母化、绿帘绿泥石化、碳酸盐化、泥化			重要
	主要控矿因素	白乃庙组绿片岩及花岗闪长斑岩			必要

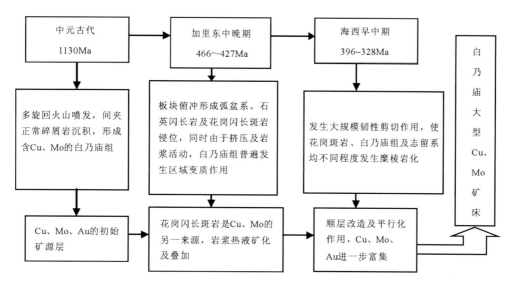

图 4-32 白乃庙式铜矿成矿模式示意图

(二) 小坝梁铜矿床

小坝梁铜矿床行政隶属锡林郭勒盟东乌珠穆沁旗吉脑淖尔苏木。其大地构造单元属于西伯利亚板块南缘晚古生代陆缘增生带,贺根山断裂北侧。

1. 矿区地质

矿区除广泛分布的第四系外,出露地层主要为下二叠统格根敖包组($C_2P_1g^2$)第二岩段,该套火山岩地层近东西向分布,在矿区呈一单斜构造,倾向南,倾角60°~80°,矿区东侧由于受断裂构造的影响而变为北倾,倾角50°左右,厚度1598.40m。岩性为凝灰岩(tf)、凝灰质砂岩(Tss)、火山角砾岩(B)、粗玄岩(β_2);其中火山角砾岩(B)零星分布于凝灰岩及粗玄岩之中,在矿区从东至西基本延续,具有一定层位,是原生铜矿体的主要赋矿岩石,可进一步分为凝灰质火山角砾岩、玄武质火山角砾岩与粗玄质火山角砾岩3种。

侵入岩主要为海西晚期正长斑岩及零星出露的超基性岩岩枝。其中正长斑岩主要出露于矿区北部,受东西向断裂构造的控制,沿断裂呈不规则脉状侵入于火山岩地层中。超基性岩零星出露于矿区中东部地段,呈近东西向岩枝侵入地层中,是矿区外围超基性岩体的岩枝。

在地层中发育有较密集的小断裂构造,总体走向近东西向,大部分倾向南,产状与地层基本一致,多以张性为主,压性或压扭性次之。矿化明显受层位控制,矿体主要沿东西向断裂及层间破碎带分布。因此,东西向断裂为矿区最重要的控矿构造标志。成矿期后,沿着东西向火山喷发通道又有构造叠加,在局部地段形成构造角砾岩,同时生成一些断距不大的横向或斜交断裂,均对矿体影响不大。

2. 矿床地质

小坝梁铜矿床矿体断续分布在东西长约2km,宽约150m的狭长地带内,主要赋存于凝灰岩及其附近岩石中,地表及浅部为氧化矿,氧化带深度20~40m,深部及隐伏矿体为原生矿。铜矿床由大小不等的53条矿体组成,可利用的矿体有26条,其中5号、6号、8号、27-1号、27-2号及28号矿体规模较大,其余矿体规模较小。矿体形态呈似透镜状、似层状,走向近东西向,倾向南,倾角62°~83°(图4-33、图4-34)。

Cu-5号矿体位于矿区西部,走向270°,赋存于凝灰岩及其附近构造破碎带中,倾向南,倾角60°~

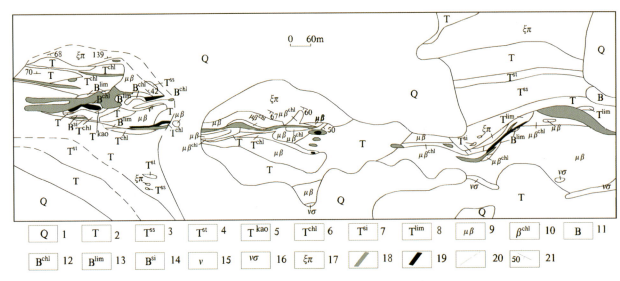

图 4-33　小坝梁铜矿矿体分布平面图(据徐毅等,2008)

1.第四系;2.凝灰岩;3.凝灰质砂岩;4.凝灰质粉砂岩;5.高岭土化凝灰岩;6.绿泥石化凝灰岩;7.硅化凝灰岩;8.褐铁矿化凝灰岩;9.细碧岩;10.绿泥石化细碧岩;11.火山角砾岩;12.绿泥石化火山角砾岩;13.褐铁矿化火山角砾岩;14.硅化火山角砾岩;15.辉长岩;16.辉橄岩;17.正长斑岩;18.铜矿体;19.金矿体;20.实测及推测地质界线;21.产状

68°。延长 280m,厚度 0.89～28.37m,平均 8.03m,Cu 品位 0.5%～2.11%,平均 1.12%。Cu-6 号矿体为区内主要矿体,位于矿区中部,走向 268°,赋存于凝灰岩及其附近岩石构造破碎带中,倾向南,倾角 64°～75°。地表露天采坑控制矿体长度 310m,控制矿体厚度 0.85～12.04m,平均 7.67m,Cu 品位 0.52%～2.41%,平均 1.05%。Cu-8 号矿体位于矿区中部,走向 268°,赋存于凝灰岩及其附近岩石构造破碎带中,倾向南,倾角 74°～76°。地表露天采坑控制矿体长度 95m,控制矿体厚度 0.93～17.12m,平均 7.44m,Cu 品位 0.70%～1.57%,平均 1.11%。Cu-27-1 号矿体位于矿区中部,走向 89°,赋存于凝灰岩及其附近岩石构造破碎带中,倾向南,倾角 62°～64°。地表露天采坑控制矿体长度 280m,控制矿体厚度 0.88～34.08m,平均 9.81m,Cu 品位 0.54%～2.21%,平均 1.12%。Cu-27-2 号矿体属隐伏矿体,位于矿区中部,走向 290°,赋存于凝灰岩及其附近岩石构造破碎带中,倾向南,倾角 73°～76°。矿体延长 265m,控制矿体厚度 0.96～5.63m,平均 3.32m,Cu 品位 0.42%～1.96%,平均 1.12%。Cu-28 号矿体位于矿区东部,走向 53°,赋存于凝灰岩及其附近岩石构造破碎带中,倾向南东,倾角 74°。地表露天采坑控制矿体长度 60m,控制矿体厚度 0.82～5.57m,平均 2.39m,Cu 品位 0.74%～1.72%,平均 1.24%。

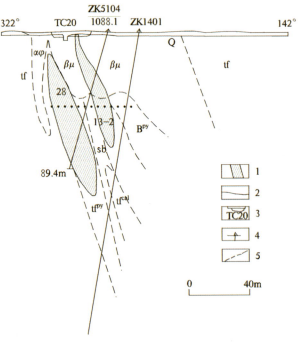

图 4-34　小坝梁铜矿勘探线剖面图

Q.第四系;tf.凝灰岩;βμ.辉绿岩;B^{py}.黄铁矿化构造角砾岩;tf^{py}.黄铁矿化凝灰岩;tf^{cal}.绿泥石化凝灰岩;aφ.钠长斑岩;sb.构造角砾岩。1.铜矿体及编号;2.氧化带与原生带分界线;3.探槽位置及编号;4.钻孔位置及编号;5.实测及推测地质界线

矿石自然类型分为氧化矿石和硫化矿石两类。氧化矿石的金属矿物主要有褐铁矿、孔雀石、赤铁矿、及蓝铜矿、黑铜矿、赤铜矿、微量自然金等，非金属矿物主要有绿泥石、石英、玉髓、长石、高岭土等；硫化矿石可分为块状（角砾状）黄铁矿黄铜矿石及细脉浸染状黄铜矿黄铁矿石，前者的金属矿物主要有黄铁矿、胶黄铁矿、黄铜矿及斑铜矿、辉铜矿、铜蓝、闪锌矿、毒砂、微量自然金等，非金属矿主要有石英、绿泥石等，后者的金属矿物主要有黄铁矿、黄铜矿及斑铜矿、辉铜矿、闪锌矿等，非金属矿主要有石英、绿泥石、碳酸盐等。

矿石的化学成分中有益组分主要是Cu，品位为0.42%～2.41%，矿床平均品位1.14%，伴生有益组分为Au，其他有益组分如Pb、Zn、Sn、Ag、Mo、W、Co及有害杂质如As等含量较少。

在铜金矿体遭淋滤作用破坏的同时，使伴生的非工业金逐渐富集成工业金矿体，形成了小坝梁淋滤型金矿床。金矿体与铜矿体紧密伴生，目前已圈出金矿体17个，金品位一般为3×10^{-6}～7×10^{-6}，最高可达12.72×10^{-6}。在铜矿体中伴生金的品位为0.5×10^{-6}～3×10^{-6}，一般为1×10^{-6}左右。金矿石类型以角砾状氧化矿石及土状氧化矿石为主，块状或浸染状原生矿石居次。

矿石结构构造具体见表4-15。

表4-15 矿石结构、构造特征表

矿石类型		结构	构造
氧化矿石		角砾状、不规则粒状、树枝状、网状、放射状及束状结构	角砾状、块状、网脉状、斑状结构
原生矿石	块状（角砾状）	均匀结晶粒状、斑状压碎、交代及同心晕带结构	块状、角砾状构造
	细脉浸染状	压碎胶结、填隙网脉、变余凝灰、变余角砾及变余辉绿结构	块状、细脉浸染状及斑杂状构造

3. 同位素地球化学特征

小坝梁矿区硫化物的硫同位素均为正值，且变化范围较窄（$\delta^{34}S=0.83\times10^{-3}$～$3.90\times10^{-3}$），平均值为$1.96\times10^{-3}$，十分接近现代海底热液系统中硫化物的$\delta^{34}S$值$2.5\times10^{-3}$～$5.6\times10^{-3}$，明显比洋中脊玄武岩中硫化物[$(0\sim0.5)\times10^{-3}$]富含重硫（孙艳霞等，2009）。铅锌同位素$^{206}Pb/^{204}Pb$变化于17.531～17.718之间，均值为17.637，极差为0.106；$^{207}Pb/^{204}Pb$变化于15.389～15.580之间，均值为15.484，极差为0.096；$^{208}Pb/^{204}Pb$变化于37.094～37.517之间，均值为37.327，极差为0.233。以上的铅同位素组成的极差均小于1，说明铅同位素组成相当均一。在Doe和ZartMan铅同位素构造模式图上投点，样品一部分投点于造山带演化线附近，另一部分投点于上地幔演化线附近，总体显示出壳幔混合铅的特征（孙艳霞等，2009）。铜矿石氢氧同位素研究表明，形成小坝梁铜矿床的矿液主要来自原生岩浆，但在一定程度上受到海水的影响。石英包裹体为气液比10%～30%的两相包裹体，个体较细小，在4～12μm之间，并以4～5μm居多，形态多呈椭圆形或不规则状。包裹体的均一温度介于170～376℃之间，并集中分布在260～280℃与310～350℃两个温度段内，小于200℃者甚少。冰点温度介于-0.8～-0.24℃之间，平均值为-1.5℃；对应盐度(NaCl)为1.4%～4%，平均值为2.5%（陈德潜等，1995）。

4. 成矿时代及成因类型

小坝梁铜矿床在形成时间、空间上与地槽早期发育的海底火山岩系有关，含矿建造由凝灰岩、火山角砾岩、粗玄岩等中基性火山岩组成，该套火山岩铜的丰度较高，一般高出同类岩石的数倍，其中基性火山岩和粗粒级的火山碎屑中铜相对富集。原生铜矿体呈似层状或透镜状赋存在火山岩地层中，特别是凝灰质火山角砾岩及其附近岩石中，矿床的层控特征比较明显。围岩蚀变常见有绿泥石化、硅化及碳酸盐化，且多与黄铁矿共生，蚀变带常在矿体及其下盘围岩中较发育，而上盘岩石蚀变微弱。矿石的有用组分较单一,主要为铜,伴生元素为金。矿石具有典型的海底火山(次火山)热液矿床特有的均匀结晶粒状结构。

岩石和矿石中的硫同位素、铅锌同位素及氢氧同位素均反映矿质主要来源于幔源岩浆,在一定程度上受到海水的影响。

综上所述,认为小坝梁铜矿床成因类型为海相火山(次火山)热液成因的黄铁矿型铜矿床,成矿时代为石炭纪—二叠纪。

5. 矿床成矿要素与成矿模式

矿床成矿要素见表4-16。

表4-16 小坝梁式海相火山热液型铜矿小坝梁典型矿床成矿要素表

成矿要素		描述内容			要素类别
储量		40 181t(金属量)	平均品位	Cu 1.14%	
特征描述		海相火山热液型铜矿床			
地质环境	构造背景	天山兴蒙造山系,大兴安岭弧盆系Ⅰ-1-5东乌-多宝山岛弧			必要
	成矿环境	大兴安岭成矿省,东乌珠穆沁旗-嫩江Cu-Mo-Pb-Zn-Au-W-Sn-Cr成矿带,二连-东乌旗W-Mo-Fe-Zn-Pb-Au-Ag-Cr成矿亚带			必要
	成矿时代	石炭纪—二叠纪			必要
矿床特征	矿体形态	脉状、透镜状			重要
	岩石类型	主要为灰白色、灰黑色凝灰岩、凝灰质砂岩、玄武安山质火山角砾岩、粗玄岩			必要
	岩石结构	变余岩屑晶屑凝灰结构、变余砂状结构、火山角砾结构及间粒间隐结构			次要
	矿石矿物	以黄铜矿为主,毒砂、闪锌矿、方铅矿、斑铜矿次之,表生条件下形成孔雀石和黄铜矿			次要
	矿石结构构造	结构:粒状结构、交代残余结构、压碎结构; 构造:角砾状、块状、网脉状、斑杂状及细脉浸染状			次要
	围岩蚀变	硅化、绿泥石化、碳酸盐化及黄铜矿化			重要
	主要控矿因素	严格受格根敖包组火山岩及火山构造控制			必要

矿床成矿模式:小坝梁矿床形成于大洋中脊离散板块的边缘,其成岩成矿作用均发生在蛇绿岩套构造背景之上。西伯利亚古板块与华北古板块的拼合发生于古生代中期,直至早二叠世,本区仍属残余海构造背景。由于区域张应力作用而发生了源自地幔的中、基性火山-次火山活动,岩浆沿东西向断裂上侵,开始为中性岩浆喷发、沉积,形成一套凝灰岩地层;稍后又有地幔重熔富钠质的基性岩浆喷发,形成一套以细碧岩为主体的基性岩组合;最后,由基性岩浆分异形成富钠质的酸性岩浆喷发,形成了石英角斑岩。铜(金)矿化主要发生于细碧岩形成阶段,即伴随裂隙式火山喷发活动,在火山角砾岩与细碧岩中,由火山热液带来的矿质以及从凝灰岩中活化转移的部分矿质,在有利的构造部位及物理化学条件下富集成矿,从而形成了小坝梁铜(金)矿床。成矿模式见图4-35。

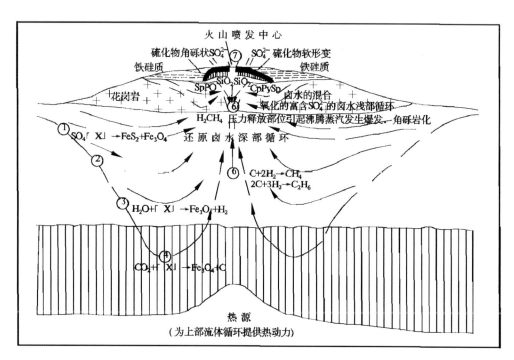

图 4-35 小坝梁式铜矿成矿模式图

四、岩浆型铜矿床

该类型铜矿床主要沿华北陆块北缘深断裂附近分布,主要为小南山铜镍铂矿床、额布图铜镍矿、克布铜镍矿等。

小南山铜镍矿位于四子王旗大井坡乡南东 8km 处,大地构造位置为白云鄂博裂谷带,而晚古生代为构造岩浆活化区。

1. 矿区地质

矿区出露地层主要为白云鄂博群哈拉霍疙特组;哈拉霍疙特组岩性较单一,下部以石英砂岩为主,夹薄层灰岩、泥灰岩,上部以泥灰岩为主,夹钙质石英砂岩。

侵入岩主要为辉长岩,其次有石英闪长斑岩、闪斜煌岩、花岗闪长斑岩、石英脉及方解石脉等。辉长岩是本区含铂硫化铜镍矿床的成矿母岩。由 5 个不规则的脉状岩体组成,其中 I 号和 IV 号岩体,沿北东向主丁断裂侵入,II 号、III 号、V 号岩体沿北西向次一级断裂侵入,并由南向北作雁行式平行排列,V 号岩体未出露地表;辉长岩地表出露长 200~750m,宽 20~100m。岩体热液蚀变发育,主要为次闪石化、绿泥石化、钠黝帘石化、绢云母化和碳酸盐化,其中以次闪石化最为常见。辉长岩中的 m/f 比值较低,变化于 1.62~2.82 之间,属于铁质基性岩(图 4-36)。

矿区内构造比较复杂,以断裂为主,大多为成矿前构造;断裂以北东东向、北西西向和近南北向为主。其中北东东向及北西西向两组压扭性断裂严格控制了与成矿关系密切的辉长岩体。

2. 矿床地质

主要 Cu、Ni、Pt 矿体赋存于 II 号脉辉长岩体的底盘及外接触带围岩中,III 号脉岩体底盘及外接触带中亦有少量工业矿体。矿体由于受脉岩体控制,故矿体产状与岩体产状基本一致。矿体形态极不规则,沿走向或倾向矿体均有分支、合拢、膨胀、收敛等现象。

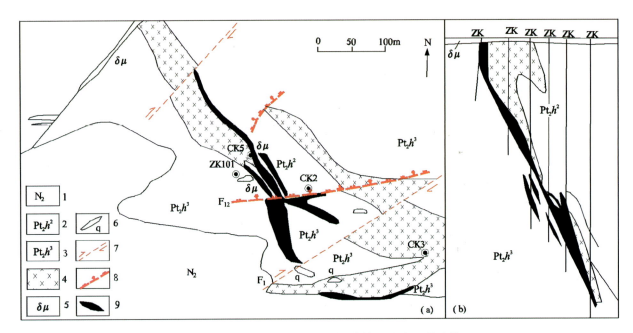

图 4-36 小南山铜镍矿区地质图及勘探线剖面图（据吕林素等，2007）

1.上新世红色砂岩、泥岩；2.白云鄂博群哈拉霍疙特岩组结晶灰岩及硅化灰岩段；3.白云鄂博群哈拉霍疙特岩组石英砂岩夹板岩；4.辉长岩；5.石英闪长斑岩；6.石英脉；7.推测平推断层；8.推测正断层；9.矿体

该矿床由 2 种不同成因类型的矿体组成：一种是岩浆熔离型矿体，赋存于辉长岩的底盘内，形成辉长岩型铜镍矿体，呈似层状、透镜状产出；地表出露长 200m，最宽处 18m，局部有分支膨缩现象；总体走向为 315°～330°，倾向 SW225°～240°，倾角 55°～80°，倾角由东向西逐渐变缓。矿体向北西方向侧伏，侧伏方向 300°±，侧伏角 38°～50°。矿体氧化带深度一般为 28～38m，个别可达 50m。以浸染状、斑点状矿石为主。另一种是热液交代型（岩浆熔离-贯入）矿体，主要赋存于辉长岩体下盘泥灰岩中，形成泥灰岩型铜镍矿体；矿体产状与接触带基本一致或稍有交角；分布在辉长岩体上盘的矿体多沿围岩层理贯入；矿体地表出露长 50m，断续延伸达 300m，厚 2～14m；矿石主要呈网脉状产出。

矿石自然类型为氧化铜镍矿石、硫化铜镍矿石；工业类型为辉长岩型铜镍矿石、泥灰岩型铜镍矿石。

矿石结构主要为交代、他形粒状、假象交代和残晶结构，次为包裹结构和似海绵陨铁结构，其中粒状结构和似海绵陨铁结构反映了熔离矿石特点。矿石构造以细脉浸染状、浸染状为主，次为斑点状、网脉状、块状及角砾状，其中浸染状、斑点状构造反映了熔离特点。

矿石金属矿物主要有黄铁矿、紫硫镍铁矿、黄铜矿、磁黄铁矿、辉铜矿，还有少量的斑铜矿、辉砷钴镍矿、锑针镍矿、方黄铜矿、闪锌矿、铬铁矿、辉砷钴镍矿等。主要铂族矿物为砷铂矿、硫锇钌矿、碲钯矿、锑碲钯矿等。脉石矿物主要有方解石、白云石、次闪石、绿泥石、长石、石英、绿帘石等。

矿石有用组分 Cu 平均品位 0.46%，最高达 17.03%；Ni 平均品位 0.64%，最高 9.21%；Co 平均品位 0.02%，最高 0.23%；Pt 平均品位 0.44×10^{-6}，最高 8.64×10^{-6}；Pd 平均品位 0.44×10^{-6}，最高 30.91×10^{-6}。伴生有益组分平均品位 Os 0.04×10^{-6}；Ir 0.03×10^{-6}；Rh 0.02×10^{-6}；Ru 0.04×10^{-6}；Au 0.4×10^{-6}。有害组分：Pb 0.002%～0.005%；Zn 0.02%～0.07%；As 0.007%～0.008%；Bi 0.002%～0.007%。

围岩蚀变主要有次闪石化、绿泥石化、钠帘石化、绢云母化。

3. 矿床成因及成矿时代

对于该矿床的成因的见解比较一致，认为属于岩浆熔离-贯入型矿床，但是晚期的热液蚀变交代作用也非常明显。

沿华北地块北缘,东起小南山,向西经黄花滩、克布、温更,一直到额布图,断续分布有基性-超基性杂岩体,这些岩体均形成与岩浆熔离作用有关的铜镍矿床(矿化),赋矿杂岩体的形成时代见表4-17。近年来获得赋矿杂岩体的高精度锆石SHRIMP U-Pb年龄集中在290~270Ma之间,说明成矿作用主要发生在早二叠世。

表4-17 同位素年龄一览表

岩体名称	测年方法	年龄值(Ma)	资料来源
黄花滩-小南山		1160~1049	内蒙古自治区地质矿产局,1991
克布-额布图		289~265	刘国军等,2004
黄花滩		367	王楫等,1992
黄花滩	K-Ar 闪长岩	246~225	梁有彬等,1998
小南山		314	王楫等,1992
克布		280	王楫等,1992
克布	SHRIMP U-Pb 闪长岩	291±4	罗红玲等,2007
温更七哥陶	SHRIMP U-Pb 橄榄辉长岩	269±8	赵磊等,2011
温更	SHRIMP U-Pb 辉长岩	272±8	赵磊,2008

4. 矿床成矿要素与成矿模式

矿床成矿要素见表4-18。

表4-18 小南山式岩浆型铜矿小南山典型矿床成矿要素表

成矿要素		描述内容			要素类别
储量		铜金属量:90 391t	平均品位	Cu 0.458%	
特征描述		与基性-超基性岩有关的岩浆熔离型铜矿床			
地质环境	构造背景	Ⅱ-4 狼山-阴山陆块、Ⅱ-4-3 狼山-白云鄂博裂谷			必要
	成矿环境	华北地台北缘西段 Au-Fe-Nb-REE-Cu-Pb-Zn-Ag-Ni-Pt-W-石墨-白云母成矿带,白云鄂博-商都 Au-Fe-Nb-P-REE-Cu-Ni成矿亚带,黄花滩-小南山铜、镍、铂矿集区			必要
	成矿时代	海西期			必要
矿床特征	矿体形态	脉状、透镜状			重要
	岩石类型	主要岩石为辉长岩、辉长橄榄岩、泥灰岩及变质石英砂岩			必要
	岩石结构	辉长结构、泥晶结构及中细粒砂状结构			次要
	矿石矿物	黄铜矿、磁黄铁矿、黄铜矿、蓝辉铜矿、紫硫镍铁矿			次要
	矿石结构构造	结构:交代结构、他形粒状结构、假象交代结构和残晶结构;构造:细脉浸染状构造、斑点状构造、网脉状构造、块状构造及角砾状构造			次要
	围岩蚀变	次闪石化、绿泥石化、钠黝帘石化、绢云母化			重要
	主要控矿因素	严格受辉长岩体控制			必要

模式简要说明：该类型矿床主要产于华北陆块北缘，沿槽台边界超壳深断裂带分布，成矿作用与基性-超基性杂岩体关系密切。矿体主要赋存在岩体中，部分贯入到围岩中。深部岩浆房中的岩浆，经过熔离作用使成矿物质在不同层次得到不同程度的富集，然后由于深断裂活动的诱发，导致岩浆房中的各种岩浆与矿浆，沿断裂带上侵并到达上盘的次级断裂裂隙中成岩成矿（图4-37）。

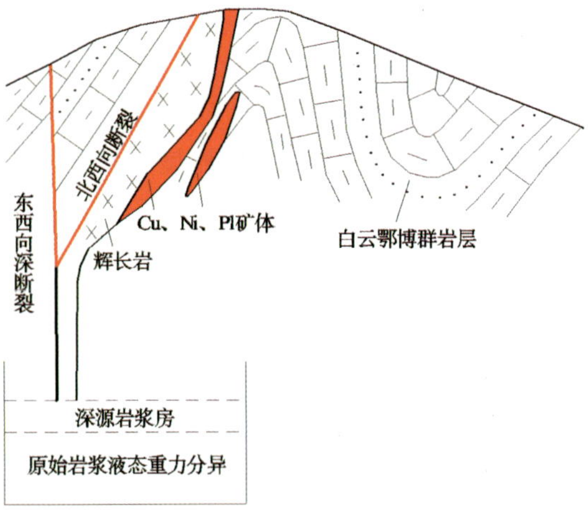

五、热液型铜矿床

该类型铜矿床主要有欧布拉格铜金矿、布敦花铜矿、道伦达坝铜多金属矿、毛登锡铜矿（见本章锡矿床部分）、大井铜银锡多金属矿（见本章锡矿床部分）。

图4-37 小南山式铜镍矿成矿模式图

（一）欧布拉格铜金矿

欧布拉格铜金矿位于狼山西段北麓，华北地台北缘狼山-白云鄂博裂谷带，行政区划属内蒙古自治区乌拉特后旗。

1. 矿区地质

地层主要为晚古生代晚石炭世浅变质岩和二叠纪火山杂岩，前者多呈零星捕虏体存在。石炭系主要分布矿区中西部，岩性为绿片岩及灰岩等，区域上与阿木山组相当。二叠系为一套陆相火山杂岩建造，覆盖于石炭系之上，局部地段被新近系不整合覆盖其上，根据岩石建造特征及火山岩相，由上而下可分为3个岩段：①流纹质熔结火山角砾岩段，分布较广，为酸性火山凝灰角砾岩，未见矿化；②英安质熔结火山角砾岩段，该岩段为铜、金矿体赋存层位；③安山岩段，该岩段分布于矿区西北部，零星出现（图4-38）。李俊健等（2010）在侵入其中的石英斑岩中获得277.4±3Ma的单颗粒锆石U-Pb年龄。

矿区岩浆活动具多期性、多相性及产状多样性，从深成花岗岩到超浅成次火山岩，从中酸性到中基性均有出露。主要以海西晚期的酸性侵入岩和次火山岩为主。岩石类型主要有花岗岩、石英闪长玢岩、石英斑岩等。石英斑岩呈小岩体或小岩株状产出，该岩石分布较广，且具隐爆特征，在其与英安质熔结火山角砾岩接触部位，产有铜、金工业矿体，既是成矿母岩又是赋矿围岩。

矿区内由于被大面积的火山杂岩所占据，最明显的为断裂和节理构造，褶皱不发育。断裂构造特征是破碎带较窄，最宽2～3m，一般1m左右，地表表现为低温硅化及碧玉岩化沿其分布。断层沿走向长几十至几百米，个别的如F_1长达1000m左右。

矿区内的近矿围岩及含矿岩层（石）蚀变均较强烈。以硅化、高岭土化、青磐岩化、绢云母化、碳酸盐化为主，另见透闪石化。其中与成矿有关的蚀变有青磐岩化、硅化、高岭土化。一般铜、金与硅化、青磐岩化有关，而金与硅化关系更密切。往往铜、金矿体部位其围岩硅化及青磐岩化强烈；反之，无硅化及青磐岩化部位，铜、金品位很低或不含矿。

2. 矿床地质

该矿床地表已圈出5个铜矿化体。矿化体均发育于断裂带及附近火山岩系中。矿化体长5～330m，宽2～10m，走向北西，倾向北东或南西，倾角50°～60°，铜含量一般0.1%～0.2%，最高0.56%，Pb含量0.1%～0.25%，Zn含量0.1%～0.74%。地表矿化主要见孔雀石化和蓝铜矿化，呈薄膜状和细脉状。

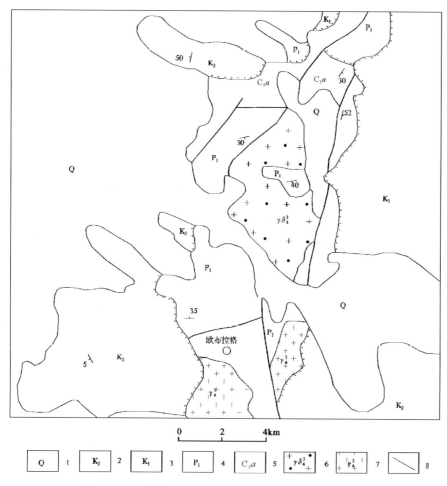

图 4-38 欧布拉格铜金矿区地质图（据李俊建等，2010）

1.第四系；2.晚白垩世含砂砾岩；3.下白垩统李三沟组长石石英砂岩；4.早二叠世英安质、流纹质角砾凝灰岩；
5.上石炭统阿木山组石英砂岩、粉砂岩及灰岩；6.海西中期二长花岗岩；7.海西中期花岗闪长岩；8.断裂

在 1—16 线间，经勘查共圈出 4 个工业矿体，其中最大的两个矿体为 Cu-Ⅴ号与 Cu-Ⅲ号矿体。Cu-Ⅴ号矿体有Ⅴ号表内矿体 1 个和Ⅴ号表外矿体 1 个。Ⅴ号表内铜矿体，长 275m，主要赋存在石英斑岩及其内外接触带中，另有少量赋存于闪长玢岩、角闪岩脉等岩性中。矿体形态呈不规则的透镜状，局部矿体变薄处有分支复合现象。沿走向、倾向均有膨缩现象。矿体平均真厚度 28.12m，矿体控制矿头平均埋深 172m。矿体产状总体走向 295°，向南西倾斜。矿体顶底板为不规则的波状起伏，矿体总体平均倾角 23°。矿体平均品位为 Cu 1.00%，Au 1.87×10^{-6}。Ⅴ号表外铜矿体，长 275m，呈不规则的透镜体，局部有分支复合现象。沿走向、倾向均呈舒缓波状。平均真厚度 12.40m。其与Ⅴ号矿体产状一致，平均品位 Cu 0.26%；Au 0.49×10^{-6}。该矿体为铜、金共体共生矿体。Cu-Ⅲ号矿体分布在 5 线附近，长 300m，呈不规则透镜状，厚 19.12m，以 5 线为中心，属单孔控制，向东、西两侧呈锥形尖灭。矿体总体走向 295°，倾向南西，倾角 30°；铜品位 0.83%，金 0.5×10^{-6}。

矿石工业类型为黄铜矿型。

矿石矿物主要有黄铜矿、黄铁矿、磁黄铁矿、磁铁矿、辉铜矿、斑铜矿、黝铜矿等，少量褐铁矿、毒砂、闪锌矿、斜方砷铁矿、方铅矿、辉钼矿、白铁矿、自然金、银金矿等，脉石矿物主要为石英、透辉石、透闪石、绿泥石、绿帘石、长石、方解石、石榴石、阳起石等。

矿石有益组分主要为 Cu、Au，其他伴生有益组分还有 Ag、S、Bi、Se、Tl。组合分析 Ag 品位一般在 $9.26\times10^{-6}\sim16.46\times10^{-6}$，平均达 13.95×10^{-6}。S 在原矿石组合分析中虽未达到综合利用指标，但在

精矿中富集,品位达 28.64%,可以综合回收。组合分析中 Bi 品位一般为 0.044%～0.075%,最高 0.088%,平均为 0.052%,Se、Tl 平均品位均 0.001%,也达到综合利用指标。

矿石结构以他形粒状结构为主,其次有自形-半自形粒状、交代、交代残余、固熔体分离结构。矿石构造以疏密不均匀的浸染状构造为主,其次为细脉状、网脉状构造及蜂窝状构造。

3. 矿床成因及成矿时代

本区断裂多次活动导致海西期中酸性岩浆侵入和火山喷发,形成喷溢相的英安质熔结火山角砾岩、流纹质熔结火山角砾岩,稍晚期形成了超浅成、浅成相的石英斑岩和石英闪长玢岩。成矿物质及热液主要来源于深部岩浆,岩浆演化晚期所形成大量的成矿流体,集中到次火山岩的顶部或充填于构造裂隙或沿岩性层的界面发生交代而成矿。因此欧布拉格铜金矿属火山-次火山热液矿床。

李俊健等(2006,2010)获得含金铜石英脉矿石中石英的 $^{40}Ar/^{39}Ar$ 等时线年龄为 264.26±0.46Ma,与石英斑岩的年龄基本一致,并认为该年龄代表了石英的形成年代。其成矿时代应为海西期晚期。

4. 矿床成矿要素与成矿模式

矿床成矿要素见表 4-19。

表 4-19 欧布拉格式热液型铜矿欧布拉格典型矿床成矿要素表

成矿要素		描述内容		要素类别
储量		20 088.48t	平均品位 Cu 1.17%	
特征描述		热液型铜矿床		
地质环境	构造背景	I-9 额济纳旗-北山弧盆系、I-9-6 哈布特其岩浆弧		必要
	成矿环境	阿巴嘎-霍林河 Cr-Cu(Au)-Ge-煤-天然碱-芒硝成矿带(Ym),乌力吉-欧布拉格铜、金成矿亚带,欧布拉格铜金矿集区		必要
	成矿时代	海西期		必要
矿床特征	矿体形态	不规则透镜体		重要
	岩石类型	欧布拉格火山杂岩、花岗岩和花岗闪长岩		必要
	矿石矿物	黄铜矿、辉铜矿、斑铜矿、黝铜矿、自然金、银金矿		次要
	矿石结构构造	以他形粒状结构为主,其次有自形-半自形粒状结构、交代结构、交代残余结构、固熔体分离结构		次要
	围岩蚀变	硅化、青磐岩化、低温碧玉岩化		重要
	主要控矿因素	早二叠世火山杂岩、北西北东向及近南北向断裂、燕山期超浅成侵入体及次火山岩		必要

矿床成矿模式:海西晚期是区内洋陆作用、火山岩浆作用、壳幔物质变换作用、热流体作用及与之有关的各种成矿作用最强烈、最频繁的时期,形成了多种金属矿床组合。查干础鲁洋壳的向南俯冲,使阿拉善微陆块边缘由被动陆缘转化为活动陆缘,形成陆缘弧构造体系及其成矿系统,主要形成了一系列金、铜、铁多金属矽卡岩型矿床和萤石等非金属矿床组合,同时形成了与稍晚期花岗斑岩株、石英斑岩脉有关的欧布拉格铜金矿组合和库仍、哈布达哈拉山等火山-次火山岩型铜矿床组合,其成矿时代约为 290～270Ma(图 4-39)。

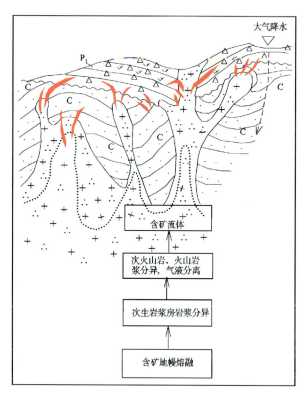

图 4-39 欧布拉格式铜金矿成矿模式示意图

(二)布敦花铜矿

布敦花铜矿位于大兴安岭中段,内蒙古锡林浩特弧盆系孟恩断隆的边缘,东临嫩江深大断裂。矿区包括南部金鸡岭网脉浸染状型铜矿段和北部孔雀山热液脉型铜矿段,二者以布敦花杂岩为界。

1. 矿区地质

出露地层主要为下二叠统大石寨组(P_1d)的浅海相复理石建造、碎屑岩建造、火山岩及少量礁灰岩,岩性主要为片理化凝灰质砂岩及火山凝灰岩和硅质岩。青凤山组(P_1q)黑云母板岩、云母石英片岩、变质砂岩。中侏罗统万宝组(J_2w)厚层砂岩夹含砾砂岩、粗砂岩,上部为细砂岩、粉砂岩及泥岩,是金鸡岭矿床的主要围岩。满克头鄂博组(J_3m),下部为中酸性含角砾晶屑凝灰岩夹流纹岩、凝灰质砂岩及安山岩,上部为角砾状凝灰熔岩夹凝灰质砂岩。

矿区位于嫩江深断裂西侧,中生代孟恩陶勒盖断隆与白音胡硕火山喷发盆地过渡带之断隆一侧。矿区构造以东西向与北北东向为主,形成3个挤压带,均呈北东向展布,由北至南分别为草格吐查顺花挤压带、布敦花挤压带和五九山冲断带。北西向张扭性断裂构造是南矿带(金鸡岭矿区)的主要容矿构造。由一系列走向315°~330°的张扭性、张性断裂的密集裂隙带构成,倾向北东,倾角45°~60°。北北东向断裂、裂隙构造,在北矿带及南矿带通榆山矿段发育,常成群分布,是主要容矿构造。北北东向断裂与南北向断裂或北西向断裂的交会复合部位往往是容矿构造的最有利部位(图4-40)。

矿区出露的岩浆岩主要是形成于燕山期的布敦花杂岩体,由黑云母花岗闪长岩、斜长花岗斑岩及花岗斑岩组成。这三类岩石化学成分特征,如Si、Al、Ti、Fe、Mg、Ca、Na/K以及稀土元素也均表现出良好的演化关系,属同源不同期次产物。第一阶段为黑云母花岗闪长岩,第二阶段为斜长花岗斑岩,第三阶段为花岗斑岩。第一、第二阶段岩体伴有铜矿化,第三阶段未见明显的矿化。斜长花岗斑岩 Rb-Sr 等时线年龄为 166±2Ma(赵一鸣,1997),锆石 SHRIMP U-Pb 年龄 154±1.6Ma(冯祥发,2010)。闪长

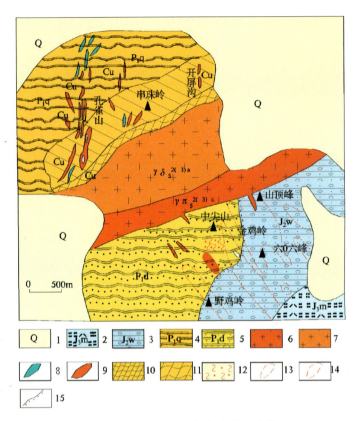

图 4-40 布敦花铜矿区地质图(据仇一凡等,2011)
1.第四系;2.上侏罗统满克头鄂博组;3.中侏罗统万宝组;4.下二叠统大石寨组;5.下二叠统青凤山组;6.花岗斑岩;7.花岗闪长岩;8.闪长玢岩;9.铜矿脉;10.角岩;11.角岩化;12.电英岩;13.绢英岩化;14.硅化;15.不整合界线

玢岩 SHRIMP U-Pb 年龄 151.3±1.5Ma(冯祥发,2010)。区内中酸性脉岩,如闪长玢岩、安山玢岩及黑云母闪长岩等较发育,多数是成矿前形成的。

2. 矿床地质

布敦花铜矿床包括网脉浸染状铜矿体和脉状铜矿体两类,前者构成金鸡岭矿段,后者见于孔雀山等矿段。

1)金鸡岭脉状浸染型铜矿区

金鸡岭矿段铜矿化东西长 3000m,南北宽 1500m,矿化较分散,矿石较贫,矿体埋深通常 250～300m,最大埋深为 600m。矿体赋存于斜长花岗斑岩的内外接触带中,主要在外带。矿化受斜长花岗斑岩形态及二叠系和侏罗系不整合面的控制,在岩体突出与凹陷部位的外接触带矿化较好,尤其是在二叠系与侏罗系的不整合面上矿化富集。矿化主要为浸染状及脉状。矿体形态复杂,有透镜状、树枝状、网状等,常以脉带形式出现。单矿体长几十至百余米,厚 1～3m。

矿石矿物有黄铜矿、磁黄铁矿、闪锌矿、方铅矿、毒砂、斜方砷铁矿、黄铁矿等。脉石矿物主要有石英、长石、角闪石、黑云母、绿泥石、方解石、电气石等。矿石含铜一般 $0.3\% \sim 0.5\%$,伴生有益组分 Ag 达 17.5×10^{-6},Au 0.48×10^{-6},In 0.0052%。伴生元素常以类质同象形式赋存在黄铜矿、黄铁矿、磁黄铁矿等矿物中。

矿石以半自形晶粒结构和交代熔蚀结构最重要,次为交代残余结构、变晶结构、固溶体分解结构等。

矿石构造主要为细脉状和稀疏细脉浸染状,部分为斑杂状。

成矿作用可分4个阶段:磁黄铁矿-黄铜矿阶段是最重要的铜矿化阶段;磁黄铁矿-闪锌矿-方铅矿-黄铜矿阶段;黄铜矿-黄铁矿阶段;黄铁矿-碳酸盐阶段。

区内广泛发育一套高温到中低温的蚀变,包括钾长石化、黑云母化、电气石化、硅化、绢云母化、绿泥石化、绿帘石化、碳酸盐化、高岭土化等。自岩体向外可分为下列蚀变带:在斜长花岗斑岩体内有钾长石化、黑云母化、电气石化带;在外接触带含砾砂岩、变质砂岩中靠近岩体处为硅化-电气石化带;远离岩体为绢英岩化带和绢云母-绿泥石-碳酸盐化带。其中绢英岩化带与矿化关系最为密切。上述特征表明,金鸡岭铜矿段与国内的一些斑岩型铜矿床有相近的矿床地质标志。

2) 孔雀山脉型铜矿段

孔雀山矿段位于矿区西北,南北长1.8km,东西宽0.8km。脉状矿体产在离岩体1~2km的围岩中,赋矿围岩主要为角岩化的变质砂岩、板岩、黑云母角岩,以及闪长斑岩、黑云母闪长岩等。孔雀山矿段内查明矿脉12条,大致呈南北向陡倾斜产出,矿体露头海拔最高310m,最低280m,一般300m左右(图4-41)。

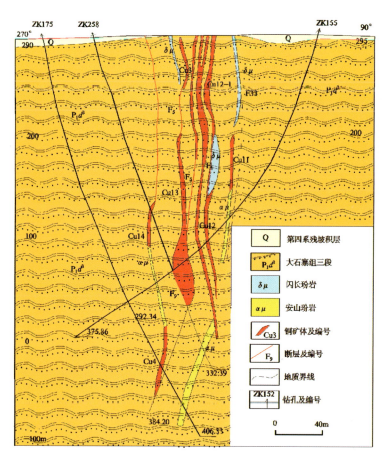

图4-41 布敦花铜矿孔雀山矿段地质剖面图(据仇一凡等,2011)

矿体以不规则弯曲的大脉为主,在脉侧围岩中有广泛的网脉状矿化。矿体一般长数百米,最长达1000余米,一般延深200~300m;矿体厚一般3~5m,最厚可达25m以上。矿脉自南向北近于雁行排列,在铜矿体上部叠加有铅锌矿体。主矿体在25线以北向北侧伏,在矿体北面深部可能有新的矿体存在。

矿石金属矿物以黄铜矿、磁黄铁矿、黄铁矿、斜方砷铁矿、毒砂为主,辉铋矿、自然铋、方铅矿、闪锌矿次之,墨铜矿、砷黝铜矿、辉铅铋矿、磁铁矿、金红石等少量;脉石矿物以石英、长石、黑云母为主,角闪石、绢云母、绿泥石次之,红柱石、磷灰石、阳起石、绿帘石、碳酸盐、电气石、榍石、锆石、萤石、独居石、磷钇矿等少量。

常见矿物组合有斜方砷铁矿-毒砂-黄铜矿组合,磁黄铁矿-黄铁矿-黄铜矿组合;还有闪锌矿-黄铁矿-黄铜矿组合和磁黄铁矿-闪锌矿-辉铅铋矿-方铅矿-黄铜矿组合。以前两种共生组合为主,各矿脉均可见到。后两种组合分布较为局限。不同矿物组合反映多阶段成矿特征。

矿石结构有细中粒半自形粒状结构、交代残余结构、固溶体结构及包含结构等,其中以自形粒状结构和交代残余结构为主;矿石构造有网脉状、致密块状、斑杂状、角砾状及细脉浸染状等,其中以致密块状、斑杂状构造为主。

成矿可分4个阶段:黄铁矿-黄铜矿阶段;毒砂-黄铜矿阶段;方铅矿-闪锌矿-黄铜矿阶段;黄铁矿-碳酸盐阶段。矿化自下向上具有顺向分带现象,高温组合的矿化在下,低温组合的矿化在上;在黄铜矿-磁黄铁矿矿体的上部有方铅矿-闪锌矿矿体的叠加。

围岩蚀变以硅化、黑云母化、绢云母化、钠长石化为主,碳酸盐化、黄铁矿化、绿泥石化次之。以矿体为中心,形成与之相似的蚀变矿物晕。宏观上大致可划分两个蚀变带,即以矿体(矿化带)为中心的内带是强蚀变带,宽度一般几米至几十米,外带是弱蚀变带,宽度一般几十米。强蚀变带为黑云母硅化带,钠长石化亦较发育;弱蚀变带为绢云母硅化带,并有绿泥石化、碳酸盐化、黄铁矿化等。

3. 成矿物理化学条件

矿区内矿物流体包裹体普遍存在液相、气相及具盐晶(子矿物)的三相型包裹体。包裹体气液比变化大,从10%~90%,常见均一气相与均一液相包裹体并存,高气液比与低气液比的包裹体并存和高盐度与低盐度的包裹体并存的现象。资料表明在成矿过程中,温度在170~198℃,184~208℃,420~430℃等区间成矿流体发生过沸腾。无疑,成矿流体的沸腾对金属元素在成矿流体中的沉淀富集起了有益的作用。

区内包裹体均一温度和流体的盐度变化范围很大,均一温度为600~100℃,盐度$w(NaCl)$为58%~5.4%。流体密度为0.85~1.11g/cm³。均一温度直方图具有3个以上峰值。温度-盐度-流体密度关系图也具有3个集中区,表明成矿作用过程中至少有3次矿化活动,三者在温度、盐度上均有较大差异。第一阶段矿化活动,成矿温度主要在520~560℃,盐度$w(NaCl)$为45%~50%,密度大于0.9g/cm³,多数包裹体为均一气相,代表了成矿作用气成阶段的地球化学参数;第二阶段矿化活动发生在470~310℃,$w(NaCl)$为36%~58%,密度为0.96~1.11g/cm³,代表了中高温热液矿化阶段的地球化学参数;第三阶段成矿温度较底,发生在310~140℃,盐度$w(NaCl)$也较低(19.3%~5.4%),代表了中低温热液矿化阶段。金鸡矿段和孔雀山矿段的矿化形式虽然完全不同,前者为网脉浸染状,后者以大脉状为主,但二者包裹体地球化学特征是一致的。

据NaCl-H_2O体系中的p-t-x相图估算出区内成矿时期的压力为$(110~400) \times 10^5$Pa,成矿初始压力较低,反映了成矿是在近于开放的系统中进行的。

据流体包裹成分资料计算得出的氧逸度f_{O_2}为10^{-33}~10^{-22}Pa,成矿流体从弱还原环境的磁黄铁矿-黄铜矿阶段向中性环境的方铅矿-闪锌矿-黄铜矿阶段转变(邵和明等,2002)。

除个别晚期脉岩(闪长玢岩中黄铁矿δ^{34}S为-9.27‰)和矿石中的黄铜矿、方铅矿有较大的负值外,绝大多数样品值δ^{34}S为-2‰~1‰,平均为-0.9‰,表明主要成矿期的硫源单一,来自深源,且成矿过程中介质的物理化学性质变化不大(冯祥发,2010)。

据矿石中石英的氢、氧、碳同位素分析,其$\delta^{18}O_{SMOW}$为7.9‰~11.5‰,计算的成矿流体$\delta^{18}O$为3.6‰~7.8‰,矿物包裹体水的δD为-73‰~-83‰,CO_2气体的$\delta^{13}C$为-14.2‰~-18.8‰。据王关玉研究结果,本区中生代平均大气降水的$\delta^{18}O$为-16‰,并假定岩浆水的平均$\delta^{18}O$为7‰,由此从计算出成矿热液中大气降水在热液水中各阶段的比值,可以看出早期成矿阶段,也就是成矿的主要阶段(磁黄铁矿-黄铜矿)成矿热液中基本不含大气降水,而晚期方铅矿-闪锌矿-黄铜矿成矿阶段约有20%

的溶液来自大气降水。碳同位素有较大的负值也表明在成矿过程中有有机碳掺入(冯祥发,2010;仇一凡等,2011)。

斜长花岗斑岩 $^{87}Sr/^{86}Sr$ 初始值为 0.7055 ± 0.00007,可能属起源于上地幔的玄武岩浆演化产物(王湘云,1997)。铅同位素关系图上的投点均落在地幔线附近,单阶段铅平均模式年龄约 145Ma(邵和明等,2002)。

4. 矿床成因类型及成矿时代

布敦花铜矿的形成与燕山期中酸性杂岩体的演化密切相关。随着燕山期多次构造活动,具有地幔物质来源的深部岩浆房中经过充分分异的中酸性岩浆,沿着深大断裂系统多次上侵,形成浅成、超浅成布敦花杂岩体,并伴随着矿化作用。由于控矿构造因素上的差异,南北矿段在矿化形式上有明显的不同。在北矿区(孔雀山矿段)远离岩体的围岩中形成了受南北向破裂带控制的孔雀山脉状铅铜矿体;在南矿区(金鸡岭矿段)近岩体的围岩和岩体内部形成了金鸡岭脉状和浸染状铜矿体。布敦花铜矿成矿流体具有较高盐度 $w(NaCl)=5\%\sim50\%$ 和高密度($>0.85g/cm^3$)的特点,基本上属岩浆水,成矿作用是在 $150\sim600℃$ 和压力$(400\sim110)\times10^5Pa$ 条件下进行的。与成矿有关的岩体的同位素年龄为 $166\sim151Ma$。矿床成因为热液型矿床,成矿时代为燕山期。

5. 矿床成矿要素与成矿模式

矿床成矿要素见表 4-20。

表 4-20 布敦花式热液型铜矿布敦花典型矿床成矿要素表

成矿要素		描述内容			要素类别
	储量	67 609t	平均品位	Cu 0.41%	
	特征描述	与燕山期中酸性侵入岩有关的热液型铜矿			
地质环境	构造背景	Ⅰ-1 大兴安岭弧盆系,Ⅰ-1-7 锡林浩特岩浆弧			必要
	成矿环境	Ⅲ-8 林西-孙吴 Pb-Zn-Cu-Mo-Au 成矿带(Ⅵ,Ⅱ,Ym),Ⅲ-8-③莲花山-大井子铜、银、铅、锌成矿亚带(Ⅰ,Y)			必要
	成矿时代	燕山期			必要
矿床特征	矿体形态	矿体形态复杂,有透镜状、树枝状、网状等,常以脉带形式出现			
	岩石类型	粉砂质板岩、凝灰质砂岩、凝灰质砾岩、花岗闪长岩、斜长花岗斑岩			重要
	岩石结构	微细粒鳞片粒状变晶结构、凝灰砂状结构、中细粒花岗结构、斑状结构			次要
	矿石矿物	磁黄铁矿、黄铜矿、黄铁矿、斜方砷铁矿、毒砂、闪锌矿、方铅矿、磁铁矿等			重要
	矿石结构构造	结构:半自形晶粒结构和交代熔蚀结构最重要,次为交代残余结构、变晶结构、固溶体分解结构; 构造:细脉状和稀疏细脉浸染状,部分为斑杂状			次要
	围岩蚀变	黑云母化、绿泥石碳酸盐化和强绢英岩化			次要
	主要控矿因素	二叠纪地层、燕山期中酸性侵入岩共同控制着矿床的分布。北东向断裂构造为控矿构造,北北西向次级断裂为容矿构造			必要

矿床成矿模式简要说明:布敦花铜矿床的形成主要是岩浆岩、构造、地层(岩性)和热液蚀变四大因素相互作用的结果。燕山晚期花岗杂岩体是成矿母岩,岩浆分异较好,早期相对富 Ca、Mg,贫 K,不利

于深部岩浆分馏出Cu。晚期富含挥发组分,热液活动强烈,K含量随着岩浆富碱而继续增长,Cu质转入气-液向上迁移,使Cu元素集聚在溶液中,含矿溶液沿着岩体接触带附近裂隙最发育地段所提供的良好导矿、容矿空间,迁移、聚集,Cu的高背景岩石为矿质的补充来源,硅铝质围岩如闪长玢岩等脉岩起着良好的屏蔽作用,矿液在迁移过程与围岩发生交代蚀变,其性质不断发生变化,主要表现为K、Na带出,Ca、Mg带入,导致铜的沉淀富集、堆积成矿(图4-42)。

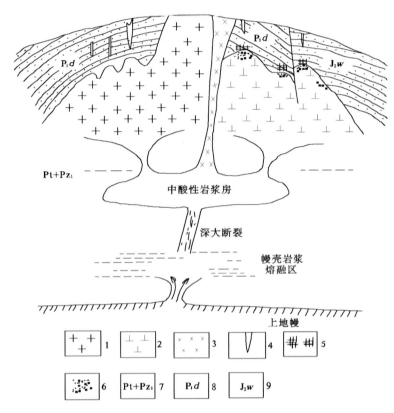

图4-42 布敦花式铜矿成矿模式图(据邵和明等,2002)
1.黑云母花岗闪长岩;2.斜长花岗斑岩;3.花岗斑岩;4.脉状铜矿;5.网脉状铜矿;6.浸染状铜矿;7.元古宇—下古生界(下地壳?);8.下二叠统大石寨组;9.中侏罗统万宝组

(三)道伦达坝铜多金属矿

道伦达坝铜多金属矿位于内蒙古自治区锡林郭勒盟西乌珠穆沁旗浩勒图高勒镇。

1. 矿区地质

地层出露单一,主要为上二叠统林西组,为粉砂质板岩、粉砂质泥岩、粉砂岩及细粒长石石英杂岩等,是矿区的主要赋矿地层。受岩体侵入高温气液蚀变、热力变质作用影响,地层普遍发育接触变质作用,岩性主要有斑点状板岩、红柱石板岩、红柱石堇青石角岩、角岩化砂岩、云英岩化砂岩、云英岩等。

侵入岩较发育,分布在矿区的东南部,为前进场岩体的西北边缘部分,与成矿关系密切,是主要的成矿母岩。区内侵入上二叠统林西组,使之普遍发生角岩化。岩性以中细粒黑云母花岗岩为主,局部为斑状黑云母花岗岩、斑状黑云母二长花岗岩及花岗闪长岩。岩体内原生流动构造、节理较发育,并保存完好。岩体次生蚀变较强,可见斜长石绢云母化、白云母化,在地表局部地段可见孔雀石化、蓝铜矿化。该岩体的成岩年龄,有海西期、印支期及燕山期之争。西乌旗幅1:20万区调根据野外接触关系,黑云母K-Ar年龄为256Ma,将其置于印支期,并详细划分了相带;岳永君(1994)获得该岩体中黑云母K-Ar

年龄280Ma;王万军等(2005)获得全岩Rb-Sr同位素年龄为196±5Ma,而将其置于侏罗纪;鲍庆中等(2007)获得岩体锆石SHRIMP年龄为280.8±3.6Ma,与岳永君测定的K-Ar年龄基本一致。综合考虑测年方法的准确性,本次工作认为前进场岩体的侵位时代应为早二叠世。矿区内各类脉岩非常发育,主要类型有花岗细晶岩脉、细粒花岗岩脉、石英脉及花岗斑岩脉等,脉体延伸方向主要为北东向和北西向,严格受区域构造线控制。

矿区位于米生庙-阿拉腾郭勒复背斜北东段南东翼的第三挤压破碎带内,褶皱及断裂构造极为发育,其中汗白音乌拉背斜及北东向成矿前断裂构造直接控制着矿区矿体的形态和分布,是矿区内主要的控矿和容矿构造。北西向构造为后期断裂,破坏了矿(化)体和花岗岩体;近东西向构造具多期活动特点(图4-43)。

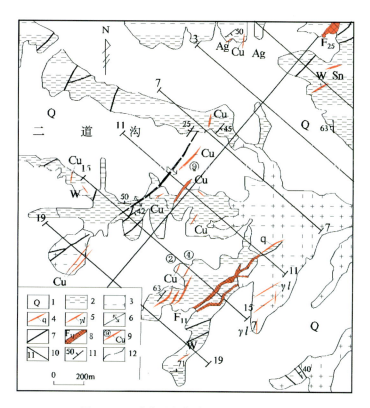

图4-43 道伦达坝铜多金属矿区地质图

1.第四系;2.上二叠统林西组粉砂岩、粉砂质泥岩、粉砂质板岩;3.海西期黑云母花岗岩;4.石英脉;5.花岗细晶岩脉;6.背斜轴;7.实测断层;8.破碎带;9.铜(钨、锡)矿(化)脉及编号;10.勘探线及编号;11.地层产状;12.地质界线

2. 矿床地质

道伦达坝铜多金属矿区的矿化现象均分布在岩体与地层接触带内,与侵入于北东向褶皱层间破碎带及断裂破碎带内的花岗岩枝关系密切,多产于岩枝两侧或其附近,且多成群出现。

迄今为止,该区控制矿化范围长达3.45~3.47km,宽1.90~1.92km,圈出矿体136条。该矿区136个矿体根据有益元素组合与含量,可划分为铜矿体、钨矿体、锡矿体等异体共生矿,铜钨矿体、铜锡矿体、钨锡矿体等同体共生矿。铜矿体和铜钨矿体是该矿区的主要矿体。

136个矿体中除23号、24号、25号、26号、47号5个地表出露矿体和2号、4号、7号、64号4个半隐伏矿体之外,其余127个矿体均为隐伏矿体。主要矿体为2号、4号、8号、10号、16号、23号、46号。详查区内矿体分布在4个区,北区26个,多为铜矿体,产出部位相对远离接触带;中区38个,多为铜钨矿体,相对靠近接触带;南区 22 个,多为锡矿体,产于基底抬升区的接触带内;东区 50 个,多为钨矿体,产于接触带内(图 4-44)。

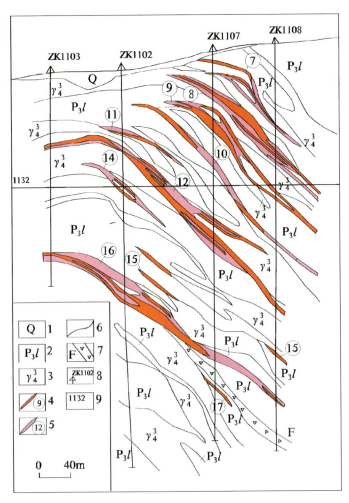

图 4-44 道伦达坝铜多金属矿 11 线剖面图(据李振祥等,2009)

1.第四系;2.上二叠统林西组粉砂质板岩;3.二叠纪黑云母花岗岩;4.矿体及编号;5.矿化蚀变带;6.地质界线;7.构造破碎带;8.钻孔及编号;9.标高为 1132m

矿体走向总体上为北东向,少数矿体呈北北东向、北北西向和近东西向延展,其在走向上和倾向上多呈舒缓波状展布。矿体的倾向从北东往南西发生波状变化,矿体倾向的变化趋势与围岩地层和花岗岩体在褶皱系内的产状变化特征极其类似。

4 号铜矿体位于东区,属半隐伏矿体。矿体赋存于黑云母花岗岩与粉砂质板岩接触带外缘的蚀变粉砂质板岩内,实际控制长度 300m,控制斜深 38～445m,其间有不连续现象。矿体为不规则脉状,形态复杂,有分支复合、尖灭再现现象。矿体总体倾向北西,倾角 40°,厚度 1.0～3.5m,矿体品位 Cu 0.20%～4.22%,平均 0.87%;伴生组分 WO_3 0.11%,Sn 0.15%,Ag 29.26×10^{-6};有害组分 As 0.26%。

16 号铜钨矿体位于中区,矿体主要赋存于层间构造角砾岩内,属隐伏矿体,埋藏深度 135～379m。矿体实控长度 783m,控制斜深 78～612m,平均厚度 3.33m。矿体为脉状,形态复杂,矿体内部多处含有夹石。矿体走向多在 30°～50°之间变化,总体倾向为南东,倾角 20°～60°。矿体品位 Cu 0.20%～7.42%,平均 1.05%;WO_3 平均 0.16%;伴生组分 Sn 0.18%,Ag 35.18×10^{-6};有害组分 As 0.14%。

46 号钨矿体位于东区,矿体主要赋存于粉砂质板岩中,局部赋存于黑云母花岗岩中。含矿岩石为石英脉和硅化构造岩,属表露矿体。矿体实控长度 327m,实控斜深 75～208m,平均厚度 1.34m。矿体为不规则脉状，形态复杂。矿体呈舒缓波状延伸，总体走向60°，总体倾向北西，倾角25°～60°，沿倾向呈上陡下缓之势。矿体品位WO_3 0.07%～3.13%，平均0.43%；伴生组分Ag $2.23×10^{-6}$；有害组分As 0.06%。

矿石矿物为黄铜矿、锡石、黑钨矿、毒砂、磁黄铁矿、黝铜矿、砷黝铜矿、黝锡矿、闪锌矿、方铅矿、自然银、自然铋、赤铁矿、白铁矿、胶状黄铁矿、褐铁矿、孔雀石、蓝铜矿等。脉石矿物为石英、钾长石、萤石、绢云母、绿泥石、碳酸盐等。

矿石主要有益元素为Cu、W、Sn，伴生元素为Ag、Bi、S、As等，其中Ag、Bi、S可综合回收利用。Cu、W、Sn主组分间无明显关系，只有伴生组分Ag与Cu关系密切，与Cu含量为正相关关系。

矿石的结构主要为交代溶蚀、他形粒状、半自形晶粒结构，次为乳滴状、镶边、填隙及骸晶结构。矿石构造为团斑状、脉状、网脉状、条带状、浸染状、团块状、角砾状构造。

矿石自然类型根据矿石主要有用物质成分和品位划分为铜矿石、钨矿石、锡矿石、铜钨矿石、铜锡矿石、钨锡矿石等。铜矿石工业类型为硫化矿石，银、钨、锡矿石分别为银铜矿石、原生钨矿石与原生锡矿石。

近矿围岩蚀变现象可见硅化、黄铁绢云岩化、碳酸盐化、绿泥石化、高岭土化、钾长石化、云英岩化、萤石化、电气石化，其中硅化、云英岩化、萤石化与矿体关系最为密切。

成矿流体属高盐度流体，且各阶段盐度分布范围较宽。从黑云母花岗岩到成矿各阶段，包裹体类型、均一温度及盐度都体现了很好的继承性和连续演化的特征。初始成矿流体具有岩浆水特征，并逐步向大气降水逐渐演化，与岩浆热液矿床的普遍特征一致。

3. 矿床成因及成矿时代

综合矿床的矿化特征、矿石的结构构造、矿物组合及围岩蚀变等诸多方面显示矿床的高温（云英岩化、电气石化）到中低温（绿泥石化、高岭土化、泥化）的热液蚀变过程，属于典型的热液型矿床。

诸多的研究表明道伦大坝铜锡多金属矿床受前进场岩体、北东向构造及围岩（砂板岩）等因素控制，成矿时代与岩体就位时代基本一致，为早二叠世。

4. 矿床成矿要素与成矿模式

矿床成矿要素见表4-21。

矿床成矿模式：海西晚期的构造运动，前进场岩体侵位，晚期携带有金属元素（W、Sn、Cu）的岩浆热液开始向地壳浅部上升，并通过岩浆热源驱使围岩地层中的Pb、Zn淋滤萃取出来进入活动的流体，在褶皱和断裂减压带内，成矿流体中Cu-W-Pb-Zn等主要以硫化物络合物形式存在的金属元素发生大规模卸载，导致络合物的解体和矿质的沉淀，并沿成矿前和成矿期构造裂隙充填、交代，形成充填交代型矿体。成矿流体主要来自岩浆，但自高温热液阶段开始，逐渐有地表水加入，铜矿化的成矿流体为混合热液。成矿金属也主要来自黑云母花岗岩（图4-45）。

表4-21 道伦达坝式热液型铜矿道伦达坝典型矿床成矿要素表

成矿要素		描述内容			要素类别
储量		铜金属量：100 977t	平均品位	Cu 1.105%	
特征描述		与上二叠统林西组及海西期花岗岩有关的中高温热液型铜矿床			
地质环境	构造背景	Ⅰ天山-兴蒙造山系，Ⅰ-1大兴安岭弧盆系，Ⅰ-1-7锡林浩特岩浆弧（Pz_2）			必要
	成矿环境	大兴安岭成矿省，突泉-翁牛特Pb-Zn-Ag-Cu-Fe-Sn-REE成矿带，索伦镇-黄岗Fe-Sn-Cu-Pb-Zn-Ag成矿亚带			必要
	成矿时代	二叠纪			必要

续表 4-21

成矿要素		描述内容			要素类别
储量		铜金属量：100 977t	平均品位	Cu 1.105%	
特征描述		与上二叠统林西组及海西期花岗岩有关的中高温热液型铜矿床			
矿床特征	矿体形态	矿体形态为脉状，具有膨胀收缩、分支复合、尖灭再现特征，复杂程度属中等。矿体受北东向褶皱和北北东向断裂构造控制，脉状、分支复合			次要
	岩石类型	条带状大理岩、角闪片岩、薄层状钙质片岩、花岗岩			重要
	岩石结构	交代溶蚀、他形粒状、半自形晶粒结构			次要
	矿石矿物	以黄铜矿、磁黄铁矿为主，黑钨矿、锡石次之			重要
	矿石结构构造	结构主要为交代溶蚀、他形粒状、半自形晶粒结构，次为乳滴状、镶边、填隙及骸晶结构；构造为团斑状、脉状、网脉状、条带状、浸染状、团块状、角砾状构造			次要
	围岩蚀变	硅化、黄铁绢云岩化、碳酸盐化、绿泥石化、高岭土化、钾长石化、云英岩化、萤石化、电气石化，其中硅化、云英岩化、萤石化与矿体关系最为密切			次要
	主要控矿因素	北东向断裂和褶皱构造控制矿体规模和定位，黑云母花岗岩提供成矿物质和热动力条件，围岩地层提供金属元素和赋存空间			必要

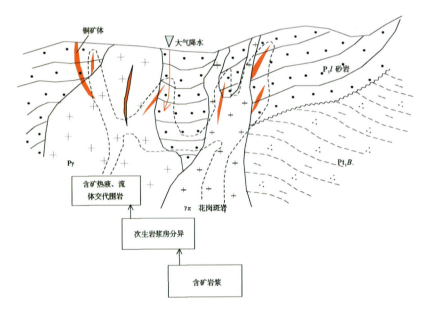

图 4-45　道伦达坝式铜矿成矿模式示意图

六、接触交代型（矽卡岩型）铜矿床

该类型铜矿床主要为罕达盖林场铁铜多金属矿。

罕达盖林场铁铜多金属矿隶属呼伦贝尔市新巴尔虎左旗伊尔施镇，位于大兴安岭西坡，大地构造单元属于大兴安岭弧盆系扎兰屯-多宝山岛弧。

1. 矿区地质

矿区内出露的地层为中奥陶统多宝山组（O_2d），主要岩性为变质粉砂岩、大理岩、安山岩等，在与岩体接触带多见有矽卡岩；地表大面积分布第四纪残坡积砂土、腐殖土层及冲积、沼泽堆积砂砾、淤泥。

矿区内岩浆岩主要为古生代中酸性侵入岩,岩性为石炭纪石英闪长岩、石英二长闪长岩、花岗闪长岩及泥盆纪二长花岗岩。脉岩较发育,多为花岗斑岩、闪长玢岩脉等,对矿体起破坏作用。

矿区构造受区域构造运动的影响,主要为呈北东向和NW向的断裂构造。罕达盖铁铜矿构造上位于罕达盖背斜南翼(图4-46)。

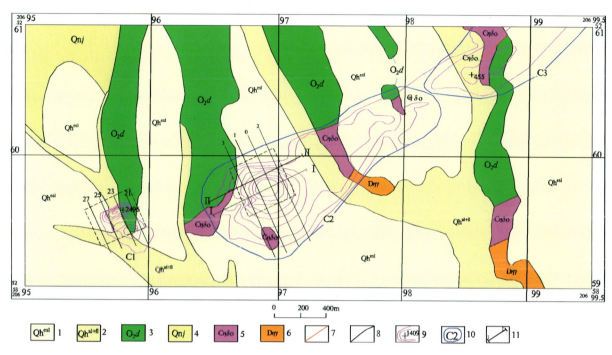

图4-46 罕达盖林场铁铜多金属矿区综合地质图

1.第四纪残坡积砂土层;2.第四纪冲洪积层;3.中奥陶统多宝山组;4.青白口系佳疙瘩组;5.石炭纪石英二长闪长岩;6.泥盆纪二长花岗岩;7.实测性质不明断层;8.实测地质界线;9.1∶1万高精度磁异常及高值点;10.1∶1万高精度磁异常编号;11.勘探线

2. 矿床地质

矿体赋存于石炭纪石英二长闪长岩与奥陶系多宝山组外接触带的矽卡岩中。根据矿体分布特点,矿区内可分为C1、C2高磁异常区两个矿段。

1) C1高磁异常区

面积约0.12km²,共圈定了13个铁、铜矿体,均呈透镜状、脉状、不规则囊状赋存于矽卡岩中。1号铜矿体位于C1高磁异常区的北侧子异常中,铜矿体赋存于矽卡岩中,呈透镜状、脉状产出,矿体走向延长为100m,倾向延伸为145m,厚度7.65m,矿体产状为335°∠35°,Cu品位0.34%～2.19%,平均品位为0.899%。2号铁矿体位于C1高磁异常区的北侧子异常中,呈脉状产出于矽卡岩中,矿体走向延长为120m,倾向延伸为120m,厚度为1.76～18.67m,矿体产状为335°∠40°,TFe品位27.92%～56.08%,平均品位为41.60%,mFe品位8.33%～44.31%,平均品位25.06%,伴生Cu平均品位0.106%。2号铁矿体沿倾向延伸至ZK2308为铁铜矿体及铜矿体,即铁矿体厚度变薄、品位降低(由3.67m变为1.76m,mFe品位由25.06%降为18.25%),而铜矿体厚度、品位增大(由铁矿体中伴生铜变为铁铜矿体、铜矿体)。

2) C2高磁异常区

C2高磁异常区上部铁铜矿体产出深度在130～360m,圈定了9个铁、铜矿体。Ⅰ号铁矿体呈透镜状、不规则囊状产出于矽卡岩中,矿层顶板为矽卡岩,底板为变质粉砂岩;矿体走向延长为300m,倾向延伸为50～70m,厚度为2.57～24.98m,平均厚度为8.30m;矿体总体上呈一不规则囊状产出,总体上呈北西倾,倾角为30°～40°;矿体厚度沿走向、倾向上变化均较大,且呈分支复合现象;矿体平均品位为TFe 48.65%,mFe 42.63%,伴生Cu 0.163%,变化系数为91.95%。Ⅴ号铁铜矿体于矽卡岩中,呈透镜状、脉状产出,矿体走向延长为50m,倾向延伸为100m,厚度19.77m,矿体产状为250°∠30°;TFe品位52.01%～66.23%,平均品位为59.54%;mFe品位45.90%～62.03%,平均品位52.50%;Cu品位0.22%～3.86%,平均品位0.892%。Ⅸ号(铁)铜矿体赋存于矽卡岩中,呈透镜状、脉状产出,矿体走向延长为100m,倾向延伸为75m,矿体总体呈北西倾,倾角30°;矿体沿走向、倾向上变化较大,沿走向上由南向北由单一的铜矿体(厚度为14.98m,Cu平均品位为1.043%)变为次边际铜矿体(厚度为2.41m,Cu平均品位为0.245%)及铁矿体(厚度为3.94m,mFe平均品位为24.32%,伴生Cu平均品位为0.027%),沿倾向上由东向西(ZK0002至ZK0-2)由单一的铜矿体(厚度为14.98m,Cu平均品位为0.043%)变为两层次边际铜矿体(厚度分别为2.74m、2.65m,Cu平均品位分别为0.212%、0.327%)(图4-47)。

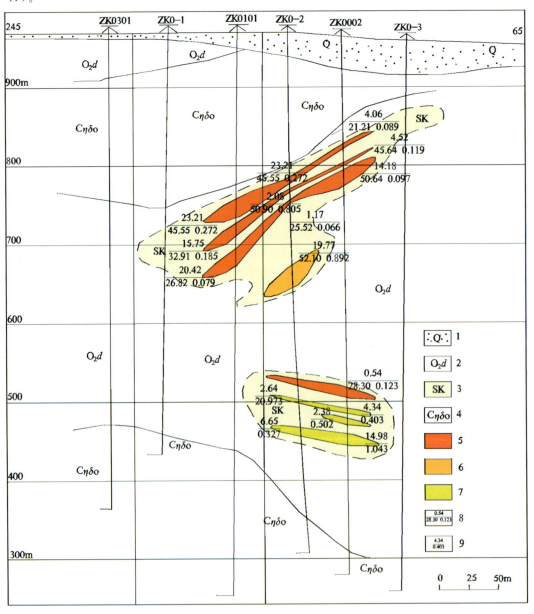

图4-47 罕达盖林场铁铜多金属矿区Ⅰ勘探线剖面图

1.第四系;2.多宝山组变质砂岩、变质粉砂岩;3.矽卡岩;4.石炭纪石英二长闪长岩;5.铁矿体;6.铁铜矿体;7.铜矿体;8.矿体厚度(m)/mFe Cu(%);9.矿体厚度(m)/Cu(%)

矿石结构主要为半自形粒状结构、粒状变晶结构、碎裂结构、交代残留结构。矿石的构造主要为块状构造、浸染状构造、细脉浸染状构造。

矿石矿物主要为磁铁矿、黄铜矿、黄铁矿、赤铁矿，另见少量磁黄铁矿、辉钼矿、闪锌矿。脉石矿物主要为石榴子石、透辉石、绿泥石、方解石、石英等。

矿石中主要有用元素（Fe、Cu）分布较为均匀，全矿区铁矿体 TFe 平均品位 41.41%，最高品位 67.34%，最低品位 25.27%；mFe 平均品位 35.67%，最高品位 64.96%，最低品位 15.52%；伴生 Cu 平均品位 0.113%。全矿区铁铜矿体 TFe 平均品位 53.21%，最高品位 66.23%，最低品位 15.93%；mFe 平均品位 45.29%，最高品位 62.03%，最低品位 14.94%；Cu 平均品位 0.985%，最高品位 10.71%，最低品位 0.22%。全矿区铜矿体 Cu 平均品位 0.687%，最高品位 18.76%，最低品位 0.20%。矿石中有害组分 S 含量在 0.024%~1.67%，P 含量在 0.017%~0.07%之间。

矿石的自然类型为矽卡岩型，根据有用矿物（元素）可以进一步分为含铜矽卡岩矿石、含铁矽卡岩矿石及含铁铜矽卡岩矿石。工业类型为矽卡岩型铜矿石、矽卡岩型铁矿石、矽卡岩型铁铜矿石。

矿区岩石蚀变较强，石炭纪花岗闪长岩与多宝山组变质砂岩、灰岩接触带上绿帘石化、硅化、矽卡岩化、碳酸盐化、白钨矿化、褐铁矿化等，岩石蚀变以外接触带较为强烈。

3. 矿床成因与成矿时代

根据矿床围岩蚀变特征、矿化特征、矿石结构构造、脉石矿物特征等，该矿床属于典型的矽卡岩型铁铜多金属矿床。

据矿区详查报告，与成矿有直接关系的石英二长闪长岩单颗粒锆石 U-Pb 表面年龄为 308.8±1.2Ma，因此，其成矿时代为晚石炭世。

4. 矿床成矿要素与成矿模式

矿床成矿要素见表 4-22。

表 4-22 罕达盖式矽卡岩型铜矿罕达盖典型矿床成矿要素表

成矿要素		描述内容		要素类别
储量		铜金属量：18 000t	平均品位　　Cu 1.17%	
特征描述		与石炭纪石英二长闪长岩有关的矽卡岩型铜矿床		
地质环境	构造背景	I-1 大兴安岭盆系，I-1-5 东乌-多宝山岛弧		必要
	成矿环境	东乌珠穆沁旗—嫩江（中强挤压区）Cu-Mo-Pb-Zn-Au-W-Sn-Cr 成矿带，朝不楞-博克图 W-Fe-Zn-Pb 成矿亚带，塔尔其-梨子山铁矿集区		必要
	成矿时代	石炭纪		必要
矿床特征	矿体形态	薄层状、透镜状、不规则囊状，矿体产状变化较大，总体产状为北西向		重要
	岩石类型	变质粉砂岩、大理岩、矽卡岩、安山岩、石英二长闪长岩		必要
	岩石结构	微细粒粒状变晶结构、粒状变晶结构、斑状结构、半自形粒状结构		次要
	矿石矿物	磁铁矿、黄铜矿、黄铁矿、赤铁矿，另见少量磁黄铁矿、辉钼矿、闪锌矿		次要
	矿石结构构造	结构：半自形粒状结构、粒状变晶结构、碎裂结构、交代残留结构；构造：块状构造、浸染状构造、细脉浸染状构造		次要
	围岩蚀变	矽卡岩化、角岩化、硅化及碳酸盐化		重要
	主要控矿因素	严格受多宝山组、裸河组与石炭纪石英二长闪长岩接触带控制		必要

矿床成矿模式：矿床产于奥陶纪岛弧区，在火山喷发沉积的初期，富含矿质的流体通过黏土吸附、络合物形式把成矿物质运移于岛弧及弧后盆地，集中于多宝山组砂板岩、火山岩及碳酸盐岩地层内，形成矿源层。

石炭纪石英二长闪长岩侵位于奥陶系多宝山组中，岩浆热液与钙质地层，发生渗透交代作用，形成矽卡岩。同时混入大气降水的混合含矿流体在矽卡岩中交代、沉淀，形成金属硫化物矿体和磁铁矿体。进一步，混合含矿流体在矽卡岩内和围岩裂隙内交代、充填形成硫化物-硫盐（图4-48）。

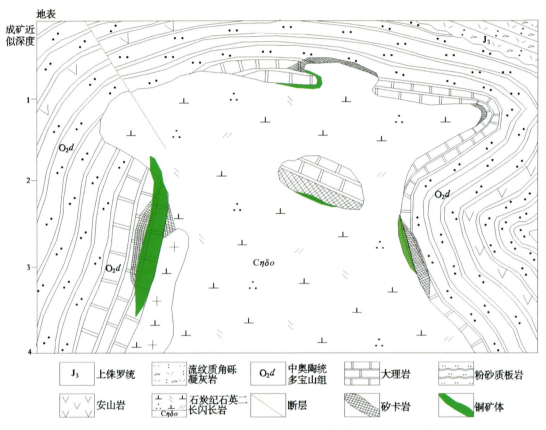

图4-48 罕达盖式铜矿成矿模式图

第五节 铅锌矿典型矿床与成矿模式

一、喷流沉积型铅锌矿床

该类型铅锌矿床主要为东升庙铅锌多金属矿、霍各乞铜多金属矿（见本章铜矿床部分）。

东升庙铅锌多金属矿位于狼山后山地区，隶属巴彦淖尔市乌拉特后旗管辖。大地构造单元属于狼山-阴山陆块狼山-白云鄂博裂谷。

1. 矿区地质

矿区内出露地层为中—新元古界渣尔泰山群的书记沟组和阿古鲁沟组。书记沟组（Chs），总厚500m，不含矿，上段中厚层纯石英岩夹薄板状石英岩；下段石英片岩、片状石英岩类。阿古鲁沟组

(Jxa)，分 3 个段，上段为二云母石英片岩、碳质二云母石英片岩、碳质千枚状石英片岩，厚度大于 360m，不含矿；中段为碳质板岩、碳质千枚岩、碳质条带状石英岩、含碳石英岩、黑色石英岩及透闪石岩、透辉石岩及其相互过渡岩类（原岩为泥灰岩），厚度 100～150m，是铜、铅、锌矿床的赋存层位；下段上部为黑云母石英片岩类及红柱石二云母石英片岩及含碳云母石英片岩夹角闪片岩，下部为碳质千枚岩、碳质千枚状片岩、碳质板岩夹钙质绿泥石片岩、绿泥石英片岩及结晶灰岩透镜体，总体厚度大于 320m，不含矿。

岩浆岩在矿区分布普遍，岩浆活动具有多期性、多相性及产状多样性，其中以元古宙和海西期岩浆活动最为强烈。

断裂构造有成矿期断裂——深断裂，是控矿构造；成矿期后断裂——逆斜断层、横断层、裂隙构造，是坏矿构造。褶皱构造总体表现为继承了原始沉积的古地理格局，即背斜核部为古隆起部位，向斜核部为古凹陷位置。裂隙构造十分发育，与矿体有关的主要是层内裂隙构造及层间滑动裂隙。

2. 矿床地质

矿体产于中—新元古界渣尔泰山群阿古鲁沟组中，矿体产状与地层基本一致，呈似层状、透镜状，总体走向北东-南西，倾向北西或南东，倾角 $12°\sim60°$，原生矿体标高在 $477.25\sim1120m$ 之间，主要矿体有 9 个。矿床在水平方向具有铜—铅—锌的区域分带现象；在垂向上，分带现象也比较明显，自下而上具有铜—铅—锌—铁—硫的垂直分带现象。

主要有用组分有硫、锌、铅、铜、铁，$S\ 10.00\%\sim36.69\%$，$Zn\ 0.5\%\sim16.29\%$，$Cu\ 0.3\%\sim1.59\%$。伴生有益组分 $Au\ 0.21\times10^{-6}$，$Ag\ 15.21\times10^{-6}$，$Co\ 0.019\%$，$Cd\ 0.013\%$，石墨等。有害组分 $As<0.02\%$，$F\ 0.014\%\sim0.03\%$，$C<6.5\%$。

硫主要赋存于黄铁矿和磁黄铁矿中。锌主要赋存于闪锌矿中，氧化带有少量的菱锌矿，分布于矿区的锌硫型及单锌矿石中，闪锌矿中锌平均含量 57.19%，锌在磁黄铁矿、黄铁矿中平均含量分别为 2748×10^{-6} 和 916×10^{-6}。铅主要赋存在方铅矿中，含量为 $85.12\%\sim86.46\%$，分布在矿区的锌硫型、单锌型及铜硫型矿石内。

金属矿物主要有黄铜矿、方铅矿、铁闪锌矿、磁黄铁矿、黄铁矿、磁铁矿，次要矿物有方黄铜矿、斑铜矿、毒砂和其他氧化物。主要矿物生成顺序为黄铁矿→磁黄铁矿→黄铜矿→铁闪锌矿→方铅矿。

主要矿石自然组合有黄铜矿型、黄铜矿-磁黄铁矿型、黄铜矿-方铅矿-铁闪锌矿-磁黄铁矿型、方铅矿-铁闪锌矿-磁黄铁矿-黄铁矿型、磁黄铁矿-磁铁矿型、磁铁矿-方铅矿-铁闪矿-磁黄铁矿型、磁铁矿型。

矿石结构为变晶结构、交代结构、固溶体分离结构、文象结构、塑性变形结构。矿石构造为条带状构造、细脉-网脉状构造、斑杂-团块状构造，另外还有块状构造、花纹状构造、角砾状构造。

3. 同位素特征

据施林道（1974），李兆龙（1986）和杨海明（1991）等的数据，硫同位素 $\delta^{34}S$ 为 $3.1‰\sim23.5‰$，极差达 $26.6‰$，除了一个负值（$-3.1‰$）外，其余数据都为正值，而且偏离零值线较远，也未形成峰值，表明矿石硫属于海水硫酸盐的还原硫，反映出成矿物质最初是沉积成因。根据杨海明等（1991）的数据，含铅锌石英脉的石英流体包裹体的 $\delta^{18}O$ 值为 $14.30‰\sim15.10‰$，δD 值为 $-115‰\sim144‰$，$\delta^{13}C$ 值为 $-11.67‰\sim-16.30‰$。这些数据反映了很复杂的变化过程。据李兆龙等（1986）和杨海明等（1991）的资料，铅同位素组成较稳定，属正常铅。铅同位素数据主要为 $^{206}Pb/^{204}Pb=17.027\sim17.224$，$^{207}Pb/^{204}Pb=15.451\sim15.727$，$^{208}Pb/^{204}Pb=36.747\sim37.669$。在 B R Doe 和 R E Zartman 的 $^{207}Pb/^{204}Pb$ 对 $^{206}Pb/^{204}Pb$ 图解上，铅同位素主要分布在克拉通化地壳区边部，造山带铅平均演化线附近，指示铅源可能是渣尔泰山群下伏的太古宙基底。

东升庙矿床含矿地层和矿石中微量元素含量和有关元素比值，显示了热卤水沉积特征。矿石 $S/Br>30\ 000$，Ni/Co 多小于 1，这是非陆源沉积特征。岩石 Sr/Ba 为 $0.03\sim0.38$，Ba 含量高，一般在 1000×10^{-6}

左右,是热卤水活动的特征。

4. 矿床成因与成矿时代

东升庙多金属硫铁矿床成矿主要受裂陷槽内断陷盆地构造环境控制,沉积作用与盆地内封闭半封闭海湾及同生构造长期活动海底喷气热液成矿作用有关,并受海盆内氧化还原环境与成矿物理化学条件的制约。矿床成矿后,经历了区域变质作用和局部受岩浆活动及构造作用强烈影响地段,产生硫化物聚集再结晶和局部硫化物活化而形成热液叠加。但规模很小,只产生一些小的硫化物矿脉。根据成矿作用产生的矿物间相互关系与地质产状,并通过矿物标型和矿石微量元素研究等综合因素分析,将东升庙矿床划分为两个成矿期。

1) 同生沉积成岩成矿期

东升庙矿区以同生沉积-海底喷气热液成矿作用为主,此期包括两个主要成矿阶段:①碳泥质-碳酸盐黄铁矿矿化沉积阶段:东升庙硫铁矿受地层及岩性控制明显,中元古代,炭窑口—东升庙地区为一多障壁的半封闭海湾环境,在沉积旋回发展的初期,海盆内为强还原、盐度较高、有机碳含量丰富的环境。由于盆地内长期聚集了大量 S、Fe 物质,体系中存在着广泛的硫酸盐还原作用。大量硫还原细菌,以有机质中的氢为能量,利用有机碳还原硫酸盐中的硫,在有机碳氧化成 CO_2 时将产生下列反应:

$$SO_4^{2-}+2CHO \rightarrow 2HCO_3^-+HS^-+H^+;\ Fe^{2+}+HS^- \rightarrow FeS+H^+;\ FeS+S \rightarrow FeS_2$$

其中 HCO_3^- 与海水中的镁离子结合,产生白云岩化作用。H_2S 则与海水中的 Fe^{2+} 离子反应,生成黄铁矿沉淀。形成矿区下部碳酸盐岩内的细粒条带状黄铁矿层和星散状微晶黄铁矿,矿物共生组合简单。②海底喷气热液多金属硫化物成矿作用阶段:在东升庙三级构造盆地发展过程中,由于同生断裂构造的长期及间歇性活动,海水在盆地内下渗加热形成环流,这种热卤水由深部带来了大量成矿物质,产生了矿区上部喷溢沉积成矿作用,成矿物质沿同生断裂喷溢出海底,并以高密度热流体的方式沿水岩界面流动,并搬运了大量的盆内碎屑,在一定成矿环境内沉积下来,形成了矿区多层以锌-磁黄铁矿为主的多金属硫化物矿体。此阶段矿物共生组合以磁黄铁矿+闪锌矿为代表,矿石组构以碎屑状、条带状与块状为主。这意味着成矿物质从海底喷气流体中沉积出来而没有明显的海水混合作用。随成矿作用的演化,盆地内矿物共生组合发生变化,形成了块状方铅矿闪锌矿矿石。在这一成矿作用过程中,矿物共生组合随矿化作用的进展,体系内物理化学条件明显变化。喷气沉积作用的早期,沉积物以黄铜矿、磁黄铁矿+闪锌矿与少量纹层状电气石共生为主。沉积旋回发展到晚期,除少数磁黄铁矿+闪锌矿、方铅矿共生组合外,还可见到一定量的闪锌矿、方铅矿与重晶石共生。而在上部矿带出现大量菱铁矿。这种剖面上的变化充分说明,到了喷气矿化作用的晚期,随矿化流体与海水的混合,矿液中氧浓度增加,CO_2 分压或 SO_2 分压增大,使硫化物与硫酸盐或碳酸盐矿物处于平衡状态。

2) 后期变质改造成矿期

区域变质作用对矿床影响,主要表现在某些矿物重结晶,使矿石矿物粒度增大,构造转折部位进一步加厚。矿物组合表现为一些低变质的绢云母、绿泥石与锰铝榴石等。局部区域受岩浆活动与后期构造作用影响,硫化物产生局部活化。在原矿层内及矿体边部或小褶皱的核部,形成一些规模很小的硫化物矿脉和斑杂状矿石,单独构不成矿体,只是对原矿体起了叠加富集作用。

综上所述,东升庙大型矿床具有多阶段成矿特点,矿床的形成主要由沉积向喷气热液沉积过渡。矿床成因类型属海底喷气沉积-弱改造型矿床,形成于中元古代。

5. 矿床成矿要素与成矿模式

矿床成矿要素见表 4-23,成矿模式见图 4-49。

表 4-23　东升庙式喷流沉积型铅锌矿东升庙典型矿床成矿要素表

成矿要素		描述内容			要素分类
储量		(Pb+Zn)5 029 518t	平均品位	(Pb+Zn)2.36%	
特征描述		海底喷流-沉积型铅锌矿			
地质环境	构造背景	Ⅱ华北陆块区、Ⅱ-4 狼山-阴山陆块、Ⅱ-4-3 狼山-白云鄂博裂谷			必要
	成矿环境	Ⅲ-11 华北地台北缘西段 Au-Fe-Nb-REE-Cu-Pb-Zn-Ag-Ni-Pt-W-石墨-白云母成矿带,Ⅲ-11-② 狼山-渣尔泰山 Pb-Zn-Au-Fe-Cu-Pt-Ni 成矿亚带			必要
	成矿时代	中元古代			必要
矿床特征	矿体形态	似层状			重要
	岩石类型	为(含粉砂)碳质泥岩-碳酸盐建造,其中普遍发育有喷气成因的燧石夹层或条带			重要
	岩石结构	变余泥质结构			次要
	矿石矿物	金属矿物:黄铁矿、磁黄铁矿、闪锌矿、方铅矿、黄铜矿、磁铁矿等;非金属矿物:白云石、绢云母、黑云母、石英、长石、方解石、石墨、重晶石、电气石、磷灰石、透闪石等			重要
	矿石结构构造	结构:半自形-他形粒状,自形粒状为主,其次有包含结构、充填结构、溶蚀结构、斑状变晶结构、固溶体分离结构、反应边结构、压碎结构等;构造:条纹-条带状构造、块状构造、浸染状构造、细脉浸染状构造、角砾状构造、凝块状构造、鲕状-结核状构造、定向构造等			次要
	围岩蚀变	与矿化关系密切的蚀变有黑云母化、绿泥石化和碳酸岩化,在含矿层及其上下盘围岩中均有发育,此外见电气石化、碱性长石化、绿泥石化、绿帘石化、黝帘石化、碳酸盐化、硅化等。其中最具特征的是下盘的电气石化,分布广泛,属层状蚀变,成分为镁电气石或镁电气石与铁电气石过渡种属,与海底喷气有关			重要
	主要控矿因素	华北地台北缘断陷海槽控制着硫多金属成矿带(南带)的分布范围和含矿特征,其中的二级断陷盆地控制着一个或几个矿田的分布范围和含矿特征;三级断陷盆地则控制着矿床的分布范围和含矿特征			必要

二、接触交代型(矽卡岩型)铅锌矿床

该类型铅锌矿床主要分布在大兴安岭中南段,有白音诺尔铅锌矿、浩布高铅锌矿等。

白音诺尔铅锌矿位于大兴安岭中南段巴林左旗的北部,矿区东西长 2km,南北宽 1.9km。

1. 矿区地质

矿区出露的地层主要有上二叠统林西组,上侏罗统满克头鄂博组。矿区外围尚有部分下二叠统大石寨组分布。林西组为一套浅变质湖盆相砂泥质-碳酸盐岩沉积建造。满克头鄂博组为凝灰质砾岩、凝灰质角砾岩夹凝灰岩。

矿区侵入岩分布较广,主要为燕山早期中酸性浅—超浅成侵入岩,岩性为石英闪长岩、流纹质凝灰熔岩、正长斑岩及部分脉岩。

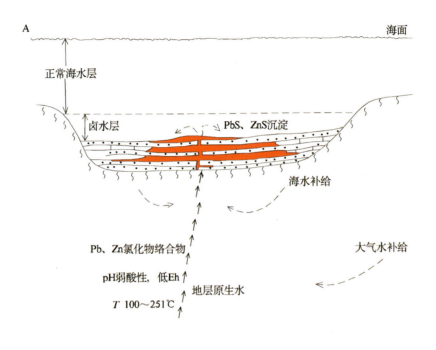

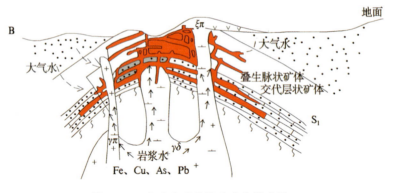

图 4-49 东升庙式铅锌矿成矿模式图

矿区总体为一背斜构造,其核部地层为林西组第一岩性段砂泥质板岩,两翼为第二岩性段大理岩。断裂构造较为发育,尤以北东向断裂最多。矿区南缘、北缘断裂规模较大,纵贯全区并延出区外,宽几十米至上百米。南缘断裂向南陡倾,北缘断裂向北陡倾,既是矿区边界又是主要控矿构造。

2. 矿床地质

白音诺尔铅锌矿床在地质勘查中共圈定出工业矿体 163 条,总体特征是矿体多,形态复杂,厚度、品位及产状变化大,矿体成群、成带分布,规律性较强。区内依地形、地质因素及矿体的分布特征划分为两个矿带:南矿带长 1100 多米,宽 200～400m,赋存工业矿体 55 个;北矿带长 1300m,宽 600m,提交工业矿体 108 个。

1)北矿带

北矿带勘探区内原详查编号矿体 46 个,勘探时圈定工业矿体 41 个。矿体平均厚度为 0.70～13.13m,走向延长 50～298m,最大延深 550m,Pb、Zn 平均品位分别为 3.15%、8.12%。矿体成群、成带分布,同一矿体可因脉岩相互离、合而变位,在同一接触带内,矿体可具尖灭再现的特点(图 4-50)。

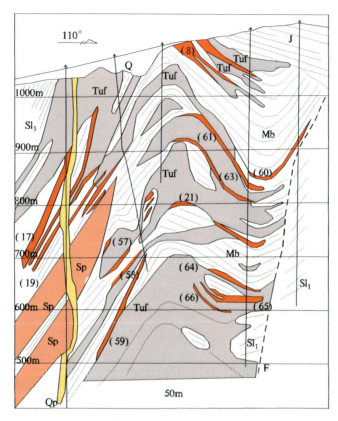

图 4-50　白音诺尔铅锌矿 109 线地质剖面图

Q. 第四纪坡积物；J. 侏罗纪砾岩、砂岩、火山碎屑岩；Sl1、Sl3. 二叠纪板岩（1,3 表示第 1 和第 3 岩性段）；Mb. 二叠纪大理岩、结晶灰岩；Tuf. 岩屑、晶屑凝灰岩；Sp. 正长斑岩；Qp. 石英斑岩；F. 断裂；(17). 矿体（括号内数字表示矿体编号）

17 号矿（脉）体群受北缘断裂带控岩、控矿构造控制，即沿北缘断裂带侵入脉岩群的上部展布，位于岩体与泥质板岩接触带或其附近，长 200m，宽 20m，圈定矿体有 17 号、17-1 号、17-2 号、17-3 号、17-4 号、17-5 号、17-6 号，其中 17 号矿体是主矿体，17-1 号位于 17 号上盘，平行分布，17-2 号、17-3 号为控制 17 号矿体的闪长玢岩下接触带矿体，产于同一蚀变岩带内；17-4 号、17-5 号为同一蚀变岩所含的两个分支矿体。17 号矿体分布于 99～115 线，呈脉状，长 200m，走向 10°～65°，总体走向 32°左右，倾向北西，倾角 60°～76°。矿体分布于闪长玢岩上接触带及其附近，在脉岩会合处则位于闪长玢岩内。矿体最大斜深 520m，最大厚度 15.03m，最小厚度 0.61m。平均品位：Pb 6.74%、Zn 18.34%、Cd 0.09%、Ag $59.09×10^{-6}$。

2）南矿带

南矿带赋存矿体 55 个。以 1 号矿体为例。1 号矿体位于 F_2 断层东侧，石英斑岩北西侧。矿体呈上宽下窄的楔形脉体，分布于结晶灰岩（局部为大理岩）与角岩化粉砂质板岩界面的顺层断裂构造中，走向 20°～60°，倾向南东，倾角 60°～80°，长 24m，平均厚度 35.66m，平均延深 183m，连续性好。矿体底板为粉砂质板岩、黑云母长英质角岩，局部为结晶灰岩。矿体在 1100m 标高以上为连续的厚大矿体，向下呈多个分支，其间夹透辉石矽卡岩、硅灰石矽卡岩、结晶灰岩、大理岩。矿体沿走向、倾向均被石英斑岩截切。该矿体大部分为锌矿体，自 73 勘探线向北东方向铅含量逐渐增高，递变成铅锌矿体。矿石矿物以闪锌矿为主，其次为方铅矿。方铅矿多呈稠密或稀疏浸染状分布于辉石矽卡岩中。

矿区的矿物种类较多，有用金属矿物以闪锌矿、方铅矿为主，次为黄铜矿、磁铁矿，偶见黄铁矿、磁黄铁矿、毒砂、斑铜矿等。非金属矿物以透辉石-钙铁辉石为主，次为石榴子石、硅灰石、绿帘石等。

矿石以半自形、他形粒状结构为主，交代结构、包含结构、乳滴状、叶片状结构次之；矿石构造为斑杂状、细脉浸染状及团块状,偶见脉状和致密块状构造。

3. 同位素特征

江思宏等(2011)认为黑云母正长花岗岩的放射性铅含量较高,而矿石中硫化物的放射性铅含量较低;矿石中硫化物的铅同位素投点非常靠近或者与大理岩和花岗闪长(斑)岩的投点几乎在同一个范围,而与黑云母正长花岗岩、石英斑岩和安山玢岩的投点范围差别较大,表明矿石中的铅不太可能来自后面这3类岩石,也进一步佐证了成矿确实与花岗闪长(斑)岩和大理岩有关,属于矽卡岩型矿床,与喷流沉积型和火山岩块状硫化物矿床有明显的差别。

曾庆栋等(2007)对白音诺尔铅锌矿床南北两个矿带中层状矿体、脉状矿体及角砾状构造矿体中闪锌矿和方铅矿40个成矿期硫化物样品的分析结果表明,白音诺尔铅锌矿床具有相对均一的硫同位素组成,总的$\delta^{34}S$值变化于$-5.53‰\sim+0.17‰$之间,极差5.7‰,平均$-3.65‰$。总体上,早期呈层纹状、层状、条带状产出的闪锌矿和方铅矿的的$\delta^{34}S$值明显小于晚期呈脉状粗晶产出的闪锌矿和方铅矿的$\delta^{34}S$值。硫同位素组成直方图显示样品的$\delta^{34}S$值分布较为集中,但没有明显的塔式分布特点。

4. 矿床成因及成矿时代

通过上述分析,该矿床成因类型应为矽卡岩型矿床。

多数勘查报告及文献中,将该矿床的形成时代置于侏罗纪。张德全等(1991)获得花岗闪长斑岩和矿区火山岩的Rb-Sr等时线年龄分别为171Ma和160Ma。曾庆栋等(2007)通过对白音诺尔铅锌矿的矿体产状、控矿构造及硫同位素研究,认为该矿床是沉积喷流型铅锌矿床,受到燕山期岩浆热液活动叠加,主成矿期发生于二叠纪。江思宏等(2010)LA-ICP-MS锆石测年结果表明,矿区外围花岗岩岩基的形成年龄为134.8 ± 1.2Ma,矿区内花岗闪长斑岩的形成年龄为244.5 ± 0.9Ma,石英斑岩为129.2 ± 1.4Ma,由于花岗闪长斑岩与成矿关系密切,早期铅锌矿体主要产于花岗闪长斑岩与碳酸盐的接触带,认为花岗闪长斑岩可以近似代表白音诺尔早期铅锌矿的形成时代。易建等(2012)利用锆石LA-ICP-MS U-Pb法对该矿区闪长玢岩和石英二长岩进行了测定,加权年龄分别为242.3 ± 3.6Ma和243.0 ± 1.4Ma,均为三叠纪构造岩浆活动的产物,认为成矿时代为印支期,燕山期有叠加。

综上,该矿床可能在二叠纪时期由于喷流沉积作用,成矿元素初始富集甚至成矿,印支期由于岩浆的侵入作用,在与碳酸盐岩接触带富集成矿,燕山期岩浆活动有叠加改造,主成矿期应该是印支期。

5. 矿床成矿要素与成矿模式

矿床成矿要素见表4-24。

表4-24 白音诺尔矽卡岩型铅锌矿白音诺尔典型矿床成矿要素表

成矿要素		描述内容			要素类别
储量		Pb:248 941.40t; Zn:575 186.22t	平均品位	Pb:3.51%; Zn:8.12%	
特征描述		矽卡岩型铅锌矿床			
地质环境	构造背景	I-7索伦山-林西结合带,I-7-2林西残余盆地			重要
	成矿环境	Ⅲ-8林西-孙吴Pb-Zn-Cu-Mo-Au成矿带(Ⅵ,Ⅱ,Ym),Ⅲ-8-②神山-白音诺尔铜、铅、锌、铁、铌(钽)成矿亚带(Y)			重要
	成矿时代	印支期—燕山期			必要

续表 4-24

成矿要素		描述内容		要素类别
储量		Pb 248 941.40t; Zn 575 186.22t	平均品位 Pb 3.51%; Zn 8.12%	
特征描述		矽卡岩型铅锌矿床		
矿床特征	矿体形态	脉状		重要
	岩石类型	结晶灰岩和白色厚层大理岩,与成矿有关的花岗闪长斑岩系		必要
	岩石结构	粒状变晶结构		次要
	矿石矿物	闪锌矿、方铅矿为主,次为黄铜矿、磁铁矿,偶见黄铁矿、磁黄铁矿、毒砂、斑铜矿等;非金属矿物以透辉石-钙铁辉石为主,次为石榴子石、硅灰石、绿帘石等		重要
	矿石结构构造	矿石以半自形、他形粒状结构为主,乳滴状、叶片状结构次之;矿石构造为斑杂状、细脉浸染状及团块状		次要
	围岩蚀变	矽卡岩化和黝帘石化,次为绿帘石化、绿泥石化、碳酸岩化及硅化等,伴随矽卡岩化发生了以铅锌为主、伴有铜银镉等蚀变矿化作用		次要
	主要控矿因素	灰岩层,角砾岩筒,褶皱构造,花岗闪长岩和闪长岩		重要

矿床成矿模式:海西晚期,本地区沉积了一套碳酸盐岩,大量成矿元素伴随沉积作用沉淀下来,并在局部地段富集成矿;印支期侵入岩浆活动带来了高温热液,这些热液中含有大量的金属元素,在岩体侵位到早先沉积的碳酸盐岩的过程中,这些高温岩浆热液逐渐冷却,并与碳酸盐岩发生了巨量的物质交换,这些金属元素逐渐在二者接触部位沉淀下来,同时,早期沉积在碳酸盐岩中的成矿元素也受热液影响活化并与热液中的金属元素一起重新富集,形成了白音诺尔接触交代型铅锌矿。晚侏罗世开始,该地区地幔上隆、地壳减薄,出现大规模的火山断陷带和基底隆起侵入岩带。燕山期的火山侵入杂岩对矿床有叠加改造(图4-51)。

三、热液型铅锌矿床

该类型铅锌矿床在得尔布干、大兴安岭中南段广泛分布,多与中生代岩浆活动有关。主要介绍甲乌拉铅锌银矿(与中生代火山-次火山热液有关)、拜仁达坝铅锌银矿(与中生代岩浆热液有关)。

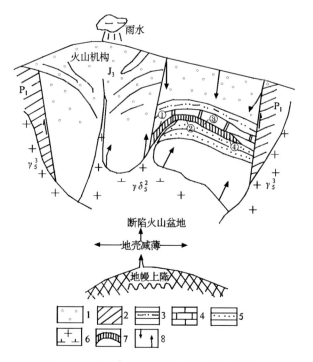

图4-51 白音诺尔式铅锌矿成矿模式图
1.晚侏罗世火山岩;2.二叠系;3.泥质粉砂岩;4.碳酸盐;5.砂岩;6.花岗闪长岩;7.矿体;8.流体运移方向

(一)甲乌拉铅锌银矿

甲乌拉铅锌银矿隶属内蒙古自治区呼伦贝尔市新巴尔虎右旗管辖。

1. 矿区地质

地层主要有中生界中侏罗统万宝组碎屑岩,塔木兰沟组中基性火山岩夹少量火山碎屑岩;上侏罗统满克头鄂博组中酸性火山岩和碎屑熔岩。

矿区构造特征既有中生代褶曲又有较发育的断裂构造,同时还有受构造控制的火山与次火山斑岩的活动中心。但这些构造现象多数明显地受控于北西向木哈尔断裂带。该组断裂带由若干北西向断裂大致平行排列组成。矿体产在构造带内,均受断裂破碎带控制。

本区岩浆活动强烈而频繁,海西晚期以花岗岩类侵入活动为主,燕山晚期以强烈的火山喷发作用和浅成、超浅成侵入为主,岩石类型复杂,分异作用明显,特别是岩浆演化较晚期的次火山侵入体,常伴有金属矿产出现(图4-52、图4-53)。

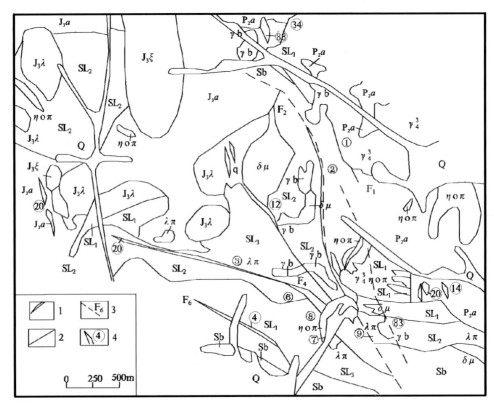

图4-52 甲乌拉铅锌矿区地质图

Q.第四纪松散沉积;J_3.晚侏罗世火山岩;$J_3\lambda$.流纹岩;J_3a.安山岩;$J_3\xi$.英安岩;Sb.泥质板岩碳质板岩粉砂岩;SL_3.细砂岩中粗砂岩;SL_2.砂砾岩凝灰砂岩;SL_1.凝灰砂砾岩凝灰砂岩;P_2a.蚀变安山岩;$\eta o\pi$.石英二长玢岩;$\lambda\pi$.石英斑岩;γb.长石斑岩;$\delta\mu$.次闪长玢岩;γ_4^3.黑云母斜长花岗岩;1.石英脉;2.地质界线;3.断层及编号;4.矿体及编号

2. 矿床地质

按矿体分布情况可分为几个含矿区段。甲乌拉本区包括1号、2号、3号、4号、12号等主要矿体。西山区包括30号、29号矿体群;南区包括20号、14号、9号等矿体;北山区包括29号、34号、40号矿体群。其中,甲乌拉本区工业储量所占比例为为85%左右。该矿区现已圈出40余条矿体,矿体主要为稳定的脉状,总体走向330°~350°,局部稍有摆动。主矿体旁侧发育分支及平行小矿体。矿体均赋存于北北西向及北西向或北西西向张扭性破碎带中,与构造关系密切。主要矿体与放射状排列裂隙有关;1号、2号、3号均赋存其中,其中以2号矿体最大,约占探明储量80%。

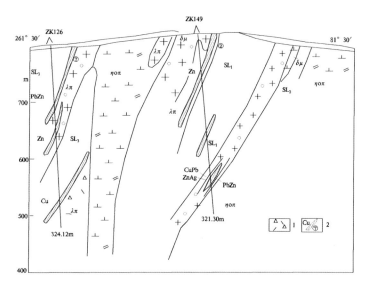

图 4-53 甲乌拉矿区 38 线剖面图

SL_3.细砂岩中粗砂岩;SL_2.砂砾岩凝灰砂岩;SL_1.凝灰砂砾岩凝灰砂岩;$\eta o\pi$.石英二长板岩;
$\lambda\pi$.石英斑岩;$\delta\mu$.次闪长玢岩;1.构造破碎带;2.矿体及编号

2号矿体位于北西向次火山岩体群的东侧,侏罗系塔木兰沟组安山岩与砂砾岩层间构造大致吻合的北西向破碎蚀变带中,地表断续分布,深部相连。主矿体旁侧有平行矿脉和分支矿体,品位厚度变化大,近岩体区段矿体厚且富,远离岩体变薄、变贫。矿体受 F_2 断裂控制,为破碎带石英脉含矿,走向 320°~350°,倾向南西,倾角 50°~70°,因受构造控制矿体为脉状形态的板状体具呈尖灭再现、分支复合、膨缩变化等特点。厚大矿脉往往中间出现硫化块状矿石,且银较富;边部为细脉浸染状矿石。附近平行的小构造、引裂构造又控制一些附属小矿体,组成 2 号矿体群。2 号矿体基本上为脉状形态的板状体,矿体长 1700m,平均厚度约 5.18m,最厚达 20m,形态呈脉状,局部延深大于 600m。2 号矿体沿走向及倾斜方向其厚度与品位均有明显变化,品位变化系数 88%~127%,厚度变化系数 81%。总的来说 2 号矿体成矿元素分带有一定规律:10 线以北以 Pb、Zn、Ag 为主,10~16 线 Pb、Zn、Ag、Cu 均较多,18~26 线以 Cu、Zn、Ag 为主。

银矿体平均品位为 Cu 0.59%、Pb 3.37%、Zn 6.39%、Ag 168.75×10^{-6}。银矿体之外铅锌表内矿平均品位 Pb 1.06%、Zn 3.00%、Ag 28.75×10^{-6}。

矿石矿物主要有方铅矿、闪锌矿、黄铁矿、白铁矿、磁黄铁矿、黄铜矿,其次还有磁铁矿、赤铁矿、斑铜矿、毒砂等,少量的铜蓝、白铅矿、菱锌矿、褐铁矿等,含银矿物有硫锑银矿,含银辉铋铅矿、含银铅铋矿、银黝铜矿、自然银、辉银矿、碲银矿、含硫铋铅银矿等和极少量的自然金微粒。

脉石矿物主要有石英、绿泥石、伊利石、水白云母、绢云母、辉石角闪石、绿帘石、斜长石、方解石、白云石,个别处还有纤维闪石、重晶石、玻璃质等。

矿石构造有块状构造、团块状构造、角砾状构造、浸染状构造、脉状构造、细脉状构造等。矿石结构主要有自形、半自形、他形粒状结构,包含结构,共生结构,交代结构,乳浊状结构-固溶体分解结构,镶边结构。

甲乌拉银铅锌矿床以脉状矿体为主,围岩蚀变一般局限于构造破碎带内和 2~5m 的近矿围岩,蚀变一般以含脉状矿体的断裂破碎带最强,向两侧逐渐减弱,以至消失。与铅锌银矿化有关的蚀变多为石英化、碳酸盐化、绿泥石化;与铜矿化有关的多以硅化(石英化)、绢云母化、萤石化为主。

3. 成矿物理化学条件

矿床成矿物质具多来源特征,成矿元素 Ag、Pb、Zn、Cu 等及矿化剂主要来自燕山期火山岩、次火山岩深源岩浆,侏罗纪地层补给部分矿质。成矿流体也主要来源深部岩浆,天水(包括地下渗入水)随演化进程所占比例越来越大,成矿晚期天水比例大于岩浆水。

该矿床中各种金属硫化物(黄铁矿、黄铜矿、方铅矿、闪锌矿、毒砂、磁黄铁矿等)硫同位素值变化范围为$-2.86‰\sim 4.01‰$,变化范围较小,总的变化区间在3‰左右,在硫同位素组成直方图上呈"塔式分布",接近陨石硫的分布范围。硫化物同位素组成特征表明,硫化物硫源和成矿条件是一致的,并且硫同位素达到完全平衡的条件下析出硫化金属矿物。成矿热液活动中硫的来源与深部岩浆活动有关,岩浆来自地壳深部和上地幔,说明矿质来源于地壳深部或上地幔。

铅同位素组成绝大多数较稳定,$^{206}Pb/^{204}Pb$为$18.229\sim 18.758$,$^{207}Pb/^{204}Pb$为$15.457\sim 15.880$;$^{208}Pb/^{204}Pb$为$37.841\sim 39.049$。其同位素组成较均匀,比值变化范围小。均为正常铅,具单一演化模式特征。铅同位素比值大部分(占74%)均投影于中央海岭拉斑玄武岩铅范围内,根据单一演化模式φ值计算的年龄值在$135\sim 89Ma$之间,平均为119.47Ma,其他几个样品年龄值偏高,平均236Ma,相当古生代末期。以上情况说明本区成矿物质大部分来源于上地幔,少部分来自于地壳围岩中的金属组分。

甲乌拉矿区δD_{H_2O}值变化范围为$-109.58‰\sim -160‰$,$\delta^{18}O$为$-11.8‰\sim +13.09‰$,表明矿物包体水为岩浆水同时也渗进少量雨水。甲乌拉矿区成矿热液主要来源于岩浆水,但在运移过程中也加入了相当数量的地下热雨水和岩石封存水。

包体测温和成分分析资料显示,成矿温度为中低温,温度随深度增加而升高,随远离次火山斑岩体侵入中心热源系统递减,原始热液以液态搬运为主,具高盐度、高密度、富含Cl^-、Na^+、SO_4^{2-}、CO_3^{2-}、F^-等离子的硅碱溶液,且富含大量Pb、Zn、Ag、Cu等金属元素,成矿金属元素的搬运方式以硅碱络合离子为主,沿断裂裂隙带以紊流方式运移为主,向两侧渗滤为次,在适当的温度、压力、浓度变化条件下迅速沉淀(潘龙驹等,1992;孙恩守,1995)。

4. 成因类型及成矿时代

根据上述地质特征的论述,甲乌拉银铅锌矿床形成于燕山晚期构造-岩浆活化作用演化过程中,主要受控于北西向张扭性构造破碎带及次火山斑岩体边缘构造,与浅成-超浅成相次火山斑岩体序列演化侵入有关,成矿热液有多中心来源,并以液态紊流方式为主,在构造裂隙中运移、沉淀,成矿热液及成矿物质来源与次火山斑岩体具同源性,成矿热液的热源、矿源、水源主要与地壳深部上地幔岩浆活动有关,同时在上侵运移过程中从围岩中淬取了部分活化的金属元素和岩石封存水,吸收浅部地表水等参加其成矿活动,成矿温度属于中温-中低温热液类型,成矿为多阶段多期次叠加形式,因此认为甲乌拉矿床属次火山热液脉状矿床。

矿石铅模式年龄值集中在$133\sim 124Ma$(王大平等,1991),矿区次火山岩K-Ar年龄$138\sim 110Ma$(李德胜等,2007),主成矿期长石斑岩和石英斑岩的K-Ar年龄分别为122Ma和117Ma(王之田等,1992);成矿时间在早白垩世。

5. 矿床成矿要素与成矿模式

矿床成矿要素见表4-25。

矿床成矿模式:印支期—燕山早期,黑云母花岗岩在矿区西北部大规模侵位,伴有中酸性火山喷溢覆盖于矿区的北部;燕山晚期,地壳进一步活化,北东向区域主构造的次级横向(北西向、北西西向)木哈尔断裂带继承活动。北东向的甲乌拉背斜轴受右旋应力作用转为北西向并造成强烈的层间裂隙破碎。与深部有联系的高位富水岩浆房,分异产生中性—中酸性—偏碱性系列岩浆,主动侵位或发生潜火山作用,造成断面上出现锥状;平面上辐射状分布的裂隙体系,它们与区域性断裂重叠、交接、复合进一步加剧岩石破碎,又给岩浆活动造成通道,形成裂隙式或中心式火山喷溢,或岩浆沿构造通道上侵、定位,形成与成矿密切相关的多斑安山岩、次英安岩、石英斑岩和花岗斑岩等。岩浆给矿区带来多个热动力源,带来矿质和热流体,并有地表水下渗汇合组成携矿质的成矿流体,沿构造通道运移、富集、淀积成矿(图4-54)。

表4-25 甲乌拉式中低温热液铅锌矿甲乌拉典型矿床成矿要素表

成矿要素		描述内容			要素类别
储量		1 348 821t	平均品位	(Pb+Zn)6.88%	
特征描述		火山、次火山活动有关的中低温热液脉状铅锌多金属矿床			
地质环境	构造背景	Ⅰ天山-兴蒙造山系、Ⅰ-1大兴安岭弧盆系、Ⅰ-1-2额尔古纳岛弧(Pz_1)			必要
	成矿环境	Ⅲ-5:新巴尔虎右旗(拉张区)Cu-Mo-Pb-Zn-Au-萤石-煤(铀)成矿带,Ⅲ-5-①额尔古纳Cu-Mo-Pb-Zn-Ag-Au-萤石成矿亚带(Y、Q)			必要
	成矿时代	燕山晚期,130~100Ma			必要
矿床特征	矿体形态	脉状			重要
	岩石类型	中生界中侏罗统塔木兰沟组砾岩,灰黑色、黄褐色凝灰质砾岩、含砾粗砂岩、凝灰质砂岩、长英质杂砂岩、粗砂岩、细砂岩、粉砂岩夹泥岩薄层等			必要
	矿石矿物	金属矿物主要有方铅矿、闪锌矿、黄铁矿、白铁矿、磁黄铁矿、黄铜矿,其次还有磁铁矿、赤铁矿、斑铜矿、毒砂等,少量的铜蓝、白铅矿、菱锌矿、褐铁矿等,含银矿物有硫锑银矿、含银辉铋铅矿、含银铅铋矿、银黝铜矿、自然银、辉银矿、碲银矿、含硫铋铅银矿等和极少量的自然金微粒;非金属矿物主要有石英、绿泥石、伊利石、水白云母、绢云母、辉石角闪石、绿帘石、斜长石、方解石、白云石,个别处还有纤维闪石、重晶石、玻璃质等			重要
	矿石结构构造	矿石构造有块状构造、团块状构造,角砾状构造、浸染状构造、脉状构造、细脉状构造等。一般富含厚矿段以块状和团块状矿石为主。自形、半自形、他形粒状结构,包含结构,共生结构,交代结构,乳浊状结构-固溶体分解结构,镶边结构			次要
	围岩蚀变	蚀变有硅化(石英脉)、绿泥石化、碳酸盐化、水白云母伊利石化、绢云母化、萤石化。与成矿有关的蚀变主要有硅化、碳酸盐化、绿泥石化、水白云母化、绢云母化及萤石化			次要
	主要控矿因素	主要矿体均产于塔木兰沟组安山玄武岩中。甲乌拉矿床则受控于甲乌拉断隆,在不同方向构造交会处产生的火山、次火山活动中心决定了甲乌拉矿床的形成,北西西向甲-查剪切构造带是重要的导矿和容矿构造,北北西、北西向张扭性断裂是良好的容矿空间;循环通道、破碎岩石的高渗透性有利渗流。次火山斑岩体多期次序列式演化侵入对成矿起到重要作用			重要

早期的中偏高温矿化活动,主要发生在矿区南部辐射状断裂收敛区段的次火山岩体边部;中期矿化作用发生在早期岩浆半固结状态下,在构造和岩浆上侵的冲破下,使裂隙多期次活动,并生成熔结凝灰岩。中期矿化作用普遍,形成主工业矿体,银矿化可延续在中晚期,即中低温阶段。

甲乌拉矿区可能存在由浅至深:Ag(Pb、Zn)→PbZnAg→CuPbZnAg→CuZn(Ag)→Cu(Mo)的元素组合垂直分带,与之对应,有大脉体→小脉体→细脉体、网脉带的矿体演变。

(二)拜仁达坝铅锌银矿

拜仁达坝矿区位于赤峰市克什克腾旗、林西县与锡盟西乌旗交会处的克什克腾旗巴彦高勒苏木境内。

1. 矿区地质

矿区出露地层单一,除广泛分布的第四系外,仅出露宝音图岩群(锡林郭勒杂岩)下岩段黑云斜长片麻岩($Pt_1By.$)。

矿区内岩浆岩分布较广,以海西期石英闪长岩为主,燕山早期第一次花岗岩零星出露,岩浆期后脉岩发育(图4-55)。

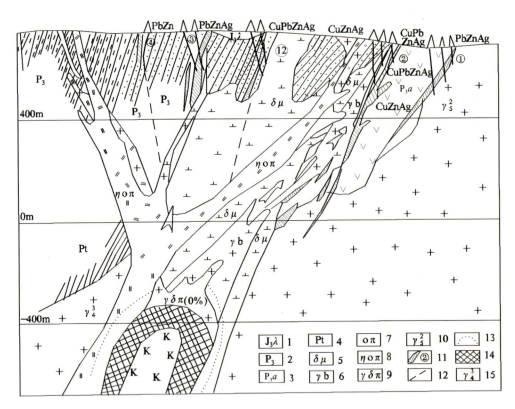

图 4-54 甲乌拉式铅锌矿成矿模式图

1.上侏罗统中酸性火山岩;2.上二叠统砂板岩;3.晚二叠世安山岩;4.元古宙结晶片岩;5.次多斑安山岩; 6.次英安岩;7.石英斑岩;8.石英二长岩;9.花岗闪长斑岩;10.燕山早期花岗岩;11.矿体及编号;12.断裂;13.蚀变范围;14.深部矿体;15.海西期花岗岩

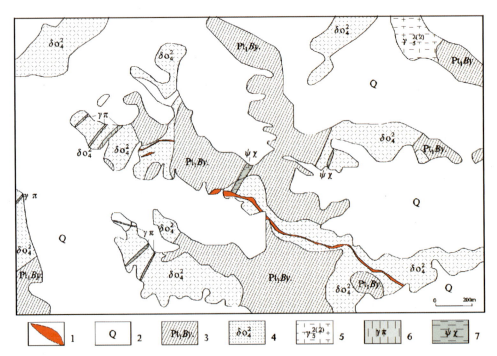

图 4-55 拜仁达坝矿区银多金属矿区地质图

1.矿体;2.第四系;3.宝音图岩群黑云斜长片麻岩;4.海西期石英闪长岩;5.燕山早期晚阶段花岗岩; 6.花岗斑岩脉;7.斜长角闪岩脉

2. 矿床地质

矿体赋存于近东西向压扭性断裂构造中,个别矿体充填于北西向张性断裂中。地表及浅部为氧化矿,氧化带深度为基岩下 8~14m,深部及隐伏矿为硫化矿。东矿区由 54 个矿体组成(地表露头矿体 20 个,隐伏盲矿体 34 个),其中工业矿体 22 个。这些矿体中 1 号为主矿体,其矿石资源/储量占总资源/储量的 77.79%,2 号、39 号规模较大,其他矿体规模较小(图 4-56)。

1 号矿体延长 2075m,延深 120~1135m,平均厚度 3.59m,平均品位:Ag 251.5×10^{-6},Pb 2.80%,Zn 6.02%。矿体浅部为氧化矿,下部为硫化矿。矿体呈舒缓波状的大脉状,总体走向近东西向,倾向北,倾角 16°~51°,矿体产状局部变化较大,但总体比较稳定。

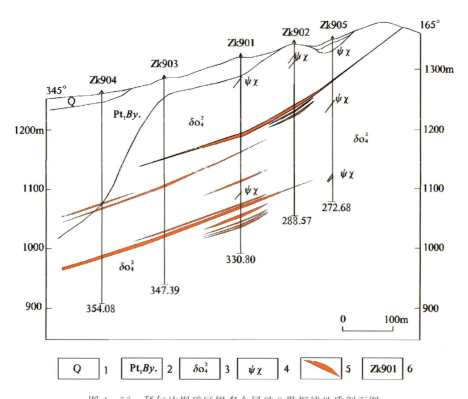

图 4-56 拜仁达坝矿区银多金属矿 9 勘探线地质剖面图
1.第四系;2.黑云斜长片麻岩;3.海西期石英闪长岩;4.斜长角闪岩脉;5.矿(化体);6.钻孔位置及编号

矿石类型为氧化矿石和硫化矿石。

氧化矿中金属矿物主要为褐铁矿、铅华,其次为孔雀石、蓝铜矿,局部见残留的方铅矿、闪锌矿、黄铁矿、磁黄铁矿团块,非金属矿物为高岭土、石英、绢云母、长石、碳酸盐等;硫化矿中金属矿物主要为磁黄铁矿、黄铁矿,其次有毒砂、铁闪锌矿、黄铜矿、方铅矿、硫锑铅矿、黝铜矿,非金属矿物为白云石、绿泥石、石英、绢云母、萤石、白云母及少量重晶石。

氧化矿石中仅见交代结构以及交代作用形成的填隙结构、反应边结构。硫化矿中见有半自形结构、他形晶结构及交代结构、乳滴状结构等。氧化矿石中见角砾构造及蜂窝状构造以及网脉状构造。硫化矿石中见浸染状构造、斑杂状构造及块状构造等。

3. 成因类型及成矿时代

拜仁达坝铅锌矿应是断裂构造控制的与燕山晚期岩浆热液有关的中低温热液脉型矿床。

刘建明等(2004)对拜仁达坝矿床中的闪锌矿进行了 Rb-Sr 等时线定年研究,结果显示燕山中晚期(116Ma±)的成矿年龄。

4. 矿床成矿要素与成矿模式

矿床成矿要素见表4-26。

表4-26 拜仁达坝式热液型铅锌矿拜仁达坝典型矿床成矿要素表

<table>
<tr><td colspan="2">成矿要素</td><td colspan="3">描述内容</td><td>要素类别</td></tr>
<tr><td colspan="2">储量</td><td>(Pb+Zn)1 325 567t</td><td>平均品位</td><td>Pb2.38%;Zn5.06%</td><td></td></tr>
<tr><td colspan="2">特征描述</td><td colspan="3">热液型</td><td></td></tr>
<tr><td rowspan="3">地质环境</td><td>构造背景</td><td colspan="3">Ⅰ天山-兴蒙造山系,Ⅰ-1大兴安岭弧盆系,Ⅰ-1-7锡林浩特岩浆弧(Pz_2)</td><td>必要</td></tr>
<tr><td>成矿环境</td><td colspan="3">大兴安岭成矿省,突泉-翁牛特Pb-Zn-Ag-Cu-Fe-Sn-REE成矿带,索伦镇-黄岗Fe-Sn-Cu-Pb-Zn-Ag成矿亚带</td><td>必要</td></tr>
<tr><td>成矿时代</td><td colspan="3">燕山晚期</td><td>必要</td></tr>
<tr><td rowspan="7">矿床特征</td><td>矿体形态</td><td colspan="3">脉状、似脉状</td><td>重要</td></tr>
<tr><td>岩石类型</td><td colspan="3">各类片麻岩,片麻状石英闪长岩</td><td>必要</td></tr>
<tr><td>岩石结构</td><td colspan="3">鳞片柱粒状变晶结构、中细粒花岗结构;片麻状、块状构造</td><td>次要</td></tr>
<tr><td>矿石矿物</td><td colspan="3">硫化矿主要为磁黄铁矿、黄铁矿,其次为毒砂、铁闪锌矿、黄铜矿、方铅矿等</td><td>必要</td></tr>
<tr><td>矿石结构构造</td><td colspan="3">结构:主要为半自形结构、他形结构、交代结构;
构造:浸染状、斑杂状、角砾状、块状构造</td><td>必要</td></tr>
<tr><td>围岩蚀变</td><td colspan="3">硅化、白云母化、绢云母化、绿泥石化、碳酸盐化、高岭土化,其次为绿帘石化和叶蜡石化等。其中与银、铅、锌矿化有关的是硅化、绿泥石、绢云母化</td><td>必要</td></tr>
<tr><td>主要控矿因素</td><td colspan="3">古元古界宝音图岩群(锡林郭勒杂岩)黑云斜长片麻岩、二云斜长片麻岩、角闪斜长片麻岩及石炭纪石英闪长岩。矿带和矿体的赋存明显受构造控制。北东向构造控制海西期中酸性侵入岩的分布,同时控制矿带的展布。而北北西向和近东西向构造是矿区内主要控矿构造</td><td>必要</td></tr>
</table>

在前中生代,大兴安岭西坡地区处于西伯利亚板块和中朝板块的相向挤压作用,形成了北东向和近东西向的大的构造带。并有大量的岩浆沿沟通上地幔的北东向、近东西向的深大断裂上侵,将大量的深部成矿元素带到地壳浅部,形成了含丰富成矿物质的二叠纪基底地层。同时,在本矿区形成了受北东向构造控制的海西期石英闪长岩及其后同样受北东向构造控制成群分布的辉绿辉长岩脉、岩株等。到了燕山早期,本区受到太平洋板块北西向的挤压,中生代强烈的构造-岩浆活动使先前形成的构造复活、发展,大量受形成于海西期的区域性北东向构造控制的燕山期岩浆上侵。在岩浆上侵的过程中,部分熔融了富含成矿物质的基底地层。天水被岩浆活动晚期上侵的霏细岩脉加热,与深源的岩浆水混合,参加对流循环,沿着该北东向断裂配套的燕山期近东西向压扭性和北西向张性次级断裂向外运移,同时与围岩中的基性岩脉、岩墙、岩株等发生交代反应并淋滤萃取其中的成矿物质,在较封闭、还原的环境下,银、铅、锌以氯络合物的形式搬运。在成矿热液运移的后期,大量的天水加入,使成矿的物理化学条件发生改变,在断裂构造和裂隙中沉淀,充填、交代成矿。由于中生代构造-岩浆活动的多阶段性,还有岩浆不断上侵,造成多期次的成矿作用。在矿体完全形成以后,在矿区的中部出现了北东向断裂继续活动产生的北西向断裂,将矿床分为东、西两个矿区,破坏了东西两个矿区地貌、岩体、矿体等的协调性。明显的,东矿区被抬升,剥蚀较强烈;西矿区矿体埋深较大,并且使两个矿区的矿体在地表产生了"平面效应"(图4-57)。

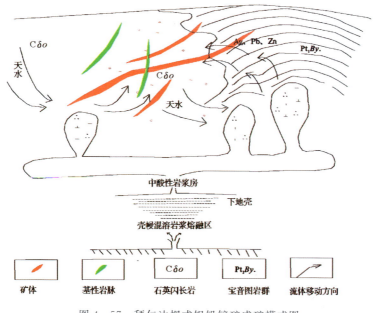

图 4-57 拜仁达坝式银铅锌矿成矿模式图

第六节 钼矿典型矿床与成矿模式

一、斑岩型钼矿床

该类型钼矿床多与铜矿共伴生,近年勘查新发现的主要以钼矿为主,共伴生有铜、钨、铅锌等。成矿时代上以燕山期为主,少量为印支期。前者有小东沟钼矿、岔路口钼铅锌矿、乌努格吐山铜钼矿、车户沟铜钼矿等,后者主要有大苏计钼矿、查干花钼矿等。

(一)大苏计钼矿

大苏计钼矿位于内蒙古自治区乌兰察布市卓资县南东26km。

1. 矿区地质

矿区处于北东东向大榆树复背斜东倾伏端。

矿区内出露地层为太古宇集宁岩群(ArJ.)片麻岩、新近系和第四系黄土及残坡积物。集宁岩群岩性为石榴黑云斜长片麻岩(Gn),局部变质程度达麻粒岩相。新近系出露上新统玄武岩。

侵入岩分布有太古宙晚期碎裂斜长花岗岩。印支期浅成-超浅成侵入体,按侵位次序从早到晚有石英斑岩、花岗斑岩、正长花岗岩,零星分布有辉绿岩脉和石英脉等(图 4-58)。

2. 矿床地质

钼矿体赋存于印支期浅成-超浅成侵入体石英斑岩、正长花岗斑岩及其接触带,目前在勘查区内仅发现Ⅰ号钼矿体。

Ⅰ号钼矿体由 6 个探槽和 24 个钻孔控制,上部为氧化矿石,深部为硫化矿石,氧化带界限清晰,随地形略有起伏,总体上较为平缓,氧化带深度在 45~130m 之间(图 4-59)。氧化矿地表局部出露,下部

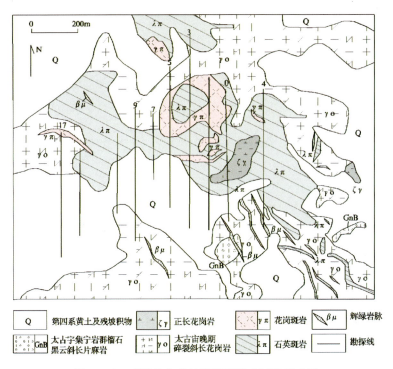

图 4-58　卓资县大苏计斑岩型钼矿区地质略图

变大,工程控制东西长 320m,南北宽 160~280m。厚度 3.45~77.00m,平均厚度 34.15m。矿体品位 0.060%~0.132%,全钼平均含量 0.098%。其中氧化钼含量为 88.24%~97.78%,一般均大于 90%,硫化钼含量 2.22%~11.76%,一般均小于 10%(图 4-59)。

硫化矿沿走向东西最长 480m,倾向延深中间最大为 440m,东西两侧变小,最小为 80m。垂直厚度沿矿体倾向延深而增大,上部及东西两侧较薄,为 4.00~34.99m,下部厚度 243.86m,平均垂直厚度 108.80m。平均真厚度 94.00m。硫化矿沿东西走向,垂直厚度从中间上百米向两侧逐渐变薄,尤以其东侧变化幅度较大,趋于尖灭,西侧垂直厚度也逐渐减少到 24.01~59.24m。硫化矿品位 0.074%~0.246%,平均品位 0.127%。局部见以方铅矿为特征的大脉状矿体,钼品位最高 0.089%,最低

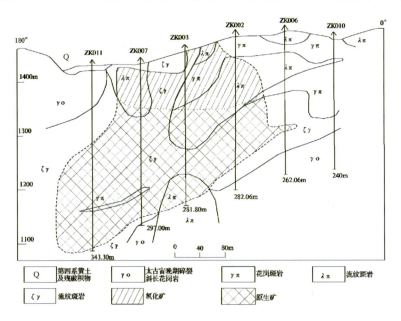

图 4-59　卓资县大苏计斑岩型钼矿 0 勘探线剖面图

0.058%；铅品位最高 5.00%，最低 0.90%；锌品位最高 16.50%，最低 2.38%；银品位最高 225×10^{-6}，最低 60×10^{-6}。

此外，在Ⅰ号勘探线 ZK110 钻孔于孔深 136.55～136.98m 处发现一方铅矿脉，垂直厚度 0.43m，轴心角 45°，真厚 0.30m，因单孔控制其他工程均未见铅矿化，为后期脉状充填，很难构成工业矿体。

按矿石性质分为氧化矿石和硫化矿石。

氧化带中氧化钼矿石为交代结构，空洞状构造-浸染状构造。主要矿物成分为褐铁矿、钼华、石英、高岭土和长石。原生带中的硫化钼矿石，为半自形-他形晶结构、交代结构、细脉-浸染状构造，金属矿物主要为辉钼矿、黄铁矿、褐铁矿、黑钨矿、闪锌矿等，非金属矿物为石英、长石、高岭土、云母、锆石、磷灰石等，矿物种类简单。

矿石的有用组分为 Mo，硫化矿石平均品位 0.127%，氧化矿石平均品位 0.098%。伴生有益组分甚微，达不到综合利用的要求。

围岩蚀变规模较大，有硅化、高岭土化、绢云母化、绢英岩化、云英岩化、绿帘石化、黄铁矿化、褐铁矿化、锰矿化等。

3. 成因类型及成矿时代

大苏计钼矿床受印支期浅成-超浅成侵入杂岩体控制，矿体主要赋存于斑岩体顶部和接触带，以石英斑岩体和正长花岗（斑）岩体的矿化较为发育。钼矿体形成厚大的透镜状，矿化最集中的部位与绢英岩化蚀变相吻合，矿化的连续性较好，以细脉浸染状钼矿体为主。在矿区外围分布有少量脉状产出的铅锌矿体。综上，大苏计钼矿具斑岩型矿床的特征。

石英斑岩中的辉钼矿铼-锇等时线年龄为 222.5±3.2Ma，模式龄变化于（224.6±3.4～222.1±3.2）Ma（张彤等，2008），石英斑岩的锆石 SHRIMP 年龄为 228.1±3.0Ma（王登红等，2010），矿床的形成时代为晚三叠世。

4. 矿床成矿要素与成矿模式

矿床成矿要素见表 4-27。

表 4-27 大苏计式斑岩型钼矿大苏计典型矿床成矿要素表

成矿要素		描述内容		要素类别
储量		钼 47 258t	平均品位 0.122%	
特征描述		斑岩型		
地质环境	构造背景	Ⅱ-4 狼山-阴山陆块、Ⅱ-4-1 固阳-兴和陆核		必要
	成矿环境	Ⅲ-11 华北地台北缘西段 Au-Fe-Nb-REE-Cu-Pb-Zn-Ag-Ni-Pt-W-石墨白云母成矿带，Ⅲ-11-③乌拉山-集宁 Au-Ag-Fe-Cu-Pb-Zn-石墨白云母成矿亚带		必要
	成矿时代	三叠纪		必要
矿床特征	矿体形态	倒置缓倾斜的半个古钟状		重要
	岩石类型	石英斑岩、正长花岗（斑）岩		重要
	岩石结构	花岗结构、斑状结构		次要
	矿石矿物	辉钼矿、黄铁矿、褐铁矿、黑钨矿、闪锌矿		重要
	矿石结构构造	交代结构，半自形-他形晶结构，交代结构；空洞状构造-浸染状构造，细脉-浸染状构造		次要
	围岩蚀变	硅化、高岭土化、绢云母化、绢英岩化、云英岩化等		必要
	主要控矿因素	北东向凉城-黄旗海断裂带、大榆树断裂破碎带及后期北西向断裂构造		必要

矿床成矿模式：与印支期钙碱性浅成-超浅成侵入岩体具有密切的成因联系。印支期本区地壳处于拉张构造背景，诱发大规模中酸性火山喷发和岩浆侵入活动，并且形成含矿岩浆，这种岩浆在上侵运移过程中，一方面自身发生结晶分异演化，另一方面遭受早期岩层（体）同化混染，从而使其进一步富集成矿组分，进而形成含钼熔浆，在岩体顶部及围岩中的成矿有利部位形成网脉状矿石（图4-60）。

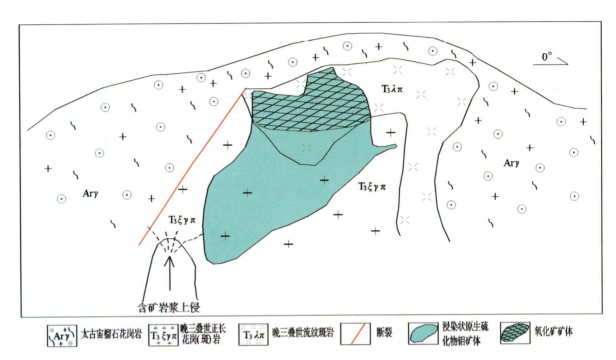

图4-60　大苏计式斑岩型钼矿成矿模式图

（二）岔路口钼铅锌矿

岔路口钼铅锌矿位于内蒙古自治区境内，行政隶属于黑龙江省大兴安岭松岭区，地理上位于大兴安岭北段的伊勒呼里山脉南坡，多布库尔河上游。

1. 矿区地质

矿区出露地层主要有新元古界—下寒武统倭勒根群大网子组、中生界白垩系光华组和新生界第四系。倭勒根群大网子组为浅变质沉积岩及变质海相中基性火山岩，是主要赋矿地层。光华组全区均有出露，主要岩性有流纹岩、流纹质晶屑岩屑凝灰熔岩、流纹质角砾凝灰熔岩、英安岩、英安质凝灰熔岩及少量含杏仁安山岩等，是主要赋矿地层。第四系主要为河床及漫滩堆积物，分布于沟谷及两侧（图4-61）。

侵入岩浆活动强烈，发育于1029高地火山穹隆西南侧的燕山晚期的超浅成相潜火山侵入体的石英斑岩、花岗斑岩及隐爆活动是本区成矿作用发生的重要因素。

矿区处于伊勒呼里山隆起带南侧，早白垩世光华期发育的1029高地中酸性火山穹隆边部断隆区，影响矿区主要构造有NW、NE和近SN向发育的断裂，以及1029高地火山机构的环状、放射状断裂系统。

2. 矿床地质

本矿床以穹状钼矿为主体，上部边缘共（伴）生有脉状铅锌银矿（化）体。钼矿体总体呈北东向拉长，呈穹隆状，主体隐伏，地表仅于相当于穹顶部出露带状低品位矿体。现控制长1800m，两端延长未尖灭；宽200～1000m，延深－815m。以穹顶部为中心，纵向上矿体西部向南西侧伏、倾角20°，东部向北东侧伏、倾角25°～60°；横向中心带北侧矿体向北西侧伏，倾角25°～50°，中心带南侧矿体向南东侧伏，倾角

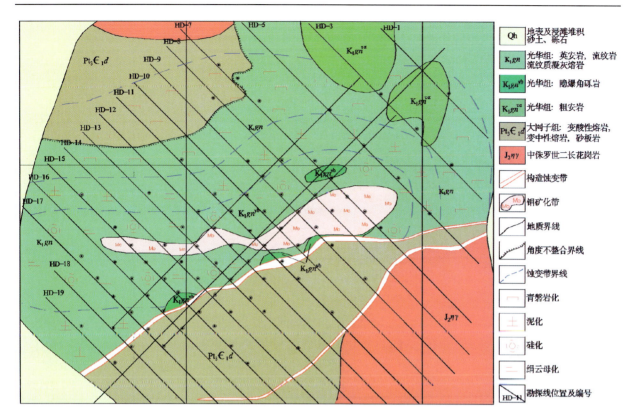

图 4-61 大兴安岭岔路口斑岩型钼铅锌矿区地质图

25°～60°。南东侧部分矿体被北东向 F_2 断裂破坏。赋矿岩石主要为光华组的中酸性火山岩、石英斑岩、花岗斑岩及隐爆角砾岩等(图 4-62)。

矿体在垂向上总体分为 3 种类型：上部层状工业矿体，主要为薄层状工业矿体及薄层状低品位矿体，分布在酸性火山岩内；中部较厚大工业矿体呈透镜状或层状，夹石较多，与低品位矿体互层，分布在酸性火山岩、花岗斑岩内；底部富厚工业矿体厚大、连续性好、品位高，仅局部发育有后期脉岩，为无矿夹石，赋存在花岗岩、花岗斑岩体内，少部延伸到酸性火山岩地层中。

上部层状工业矿体：分布在矿体上部 600m 至 300～400m 标高内，与低品位矿互层。钼矿体总体呈拉长穹隆状，矿体东北部向北东侧伏，倾角 35°，西南部向南西侧伏，倾角 40°，矿体中心部位为穹隆顶部，拉长穹脊总体走向 250°，横向上穹脊北西侧倾角 30°、南东侧倾角 25°。矿体顶部为带状低品位矿体，长 500m、宽 100～200m；300m 标高呈不规则带状分布，长 1700m、宽 180～500m。上部层状工业矿体向下过渡为较厚大工业矿体，由南西向北东自 300m 标高向 400m 标高过渡，至中心部位向东局部有较富厚矿体。层状工业矿体最大累加厚度 300m、最大连续厚度 237.85m、最小厚度 1.5m、最高品位 1.07%、平均品位 0.08%。

中部较厚大工业矿体：分布在矿体中、西部 300～400m 至 -100～0m 标高内，向下过渡为富厚工业矿体。上部 300m 中段为不规则带状，下部 100m 中段为不规则面型带状，总体为不规则长台体，形态复杂，夹石约占 50%，长 1400m、宽 200～800m，纵向上向南西侧伏，倾角 20°，横向上北西侧侧伏倾角 45°～60°，南东侧侧伏倾角 60°。较厚大工业矿体最大累加厚度 350m、最大连续厚度 296.9m、最小厚度 1.5m、最高品位 1.52%、平均品位 0.08%。

下部富厚工业矿体：分布在矿体中、西部 0～100m 标高以下，矿体未封闭，为厚层状体，长 1200m、宽 900m。最大连续厚度 809.08m、最小厚度 2.00m、最高品位 2.10%、平均品位 0.091%。推测深部及现钻孔的北西侧尚有潜力。

本矿区的矿体以隐伏矿体为主，地表矿体氧化淋滤后很少能达到工业品位。

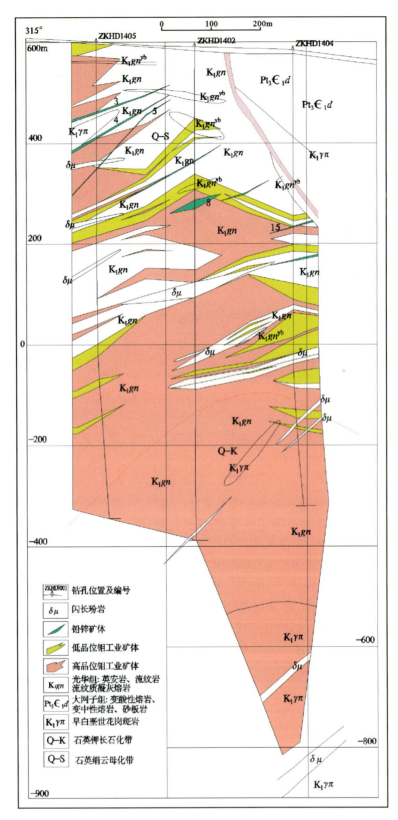

图 4-62 大兴安岭岔路口斑岩型钼铅锌矿 14 勘探线剖面图

矿石的自然类型主要为硫化矿石。矿石工业类型为钼矿石、铅锌矿石、钼铅锌矿石。钼主矿体顶板埋深200~400m，呈浸染状及微细脉状赋存于石英-绢云母化、石英-钾长石化蚀变带内，可分为工业矿石（Mo≥0.06%）和低品位矿石（0.06%＞Mo≥0.03%）；铅锌矿体出露地表，呈脉状、局部为块状赋存于泥化及石英-绢云母化蚀变带内，可分为工业矿石（Pb≥0.70%）（Zn≥1.00%）（Ag≥80×10^{-6}）和低品位矿石（Pb+Zn＜1%，Ag＜80×10^{-6}）；钼铅锌矿体为隐伏矿体，呈脉状、细脉状赋存于泥化及石英-绢云母化蚀变带内，一般含量Pb+Zn 0.1%~0.2%，Ag 1×10^{-6}~10×10^{-6}。

矿区内各矿体的矿石物质成分基本相同，金属矿物主要为黄铁矿、辉钼矿、闪锌矿、方铅矿、黄铜矿、褐铁矿、硬锰矿、钼华等；脉石矿物主要有石英、斜长石、钾长石、绢云母、萤石、水白云母、高岭石、方解石、绿泥石、绿帘石等。

矿石的结构主要为鳞片状自形、半自形晶结构，自形至半自形晶粒状结构，他形晶粒状结构，碎裂结构，乳浊状结构，交代包含结构。矿石的构造有块状、浸染状、条带状、角砾状构造。

钼矿体北西侧大网子组是铅锌矿体的围岩，岩性主要为变质砂岩及少量变质安山岩，近矿围岩蚀变现象主要为绿泥石化、绿帘石化、方解石化，少量萤石化、绢云母化、石英化、镜铁矿化、黄铁矿化。钼矿体围岩主要为中酸性火山岩，岩性有流纹质晶屑岩屑凝灰熔岩、英安质晶屑岩屑凝灰熔岩，近矿围岩蚀变现象主要为泥化带、石英绢云母化带。

矿区的矿化分带明显受热液蚀变分带互相制约，岩体的蚀变中心向外，金属元素水平分带Mo→Mo、Zn→Pb、Zn、Ag。可划分为3个矿化带，即辉钼矿带、黄铁矿辉钼矿闪锌矿带和黄铁矿方铅矿闪锌矿带。

3. 成因类型及成矿时代

矿床位于北东侧的1029高地火山喷发中心边部，早白垩世火山喷发期后，多期次火山岩侵入在其边部形成次火山穹丘。次火山穹丘构造主体为酸性火山岩，成为主要赋矿岩体，控制了矿床的产出位置。

石英斑岩中微量元素Pb、Zn、Ag等含量高出区域背景值3倍，花岗斑岩Mo含量高出区域背景值15倍。石英斑岩超浅成侵入，在空间上与Pb、Zn、Ag矿体关系密切（Pb、Zn、Ag矿体均赋存在-200m标高以上），其被动侵入局部隐爆所形成的裂隙成为Pb、Zn、Ag矿体的赋矿构造，深源成因富含Pb、Zn、Ag元素又为成矿提供物质来源；花岗斑岩与Mo矿体紧密相伴，钼矿体赋存于花岗斑岩体内或其中酸性火山岩围岩内，其侵入及隐爆活动是形成钼矿体的重要因素。

因此，岔路口矿床的形成是与早白垩世光华期火山喷发旋回后期超浅成相侵入的次火山岩体及隐爆作用紧密相关的斑岩型钼多金属矿床。辉钼矿铼-锇同位素等时线年龄为146.96±0.79Ma（聂凤军，2011），成矿期为燕山晚期。

4. 矿床成矿要素与成矿模式

矿床成矿要素见表4-28。

表4-28 岔路口式斑岩型钼矿岔路口典型矿床成矿要素表

成矿要素		描述内容		要素类别
储量		钼1 124 780t	平均品位　0.09%	
特征描述		与石英斑岩、花岗斑岩等超浅成次火山侵入活动有关的斑岩型钼矿床		
地质环境	构造背景	Ⅰ天山-兴蒙造山系，Ⅰ-1大兴安岭弧盆系，Ⅰ-1-3海拉尔-呼玛弧后盆地		必要
	成矿环境	Ⅰ-4滨太平洋成矿域，Ⅱ-12大兴安岭成矿省，Ⅲ-5新巴尔虎右旗-根河Cu-Mo-Pb-Zn-Ag-Au-萤石-煤（铀）成矿带，Ⅲ-5-③根河-甘河Mo-Pb-Zn-Ag成矿亚带		必要
	成矿时代	燕山期（146Ma）		必要

续表 4-28

成矿要素		描述内容		要素类别
储量		钼 1 124 780t　　　平均品位　　　0.09%		
特征描述		与石英斑岩、花岗斑岩等超浅成次火山侵入活动有关的斑岩型钼矿床		
矿床特征	矿体形态	穹状为主，局部为层状、似层状、透镜状		重要
	岩石类型	主要为变质砂岩、暗绿色片理化安山质角斑岩和流纹岩、流纹质角砾凝灰岩、英安质凝灰熔岩、花岗岩、花岗斑岩等		必要
	岩石结构	变余砂状结构、斑状结构、凝灰结构、花岗结构		次要
	矿石矿物	主要为黄铁矿、闪锌矿、磁黄铁矿、方铅矿、少量黄铜矿、辉钼矿等		次要
	矿石结构构造	结构：鳞片状自形、半自形晶结构、碎裂结构、交代包含结构；构造：块状构造、浸染状构造、条带状构造、角砾状构造		次要
	围岩蚀变	钾化、石英绢云母化、泥化、青磐岩化		重要
	主要控矿因素	与晚侏罗世火山喷发旋回后期超浅成相侵入的次火山岩体及隐爆作用紧密相关		必要

矿床成矿模式：中生代早-中期，随着蒙古-鄂霍茨克（以下简称蒙-鄂）大洋板片对西伯利亚板块的持续俯冲，蒙-鄂大洋盆地萎缩和消失最终导致华北-蒙古块体与西伯利亚板块的对接碰撞。两大陆块"焊接"成为一个整体，岔路口及邻区进入到一个全新的地壳演化阶段。两大陆块的碰撞致使区域地壳发生明显缩短和增厚，同时诱发中酸性岩浆活动。强烈的构造-岩浆作用及相关热液活动导致早中生代基底岩（体）层中钼、银、铅和锌含量明显增高，为后来钼矿床的形成奠定了物质基础。

燕山晚期达到碰撞造山后伸展作用高峰期，岔路口及邻区开始从挤压转变为拉张状态，地壳下部蒙-鄂大洋板片的快速下沉可以导致壳、幔物质的部分熔融，并且通过熔融-同化-储集-均一化（MASH）机制形成含矿中酸性岩浆。强烈的中酸性火山喷发作用沿北东向断裂带或在断陷盆地内形成巨厚的火山-沉积岩地层，并覆盖在前中生代基底构造层之上。另外，在不同方向断裂带的交汇部位，产出不同规模的花岗岩类侵入岩体，其中部分岩体与钼矿化带具有密切的空间分布关系。钼的成矿作用是本区中生代构造-岩浆活动的重要组成部分，是中酸性岩浆作用的继续和发展。富硅、碱质组分、铷和氟，而贫铁、镁、钙、锶和锆的岩浆在其上侵定位过程中，一方面自身可以发生结晶分异作用，另一方面遭受到早期岩（体）层的混染同化作用，无论是哪种地质作用，它们均可导致挥发性组分（CO_2、F、Cl、H_2O）、SiO_2、K_2O、W、Mo、U、Cu、Nb 和 Y 等在岩浆房顶部或旁侧发生富集作用，进而产生含矿岩浆流体，并且沿构造薄弱地带沉淀形成一系列含矿石英脉、细脉和网脉，最终构成岔路口特大型钼多金属矿床（图 4-63）。

二、沉积（变质）型钼矿床

该类型钼矿床主要为元山子镍钼矿。

元山子镍钼矿区行政区划隶属于内蒙古自治区阿拉善左旗巴润别立镇管辖，位于巴彦浩特镇南 73km。

1. 矿区地质

矿区地表基本被第四系（Q）覆盖，只有小面积的新近系（N），根据钻孔及斜井工程揭露，下部见寒武系香山群（$\epsilon_2 X$），其中含矿层为香山群（$\epsilon_2 X$）含碳或夹石英绢云母千枚岩、黑色（含镍、钼等元素）含碳石英绢云母千枚岩，顶底板围岩均为浅灰色石英绢云母千枚岩。岩浆岩以脉岩为主，地表未见到出露。

断层可分为近东西向逆断层，延长及断距较大；近南北向的正断层比较发育，一般倾角较大，多陡立，断距小，破碎带较宽。节理以走向北东 30°～60°，倾向南东，倾角 60°～90°为主。

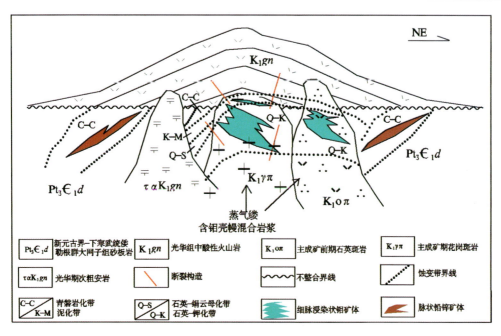

图 4-63　岔路口式斑岩型钼矿成矿模式示意图

2. 矿床地质

矿体赋存于含碳或夹石英绢云母千枚岩、黑色(含镍、钼等元素)含碳石英绢云母千枚岩地层之中。顶底板围岩均为浅灰色石英绢云母千枚岩,矿体与围岩产状完全一致。

含碳镍、钼矿化层呈层状,层位比较稳定,埋深为180~300m(顶板),厚度0~62m。小揉皱、断裂破坏比较明显,矿化层总的走向北西,倾向42°,倾角11°。

矿区内现划定为两个矿(体)层,分别为1号、2号矿体(层)。1号矿(体)层控制长425m,宽80~160m;镍、钼基本同体共生;最大厚度镍矿体9.70m,最小厚度1.08m,平均厚度5.45m。钼矿体最大厚度10.54m,最小厚度1.01m,平均厚度6.85m。镍最高品位1.61%,最低品位0.20%,平均品位0.37%。钼最高品位0.564%,最低品位0.011%,平均0.097%。

2号矿(体)层位于1号矿层下部,相距3~55m。镍钼矿体最大厚度2.69m,最小厚度2.53m,平均2.61m,钼平均品位0.079%。镍达不到工业品位,属于单钼矿层(体)。

矿石矿物主要为辉钼矿(含量0.06%)、辉砷镍矿(含量0.29%)、针镍矿(0.02%)、辉铁镍矿(0.03%),其他矿物含量甚微,有黄铁矿、辉铜矿、闪锌矿、黄铜矿、褐铁矿、毒砂、蓝铜等。非金属矿物主要由石英、绢云母及碳质物组成。辉钼矿呈细粒星散状分布,碳质物呈鳞片状分布,与镍、钼关系较密切,碳质物含量较高时镍、钼含量相应也变高。

矿石以粒状结构为主,同时具交代结构、胶状结构、生长结构等。矿石构造有细脉浸染状构造、浸染状构造。

矿石自然类型为黑色含碳质页岩型辉钼矿、硫化镍(镍黄铁矿、辉铁镍矿、二硫镍矿)矿石。矿石工业类型为硫化钼镍贫矿石。矿石颗粒细,不易碎,属难磨难选的矿石。

3. 矿床成因与成矿时代

元山子镍钼矿成因类型为沉积型硫化镍、钼矿床。赋存含碳石英绢云母千枚岩、黑色(含镍、钼等元素)石英碳质绢云母千枚岩地层之中。矿体的产出受地层控制,呈层状受后期的构造及热液活动的影响,矿(化)层在局部地段富集而成,因此断裂构造及热液通道附近是成矿的有利地段。成矿时代为寒武纪。

4. 矿床成矿要素与成矿模式

矿床成矿要素见表4-29。

表4-29 元山子式沉积(变质)型镍钼矿元山子典型矿床成矿要素表

成矿要素		描述内容			要素类别
储量		小型 Mo 金属量：1401.41t	平均品位	0.091%	
特征描述		沉积型镍钼矿床			
地质环境	构造背景	Ⅳ-1北祁连弧盆系；Ⅳ-1-1走廊弧后盆地			必要
	成矿环境	Ⅲ-4河西走廊Fe-Mn-萤石盐-凹凸棒石成矿带(Ⅲ-20)；Ⅲ-4-①阎地拉图Fe成矿亚带(Vm)			重要
	成矿时代	寒武纪			必要
矿床特征	矿体形态	含碳镍、钼矿化层呈层状，层位比较稳定			重要
	岩石类型	灰绿色绢云千枚岩、绢云石英千枚岩、绢云石英板岩及灰黑色含石墨绢云石英千枚岩			必要
	矿石矿物	金属矿物主要为辉钼矿、辉砷镍矿、针镍矿、辉铁镍矿；非金属矿物主要为石英、绢云母及碳质物			重要
	矿石结构构造	结构：以粒状结构为主，同时具交代结构、胶状结构、生长结构等；构造：细脉浸染状构造、浸染状构造			次要
	围岩蚀变	石英-绢云母化			次要
	主要控矿因素	1.寒武系香山群千枚岩含矿建造；2.北东及北西向断裂；3.石英脉与磁黄铁矿、镍钼矿、黄铜矿等矿化关系密切			必要

矿床成矿模式：早寒武世，元山子镍钼矿所在地区处于与伸展构造背景有关的被动大陆边缘斜坡上的裂陷盆地环境下，受同沉积断裂活动影响，使上地幔有关元素被热水(泉)循环体系带入裂陷盆地中，在相对深水的还原条件下，沉积形成了一套含碳黑色岩系(含镍、钼等元素)，此后，在不断的构造及热液活动影响下，黑色岩系逐渐被改造为含碳石英绢云母千枚岩、黑色石英碳质绢云母千枚岩地层，成矿元素也在其中局部有利地段逐渐富集，形成了具有一定工业价值的层状镍钼矿体(图4-64)。

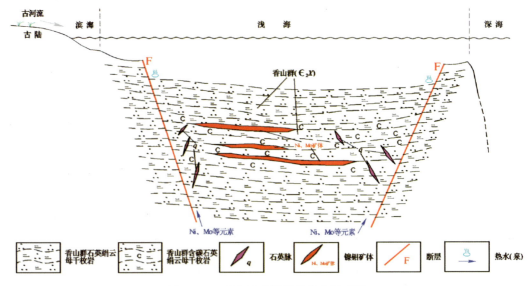

图4-64 元山子式镍钼矿成矿模式图

第七节 钨矿典型矿床与成矿模式

内蒙古自治区主要为热液脉型钨矿床。主要有沙麦钨矿、七一山钨矿、乌日尼图钨矿,此外,道伦达坝铜多金属矿也伴生有钨矿(见本章铜矿床部分)。

(一)沙麦钨矿

沙麦钨矿分布在内蒙古自治区锡林郭勒盟东乌珠穆沁旗沙麦苏木。

1. 矿区地质

仅南东部零星出露中下侏罗统,大部分被第四系覆盖,据钻孔资料深部见有泥盆纪地层(图 4-65)。

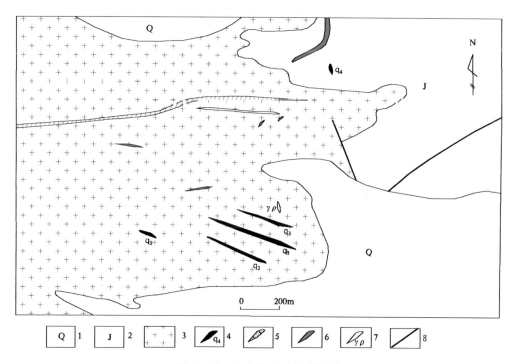

图 4-65 沙麦钨矿区地质简图

1.第四系;2.侏罗系;3.燕山晚期黑云母花岗岩;4.含钨石英脉及编号;5.花岗斑岩脉;6.石英脉;
7.花岗伟晶岩脉;8.断层

侵入岩以中粒似斑状花岗岩、似斑状黑云母花岗岩为主,晚期脉岩有花岗伟晶岩、花岗细晶岩等,是矿体的主要围岩,这些岩石普遍发生自变质铁白云母化。

沙麦矿区位于北东向东乌珠穆沁旗复背斜轴部,基本构造格架为多阶段活动的北西、北东两个方向的交叉断裂。在断裂演化发展过程中首先形成北西、北东向两组共轭压扭性节理,进一步发展,其中一组或两组往往转变成张扭性追踪断裂,沿追踪断裂一般充填有石英脉及云英岩脉、含钨石英脉等。

2. 矿床地质

沙麦矿区圈定钨矿体约 550 余条,其中够工业品位的矿体有 77 条,参与储量计算的为 59 条。

矿体总体分布形态复杂,但具体矿脉形态较简单,呈石英、云英岩细脉型和大脉型。

1 号矿脉带由 24 个脉体组成,矿脉带控制长约 800m,深约 400m,宽 30~130m。代表性矿脉为 1-1、

1-2、1-17、1-24。矿脉具右向斜列的特点。1-1 含钨石英大脉：分布于矿区中部，矿脉长约 645m，平均厚度 1.58m，最大倾斜延深约 265m，总体走向北西 305°，倾向南西，倾角 84°～87°。平均品位 WO_3 2.75%，矿脉局部地段具有分支复合现象，分支细脉一般长 30～90m 不等，与主矿体呈锐角相交。1-17 云英岩型大脉：矿脉基本被钻孔控制圈定，产状与 1-1 相同，矿脉为扁豆状，长约 145m，平均厚 11.06m，倾向延深推测为 215m，WO_3 平均品位 0.24%。

2 号矿脉带总计有 34 个矿体，控制长约 1000m，深约 400m，宽 24～55m。代表性矿脉为 2-1、2-2。矿脉具左向斜列的特点。2-1 含钨石英脉分布于 1-1 矿脉南西 155m，矿脉控制长约 475m，平均厚度 0.92m，最大倾斜延深 240m，平均品位 WO_3 0.90%，矿体走向北西 295°，倾向北东，倾角 82°～89°。矿体形态与 1-1 类似，亦呈舒缓波状折线形自然尖灭的脉体，脉体一侧见锐角分支细脉，厚度变化系数为 35%。2-2 含钨石英大脉：为钻孔控制的盲矿体，长约 168m，平均厚度 0.97m，最大倾斜延深 228m，平均品位 WO_3 2.72%，产状与 2-1 相同。

3 号矿脉带总计有 8 个矿体，控制长约 600m，深约 400m，宽 30～56m。矿体主要以尖灭再现及平行右向斜列排布的特点。代表性矿脉为 3-1、3-5。3-1 含钨石英大脉：分布于 1 号矿脉北东 134m 处。矿脉长约 290m，平均厚度 0.33m，最大倾斜延深 123m，WO_3 含量变化很大，仅局部达到工业要求，1010m 标高矿体平均品位 WO_3 3.64%，总体走向北西 307°，倾向南西，倾角 84°。石英脉除规模较小外，矿体形态也较复杂，整个矿体由 3 种形态组成：①渐次尖灭形态，矿脉由大到小逐渐尖灭；②尖灭侧现形态，仅在局部发育；③分支尖灭再现形态。3-5 云英岩型大脉：矿脉产状与 3-1 含钨石英脉相同，脉体形态为扁豆状，长约 112m，平均厚度 10.76m，延深约 175m，平均品位 WO_3 0.17%，脉体为弱云英岩化花岗岩，属云英岩型大脉（图 4-66）。

沙麦钨矿床在剖面上的垂直分带自下而上可概括为根部细脉带→大脉带→大脉细脉混合带→细脉带→顶部细脉带。伴随矿带垂直结构变化、围岩岩性不同、成矿差异，矿脉带围岩蚀变及其工业价值亦出现垂直变化，其变化表现为下述对应关系（表 4-30）。

沙麦钨矿共生或伴生矿物 20 余种，金属矿物以黑钨矿为主，其次为白钨矿、黄铁矿、黄铜矿，另见少量斑铜矿、方铅矿，偶见辉钼矿、毒砂、闪锌矿、孔雀石、蓝铜矿、褐铁矿；非金属矿物以石英、白云母、铁白云母、黑云母为主，钾长石、钠长石、黄玉次之，萤石少量，电气石、伊利石微量。

矿石结构构造：结晶作用形成伟晶、粗粒、中粗粒、细粒结晶结构；交代作用形成的结构有鳞片花岗变晶、残余、骸晶、交叉结构；机械作用形成的压碎结构等。构造有块状、交错脉状及网脉状、斑块状、浸染状、梳状、晶洞构造。

矿石工业类型按有用元素组合划分为钨矿石、富钨矿石和贫钨矿石。自然类型按矿石构造分为块状矿石、脉状矿石、网脉状矿石、浸染状矿石、角砾状矿石；按赋矿岩石分为含钨石英脉矿石和云英岩矿石及云英岩化花岗岩矿石等。

主要围岩蚀变为铁白云母化、云英岩化、角岩化，其次为黄铁矿化、萤石化、电气石化。

WO_3 在各脉带同种及不同类别矿脉中分布不相同。各矿带石英脉型 WO_3 平均含量 2.237%；云英岩型 WO_3 平均含量 0.325%，各带的石英脉型中的 WO_3 含量变化大，云英岩型 WO_3 含量较稳定。矿石中伴生有益组分除 Ag 及 TR_2O_3 之外，其他均无工业意义。Ag 平均含量 4.08×10^{-6}；TR_2O_3 0.042%。银及全稀土元素赋存状态不清，矿山阶段无法回收利用。

3. 矿床成因及成矿时代

沙麦钨矿床钨矿化与燕山晚期花岗岩体演化晚期边缘相的中细粒黑云母花岗岩关系密切，矿体受控于矿区内由花岗岩节理发育而来的 NW 向张扭性断裂，以黑钨矿石英大脉及蚀变云英岩的方式产出，这些特征与中国华南和花岗岩有关的石英脉型钨矿床的地质特征一致。花岗质岩浆不仅从深部带来了大量的成矿物质，并在自身的分异演化中使其往岩体顶部和边部富集，而且往往扮演了"热能机"的作用，导致了成矿热液的对流循环。随着花岗质岩浆在地壳浅部侵位与冷凝，在岩体的隆起部位常形成

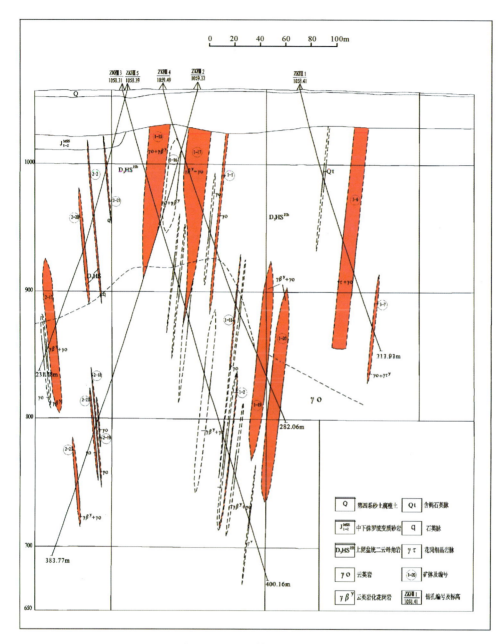

图4-66 沙麦钨矿8线剖面图

表4-30 沙麦矿区钨矿矿脉带垂直结构变化表

根部细脉带	大脉带	大脉细脉混合带	顶部细脉带
围岩为花岗岩类	角岩		中下侏罗统变质砂砾岩
围岩蚀变为云英岩化		微弱电气石化、萤石化、黄铁矿化、角岩化、云英岩化	轻微绿泥石化
无工业价值	工业价值大	工业价值不清	无工业价值

一系列断裂系统,此时体系处于开放状态。沿这些开放的断裂系统,花岗质岩浆自身演化形成的岩浆热液与地表较冷的大气降水发生混合,引起流体体系的温度骤然冷却以及物理化学条件的改变,导致钨的快速沉淀,形成含钨石英脉型矿床(胡朋,2004;胡朋等,2005)。

成矿时代为燕山晚期(沙麦花岗岩体年龄115Ma,内蒙古自治区地质矿产开发局,1991)。

4. 矿床成矿要素与成矿模式

矿床成矿要素见表4-31。

表4-31 沙麦式热液脉型钨矿沙麦典型矿床成矿要素表

成矿要素		描述内容			要素类别
储量		WO_3资源储量26 236t	平均品位	WO_3 0.423%	
特征描述		与燕山晚期侵入岩有关的高温热液脉型钨矿床			
地质环境	构造背景	Ⅰ天山-兴蒙造山系、Ⅰ-1大兴安岭弧盆系、Ⅰ-1-5东乌-多宝山岛弧(Pz_2)			必要
	成矿环境	Ⅲ-6东乌珠穆沁旗-嫩江(中强挤压区)Cu-Mo-Pb-Zn-Au-W-Sn-Cr成矿带(Pt_3、Vm-1、Ye-m),Ⅲ-6-②朝不楞-博克图W-Fe-Zn-Pb成矿亚带(V、Y)			必要
	成矿时代	燕山晚期			必要
矿床特征	矿体形态	脉状—大脉状(脉带)为主,次为扁豆状			重要
	岩石类型	中粒黑云母花岗岩、似斑状黑云母花岗岩及其脉岩是矿体的主要围岩。石英脉、云英岩、云英岩化花岗岩为主要含矿岩石			重要
	岩石结构	中粒结构、似斑状结构			次要
	矿石矿物	金属矿物以黑钨矿为主,其次为白钨矿、黄铁矿、黄铜矿,少量的斑铜矿、方铅矿等;非金属矿物以石英、白云母、铁白云母、黑云母为主,钾长石、钠长石、黄玉次之,萤石少量			次要
	矿石结构构造	结构:伟晶、粗粒、中粗粒、细粒结晶结构,鳞片花岗变晶、残余、骸晶、交叉结构,压碎结构等; 构造:块状、交错脉状及网脉状、斑块状、浸染状、梳状、晶洞构造			次要
	围岩蚀变	铁白云母化、云英岩化、硅化、黄铁矿化、萤石化、电气石化			重要
	控矿条件	控矿构造:北西向张扭性断裂构造; 赋矿岩石:晚侏罗世中粒黑云母花岗岩、似斑状黑云母花岗岩			必要

沙麦钨矿床成矿模式见图4-67。

(二)七一山钨锡铷矿

七一山钨矿位于内蒙古自治区西部阿拉善盟额济纳旗。

1. 矿区地质

地层主要出露有志留系圆包山组陆源碎屑岩及火山碎屑岩,公婆泉群火山熔岩、火山碎屑岩及碳酸盐岩,次有零星分布的侏罗系赤金堡组黄褐色砂砾岩及粗砂岩、新近系苦泉组及第四系松散堆积物。

侵入岩主要以燕山期为主,少量海西期中酸性侵入岩。燕山早期侵入岩比较发育,为成矿岩体,与钨、锡、铷等元素有关的为钠长石化花岗岩,按矿物粒度、长石和云母的类不同,可划分为外部岩相

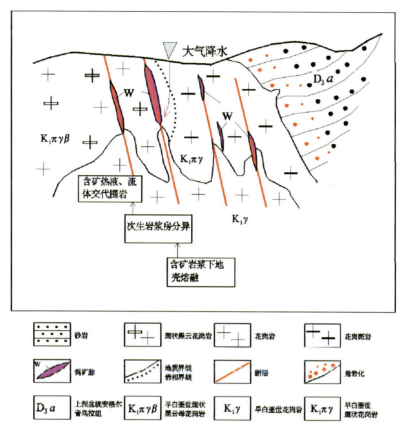

图 4-67 沙麦式钨矿成矿模式图

带——灰褐色、褐红色弱钠长石化似斑状黑云母花岗岩,过渡相带——浅灰色中粒中钠长石化黑云母花岗岩,内部岩相带——白色中粗粒强钠长石化花岗岩,岩石普遍经受较强烈蚀变交代作用,钠长石化、锂云母化、黑鳞云母化、黄玉化和萤石化强烈而且普遍。经同位素测定,弱钠长石化似斑状黑云母花岗岩为 156.8Ma,应属燕山早期。区内脉岩发育,主要有石英斑岩脉、花岗斑岩脉、方解石脉、髓石-萤石脉、萤石矿脉和石英脉。

矿区位于区域复向斜的核部,就局部而言应为一走向近东西,倾向北,倾角 64°～72°的单斜构造。区内断裂构造发育,主要有近东西向、北东-南西向、南北向、北北东-南南西向 4 组,从控制着燕山期花岗岩体和与成矿有关的矿体分布来看,均发生于成矿以前,属控矿构造。矿区内除少数规则平整延深较长的剪切裂隙外,占绝对优势的是复杂的网状裂隙。网状裂隙是多期构造活动的产物,它是控制含钨、钼的石英脉及长英质细脉的主要裂隙。

2. 矿床地质

矿区共圈定钨、锡、钼、铷、铍、铁、铜 7 种矿石组成的单生和共生矿体 71 个,其中规模最大、数量众多的矿体集中分布在矿区东段 16～52 线间花岗岩体南、东侧外接触带。呈残环状产于角岩化凝灰质变质砂岩、安山岩、矽卡岩中,少数产在岩体的边部。

根据矿物组合可将矿脉分成:辉钼矿白钨矿石英脉、黑钨矿白钨矿石英脉、白云母黑钨矿石英脉、黄玉白钨矿显微钾长花岗岩脉等类型。其中以黑、白钨石英脉,黑、白钨花岗岩脉和白钨钾长石脉为主。

矿区最大的 27 号矿体是以钨、锡、钼为主的综合矿体。分布在 24—48 线。总体走向近东西,倾向北,倾角 50°～65°,矿体西端主要受成矿前的第二组南倾型裂隙控制,局部倒转而倾向南,倾角 82°。平面上呈西段集中,向东散开。矿体长 700m,延深 300～550m,厚 80～150m。其他矿体规模一般较小,倾角不详。长 100～300m,延深 50～250m,厚 1～30m。形态多呈透镜体。

钨矿矿石类型仅细网脉型一种。脉幅宽 0.2～2.5mm，以 1mm 左右的居多。主要以 40°～60°及 310°～320°两个方向充填于岩体边部及围岩的裂隙中，构成明显的网脉状。矿物成分复杂，矿物种类繁多，达 50 多种，金属矿物有黑钨矿、白钨矿、锡石、自然锡、钼铋矿、钼铅矿、辉钼矿、辉铋矿等；脉石矿物主要有斜长石、条纹长石、微斜长石和石英为主，次为各种云母。

WO_3 平均品位 0.174%，Mo 平均 0.050%，Sn 平均 0.228%，BeO 平均 0.172%，TFe 平均 28.95%，Cu 平均 0.589%，Rb 平均 0.133%。

矿区的铷、钼、钨、锡、铍及萤石等矿化水平分带明显，局部具垂直分带现象。水平方向，由岩体向外依次为铷矿带—钨、钼矿带；垂直方向，由上而下大致是锡矿带—钨矿带—钼矿带。

岩体及围岩发育钠长石化、硅化、矽卡岩化、萤石化等蚀变，而不同的蚀变则往往与不同的矿化有关。钨钼矿与硅化关系密切，锡矿与矽卡岩化、角岩化密切，铷矿与钠长石化密切，萤石化常常形成萤石矿。

3. 矿床成因与成矿时代

①成矿母岩为高硅、富碱、贫钙的黑云母花岗岩，其中成矿元素 Li、Rb、Nb、Ta、W、Mo、Sn、Be 等的丰度比地壳克拉克值高几倍到上百倍。②Li、Rb、Nb、Ta 主要赋存于锂云母、黑鳞云母、铌钽铁矿、细晶石和铌铁矿等矿物中，分布于整个岩体内，岩体即矿体。③岩体与围岩接触带中次级裂隙发育，为成矿热液的运移和多种金属矿物的析出提供了良好场所。已探明的钨、钼、锡多金属矿多呈细脉浸染状和网脉状产于接触带的次级裂隙带。④不同矿种具不同的围岩蚀变特征，矽卡岩化和角岩化与锡、铁矿有关；硅化与钨、钼矿关系密切；钠长石化和钾长石化与铷、锂、铌、钽矿密切相关。⑤成矿的多期性明显，常见不同期次的含钨细脉穿插，以及含钨石英脉穿截钨矿脉的现象。有益元素分布具明显的分带性。

综上，该矿床是与燕山期钠长石化花岗岩有关的岩浆热液型矿床。

4. 矿床成矿要素与成矿模式

矿床成矿要素见表 4-32。

表 4-32 七一山式热液脉型钨矿七一山典型矿床成矿要素表

成矿要素		描述内容			要素类别
储量		13 756.6t	平均品位	0.174%	
特征描述		热液脉型钨矿床			
地质环境	构造背景	Ⅰ-9 额济纳旗-北山弧盆系，Ⅰ-9-4 公婆泉岛弧			必要
	成矿环境	Ⅲ-2 磁海-公婆泉 Fe-Cu-Au-Pb-Zn-W-Sn-Rb-V-U-P 成矿带（Pt、Cel、Vml、I-Y），Ⅲ-2-①石板井-东七一山 W-Mo-Cu-Fe 萤石成矿亚带			必要
	成矿时代	燕山期			必要
矿床特征	矿体形态	呈脉状，部分透镜状			重要
	岩石类型	凝灰质变质砂岩、安山岩及少数矽卡岩、大理岩和燕山早期的花岗岩			重要
	岩石结构	变余砂状结构、斑状结构、无斑结构花岗岩呈斑状，似斑状结构			次要
	矿石矿物	金属矿物：辉钼矿、白钨矿、黑钨矿、锡石、钼铋矿、钼铅矿、辉铋矿； 非金属矿物：斜长石、条纹长石、微斜长石、石英等			重要
	矿石结构构造	结构：自形-他形粒状结构和交代骸晶结构；构造：浸染状、细脉状构造			次要
	围岩蚀变	钠长石化、钾长石化、叶蜡石化、云英岩化、黄玉化、萤石化、硅化、矽卡岩化			次要
	主要控矿因素	1. 志留系公婆泉组、圆包山组； 2. 矿区位于区域复向斜核部的南翼，断裂构造是本区的主要控矿构造，且以北东-南西向逆断层、南-北向正断层为主要的控矿断裂构造； 3. 燕山早期侵入岩为本区最发育的侵入岩，七一山花岗岩钨、锡、钼、铋等含量高于维氏值几十倍，说明对成矿十分有利			必要

矿床成矿模式：本区构造变动强烈，岩浆活动频繁。燕山早期含矿热液侵位于近 NE 和 NNE 向断裂构造裂隙中富集成矿。该期花岗岩脉是矿区主要赋矿体。

在岩浆结晶分异作用的晚期，残余热液中富含大量碱金属，挥发组分浓度增高，如可溶性铷、锂、铌、钽等元素含量增高，钠的浓度急剧增加，演化至钠长石化阶段，铌、钽元素在碱性溶液中沉淀析出形成矿物。随着钠的交代，溶液中铷、锂浓度增高，并不断交代早期生成的黑云母，形成含铷的黑鳞云母和锂云母。同时分散在云母类矿物中的铌、钽析出，形成铌钽铁矿和细晶石。

同时，由于花岗岩的侵位，岩浆热液携带钨、锡、钼等成矿元素，在与围岩的接触带或围岩的裂隙中，在适当的条件下形成矿体。并且不同矿种具不同的围岩蚀变特征，矽卡岩化和角岩化与锡、铁矿有关；硅化与钨、钼矿关系密切。

因此，铷、锂、铌、钽是岩浆晚期分异热液交代作用形成的，钨锡钼矿则与岩浆热液沿裂隙充填交代有关，总体上反映是岩浆热液矿床(图 4-68)。

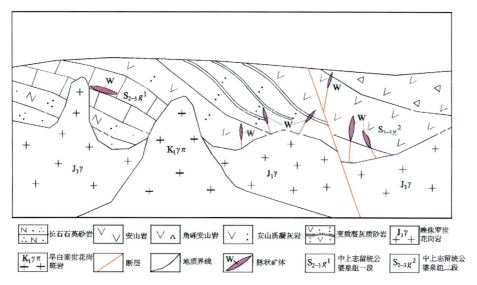

图 4-68 七一山式钨矿成矿模式图

(三) 乌日尼图钨钼矿

矿床位于内蒙古自治区苏尼特左旗查干敖包镇西北乌日尼图地区，南距二连浩特市 173km。

1. 矿区地质

矿区出露的地层为中下奥陶统乌宾敖包组二、三段。乌宾敖包组二段($O_{1-2}w^2$)由紫灰色、绿灰色砂质板岩、泥板岩、凝灰质板岩夹变质砂岩、变质粉砂岩、粉砂质板岩、微晶大理岩组成。岩石破碎蚀变强烈。乌宾敖包组三段($O_{1-2}w^3$)由紫红色、灰绿色变质长石砂岩、粉砂岩夹粉砂质板岩、变泥岩、凝灰质变质粉砂岩、灰岩及石英岩组成，局部夹安山岩、英安玢岩、杏仁状安山岩等。

矿区西部有大面积的海西晚期细粒闪长岩，呈岩基产出；东部出露大面积的海西晚期中粒黑云母花岗岩、燕山期中粒正长花岗岩。矿区内岩浆岩主要为浅成-超浅成的次火山岩，岩性为灰白色花岗斑岩。岩体出露的面积约 $0.1km^2$，与乌宾敖包组呈侵入接触。

矿区地处东乌旗早海西地槽褶皱系西端，构造变动强烈，褶皱和断裂较为发育。主要为北东向及北西向两组断裂构造。其中北东向为区域性构造，多数地段被闪长玢岩脉沿断层侵入；北西向为北东向的派生构造。小型斑岩体的产出严格受该两组断裂的交会处所控制。由于区内砂土覆盖严重，地表断裂构造均被掩盖。矿区褶皱构造为东乌旗复背斜南东翼次一级背斜的转折端，产状平缓，向南西倾伏。

围岩蚀变与各类矿化有着密切关系。蚀变比较发育的部位,辉钼矿化、白钨矿化、黄铜矿化比较发育。与辉钼矿关系密切的蚀变主要为硅化、矽卡岩化、白云母化、绢云母化、黄铁矿化、萤石矿化。这些蚀变矿物与辉钼矿共生在一起,形成矿化蚀变岩。当岩石具碎裂岩化时,钼矿化比较强烈,钼矿化脉频繁出现,时而可见网脉(图 4-69)。

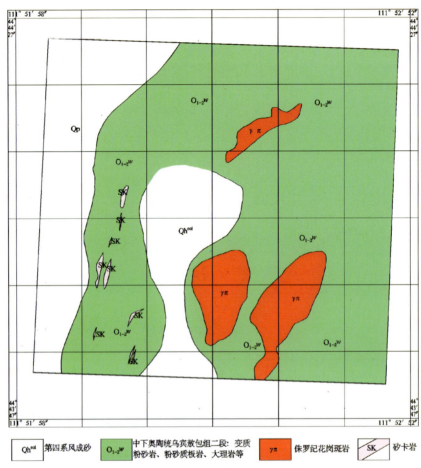

图 4-69 乌日尼图钨矿区地质简图

2. 矿床地质

乌日尼图钨矿主要赋存在乌宾敖包组与细粒花岗岩、花岗斑岩外接触带,矿体受岩层中构造裂隙所控制,矿体呈似层状、似板状产出,由于所有矿层均产于地下深部(>100m),故不存在氧化矿。目前控制的矿化范围大于 $1km^2$。本矿床矿化特征为细脉浸染状矿化,且以硅化细脉状为主,浸染状矿化主要为细粒花岗岩中发育。

辉钼矿多集中于中下部,其规模远大于白钨矿;而白钨矿主要分布在辉钼矿体的上部,多呈似层状或似板状产出,多数为独立产出的钨矿体,少数为共生的钨钼矿体、钨锌矿体、钨铜矿体、钨铜锌矿体。

据深部钻孔控制,共圈定矿体 444 条,其中钼矿体 216 条、钨矿体 215 条、锌矿体 9 条、铅矿体 1 条和铜矿体 3 条,规模较大的矿体有 16 条;矿体一般长 50~700m,延深 50~750m。矿体形态为似层状、似板状、豆荚状、蝌蚪状等,具有膨胀收缩特征。矿体厚度一般在 1.2~24.69m 间。钼矿体平均品位在 0.1%左右,钨矿体(WO₃)平均品位 0.53%,黄铜矿平均品位 0.475%,闪锌矿体平均品位 2.62%,方铅矿平均品位 1.3%。

220 号钨钼矿体是本矿区规模最大矿体之一,主要产于乌宾敖包组粉砂质板岩、变质粉砂岩中。控制矿体东西长约 700m,矿体沿倾斜方向最大延深 750m。倾向 93°,倾角 27°,矿体连续性好,但沿走向和倾向都呈豆荚状尖灭。矿体平均厚度6.73m。中心部位(490线中部)厚度较大,向四周变薄、品位降低而自然尖灭。

33号钼矿体赋存于乌宾敖包组粉砂质板岩、变质粉砂岩中。控制矿体东西长约610m,沿倾向最大延深650m,矿体比较连续,但主矿体局部具颈缩现象,并见围岩夹层。矿体平均真厚度22.15m。矿体靠近北部厚度较大,其真厚度35.95~57.57m,向南变薄,矿体仅为4.63~31m。矿体平均钼品位0.177%。矿体产状较稳定,倾向东,倾角24°~38°,矿体沿走向和倾向连续性好,未见明显的成矿后断裂破坏。

70号钨矿体赋矿围岩为乌宾敖包组粉砂质板岩、变质粉砂岩等。控制矿体东西宽约200m,南北长200m,沿倾斜最大延伸249m。矿体呈似层状或似板状产出,形态较为规整。矿体平均厚度3.19m。矿体平均品位0.35%,矿体东倾,倾角29°,未见后期断裂或岩体的破坏。

矿石成分较为复杂,金属矿物成分主要为白钨矿、黑钨矿、辉钼矿,其他为黄铜矿、黄铁矿、闪锌矿、辉铋矿、方铅矿、磁铁矿、磁黄铁矿等。脉石矿物主要成分为石英、长石(钠长石、斜长石),次要矿物成分为白云母、黑云母、绢云母、铁锂云母、萤石、方解石、绿泥石、绿帘石、电气石、角闪石(纤闪石)等。

矿区内矿石的结构主要有细粒-浸染状、鳞片状结构,白钨矿、黑钨矿呈中细粒状、鳞片状不均匀分布于构造裂隙中,共、伴生的常见金属矿物有呈星散状分布的细粒半自形、他形粒状黄铜矿、闪锌矿、黄铁矿、磁铁矿等,其总含量一般<5%。矿石构造主要有细脉状构造、细脉-浸染状构造、致密块状构造,细脉状构造是本矿最常见的构造类形(图4-70)。

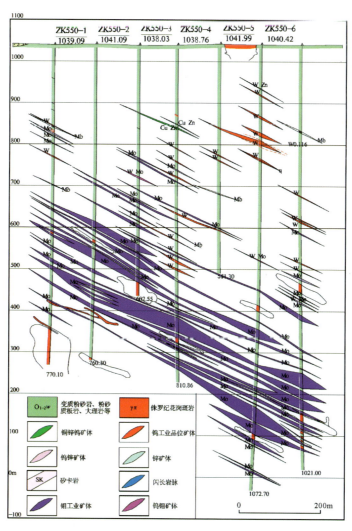

图4-70 乌日尼图钨矿550线剖面图

3. 矿床成因及成矿时代

钨矿的成矿的全过程可以分为矽卡岩(岩浆)期和热液期。矽卡岩期为早期成矿阶段,岩浆热液顺钙质砂板岩或裂隙充填交代,形成矿化矽卡岩。在矽卡岩中形成了黑钨矿化、白钨矿化、辉钼矿化、黄铜矿化及磁黄铁矿化。热液期为晚期成矿阶段,是本矿区的主要成矿期,岩浆期后热液沿裂隙交代围岩成矿,该期可细分为:①石英硫化物阶段,这一阶段形成本区最主要的工业矿体,脉体变化大,一般呈网脉状及细脉状,以细脉状为主。矿物组合有白钨矿、黑钨矿石英脉、白钨矿黄铁矿石英脉等。②碳酸盐阶段,主要形成方解石和碳酸盐细脉,并切割早期的岩脉或矿脉,该阶段基本无矿化,但可以贯穿整个矿体和围岩,对矿体基本无破坏作用。

杨增海(2012)研究认为,该矿床属于中低温、中低盐度钨钼矿床,流体包裹体均一温度为133.3~371.7℃,盐度为3.2%~15.9%;成矿流体为$H_2O-NaCl-CO_2$体系,为岩浆水与大气降水的混合物。

综合分析,乌日尼图钨矿床的矿床成因及地质特征主要可以概括以下几点:①矿床在时间上、空间上、成因上与深部的浅红色细粒花岗岩有关。②钨矿主要以细脉状和细脉—浸染状产于变质石英细砂岩中或岩石裂隙中,多形成宽窄不等的细脉或网脉,部分呈浸染状。③乌日尼图钨矿床矿化带及围岩中,黄铁矿化比较强烈,并分为两期产出,表明与岩浆热液的多次活动有关。④部分矿化发育在矽卡岩中,表明矿化具多期性和多阶段性。⑤钨矿化的蚀变主要为硅化、绢云母化、黑云母化、黄铁矿化、萤石矿化、绿泥石化、绿帘石化、电气石化、矽卡岩化等,但蚀变带的空间带状分布特征不明显。

刘翠等(2010)对乌日尼图辉钼矿化细粒花岗岩进行了LA-ICP-MS同位素测年分析,获成岩年龄值133.6±3.3Ma。

根据斑岩体的空间展布、蚀变类型、矿体产状等,乌日尼图钨矿床应为热液型和斑岩型、矽卡岩复合型钨钼矿床,成矿时代为燕山期。

4. 矿床成矿要素与成矿模式

矿床成矿要素见表4-33。

表4-33 乌日尼图式热液型钨矿乌日尼图典型矿床成矿要素表

<table>
<tr><td colspan="2">成矿要素</td><td colspan="2">描述内容</td><td rowspan="2">要素类别</td></tr>
<tr><td colspan="2">储量</td><td>58 155t</td><td>平均品位　　0.725%</td></tr>
<tr><td colspan="2">特征描述</td><td colspan="2">热液型钨矿床</td><td></td></tr>
<tr><td rowspan="3">地质环境</td><td>构造背景</td><td colspan="2">Ⅰ-1大兴安岭弧盆系、Ⅰ-1-5东乌-多宝山岛弧(Pz_2)</td><td>必要</td></tr>
<tr><td>成矿环境</td><td colspan="2">Ⅲ-6东乌珠穆沁旗-嫩江(中强挤压区)Cu-Mo-Pb-Zn-Au-W-Sn-Cr成矿带(Pt_3、Vm-l、Ye-m),Ⅲ-6-②朝不楞-博克图W-Fe-Zn-Pb成矿亚带(V、Y)</td><td>必要</td></tr>
<tr><td>成矿时代</td><td colspan="2">燕山期</td><td>必要</td></tr>
<tr><td rowspan="7">矿床特征</td><td>矿体形态</td><td colspan="2">脉状、似层状</td><td>重要</td></tr>
<tr><td>岩石类型</td><td colspan="2">中细粒花岗岩、花岗闪长斑岩</td><td>必要</td></tr>
<tr><td>岩石结构</td><td colspan="2">中细粒花岗结构、斑状结构</td><td>重要</td></tr>
<tr><td>矿石矿物</td><td colspan="2">辉钼矿、白钨矿、黄铜矿、闪锌矿、辉铋矿、磁铁矿、方铅矿</td><td>必要</td></tr>
<tr><td>矿石结构构造</td><td colspan="2">浸染状结构、网脉状结构,块状构造</td><td>重要</td></tr>
<tr><td>围岩蚀变</td><td colspan="2">矽卡岩化、硅化、绢云母化、绿帘石化、萤石矿化、黄铁矿化、碳酸盐化</td><td>重要</td></tr>
<tr><td>主要控矿因素</td><td colspan="2">下奥陶统乌宾敖包组与白垩纪中细粒花岗岩、花岗闪长斑岩外接触带,北西向构造裂隙</td><td>重要</td></tr>
</table>

矿床成矿模式：钨钼矿成矿的全过程可以分为岩浆期、矽卡岩期和热液期。深部的细粒二长花岗岩构成岩浆期含矿岩浆最早期的斑岩型矿床建造，外接触带构成矽卡岩型黑钨矿-白钨矿-辉钼矿-黄铜矿建造、矽卡岩型白钨矿-辉钼矿建造。热液期为晚期成矿阶段，是本矿床的主要成矿期，岩浆期后热液沿裂隙交代围岩或以网脉状、细脉状硅质矿化脉穿插围岩成矿。该期可细分为2个阶段：①石英硫化物阶段：这一阶段形成本区最主要的工业矿体；②石英碳酸盐阶段：主要形成石英、方解石和碳酸盐细脉或网脉，并切割早期的岩脉或矿脉，该阶段基本无矿化（图4-71）。

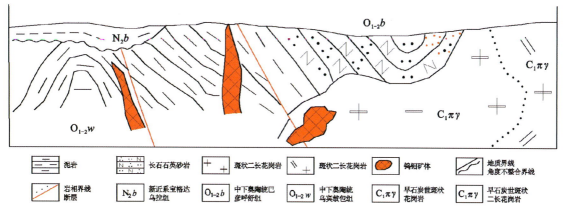

图4-71　乌日尼图式钨钼矿成矿模式图

第八节　锑矿典型矿床与成矿模式

目前仅发现阿木乌苏小型锑矿，分布在内蒙古自治区阿拉善盟额济纳旗赛汗桃来苏木。

1. 矿区地质

矿区内出露地层仅见下二叠统菊石滩组火山岩段（现归于金塔组），由一套火山岩、火山碎屑岩夹少量正常碎屑岩组成，安山岩是主要赋矿围岩。

矿区内侵入岩发育，海西期主要见辉长岩和闪长岩，多呈岩株状产出；印支期侵入岩以中酸性石英闪长岩为主，局部相变为闪长岩、黑云母石英闪长岩，呈岩株及岩枝状出露于矿区中部，是矿区另一重要成矿母岩，约50%的锑矿脉直接产于该期岩体内的次级断裂中。燕山晚期侵入岩不发育，岩性为浅肉红色花岗岩，呈小岩株状沿断裂带分布。

矿区位于阿木乌苏-沙红山近东西向挤压断裂带的中偏西段，褶皱构造主要为一轴向北西西向的开阔向斜，两翼为金塔组火山地层。矿区内不同方向、不同期次的断裂及其裂隙构造均较发育，其中北西—北西西向断裂最为发育，是矿区内与成矿关系最为密切的一组断裂。

2. 矿床地质

矿区内锑矿（化）体多呈脉状、扁豆状断续分布于蚀变安山岩及石英闪长岩体的断裂中。共圈出锑矿体30个，沿倾向多呈由厚变薄的楔形，最大延深135m。

1号矿化脉带分布矿区西北部，其中以2号矿体规模较大，质量较好，矿体长160m，平均厚0.58m，近地表厚0.86m，延深128m，沿走向和倾向变薄，平均品位Sb 6.06%。2号矿化脉带，分布于矿区中部北段，以5-3号矿体为主，矿体地表长50m，厚0.73m，Sb品位为5.35%。

矿区内锑矿石自然类型按氧化率可划分为氧化矿石（锑氧化率大于50%）、混合矿石（锑氧化率达

30%～50%)、原生矿石(锑氧化率小于30%)等3种类型。矿石的工业类型均为单一锑矿石型。

原生矿石构造呈星散浸染状、斑状、细脉浸染状和块状构造等。

围岩蚀变以绿泥石化、绿帘石化、绢云母化、碳酸盐化较为普遍,近矿围岩以高岭土化、硅化、褐铁矿化及锗化为常见,其中硅化与成矿关系密切。

矿石化学成分主要有 Sb、As、Hg、Cu、Au、Ag、Pb、Zn、S 等,其中仅 Sb 具工业价值,其中氧化矿石 Sb 4.81%,原生矿石 Sb 5.74%。

3. 矿床成因及成矿时代

阿木乌苏锑矿为中低温热液成因裂隙充填型矿床,成矿时代为 P_2—K_1。

4. 矿床成矿要素与成矿模式

矿床成矿要素见表 4-34。

矿床成矿模式:阿木乌苏锑矿床是中二叠世英云闪长岩侵位的岩浆晚期热液,充填在中二叠统金塔组的近东西向断裂、北西、北西西向断裂及其产生的次一级断裂和一组张性羽状裂隙中,富集成矿,在早白垩世又一期二长花岗岩的侵入,岩浆晚期矿液在中二叠世成矿的基础上,进一步叠加富集,形成阿木乌苏锑矿床,矿床模式图见 4-72。

表 4-34 阿木乌苏式热液型锑矿阿木乌苏典型矿床成矿要素表

成矿要素		描述内容			要素类别
储量		4880.40t	品位	0.4%～30.1%	
特征描述		低温热液型脉状锑矿			必要
地质环境	构造背景	Ⅲ 塔里木陆块区、Ⅲ-2 敦煌陆块、Ⅲ-2-1 柳园裂谷(C—P)			重要
	成矿环境	Ⅱ-4 塔里木成矿省、Ⅲ-2 磁海-公婆泉 Fe-Cu-Au-Pb-Zn-W-Sn-Rb-V-U-P 成矿带、Ⅲ-2-②阿木乌苏-老硐沟 Au-W-Sb 成矿亚带			重要
	成矿时代	中二叠世至早白垩世			必要
矿床特征	矿体形态	脉状,楔状			必要
	岩石类型	中二叠世英云闪长岩及早白垩世二长花岗岩			重要
	岩石结构	中粗粒花岗结构			次要
	矿石矿物	单一锑矿石			次要
	矿石结构构造	星散浸染状矿石、斑状矿石、细脉浸染状矿石和块状矿石			重要
	围岩蚀变	以绿泥石化、绿帘石化、绢云母化、碳酸盐化较为普遍,近矿围岩以高岭土化、硅化、褐铁矿化及锗化为常见,其中硅化与成矿关系密切			重要
	主要控矿因素	地层:中二叠统金塔组安山岩;侵入岩:中二叠世石英闪长岩;控矿断裂为规模最大的两条断裂,导矿断裂为控矿断裂形成发展过程中产生的次一级断裂,储矿断裂一般为规模较小的裂隙构造,是沿导矿断裂形成的一组张性羽状裂隙,区内已知锑矿均富集于此类断裂中			必要

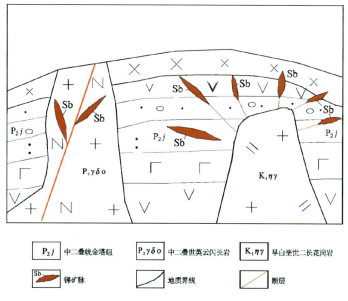

图 4-72 阿木乌苏式锑矿成矿模式图

第九节 锡矿典型矿床与成矿模式

一、热液型锡矿床

该类型锡矿床主要分布在大兴安岭中南段,有毛登小孤山锡铜矿、大井铜银锡多金属矿等。

（一）毛登小孤山锡铜矿

毛登锡铜矿位于内蒙古自治区锡林浩特市北东 45km 处。

1. 矿区地质

矿区内主要出露二叠系大石寨组上碎屑岩段和少量的中酸性火山岩段及第四系。

矿区侵入岩为花岗斑岩,形成于燕山早期。在岩体的内接触带见围岩捕房体,多具棱角状,外接触带具硅化、电气石化、绿泥石化等围岩蚀变。

区内断裂构造较为发育,以北西-南东向的断裂构造为主,是重要的导矿、控矿构造。经钻孔揭露,区内层间裂隙构造较发育,多充填硫化物脉,是成矿的有利部位。节理较发育,部分充填细小硅质脉,见黄铁矿化、方铅矿化及闪锌矿化(图 4-73)。

2. 矿床地质

矿区自北向南共圈定Ⅰ号、Ⅱ号、Ⅲ号、Ⅳ号共 4 条含矿蚀变带。

Ⅰ号含矿蚀变带位于矿区内笔架山北侧,与物探激电异常 DHJ-1 异常相对应,地表基本上为第四系覆盖,仅出露一段硅化、绢英岩化粉砂岩(硅化带)。蚀变带长约 950m,宽约 300m。矿体主要产于变质粉砂岩或含碳质变质粉砂岩的层间裂隙中。共圈定出具有工业价值的矿体 3 个,沿走向自南东向北西依次为 25 号、26 号、27 号矿体,27 号矿体在 26 号矿体下面约 100m 处,其产状基本一致,总体走向 97°左右,倾向南,倾角 22°～33°;其中 25 号矿体为锡多金属矿体,26 号、27 号矿体为锌多金属矿体。

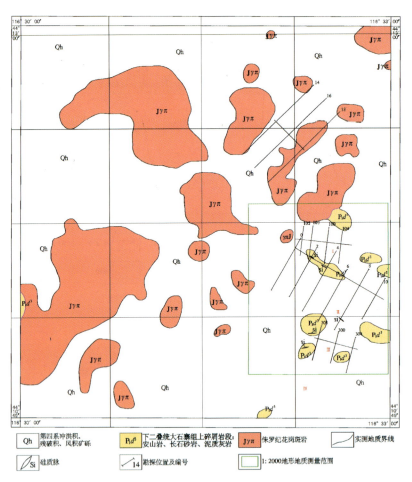

图 4-73 毛登锡矿小孤山矿区地质简图

Ⅱ号含矿蚀变带位于Ⅰ号蚀变带南东侧，北西端基本与Ⅰ号含矿蚀变带西端重合；该含矿蚀变带与物探激电异常 DHJ-2 相对应；总体走向 120°，矿区内长约 1200m，宽约 550m。地表除断续出露 0.5～3.0m 硅化带外，见有零星出露的变质泥岩。矿体主要产于变质粉砂岩或含碳质（或黄铁矿）变质粉砂岩的层间裂隙，个别矿体产在细砂岩中，共圈定出矿体 24 个，各矿体产状基本一致，总体走向 120°左右，倾向南西，倾角 21°～47°；④号矿体为以锡为主的多金属矿体，是本矿床主要矿体，赋存于Ⅱ号含矿蚀变带含碳质变质粉砂岩的层间裂隙中，主矿体分布在 J2～10 勘探线间，走向总体呈 120°，倾向南西，倾角 23°～47°。矿体沿走向有分支复合现象，总体呈似层状产出；沿走向控制长度约 560m，宽约 75～170m，埋深 166～460m；矿体厚度 1.46～3.27m，平均厚度为 2.05m。主元素 Sn 品位 0.21%～2.22%，平均品位为 1.09%。伴生 Ag 品位（0.22～771.13）×10^{-6}，平均品位 64.31×10^{-6}；伴生 Cu 品位 0.01%～0.53%，平均品位 0.11%；伴生 Pb 品位 0.01%～17.99%，平均品位 0.27%；伴生 Zn 品位 0.01%～2.98%，平均品位 0.29%。

Ⅲ号含矿蚀变带位于Ⅱ号含矿蚀变带南侧，距离Ⅱ号含矿蚀变带约 150m，与物探激电异常 DHJ-3 相对应；总体走向约 105°，长约 1050m，宽约 300m；矿体主要产于变质粉砂岩的层间裂隙中，个别矿体出现在变质粉砂岩和砾岩的接触部位。共圈定矿体 7 个，即 28～34 号矿体。其中 28 号、29 号矿体为锡多金属矿体，其余矿体为锌多金属。各矿体走向基本一致，总体走向 105°，倾向南西，倾角 32°～48°（图 4-74）。

本区锡、锌多金属矿床的特点是矿石物种类多、含量较少。主要的矿石矿物有锡石、黄锡矿、黄铜矿、方铅矿、闪锌矿、黄铁矿、斑铜矿、辉铜矿等，次生矿物为褐铁矿、孔雀石等。锡元素主要呈锡石单矿物形式存在，锡石锡占全部锡含量的 90.7%。脉石矿物主要有石英，其次为白云母、萤石、绢云母、绿泥

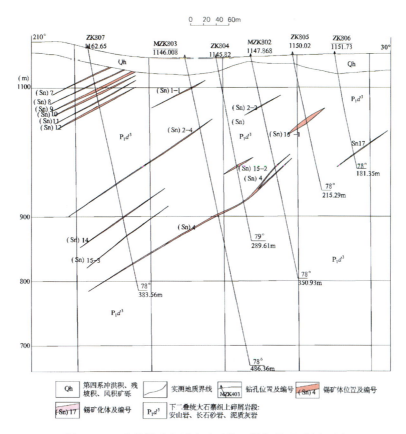

图 4-74 毛登锡矿小孤山矿区第八勘探线地质剖面图

石、方解石等。

矿石结构为自形-半自形晶粒、他形粒状、反应边、交代残余、自碎裂结构。矿石构造为充填脉状、浸染状、晶簇状、块状及蜂窝状构造。

3. 矿床成因及成矿时代

该矿床主要分布在花岗斑岩的外接触带围岩断裂、裂隙中,矿化与斑岩体密切相关,花岗斑岩为成矿母岩。随着花岗岩浆侵位后逐渐冷凝结晶及分异演化,锡、铜等金属元素富集在岩浆后期的气水热液中,含矿气液在岩体的内接触带及围岩断裂裂隙中运移、淬取并充填成矿。北西向为主的断裂及其派生的次级裂隙,既是导矿构造又是容矿构造。矿床的成因属岩浆期后中高温热液型矿床。

刘玉强(1996)获得与成矿有关的花岗斑岩 7 个样品的 Rb-Sr 等时线年龄为 149 ± 20 Ma,其锶同位素初始比值为 0.7050,将成矿岩体时代确定为晚侏罗世,因此矿床的成矿时代应为燕山期。

4. 矿床成矿要素与成矿模式

矿床成矿要素见表 4-35。

矿床成矿模式:矿床的成矿作用分为二叠纪预富集和燕山期成矿两个过程。早二叠世火山喷发沉积岩中锡、砷丰度较高。燕山期构造岩浆活动强烈,在基底(二叠系)隆起区含锡花岗岩浆沿大断裂上升侵入于早二叠世地层中,并改造或汲取早二叠世火山沉积岩中的锡等多金属,在构造有利部位形成锡多金属矿(图 4-75)。

表 4-35 毛登式热液型锡矿床毛登小孤山矿区典型矿床成矿要素表

成矿要素		描述内容			要素类别
储量		Sn 金属量:4925t	平均品位	1.1%	
特征描述		中型热液型锌锡矿床			
地质环境	构造背景	Ⅰ 天山-兴蒙造山系，Ⅰ-1 大兴安岭弧盆系，Ⅰ-1-7 锡林浩特岩浆弧(Pz_2)			必要
	成矿环境	Ⅱ-12 大兴安岭成矿省，Ⅲ-8 林西-孙吴 Pb-Zn-Cu-Mo-Au 成矿带(Vl,Il,Ym)，Ⅲ-8-①索伦镇-黄岗铁(锡)、铜、锌成矿亚带			必要
	成矿时代	燕山期			必要
矿床特征	矿体形态	矿体以似层状产出，沿倾向形态较稳定，均属于稳定型			重要
	岩石类型	含碳质变质粉砂岩，粉砂岩夹细-粗砂岩，泥岩，碳质板岩，灰绿色岩屑晶屑凝灰岩，安山岩，砂砾岩，凝灰质粉砂岩，粉砂质板岩夹砂岩，灰岩，花岗斑岩			重要
	岩石结构	自形-半自形晶粒结构，他形粒状结构，填隙结构，反应边结构，交代残余结构，压碎碎裂结构，斑状结构			次要
	矿石矿物	主要金属矿物有锡石、黄锡矿、黄铜矿、方铅矿、闪锌矿、黄铁矿、斑铜矿、辉铜矿等，次生矿物为褐铁矿、孔雀石等。非金属矿物主要有石英，其次为少量白云母、萤石、绢云母、绿泥石、方解石等			重要
	矿石结构构造	结构:半自形晶结构，反应边结构，压碎碎裂结构，填隙结构;构造:致密块状构造、充填脉状构造、浸染状构造、晶簇状构造、蜂窝状构造			
	围岩蚀变	主要为硅化、绢英岩化			重要
	主要控矿因素	1.下二叠统大石寨组;2.与本区成矿关系密切的背斜呈北东方向展布;3.矿体主要产于变质粉砂岩或含碳质变质粉砂岩的层间裂隙,硅化带是找矿的直接标志			必要

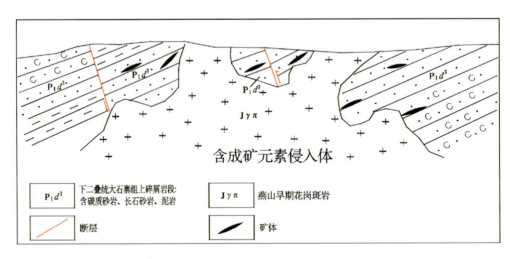

图 4-75 毛登式锡矿成矿模式图

(二) 大井铜银锡多金属矿

该矿区位于内蒙古自治区林西县东北 21km 处,林西中生代断块隆起与大板火山沉积盆地的过渡带中。

1. 矿区地质

矿区内大面积分布第四系,主要出露地层为上二叠统林西组暗色砂板岩。

区内无较大的岩体出露,但酸性、中性、基性岩脉非常发育,主要有霏细岩脉、英安斑岩脉、安山玢岩脉、玄武玢岩脉和煌斑岩脉,除煌斑岩脉属浅成侵入岩体外,其余均属次火山岩。脉岩经钾氩法年龄测定相当于燕山早期。区内脉岩均有不同程度的矿化,其中与成矿关系密切的有安山玢岩、玄武玢岩、霏细岩。

矿区内褶皱构造简单,土楞子沟向斜为一开阔的圆弧状向斜,向斜的两翼次级褶皱发育,向斜轴向北东 15°,枢纽向北北东倾,倾角 45°左右。北西向断裂十分发育,多被中酸性脉岩及矿脉充填,其控岩、控矿作用十分明显,是区内的主要容矿构造。矿区内主要断层均形成于脉岩侵位和成矿之前,成矿后断裂活动微弱,对矿体的破坏作用不大(图 4-76)。

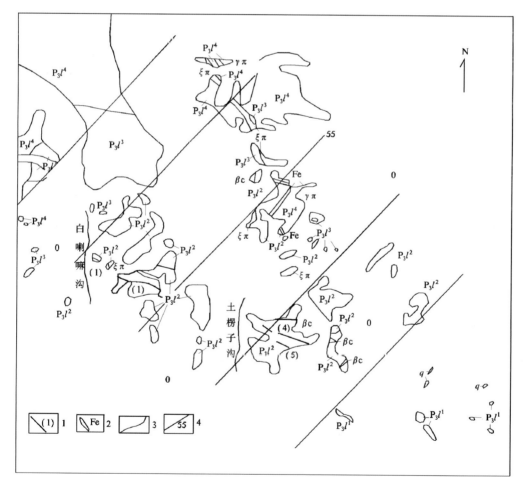

图 4-76 大井子锡矿区地质图

Q.第四系;P_3l^{1-4}.上二叠统林西组 1-4 段;$\gamma\pi$.花岗斑岩;$\xi\pi$.流纹斑岩英安斑岩;βc.安山玄武岩玄武玢岩;q.石英脉;1.矿体及编号;2.铁帽;3.实测及推测地质界线;4.勘探线及编号

2. 矿床地质

北矿区已查明矿体220余条,其中规模较大、编号并计算储量的矿体55条。矿体走向长度80~600m,一般100~400m;斜深50~410m,一般50~300m。长度大的一般延深也较大。单工程真厚度0.08~8.36m,一般0.3~1.5m;矿体平均厚度0.39~2.44m,一般0.6~1.2m。矿体有膨缩现象,沿走向和倾向都可出现尖灭再现或侧现现象。绝大部分矿体走向变化于290°~325°之间,多数为310°左右。倾向北东,倾角变化较大,由30°左右至近直立。矿体形态较简单,多数为较规则的薄脉状,少数为不规则薄脉状,部分小矿体呈扁豆状、透镜状。矿体以复脉型矿体最常见,单脉型也屡有出现,细脉—浸染型主要发育于部分蚀变安山岩中,地层中很少见。

矿石氧化程度与矿体围岩裂隙发育程度有关,当围岩裂隙发育时,矿石氧化就较强烈,氧化深度也较大,且同一样品中氧化率一般Pb>Zn>Cu。硫化物氧化、分解后,由于淋滤作用微弱,元素迁移不强烈,且多沿围岩裂隙迁移而被分散,次生富集现象很不发育,故氧化带下部一般无次生富集带存在。

锡-铜矿石为本区最主要的矿石类型,占总矿石量的近90%;铅-锌矿石仅占总矿石量的10%左右。银矿石仅见于地表局部地段,无独立工业矿体存在。

矿石结构较简单,有晶粒状结构、固溶体分离结构、填隙(间)结构、包含-嵌晶结构、胶状结构、不等粒压碎结构、交代残余结构、骸晶结构。矿石构造以脉状、网脉状、块状构造最常见,其次为条带状构造、浸染状-斑点状构造,角砾状构造较少见。

芮宗瑶等(1994)指出大井矿床矿石的硫同位素频率直方图上为单峰,具有塔式分布的特点。表明硫的来源单一,均一化程度高,主要来源于上地幔(或下地壳)。储雪蕾(2002)研究认为,该矿床的黄铜矿、黄铁矿、闪锌矿和方铅矿等硫化物的$\delta^{34}S$值变化为$-1.8‰\sim+3.8‰$,表明成矿流体中硫来源于深部岩浆。

3. 矿床成因及成矿时代

大井子北矿床具有如下基本特征:①主要成矿元素Cu、Sn、Pb、Zn、Ag分带现象明显。平面上,矿床中部以铜锡矿化为主,向外逐渐过渡为以铅锌矿化为主;剖面上,浅部铅锌矿化相对发育,向深部铜锡矿化逐渐增强。②矿化对地层和岩石无选择性,林西组各段和各种岩石中均有矿化赋存。③矿化主要呈充填脉状产出,仅局部有浸染状和细脉-浸染状,矿体则由矿脉组成。④区内地层中岩石的热液蚀变十分微弱,仅见有具一定规模的褪色和碳酸盐化、阳起石化;但区内的各种次火山岩则常常遭受了不同程度的硅化、碳酸盐化、绿泥石化、绢云母化等蚀变作用。此外,区内的热液矿物脉体十分发育,这些热液矿物主要是石英、碳酸盐矿物(主要为菱铁矿,其次为铁白云石、白云石、锰方解石、方解石),其次为绿泥石、绢云母、少量萤石、黑电气石。它们单独或以数种相组合,呈充填脉状穿插于各种岩石或矿脉中,其形态、规模、产状与矿脉相似,但分布范围远、较矿化范围广。而且石英与铜锡矿化关系密切,碳酸盐与铅锌矿化关系密切,因而组成脉体的矿物种类在宏观上具有与成矿元素相应的分布趋势,即矿床中部铜锡矿化区热液脉体以石英为主,伴有绿泥石、绢云母,而碳酸盐则相对较少,局部有黑电气石;铅锌矿化区及外围的热液脉体则以碳酸盐为主(伴有绿泥石、绢云母),石英相对较少,并常见萤石。

综上,矿床的成因类型应为"次火山热液裂隙填充型"。

张德全(1993)在距矿区最近的马鞍子岩体黑云钾长花岗岩中获得的Rb-Sr等时线年龄为155.4Ma;江思宏等(2012)获得大井矿区内霏细岩的LA-MC-ICP-MS锆石年龄为170.7±1.4Ma和170.7±1.1Ma;廖震等(2012)获得霏细岩脉LA-ICP-MS锆石U-Pb年龄为162±1Ma。成矿时代为燕山早期。

4. 矿床成矿要素与成矿模式

矿床成矿要素见表4-36。

表 4-36 大井子式热液型锡矿大井子典型矿床成矿要素表

成矿要素		描述内容		要素类别
储量		17 884t	平均品位 0.12%～0.83%	
特征描述		次火山热液裂隙填充型		
地质环境	构造背景	Ⅰ天山-兴蒙造山系，Ⅰ-1大兴安岭弧盆系，Ⅰ-1-7锡林浩特岩浆弧(Pz_2)		必要
	成矿环境	Ⅱ-12大兴安岭成矿省，Ⅲ-8林西-孙吴Pb-Zn-Cu-Mo-Au成矿带(Vl、Il、Ym)，Ⅲ-8-①索伦镇-黄岗铁(锡)、铜、锌成矿亚带		必要
	成矿时代	燕山早期		必要
矿床特征	矿体形态	主要为薄脉状少量扁豆状透镜状		重要
	岩石类型	与成矿关系密切的有安山玢岩、玄武玢岩、霏细岩		重要
	岩石结构	具斑状结构、碎斑结构、霏细结构，基质具玻晶交织结构、填间结构、隐晶质结构		重要
	矿石矿物	主要金属矿物有锡石、黄铜矿、方铅矿、闪锌矿、黄铁矿、磁黄铁矿、白铁矿、毒砂等，非金属矿物有石英、绢云母、绿泥石、方解石、白云石等，表生矿物有褐铁矿、软锰矿、硬锰矿、铜蓝等		重要
	矿石结构构造	矿石具块状构造、网脉状、脉状构造、浸染斑点状构造、带状构造、角砾状构造、空洞构造、蜂窝状构造。矿石结构为晶粒状结构、固容体分离结构、填隙结构、包含-嵌晶结构、胶状结构、不等粒压碎结构、交代残余结构、骸晶结构等		次要
	围岩蚀变	本区地层岩石的热液蚀变极其微弱，即或矿脉两侧或矿脉内的角砾、残留体一般蚀变现象也不明显，远离矿脉的岩石发生蚀变现象更为罕见。但是各次火山岩脉蚀变很普遍，主要有碳酸盐化、硅化、绢云母化、绿泥石化。矿化规模不大，产状也不稳定		重要
	主要控矿因素	1.矿体对地层，无选择性，本区地层对成矿有间接控制作用。2.断裂是本区主要的控制因素，规模较大的北东向断裂在宏观上控制了矿化产出部位。尤其北西向和北西西向断裂为本区主要的容矿构造，直接控制了矿体的赋存部位及其规模、形态、产状。3.区内岩浆岩活动强烈，尤其燕山早期的次火山岩脉广泛发育，成矿和成矿物质系由同一岩浆所提供，岩浆物质的上侵、定位不仅为随之而来的矿液活动开辟了通道，而且强化了原有的一些岩石破裂，从而为成矿提供了有利的空间。本区的次火山活动对成矿起着重要的、直接的控制作用		必要

矿床成矿模式：①矿区深部存在两类不同岩浆体系的复式岩浆房：相对高硅富钾的花岗质岩浆和相对低硅贫钾的英安-闪长质岩浆，分别对应晚期浅成-超浅成相的霏细岩和次火山斑岩类两大脉岩群。②富含锡的残余花岗质岩浆进一步的演化分异出富Sn热液，沿前期霏细岩侵位通道附近向上运移沉淀，形成脉状锡矿体(锡石-石英-毒砂-萤石组合)。③断裂的再次活动，使先成锡矿脉碎裂，并被来自深部英安质岩浆源分异演化出的富铜多金属流体充填胶结，并形成新的铜多金属矿脉。由此，形成了两类岩浆分异演化出的两种成矿流体同位叠加成矿(图4-77)。

二、斑岩型锡矿床

斑岩型锡矿床分布比较少，主要为敖瑙达巴锡铜多金属矿。该矿属内蒙古自治区赤峰市阿鲁科尔沁旗管辖。

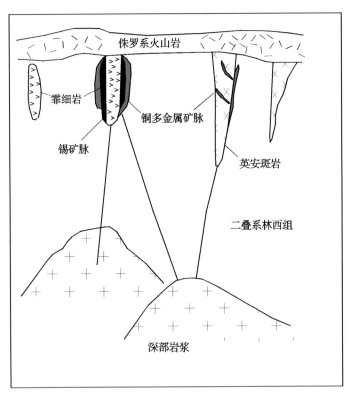

图 4-77 大井子式锡矿成矿模式图

1. 矿区地质

地层有二叠系大石寨组上段砂质板岩、板岩夹变质砂砾岩；哲斯组下段杂砂岩、板岩，由于含矿石英斑岩体的侵入和多期次成矿热液活动，大部分岩石被交代形成黄玉-石英岩、黄玉绢(云)英岩，其次形成绿泥石石英角岩、黑云母石英角岩，局部伴有多金属矿化，近岩体部位赋存有工业矿体；上侏罗统满克头鄂博组灰褐色流纹斑岩及第四系。

侵入岩主要为燕山期蚀变石英斑岩体，位于矿区中部，受敖瑙达巴向斜轴部断裂构造控制。岩体边部和顶部见有大量的围岩捕虏体和隐爆角砾岩。岩体剥蚀较浅，为高侵位浅成相侵入体。铷-锶法同位素年龄为 148.431Ma。岩体受到强烈的蚀变作用，主要岩性为灰白色黄玉石英岩、黄玉绢(云)英岩化石英斑岩、青磐岩化石英斑岩。矿区脉岩较为发育，主要为石英闪长玢岩、石英二长斑岩等。一般长几十米至数百米，宽几米至十几米。岩脉走向一般呈北北东向、北西向延伸。

敖瑙达巴向斜是矿区内最大的褶皱构造，沿北东方向贯穿整个矿区。该向斜长 2.4km，宽约 0.6km，轴面倾向北西，倾角 60°左右。含矿蚀变石英斑岩沿向斜轴部侵入。岩体呈不规则岩墙状，其展布方向同褶皱轴基本一致。由于岩体侵入和含矿气液的交代作用，导致核部岩石强烈蚀变，该部位是成矿作用的有利部位。

北东向断裂常形成与褶皱轴大致平行的逆断层，多在倒转向斜南翼发育，是气液活动的主要通道。断裂面两侧岩石常具褪色、硅化、交代现象。向斜轴部附近的北东向断裂是主要的控岩、控矿构造。岩体中及近接触带附近的北东向裂隙带及北西向裂隙是主要容矿构造。

2. 矿床地质

矿床处于敖瑙达巴向斜轴部，分布在蚀变石英斑岩体内及近岩体围岩的蚀变带中，受断裂控制明显。矿体主要赋存在黄玉绢(云)英岩化蚀变带及青磐岩化蚀变带中。钾化带中只见浸染状黄铜矿体。少量铅锌矿体赋存于近岩体的哲斯组下段第三、四层的变质砂岩、变质砂砾岩及角岩中。部分含矿角砾岩直接构成工业矿体(图4-78)。

矿体总体走向呈北东60°左右，倾向北西，倾角40°~70°。矿体形态多呈脉状、透镜状，个别呈扁豆状。3线至16线位于断层上盘，由于抬升作用使原生矿床发生氧化、淋滤和次生富集。在2线至6线中发育有次生富集铜矿体。地表发育有氧化矿体。因此矿体可分为原生矿体、氧化矿体、次生富集矿体。

次生矿石工业类型：氧化铜矿石、次生银矿石、次生富集铜矿石。原生矿石工业类型：原生铜矿石、原生银矿石、原生锡矿石、原生复合矿石。

本矿区矿石的矿物成分已知达50种以上。在原生矿石中金属硫化物一般只占矿石总量的2%~3%(体积百分数)。其中以锡石、黄铁矿、磁黄铁矿、毒砂较多，闪锌矿、黄铜矿次之，再次为方铅矿、黝铜矿、黑黝铜矿等。脉石矿物一般占矿石体积的97%左右，以石英为主，其次为绿泥石、黄玉、绢云母等。

矿石结构按成因可分为5类：结晶结构(他形粒状、自形粒状、半自形粒状、包含)、交代结构(粒间充填交代、裂隙充填交代、交代残余、反应边结构)、固溶体分离结构、压碎结构、胶状结构。矿石构造类型在原生矿中主要以浸染状、网脉状、脉状构造为主，角砾状构造次之。往往岩体中心部位以浸染状、网脉状构造为主，在岩体与绿泥石石英角岩接触带附近以脉状构造为主。地表氧化带中由于金属硫化物氧化、淋滤，则以蜂窝状构造为主。在角岩带中常见梳状构造。在含矿角砾岩中则以角砾状构造为主。

围岩蚀变非常发育，与矿化关系密切的主要为黄玉绢(云)英岩化、青磐岩化及钾化。其他有硅化、绢云母化、萤石化、绿泥石化、黄铁矿化、电气石化、碳酸盐化等。

与石英、锡石平衡的流体水$\delta^{18}O$为2.6‰~2.7‰，晚期成矿阶段石英的包裹体水$\delta D=-124.8‰$，与其平衡的介质水$\delta^{18}O=-2.3‰$。矿床中花岗斑岩(石英斑岩)的全岩$\delta^{18}O$为2.9‰。表明，锡成矿时，热液中的水属再平衡岩浆水，即有少部分雨水渗入。银多金属成矿主要与大气降水有关。这种成矿早阶段到晚阶段流体中雨水不断渗入的趋势，表明锡石-黄铜矿多金属硫化物阶段的流体介质水可能属于岩浆混合大气降水。

闪锌矿、方铅矿、磁黄铁矿、黄铜矿、黄铁矿的$\delta^{34}S$变化于-6.2‰~3.0‰之间(CDT)。除黄铜矿外，其余矿物间已基本达到硫同位素交换平衡，硫同位素具塔式分布，峰值在1.0‰~1.7‰之间，暗示硫主要来自深部岩浆。

5件矿石铅同位素组成(黄铁矿2件、磁黄铁矿2件、方铅矿1件)比较均一，其$^{206}Pb/^{204}Pb$介于18.231~18.568之间，$^{207}Pb/^{204}Pb$介于15.391~15.591之间，$^{208}Pb/^{204}Pb$介于37.510~38.271之间，μ值介于8.69~9.26之间，方铅矿单阶段模式年龄为157Ma，反映其形成于燕山期，铅多属深部来源(接近上地幔铅)，有部分造山带铅(张德全，1993)。

3. 矿床成因类型及成矿时代

矿床成因类型为斑岩型锡铜多金属矿床，成矿时代为燕山期。

4. 矿床成矿要素与成矿模式

矿床成矿要素见表4-37。

矿床成矿模式：成矿作用可分为气成-热液期和表生期。①气成-热液期：锡石-石英(黄玉、电气石)-毒砂成矿阶段；锡石-黄铜矿硫化物成矿阶段；含锡的银-硫化物成矿阶段。②表生期：本期以氧化作用为主，但在潜水面下还原作用仍起主导，形成次生富集铜矿体，氧化深度可达数10m(图4-79)。

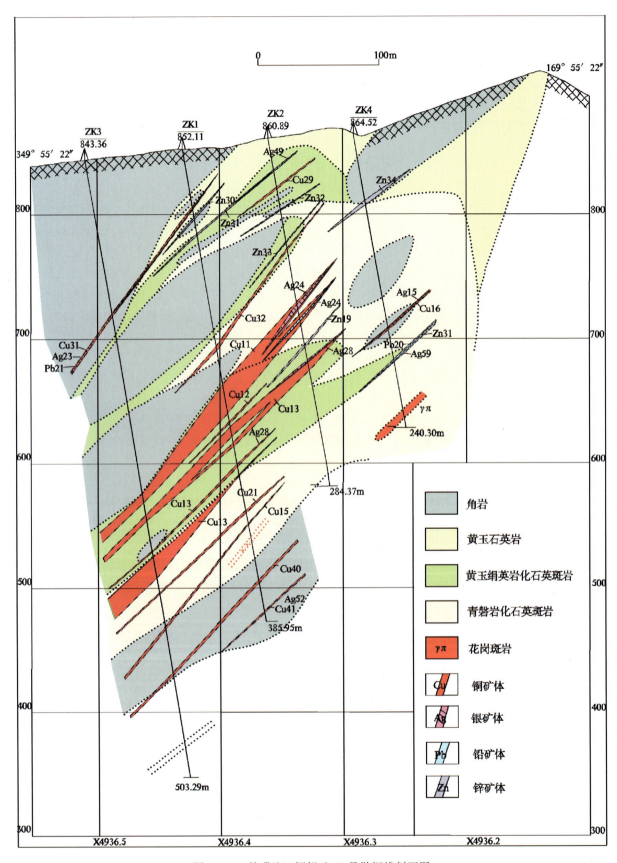

图 4-78 敖瑙达巴铜锡矿 12 号勘探线剖面图

表 4-37　敖瑙达巴式斑岩型锡铜矿敖脑达巴典型矿床成矿要素表

成矿要素		描述内容		要素类别
储量		12 205.44t　　平均品位　　Cu 0.65%		
特征描述		与中生代浅成斑岩体有关的斑岩型铜矿床		
地质环境	构造背景	Ⅰ天山-兴蒙造山系，Ⅰ-7 索伦山-林西结合带，Ⅰ-7-2 林西残余盆地		必要
	成矿环境	Ⅲ-8 林西-孙吴 Pb-Zn-Cu-Mo-Au 成矿带（Vl、Il、Ym），Ⅲ-8-② 神山-白音诺尔铜、铅、锌、铁、铌（钽）成矿亚带（Y）		必要
	成矿时代	晚侏罗世—早白垩世		必要
矿床特征	矿体形态	呈脉状、透镜状，个别呈扁豆状		重要
	岩石类型	石英斑岩、变质粉砂岩、粉砂质板岩、压碎角砾岩		必要
	岩石结构	斑状结构、粉砂状结构、压碎结构、块状构造、板状构造		次要
	矿石矿物	锡石、黄铁矿、磁黄铁矿、毒砂、闪锌矿、黄铜矿、方铅矿、黝铜矿、黑黝铜矿		重要
	矿石结构构造	结构：他形粒状、自形粒状、半自形粒状、压碎结构、胶状结构、包含结构及交代（残余）结构；构造：浸染状、网脉状、脉状、角砾状、块状及梳状构造		次要
	围岩蚀变	黄玉绢英岩化、青磐岩化、硅化、绢云母化、钾化		次要
	主要控矿因素	严格受石英斑岩体及近岩体围岩地层中的构造破碎带控制		重要

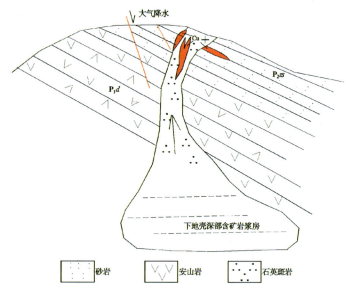

图 4-79　敖瑙达巴式锡铜矿成矿模式

三、接触交代型（矽卡岩型）锡矿床

该类型锡矿床主要为黄岗梁铁锡矿、朝不楞铁多金属矿（见本章铁矿床部分）。

第十节 镍矿典型矿床与成矿模式

一、风化壳型镍矿床

该类型镍矿床主要为白音胡硕硅酸镍矿床,位于内蒙古自治区锡林郭勒盟西乌珠穆沁旗的白音胡硕苏木境内。

1. 矿区地质

矿区出露地层只有上古生界二叠系格根敖包组和新生界第四系。其中,格根敖包组(C_2P_1g)零星分布于矿区的北部和中部,第二岩段主要为中性、中酸性火山岩,第三岩段主要为含有火山物质沉积岩和正常沉积岩类(图4-80)。

矿区岩体主要为海西期斜辉、二辉辉橄岩与辉绿岩,呈不规则状岩株产出。可分为3个岩相,斜辉辉橄岩相、纯橄榄岩相、斜辉橄榄岩相。该岩体受红土化作用常具垂直分带,根据其成分和内部结构的

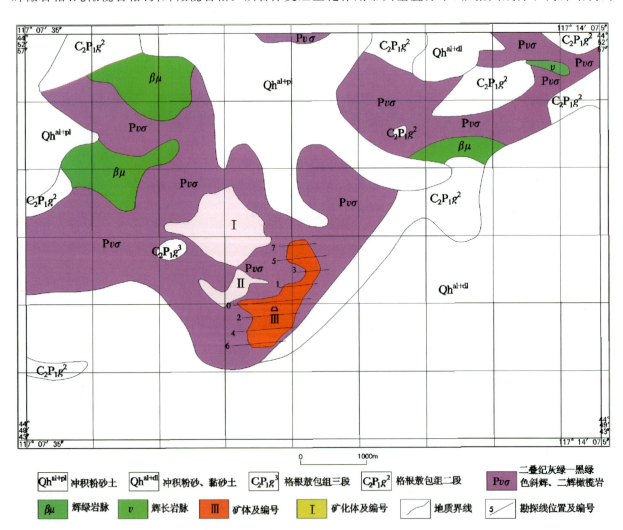

图4-80 白音胡硕镍矿区地质图及2号勘探线剖面图

不同由上而下可分为4层：①赭石层：该层多数被剥蚀掉；②绿高岭石层：为含Ni的硅酸盐带，是由蛇纹岩经绿高岭石化而形成；③淋滤蛇纹岩：位于风化壳底层、局部出露地表，由硅化蛇纹岩及绿高岭石化蛇纹岩组成，硅质形成骨架，绿高岭石化蛇纹岩填充其间；④碳酸盐化蛇纹岩层：新鲜未黏土化岩石。以上各层界线是逐渐过渡的。其厚度随风化条件的差异而不同。

矿区断裂主要表现为海西期北东和北东东向断裂，控制岩体的分布。矿区内还发育燕山期的北北东向和北西向的脆性断裂，一般规模较小，对矿体没有大的破坏作用。

2. 矿床地质

矿体赋存在超基性岩——斜辉、二辉辉橄岩体中，共圈出Ⅲ-1、Ⅲ-2号矿体2个，Ⅰ号、Ⅱ号矿化体2个，Ⅲ-1号矿体位于岩体南东部，矿体平面形态为不规则纺锤形。矿体长轴呈胳膊肘状，长轴走向6-3勘探线为40°，长1400m，3-7勘探线为340°，长度为470m，长轴直线长1730m。矿体水平宽度160～940m，平均507m；矿体顶板埋深2.54～7.07m，平均4.82m。矿体总体倾向95°，倾角0°～3°。矿石类型为绿高岭石黏土型镍矿石，含镍品位1.02%～1.14%，平均品位1.07%，含钴品位0.17%～0.19%，平均品位0.17%，矿体厚度范围1～4m，平均2.63m。Ⅲ-2号矿体与Ⅲ-1矿体为同一岩体控制，位于Ⅲ-1矿体下部，矿体平面形态为不规则纺锤形。矿体长轴呈胳膊肘状，长轴长1400m，矿体水平宽度160～940m，平均505m；矿体顶板埋深平均9.23m，矿体底板埋深平均15.56m。矿体倾向95°，倾角0°～3°。矿石类型为风化蛇纹岩型矿石，含镍品位大于0.5%，小于1%，平均品位0.56%；含钴品位0.09%～0.10%，平均品位0.09%；厚度1～3m，平均2.27m。

矿石结构主要为土状结构、粉土状结构、粉砂土状结构，矿石构造主要有块状构造、细脉状构造、网格状构造、团块状构造、结核状构造等。

矿石金属矿物主要是褐铁矿、磁铁矿、赤铁矿、少量黄铁矿、黄铜矿、磁黄铁、微量镍黄铁矿、镍磁铁矿、菱铁矿、紫硫镍铁矿；非金属矿物主要是碳酸盐矿物，次为绿泥石、绢云母和黏土类矿物及石英。

岩石蚀变强烈，主要为碳酸盐化，次为绿泥石化、绢云母化、泥化。

矿石自然类型为风化淋滤红土型硅酸镍矿，按其分布层位及其自然状态的不同又划分为两种类型。①绿高岭石型：这类矿石Ni品位>1%，最高可达1.20%，品位变化不大。②风化蛇纹岩型：分布于绿高岭石型矿体下部，含镍品位普遍偏低，此类矿石0.5%<Ni品位<1%，品位变化亦不大。工业类型为风化壳型硅酸镍矿。

矿石中含镍物相由硅酸镍、硫酸镍、硫化镍等组成，其中硅酸镍占主体，含量占全镍94.86%～96.17%。

3. 矿床成矿要素与成矿模式

矿床成矿要素见表4-38。

矿床成矿模式：矿区的斜辉橄辉岩，一般含Ni 0.2%～0.3%，极易红土化风化，并导致Ni的富集，其形成可分两个阶段。第一阶段：在富含CO_2的地下水作用下，促使橄榄石溶蚀，从而分解出Fe、Mg、Ni进入溶液，Si则形成SiO_2胶体，而Fe的氧化物最后靠近地表，以纤铁矿和赤铁矿形式与CO_2一起沉淀，最后可以形成含Ni达1%以上的绿高岭石层。第二阶段：由于风化作用的继续发展，较多的Mg、Ni和Si残留于溶液中，在酸性地下水中，随之继续下渗，最后经中和作用使其呈含水硅酸盐沉淀。由于Ni的溶解度较Mg小，因此，沉淀中的Ni/Mg比高于溶液中的Ni/Mg比，部分随地下水流失，如当侵蚀过程地表水位下降，酸性地下水又能重新侵蚀已经富集了Ni的沉积物，溶解搬运至深部使其重新沉淀为一种硅酸盐矿物，从而Ni含量逐渐积累富集，结果使含Ni 0.2%～0.3%的原岩富集后形成了含Ni 0.5%以上的矿石（图4-81）。

表 4-38 白音胡硕式风化壳型镍矿白音胡硕典型矿床成矿要素表

成矿要素		描述内容		要素类别
储量		金属量:37 771t	平均品位　　　0.87%	
特征描述		风化淋积型(或风化壳型)硅酸镍矿床(中型)		
地质环境	构造背景	Ⅰ天山-兴蒙造山系、Ⅰ-1大兴安岭弧盆系、Ⅰ-1-6 二连-贺根山蛇绿混杂岩带(Pz_2)		必要
	成矿环境	Ⅲ-6 东乌珠穆沁旗-嫩江(中强挤压区)Cu-Mo-Pb-Zn-Au-W-Sn-Cr 成矿带(Pt_3、Vm-l、Ye-m),Ⅲ-6-② 朝不楞-博克图 W-Fe-Zn-Pb 成矿亚带(V、Y)		必要
	成矿时代	海西期		必要
矿床特征	矿体形态	平面形态为不规则纺锤形,矿体长轴呈胳膊肘状		重要
	岩石类型	安山岩、英安岩、角砾安山岩、凝灰质粉砂岩、板岩、长石石英砂岩、泥质粉砂岩、斜辉、二辉辉橄岩与辉绿岩		重要
	岩石结构	辉绿结构、嵌晶含长结构		次要
	矿石矿物	金属矿物主要是褐铁矿、磁铁矿、赤铁矿,少量黄铁矿、黄铜矿、磁黄铁矿,微量镍黄铁矿、镍磁铁矿、菱铁矿、紫硫镍铁矿;非金属矿物主要是碳酸盐矿物,次为绿泥石、绢云母和黏土类矿物及石英		重要
	矿石结构构造	结构:土状结构、粉土状结构、粉砂土状结构;构造:块状构造,细脉状构造、网格状构造、团块状构造、结核状构造等		次要
	围岩蚀变	蚀变强烈,主要为碳酸盐化,次为绿泥石化、绢云母化、泥化、基本无法恢复原岩		重要
	主要控矿因素	1.海西早期北东和北东东向断裂控制岩体的分布;2.矿体赋存在海西期超基性岩——斜辉、二辉辉橄岩体中		必要

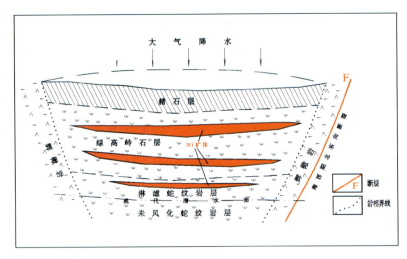

图 4-81 白音胡硕式镍矿成矿模式图

二、岩浆型镍矿床

该类型镍矿床主要为达布逊镍矿、小南山铜镍铂矿床。

达布逊镍矿位于内蒙古自治区乌拉特后旗境内，隶属巴音查干苏木管辖。

1. 矿区地质

地层出露主要为中下志留统徐尼乌苏组（S_xn），岩性有绢云石英千枚岩、石英岩、变质长石石英砂岩、硅质板岩，钻孔中还可见到变粒岩、结晶灰岩。

侵入岩主要为海西晚期蚀变片理化闪长岩、糜棱岩化花岗岩、中细粒二长花岗岩及海西中期超基性岩。其中海西中期超基性岩较为发育，具明显相带：纯橄榄岩相、纯橄榄岩-斜辉辉橄岩相、二辉辉橄岩相，均受到强烈的蛇纹石化、碳酸盐化、硅化，呈东西向带状断续展布，南北宽 0.3～6km，东西长大于 100km，是内蒙古超基性岩中带西部主体（图 4-82）。

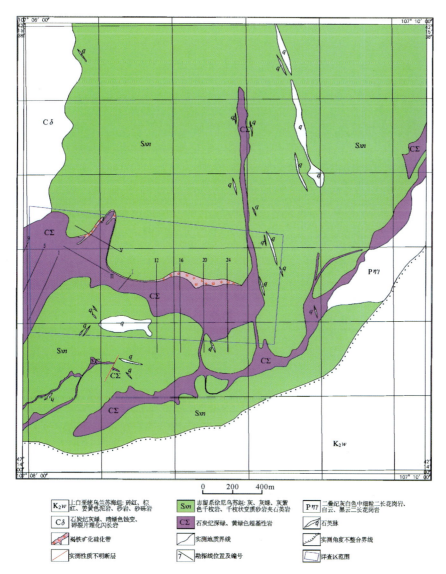

图 4-82 达布逊镍矿区地质图

区内构造主要由海西期近东西向断裂和北北东(近南北)断裂组成,前者形成早,控制超基性岩体(成矿母岩)的发育形态和产状;后者形成晚,对前者和超基性岩体起破坏作用。

2. 矿床地质

通过深部钻探验证,发现 Ni 矿体(矿化体)共 18 条,矿体总体产状为倾向南西 206°,倾角 40°,为层状(似层状或透镜状)矿体。岩体成矿特征如下:①超基性岩体中局部见有矿体,矿体厚度为 0.90～36.17m,矿体埋深一般为 20～300m,镍矿物主要为硫化镍,呈浸染状分布,以囊状体(或透镜体)形态存在,局部矿体受构造影响沿走向变化较大,矿体最高品位 Ni 4.37%。②超基性岩体下部与地层接触带中见有较富集 Ni - Co - FeS 矿体,矿体厚度为 3.30～10.00m,矿体现控制埋深多分布于 70～150m,倾向西南,呈层状(似层状)分布,矿体最高品位 Ni 1.1%,Co 0.15%,矿体较连续,倾向、倾角受岩性接触带影响变化较大。含矿岩石硅化较强,矿区中北部超基性岩体与石英片岩接触带规模较大,是本区找矿的主要目的层位。

1—2 号矿体为超基性岩体内部矿体,控制延长 65～110m,延深 210m,倾向北西,倾角约 40°,矿体厚度为 6.00～16.13m,矿体埋深距地表 10～40m,样品最高品位 Ni 4.37%,Co 0.15%,矿体平均品位 Ni 0.86%,Co 0.028%～0.033%。通过物相分析,镍矿物主要为硫化镍(占 80% 以上),呈浸染状分布,以囊状体(或透镜体)形态存在,矿体产状变化较大,易开采。

15—17 号矿体为矿区的主矿体,受超基性岩体与地层接触带控制,呈层状(似层状)分布,为镍钴矿体,矿体中伴生有较富集黄铁矿。矿体控制延长 160m,延深 240m;厚度控制为 6.81～7.58m,矿体埋深为 10～150m 之间,样品最高品位 Ni 1.30%,Co 0.65%,矿体平均品位 Ni 0.48%,Co 0.26%。矿体整体上窄下宽,厚度、品位变化较大,产状受岩体接触带控制变化较大。

18—22 号矿体为矿区的主矿体,受超基性岩体与地层接触带控制,呈层状(似层状)分布,为镍钴矿体,矿体中伴生有黄铁矿。矿体控制程度较低,见矿厚度控制为 1～9.46m,矿体埋深为 10～190m,样品最高品位 Ni 1.63%,Co 0.061%,矿体平均品位 Ni 0.37%～0.55%,Co 0.015%～0.026%。

矿石矿物主要为硅酸镍、硫化镍、黄铁矿等。由此可划分出硅酸镍矿石、硫化镍矿石两种自然类型。矿石结构主要为致密块状结构。矿石构造有层状(似层状)构造、细脉浸染状构造、浸染状构造。

3. 矿床成因类型及成矿时代

矿床成因类型为岩浆熔离型,成矿时代为海西中期。

4. 矿床成矿要素与成矿模式

矿床成矿要素见表 4 - 39。

表 4 - 39 达布逊式岩浆型镍矿达布逊典型矿床成矿要素表

成矿要素		描述内容			要素类别
储量		镍金属量:26 093.74t	平均品位	镍:0.48%	
特征描述		岩浆熔离型矿床			
地质环境	构造背景	Ⅰ 天山-兴蒙造山系,Ⅰ-8 包尔汗图-温都尔庙弧盆系,Ⅰ-8-3 宝音图岩浆弧			必要
	成矿环境	Ⅲ-7 阿巴嘎-霍林河 Cr-Cu(Au)-Ge-煤-天然碱-芒硝成矿带,Ⅲ-7-② 查干此老-巴音杭盖金成矿亚带			必要
	成矿时代	海西中期			必要

续表 4-39

成矿要素		描述内容			要素类别
储量		镍金属量:26 093.74t	平均品位	镍:0.48%	
特征描述		岩浆熔离型矿床			
矿床特征	矿体形态	层状(似层状或透镜状)			重要
	岩石类型	绢云石英千枚岩、石英岩、变质长石石英砂岩、硅质板岩,超基性辉橄岩、角闪岩、花岗岩			必要
	岩石结构	变晶结构,变余砂状结构,结晶结构,花岗结构			次要
	矿石矿物	主要为硅酸镍,其次为硫化镍、黄铁矿			次要
	矿石结构构造	致密块状结构,构造:层状(似层状)构造、细脉浸染状构造、浸染状构造			次要
	围岩蚀变	蛇纹石化、绿泥石化、硅化,含矿岩石硅化较强			重要
	主要控矿因素	1.超基性岩体中局部见有矿体;2.超基性岩体下部与地层(古生代中下志留统徐尼乌苏组($S_{x}n$)绢云石英千枚岩夹石英岩段)接触带中见有较富集 Ni-Co-FeS 矿体;3.近东西向断裂控制超基性岩体(成矿母岩)的发育形态和产状,北北东(近南北)断裂对超基性岩体起破坏作用			必要

矿床成矿模式:该矿床为岩浆熔离型矿床,超基性岩体是成矿母岩,矿体是成矿物质在液态状态下从硅酸盐岩浆中分离的结果,硫化物熔浆在岩浆侵位之后分离出来的,并因重力分异作用,在岩体下部聚集成富矿体,少部分悬浮于岩体的一定部位成浸染状矿体。岩浆中的成矿物质(金属硫化物熔浆)在液态状态下从硅酸盐岩浆中分离出来,随温度压力下降到一定的范围,较重的金属硫化物熔浆就会透过较轻的硅酸盐熔浆向下沉降。由于地下温度、压力等外界因素的差异,形成自上至下的不同岩性段空间控矿模型,不同的岩性段含矿性也不同,元素富集程度具有分带现象(图 4-83)。

三、沉积(变质)型镍矿床

该类型镍矿床目前仅见于元山子镍钼矿(见本章钼矿床部分)。

第十一节 金矿典型矿床与成矿模式

一、沉积-热液改造型金矿床(黑色岩系型金矿)

该类型金矿床按含矿建造分为:渣尔泰山群阿古鲁沟组黑色岩系为含矿建造的金矿床,主要为朱拉扎嘎金矿;另一类为白云鄂博群必鲁特组黑色岩系为含矿建造的金矿床,主要为浩饶尔忽洞金矿。

(一)朱拉扎嘎金矿

该矿床位于内蒙古自治区阿拉善左旗巴彦浩特镇西北约 220km 处。

1. 矿区地质

矿区主要出露中元古界渣尔泰山群增隆昌组(Chz)和阿古鲁沟组(Jxa)。金矿层主要赋存于阿古

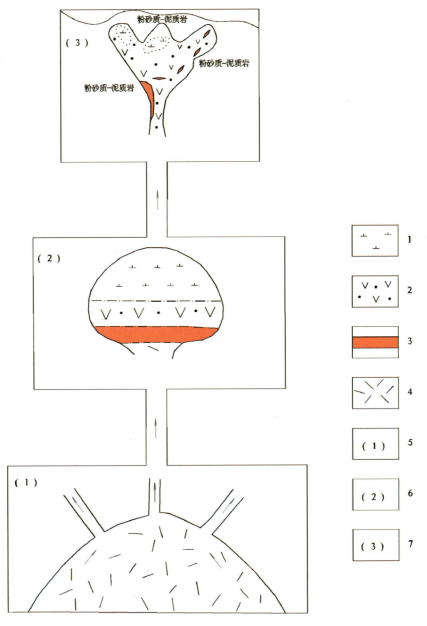

图 4-83 达布逊式镍矿成矿模式图

1.闪长岩(岩浆与岩石);2.富含金属硫化物的橄榄岩浆(矿体、含矿岩石);3.硫化物矿浆(矿体);4.地幔部分熔融产生的岩浆;5.地幔岩浆源(含镍);6.中间岩浆库(含矿原始母岩浆发生液态熔离分异作用的地方);7.岩浆房(岩浆、含矿岩浆成岩成矿的场所)

鲁沟组一段中部含钙质的浅变质碎屑岩类中。

矿区位于中元古代沙布根次-朱拉扎嘎毛道坳陷带内朱拉扎嘎毛道近南北向背斜褶皱轴部及朱拉扎嘎毛道北北西向断裂构造的南段。具体表现为总体倾向南东(120°)的单斜构造。发育一系列层间滑动层、层间断裂,为矿液运移与沉淀提供了空间条件。矿区断裂构造十分发育,主要有两组:即北东向(30°左右)断裂和北西向(340°左右)断裂。北北西向的F_6正断层规模较大,延伸出矿区外数十千米,为矿区内的主干断层,并具有多期活动的特点。该断层将矿区分为东西两部分,断层东部(即下盘)以露头矿为主,西部(即上盘)以隐伏矿体为主。

矿区内岩浆岩出露较少,仅分布在矿区南侧和东南侧。加里东期辉长辉绿岩株和岩脉侵入阿古鲁沟组而被燕山期花岗斑岩脉侵入错断,同时沿北东向和北西向的张裂隙发育一系列派生的闪长岩脉,反映了该期拉张环境下地壳深处岩浆的上涌。燕山期花岗斑岩继承了早期岩浆活动的特点，多呈北东向脉群分布，且与地层构造线一致（图4-84）。

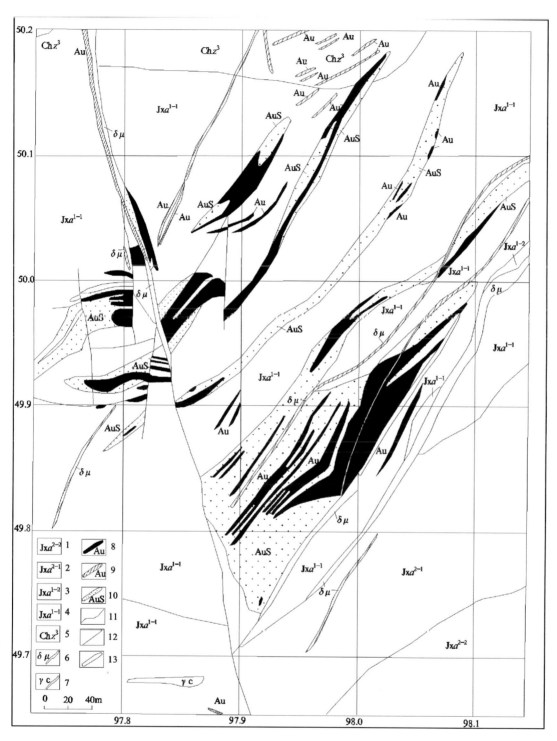

图4-84 朱拉扎嘎金矿区地质图

1.阿古鲁沟组二岩段中部砂质板岩；2.阿古鲁沟组二岩段下部条带状变质石英砂岩；3.阿古鲁沟组一岩段上部变质石英砂岩；4.阿古鲁沟组一岩段下部条带状粉砂质板岩夹薄层变质钙质砂岩；5.增隆昌组二岩段泥砂质板岩；6.闪长玢岩脉；7.花岗细晶岩脉；8.微细粒浸染状金矿体；9.脉状金矿体；10.金矿化蚀变带；11.地质界线；12.断层；13.破碎带

2. 矿床地质

根据断裂构造带的展布特征、矿（化）体分布情况及综合物探资料,该矿床大致可以划分为两个矿带,Ⅰ号矿带分布于矿区南东部,位于F_1断裂构造带的南东侧,地表无露头矿体分布,钻孔中发现隐伏矿体7个。Ⅱ号矿带分布于矿区中部及西部,位于F_1断裂构造带西侧,地表由12个露头矿体组成。矿带总体走向30°左右,与地层走向基本一致。

矿体形态主要为似层状,在走向和延深方向上虽有变厚或尖灭、尖灭再现的现象,但总体与地层的产状一致。矿体倾向为南东120°~190°,倾角为30°~45°,含矿层主体厚度达270m,矿体具明显的向南倾伏特征。另外,在矿区北部地层裂隙内可见小型脉状矿体分布,受构造裂隙的控制(图4-85)。

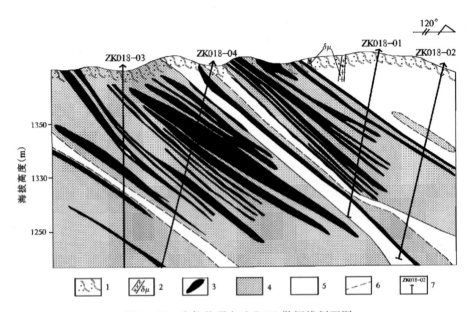

图4-85 朱拉扎嘎金矿P018勘探线剖面图
1.变质砂岩和粉砂岩;2.闪长玢岩脉;3.金矿体;4.含金蚀变带;5.未蚀变岩体;6.推测地质界线;7.钻孔及编号

矿石根据构造大致分为两大类,一类为微细粒浸染状金矿石,另一类为脉状-网脉状金矿石,以前者为主。根据矿石中金属硫化物和金属氧化物的比例,可以分为氧化矿石和原生矿石。

矿石矿物主要为自然金、磁黄铁矿、毒砂、黄铁矿、黄铜矿、方铅矿、褐铁矿、铜蓝等;脉石矿物主要有石英、斜长石、阳起石、绿泥石、绿帘石、绢云母和角闪石等。

金的品位一般为$0.5×10^{-6}$~$4×10^{-6}$,平均$1.6×10^{-6}$,Ⅱ-1号、Ⅱ-11号金矿体的平均品位稍高,分别是$4.03×10^{-6}$和$4×10^{-6}$。

矿石的结构主要有微细粒结构、交代结构、他形粒状结构。矿石的构造主要有致密块状构造、浸染状构造、稀疏(或稠密)浸染状构造、条带状构造和脉状构造等。

朱拉扎嘎金矿矿石铅同位素组成变化明显。单阶段演化模式年龄为894~504Ma。而金矿的成矿年龄为275±6Ma,这反映金矿的矿石铅并非单阶段正常铅,铅同位素演化历史比较复杂。矿石铅同位素数据在ZartMan等(1988)铅构造模式图中跨越了下地壳、地幔和造山带演化线,显示铅源比较复杂(江思宏等,2001)。

3. 成因类型及成矿时代

根据成矿地质条件、矿体的形态和产状、矿石的结构构造等特征,矿床的成因类型应为沉积-热液改造型。

杨岳清等(2001)、江思宏等(2001)获得朱拉扎嘎金矿矿石全岩 Rb Sr 等时线年龄 275±6Ma,认为该年龄值代表了该矿床的成矿时代;孟二根等(2002)根据测定的花岗斑岩全岩 K-Ar 年龄(208±5Ma),提出了印支期成矿的认识;李俊建等(2004)获得成矿期花岗斑岩的锆石 U-Pb 年龄为 304±5Ma,成矿后闪长玢岩为 259±6Ma,朱拉扎嘎金矿体中石英的 $^{40}Ar-^{39}Ar$ 年龄为 282.3±0.9Ma;李俊建等(2010)又采用 SHRIMP 锆石 U-Pb 法获得花岗斑岩的形成时代为 280±6Ma,闪长玢岩的形成时代为 279.7±5.2Ma,两者的年龄差仅 0.3Ma,从而限定了朱拉扎嘎金矿的形成年龄。主成矿时代为海西期。

4. 矿床成矿要素与成矿模式

矿床成矿要素见表 4-40。

矿床成矿模式:朱拉扎嘎金矿床具有多期、多种成因的特点。中元古代沉积的渣尔泰山群阿古鲁沟组一段中部金元素含量较高的变质钙质粉砂岩、变质钙质石英粉砂岩中,由于岩石疏松多孔,有利于矿液的运移和储集。一段下部为板岩、变质石英粉砂岩、变质石英粉砂岩夹白云岩,一段上部为变质粉砂岩、板岩。这些岩石相对致密,孔隙度低,渗透性差,即形成了所谓的"屏障层",相对不利于发生矿化;海西期在矿区附近侵入的隐伏闪长岩体提供了热源,使得金元素在阿古鲁沟组一段中富集成矿(图4-86)。

表4-40 朱拉扎嘎式沉积型金矿朱拉扎嘎典型矿床成矿要素表

成矿要素		描述内容			要素类别
储量		12 605kg	平均品位	$1.6×10^{-6}$	
特征描述		沉积-热液改造型			
地质环境	构造背景	Ⅱ华北陆块区,Ⅱ-7阿拉善陆块,Ⅱ-7-1迭布斯格-阿拉善右旗陆缘岩浆弧			必要
	成矿环境	Ⅲ-3阿拉善(台隆)Cu-Ni-Pt-Fe-REE-P-石墨-芒硝盐成矿亚带(Pt、Pz、Kz),Ⅲ-3-③图兰泰-朱拉扎嘎金-盐芒硝-石膏成矿亚带(Pt、Q)			必要
	成矿时代	中元古代—海西晚期			必要
矿床特征	矿体形态	呈现似层状,部分呈脉状			重要
	岩石类型	条带状砂质板岩夹钙质砂岩层			重要
	岩石结构	变余粉砂、变余砂质、显微鳞片微粒变晶、微粒镶嵌变晶结构			次要
	矿石矿物	金属矿物:磁黄铁矿、黄铁矿及少量黄铜矿、方铅矿和毒砂,自然金(粒度极细,0.004mm);非金属矿物:石英、斜长石、角闪石、绿泥石、绿帘石和绢云母等			重要
	矿石结构构造	结构主要有微细粒结构、交代结构、他形粒状结构。构造主要有致密块状构造、浸染状构造、稀疏(或稠密)浸染状构造、条带状构造和脉状构造等。			次要
	围岩蚀变	绿泥石化、绿帘石化、阳起石化、绢云母化、硅化、褐铁矿化、有褪色化。矿层顶底板围岩中热液蚀变微弱			次要
	主要控矿因素	1.中元古界蓟县系阿古鲁沟组;2.矿区位于朱拉扎嘎近北北西向叠加褶皱构造的轴部,成矿前的断裂构造对矿液的运移和富集起着主要的作用,而成矿后的断裂构造对矿体有破坏作用;3.矿区内仅出露数条闪长玢岩脉和花岗斑岩脉,矿区西南部隐伏岩体的存在,不仅提供了成矿热源,也是引起矿区内岩石发生蚀变的主要原因			必要

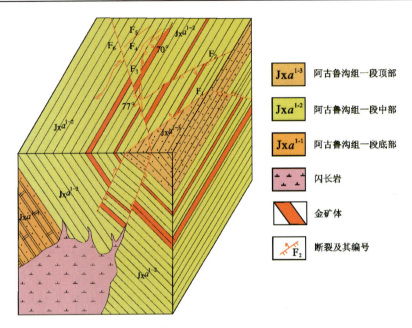

图 4-86 朱拉扎嘎式金矿成矿模式图

(二)浩尧尔忽洞(长山壕)金矿

浩尧尔忽洞金矿行政上隶属于巴彦淖尔市乌拉特中旗新忽热乡。

1. 矿区地质

区内出露的地层由老至新有中元古界白云鄂博群都拉哈拉组、尖山组、哈拉霍疙特组和比鲁特组;下白垩统白女羊盘火山岩组和新近系上新统。

区域岩浆活动频繁,主要以加里东晚期和海西中晚期活动为主。矿区内脉岩发育,主要有花岗岩脉、细晶岩脉、花岗伟晶岩脉、石英脉、石英斑岩脉、闪长玢岩脉、辉长岩脉和煌斑岩脉。区内石英脉与金矿化关系密切,在比鲁特组第一、二岩性段发育有细脉状、网脉状、肠状和小透镜状石英脉,它是主要的含矿岩脉,其余岩脉普遍不含金。但是脉岩出露的地方,尤其是煌斑岩脉和强黑云母化的闪长岩脉大量分布的地段,金品位较高。

2. 矿床地质

矿床产于浩尧尔忽洞复式向斜的南翼,处在高勒图弧形断裂带向南凸出的部位,属于构造应力相对集中的区域,金矿化集中赋存于与该断裂平行的一系列构造破碎带和挤压片理化带中,主要赋矿地层为比鲁特组第一、二岩段含碳质变质细砂岩、板岩和千枚状板岩。

浩尧尔忽洞金矿床以 9100E 勘探线为界可分为东、西两个矿带。东矿带由 28 个矿体组成,西矿带有 16 个矿体。东矿带 E2 号矿体最大,金属量为 22 394kg,占总金属量的 54.95%,E1、E12、W1、W2、W3、W10、W11 号矿体金属量均在 500kg 以上,其余矿体金属量均小于 500kg。主矿体钻孔垂直控制延深最深 243m。矿体形态比较简单,主要为板状、似板状和大透镜状。矿体走向为北东向,东矿带倾向北西,西矿带倾向南东。倾角一般为 75°~85°,局部近似于直立。矿体在平面上呈雁行式或平行排列、成群出现。矿体沿走向和倾向比较稳定,但具有膨胀收缩的特点。矿体平均厚度数十米至数米,最厚达 47.64m,厚度变化系数一般在 17.73%~66.84% 之间。矿体中金分布比较均匀,金品位一般为 $0.5×10^{-6}$~$1.5×10^{-6}$,有极个别的样品品位大于 $6×10^{-6}$,品位变化较稳定,品位变化系数一般在 12.41%~35.44% 之间。

矿石中金属矿物除自然金外,主要有黄铁矿、磁黄铁矿及少量的毒砂、黄铜矿、方铅矿、闪锌矿等,脉石矿物主要有绢云母、石英、绿泥石、钠长石及部分碳酸盐类矿物。矿石中主要有用组分为 Au,伴生组分为 Ag、Cu、Zn、Hg 等,含量均较低。

矿石具有鳞片粒状变晶结构、变余粉砂状结构、显微鳞片变晶结构。矿石呈块状、千枚状、板状、片状构造。

矿石自然类型分为石英细脉型和变质岩型(板岩、千枚岩、硅质板岩、片岩和少量的碳质板岩、断层泥等)。矿石工业类型按氧化程度分为氧化矿和原生矿两种类型。

3. 矿床成因与成矿时代

综上所述,该矿床受黑色岩系、板理、裂隙等控制,矿体产状与岩层产状基本一致,局部地段受构造影响有切层现象。成矿与硅化关系密切,矿石中金主要产于硫化物和石英-硫化物细脉中,金品位的高低与硫化物和石英脉-硫化物细脉的发育程度和数量成正比。同时除石英细脉外,在变质程度较低的板岩、千枚岩、千枚状片岩、片岩等浅变质岩中也含金。因此矿床为热水喷流沉积-热液改造型。

王建平等(2011)获得浩尧尔忽洞金矿石英脉中黑云母 $^{40}Ar-^{39}Ar$ 坪年龄为 $267.4\pm2Ma$,等时线年龄为 $270.1\pm2.5Ma$;肖伟等(2012)获得花岗斑岩和二长花岗斑岩的 LA-ICP-MS 锆石 U-Pb 年龄值分别为 $290.9\pm2.8Ma$ 和 $287.5\pm1.9Ma$;2 件黑云母花岗岩样品的年龄值分别为 $267.9\pm1.2Ma$ 和 $274.0\pm2.3Ma$。主成矿时代为二叠纪。

4. 矿床成矿要素与成矿模式

矿床成矿要素见表 4-41。

表 4-41 浩尧尔忽洞式沉积型金矿浩尧尔忽洞典型矿床成矿要素表

成矿要素		描述内容		要素类别
储量		40 751kg	平均品位	Au $0.5\times10^{-6}\sim1.5\times10^{-6}$	
特征描述		热水喷流沉积-热液叠加改造复合型		
地质环境	构造背景	Ⅱ华北陆块区,Ⅱ-4 狼山-阴山陆块,Ⅱ-4-3 狼山-白云鄂博裂谷		重要
	成矿环境	Ⅲ-11 华北地台北缘西段 Au-Fe-Nb-REE-Cu-Pb-Zn-Ag-Ni-Pt-W-石墨-白云母成矿带,Ⅲ-11-①白云鄂博-商都 Au-Fe-Nb-REE-Cu-Ni 成矿亚带		必要
	成矿时代	海西期		必要
矿床特征	矿体形态	板状、似板状和大透镜状		必要
	岩石类型	板岩、千枚岩、硅质板岩、片岩和少量的碳质板岩、断层泥		重要
	岩石结构	具鳞片变晶结构、斑状变晶结构和碎裂结构,板状(劈理)构造、千枚状构造和斑点构造		次要
	矿石矿物	自然金、黄铁矿、磁黄铁矿、方铅矿、闪锌矿、黄铜矿、辰砂等		重要
	矿石结构构造	半自形粒状结构,蜂窝状构造和团块状构造		次要
	围岩蚀变	硅化、绢云母化及少量钾化、碳酸盐化和透闪石化		重要
	主要控矿因素	1.矿化严格受构造破碎带和片理化带的控制;2.含矿构造和矿化带在空间上变化受浩尧尔忽洞褶皱和高勒图深大断裂的控制		重要

矿床成矿模式：其一，在裂陷盆地还原环境中，大量有机质对金及其他成矿组分均具有较强的吸附和络合作用，完全有可能导致成矿物质的相对聚集和沉淀；其二，在裂陷槽局部地段，海相火山喷发作用可将部分成矿物质从地壳深部带至海底，进而形成金含量较高的火山-沉积岩。需要提及的是，除了上述两方面因素外，沉积物中胶体凝聚效应、絮凝作用和微生物活动以及成矿环境对成矿可能也起了一定作用。

古生代以来，受古蒙古洋壳对华北陆台多期次俯冲作用的影响，各种规模的推覆构造作用导致渣尔泰山群和白云鄂博群火山-沉积岩发生褶皱和动力变质，并且诱发中酸性和碱性岩浆活动，广泛存在的叠瓦状逆冲断层、韧脆性剪切带、混合岩和侵入岩体（脉）群即是很好的例证。受各类构造"碾压"作用和热液活动的影响，岩层（体）中 CO_2、CH_4、N_2、S、As、Au 和 Sb 等矿化组分以及裂隙水和晶间水向低压扩容部位迁移。受地震原吸效应、地温梯度和暖冷流体密度差等诸多因素影响，当下渗流体到达一定深度后即会沿特定通道向上运移，并且在构造破碎带和背斜枢纽带内形成脉状、似层状或条带状金矿体（图4-87）。

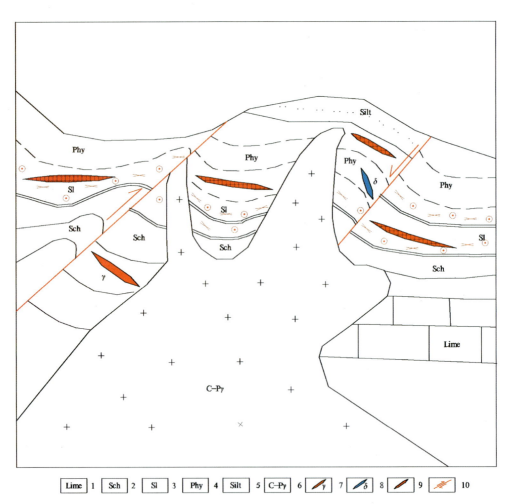

图4-87 浩尧尔忽洞式金矿成矿模式图

1.哈拉霍疙特组灰岩；2.比鲁特组红柱石石榴子石片岩；3.比鲁特组板岩；4.比鲁特组千枚岩；5.比鲁特组变质砂岩；6.石炭纪—二叠纪花岗岩；7.花岗岩脉；8.闪长岩脉；9.金矿体；10.逆断层

二、热液-氧化淋滤型金矿床

该类型金矿床主要为老硐沟金矿，行政管辖隶属内蒙古额济纳旗。

1. 矿区地质

出露地层主要为中新元古界,其次有零星分布的二叠系、侏罗系、新近系及第四系。

断裂以北西西向、北东东向走向断裂为主,另有北东向、北西向和北北西向,后二者控制闪长玢岩脉、花岗岩脉和金铅矿化。

岩浆活动频繁,海西晚期鹰嘴红山似斑状黑云二长花岗岩($\eta\gamma_4^{3-1}$)呈岩基近东西向沿古硐井-英雄山复背斜轴部侵入,与成矿关系不大。斑状花岗闪长岩($\gamma\delta_4^{3-2}$)分布于矿区中部,呈不规则岩株,与矿关系密切。闪长玢岩脉($\delta\mu$)呈北北西—北西西向在白云大理岩中分布,蚀变强,岩石中含黄铁矿、磁铁矿较高,脉岩边部或局部脉中常形成金铅矿化或多金属细脉,与金铅矿生成密切相关。

2. 矿床地质

根据成矿特征进一步划分为:①裂隙充填-破碎带热液蚀变型金、铅、砷、银矿,北矿带包括1—6号矿体。南矿带主要分布于F_1、F_2断裂间及其两侧地层中,东段位于38—52线,集中96号、97号、98号、99号、100号矿体,其规模、质量最好;中段分布于23—18线,出露22号、75号、78号、85号、87号、88号等矿体;西段分布45—59线,包括7号、8号、9号矿体,规模小。走向近东西矿体,分布38—52线,为规模最大一组矿体,厚度一般5m以下,最大厚14.8m,长度一般为50~100m,个别达254.5m,延深多在100m以内,少数在160m,呈透镜状及楔形尖灭,矿体走向90°~120°,倾向0°~30°,倾角50°~85°。走向北北西向矿体,分布15—18线,多为盲矿体,规模小,厚度1~3m,长度在100m以内,延深在50m以上,个别达200m,多呈脉状,矿体走向340°,倾向南西,倾角60°~80°。不规则矿体,受两组裂隙或断裂组相交部位及喀斯特溶洞控制,形态极不规则,鸡窝状、矿柱状,为小矿体,主要见于38—46线北部一带采坑中。②接触交代矽卡岩型含金-铜铁矿,产在斑状花岗闪长岩体外接触带的矽卡岩带内及长城系、蓟县系接触界线两侧,主要是隐伏矿体,分布金铅南矿带中段,23—4线间,矿体呈似层状、透镜状,长100~200m,厚1~5m,部分达10~15m,延深在200m以内,个别达402m,走向270°~300°,倾向0°~20°,倾角50°~70°,矿体出露标高一般为1000~1200m,个别出露地表,其中58号矿体规模最大。

矿石结构为自形-半自形-他形粒状结构、交代结构、压碎结构和乳浊状结构,网脉状结构。矿石构造有致密块状构造、浸染状构造、细脉条带状构造。

矿石矿物有自然金、银金矿、辉银矿-螺状硫银矿、针铁矿、磁铁矿、黄铜矿、黄铁矿、毒砂、闪锌矿、辉钼矿等。表生期金属硫化物氧化阶段矿物有角银矿、自然银、铜蓝、孔雀石、臭葱石、褐铁矿,砷酸盐矿物有菱砷铁矿、菱砷铅矾、砷铅矿、白铅矿、草黄铁矾、铅矾、铅丹、红砷锌矿等。脉石矿物主要为白云石、方解石、白云石大理岩、蛇纹石化白云岩。主成矿元素为Au、Pb,伴生有益元素为Cu、S、Pb、Zn。

围岩蚀变有地层围岩大理岩化、红柱石化、角岩化;中酸性侵入岩发生黑云母化、电气石化、绿泥石化、黄铁矿化、绢云母化、硅化、矽卡岩化,分布于矿体两侧。

3. 成因类型及成矿时代

成矿物质来源于中酸性岩浆岩,成矿方式有裂隙充填、热液蚀变接触交代。铁铜矿体严格受斑状花岗闪长岩与白云大理岩接触带控制,尤在岩枝发育拐弯处,产状由陡变缓部位。在岩株内及与岩脉接触带生成一些小的铜矿体,金铜、金铅矿体。在东西向断裂破碎带的断裂拐弯处、产状由陡变缓及两组断裂相交处和北北西向及次级羽状裂隙是控矿富集地段。

矿床类型包括裂隙充填-破碎带中低温热液蚀变型及高中温岩浆热液接触交代矽卡岩型,后期遭受了次生氧化-淋滤富集,因此为热液-淋滤型。成矿时代为海西期。

4. 矿床成矿要素与成矿模式

矿床成矿要素见表4-42。

表 4-42 老硐沟式热液-氧化淋滤型金矿老硐沟成矿要素表

成矿要素		描述内容		成矿要素分类
储量		3.293t	平均品位	金铅矿石平均金品位 4.73×10^{-6}；金铅多金属矿石金平均品位 23.5×10^{-6}	
特征描述			岩浆热液型金铅多金属矿床	
地质环境	构造背景	Ⅲ塔里木陆块区，Ⅲ-2敦煌陆块，Ⅲ-2-1柳园裂谷		必要
	成矿环境	Ⅲ-2 磁海-公婆泉 Fe-Cu-Au-Pb-Zn-W-Sn-Rb-V-U-P 成矿带（Pt、Cel、Vml、I-Y），Ⅲ-2-②阿木乌苏-老硐沟 Au-W-Sb 成矿亚带		必要
	成矿时代	海西晚期		重要
矿床特征	矿体形态	鸡窝状、柱状、似层状、透镜状		重要
	岩石类型	似斑状黑云二长花岗岩和花岗闪长岩		重要
	岩石结构	细粒、斑状结构		次要
	矿石矿物	自然金、银金矿、辉银矿-螺状硫银矿、针铁矿、磁铁矿、黄铜矿、黄铁矿、毒砂、闪锌矿、辉钼矿等。表生期金属硫化物氧化阶段矿物：角银矿、自然银、铜蓝、孔雀石、臭葱石、褐铁矿；砷酸盐矿物：菱砷铁矿、菱砷铅矾、砷铅矿、白铅矿、草黄铁矾、铅矾、铅丹、红砷锌矿等		重要
	矿石结构构造	自形-半自形-他形粒状结构、交代结构、压碎结构和乳浊状结构，网脉状结构；致密块状构造、浸染状构造、细脉条带状构造		次要
	围岩蚀变	地层围岩大理岩化、红柱石化、角岩化；中酸性侵入岩：黑云母化、电气石化、绿泥石化、黄铁矿化、绢云母化、硅化、矽卡岩化		次要
	主要控矿因素	1.蓟县系下岩组钙质白云石大理岩、白云石大理岩在断裂破碎带上控制主要金铅矿体及矽卡岩型含金-铜铁矿体；2.近东西向 F_1 断裂及次级平行断裂；北北西向断裂常控制金铅矿脉及与成矿有关的闪长玢岩脉展布；3.铁铜矿体受斑状花岗闪长岩与白云大理岩接触带控制，尤在岩枝发育拐弯处，产状由陡变缓部位，在岩株内及与岩脉接触带生成一些小的铜矿体，金铜、金铅矿体；4.古溶洞控矿		必要

矿床成矿模式：中新元古代时期，本区处于陆棚架或浅海盆地环境，海底火山喷发活动与古陆的风化剥蚀作用形成了含火山物质的硅酸盐-碳酸盐沉积岩系，局部地段形成含金富硫的条带或薄层沉积物。受早古生代哈萨克斯坦板块与塔里木板块碰撞对接的影响，本区早期形成的沉积岩层发生低级序变质作用，进而形成泥板岩和页岩，局部地段出现片岩。与此同时，原岩地层中的金发生活化富集，进而在碳酸盐岩地层中形成 Au 丰度高达 83×10^{-9} 的矿源层或矿胚，为后期金的富集成矿奠定了物质基础。海西期时，本区发生强烈构造-岩浆活动，大规模花岗质岩浆的上侵定位，不仅形成了星罗棋布的花岗岩类岩基、岩株、岩墙和岩脉群，同时也为金的成矿作用提供了热动力和物质来源。源于岩浆的热流体与部分变质流体混合所产生的热液体系以富 Au、CO_2、Cl^- 和少量 CH_4 为特征，这种含金混合流体沿有利构造部位（如层间破碎带和断裂交会处）上涌，并且对矿源层和含金围岩进行淋滤和萃取，致使金、银和铜等成矿组分发生活化迁移，并且在特定部位沉淀和聚集，形成低品位金矿床。金矿体形成后长期裸露地表接受风化淋滤，造成金发生次生富集作用，进而形成具工业价值的金矿床（图 4-88）。

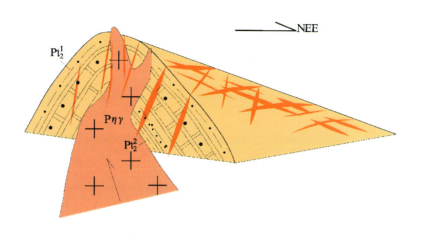

图4-88 老硐沟式金矿成矿模式图

三、热液型金矿床

该类型金矿床主要为乌拉山（哈达门沟）金矿、巴彦温多尔金矿、金厂沟梁金矿、欧布拉格铜金矿（见本章铜矿床部分）等。

（一）哈达门沟金矿

哈达门沟金矿位于包头市北西方向，距包头市35km。

1. 矿区地质

哈达门沟矿区位于华北地台北缘，阴山隆起带中段，南邻鄂尔多斯坳陷带的呼包断陷。

矿区出露的地层主要是中太古界乌拉山岩群第三岩组的一部分。黑云角闪斜长变粒岩段厚度1800m，石英-钾长石脉、花岗伟晶岩脉较发育。黑云母角闪斜长片麻岩段最大厚度950m，是东部矿体的赋存部位，有辉绿玢岩脉穿插，花岗伟晶岩脉较发育。含榴黑云斜长片麻岩段最大厚度1130m，是金矿体的主要赋存层位，有辉绿玢岩、花岗伟晶岩脉穿插。黑云角闪斜长片麻岩及黑云二长片麻岩段最大厚度2100m，发育有花岗伟晶岩、辉绿玢岩脉及石英-钾长石脉。

矿区属于乌拉山复背斜南翼。包头-呼和浩特深大断裂在矿区南侧通过，为向南倾斜的正断层。矿区的断裂构造均为其次级构造，十分发育。从形成时间上可分为成矿前、成矿期和成矿后的断裂。成矿前的断裂多被早期花岗伟晶岩、辉绿玢岩脉充填。成矿期的断裂构造主要是矿区南部一条钾长石化破碎蚀变岩带，走向NE65°，倾向北西，延长约10km，破碎带宽30～120m。该断裂构造是矿区的主构造，其力学性质为张扭性。与其派生的一组近东西向的张扭性断裂带成为本区主要容矿构造。该断裂带走向东西，倾向南，倾角45°～85°，且平行排列，以13号脉、22号脉、24号脉及2号脉规模较大，延长2km以上，延深推测大于1km。同时还派生出一组北西向容矿构造，该构造走向北西，倾向南西，倾角20°～30°，延长1km以上，延深推测大于0.5km，如32号脉。容矿构造内充填有石英-钾长石脉、石英脉及蚀变岩,是主要含金矿体。成矿后的断裂分为3组:北东向、北西向及北东东向。

区内可见大量海西期、印支期、燕山期中酸性岩侵入体及中基性-酸性脉岩,其中较大的岩体为大桦背黑云母正长花岗岩为海西期重熔花岗岩。矿区内脉岩很发育,主要是花岗伟晶岩、辉绿玢岩、石英脉及石英-钾长石脉等(图4-89)。

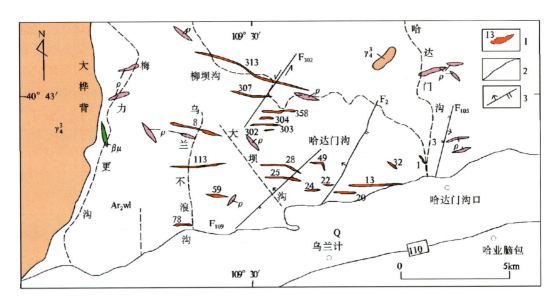

图4-89 乌拉山金矿区地质简图

1.金矿脉及编号;2.地质界线;3.断层;Q.第四系;Ar_3Wl.中太古界乌拉山群变质岩;γ_4^3.海西晚期花岗岩;ρ.伟晶岩脉

2. 矿床地质

矿区共发现含金地质体百余条,其中有金矿化的矿脉40余条,有13号、24号、49号、1号和59号脉群。含金地质体主要是石英脉、石英-钾长石脉和含金蚀变岩,但以石英-钾长石脉为主,石英脉穿插在石英-钾长石脉中间,蚀变岩分布在两侧。矿体长度为100~2200m,其中13号脉群东西长约7500m,是本区的主矿带。矿体全部赋存在乌拉山岩群变质岩中,严格受构造控制,以近东西向分布为主。以13号脉矿体为代表的主矿带,其倾向为164°,倾角45°~85°,总长为2200余米,延深从数十米至600m,向下呈舒缓波状。矿体品位变化有一定的规律性,无论从横向还是纵向上,矿体品位变化呈带状相间分布(图4-90)。

矿石金属矿物主要是黄铁矿,其次是黄铜矿、方铅矿、闪锌矿、辉铜矿、磁铁矿、赤铁矿、镜铁矿、褐铁矿、自然金、银金矿等。非金属矿物主要是石英、斜长石、钾长石、黑云母、角闪石、白云母,其次是绢云母、石榴子石、铁白云石、方解石、高岭土、绿泥石。副矿物有锆石、金红石等。

矿石主要结构有他形细粒、压碎、交代残余、交代环边、交代假象、包含结构等;矿石构造以致密块状为主,其次是脉状、网脉状和角砾状。

3. 矿床成因类型及成矿时代

哈达门沟金矿为中高温热液型矿床。哈达门沟金矿床113号金矿脉辉钼矿的Re-Os等时线年龄为386.6±6.1Ma(侯万荣等,2011);大桦背岩体中心相似斑状黑云母二长花岗岩锆石SHRIMP年龄为353±7Ma(苗来成等,2000);13号脉旁侧的细粒钾长石化岩的形成年龄为132±2Ma。野外研究表明,区内的钾化蚀变岩一般被石英-硫化物脉穿切或蚀变岩破碎成角砾被石英-硫化物胶结,这说明哈达门沟金矿存在小于或近似等于该年龄的矿化期,而这极有可能是主成矿期。

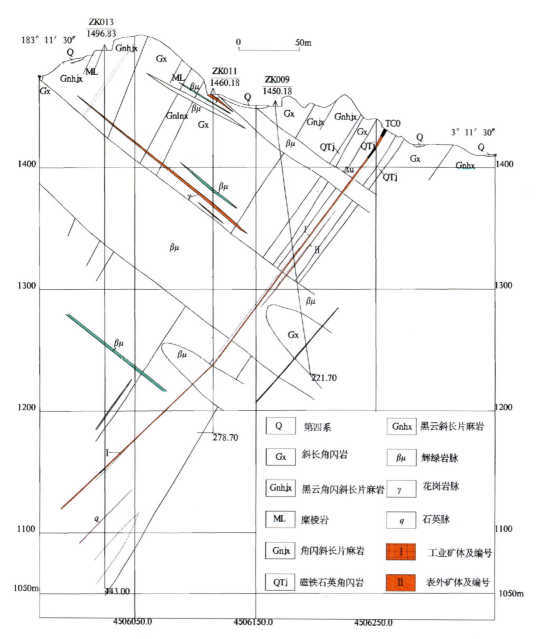

图 4-90 乌拉山金矿区 113 号脉第 0 勘探线地质剖面图

由此可见,乌拉山金矿具有多期成矿的特点,主成矿期可能为燕山期。

4. 矿床成矿要素与成矿模式

矿床成矿要素见表 4-43。

矿床成矿模式:乌拉山金矿的构造成矿作用演化分为 4 个阶段:①矿质准备阶段,中太古代(约3000Ma),形成一套富金的火山碎屑岩沉积建造,即金的初始矿源层;②矿质运移活化阶段,受区域变质作用影响,上述火山-碎屑沉积建造遭受麻粒岩相变质,形成乌拉山岩群变质岩系,在麻粒岩相变质作用峰期阶段(2500~2400Ma),在强烈的挤压力作用下,乌拉山岩群内出现了一系列强烈的韧性剪切推覆构造,并伴有高温韧性剪切变质变形作用,使碱质和 SiO_2 大量出溶,以及脱水形成含金热液,引起金的局部初步富集,并对后期金矿化的空间分布有一定影响;③矿床早期形成阶段,古中元古代,本区受华北地区构造热事件影响,发生韧性剪切变质变形,该期构造环境与前期相比,压力和温度都稍低,使乌拉山岩群发生绿帘角闪岩相退变质作用,早期形成的麻粒岩相岩石发生蚀变,在这一过程出现的退变热液和构造变形所产生热能,使得以显微包体、类质同象等形式分散于麻粒岩相岩石中的金发生活化,从变质矿物内部析离出来,在同期形成的韧性剪切变质变形带中聚集,通过水岩反应,形成含金石英脉(乳白色)及含金石英-钾长石脉;④矿床晚期叠加改造富集阶段,海西期至燕山期,受强烈的构造岩浆活动影响,形成一系列韧-脆性剪切变形带和脆性破裂带。早期形成的乳白色石英脉受到较强韧脆性剪切作用,形成由微砂糖粒石英集合体组成烟灰色石英脉,控制着富矿体的分布。岩浆作用产生的岩浆水与变质水、大气降水混合而成的气水热液,携带着金沿着韧-脆性变形带的破裂带与变质围岩发生交代,形成剪切带蚀变型金矿。同时早期含金石英脉、含金石英-钾长石脉得到叠加改造,发生金的再次富集,乌拉山金矿最后成型定位(图4-91)。

表 4-43　乌拉山式热液型金矿乌拉山典型矿床成矿要素表

成矿要素		描述内容			成矿要素类别
储量		34 930kg	平均品位	5.19×10^{-6}	
特征描述		内蒙古包头乌拉山区域变质-构造-岩浆叠加中高温热液型金矿床			
地质环境	构造背景	Ⅱ华北陆块区,Ⅱ-4狼山-阴山陆块,Ⅱ-4-1固阳-兴和陆核			重要
	成矿环境	Ⅲ-11华北地台北缘西段Au-Fe-Nb-REE-Cu-Pb-Zn-Ag-Ni-Pt-W-石墨-白云母成矿带,Ⅲ-11-③乌拉山-集宁Au-Ag-Fe-Cu-Pb-Zn-石墨-白云母成矿亚带			必要
	成矿时代	具多期成矿特点,主成矿期可能为燕山期			重要
矿床特征	岩石类型	变粒岩、片麻岩、花岗岩、各类脉岩			重要
	岩石结构	变晶结构,花岗结构,斑状结构			次要
	矿石矿物	黄铁矿、毒砂、铁闪锌矿、白铁矿,其次为银金矿、黄铜矿、方铅矿、黝铜矿,氧化带可见硫化物氧化形的褐铁矿、黄钾铁矾,自然铜等氧化物			重要
	矿石结构构造	自形-半自形-他形晶粒状结构、乳滴状结构、交代残余结构、残余-骸晶结构、压碎结构。稀疏-稠密浸染状构造、裂隙充填构造、块状构造、胶结角砾状构造			次要
	围岩蚀变	常见有绢云母化、碳酸盐化、硅化、泥化,其次为冰长石化、绿泥石化、绿帘石化、青磐岩化,早期冰长石化-硅化阶段和晚期硅化-黄铁矿化阶段是金沉淀主要时期			重要
	主要控矿因素	1.中太古代中深变质岩系;2.海西期侵入岩;3.北东东近东西向断裂,韧性剪切带			重要

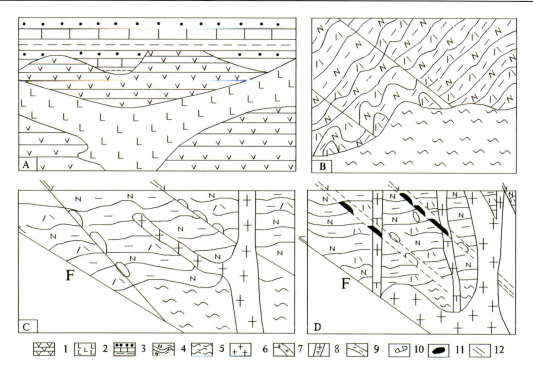

图4-91 哈达门沟式金矿成矿模式示意图(据李伟等,2006)

1.拉斑玄武岩;2.英云闪长岩;3.陆源碎屑岩;4.斜长角闪岩、片麻岩;5.混合岩;6.花岗岩;7.伟晶岩;8.辉绿岩;9.韧性剪切变质变形带;10.含金石英脉、含金石英钾长石脉;11.金矿体;12.深断裂(推覆体)

(二)巴彦温多尔金矿

巴彦温多尔金矿位于内蒙古自治区苏尼特左旗满都拉图镇。

1. 矿区地质

本区出露地层主要有上古生界下二叠统大石寨组第二段(P_1d^2),中二叠统哲斯组第一段(P_2zs^1)。

矿区内岩浆活动频繁而强烈,主要有加里东期、海西期、印支期及燕山期花岗杂岩体,与金成矿关系密切的岩体为阿萨哈粗粒斑状黑云母二长花岗岩,其锆石U-Pb一致线年龄为220Ma,形成时代为三叠纪。

本区与金成矿关系密切的构造为北东向巴彦温多尔-巴润萨拉韧性剪切带,是区域4条主要韧性剪切带之一。与其相关的北东向、近东西向压剪带、压扭性和北西向张剪性、张扭性断裂构造,是矿区重要的成矿控矿构造。巴彦温多尔-巴润萨拉韧性剪切带南西起于巴彦温多尔及其南部,经巴润萨拉,向北东至乌兰哈达一带,经历了海西末期(250~240Ma)、印支期(225~215Ma)和印支末期—燕山初期(209~197Ma)3个韧性变形序列,其中印支期为主变形期,形成温度约220℃、围压约270MPa,距地面约11km的地壳深部,属中低温剪切变形(图4-92)。

2. 矿床地质特征

全区共发现含金地质体54条,圈定金工业矿体8条。

4号矿体位于矿区东部,产于巴彦温多尔-巴润萨拉韧性剪切带北东端黑云母二长花岗岩体内,为糜棱岩夹石英脉型。走向100°,倾向10°~48°,倾角21°~68°。糜棱岩具较强的硅化、高岭土化、绿泥石化蚀变,偶见褐铁矿化及黄铁矿化。石英脉为灰白色、烟灰色,具褐铁矿化、黄铁矿化、方铅矿化,偶见黄铜矿化及孔雀石化。长512m,铅直厚度0.80~2.46m,平均铅直厚度为1.14m,厚度变化系数为

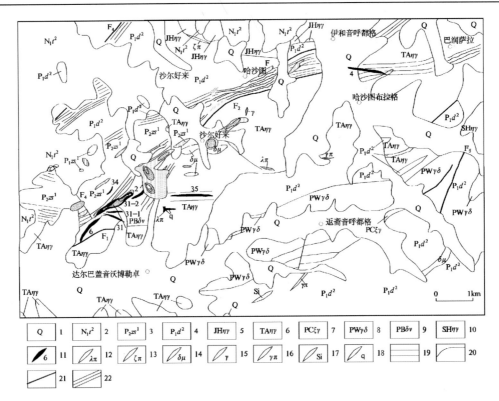

图 4-92 巴彦温多尔金矿区地质简图

1.第四系；2.古近系、新近系通古尔组；3.中二叠统哲斯组；4.下二叠统大石寨组；5.侏罗纪中粗似斑状黑云母二长花岗岩；6.三叠纪中粗似斑状黑云母二长花岗岩；7.二叠纪中细粒黑云母二长花岗岩；8.二叠纪中粒黑云母花岗闪长岩；9.二叠纪中细粒闪长-辉长岩；10.志留纪中粒黑云母二长花岗岩；11.矿体位置及编号；12.石英斑岩脉；13.正长斑岩脉；14.闪长玢岩脉；15.花岗岩脉；16.花岗斑岩脉；17.破碎硅化脉；18.石英脉；19.破碎蚀变带；20.实测地质界线；21.实测断层；22.韧性剪切带

41.34%。金品位为 $1.43 \times 10^{-6} \sim 34.78 \times 10^{-6}$，平均金品位为 10.77×10^{-6}，品位变化系数 127.52%。

22号矿体位于矿区中部，出露于巴彦温多尔-巴润萨拉韧性剪切带中段，黑云母二长花岗岩体内接触带，为糜棱岩夹石英脉型，走向 21°～51°，倾向北西，倾角 78°～86°，糜棱岩具有较强的褐铁矿化、黄铁矿化，具高岭土化、绿泥石化、绢云母化、硅化蚀变，尤其硅化较强。石英脉呈透镜状、舒缓波状产出，具尖灭再现，发育较强的褐铁矿化、星点状黄铁矿化、浸染状方铅矿化及孔雀石化。长 641m，水平厚度 0.30～4.55m，平均水平厚度 2.14m，厚度变化系数为 71.93%。金品位 $1.47 \times 10^{-6} \sim 5.40 \times 10^{-6}$，平均金品位为 2.51×10^{-6}，品位变化系数为 50.90%。

矿石矿物主要为黄铁矿、方铅矿、针铁矿、纤铁矿及少量的磁铁矿、赤铁矿、黄铜矿、毒砂、白铅矿、闪锌矿、铜蓝等，偶尔见自然金；脉石矿物以石英为主，另具有少量的长石、方解石。矿物共生组合为自然金-石英-黄铁矿-方铅矿组合。

矿石结构主要为粒状、碎裂状结构，少数为骸晶结构、溶蚀结构、交代残余结构。矿石构造主要为浸染状、脉状构造，少数为斑点状构造、斑杂状构造及条带状构造。金赋存在构造裂隙和原生石英之中，分为裂隙金和包裹金。矿石工业类型主要为贫硫化物石英脉蚀变岩复合型原生金矿石。

矿区围岩蚀变较为发育，主要发育在岩体与地层接触带、韧性剪切带内和断层、裂隙两侧，蚀变类型主要有硅化、绢云母化、绿泥石化、绿帘石化、高岭土化、碳酸盐化、孔雀石化等。硅化贯穿成矿阶段的全过程，是重要的金矿化标志。

3. 成因类型

矿床受巴彦温多尔-巴润萨拉韧性剪切带及阿萨哈独立侵入体控制，成矿物质主要来源于地幔或下地壳,成矿热液来源于岩浆水。①本区不同类型石英脉流体包裹体的H、O同位素组成相对稳定,流体相差不大,印支末期—燕山初期(209～197Ma)石英脉均一温度(样品平均值)为172～207℃,印支期(225～215Ma)石英脉均一温度为183～204℃(龚全德,2012)。②矿石石英H、O同位素测试结果表明,成矿流体以岩浆水为主,矿床与阿萨哈侵入体具有直接的成因关系,它不仅提供了成矿的热力和动力,促进了成矿介质和成矿物质的活化、迁移和聚集,更主要的是提供了成矿介质和成矿组分,为成矿主要因素。③巴彦温多尔-巴润萨拉韧性剪切带与北东向断裂在区内发育,并长期多次活动,导致岩石破碎,次级断裂发育,为深部岩浆上侵及成矿提供了良好的通道及赋矿空间。因此,本区矿床成因类型为中低温岩浆热液型矿床。

4. 成矿期及成矿阶段

巴彦温多尔金矿的成矿期为晚二叠世—早三叠世,依据同位素测年资料可分为海西末期(250～240Ma)、印支期(225～215Ma)和印支末期—燕山初期(209～197Ma)3个阶段。

第一阶段发生在北东向韧性剪切带活动期或活动期之前,形成过程中主应力带的边部产生了两组次级共轭热构造裂隙,本期构造以韧性变形为主,形成糜棱岩化带,含金性较差,一般含金品位较低。

第二阶段发生在近东西向韧性剪切带活动期,近东西向韧-脆性断裂活动主要表现为南北向挤压,石英脉和糜棱岩被挤压,呈薄板状构造,可见阶步、擦痕,矿化较强,黄铁矿化、方铅矿化呈浸染状,含金品位较高,形成深度也较深,同时围岩糜棱岩化较强,并发育硅化、绿泥石化、绢云母化及钾化等,也伴随金矿化,此阶段为金主要成矿阶段。

第三阶段发生在北东向韧性剪切带活动期,北东向韧性剪切带显示张性特征,伴随金矿化叠加在早期形成的矿化体之上,形成局部富矿体。

5. 矿床成矿要素与成矿模式

矿床成矿要素见表4-44。

表4-44 巴彦温多尔式热液型金矿巴彦温多尔典型矿床成矿要素表

成矿要素		描述内容				要素类别
		储量	7690kg	平均品位	5.0×10^{-6}	
特征描述		中低温岩浆热液糜棱岩型夹石英脉型金矿床				
地质环境	构造背景	Ⅰ-1大兴安岭弧盆系,Ⅰ-1-7锡林浩特岩浆弧(Pz_2)				必要
	成矿环境	Ⅲ-8林西-孙吴Pb-Zn-Cu-Mo-Au成矿带(Ⅵ、Ⅱ、Ym),Ⅲ-8-①索伦镇-黄岗铁(锡)-铜-锌成矿亚带				必要
	成矿时代	晚二叠世—三叠纪				重要
矿床特征	矿体形态	脉状				重要
	岩石类型	糜棱岩、二长花岗岩				重要
	岩石结构	糜棱结构、斑状结构、粗粒结构				次要
	矿石矿物	金属矿物:褐铁矿、黄铁矿、方铅矿、黄铜矿,局部见自然金;非金属矿物:石英、方解石				重要
	矿石结构构造	晶粒结构、压碎结构、糜棱结构,少数为交代结构,块状构造、薄板状构造、蜂窝状构造、网脉状、条带状构造、片状构造				次要
	围岩蚀变	硅化、绢云母化、绿泥石化、绿帘石化、高岭土化、碳酸盐化、孔雀石化				重要
	主要控矿因素	印支期二长花岗岩($T\eta\gamma$)、海西晚期花岗闪长岩($P\gamma\delta$);下二叠统哲斯组一段、大石寨组二段;主要受巴彦温多尔-巴润萨拉韧性剪切带和北东向、北西向断裂控制				重要

矿床成矿模式：通过对矿区金成矿特征初步分析、研究，并根据矿体的规模、形态、产状等特征及矿体与其他地质体的关系，初步认为本区含金剪切带是由韧性剪切带和脆性-韧性剪切带组成，矿床属糜棱岩夹石英脉型，受控于韧性剪切带和由之产生的次级断裂。韧性剪切带提供了良好的流体通道，是金的运移、沉淀、富集的有利空间。同时矿体又受到这些韧性剪切带再活动的改造，如本区含金石英脉是早期无金石英脉经变形作用改造而产生金的矿化作用而形成，是韧性剪切带再活动的产物。岩浆作用或变质作用而产生的流体为本区矿床的物质来源和热源(海西期、印支期花岗岩体和浅变质的二叠纪地层)。区域构造活动强烈，挤压应力较强，尤其是韧性剪切带的形成使地层、岩体变形、变质，对金的活化和富集起着热力和动力作用，由于断裂长期多次活动伴随岩浆上侵，金在断裂中运移、富集、沉淀成矿(图4-93)。

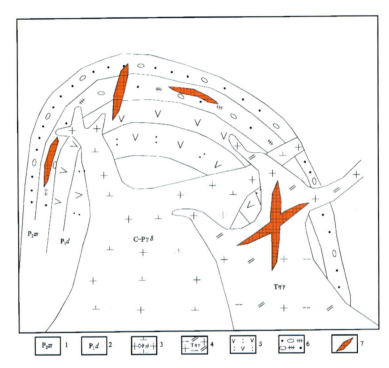

图4-93 巴彦温多尔式金矿成矿模式图
1.中二叠统哲斯组；2.下二叠统大石寨组；3.石炭纪—二叠纪花岗闪长岩；4.三叠纪黑云母二长花岗岩；5.安山质凝灰岩；6.含砾岩屑杂砂岩；7.矿体

(三) 金厂沟梁金矿

金厂沟梁金矿位于华北地台北缘，努鲁儿虎隆断带东北边缘的龙潭地块内。

1. 矿区地质

矿区出露地层有太古宙片麻岩，中生代陆相火山岩。太古宇是金矿直接围岩，其岩性为斜长角闪片麻岩、角闪斜长片麻岩、黑云角闪斜长片麻岩及少量浅粒岩。该岩系中 Au 的丰度大约高出克拉克值 2～11倍。中上侏罗统为一套以喷发-溢流相的火山碎屑岩及酸性熔岩为主的火山岩地层。下白垩统为一套火山碎屑-中偏碱性火山熔岩组成的陆相火山岩，其分布面积较小。

矿区内岩浆活动频繁，各类侵入体大面积分布于金厂沟梁矿区的南侧，主要有三叠纪似斑状中粗粒花岗岩、燕山期二长花岗岩、片理化二长花岗岩、花岗闪长岩、石英闪长岩和花岗斑岩等。与金矿有关的岩体是对面沟复式岩体，其含金量与太古宙地层相近。区内脉岩发育，与金矿脉具有一致性，主要脉岩有花岗斑岩、流纹斑岩、正长斑岩、闪长玢岩、安山玢岩、英安斑岩等。金厂沟梁岩体为中细粒片麻状花岗岩,K-Ar 年龄 135.36Ma;对面沟岩体外部相为中细粒片麻状花岗闪长岩,U-Pb 年龄 125.51Ma,K-Ar 年龄 126.3Ma;对面沟岩体内部相为斑状花岗闪长岩,K-Ar 年龄 121.5Ma(图 4-94)。

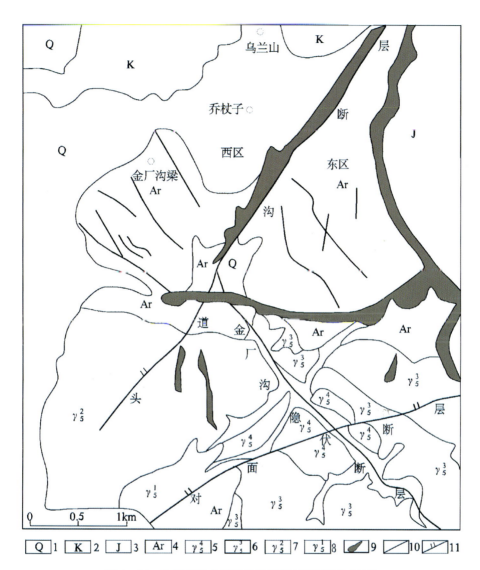

图 4-94　金厂沟梁金矿区地质简图(据张长春,2002)
1. 第四纪亚黏土;2. 白垩纪熔岩安山岩;3. 侏罗纪凝灰岩;4. 太古宙片麻岩混合岩;5. 花岗闪长玢岩;
6. 花岗闪长岩;7. 片麻状花岗岩;8. 似斑状花岗岩;9. 各类脉岩;10. 矿脉;11. 断层

2. 矿床地质

西矿区位于头道沟断裂西北侧,乌拉山-百杖子断裂以东,已探明大小矿脉 36 条,拥有整个金矿近 95% 的储量。矿区范围内的矿脉几乎全为第四系或建筑物覆盖,其北延和西延部分被白垩纪火山岩掩盖,东部则为粗安岩所截。现选择典型矿脉描述其主要特征。

56 号脉矿化类型以硫化物石英脉型为主,次为硫化物蚀变岩型。该矿脉是由相互平行的两条脉组成的复杂脉群,可分为南北两段,两段之间由破碎带连接,破碎带含金品位很低,为无矿地段。矿脉走向 340°,倾向北东,倾角 80°～85°,矿脉长 490m,控制延深 480m,平均厚度 0.44m。矿脉形态较为复杂,分支复合现象较为明显,南端被黑云粗安岩所截,向北隐伏于白垩系之下。

8 号脉浅部中段矿化以硫化物蚀变岩型为主,深部中段以硫化物石英脉型为主。矿脉走向 310°,倾向南西,倾角55°～75°,倾角缓于其他矿脉。矿脉长600m,控制延深330m,平均厚度0.17m,矿脉较稳定,工业矿段连续,但南北两端及向深部矿脉变窄,出现明显的分支复合现象,10中段以下矿化减弱,局部可达开采要求。

26号脉总体矿化类型以硫化物石英脉型为主,次为硫化物蚀变岩型,浅部以硫化物蚀变岩型为主,中深部以硫化物石英脉型为主,工业矿段较连续。总体走向310°,北西段向北东倾斜,倾角70°～80°,东南段向南西倾斜,倾角大多在80°以上,中段为倾向转换部位,时而向北东倾,时而向南西倾斜。该矿脉的一个显著特点是支脉相当发育,且规模较大,它们与主脉或斜交或平行,共同构成26号脉群。13中段以下矿化减弱,局部可达开采要求(图4-95)。

35号脉矿化类型以硫化物石英脉型为主,同时也有硫化物蚀变岩型。整体呈脉状,局部呈透镜体

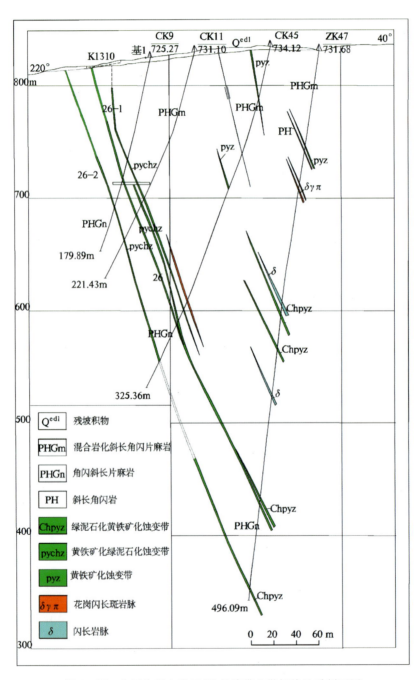

图4-95 金厂沟梁金矿区26号脉带Ⅰ勘探线地质剖面图

状,矿脉分支复合较发育,特别是中段与北段。矿脉长528m,控制延深520m,平均厚度0.54m,最厚处可达2m。矿化连续性较好。矿脉南段走向近南北,中段330°,北段340°～360°,向北东或东倾,倾角85°以上。矿脉北段与36号矿脉相连,36号脉自南而北,走向由近南北转为30°,倾向南东,倾角80°,延长400m以上。如将两条矿脉作为整体来看,其形态呈舒缓的"S"状。

57号脉矿化类型以硫化物蚀变岩型为主,硫化物石英脉型次之。整体呈脉状,局部为透镜体状,由4条平行矿脉组成脉带,剖面上呈雁行状排列,分支复合与膨缩现象时有出现。矿脉中段走向北西西至近南北,南段与北段为330°,倾向北东,倾角70°～85°,总体形态呈反"S"状。矿脉长626m,控制延深400m,平均厚度0.39m,矿化连续性好,10中段以下矿化减弱,矿体自然尖灭。

矿石类型有多金属硫化物石英脉型、绿泥石蚀变岩型、绢云母蚀变岩型和黄铁矿化方解石型。

矿石金属矿物以黄铁矿为主,约占金属矿物总量的90%。其他金属矿物有方铅矿、闪锌矿、金银矿物及少量的辉铜矿、磁黄铁矿等。脉石矿物有石英、绿泥石、绢云母、方解石等。

矿石结构有结晶结构,包括自形晶粒结构,他形—半自形粒状结构;应力结构,包括碎裂结构、压碎结构、碎斑结构、溶蚀结构、交代残余结构、包含结构、交代结构、网状结构等。矿石构造有块状、浸染状、脉状、细脉状及网脉状、角砾状、泥状构造等。

矿床的围岩蚀变有绿泥石化、绢云母化、黄铁矿化、硅化、碳酸盐化。多以构造或矿体为中心,形成线形条带状分布。一般比较完整的分带型式由内向外为:硅化(含矿石英脉)→绿泥石化→绢云母化→强烈蚀变围岩→正常岩石。蚀变带的宽度随矿脉的宽度和矿化强弱程度而变化。绿泥石化、绢云母化及黄铁矿化与成矿关系最为密切。

3. 同位素特征

矿体石英的 δO_{H_2O} 介于4.94‰～8.0‰之间,平均值为5.19‰;石英包裹体中水的δD值为-154‰～101.96‰,基本上与本地区岩浆水一致(王建平等,1998)。

黄铁矿、方铅矿矿石硫同位素值为-5.0‰～1.1‰,平均值为-0.14‰,与岩体的硫同位素值-0.1‰～-2.2‰、平均值-1.15‰非常一致,说明两者为同一来源,即矿床硫来自岩浆岩(张长春等,2002)。

矿床的矿石铅同位素组成, $^{206}Pb/^{204}Pb$ 均值为17.161, $^{207}Pb/^{204}Pb$ 均值为15.453; $^{208}Pb/^{204}Pb$ 均值为37.148。变质岩的 $^{206}Pb/^{204}Pb$ 均值为16.169; $^{207}Pb/^{204}Pb$ 均值为15.169; $^{208}Pb/^{204}Pb$ 均值为35.856。花岗岩体的 $^{206}Pb/^{204}Pb$ 均值为17.540; $^{207}Pb/^{204}Pb$ 均值为15.439; $^{208}Pb/^{204}Pb$ 均值为37.902。根据Doc和ZartMan(1981)图解分析,表明成矿物质中的铅绝大部分来源于下地壳或地幔,部分可能来自上地壳或上升过程中受到上地壳物质的混染。从以上资料推断,本区金矿物质主要来自岩浆热液。

4. 成矿时代

王建平等(1992)获得蚀变岩全岩K-Ar同位素年龄时限为121.71～117.74Ma;周乃武(2000)认为本区金成矿主期为141.7～135.26Ma;庞奖励(1999)获得二道沟金矿蚀变矿物绢云母Ar-Ar年龄为140±2.5Ma;侯万荣(2011)获得矿区石英斑岩脉锆石LA-ICP-MS谐和年龄为154.68±0.45Ma,与矿脉相互穿插的黑云粗安斑岩LA-ICP-MS锆石U-Pb加权平均年龄131.7±1.1Ma,矿区南部对面沟铜钼矿化辉钼矿Re-Os加权平均年龄131.45±0.93Ma,西矿区深部钼矿化石英脉辉钼矿Re-Os等时线年龄244.7±2.5Ma,加权平均年龄243.5±1.3Ma;付乐兵(2012)获得金厂沟梁矿区15号脉穿脉闪长岩锆石LA-ICP-MS U-Pb加权年龄为227±1Ma,并认为该年龄代表了脉岩的侵位年龄(成矿前)。综上,金厂沟梁金矿的成矿年代应为燕山晚期。

5. 矿床成矿要素与成矿模式

矿床成矿要素见表4-45。

表 4-45　金厂沟梁热液型金矿金厂沟梁典型矿床成矿要素表

典型矿床要素		描述内容		要素类别
储量		24 421kg	平均品位　　12.97×10^{-6}	
特征描述		热液型金矿		
地质环境	构造背景	Ⅱ华北陆块区，Ⅱ-3冀北古弧盆系，Ⅱ-3-1恒山-承德-建平古岩浆弧		必要
	成矿环境	Ⅲ-10华北地台北缘东段Fe-Cu-Mo-Pb-Zn-Au-Ag-Mn-磷-煤-膨润土成矿带，Ⅲ-10-①内蒙古隆起东段Fe-Cu-Mo-Pb-Zn-Au-Ag-Mn-磷-煤-膨润土成矿带		重要
	成矿时代	燕山期		必要
矿床特征	矿体形态	脉状		
	岩石类型	片麻岩、变粒岩、花岗岩、花岗闪长岩		重要
	岩石结构	变晶结构、中细粒长岗结构、斑状结构		次要
	矿石矿物	主要有黄铁矿，次为黄铜矿、方铅矿、闪锌矿、黝铜矿，偶见磁黄铁矿、毒砂、斑铜矿、辉铜矿、铜蓝、辉钼矿、孔雀石、褐铁矿、磁铁矿、赤铁矿等，含金量与含黄铁矿量密切相关		重要
	矿石结构构造	自形-半自形-他形结构、压碎-扭裂结构、包含和交代结构、斑状结构、乳浊状结构、网脉状结构、土状等结构；致密块状构造、浸染状构造、细脉条带状构造、似斑状构造。氧化矿石呈蜂窝状构造		次要
	围岩蚀变	区内围岩蚀变主要见有绿泥石化、绢云母化、黄铁矿化、黄铁细晶岩化、硅化、碳酸盐化等。与成矿关系密切的蚀变为绢云母化和黄铁矿化，线形绢云母化、黄铁矿化蚀变带是寻找原生金矿脉的重要间接标志		次要
	主要控矿因素	1.太古宙变质岩基底为金的形成和叠加富集具备了初始矿源；2.印支期花岗岩的侵入和火山岩喷溢，形成大型花岗岩基，燕山运动晚期形成次火山-超浅成富金岩体，形成围绕岩体的一系列放射状及环状断裂-裂隙，因此在岩体边部及外接触带形成了早期细脉浸染型铜钼矿化；3.控矿断裂多为北东—北北东，近东西向（深大断裂及韧性剪切带），环形构造多为燕山早期的中酸性岩体所致，金矿常产在岩体周边		重要

矿床成矿模式：在中生代古太平洋板块俯冲的远距离效应作用下形成的玄武岩浆上升，底侵加热下地壳形成岩浆房，岩浆房受到挤压发生破裂沿着断裂上升到地壳浅部，由于温度和压力的改变，部分岩浆开始分异结晶作用，晶出石英和黄铁矿等硫化物，形成早期阶段的贫矿体。在此过程中来自地幔的玄武质岩浆可能与地壳物质发生混染，淬取部分金等成矿物质，形成含矿岩浆。后来该地区构造环境发生改变，转换为以拉张为主的构造环境，先期上升到浅部的残余岩浆由于外部压力减小发生隐爆，沿构造裂隙脉动上升，并在有利的部位沉淀成矿，形成上部以金矿化为主、下部以金（铜）矿化为主的矿化格局。成矿模式见图4-96。

四、斑岩型金矿床

斑岩型金矿床分布在内蒙古自治区中部哈达庙—毕力赫地区，主要有毕力赫金矿。位于华北板块北缘白乃庙-温都尔庙-西拉木伦古生代俯冲增生带内。

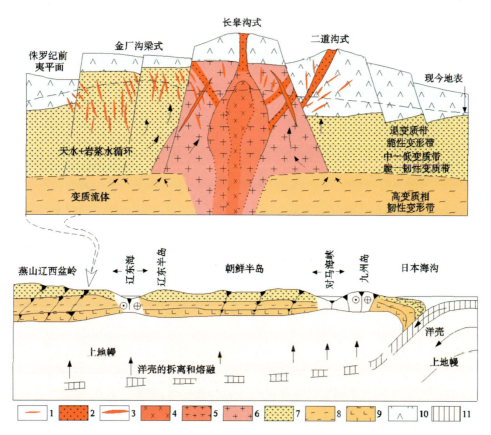

图 4-96 金厂沟梁式金矿成矿模式图(据王建平,1998)

1.脆性断裂中的金矿脉;2.斑岩型 Cu(Co、Au)矿化;3.晚期中酸性岩脉;4.斑状花岗闪长岩;5.中细粒花岗闪长岩;6.中粒似斑状花岗岩;7.上地壳;8.中地壳;9.下地壳;10.J_3-K_1 火山岩;11.洋壳

1. 矿区地质

矿区的出露地层主要有上侏罗统玛尼吐组、白音高老组,新生界第四系;出露地表的侵入岩主要为加布切尔敖包单元正长花岗斑岩,以及沿断裂侵入的流纹斑岩脉(霏细岩脉)。通过钻孔揭露,在第四纪覆盖物下分布着次火山杂岩体,岩性主要为花岗闪长斑岩和二长花岗斑岩,该杂岩体与矿化关系密切。

矿区断裂主要为北西向或北东向,以及伴生的劈理化或片理化带。其中,北西向断层为矿区主要构造,控制了矿区的地层发育,并可能与成矿有关(图 4-97)。

2. 矿床地质

矿床由 2 个矿带组成,主要矿体为Ⅱ矿带 1 号矿体,Ⅱ矿带位于矿区中部,基本与Ⅰ矿带平行产出,二者相距约 300m。Ⅱ矿带严格受北西向(F_1 及 F_5)构造控制,沿矿区中部的干涸河床展布。1 号矿体呈大透镜状、板状、板柱状赋存于花岗闪长斑岩及上覆侏罗纪火山岩、火山碎屑岩内外接触带,尤其是内接触带中。矿体总体走向北西—北北西向,控制北西长 400m,控制斜深 348m,北东宽 70~310m,矿体厚度(真厚度)最大 132.68m(ZK034 孔),最小 2.32m(ZK201 孔),平均厚度 47.02m,厚度变化系数 87%,属稳定型;矿石品位变化在 $0.5×10^{-6}$~$54.76×10^{-6}$ 之间,矿体平均品位 $2.73×10^{-6}$(工业矿体平均品位 $3.23×10^{-6}$),品位变化系数 97%,属较均匀型。

矿体平面上投影总体为不规则的火炬状,呈北西—北北西方向展布,北西端宽大,似一火炬头,向南东逐渐变窄,似一火炬柄,控制北西—北北西长约 400m,北东向最宽处约 300m。

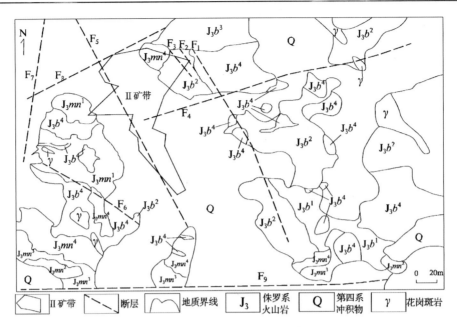

图 4-97 毕力赫金矿区地质简图

勘探线剖面上矿体空间形态变化较大，于 3 线、0 线、4 线最厚，总体呈大透镜体状（图 4-98），最大厚度 132.68m（ZK034 孔），最小厚度 2.32m（ZK201 孔），平均厚度 47.02m。向北西和南东宽度和厚度逐渐减小，并分别在 7 线北西、8 线南东矿体变窄或出现分支矿体，矿体形态也渐变为不规则的厚板状、板柱状。

矿体纵剖面图上，呈北西-南东向展布，分 3 段来描述。其中中段 3—4 线为矿体最主要部分，赋存于火山碎屑岩和花岗闪长玢岩体接触带中，尤其内接触带花岗闪长斑岩体内。矿体呈北西向长约 120m、北东向长约 300m 的大透镜状，近水平产出，共 17 个钻孔控制，水平投影面积 2700m^2，最大厚度（真厚度）132.68m，最小厚度 10.52m，平均厚度 73.34m，赋矿标高 1105～1283m。矿体品位呈有规律的变化，中心高，单样最高品位 54.76×10^{-6}，上下及边部逐渐变贫，在矿体中心部位圈出一个近东西向长 140m，南北宽约 100m，平均厚 22.60m（最大厚 53.12m，最小 5.52m），平均品位 15.03×10^{-6} 的富矿包。

1 号矿体北西段 7 线以北出现分支，矿体逐渐变薄至 15 线尖灭。7—11 线间，分布着 1 号矿体北西方向的 2 个分支矿体，分上部分支矿体和下部分支矿体。上部矿体由 2 个平行矿体组成，4 个钻孔控制，呈近水平的板状体，长约 70m。该段矿体钻孔最大见矿厚度 19.08m，最小厚度 7.5m，平均厚度 12.28m，赋矿标高 1225～1265m，赋存于火山碎屑岩中。下部矿体呈不规则板状体，产状倾向 62°，倾角 36°，控制斜长 200m。该段矿体钻孔最大见矿厚度 33.11m，最小厚度 4.51m，平均厚度 16.94m，赋矿标高 1100～1210m，赋存于火山碎屑岩（上部）和花岗闪长斑岩体中（下部），为低品位矿体。下部分支矿体与上部分支矿体垂直距离 80～135m。

1 号矿体南东段 8—24 线，13 个见矿钻孔控制，矿体形态呈板柱状，赋存于花岗闪长斑岩体上部。总体呈北北西走向，水平长 180m，斜长 250m，向南南东深部倾伏，矿体倾向 65°～75°，倾角 55°。该段矿体钻孔最大见矿厚度 99.98m，最小厚度 3.01m，平均厚度 30.27m，赋矿标高 935～1150m。

面型热液蚀变主要有青磐岩化、黄金矿化、次生石英岩化等。青磐岩化主要见于矿区西部的中基性火山岩中，次生石英岩化则广泛见于矿区中部的酸性火山岩系中，但发育不均匀。黄金矿化主要见于矿体周围的围岩中，黄金矿一般呈结晶完好的细-中粒浸染状出现，在流纹岩以及火山碎屑岩中特别普遍，局部富集达 5% 左右。线型矿床围岩蚀变多沿构造破碎带发育，主要有硅化、方解石化、钾长石化、绢云母化、黄金矿化、电气石化等，见于矿化破碎带或其两侧，与矿化关系密切。

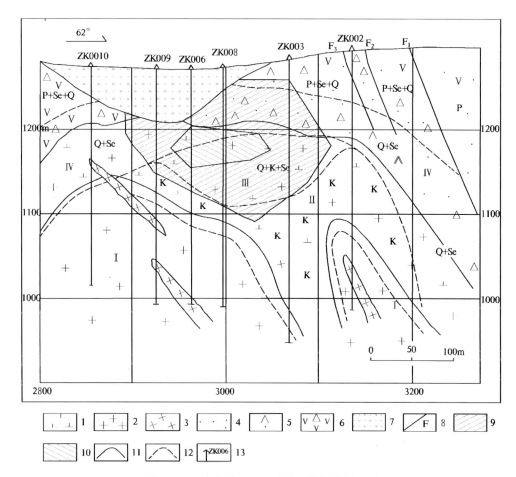

图 4-98 毕力赫金矿Ⅱ矿带 0 勘探线剖面图

1.花岗闪长斑岩;2.二长花岗岩;3.细晶花岗岩;4.凝灰质砂岩;5.凝灰质砂岩角砾岩;6.安山岩,安山质角砾岩;7.新生界;8.断裂;9.矿体;10.富矿体;11.地质体界线;12.围岩蚀变分带界线;13.钻孔及编号;K.钾长石化;Q.硅化;Se.绢云母化;P.青磐岩化;Ⅰ.弱蚀变带;Ⅱ.钾化带;Ⅲ.钾化带与石英-绢云母化叠合带;Ⅳ.石英-绢云母化叠合带;Ⅴ.石英-绢云母化与青磐岩化叠合带;Ⅵ.青磐岩化带

矿石工业类型为斑岩型,自然类型为贫硫化物石英网脉状蚀变岩型。

矿石金属矿物比较单一,其中黄金矿含量相对较高,其次为毒砂、黄铜矿、黝铜矿、闪锌矿、方铅矿、辉钼矿、辉锑矿等。贵金属矿物主要为自然金,少量银金矿、自然银。另外矿石中还含少量次生氧化矿物褐金矿、辉铜矿、蓝辉铜矿、铜蓝等。非金属矿物主要为斜长石、石英、钾长石,其次为绢云母、黑云母、白云母、绿泥石、绿帘石、黝帘石、碳酸盐矿物、电气石、高岭土、黏土矿物等。

黄金矿与褐金矿的比例约为 10:1,矿石的氧化程度较低。

矿石的结构主要有他形晶粒状、半自形粒状和斑状结构,次要为压碎、交代残余等结构,少见包含结构、次生溶蚀结构、次生残留体结构。矿石的构造主要有致密块状及浸染状构造,次为条带状、网脉状及角砾状等构造。

3. 成矿时代及矿床成因

该矿床有如下主要特点:①矿体呈隐伏状态(距地表 1~40m)产出于隐伏的海西期花岗闪长斑岩体接触带内,并以内接触带为主。②矿体规模大,品位高,单个矿体资源量达 20t 以上。③矿石为蚀变的花岗闪长斑岩和火山岩型,前者具有典型的单向固结结构(UST)。金属矿物以黄铁矿、黄铜矿、辉钼矿等为主,但含量低(小于 1%),金主要赋存于蚀变形成的团块状或细脉状石英中。④围岩蚀变以钾化、硅化、绢云母化、高岭土化、青磐岩化等为主,具有富金斑岩型铜矿床的分带特征。⑤成矿温度明显分为两个区间,早期石英流体包裹体均一温度大于 550℃,为含矿热液沸腾结果;中晚期温度变化于 108~375℃之间,平均值为 194℃。表明该矿床应为独立的大型高品位斑岩型金矿床。张文钊(2010)、卿敏等(2011)采集了斑岩体内 6 件辉钼矿样品,测得矿石中辉钼矿 Re-Os 等时线年龄为 272.7±1.6Ma;路彦明等(2012)采用 LA-ICP-MS 锆石 U-Pb 测年获得含金次火山侵入杂岩体和钾长花岗斑岩成岩年龄分别为 283.8±4.2Ma~279.9±6.8Ma 和 264.2Ma,为早、中二叠世。综上,毕力赫金矿形成于晚古生代。

4. 矿床成矿要素与成矿模式

矿床成矿要素见表 4-46。

表 4-46 毕力赫式斑岩型金矿毕力赫典型矿床成矿要素表

成矿要素		描述内容			成矿要素分类
储量		Ⅰ矿带 1965kg,Ⅱ矿带 21 916kg,总计 23 881kg	平均品位	Ⅰ矿带 6.28×10^{-6},Ⅱ矿带 2.73×10^{-6},加权平均 3.02×10^{-6}	
特征描述		斑岩型金矿床			
地质环境	构造背景	Ⅰ-8 包尔汉图-温都尔庙弧盆系,Ⅰ-8-2 温都尔庙俯冲增生杂岩带			必要
	成矿环境	Ⅲ-7 阿巴嘎-霍林河 Cr-Cu(Au)-Ge-煤-天然碱-芒硝成矿带(Ym),Ⅲ-7-⑥白乃庙-哈达庙铜-金-萤石成矿亚带(Pt、Vm-Ⅰ、Y)			必要
	成矿时代	海西晚期			重要
矿床特征	矿体形态	大透镜状、板状、板柱状			重要
	岩石类型	凝灰质砂岩、安山岩、花岗闪长斑岩			重要
	岩石结构	砂状结构、斑状结构			次要
	矿石矿物	金属矿物比较单一,其中黄铁矿含量相对较高,其次为毒砂、黄铜矿、黝铜矿、闪锌矿、方铅矿、辉钼矿、辉锑矿等。贵金属矿物主要为自然金,少量银金矿、自然银。另外矿石中还含少量次生氧化矿物褐铁矿、辉铜矿、蓝辉铜矿、铜蓝等。非金属矿物主要为斜长石、石英、钾长石,其次为绢云母、黑云母、白云母、绿泥石、绿帘石、黝帘石、碳酸盐矿物、电气石、高岭土、黏土矿物等			重要
	矿石结构构造	主要有他形晶粒状、半自形粒状和斑状结构,次要为压碎、交代残余等结构,少见包含结构、次生溶蚀结构、次生残留体结构。主要有致密块状及浸染状构造,次为条带状、网脉状及角砾状等构造			次要
	围岩蚀变	面型蚀变有青磐岩化、黄金矿化、次生石英岩化等;线型蚀变有硅化、方解石化、钾长石化、绢云母化、黄金矿化、电气石化等			重要
	主要控矿因素	矿体严格受次火山岩体-花岗闪长斑岩内外接触带构造、断裂构造控制			必要

矿床成矿模式:晚古生代末期,古亚洲洋继续向南俯冲碰撞,在华北北缘发育了安第斯型古活动大陆边缘,导致在包括苏尼特右旗—毕力赫—镶黄旗一带在内的加里东褶皱带上叠加形成二叠纪火山岩及相关次火山侵入岩。次火山杂岩侵入冷凝过程中,分异出含矿热液(亦或杂岩体深部岩浆房直接演化分异出的含矿热液)在相关岩浆的顶部或周围与大气降水混合,由于这些部位密集裂隙的存在和物质成分的差异形成物理化学界面,促使成矿热液中矿质在这些部位沉淀成矿。也有些含矿热液沿断裂带在斑岩型矿化的上部或外围形成蚀变岩型矿化和石英脉型矿化(图 4-99)。

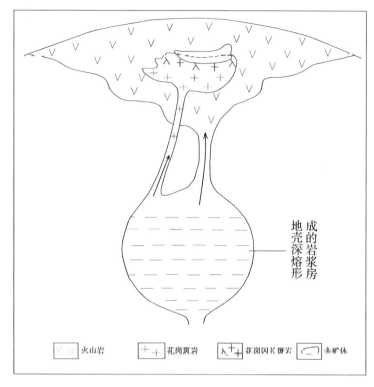

图 4-99 毕力赫式金矿成矿模式图

五、变质热液(绿岩)型金矿床

变质热液(绿岩)型金矿床分布在新地沟—油篓沟一带，主要为新地沟金矿。位于内蒙古自治区察右中旗乌兰哈页苏木。大地构造位置位于华北陆块区—狼山-阴山陆块(大陆边缘岩浆弧)—色尔腾山-太仆寺旗古岩浆弧。

1. 矿区地质

地层主要为色尔腾山岩群柳树沟岩组、点力素泰岩组，其岩石组合为绿泥绿帘片岩、绢云石英片岩、绿泥绢云糜棱片岩，夹厚层大理岩、石英岩。原岩建造为基-中性火山岩-富泥质碎屑岩-碳酸盐岩。

矿区北部大面积出露的新太古代蒙古寺糜棱岩化二长花岗岩，属与绿片岩系密切相伴的同构造层状侵入岩，其派生脉岩大量分布于绿片岩系中，规模和产状不等，岩体边界切割早期片理。其次为三叠纪二长花岗岩，在矿区北部3~5km，呈岩株、岩枝状分布。另外，显生宙以来的脉岩也很发育，见安山玢岩脉、闪长玢岩脉、辉绿岩脉、石英脉等(图4-100)。

矿区构造总体呈近东西走向，二叠纪末期由北向南推移形成盘羊山-乌兰哈雅大型推覆构造，含矿岩系及其围岩严格受该推覆构造控制，并位于推覆构造上盘外来系统中。控矿构造主要表现为色尔腾山岩群内的韧性剪切变形带和显生宙以来的脆性断裂构造。

韧性剪切变形发育于色尔腾山岩群柳树沟岩组绿片岩和新太古代蒙古寺二长花岗岩中，第一期仅见于柳树沟岩组中，形成顺层韧性剪切带，表现为剪切褶皱、褶叠层、糜棱岩，是早期伸展体制下顺层剪切流变造成的。矿区内普遍发育的宽50~100m的褪色蚀变带——矿化层，也是在这个时期形成的，其产状与区域片理产状完全一致。第二期是在晚期大型面理同斜褶皱转折部位形成的浅层次强挤压劈理带和剪切高应变带，本期韧脆性剪切应变带的走向为320°±，运动性质为斜逆冲右旋型，此次剪切变形

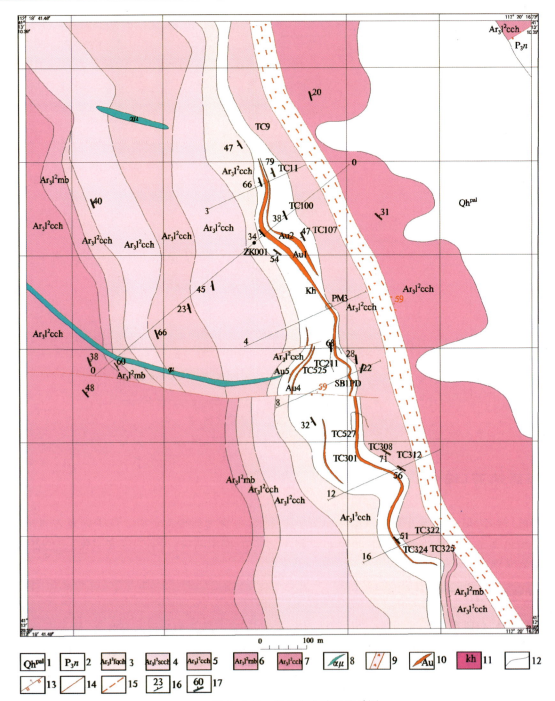

图 4-100 新地沟金矿区地质图

1. 第四系全新统洪冲积层;2. 上二叠统脑包沟组紫红色夹砂岩透镜体;3. 三岩段:长石石英片岩;4. 三岩段:绢云绿泥石英片岩;5. 三岩段:绿泥石英片岩;6. 二岩段:大理岩;7. 二岩段:绿泥石英片岩;8. 安山玢岩脉;9. 构造破碎带;10. 金矿体;11. 金矿化带;12. 实测地质界线;13. 实测逆断层;14. 实测性质不明断层;15. 走滑断层;16. 实测岩层产状;17. 实测片理产状

波及矿区北部新太古代二长花岗岩,使其发生糜棱岩化。矿液沿剪切面贯入至剪切带张性空间沉淀形成金矿体。

脆性断裂构造均表现为正断层,一组走向 340°～350°,倾向北东东,倾角 70°±,断裂带宽数米至数十米,长几百米至上千米,由半胶结的构造角砾岩组成,角砾大小不等,呈棱角状,具分带性。另一组走向 70°～80°,规模不等,一般形成近东西走向的大冲沟和线性洼地,构造破碎带较窄,沿走向使金矿化层有明显位移。上述断裂构造均为成矿后断层,对矿体起破坏作用。

2. 矿床地质

该矿在20世纪90年代的异常检查中，圈出矿化带总体规模长2.3km，宽150m。含矿岩石为绿泥石英片岩，顶底板为薄层大理岩。矿体呈层状、似层状、脉状、似脉状及透镜状，与容矿围岩呈渐变过渡关系，矿体产状与岩层产状完全一致，随岩层产状变化而变化，随岩层褶皱而褶皱。矿体多数分布在褶皱翼部近核部附近。蚀变主要有硅化、黄金矿化、绢云母化等。矿化带较连续，但带内成矿期后小的断裂褶皱较发育，使得矿体连续性受到破坏。

整个矿化带分5个矿体，其中1号矿体产于金矿化带下部，与矿化带基本平行，似层状、透镜状，走向330°，倾向南西，倾角60°。地表出露长大于930m，单工程厚度1.62～7.21m，矿体平均厚4.84m，单工程金品位(1.84～5.82)×10⁻⁶，矿体平均金品位3.20×10⁻⁶，矿石类型以片岩型为主，少量石英脉型。2号矿体产于金矿化带上部，与1号矿体平行产出，二者相隔15～30m，矿体地表出露长180m，单工程见矿厚度0.85～6.10m，平均厚3.57m，单工程金平均品位(1.63～3.64)×10⁻⁶，矿体平均金品位2.87×10⁻⁶，矿石类型为片岩型(图4-101)。

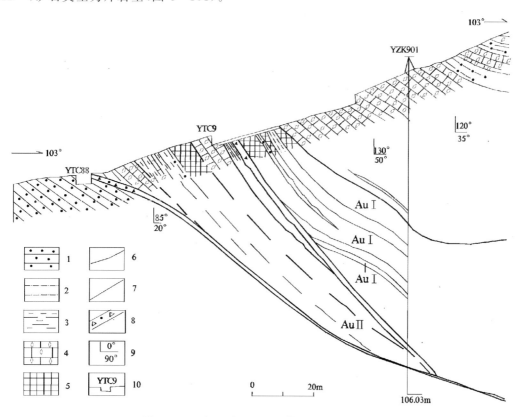

图4-101 新地沟金矿区9勘探线地质剖面图

1.侏罗纪砂砾岩；2.糜棱岩；3.绿泥千糜岩；4.结晶灰岩；5.金矿体及编号；6.地质界线；7.性质不明断层；8.断层破碎带；9.地层或断层倾向及倾角；10.探槽位置及编号

围岩蚀变主要有碳酸盐化、绢云母化、黄铁矿化、钾化、硅化、褐铁矿化，其中绢云母化、钾化、硅化、褐铁矿化等蚀变强烈地段一般为矿体或矿体的顶底板直接围岩。与金矿化关系最密切的是钾化、黄铁矿化、硅化、绢云母化。蚀变带宽度一般为25～100m。

矿石中金属矿物主要为磁金矿、赤金矿、褐金矿、黄金矿、黄铜矿、方铅矿、闪锌矿及自然金。脉石矿物主要有石英、长石、方解石、绢云母、绿泥石、绿帘石等。

矿石自然类型为绢云石英片岩型、绿泥绢云石英片岩型，为本矿区的主要矿石类型，由该类型矿石组成的矿体，矿石品位厚度均较稳定，形成的矿体规模较大，但品位较低。

矿石结构主要为鳞片变晶结构、细-粗糜棱结构、不等粒花岗变晶结构、胶状结构及碎裂、填隙结构等。矿石构造主要为纹层状构造、千枚状构造、块状构造、气孔状构造、蜂窝状构造、眼球状构造、条带状构造及角砾状构造等。

对主成矿阶段的石英流体包裹体研究表明,主成矿阶段均一温度为 277.5～322.9℃(即 270～320℃)及 223.4～237.4℃(即 220～240℃)。利用含 CO_2 气液型包裹体推测的成矿压力为 85.0～115.0MPa,成矿深度为 2.8～3.8km。

本矿床矿石中以恒有黄铁矿、黄铜矿、方铅矿、石英为特点,不含硫酸盐类矿物,反映成矿流体在沉积硫化物时 f_{O_2} 低,为弱还原环境,硫为还原型硫,矿石硫化物的硫同位素组成可以近似代表成矿流体的总的硫同位素组成 $\delta^{34}S$。黄铁矿硫同位素值 $\delta^{34}S$ 为 −1.60‰～+4.79‰;变化范围较小,极差为 6.39‰,分布于 $\delta^{34}S=0$‰ 附近,均值为 +1.36‰,接近陨石值,表明矿石硫总体来源于地壳深部(或上地幔),属深源硫。矿石具有相对稳定的铅同位素组成,矿床属铅同位素相对稳定的矿床,成矿物质具有单一深部来源特征,矿石铅来源于地幔或地幔与下地壳的过渡带(王守光等,2004)。

3. 矿床成矿要素与成矿模式

矿床成矿要素见表 4-47。

表 4-47 新地沟式变质热液(绿岩)型金矿新地沟典型矿床成矿要素表

成矿要素		描述内容			要素类别
储量		2225kg	平均品位	3.09×10^{-6}	
特征描述		变质热液(绿岩)型			
地质环境	构造背景	Ⅱ华北陆块区,Ⅱ-4 狼山-阴山陆块(大陆边缘岩浆弧),Ⅱ-4-2 色尔腾山-太仆寺旗古岩浆弧(Ar_3)			必要
	成矿环境	Ⅲ-11 华北地台北缘西段 Au-Fe-Nb-REE-Cu-Pb-Zn-Ag-Ni-Pt-W-石墨-白云母成矿带,Ⅲ-11-① 白云鄂博-商都 Au-Fe-Nb-REE-Cu-Ni 成矿亚带			必要
	成矿时代	成矿期为新太古代末期至古元古代早期			必要
矿床特征	矿体形态	层状、似层状、脉状			重要
	岩石类型	色尔腾山岩群柳树沟岩组绿泥绢云石英片岩、绿泥绢云片岩			重要
	岩石结构	鳞片变晶结构、细-粗糜棱结构			次要
	矿石矿物	金属矿物主要为自然金、磁铁矿、赤铁矿、褐铁矿、黄铁矿、黄铜矿、方铅矿及闪锌矿;非金属矿物主要有石英、长石、方解石、绢云母、绿泥石、绿帘石等			重要
	矿石结构构造	矿石结构主要为鳞片变晶结构、细-粗糜棱结构;矿石构造主要为纹层状构造、千枚状构造、块状构造			次要
	围岩蚀变	绢云母化、钾化、硅化、黄铁矿化、褐铁矿化			次要
	主要控矿因素	主要受色尔腾山岩群柳树沟岩组地层控制,北西向带状展布的脆韧性剪切带是成矿溶液迁移的通道和沉淀的空间			必要

矿床成矿模式:新太古界色尔腾山岩群原岩建造由中基性火山岩及陆源碎屑岩、碳酸盐岩组成,火山活动提供金物质来源和沉积环境的变迁形成金的矿源层,经变形变质作用及多期成矿作用形成金矿床。主要与强变质变形作用有关,变质流体参与了金的迁移富集。金矿床受发生在新太古代末期至古元古代早期的韧脆性剪切变形变质带控制,该期变质变形是金的主要富集期。据李俊建等(2005),采用

石英^{40}Ar-^{39}Ar法,直接测定了含金石英细脉浸染状矿石中石英的形成时代,结果表明新地沟金矿的形成时代为1991.43~1988.93Ma。故成矿时代为新太古代末期至古元古代早期(图4-102)。

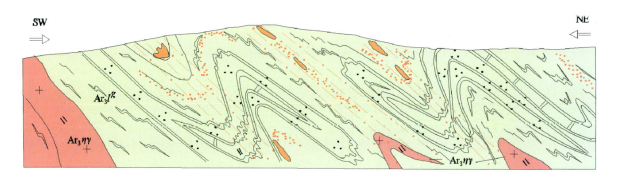

Ⅲ.古元古代。北东-南西向挤压机制延续,发生同斜紧闭褶皱和低绿片岩相退变质作用,同时产生的平行轴面逆冲式韧性剪切带成为导矿与容矿构造,主期金矿形成

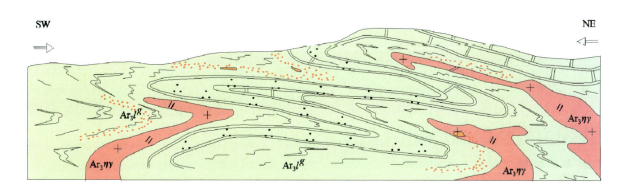

Ⅱ.新太古代晚期,在北东-南西向挤压构造体制下产生大型平卧褶皱,先期面理同时褶皱,使金矿化迁移富集到次级褶皱轴部

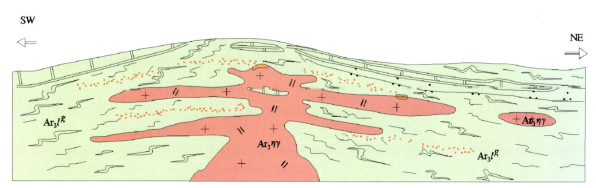

Ⅰ.新太古代早期,在伸展构造体制下,柳树沟岩组发生高绿片岩相-低角闪岩相变质和顺层韧性剪切变形,伴随大规模花岗质岩浆侵位和含金硫化物流体顺剪切带贯入,形成初期金矿

图4-102 新地沟式金矿成矿模式示意图(据王新亮,2002,修改)

六、火山隐爆角砾岩型金矿床

该类型金矿床主要为陈家杖子金矿。

1. 矿区地质

矿区内出露的地层主要为太古宇建平群下部的片麻岩及第四系。太古宇主要分布于矿区的西北部,在东侧及南侧仅见零星露头。其岩性主要为灰色-灰黑色-灰绿色斜长角闪片麻岩、角闪斜长片麻岩及片岩、黑云长英片麻岩及片岩、变粒岩,局部有少量磁铁石英岩夹层。岩石蚀变、混合岩化均较强。金含量的平均值为 7.25×10^{-9},为克拉克值的 2~3 倍。地层总体走向近东西,倾向北西,倾角 $65°\sim80°$,该套地层构成本区基底层,为本区矿源层之一。

矿区范围内未见大的侵入岩体出露,主要见有花岗斑岩、英安斑岩、闪长玢岩等岩脉或小岩株,侵入于隐爆角砾岩体。矿区外围分布有燕山期中细粒黑云母二长花岗岩、花岗岩。

矿区构造主要为断裂构造,北东向断裂最为发育。黑里河断裂从矿区北侧通过,是本区重要的控岩、控矿构造。隐爆角砾岩体内部常发育有多组方向的裂隙,以及岩脉或含石英-硫化物矿脉,是矿区内主要容矿构造。

矿区岩石普遍遭受强烈的热液蚀变作用,特别是隐爆角砾岩具强烈的热液蚀变,较常见的有碳酸盐化、泥化、绢云母化、硅化、冰长石化,次为绿泥石化、绿帘石化,局部重晶石化等。蚀变次序从早到晚:绢云母化,硅化,冰长石化—泥化—铁锰碳酸盐化—碳酸盐化。岩筒垂向分带不明显,基本上为泥化-绢云母带。平面上岩石具有明显的面型蚀变分带,呈环状或不规则状分布,以隐爆含角砾岩屑晶屑凝灰岩(石英斑岩脉侵入处)为中心向其两侧分别为:①硅化-冰长石化-碳酸盐化带,金矿体多产于该带内;②泥化-绢云母化带;③绢云母化-泥化带;④绢云母化带;⑤青磐岩化带(图 4-103)。

2. 矿床地质

矿区已发现 2 个北东向金矿化带,近 20 个工业金矿体。矿化带分布于隐爆角砾岩体中西部,石英斑岩脉两侧,与北东向石英斑岩脉走向一致,其中Ⅰ号矿化带位于岩筒中心东南侧,现控制矿化带长 360m,宽约 140m,见有 1 号、1-2 号、2 号、3 号、3-1 号矿(化)体;Ⅱ号矿化带位于岩筒中心北西侧,现控制矿化带长 320m,宽约 160m,见有 4 号、4-1 号、4-2 号、4-3 号、4-4 号矿(化)体,5 号、5-1 号、6 号、7 号、7-1 号、7-2 号、8 号、9 号矿体为隐伏矿体,矿化带与矿体产状一致,走向 40°左右,倾向南东,倾角 $50°\sim60°$,单一矿体厚 $0.41\sim15.86m$,延长几十米至百米不等,延深几十米至 160m,呈脉状、透镜状,部分变厚加富部位呈囊状,部分矿体沿走向具分支复合、收缩膨胀的现象,金品位一般为 $1.5\times10^{-6}\sim22.5\times10^{-6}$,最高可达 55.4×10^{-6}。金矿体除受硅化-冰长石化带、泥化-绢云母化带控制外,还严格受裂隙密集程度控制,往往裂隙密集区与超浅成斑岩脉接触地段矿体品位高(图 4-104)。

矿石主要为自形、半自形、他形粒状结构,乳滴状结构,交代残余结构,压碎结构;浸染状、裂隙充填、块状、胶结角砾状及团块状、细脉-网脉状构造。

矿石类型比较简单,有热液充填交代型和热液网脉型,后者为主要矿石类型。

金属矿物为自然金、银金矿、闪锌矿、黄铜矿、方铅矿、磁黄铁矿、辉铜矿、黄铁矿、毒砂、白铁矿、砷黝铜矿、褐铁矿等;非金属矿物为石英、钾长石、斜长石、冰长石、绿帘石、黝帘石、绢云母、绿泥石、高岭石、蒙脱石、地开石、水白云母、重晶石、黄钾铁矾、方解石、铁白云石、菱锰矿等。依据矿物的共生组合特征及其相互间的穿插、交代关系等,矿石中主要金属矿物生成顺序为:毒砂—黄铁矿—闪锌矿、自然金、银金矿、黄铜矿—黄铜矿、方铅矿—毒砂—胶状黄铁矿—白铁矿—褐铁矿、铜蓝。

本区围岩蚀变强烈,近矿围岩蚀变主要为硅化、冰长石化、碳酸盐化、黄铁矿化、绢云母化、泥化等;远矿围岩蚀变有绿泥石化、绿帘石化、方解石化,局部重晶石化等,地表普遍褐铁矿化,次为黄钾铁矾化。

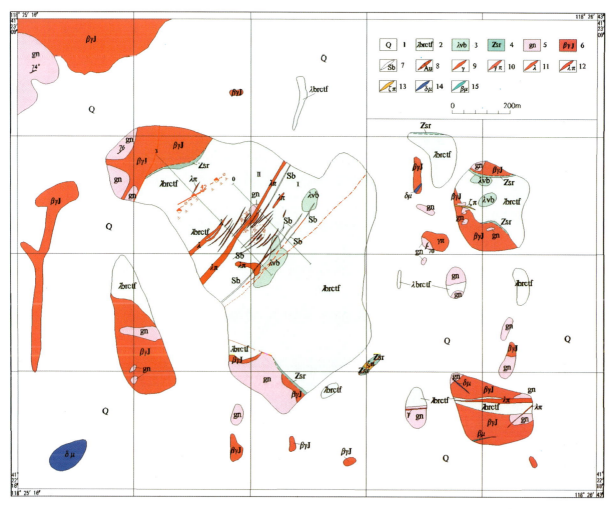

图 4-103　陈家杖子金矿区地质简图

1. 第四系腐殖土及残坡积层；2. 隐爆角砾凝灰岩；3. 隐爆角砾岩；4. 震碎角砾岩；5. 斜长角闪片麻岩；6. 细粒黑云母花岗岩；7. 构造破碎带；8. 金矿脉（金矿化体）；9. 细粒花岗岩；10. 花岗斑岩脉；11. 流纹岩脉；12. 石英斑岩脉；13. 英安斑岩脉；14. 闪长玢岩脉；15. 辉绿岩脉；16. 硅化；17. 泥化；18. 青磐岩化

石英内流体包裹体的研究表明，陈家杖子金矿的成矿作用主要发生在 150～180℃、225～390℃ 温度范围，成矿流体属 $H_2O-CO_2-(NaCl)$ 体系，以富含 CO_2 包裹体为特征。晶屑石英中的富气相包裹体和含石盐子晶多相包裹体、富 CO_2 气液相包裹体有一组均一温度（345～390℃）重合，说明在该温度区间可能发生了流体不混溶作用，晚期富液相包裹体的盐度较气液包裹体显著降低，结合流体包裹体氢氧同位素组成有向大气水偏移的特征，推测在中温向低温过渡阶段有大气水参与，促使流体盐度急剧降低。成矿流体来源总体上以岩浆水为主，在热液演化的早期至中期阶段，以岩浆水占优势，晚期阶段有大量大气降水加入。促使矿质沉淀、富集的因素除温压条件变化外，流体不混溶和大气水加入时引发的流体混合作用可能发挥了重要作用。

岩石地球化学和铅、硫、氢、氧同位素特征显示，成矿与岩浆作用有明显的成因联系，岩浆来源主要为大陆壳，铅、锶、钕同位素特征揭示，成矿物质具有中下地壳与上地幔混合来源的特征（余宏全等，2005）。

早期成矿与石英斑岩关系密切，随着超浅成斑岩的形成，深部流体向隐爆角砾岩渗透、扩散、交代成矿，金属硫化物呈星点状、稠密浸染状、稀疏浸染状、斑点状分布，有用元素为金，品位较低；晚期成矿与贯入角砾凝灰岩关系密切，第二次隐爆破坏了早期形成的矿体及超浅成斑岩脉，矿石呈团块状、角砾状

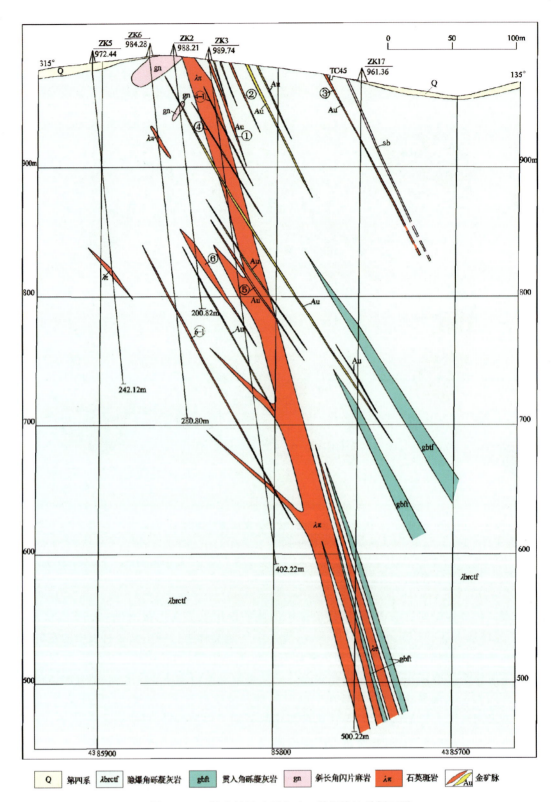

图 4-104 陈家杖子矿区金矿 0 勘探线地质剖面图

分布,稍后贯入角砾凝灰岩携带含矿热液的侵入使矿石变富,且产生不同规模、不同方向的细脉或网细脉群,这些裂隙对金矿体起着控制作用。

3. 成因类型及成矿时代

陈家杖子金矿床主要赋存于隐爆角砾岩筒中，矿体严格受角砾岩体控制，呈脉状、透镜状、囊状产出，与角砾岩呈渐变关系，表明金矿床与隐爆角砾岩有密切的成因联系。综合矿床产出地质环境、围岩蚀变特征、成矿特征、控矿因素、流体包裹体及同位素特征，表明该矿床应属浅成中-低温热液隐爆角砾岩型金矿床。

与金矿成矿有关的岩石主要为灰白色含角砾岩屑晶屑凝灰岩和晚期黑色隐爆角砾岩，前者构成隐爆角砾岩筒的主体，后者主要在矿区深部呈不规则脉状发育。其次为二长花岗斑岩脉，侵入于爆破角砾岩体中部，其形成略晚于灰白色隐爆角砾岩，而早于黑色隐爆角砾岩。灰白色含角砾岩屑晶屑凝灰岩和二长花岗斑岩脉 Rb-Sr 等时线年龄分别为 191 ± 30Ma 和 177 ± 13Ma，相当于燕山早期。金成矿主要发生在岩体侵入晚期的热液活动阶段，成矿时代应为燕山早期（佘宏全等，2005）。

4. 矿床成矿要素与成矿模式

矿床成矿要素见表 4-48。

表 4-48 陈家杖子式火山隐爆角砾岩型金矿陈家杖子典型矿床成矿要素表

成矿要素		描述内容		要素类别
储量		11 342kg	平均品位　　5.53×10^{-6}	
特征描述		浅成-超浅成中-低温热液隐爆角砾岩型金矿床		
地质环境	构造背景	Ⅱ 华北陆块区，Ⅱ-3 冀北古弧盆系，Ⅱ-3-1 恒山-承德-建平古岩浆弧		重要
	成矿环境	Ⅲ-10 华北地台北缘东段 Fe-Cu-Mo-Pb-Zn-Au-Ag-Mn-磷-煤-膨润土成矿带，Ⅲ-10-① 内蒙古隆起东段 Fe-Cu-Mo-Pb-Zn-Au-Ag-Mn-磷-煤-膨润土成矿带		必要
	成矿时代	含矿角砾岩的 Rb-Sr 同位素等时线年龄为 191Ma，二长花岗斑岩脉的等时线年龄为 177Ma。金矿床为与燕山早期隐爆角砾岩有关的浅成中-低温热液型金矿床		必要
矿床特征	矿体形态	透镜状，部分部位呈囊状		必要
	岩石类型	含矿隐爆角砾岩体主要是隐爆含角砾晶屑岩屑凝灰岩，次为石英斑岩		必要
	岩石结构	细粒，斑状结构		次要
	矿石矿物	黄铁矿、毒砂、铁闪锌矿、白铁矿，其次为银金矿、黄铜矿、方铅矿、黝铜矿。氧化带可见硫化物氧化形的褐铁矿、黄钾铁矾，自然铜等氧化物		重要
	矿石结构构造	自形-半自形-他形晶粒状结构、乳滴状结构、交代残余结构、残余-骸晶结构、压碎结构；稀疏-稠密浸染状构造、裂隙充填构造、块状构造、胶结角砾状构造		次要
	围岩蚀变	隐爆角砾岩石普遍遭受强烈的热液蚀变作用，常见有绢云母化、碳酸盐化、硅化、泥化，其次为冰长石化、绿泥石化、绿帘石化、青磐岩化，早期冰长石化-硅化阶段和晚期硅化-黄铁矿化阶段是金沉淀主要时期		重要
	主要控矿因素	1.新太古界中深变质岩系；2.未见大的侵入岩体，发现两个具有一定规模的隐爆角砾岩体；3.北东向黑里河断裂是本区重要的控岩、控矿构造，并常发育北东向岩脉或含金石英-硫化物矿脉		必要

矿床成矿模式：陈家杖子矿床成矿在空间上、时间上受隐爆角砾岩、石英斑岩的制约。矿床总体应构成一斑岩型金（铜）矿床系列。陈家杖子隐爆角砾岩型金矿位于该成矿系统顶部，矿床深部斑岩体的内外接触带附近应是主要的金（铜）矿化部位。其成矿机制应为：在岩浆活动晚期，气液组分在岩体顶部聚集形成强大的内压，经地质作用诱导，气液流体沿上覆岩石的构造裂隙或脆弱带急剧释放能量，将通道上的岩石爆裂形成角砾，尔后晚期的热液携带含矿物质并溶解围岩矿质上升，在隐爆形成的裂隙中充填成矿，并将角砾胶结形成角砾岩（图4-105）。

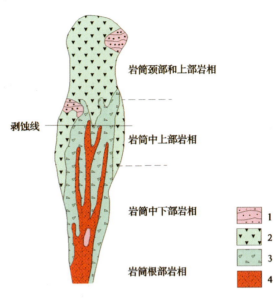

图4-105　陈家杖子式金矿成矿模式图（据杨文华，2001，修改）
1.片麻岩；2.震碎岩；3.隐爆角砾岩；4.流纹斑岩

第十二节　银矿典型矿床与成矿模式

内蒙古自治区银矿床主要为伴生银矿床，较为典型的有扎木钦铅锌银矿、甲乌拉铅锌银矿、拜仁达坝铅锌银矿、大井铜银锡多金属矿、敖瑙达巴锡铜多金属矿；独立银矿床或以银为主的矿床较少，主要为吉林宝力格银矿和额仁陶勒盖银矿。

一、热液型银矿床

该类型银矿床主要为吉林宝力格银矿，矿床位于内蒙古自治区锡林郭勒盟东乌珠穆沁旗巴彦霍布尔苏木。

1. 矿区地质

矿区出露地层比较简单，大面积分布第四系，基岩区主要为上泥盆统安格尔音乌拉组（D_3a）滨海-海陆交互相的泥岩，夹砂质、粉砂凝灰质火山碎屑岩。

褶皱构造、断裂构造都很发育。区内褶皱构造均属阿钦楚鲁复背斜的一部分，在区域上表现为紧密的线形褶皱。共划分出2个背斜和1个向斜，主要由上泥盆统安格尔音乌拉组组成。分别是哈布特盖背斜、巴彦塔拉背斜和吉林宝力格向斜，背斜两翼均呈北陡南缓、轴面歪斜。区内断裂构造根据其展布方向和性质，可分为北东向张扭性断裂、北西—北北西向张扭性断裂以及近南北向张扭性断裂。

矿区内岩浆岩不发育，主要为脉岩，矿区东侧零星出露燕山早期斑状花岗岩(图4-106)。

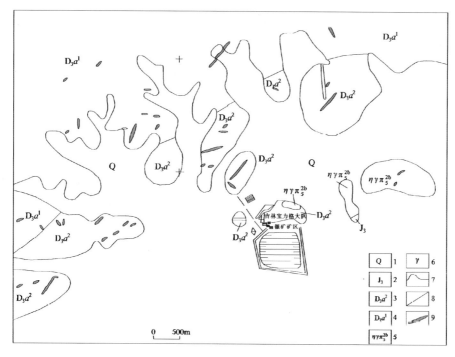

图4-106 吉林宝力格银矿区地质简图
1. 第四系；2. 晚侏罗世晶屑凝灰岩；3. 上泥盆统安格尔音乌拉组第二岩段粉砂质泥岩；4. 上泥盆统安格尔音乌拉组第一岩段；5. 燕山早期斑状二长花岗岩；6. 花岗岩脉；7. 地质界线；8. 断层/推测断层；9. 矿脉

2. 矿床地质

根据矿脉组合规律，将矿区划为2个矿段，即东矿段和西矿段。以上2个矿段共有5条矿脉，西矿段为K0、K1，东矿段为K2、K3、K4，分别近平行排列。其中K0、K2、K3、K4号矿脉未见地表露头，为隐伏矿脉。东矿段矿脉走向125°~150°，倾向320°左右，倾角45°~68°。西矿段矿脉走向95°左右，倾向5°，倾角35°~45°。矿脉倾角稍缓于岩层倾角，因此，矿脉在倾向上微切粉砂质泥岩、板岩等，矿脉在平面上整体上向西有收敛，向东呈撒开的趋势；在垂向上有向下部(上部)收敛(撒开)的趋势。矿脉由蚀变构造角砾岩带组成，受构造控制明显，走向和倾向上均呈舒缓波状，矿脉形态比较简单，常呈似层状、脉状产出，一般以单脉为主，连续性较好，具膨胀收缩现象。矿区内，K1、K3、K4分布范围大，延深比较稳定。

矿区内共圈出矿体6个，产在蚀变矿化带(矿脉)中，呈脉状、透镜状及不规则形态产出，沿走向和倾向均具膨胀收缩特征。

K0-1矿体位于西矿段的11—07线东，走向长170m，分布标高868~975m，矿体倾向325°，倾角40°左右，矿体呈似层状产出，矿体最大厚度5.88m，平均厚度2.36m；K1-1位于西矿段的11—03线东，走向长362m，分布标高821~939m，控制最大斜深为276m，矿体倾向0°，倾角40°左右，矿体呈似层状产出，走向上、倾向上均呈波状弯曲，矿体最大厚度5.52m，平均厚度2.60m；K2-1矿体位于东矿段的06线南—14线北，走向长280m，控制最大斜深为81m。矿体倾向315°左右，倾角47°~50°，矿体最大厚度2.75m，平均厚度2.04m；K3-1矿体位于东矿段的02—18线东，走向长487m，分布标高813~995m，控制最大斜深为250m，矿体倾向320°左右，倾角40°~57°，矿体呈似层状产出，走向上、倾向上均呈波状弯曲，矿体最大厚度4.55m，平均厚度1.67m；K4-1矿体位于东矿段的02—14线，K3-1矿体南侧，走向长355m，分布标高817~967m，控制最大斜深为252m，矿体倾向320°左右，倾角43°~62°，矿体呈似层状产出，走向上、倾向上均呈波状弯曲，矿体最大厚度4.70m，平均厚度2.13m(图4-107)。

氧化矿石为褐铁矿化、硅化构造角砾岩,以土状、角砾状、蜂窝状为主,粉末状次之。主要组成矿物为褐铁矿、石英、水云母、黏土,少量黄钾铁矾和毒砂;银矿物以自然银系列为主,主要银矿物为自然银、银金矿和金银矿,其次为硫化银类矿物,主要是辉银矿,次为深红银矿,氧化次生银类矿物含量极低,主要是角银矿和碘银矿。

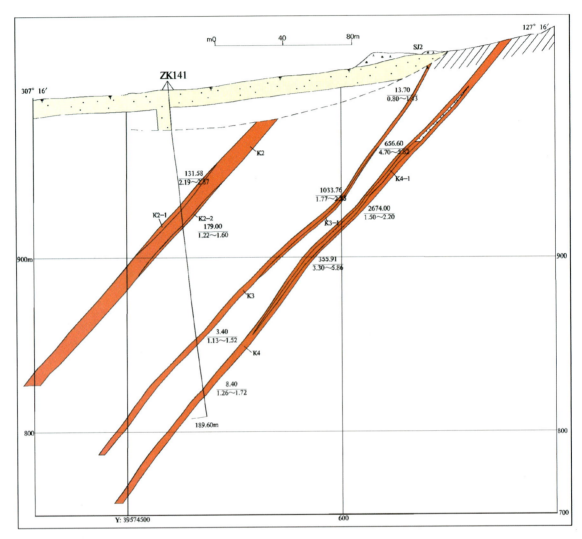

图 4-107 吉林宝力格银矿区第 14 勘探线剖面图

原生矿石以角砾状为主,条带状、星点状、稠密浸染状次之。主要金属矿物为黄铁矿、白铁矿、黄铜矿和方铅矿、闪锌矿、锑银矿、毒砂等;脉石矿物主要为石英、黏土、云母类,其次为长石、绿泥石、碳酸盐类。

矿石结构主要有胶状结构、环带状或皮壳状结构、次生假象结构、次生交代残留结构及自形晶-半自形晶-他形晶粒状结构。矿石构造主要有土状-土块状构造、蜂窝状构造、星点状、浸染状构造、条带状构造、团块状构造、角砾状构造。以细脉浸染状、条带状构造分布最广,但以蜂窝状、团块状、角砾状含银较高,其他构造类型的矿石含银较低。

3. 矿床成因及成矿时代

吉林宝力格银矿主要赋存在上泥盆统安格尔音乌拉组的流纹质晶屑凝灰岩、泥岩、粉砂质泥岩之中;矿脉赋存于蚀变构造角砾岩中,富矿体主要分布在石英二长花岗斑状岩脉与地层接触部位,围岩蚀变主要为硅化、黄铁矿化、高岭土化、绢云母化。矿物共生组合为中低温矿物,并伴随出现 As、Sb、Bi 等元素组合,因此认为本矿床总体属于中低温热液型脉状矿床,但向深部和矿区东部表现有一定的斑岩成矿特点。成矿时代为燕山早期。

4. 矿床成矿要素与成矿模式

矿床成矿要素见表 4-49。

表 4-49 吉林宝力格式热液型银矿吉林宝力格典型矿床成矿要素

成矿要素		描述内容		要素类别
储量		银(金属量):506t	平均品位 359.31×10^{-6}	
特征描述		中低温热液型脉状矿床		
地质环境	构造背景	Ⅰ天山-兴蒙造山系,Ⅰ-1 大兴安岭弧盆系,Ⅰ-1-5 东乌旗-多宝山岛弧(Pz$_2$)		必要
	成矿环境	Ⅱ-12 大兴安岭成矿省,Ⅲ-6 东乌珠穆沁旗-嫩江(中强挤压区)Cu-Mo-Pb-Zn-Au-W-Sn-Cr 成矿带(Pt$_3$ Vm-l Ye-m)(Ⅲ-48);Ⅲ-6-② 朝不楞-博克图 W-Fe-Zn-Pb 成矿亚带(V、Y)		必要
	成矿时代	燕山早期		必要
矿床特征	矿体形态	呈脉状、透镜状及不规则形态产出,沿走向和倾向均具膨胀收缩特征		重要
	岩石类型	以泥岩为主,夹砂质、粉砂凝灰质火山碎屑岩		次要
	岩石结构	凝灰结构、泥质结构		次要
	矿石矿物	氧化矿石:主要组成矿物为褐铁矿、石英、水云母、黏土,少量黄钾铁矾和毒砂;原生矿石:主要金属矿物为黄铁矿、白铁矿、少量黄铜矿、黄铜矿和方铅矿、闪锌矿、锑银矿、毒砂等;非金属矿物主要为石英、黏土、云母类,其次为长石、绿泥石、碳酸盐类		次要
	矿石结构构造	结构:胶状结构、环带状或皮壳状结构、次生假象结构、次生交代残留结构及自形晶-半自形晶-他形晶粒状结构;构造:以细脉浸染状、条带状构造分布最广,但以蜂窝状、团块状、角砾状含银较高		次要
	围岩蚀变	高岭土化、褐铁矿化(黄铁矿化)、硅化、绢云母化和绿泥石化		重要
	主要控矿因素	1. 上泥盆统安格尔音乌拉组;2. 燕山期二长花岗岩,石英脉;3. 东西向、北东向、北北东向压性断裂		必要

矿床成矿模式:吉林宝力格银-金矿床是一个经历了长期的多种地质作用的综合产物,具体形成大致经历以下 3 个阶段:古生代火山-沉积岩基底形成阶段,古蒙古洋的俯冲作用诱发了大规模火山活动,在二连—东乌旗一带等地形成巨厚的火山-沉积岩地层,这套地层富含 Ag、Au、Cu、Pb、Zn 等金属元素,形成了矿质的初步富集;中生代构造岩浆活动阶段,由于太平洋板块的俯冲作用,形成了北北东向的大兴安岭火山岩带,主要表现为古生代的基底隆起与中生代火山沉积盆地相间的格局,并且受到古生代区域性断裂构造的控制,隆坳相接处为构造薄弱部位,伴随火山活动,有岩浆侵入,含矿的岩浆热液沿围岩构造裂隙运移,并萃取围岩中的成矿元素,在有利部位由于物化条件的改变形成矿脉;表生富集作用阶段,由于地壳的逐渐抬升,暴露于地表的原生矿体一直处于风化淋滤作用阶段,经过长期的表生氧化作用,一部分银则在黄铁矿氧化形成的高价铁(Fe^{3+})、锰(Mn^{7+})的作用下,氧化成银的络合物迁移。当银的络合物遇到具有还原性的二价铁、锰时,银便沉淀下来。沉淀出的自然银以细分散的形式被锰吸附,留在氧化带(黄崇柯等,2002)。最终在吉林宝力格形成了氧化带为银-金矿石、氧化带以下为黄铁矿银-金矿石、由地表往深部品位逐渐变贫的银-金矿床(图 4-108)。

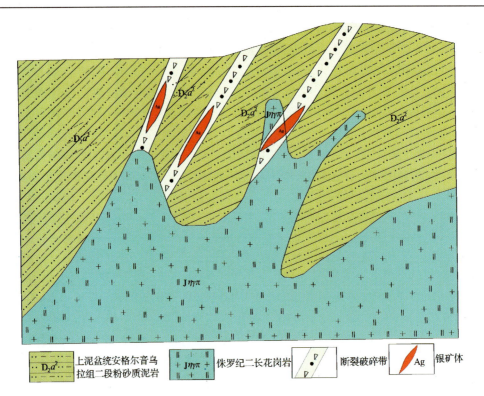

图 4-108 吉林宝力格式银铅锌矿成矿模式图

二、陆相火山次火山岩型银矿床

该类型银矿床主要为额仁陶勒盖银矿。位于内蒙古自治区新巴尔虎右旗汗乌拉苏木,是一个以银为唯一有用组分的大型独立银矿床。

1. 矿区地质

矿区出露地层主要为侏罗系塔木兰沟组中基性火山岩、白音高老组白色流纹质熔岩及角砾岩夹凝灰角砾岩,其次为局限于低谷中分布的第四纪堆积物。

侵入岩比较发育,主要为花岗岩,其次有长石石英斑岩、流纹斑岩等次火山岩。石英脉较发育(图4-109)。

区内构造以断裂为主,褶皱发育不甚明显。矿区断裂总体呈北东-南西走向,延长均在千米以上,系得尔布干断裂带的组成部分,次一级的为北东向、北西向断裂,呈等距离的网格状分布,构成本区独特的棋盘状构造的格局,并直接控制着矿区银矿体的分布,包括走向北西的汗乌拉断裂、走向北东的额仁陶勒盖断裂。

矿区围岩蚀变较强,种类多,多呈带状分布。主要有硅化、银锰矿化、绢云母化、绿泥石化、方解石化、黄铁矿化,次为绿帘石化、高岭土化、冰长石化、菱锰矿化。具如下特点:①蚀变程度随矿体产出部位而变化,近矿蚀变强,种类多,空间上重叠;远离矿体蚀变弱,种类少。②与矿化有关的蚀变均为中低温热液蚀变。③蚀变类型可归纳为"面型"和"线型"两种,且二者共存。④蚀变阶段较为清晰,从早到晚可分为青磐岩化、方解石绿泥石绢云母化、硅化 3 个阶段。⑤晚期蚀变叠加于早期蚀变之上。早期青磐岩化为成矿前蚀变,与矿化无直接关系。矿区银克拉克值高于地壳平均值 7~14 倍,为银元素迁移、富集提供了一定的有利条件。中期方解石绿泥石绢云母化具弱的银矿化,晚期硅化为主要成矿阶段。硅化多期次叠加及伴随的银锰矿化、铅锌矿化使银更进一步富集,形成了主要的工业矿体。在空间上,蚀变强的地段常为银矿体富集地段,向两侧蚀变变弱,矿化也相应变弱,矿化与蚀变联系密切。

2. 矿床地质

通过详查地质工作,在额仁矿区划分为Ⅱ—Ⅸ 8 个矿段,共圈定 31 条有工业意义的矿体,均呈脉状产出,呈北东—北西向展布。其中 21 号、25 号、32 号、41 号、42 号、72 号、73 号、74 号、75 号及 81 号矿体规模较大。

21 号矿体,长 1240m,平均厚度 6.81m;矿体走向 345°,倾向南西,倾角 39°~59°,最大延深 550m;矿体厚度变化系数为 88.67%;银品位变化系数为 120.43%。25 号矿体,长 230m,平均厚度 5.04m;矿体走向 335°,倾向 245°,倾角 42°;矿体厚度变化系数为 89.73%;银品位变化系数为 120.43%。32 号矿体,长 800m,平均厚度 7.52m;矿体走向 0°,倾向 270°,倾角 40°~43°;矿体厚度变化系数为 120.56%;银品位变化系数为 120.37%。41 号矿体,长 500m,平均厚度 1.76m;矿体走向 30°,倾向 300°,倾角 42°~45°;矿体厚度变化系数为 62.43%;银品位变化系数为 119.26%。42 号矿体,长 165m,平均厚度 1.60m;矿体走向 30°,倾向 300°,倾角 42°~45°;矿体厚度变化系数为 67.88%;银品位变化系数为 120.43%。72—75 号矿体,长 240~520m,平均厚度 1.32~3.37m;矿体走向 41°~50°,倾向 317°~320°,倾角 41°~60°;矿体厚度变化系数为 63.67%~133.57%;银品位变化系数为 63.67%~128.93%。81 号矿体,长 240m,倾向 18°,倾向 288°,倾角 40°~41°;矿体局部呈膨缩现象,沿倾向延长具舒缓波状;矿体厚度变化系数为 122.69%;银品位变化系数为 122.69%(图 4-110)。

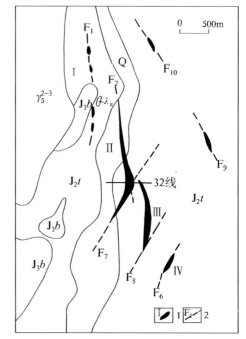

图 4-109 额仁陶勒盖银矿区地质简图
Q.第四系;J_3b.上侏罗统白音高老组;J_2t.中侏罗统塔木兰沟组;$\lambda\pi$.石英斑岩;γ_5^{2-3}.花岗岩;1.银矿体和矿带编号;2.断裂及编号

银矿石主要矿物有辉银矿、螺状硫银矿、黄铁矿、方铅矿、闪锌矿,脉石矿物主要有石英、长石、菱锰矿,其次有角银矿、碘银矿、硬锰矿、软锰矿、方解石等,少量的自然银、自然金、金银矿、银金矿、黄铜矿、磁铁矿及副矿物锆石、磷灰石等。银锰矿石主要矿物为角银矿、硬锰矿,脉石矿物为石英,其次有辉银矿、碘银矿、锰钾矿、软锰矿、长石等,少量的溴银矿、自然金、自然银、菱锰矿、方铅矿、闪锌矿、方解石等。

银矿石矿石结构构造相对比较简单,以隐晶结构和块状、浸染状构造为主要特征。银锰矿石主要有同心环带状结构、条带状结构、自形-他形粒状结构、蜂巢状构造、多孔状构造、胶体葡萄状肾状构造。

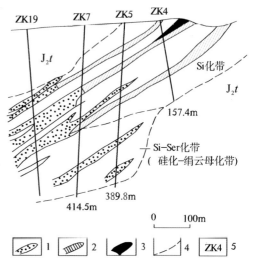

图 4-110 额仁陶勒盖银矿 036 勘探线剖面图
1.硫化物-蚀变岩型矿石;2.石英脉型矿石;3.锰硅型矿石;4.围岩蚀变分界线;5.钻孔号

3. 同位素特征

矿石矿物硫同位素 $\delta^{34}S$ 值分布于 $-3.96‰ \sim 4.451‰$ 之间,平均值为 $2.29‰$,以正值较多,偏离零值不大,具典型岩浆型硫同位素特点。矿石方铅矿 $^{206}Pb/^{204}Pb$ 值为 $18.42 \sim 18.57$,$^{207}Pb/^{204}Pb$ 值在

15.57~15.88 之间，$^{208}Pb/^{204}Pb$ 值在 38.39~39.16 之间，变化范围较大，矿石中的方铅矿铅同位素组成特征显示其应属异常铅（陈祥等，1997）。据 16 件石英样品均一法测温，温度在 199~383℃ 之间，平均 294℃。据 20 件爆裂法测温结果统计，黄铁矿的爆裂温度为 300~310℃，与硫化物共生的菱铁矿爆裂温度在 320~380℃ 之间，与共生的石英气液包体均一测温温度基本一致。说明矿床在中-低温的条件下形成（吕志成等，2000）。

4. 矿床成因及成矿时代

本矿床近矿围岩为中生代中-基性火山岩，矿床严格受控于断裂构造，矿体呈脉状、块状构造。主要矿化与充填-交代形成的石英脉密切相关；其硫、铅同位素显示了矿质来源于深部，包体测温结果表明了成矿温度为中-低温。因此，初步认为矿床成因属与火山-岩浆活动有关的中-低温热液脉状矿床。陈祥等（1997）获得花岗岩与石英斑岩 Rb-Sr 等时线年龄 120Ma，矿床成矿时代为早白垩世。

5. 矿床成矿要素与成矿模式

矿床成矿要素见表 4-50。

表 4-50　额仁陶勒盖式火山热液型银矿额仁陶勒盖典型矿床成矿要素表

成矿要素		描述内容			要素类别
储量		Ag 金属量：2354t	平均品位	$180.607×10^{-6}$	
特征描述		大型热液型银矿床			
地质环境	构造背景	Ⅰ天山-兴蒙造山系，Ⅰ-1 大兴安岭弧盆系，Ⅰ-1-2 额尔古纳岛弧（Pz1）			必要
	成矿环境	Ⅱ-12 大兴安岭成矿省，Ⅲ-5 新巴尔虎右旗（拉张区）Cu-Mo-Pb-Zn-Au-萤石-煤（铀）成矿带（Ⅲ-47）；Ⅲ-5-①：额尔古纳 Cu-Mo-Pb-Zn-Ag-Au-萤石成矿亚带（Y、Q）			必要
	成矿时代	燕山期			必要
矿床特征	矿体形态	主要呈脉状，少数透镜状，矿体连续、稳定，无自然间断或被错开			重要
	岩石类型	安山岩、安山玄武岩、气孔状杏仁状安山质熔岩、角砾岩、安山质凝灰角砾岩、凝灰砂砾岩及流纹质熔岩			必要
	岩石结构	斑状结构、气孔状杏仁状结构，块状构造			次要
	矿石矿物	1. 银矿石主要矿物有辉银矿、螺状硫银矿、黄铁矿、方铅矿、闪锌矿，其次有角银矿、碘银矿、硬锰矿、软锰矿、方解石等，少量的自然银、自然金、金银矿、银金矿、黄铜矿、磁铁矿及副矿物锆石、磷灰石等 2. 银锰矿石主要矿物为角银矿、硬锰矿，其次有辉银矿、碘银矿、锰钾矿、软锰矿、长石等，少量的溴银矿、自然金、自然银、菱锰矿、方铅矿、闪锌矿、方解石等			重要
	矿石结构构造	1. 银矿石：结构：隐晶结构；构造：致密块状构造、角砾状构造、浸染状构造； 2. 银锰矿石：结构：同心环带状结构、条带状结构、自形-他形粒状结构，半自形-他形粒状分布；构造：蜂巢状构造、多孔状构造、胶体葡萄状肾状构造、葡萄状构造			次要
	围岩蚀变	1. 蚀变程度随矿体产出部位而变化，近矿蚀变强，种类多，空间上重叠；远离矿体蚀变弱，种类少。2. 与矿化有关的蚀变均为中低温热液蚀变。3. 蚀变类型可归纳为"面型"和"线型"两种，且二者共存。4. 蚀变阶段较为清晰，从早到晚可分为青磐岩化、方解石绿泥石绢云母化、硅化 3 个阶段。5. 晚期蚀变叠加于早期蚀变之上			重要
	主要控矿因素	1. 中侏罗统塔木兰沟组；2. 矿体受主干断裂次一级北西向、北东向断裂控制（NS350°~360°，NNE20°~30°，NE40°~50°），构造交结部位的岩体与围岩外接触带，或断层交叉地段往往是矿体的集中部位；3. 广泛的中生代火山岩背景是此矿床形成的先决条件，石英脉和硅化是找矿的最直接标志；4. 在岩体附近寻找高阻、高极化率异常			必要

矿床成矿模式：在燕山期受太平洋板块的边缘影响，先存的北东向的额尔古纳-呼伦湖断裂再次活动并诱发强烈的岩浆活动，岩浆的形成及岩体与矿带的分布受该断裂控制。北西向与北东向的断裂交会处控制着矿田和矿床的分布和就位。形成于地壳深部及上地幔的岩浆在上侵过程中与壳源物质发生同化混染作用或使之发生部分熔融而形成矿区的花岗岩浆。该岩浆在岩浆房中发生强烈的结晶分异作用，形成花岗岩浆及其派生物石英斑岩岩浆和大量的富含 Cl、S、Pb、Ag 的高盐度矿液，天水的加入使矿液量大增，而且水与岩浆作用，可能发生 OH^- 取代 Cl^-，使得岩浆中的 Cl^- 转移入高盐度矿液中，增强了流体萃取岩浆中 Ag^+ 的能力，矿液上侵后沿裂隙充填成矿（图 4-111）。

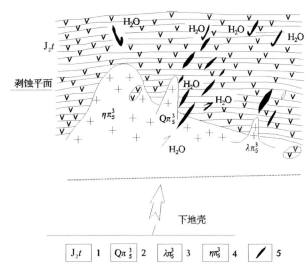

图 4-111　额仁陶勒盖式银铅锌矿成矿模式图
1.塔木兰沟组；2.燕山期石英斑岩；3.燕山期流纹斑岩；4.燕山期二长斑岩；5.矿体

第十三节　铝土矿典型矿床与成矿模式

内蒙古自治区探明的铝土矿仅城坡一处，矿床类型为陆台滨海潟湖相胶体化学沉积型铝土矿。城坡高铝矾土矿床位于内蒙古自治区鄂尔多斯市准格尔旗境内。

1. 矿区地质

出露地层由老到新为：奥陶系马家沟组灰岩。石炭系本溪组一段紫色、浅灰色、黑色铝土质页岩，产山西式铁矿，厚度 2～4m；二段灰色、深灰色灰白色铝土矿、铝土页岩，是铝土矿的主要赋存层位，厚度 2～4m，局部 16～18m；三段灰色、灰黄色及杂色铝土质页岩，局部见褐铁矿层，铁矾土呈小的透镜状或扁豆体产于其中，厚度 3～6.5m；四段深灰色灰岩夹薄层钙质页岩，出露局部，厚度 1.5～3m。石炭系太原组下部灰黑色页岩及灰白色石英砂岩，厚度 31m，中部灰黑色碳质页岩、煤层，厚度 24～30m，上部灰黄色含砾长石石英砂岩及碳质页岩，厚度 46m。二叠系、第三系出露少，第四系黄土广泛分布。

矿区断裂构造较发育，断层规模均不大，对矿层的破坏较小。

2. 矿床地质

本区高铝矾土（铝土矿）产于石炭系本溪组下部，分布较为广泛，层位稳定，一般分布在奥陶纪灰岩侵蚀面 2m 之上。

铝土矿矿体倾角平缓，与地层产状基本一致，矿体形态呈似层状和透镜状，部分地段矿体连续性差。

共有高铝矾土矿体 22 个,铝土矿体 14 个,铁矾土矿体 90 个。其中高铝矾土矿体最长 260m,一般 100~200m,最小 40~50m,最大面积 22 600m²,一般 6000m²,最小 300m²。矿体厚度一般 1~2m,最厚 4.3m,最薄 0.5m,矿体连续性差。铝土矿矿体最长 170m,一般 100m,最小 30~50m,最大面积 20 000m²,一般 1500~5000m²,最小 1115m²;厚度 1~2m,最厚 3.12m,最薄 0.85m。铁矾土矿体一般呈较稳定的层状,较大的矿体 33 个,单工程矿体 57 个;厚度 1~2m,最厚 3.37m,最薄 0.78m。

洪水沟地段一号矿体,为高铝矾土矿,南北长 250m,东西宽 180m,矿体厚 0.82~4.82m,平均厚 2.26m,平均品位 Al_2O_3 57.70%,Fe_2O_3 1.45%,矿体产状平缓,倾向北西,倾角 2°~3°。吴柳沟地段四、五矿体,为高铝矾土矿,矿体东西长 360m,南北最宽 216m,矿体呈马蹄形,中心无矿,矿石平均品位 Al_2O_3 55.11%,Fe_2O_3 1.31%,矿体产状平缓,倾向北西,倾角 2°~3°。

本区铝土矿按其结构构造,可分为 4 种类型:致密状矿石、豆鲕状矿石、碎屑状矿石矿、粗糙状矿石。

高铝矾土矿石成分 Al_2O_3 品位 45.51%~85.25%,Fe_2O_3 品位 0.54%~2.34%;铝土矿 Al_2O_3 品位 40%~55%,Fe_2O_3 品位 3%~10%。矿石矿物以一水铝石为主,少量高岭石。其他矿物有菱铁矿、微量水云母、氧化铁、电气石、锆石、针铁矿等。

矿石结构较为复杂,主要为鲕状结构、豆状结构,其次为致密块状结构和凝胶状结构。矿石构造一般为致密块状和疏松块状,偶见薄的土状构造、叶片状构造。

3. 矿床成矿要素与成矿模式

矿床成矿要素见表 4-51。

表 4-51 城坡式风化壳型铝土矿城坡典型矿床成矿要素表

	成矿要素	描述内容		要素类别
	储量	443 000t	平均品位 Al_2O_3:45%~55%	
	特征描述	碳酸盐岩古风化壳异地堆积型		必要
地质环境	构造背景	Ⅱ 华北陆块区,Ⅱ-5 鄂尔多斯陆块,Ⅱ-5-1 鄂尔多斯盆地		必要
	成矿环境	Ⅱ-14 华北成矿省,Ⅲ-14 山西断隆 Fe-铝土矿-石膏-煤-煤层气成矿带		必要
	成矿时代	石炭纪		必要
矿床特征	矿体形态	似层状和透镜状,在成矿前的喀斯特地形的凹陷处,形成较厚的矿体。铁矾土矿体一般呈较稳定的层状,倾角平缓		重要
	岩石类型	铝土质页岩、页岩、铝土矿、灰岩		重要
	岩石结构	泥质结构、鲕状结构		必要
	矿石矿物	以一水铝石为主,并有少量高岭石、菱铁矿及微量水云母、氧化铁、电气石、锆石、针铁矿		重要
	矿石结构构造	鲕状结构、豆状结构、致密状结构和凝胶状结构;致密块状和疏松块状构造,局部偶尔见有薄土状构造,有时为叶片状构造		必要
	围岩蚀变	褐铁矿化		重要
	主要控矿因素	严格受地层控制(石炭系本溪组)		重要

矿床成矿模式:城坡铝土矿位于鄂尔多斯台向斜的东北部边缘。该区在奥陶纪以前一直沉降,当奥陶纪沉积之后,由于地质运动所致,整个华北地台上升为陆地,该区随地台的升起转为风化剥蚀区,直到中石炭世才有海水入侵。在风化过程中,古老岩系中的铝被析出,形成游离状的氧化铝,在地表水的介

质条件下,与表生硫酸及腐殖酸结合生成稳定的络合物被带到海水中,由于pH值的变化及海水中盐类物质的作用,使保护氧化铝的腐殖化合物受到破坏,从而使铝发生凝聚沉淀而生成铝土矿(高铝矾土)。在铝土层之上有上石炭系的煤层和碳质页岩,通过它而渗入铝土矿的水饱含有机酸,从而使氧化铁还原,形成一些菱铁矿和黄铁矿。本区铝土矿属陆台型滨海相胶体化学沉积矿床。成矿模式见图4-112。

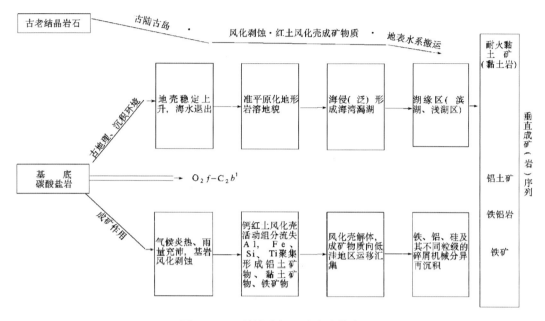

图4-112 城坡式铝土矿成矿模式图

第十四节 稀土矿典型矿床与成矿模式

一、碱性花岗岩型稀土矿床

该类型稀土矿床主要为巴尔哲稀土矿。位于大兴安岭南缘扎鲁特旗境内,大地构造上属于中亚造山带东部的兴蒙造山带。

1. 矿区地质

矿床位于巴尔哲扎拉格东西向断裂构造和北北东向背斜的复合部位。北北东向背斜为矿区主体构造。北北东向断层只有一条并切穿矿体,其倾向北西西,倾角30°~50°(图4-113)。

矿区出露地层为上侏罗统白音高老组,为一套酸性火山熔岩及其碎屑岩,其上覆盖有第四纪砂砾层、黄土、亚黏土及冰川漂砾等。

巴尔哲地区碱性花岗岩由801和802两个岩体组成,801岩体为典型的稀有稀土矿化碱性花岗岩,其中锆和稀土元素的储量已达超大型矿床规模,802岩体稀土元素和某些稀有元素含量也较高,但未形成工业矿床。

侵入岩主要为含矿钠闪石花岗岩,地表为东、西两个小岩体。西岩体近圆形,面积$0.11km^2$,东岩体呈哑铃状,面积$0.24km^2$,东西两岩体至深部会合成一体。岩体向深部膨大,与围岩的侵入接触面均倾向围岩,倾角29°~57°。根据岩体内部结构、构造及蚀变强弱差异,在垂向和水平方向均有分带现象。

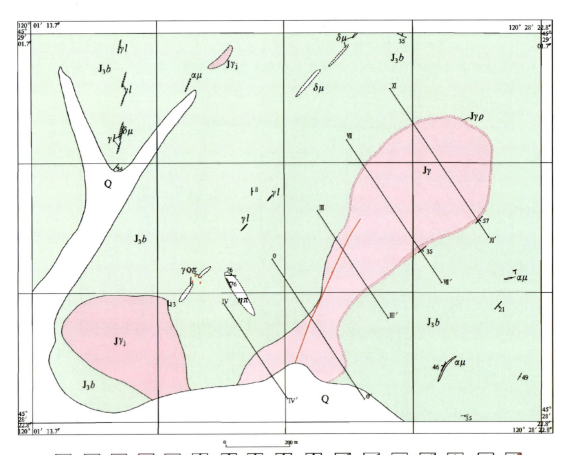

图 4-113 巴尔哲稀土矿区地质简图

1. 坡、冲积层；2. 白音高老组；3. 晶洞状钠闪石花岗岩(矿体)；4. 伟晶状花岗岩(矿体)；5. 蚀变钠闪石花岗岩(矿体)；6. 花岗细晶岩；7. 斜长花岗斑岩；8. 长石斑岩；9. 安山玢岩；10. 闪长玢岩；11. 实测地质界线；12. 推测地质界线；13. 相变界线；14. 压扭性断层；15. 地质产状；16. 流面产状；17. 硅化

水平方向从岩体边缘向中心依次出现：晶洞状钠闪石花岗岩带、伟晶状花岗岩带、强蚀变钠闪石花岗岩带。在垂直方向自上而下为：强蚀变钠闪石花岗岩带、弱蚀变似斑状花岗岩带、似斑状钠闪石花岗岩带。钠闪石花岗岩体中钇、铌、钽等稀有、稀土金属矿化普遍，矿化富集部位在岩体顶部自变质交代作用强烈部位。脉岩有花岗细晶岩脉、闪长玢岩脉、长石斑岩脉及石英斑岩脉等，走向北东，个别走向北西，脉岩长 30～50m，宽 1～5m。

2. 矿床地质

已查明东岩体顶部为一富含钇、铌、钽的厚大板状矿体，分三元素矿体和二元素矿体。

三元素矿体即含钇、铌、钽 3 元素矿体，产于东岩体顶部，与强蚀变钠闪石花岗岩带相吻合。自地表向深部达 110～150m，地表出露长 1090m，宽 90～347m，平面呈哑铃状，矿体产状与东岩体产状一致，向四周倾伏，倾角 35°～60°。其与二元素矿体呈渐变关系。矿体四周倾伏部位有 8m 厚的伟晶岩体(贫矿体)。普遍硅化、角岩化，近矿体处见有萤石、钠闪石、石英等细脉。矿体稀有、稀土金属矿化均匀，在水平方向由南西向北东具矿体增厚、品位增高的趋势；在垂直方向，地表品位高，向下逐渐降低，矿石品位与蚀变强弱呈正相关关系。

二元素矿体产于蚀变钠闪石花岗岩岩体深部，即三元素矿下盘，含铌、钇两种元素。矿化自上而下逐渐减弱。矿体长 1090m，宽 300～478m，厚 206～245m（图 4-114）。

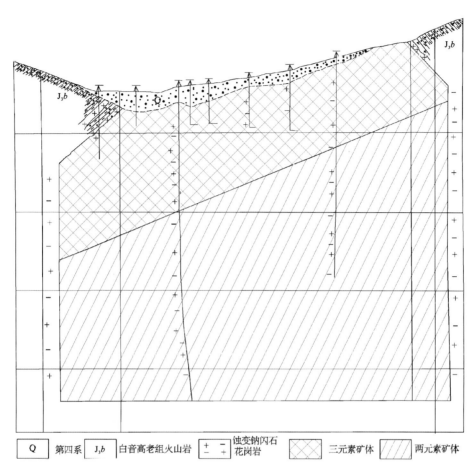

图 4-114 巴尔哲稀土矿区 XI—XI′勘探线剖面示意图

矿石具半自形粒状结构、斑状结构、包含结构；矿石构造为稀疏浸染状构造、斑杂状构造。

矿体中共有 44 种矿物，其中稀有、稀土、放射性矿物 12 种，其他金属矿物 17 种，硅酸盐矿物 11 种，其他矿物 4 种。稀有、稀土矿物主要为羟硅铍钇铈矿、铌铁矿、锌日光榴石、烧绿石、独居石、锆石，次要的为铈铀钛铁矿、黑稀金矿、氟碳钙铈矿、钍石、硅铅铀矿、方解石。矿物生成顺序是造岩矿物→铁矿物→稀有、稀土、放射性矿物→金属硫化物→次生矿物。

岩体与围岩接触处围岩普遍遭受蚀变，主要蚀变类型有硅化、角岩化、钠闪石化，少量萤石化、碳酸盐化、绿泥石化、霓石化等。硅化普遍分布在岩层近岩体处，其蚀变分两种形式，一是面型渗透交代，二是呈细脉状沿围岩节理裂隙充填交代。蚀变宽度达 20～30m。角岩化分布在含矿岩体外接触带边缘，厚 5～10m，与岩体接触处局部遭受强烈的同化混染作用，形成 10～20cm 的交代或混染岩。钠闪石化是含矿岩体的重要蚀变类型，蚀变均匀，主要分布于岩体上部，呈细脉状，脉厚 1～2mm。萤石化、碳酸盐化等多呈细脉状，见于岩体上部及近岩体的围岩中。

钠闪石花岗岩中 Nb 和 Ba 达工业品位，Zr 和 Ta 可综合利用，具有独立工业矿物：兴安石、烧绿石、铌铁矿、锆石、黑稀金矿和铌金红石等。

花岗岩 $^{87}Sr/^{86}Sr$ 初始比值为 0.7071，$^{143}Nd/^{144}Nd$ 为 0.512 706～0.512 761，从深部到浅部 $\varepsilon Nd(t)$ 略有增加，为 1.88～2.40。

巴尔哲钠闪石花岗岩东矿体 ZK001 钻孔未蚀变钠闪石花岗岩-强钠长石化花岗岩，石英 $\delta^{18}O$ 为 5.59‰～5.99‰。ZK004 钻孔伟晶状花岗岩石英 $\delta^{18}O$ 为 5.77‰。西矿体地表霓石钠闪石花岗岩，石英 $\delta^{18}O$ 为 5.03‰～5.15‰。石英在岩石形成后比较稳定，不易与大气水作用而发生同位素交换，因此它基本上保留了初始的 $\delta^{18}O$ 组成。巴尔哲钠闪石花岗岩石英 $\delta^{18}O$ 值基本上落在幔源岩石 5.5‰～7.0‰的范围内,说明花岗岩来源于地幔。

Nd、Sr、O 同位素组成特征表明巴尔哲钠闪石花岗岩来源于地幔,未受地壳混染。

石英包裹体特征:气液包裹体,由气体和少量液体组成,气液比大于 50%,一般均一到液相,形态呈椭圆形,大小为 8～50μm,有关矿物石盐,均一温度 290～440℃,流体盐度为 31%～33%NaCl。

3. 矿床成因及成矿时代

该矿床为岩浆晚期分异交代矿床。成矿期为燕山期。全岩 Rb-Sr 等时线年龄 127.2Ma,$(^{87}Sr/^{86}Sr)_i=0.7071$(袁忠信等,2003);全岩 $\varepsilon Nd(t)=1.88\sim2.40$(王一先等,1997)。杨武斌等(2011)获得 801 岩体 Rb-Sr 等时线年龄为 121.6±2.3Ma。

4. 矿床成矿要素与成矿模式

矿床成矿要素见表 4-52,成矿模式见图 4-115。

表 4-52 巴尔哲式岩浆分异型稀土矿巴尔哲典型矿床成矿要素表

成矿要素		描述内容			要素类别
储量		氧化物 Y_2O_3:37.81×10⁴t; Ce_2O_3:40.62×10⁴t	平均品位	REO:Y_2O_3:37.81%; Ce_2O_3:40.62%	
特征描述		岩浆晚期分异型稀土矿床			
地质环境	构造背景	Ⅰ-1 大兴安岭弧盆系,Ⅰ-1-7 锡林浩特岩浆弧			必要
	地质环境	Ⅲ-8 林西-孙吴 Pb-Zn-Cu-Mo-Au 成矿带(Vl,Il,Ym),Ⅲ-8-②神山-白音诺尔铜、铅、锌、铁、铌(钽)成矿亚带(Y)			必要
	成矿时代	全岩 Rb-Sr 等时线年龄 127.2～121.6Ma			必要
矿床特征	矿体形态	地表出露不连续,一部分出露在矿区西南端,而主要岩体出露在矿区东半部,呈北北东向展布,前者平面呈近圆形,后者平面上呈哑铃状			重要
	岩石类型	晶洞状钠闪石花岗岩、伟晶状钠闪石花岗岩、强蚀变钠闪石花岗岩、弱蚀变似斑状钠闪石花岗岩、钠闪石花岗岩			重要
	岩石结构	半自形晶粒状结构、似斑状结构			次要
	矿石矿物	稀有、稀土及放射性矿物:羟硅铍钇铈矿、铌铁矿、锌日光榴石、烧绿石、独居石、锆石;金属矿物:钛铁矿、赤铁矿、磁赤铁矿、磁铁矿、磁性钛铁矿;硅酸盐矿物:条纹长石、钠长石、钠闪石、霓石;其他矿物:石英萤石、碳硅石方解石			重要
	矿石结构构造	矿石结构:半自形晶粒状结构、斑状结构、包含状结构;矿石构造:主要有稀疏浸染状构造,其次为斑杂状构造			次要
	围岩蚀变	主要蚀变类型有硅化、角岩化、钠闪石化、钠长石化,也见有萤石化和碳酸盐化			次要
	主要控矿因素	东西向巴尔哲扎拉格断裂为碱性花岗岩浆上侵提供通道,区内短轴背斜是岩浆定位的良好空间,良好的封闭条件使矿液不易逸散,发育的岩浆收缩节理裂隙利于矿液的聚积与交代作用			必要

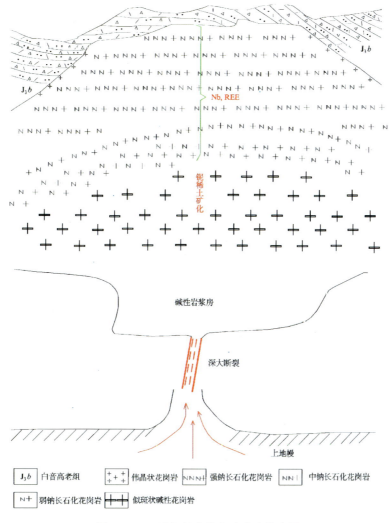

图 4-115 巴尔哲式稀土矿成矿模式图

二、沉积变质型稀土矿床

该类型稀土矿床主要为桃花拉山稀有稀土矿。位于内蒙古自治区阿拉善右旗阿朝公社。桃花拉山矿区位于桃花拉山复式背斜的南翼,沙口-吊吊山-查干德尔斯压扭性断裂带内。

1. 矿区地质

矿区出露地层主要为古元古界二道洼群,含矿地层是中部的条带状大理岩夹角闪片岩、薄层状钙质片岩,与矿体接触处多为薄层状,颜色变暗,颗粒渐次变细。

侵入岩主要有两期,即吕梁期闪长岩(δ_2)和加里东晚期花岗岩(γ_3^3)。闪长岩多为岩枝或岩脉状产出,呈北西西向延伸,受区域变质和部分混合岩化作用而具片麻状构造,形成条带状及斑状混合岩。花岗岩是矿区内主要侵入岩,多呈岩株和岩脉状产出,有侵入、捕房矿带或矿体的现象。

地层呈一倾向南西,倾角 $48°\sim75°$ 的单斜。主要构造线为与区域相一致的小褶曲及冲断层,并有两组扭性构成的"X"型剪裂。依据断裂构造与矿体空间上的相互关系,将断裂分为成矿前和成矿后两期。成矿前断裂为走向 $310°\sim315°$ 的冲断层,大体呈"S"形,中间近东西,为控矿的主要构造;成矿后断裂对矿体起破坏作用。

2. 矿床地质

桃花拉山稀有、稀土矿带东西长达11km，南北宽约60m，走向295°～310°，南倾，倾角60°～75°，在走向和倾向上厚度变化不大，比较稳定。目前大致圈出20个矿体（西矿区12个，东矿区8个），长35～904m，一般长200～500m。平均厚1.4～14.0m，延深一般在200m以下。矿体多为似层状，少数呈透镜状。矿层与围岩呈渐变关系，并可见同步褶皱现象，局部为断层接触。大理岩型矿石组成的矿体呈夹层状，产于片岩型矿石中，层位稳定，在走向和倾向上渐变为片岩型矿石，呈过渡相变关系，矿体顶底板围岩一般为条带状大理岩，局部地段的围岩为花岗质混合岩，岩石较完整，稳定性较强。

矿石自然类型分为大理岩型（系指褐铁矿化大理岩、黑云母大理岩）和片岩型（系指黑云方解片岩、绿泥钙质片岩、方解黑云片岩）两种。

目前在两种不同类型的矿石中已发现57种矿物。主要工业矿物为铌铁矿、钛铁金红石、独居石、易解石、褐帘石、磷灰石、锆石。含铌独立矿物有铌铁矿、钛铁金红石、易解石，含稀土独立矿物有独居石、易解石、褐帘石；含磷独立矿物有磷灰石、独居石。部分呈分散状态以类质同象存在于其他副矿物及脉石矿物之中。

矿石结构为不等粒花岗变晶结构、花岗变晶结构、花岗鳞片变晶结构，矿石构造有块状构造、片状构造。

矿化岩石及围岩的变质作用和后期蚀变较普遍，种类繁多，有褐铁矿化、黑云母化、白云母化、磷酸盐化、钾钠长石化、磁铁矿化、黄铁矿化、碳酸盐化、硅化、重晶石化、萤石化等。与铌、稀土、磷矿化有关的蚀变主要为褐铁矿化、黑云母化、磷酸盐化、钾钠长石化。磷酸盐化遍于整个矿体和部分围岩中，按其生成顺序大致分两期：早期主要与稀土元素沉淀有关，生成矿物以独居石为主，其次有微量磷钇矿；晚期以大量磷灰石的生成为特征，并见其有独居石、铌铁矿和钛铁金红石的细小包体，局部富集构成条带状（与变质条带方向基本一致），足以说明它是在铌、稀土矿化之后热液作用下形成的。

稀有元素以铌为主，钽次之。Nb_2O_5/Ta_2O_5值多介于10～30之间，个别大于50，最高达375，属低钽富铌型。

轻重稀土$\Sigma Ce/\Sigma Y$比值介于10～20之间，以铈族稀土为主，钇族重稀土次之。

3. 成因类型及成矿时代

桃花拉山稀有、稀土、磷矿床的成因，一般偏重于与混合岩化花岗岩有关的热液交代矿床。根据宏观和微观现象的观察，初步认为属沉积变质（或改造）的层控矿床。①矿床产于沉积的碳酸盐类岩石中，层位稳定；矿体多呈似层状，少数为透镜状；矿层与围岩呈渐变过渡关系，具同步褶皱或相变现象。②矿体围岩（灰白色条带状大理岩）中Nb_2O_5、TR_2O_5、P_2O_5含量高于克拉克值2～6倍，并形成了铌、稀土和磷的独立矿物。③矿石及其围岩变质较深，均呈不等粒花岗变晶结构、鳞片花岗变晶结构，条带状构造和片状构造。铌、稀土和磷矿化与变质作用具有极为密切的联系。④含矿层位处于挤压破碎带，断裂或层间构造为后期热液交代、富集成矿起到进一步的促进作用。因此，初步认为其成因主要是原岩经过同生沉积成岩作用，又经后期变质、交代作用两个阶段所形成。故应属同生沉积后期变质（或改造）的层控稀有、稀土矿床。成矿时期为古元古代。

4. 矿床成矿要素与成矿模式

矿床成矿要素见表4-53。

矿床成矿模式：桃花拉山稀土矿位于华北陆块区阿拉善陆块龙首山基底杂岩带，于地槽发育初期从火山作用中带来大量的挥发组分和稀有、稀土等有益元素，经搬运（或就地）沉淀，在固结成岩过程中形成稀有、稀土矿物。随着褶皱隆起及区域变质和蚀变作用等因素，原沉积物发生进一步变化，CO_2与

H_2O 沿裂隙或破碎带流动,使成矿物质再次活化、迁移、富集。后期的岩浆侵入导致的热液交代,对成矿起到一定的促进作用(图 4-116)。

表 4-53 桃花拉山沉积变质型稀土矿桃花拉山典型矿床成矿要素表

成矿要素		描述内容			要素类别
储量		REO:约 2.3×10^4 t	平均品位	REO:0.3%~1.15%	
特征描述		同生沉积后期变质的层控稀有、稀土矿床			
地质环境	构造背景	Ⅱ华北陆块区,Ⅱ-7阿拉善陆块,Ⅱ-7-2龙首山基底杂岩带			必要
	成矿环境	Ⅲ-3阿拉善(台隆)Cu-Ni-Pt-Fe-REE-P-石墨-芒硝盐成矿亚带(Pt、Pz、Kz),Ⅲ-3-②龙首山元古代铜-镍-铁-稀土成矿亚带(Pt、Nh-Z)			必要
	成矿时代	古元古代			必要
矿床特征	矿体形态	矿体多为似层状,少数呈透镜状			次要
	岩石类型	条带状大理岩、角闪片岩、薄层状钙质片岩			重要
	岩石结构	不等粒花岗变晶结构,鳞片变晶结构			次要
	矿石矿物	主要为方解石,有少量绿水云母、磁铁矿、黄铁矿、褐铁矿、磷灰石、铌铁矿、铁铁金红石、独居石等,含稀土独立矿物有独居石、易解石、褐帘石			重要
	矿石结构构造	矿石结构:不等粒花岗变晶结构、花岗鳞片变晶结构;矿石构造:条带状构造和块状构造			次要
	围岩蚀变	主要蚀变类型有褐铁矿化、黑云母化、磷酸盐化、钾钠长石化			次要
	主要控矿因素	二道洼群条带状大理岩夹角闪片岩、薄层状钙质片岩为主要的含矿母岩,矿体受该地层控制,后期的岩浆侵入导致的热液交代,对成矿起到一定的富集作用			必要

三、岩浆晚期分异交代稀土矿床

该类型稀土矿床主要为三道沟岩浆晚期分异交代稀土矿。分布于内蒙古自治区乌兰察布市兴和县大同窑乡。大地构造位置位于华北陆块区狼山-阴山陆块(大陆边缘岩浆弧)固阳-兴和陆核。

1. 矿区地质

地层主要为集宁岩群片麻岩组,由黑云榴石斜长片麻岩、斜长片麻岩、二长片麻岩、钾长片麻岩组成,局部夹石英岩。

岩浆岩不发育,所见都为中酸性、基性以及超基性的脉岩,其中以基性脉岩为主。岩石类型为超基性岩、基性岩脉(辉绿岩、透辉岩)、中酸性脉岩(花岗岩、花岗斑岩、花岗伟晶岩、细晶岩、闪长岩、煌斑岩)。其中6号脉只见花岗伟晶岩、长英岩。

矿区内有二道沟背斜,由石榴黑云斜长片麻岩组成。逆断层有三道沟西北逆断层、板申——间窑逆断层;平移断层有南梁山断层和半沟村北断层。6号脉矿区内的断层均为成矿后构造。

2. 矿床特征

稀土矿主要分布于官屯堡窑、小四道沟、三道沟及板申至西一间窑一带,含稀土透辉岩脉长度大于

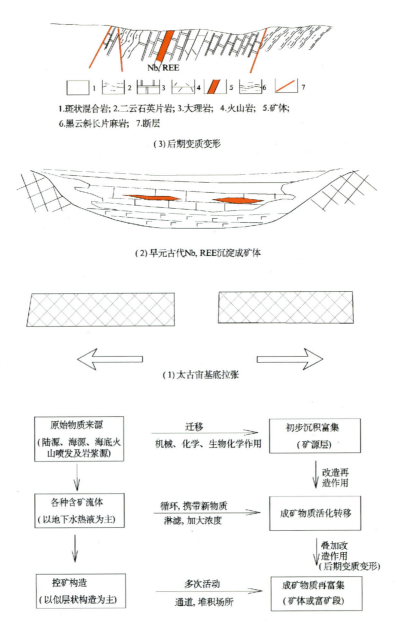

图4-116 桃花拉山式沉积变质型稀土矿成矿模式示意图

100m,厚度在1m以上的有6条;长50cm至1m,厚度在0.5~1m的有8条;其他皆小于0.5m,厚度仅几十厘米。含稀土磷灰石在透辉岩中部分为脉状或透镜状,多数为团块状和浸染状。

板申——间窑区有矿脉49条,走向北东—南东,倾向北西—北东,倾角60°~70°,长10~50m,厚度0.5~1.5m,磷灰石呈团块状分布于透辉岩或透辉钾长岩中,P_2O_5为3%~5%。半沟区有矿脉1条,走向南东,倾向北东,倾角70°,长60m,厚度1.5~2m,磷灰石呈团块状分布于透辉岩或透辉钾长岩中,P_2O_5为3%~5%。三道沟区有矿脉5条,走向北西—北东,倾向东,倾角60°~70°,长40~50m,厚度0.5~1.5m,磷灰石呈扁豆状产在透辉岩或透辉钾长岩中,P_2O_5为3%~4%。小四道沟区有矿脉4条,走向南东,倾北东,倾角35°~45°,长30~50m,厚度1~1.5m,磷灰石呈扁豆状产在透辉岩或透辉钾长岩中,P_2O_5为3%~4%。小五道沟区矿脉1条,走向北东,倾南东,倾角35°,长20~30m,厚度0.3m,磷灰石呈扁豆状产在透辉岩或透辉钾长岩中,P_2O_5为3%~4%。官屯堡窑区矿脉1条,走向北东,倾南东,倾角54°,长150m,厚度1.5~2m,磷灰石呈扁豆状产在透辉岩或透辉钾长岩中,P_2O_5为3%~

4%。6号脉含磷透辉岩赋存于蚀变片麻岩中,含矿带由致密块状磷灰石、含磷透辉岩、透辉-钾长岩及钾长岩组成,统称为含矿带,倾向东,倾角30°~50°,含矿带的地表出露长420m,厚一般2~3m,最厚12m,形态呈规则的脉状体,仅局部见膨缩、分支复合现象。钻孔控制总长800m,厚度3~5m,最厚15m,沿倾向控制最大斜深500m。6号矿脉共11条矿体,长度在30~417m,厚度在0.28~2.87m,形状为扁豆状、似板状,走向南北,东倾,倾角30°~40°,斜深37~200m。7号脉含矿带有两条,主含矿带呈两头尖、中间肥大的纺锤形,长400m,最宽45m,延伸150m,未尖灭。9号脉主要有4条含矿带,呈平行脉群出现,沿走向向南均尖灭,最长430m,最宽11m,延伸150m,未尖灭。

矿石矿物为磷灰石、透辉石、钾长石。磷灰石中富含稀土元素,以铈族为主,呈分散状态赋存于磷灰石中。

矿石自然类型为块状磷灰石、含磷灰石的透辉岩及透辉-钾长岩两种类型,前者构成工业矿体,后者为表外矿体。

矿区内矿石结构为自形-半自形、粗粒-伟晶结构;矿物构造为块状构造。

3. 矿床成因及成矿时代

矿床成因为岩浆晚期分异交代矿床,热液交代作用具有多期性,成矿时代为新太古代至古元古代。

4. 矿床成矿要素与成矿模式

矿床成矿要素见表4-54。

表4-54 三道沟式岩浆分异型稀土矿三道沟典型矿床成矿要素表

成矿要素		描述内容			要素类别
储量		REO:10 012.3t	平均品位	REO:5%	
特征描述		岩浆晚期分异交代稀土矿床			
地质环境	构造背景	Ⅱ华北陆块区,Ⅱ-4狼山-阴山陆块,Ⅱ-4-1固阳-兴和陆核			重要
	成矿环境	Ⅲ-11华北地台北缘西段Au-Fe-Nb-REE-Cu-Pb-Zn-Ag-Ni-Pt-W-石墨-白云母成矿带,Ⅲ-11-③乌拉山-集宁Au-Ag-Fe-Cu-Pb-Zn-石墨-白云母成矿亚带			重要
	成矿时代	新太古代至古元古代			必要
矿床特征	矿体形态	主含矿带呈两头尖、中间肥大的纺锤形			次要
	岩石类型	透辉钾长岩、含磷透辉岩、钾长岩、块状磷灰石			重要
	岩石结构	自形-半自形、粗粒-伟晶结构			重要
	矿石矿物	主要矿石矿物磷灰石、透辉石、钾长石。稀土元素以铈族稀土为主,呈分散状态赋存于磷灰石中			重要
	矿石结构构造	矿石结构:伟晶结构;矿物构造:块状构造			次要
	围岩蚀变	主要蚀变类型有微斜长石化、钠长石化、透辉石-次闪石化、黄铁矿化、绢云母化、矽卡岩化、碳酸盐化及高岭土化			次要
	主要控矿因素	透辉石岩、钾长岩脉等赋存于集宁岩群片麻岩组中,受近南北向分布的张裂隙控制			必要

矿床成矿模式:①矿体主要赋存在集宁群片麻岩组内的透辉岩及透辉-钾长岩岩脉中,含稀土磷灰石在透辉岩中部分为脉状或透镜状,多数为团块状和浸染状。②受不同类型、不同程度的重叠交代,矿床围岩蚀变表现为微斜长石化、钠长石化、透辉石-次闪石化、黄铁矿化、绢云母化、矽卡岩化、碳酸盐化

及高岭土化,蚀变强而普遍,属岩浆晚期分异交代作用的产物。③矿脉受构造裂隙控制明显,脉体走向为北西—北东向(图4-117)。

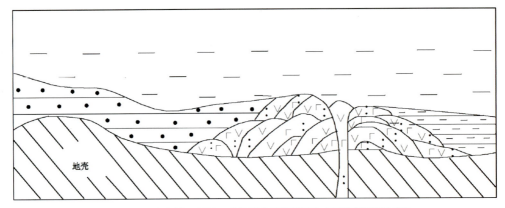
Ⅰ.中太古代沉积期:沉积泥岩、砂岩及中基性火山碎屑岩,形成了集宁岩群原始沉积,同时伴有铁磷稀土沉积。

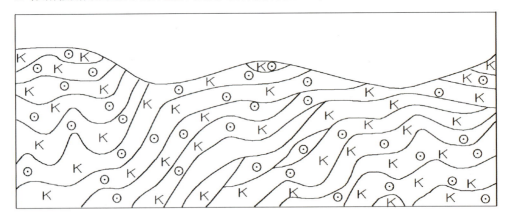
Ⅱ.新太古代变形变质期:先沉积的岩石经变形变质达到高角闪岩相、麻粒岩相,有用组分进一步富集。

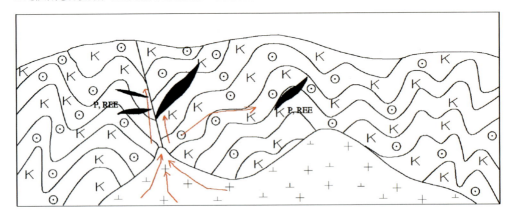
Ⅲ.新太古代至古元古代成矿期:构造运动强烈,断裂构造发育。富含磷、稀土等有用组份的岩浆沿断裂侵入。并且在局部形成含磷、稀土矿的透辉石伟晶岩脉。

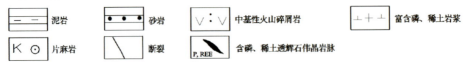

图4-117 三道沟式稀土矿成矿模式示意图

四、海底喷流沉积-热液改造型稀土矿床

该类型稀土矿床主要为白云鄂博铁铌稀土矿（见本章铁矿床部分）。

第十五节 硫铁矿典型矿床与成矿模式

一、喷流沉积型硫铁矿床

该类型硫铁矿床主要有东升庙铅锌多金属矿（见本章铅锌矿床部分）、炭窑口硫铁矿、山片沟硫铁矿。

炭窑口硫铁矿

1. 矿区地质

矿区出露中元古界渣尔泰山群阿古鲁沟组（Jxa），岩性主要为白云质灰岩、碳质板岩，是硫铁矿的赋矿层位（图4-118）。

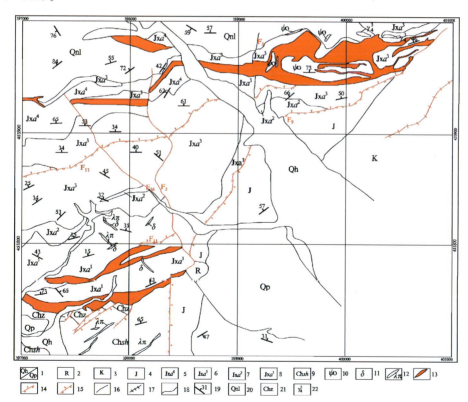

图4-118 炭窑口硫铁矿区地质略图

1.第四系；2.第三系杂色砾岩；3.白垩系红色砂砾岩；4.侏罗系黄绿色砂砾岩；5.薄层泥灰岩及碳质板岩；6.二云母片岩及碳质千枚岩夹泥质石灰岩互层；7.白云岩及碳质板岩；8.千枚状片岩、碳质板岩与石灰岩互层；9.变质石英砂岩、变质长石石英砂岩；10.角闪石岩；11.闪长岩；12.石英斑岩；13.矿床；14.成矿前逆断层；15.成矿后逆断层；16.性质不明断层；17.背斜轴向；18.地质界线；19.岩层产状；20.石英岩、绿泥石英片岩；21.石灰岩与碳质板岩互层及白云岩；22.细粒花岗岩

本区地处狼山-白云鄂博裂谷带，构造线总体走向北东、北东东，狼山复背斜控制着区内硫矿和其他矿产的分布。炭窑口硫矿即赋存于狼山复背斜北翼，含矿地层为走向北东、倾向北西、倾角50°～70°的单斜构造。

区内断裂构造十分发育，狼山南缘断裂尤为发育，以压扭性走向逆冲断层为主，倾向北西，倾角较缓，一般在40°～60°之间。北东东向断裂，多为平推断层，切割北东向断层。另一组较为发育的断层为北北西向横向张扭性断层，断距大，多分布于狼山西段。两组次级断裂往往组成格状构造。山前以一深大断裂向河套沉积盆地接触过渡。

2. 矿床地质

矿区主要矿体为三号矿床，分东西两段，东段长1700m，均厚55m，走向NE70°，倾向北西，倾角56°；西段长1700m，均厚34m，走向NE54°，倾向南东，倾角37°。总体形态呈层状、似层状。三号矿床东段分为5层：第一层为细粒白云质灰岩；第二层为碳质板岩、绿泥石片岩层；第三层为黄铁矿、重晶石灰岩；第四层为碳质板岩；第五层为互层带。西段也分为5层，与东段相似。S含量在19.84%～31.74%之间，工业矿石平均品位27.10%（图4-119）。

金属矿物主要有铜矿、方铅矿、铁闪锌矿、磁黄铁矿、黄铁矿、磁铁矿。主要矿物生成顺序为黄铁矿→磁黄铁矿→黄铜矿→铁闪锌矿→方铅矿。主要有用组分有硫、锌、铅、铜、铁。硫主要赋存于黄铁矿中。

主要矿石自然组合有黄铜矿型、黄铜矿-磁黄铁矿型、黄铜矿-方铅矿-铁闪锌矿-磁黄铁矿型、方铅矿-铁闪锌矿-磁黄铁矿-黄铁矿型、磁黄铁矿-磁铁矿型、磁铁矿-方铅矿-铁闪矿-磁黄铁矿型、磁铁矿型。

3. 成矿时代及成因类型

炭窑口矿床属于渣尔泰山群阿古鲁沟组初期海侵阶段形成的矿床。在海进层序厚达近百米的范围内，经历了初期海侵铜硫矿成矿、菱铁矿成矿、硫锌矿成矿和晚期海侵铜硫矿成矿4个成矿阶段。

（1）初期海侵钙质砂岩、石英质灰岩铜硫矿成矿阶段：初期海侵钙质砂岩、石英质灰岩普遍含硫，局部含铜，形成下含硫层，矿化最大厚度20m。由频繁互层的含硫灰岩、含硫细砂岩、云母石英片岩及白云质硫灰岩组成。单层厚度从几厘米至30cm不等。因处于海侵初期，构造较不稳定，仍有陆源碎屑补给而使硫质淡化，并由于古海底地形不平整等因素，形成透镜状含硫体。

（2）薄层含碳灰岩、白云质灰岩菱铁矿化阶段：在海侵碳酸盐相-薄层状含碳灰岩、泥质灰岩、中等厚度白云质灰岩互层带上部，向碳质板岩过渡部位，形成层位比较稳定的含菱铁矿白云质灰岩，厚度5～9m。贫菱铁矿多呈小扁豆体、小透镜体断续分布于含碳灰岩和白云质灰岩中，由于铁物质来源不充分，没有构成工业矿体。

以上两个成矿、矿化阶段，从底部紫色岩层和上部含菱铁矿白云质灰岩等岩性特征，推测古气候应属比较干燥炎热。

（3）碳质板岩、钙质板岩、硫锌成矿阶段：以含菱铁矿白云质灰岩为基础，沉积了较厚的高碳黏土质岩、碳质硅泥质岩，夹碳质灰岩、碳质白云质灰岩，顶部为钙泥质岩。古地理气候可能由干燥炎热转为温暖潮湿，海盆应有所回升，处于潟湖相沉积，振荡运动较频繁。首先有小规模黄铁矿体形成。在高碳质板岩与碳质板岩、碳质板岩与碳质灰岩（或钙板岩）接触过渡部位，形成中小型规模的贫锌矿层；于顶部钙质板岩与硅质灰岩（上铜硫矿层）过渡带中，形成规模较大的中富品位硫锌矿。

由于古海底沉降的差异性，在矿床中西段局部缺少碳质板岩，因而造成锌矿也出现尖灭或仅有矿化层位。

（4）晚期海进—海退过渡带上铜硫矿层成矿阶段：碳质板岩局部赋存有贫硫透镜体，说明在锌矿成矿中晚期，海水中的含硫量可能已有聚集，有利于在海进沉积层序顶部（矿床顶部）白云质硅质灰岩中形成中等规模的铜硫矿层。因后来迅速发生海退，从而限制了成矿幅度。

炭窑口一号硫铜矿床上部为高碳质板岩-钙质板岩-白云质灰岩和重晶石灰岩沉积层序，在矿床顶

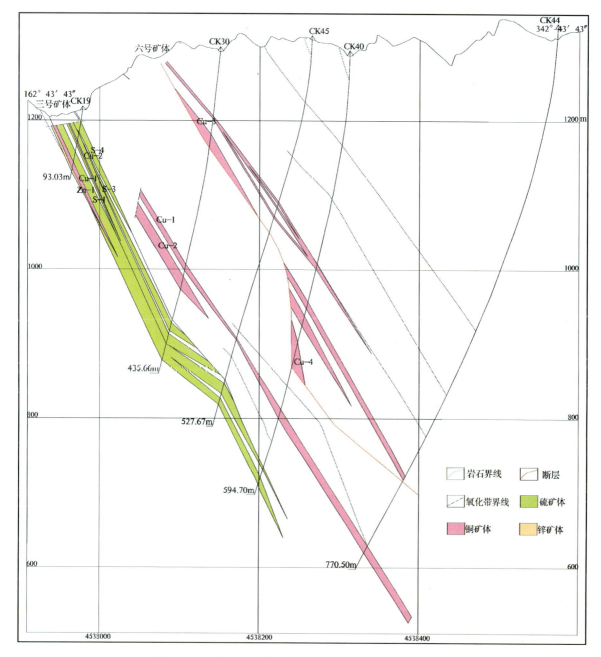

图 4-119　炭窑口硫铁矿区一、三矿床 13 号勘探线剖面图

部铜硫矿层中含有较多重晶石、铁白云石和菱铁矿等矿物组合特征，推测海进晚期硫矿成矿的古地理气候应由温暖潮湿再次转为比较干燥炎热。

总之，本区成矿规律具有层控明显的特点，受类复理石沉积建造特定层位制约，形成的硫多金属矿床或硫铁多金属矿床既具有一般硫、锌、硫铁矿和菱铁矿等沉积矿床成矿模式的共性规律，又具有冒地槽型周期变异多级成矿的特殊性，构成我国北方地区较为典型的硫、硫多金属沉积变质成矿区。

成矿时代为中-新元古代，矿床成因类型为喷流沉积型硫铁矿床。

4. 矿床成矿要素与成矿模式

矿床成矿要素见表 4-55。

表 4-55　炭窑口式喷流沉积型硫铁矿炭窑口典型矿床成矿要素表

成矿要素		描述内容		要素分类
储量		6865.33×10⁴t	平均品位　　27.10%	
特征描述		喷流沉积型层控（锌）硫铁矿床		
地质环境	构造背景	Ⅱ-4 狼山-阴山陆块，Ⅱ-4-3 狼山-白云鄂博裂谷		重要
	成矿环境	Ⅲ-11：华北地台北缘西段 Au-Fe-Nb-REE-Cu-Pb-Zn-Ag-Ni-Pt-W-石墨-白云母成矿带，Ⅲ-11-② 狼山-渣尔泰山 Pb-Zn-Au-Fe-Cu-Pt-Ni 成矿亚带		必要
	成矿时代	中元古代		必要
矿床特征	矿体形态	层状、似层状		次要
	岩石类型	渣尔泰山群阿古鲁沟组含碳白云质灰岩、含碳砂质板岩、碳质板岩		重要
	岩石结构	变余泥质结构、微细粒变晶结构		次要
	矿石矿物	金属矿物：黄铁矿、磁黄铁矿、闪锌矿、方铅矿等；非金属矿物：白云石、方解石、石英、透闪石、钾长石、电气石等		重要
	矿石结构构造	矿石结构：他形粒状结构、变胶状结构、自形-半自形粒状结构、碎裂结构；矿石构造：条带状、条纹状、浸染状、块状、斑杂状构造		次要
	围岩蚀变	褐铁矿化		重要
	主要控矿因素	华北地台北缘断陷海槽控制着硫多金属成矿带（南带）的分布范围和含矿特征，其中的二级断陷盆地控制着一个或几个矿田的分布范围和含矿特征；三级断陷盆地则控制着矿床的分布范围和含矿特征		必要

矿床成矿模式：中元古代[中元古代是全球最主要的喷流沉积型矿床（SEDEX）成矿期之一，这个时间段全球氧含量低，富 H_2S 的海水发育]，炭窑口矿区为克拉通边缘的局限海相盆地，底层海水含有大量的有机质（即现在石墨的前身）和 H_2S。南矿段南部北东走向的同生断裂开始发育，断面倾向北西，上盘不断下降，同时富含铁、锌、铅和铜的成矿热液（这些金属在热液中主要以氯甚至氟络合物的形式存在）沿断裂喷出。成矿金属的氯络合物和底层海水中的还原态硫（以 H_2S 为代表）相遇：$H_2S+Fe/Zn/Pb/Cu$ 氯化物→黄铁矿、磁黄铁矿、白铁矿、闪锌矿、方铅矿、黄铜矿，达到上述硫化物的溶度积而沉淀。这个过程结晶速度较快，这也是本区金属矿物结晶粒度小的原因。上述矿物在海水底部形成类似微型"沙尘暴"，慢慢沉淀在海底，主要是上盘。离喷口越远形成的矿体中铜含量增高，甚至单独形成铜矿体，原因是黄铜矿较硫铁矿硫化物达到溶度积要慢得多，这样便形成本区的矿体的主体（即冠部矿体）。同时在喷口通道部分甚至更下部分，形成脉状矿体，如最底部的 1 号矿体的部分就是根部矿体的顶部。这些热液很可能和远端火山活动有成因关系。这也解释了本区地层中偶有变沉凝灰岩存在，并且矿石、围岩和变沉凝灰岩的稀土配分模式基本一致，这也支持了其为 SEDEX 型矿床。

本区喷流沉积成矿持续时间长（从二段形成期到四段形成期），上述成矿过程发生多次，从而形成多层矿体。SEDEX 末期或者成矿盆地边缘，指北部边缘，H_2S 活度低以及热液提供的成矿金属越来越少，难以形成成矿金属的硫化物，而形成少量菱铁矿体。在成矿成岩之后，后期（可能是变质期）热液活动（远比 SEDEX 期弱得多）形成部分脉状矿石。矿体及其顶底板样品显著富集 Mn，这是 SEDEX 矿床由于喷流沉积作用而形成的一大典型特点。另外矿石及其围岩的铅同位素组成及模式年龄一致；矿石、顶底板以及含矿地层、含矿岩石的稀土元素分布模式相似；这些特征也支持上述成矿模型。成矿模式见图 4-120。

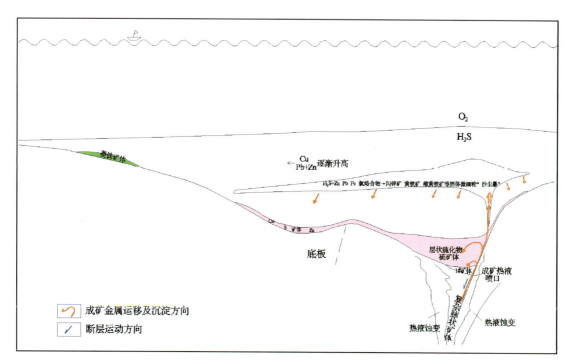

图 4-120 炭窑口式硫铁矿成矿模式图(据龙露珍,2009)

二、沉积型硫铁矿床

该类型硫铁矿床主要有榆树湾硫铁矿。

1. 矿区地质

奥陶纪、石炭纪、二叠纪的沉积岩层广泛分布于整个区域,矿床产于中石炭统底部的铝土页岩中。侵入岩及构造均不发育(图 4-121)。

2. 矿床地质

矿床在整个区域分布较为广泛,沉积于奥陶纪石灰岩风化壳上,沿走向与倾向变化不大,倾角一般在 5°~10°之间,唯有其厚度有所变化。黄铁矿围岩平均厚度在 4.5m 左右,矿区的底层平均厚度为 1.58m,覆层平均厚度为 0.3m,但其变化甚大。根据勘探洞及生产洞观察,一般矿石分布较为规律,其底部多呈星散状,其中部多呈结核状,平均每立方米矿石质量为 385.72kg,但其含矿率一般在 10%~28%之间,含铁 30%~40%,一般矿体品位较高(图 4-122)。

矿床类型为结核状黄铁矿床,产于铝土页岩中,它的结构和构造与铝土页岩有一定的联系。

3. 成矿时代及成因类型

成矿时代石炭纪,矿床成因类型为沉积型硫铁矿床。

4. 矿床成矿要素与成矿模式

矿床成矿要素见表 4-56。

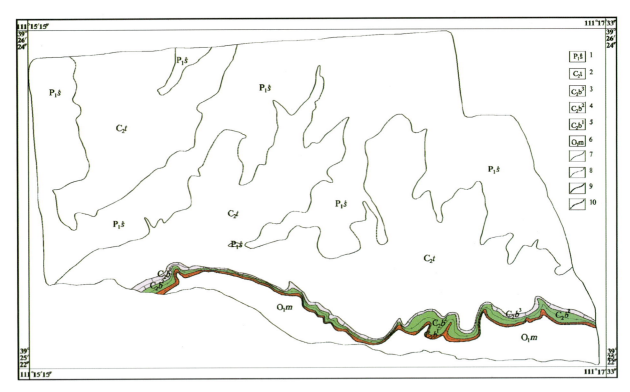

图 4-121 榆树湾硫铁矿区地质略图

1.粗粒砂岩夹黑色页岩、砂质页岩及细砂岩;2.砂岩、砂质页岩、页岩、石灰质页岩以及煤层;3.紫灰色、灰色泥质石灰岩;4.紫灰色、灰色泥质石灰岩;5.浅灰色黏土质页岩(含硫铁矿);6.石灰岩;7.实测整合地质界线;8.推测整合地质界线;9.实测平行不整合地质界线;10.推测平行不整合地质界线

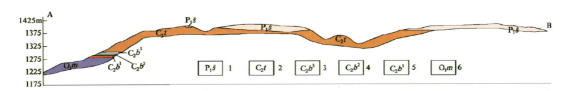

图 4-122 榆树湾矿区硫铁矿 A—B 图切剖面图

1.山西组粗粒砂岩夹黑色页岩、砂质页岩及细砂岩;2.太原组砂岩、砂质页岩、页岩、石灰质页岩以及煤层;3.本溪组紫灰色、灰色泥质石灰岩;4.本溪组紫色黏土页岩;5.本溪组浅灰色黏土质页岩(含硫铁矿);6.马家沟组石灰岩

表 4-56 榆树湾式沉积型硫铁矿榆树湾典型矿床成矿要素表

成矿要素		描述内容		要素分类
储量		矿石量:891 000t	平均品位 38%	
特征描述		沉积型硫铁矿		
地质环境	构造背景	Ⅱ华北陆块区,Ⅱ-5 鄂尔多斯陆块,Ⅱ-5-1 鄂尔多斯盆地		重要
	成矿环境	Ⅱ-14 华北成矿省,Ⅲ-14 山西断隆铁-铝土矿-石膏-煤-煤层气成矿带		重要
	含矿岩系	矿体赋存于上石炭统本溪组底部黏土页岩(铝土页岩)当中。黏土页岩呈厚层状,层理构造,含有结核状、层状黄铁矿晶簇以及星散状斑点,与铝土矿共存		重要
	成矿时代	石炭纪		重要

续表 4-56

成矿要素		描述内容			要素分类
储量		矿石量：891 000t	平均品位	38%	
特征描述		沉积型硫铁矿			
矿床特征	矿体形态	结核状、层状、透镜状			次要
	岩石类型	铝土页岩、石灰岩			重要
	岩石结构	层状			次要
	矿石矿物	金属矿物：黄铁矿、黄铜矿；非金属矿物：铝土页岩、石膏			重要
	矿石结构构造	矿石结构：结核状、层状；矿石构造：层理构造、块状构造			次要
	围岩蚀变	褐铁矿化			重要
	主要控矿因素	矿体赋存于上石炭统本溪组底部黏土页岩（铝土页岩）当中，硫铁矿与铝土页岩同时生成，区矿构造简单，主要为小的褶皱构造，对矿体控制作用不大			必要

矿床成矿模式：黄铁矿的生成为生物化学沉积，有机体是与矿床的生成有着密切关系，因有机质由于菌解作用而分解融化于水中之硫酸盐类，而使之发生硫化氢作用，此气体与金属化合物溶液相互作用生成金属硫化物（FeS_2）。

金属硫酸盐溶液，因腐殖物之作用，而还原逐生为结核状及星散状金属硫化物。H_2S 是在氧化不充足或没有氧化的条件下，由于有机质的分解而产生，因而沉积岩中 H_2S 的生成是与细菌活动分不开的，当有大量 H_2S 存在时，在海相沉积物中，引起沉积物元素重新分配再结合，从而有矿生成。同时在勘探过程中，发现黄铁矿有生物遗骸，亦证明了黄铁矿为生物化学沉积，成矿模式见图 4-123。

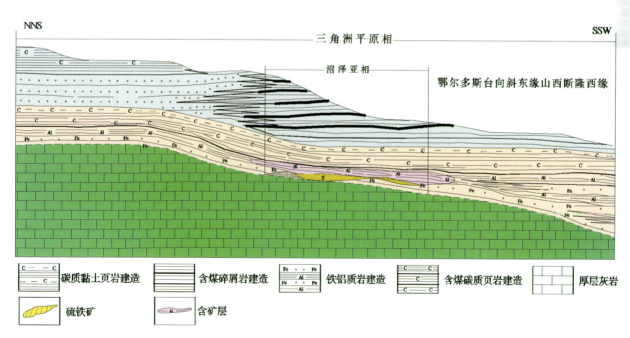

图 4-123　榆树湾式硫铁矿成矿模式图

三、海相火山岩型硫铁矿床

该类型硫铁矿床主要有六一硫铁矿、驼峰山硫铁矿等。

(一)六一硫铁矿

矿区大面积出露宝力高庙组(C_2P_1bl),岩性为绢云母石英片岩、流纹岩、流纹质角砾熔岩、安山质角砾熔岩、安山质凝灰熔岩,硫铁矿床赋存在片岩带中。片岩带则赋存于酸性熔岩和凝灰质中酸性熔岩的过渡带中,与上下熔岩大致呈过渡关系。片岩带在地表出露长2330m,宽285m,走向北东,倾向南东130°,倾角66°~76°。片岩带主要由绢云石墨片岩、石英绢云母片岩、绢云母片岩、次生石英岩、片理化中酸性凝灰熔岩的几种岩石组成,普遍遭受强烈的绢云母化、叶蜡石化、硅化及绿泥石化、黄铁矿化等蚀变作用(图4-124)。

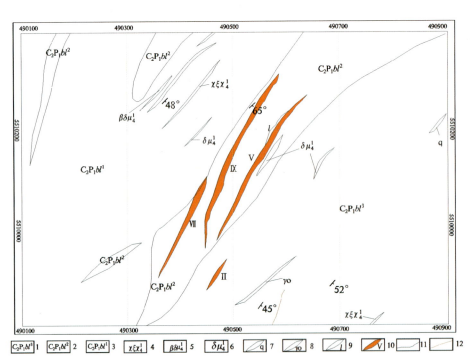

图4-124 六一硫铁矿区地质略图

1.英安-流纹质熔岩段;2.片岩段;3.安山-英安质熔岩段;4.云斜煌斑岩;5.黑云母闪长玢岩;6.闪长玢岩;
7.石英脉;8.闪长花岗岩脉;9.细晶岩脉;10.矿体及编号;11.地质界线;12.实测性质不明断层

矿区为一倾向130°,倾角50°~75°的单斜构造;断裂构造发育,多平行于区域断裂并为后期脉岩贯入;受后期构造挤压而造成的片理化及轻微破碎的构造岩分布广泛,并多为矿体的直接顶板。

硫铁矿床赋存在片岩带中。矿区中V号矿体为主矿体,走向长900m,储量占矿区73.72%。矿体形状为扁豆状透镜体,沿走向矿体呈膨缩相间的扁豆状。矿体厚度变化较大,平均厚度为10.10m,品位变化中等,平均品位19.67%。地表氧化带长225m,平均氧化深度43m,控制最大垂深389m。矿体矿石类型为单一的黄铁矿型(图4-125)。

成矿时代为石炭纪,矿床成因类型为海相火山岩型。

矿床成矿要素见表4-57。

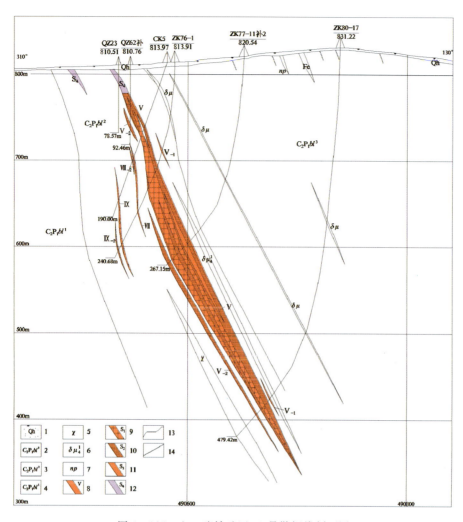

图 4-125　六一硫铁矿区 98 号勘探线剖面图

1. 第四系坡积残积层；2. 宝力高庙组三岩组；3. 宝力高庙组二岩组；4. 宝力高庙组一岩组；5. 云斜煌斑岩；6. 闪长玢岩；7. 铁锰质石英岩；8. 硫铁矿矿体及编号；9. 硫铁矿富矿；10. 硫铁矿贫矿；11. 硫铁矿表外矿；12. 硫铁矿氧化带；13. 实测地质界线；14. 渐变地质界线

表 4-57　六一式火山热液型硫铁矿六一典型矿床成矿要素表

成矿要素		描述内容			要素分类
储量		606.34×10^4 t	平均品位	19.08%	
特征描述		火山沉积-热液型硫铁矿矿床			
地质环境	构造背景	Ⅰ-1 大兴安岭弧盆系，Ⅰ-1-3 海拉尔-呼玛弧后盆地			重要
	成矿环境	Ⅲ-5 新巴尔虎右旗(拉张区)Cu-Mo-Pb-Zn-Au-萤石-煤(铀)成矿带，Ⅲ-5-②陈巴尔虎旗-根河 Au-Fe-Zn-萤石成矿亚带(Cl、Ym-1、Ym)			必要
	含矿岩系	安山质-英安质凝灰岩，后经变质作用而形成绢云石英片岩			必要
	成矿时代	石炭纪			必要

续表 4-57

成矿要素		描述内容			要素分类
储量		606.34×10⁴t	平均品位	19.08%	
特征描述		火山沉积-热液型硫铁矿矿床			
矿床特征	矿体形态	透镜状、似层状			次要
	岩石类型	宝力高庙组绢云母石英片岩段			重要
	岩石结构	斑状变晶结构,基质为粒状变晶结构			次要
	矿石矿物	金属矿物:黄铁矿、磁黄铁矿、闪锌矿、方铅矿等;非金属矿物:白云石、方解石、石英、透闪石、钾长石、电气石等			重要
	矿石结构构造	矿石结构:自形、半自形、他形粒状结构,交代溶蚀结构,碎裂结构,斑状变晶结构;矿石构造:块状、浸染状、条带状、脉状、角砾团块状构造			次要
	围岩蚀变	绢云母化、硅化、黄铁矿化、绿泥石化、绿帘石化			重要
	主要控矿因素	1.矿体赋存于宝力高庙组地层中,岩性为绢云母石英片岩、流纹岩、流纹质角砾熔岩、安山质角砾熔岩、安山质凝灰熔岩;2.矿体严格受北东向的区域构造的控制			必要

矿床成矿模式:矿床形成于强烈的酸性火山喷发之后。成矿流体由海水、原生水和岩浆水三者组成。矿质源于火山沉积层。在深部岩浆房和浅部火山机构热能的驱动下,上述流体形成对流循环并且从火山碎屑沉积层中溶解了成矿物质构成成矿热液,当成矿流体沿生长性断裂及火山机构上升至浅部时以充填-交代形式形成不整合矿体及围岩蚀变(蚀变筒),当其喷出海底时即形成火山-沉积型整合矿体(图4-126)。

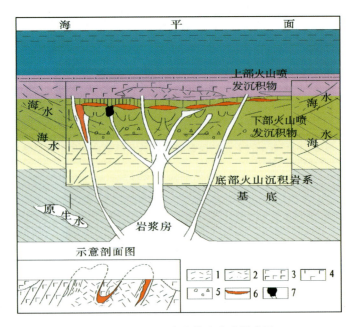

图 4-126 六一式硫铁矿成矿模式图
1.酸性熔岩;2.酸性火山碎屑岩;3.基性熔岩;4.基性火山碎屑岩;5.火山粗碎屑岩;
6.硫化物沉积层;7.矿化石英钠长斑岩

(二) 驼峰山硫铁矿

1. 矿区地质

矿区大面积为第四系覆盖,仅在中部及西部零星出露大石寨组,面积约 0.012km²,出露厚度大于 748m,是区内主要含矿层。根据地表及钻孔所见岩性特征,将其划分为 3 个岩性段(3 个沉积旋回)。第一岩性段(P_1ds^1)中、下部为火山角砾凝灰岩,上部为晶屑凝灰岩;第二岩性段(P_1ds^2)平均厚度 162m,底部为角砾凝灰岩,中上部为矿化晶屑凝灰岩、凝灰岩,岩石普遍具黄铁矿化而局部富集成矿,局部具铜矿化,本段赋存 5 个矿体,岩层倾向 145°,倾角 15°～30°;第三岩性段(P_1ds^3)底部为岩屑晶屑火山角砾岩、角砾凝灰岩,中部为晶屑凝灰岩、凝灰岩,岩石普遍具黄铁矿化,局部形成矿体,本层中部赋有 9 个矿体,上部岩性为次生石英岩、次生石英岩化凝灰熔岩,岩石大部分碎裂,裂隙中充填网脉状石英细脉及碳酸盐岩脉,并见有重晶石化现象,重晶石呈团块状产出,含量 5%,从探槽样品分析结果中发现普遍具金矿化异常,金品位在(0.10～2.13)×10^{-6}间。

矿区位于天山背斜北翼次级老房身-驼峰山-龙头山背斜北翼的一向斜构造部位。组成向斜的为下二叠统大石寨组,枢纽走向 55°,北翼相对宽缓,倾角在 7°～35°之间,南翼陡窄,倾角在 40°～50°之间,该向斜向北东方向逐渐抬升,向西南方向倾伏。矿体集中赋存于向斜核部及北翼。

2. 矿床地质

驼峰山矿区以硫铁矿、铜矿、金矿为主要矿产,伴生有用组分为 S、Cu、Au、Ag、Mo、Se,矿层主要赋存在下二叠统大石寨组第二、第三岩段中,以普遍具黄铁矿化为特征,矿体与围岩界线不明显。

(1) 第一含矿层(第一岩性段 P_1ds^1):在 00 线 ZK0002 号钻孔见真厚 1.73m ①-1 号铜矿层,沿勘查线南部无控制,矿体倾向 145°,倾角 30°,Cu 平均品位 0.53%;16 线 ZK1601 号、ZK1602 号钻孔见真厚 1.35m ①-2 号硫矿层,其倾向 150°,倾角 27°,TS 平均品位 16.60%。以上两个矿层未达工业可采厚度,未进行资源储量估算。

(2) 第二含矿层(第二岩性段 P_1ds^2):本段赋存 5 个矿体,即②-2、②-3、②-4、②-5、②-6,倾向 145°,倾角在 15°～20°之间。

矿石的矿物成分主要为:①黄铁矿,为矿石中含量最多、最普遍的矿物,含量一般为 8%～17%,最高 32%,矿体中的黄铁矿主要分为两期:一期为和热液脉同期形成的团块状黄铁矿;另一期为次生作用下形成的草莓状黄铁矿。这两期黄铁矿各自代表了不同的形成环境,前者和热液作用有关,后者和表生环境下的低温作用有关。辉铜矿、斑铜矿交代草莓状黄铁矿,辉铜矿分布于草莓状黄铁矿颗粒之间,这些可以说明含铜热液是在次生黄铁矿化形成之后再次热液作用下的产物。早期黄铁矿中,可以见到环带构造以及碎粒重结晶结构、筛状变晶结构,均证明了黄铁矿形成过程的复杂性,团块状黄铁矿可能经历过破碎和热变质过程。另外,早期黄铁矿中可见褐铁矿化,说明了早期黄铁矿形成后,经历过表生作用用的破坏。草莓状黄铁矿主要以乳滴状颗粒团为主,团块粒径多小于 0.074mm,团块之间的空隙中充填辉铜矿,这也是造成矿石难选的主要因素。②黄铜矿,为矿床中主要含铜矿物,铜矿体中 Cu 含量在 0.3%～1.67%之间,粒度为 0.1～1.5mm,不规则粒状,不均匀分布,常与黄铁矿相伴,部分沿裂隙充填。在 ZK0003 号孔见②-6 号铜矿体,黄铜矿常与黄铁矿聚集成大小不等的不规则集合体,因接近氧化带,而被铜蓝、褐铁矿沿边缘及裂隙交代,铜蓝呈显微片状、板状、纤维状交代黄铜矿或分布在黄铁矿裂隙中(图 4-127)。

3. 成矿时代及成因类型

根据矿物的结构、构造、生成顺序及世代关系,黄铁矿微量元素、稀土元素与硫同位素特征表明,驼峰山含多金属硫铁矿床的形成经历了两期主要成矿作用,即前期的海相火山沉积成矿作用及后期热液

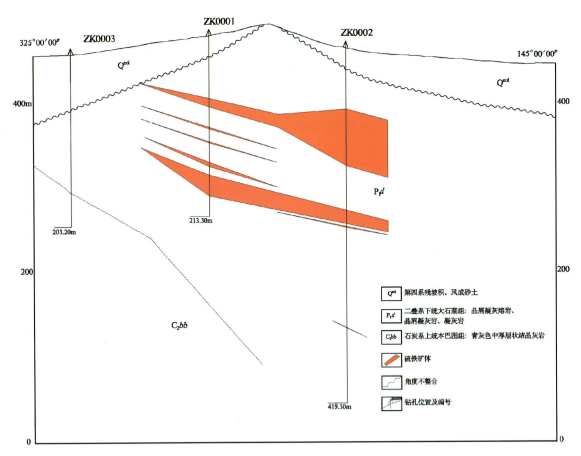

图 4-127　驼峰山矿区硫铁矿 00 勘探线剖面图

叠加成矿作用。矿床类型为海相火山岩型，成矿时代为二叠纪。

4. 矿床成矿要素与成矿模式

矿床成矿要素见表 4-58。

表 4-58　驼峰山式海相火山岩型硫铁矿驼峰山典型矿床成矿要素表

成矿要素		描述内容			要素分类
储量		矿石量：2 770 000t	平均品位	16.23%	
特征描述		海相火山岩型硫铁矿			
地质环境	构造背景	Ⅰ天山-兴蒙造山系，Ⅰ-1大兴安岭弧盆系，Ⅰ-1-7锡林浩特岩浆弧			重要
	成矿环境	大兴安岭成矿省（Ⅱ-12），突泉-翁牛特 Pb-Zn-Cu-Mo-Au 成矿带（Ⅲ-8），神山-大井子 Cu-Pb-Zn-Ag-Fe-Mo-Sn-REE-Nb-Ta-萤石成矿亚带（Ⅲ-8-②）			必要
	成矿时代	二叠纪			必要

续表 4-58

成矿要素		描述内容		要素分类
储量		矿石量：2 770 000t	平均品位　16.23%	
特征描述		海相火山岩型硫铁矿		
矿床特征	矿体形态	层状-透镜状		次要
	岩石类型	晶屑火山角砾岩、晶屑凝灰岩、凝灰岩		重要
	岩石结构	火山角砾结构、晶屑结构、斑状结构		重要
	矿石矿物	金属矿物：黄铁矿、黄铜矿；非金属矿物：石英、长石、绢云母		重要
	矿石结构构造	矿石结构：自形-半自形结构、他形结构、压碎结构、交代结构；矿石构造：块状、浸染状、细脉浸染状、晶簇状构造		次要
	围岩蚀变	黄铁矿化、硅化		
	主要控矿因素	矿体赋存于中二叠统大石寨组中，主要含矿岩性为晶屑凝灰熔岩、晶屑凝灰岩、凝灰岩		必要

矿床成矿模式：海相火山沉积作用形成的大石寨组沉积黄铁矿，为后期热液叠加作用奠定了基础，勘查区北部侏罗纪岩浆的活动，使区内围岩中成矿物质随热液活化转移，其大石寨组每个沉积旋回中结构疏松破碎的岩层为成矿热液的流动与沉淀提供了良好的空间，使得大量矿质沉淀，后期热液作用形成的黄铁矿穿插并叠加于早期海相火山沉积黄铁矿层中，形成似层状-透镜状矿体（图4-128）。

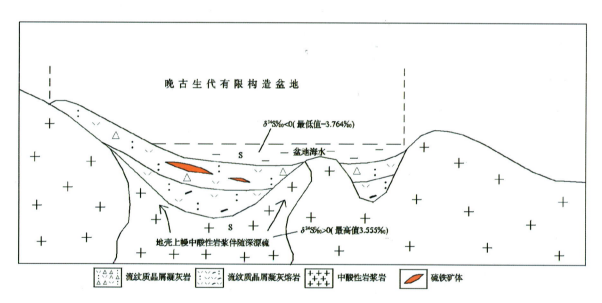

图 4-128　驼峰山式硫铁矿成矿模式图

四、接触交代型（矽卡岩型）硫铁矿床

该类型硫铁矿床主要有朝不楞铁多金属矿伴生硫铁矿（见本章铁矿床部分）。

五、热液型硫铁矿床

该类型硫铁矿床主要有别鲁乌图硫铁矿、拜仁达坝铅锌银矿伴生硫铁矿(见本章铅锌矿床部分)。

别鲁乌图硫铁矿

1. 矿区地质

矿区出露地层为本巴图组(C_2bb)变质细砂岩、变质粉砂岩及板岩等浅变质岩系,分布于矿区中部、南部,大面积出露。

矿区内岩浆活动较为强烈,从中基性—酸性皆有分布,主要有海西中期的石英闪长玢岩、石英斜长斑岩等,次为海西晚期的石英闪长岩、闪长岩、花岗闪长岩等。岩浆岩的形成早于矿体的形成时间,往往被沿顺层构造带形成的矿体切穿。

矿区内褶皱构造不发育,除个别地层受构造岩浆活动有所扭动和层间小褶曲外,总体上组成走向北东的单斜构造层。

矿区内断裂构造较发育,但规模较小。以断裂构造展布的方向大体可分为北东向、北西向及近东西向3组,其中以北东向张性断裂为主,并为矿区的主要控矿构造,矿床或矿体的产状、形态均受其控制。而北西向的压扭性断裂次之,为矿区内导矿构造(图4-129)。

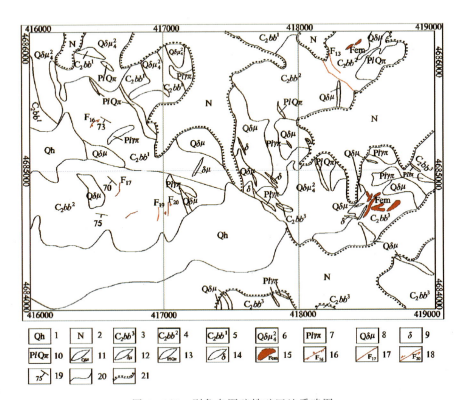

图4-129 别鲁乌图硫铁矿区地质略图

1.残坡积;2.红褐色黏土岩;3.变质细砂岩夹绢云母板岩带;4.变质粉砂岩砂质板岩带;5.变质细粉砂岩、变质粉砂岩带;6.石英闪长玢岩;7.斜长花岗斑岩;8.石英闪长玢岩;9.闪长岩;10.石英斜长斑岩;11.石英闪长玢岩脉;12.斜长玢岩脉;13.石英斜长斑岩脉;14.闪长岩脉;15.铁帽;16.逆断层及编号;17.性质不明断层及编号;18.平移断层及编号;19.岩层产状;20.地质界线;21.不整合地质界线

2. 矿床地质

矿体主要产于上石炭统本巴图组二段二层（C_2bb^{2-2}）变质粉砂岩与板岩互层层位中（Ⅰ矿段、Ⅱ矿段7—39线矿体），次为本巴图组三段（C_2bb^3）变质砂质粉砂岩、铁染粉砂岩层层位中（Ⅲ、Ⅳ矿段矿体），少数产于本巴图组二段一层（C_2bb^{2-1}）铁染变质细砂岩层位中（Ⅱ矿段1、3线矿体）。含矿岩石主要为硅化的变质细砂岩、变质粉砂岩。矿体多受地层层间破碎蚀变带控制，矿体产状多与围岩一致，少数与地层走向有一定夹角（如29—39线矿体）。主矿体多呈板状，小矿体多呈透镜状。围岩蚀变以硅化为主（隐晶质的硅化发育，有的形成硅化岩，局部可见乳白色石英脉），次为绿泥石化、碳酸盐化、滑石化等。未见明显的蚀变分带，但从矿体及近矿围岩向外硅化由强变弱（图4-130）。

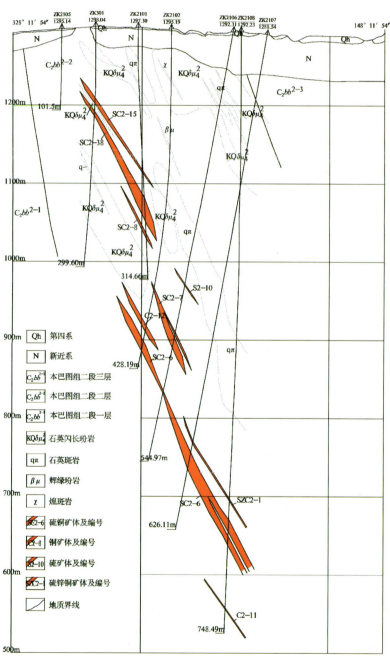

图4-130　别鲁乌图矿区铅锌铜硫矿21号勘探线剖面图

Ⅰ矿段内以铜矿体为主，其次为硫矿体；Ⅱ矿段内以硫铜矿体、铜矿体为主，其次为硫铅锌矿体、铅锌铜矿体、铅锌矿体等；Ⅲ矿段内以硫铜矿体及硫矿体为主，其次为铅锌矿体；Ⅳ矿段内以铅锌矿体为主，其次为铜矿体及硫铜矿体等。

矿石矿物主要为黄铁矿、磁黄铁矿、黄铜矿、闪锌矿、方铅矿。大部分铜呈单矿物出现，即74.28%的铜赋存在黄铜矿中，有少部分呈分散状赋存于其他金属矿物中（方铅矿中占0.47%，闪锌矿中占1.25%，黄铁矿中占5.21%，磁黄铁矿中占18.79%）。硫大部分呈单矿物状出现，主要赋存于磁黄铁矿（占76.12%）、黄铁矿（占21.24%）中，有极少部分呈分散状赋存于其他金属矿物中（方铅矿中占0.03%，闪锌矿中占0.097%，黄铜矿中占1.37%，其他矿物占1.143%）。

3. 成矿时代及成因类型

成矿时代为早二叠世，矿床成因类型为岩浆期后高中温热液充填交代型脉状矿床。①矿体多呈不规则板状、透镜状，充填于上石炭统本巴图组层间或斜交构造破碎带及石英闪长玢岩、石英斜长斑岩、石英斑岩类岩石裂隙中。②近矿围岩具有明显的热液蚀变，有硅化、滑石化、碳酸盐化、绢云母化、绿泥石化等。主要为硅化、绿泥石化、滑石化。围岩有时可见明显的褪色现象。③矿石基本构造类型有3种，致密块状矿石为热液充填的产物；浸染状或细脉浸染状矿石是沿围岩裂隙或砂岩的胶结物热液交代的结果；角砾状构造多出现在块状硫化物矿体的顶、底板，是含矿热液充填在构造破碎带的间隙所致。④$\delta^{34}S‰$变化范围较窄，一般差值为0.2‰，最大差值0.8‰，且都偏于正值一方，多数在0.8‰～1‰之间，更接近陨石硫的标准（与基性岩的组成相近似）。这说明该矿床是一热液成因的矿床，成矿物质来源于地幔。

4. 矿床成矿要素与成矿模式

别鲁乌图硫铁矿成矿要素见表4-59。

表4-59 别鲁乌图式热液型硫铁矿别鲁乌图典型矿床成矿要素表

成矿要素		描述内容		要素分类
储量		$1371.43×10^4$ t	平均品位　22.67%	
特征描述		岩浆期后热液充填交代型脉状硫多金属矿床		
地质环境	构造背景	Ⅰ-8包尔汉图-温都尔庙弧盆系，Ⅰ-8-2温都尔庙俯冲增生杂岩带		重要
	成矿环境	Ⅲ-7阿巴嘎-霍林河Cr-Cu-(Au)-Ge-煤-天然碱-芒硝成矿带(Ym)，Ⅲ-7-⑥白乃庙-哈达庙铜-金-萤石成矿亚带(Pt、Vm-Ⅰ、Y)		必要
	成矿时代	二叠纪（海西晚期）		必要
矿床特征	矿体形态	脉状、透镜状、扁豆状		次要
	岩石类型	上石炭统本巴图组(C_2bb)变质粉砂岩、粉砂质板岩		重要
	岩石结构	变余砂状结构、变余泥质结构		次要
	矿石矿物	金属矿物：黄铁矿、磁黄铁矿、黄铜矿、方铅矿、闪锌矿、磁铁矿；非金属矿物：黑云母、绿泥石、石英、方解石等		重要
	矿石结构构造	矿石结构：自形-半自形粒状结构、他形粒状结构、包含变晶结构、交代溶蚀结构；矿石构造：块状、细脉浸染状、浸染状、团块状、角砾状构造		次要
	围岩蚀变	硅化、滑石化、碳酸盐化、绢云母化、绿泥石化		重要
	主要控矿因素	1.北东向断裂构造；2.上石炭统本巴图组(C_2bb)；3.二叠纪（海西晚期）花岗闪长岩侵入体		必要

矿床成矿模式：属于岩浆成矿系列组合中的"与海相火山-侵入活动有关的浅变质成矿系列"，与海底火山作用有关的黄铁矿型铜矿床，与中酸性浅成侵入岩有关的斑岩型铜钼矿床。北矿带属于斑岩型铜钼矿床，南矿带属火山岩型铜矿床，成矿物质多来源，以斑岩为主，构造斑岩控矿的斑岩型铜钼矿体，为海相火山沉积（变质）热液叠加（富集）复成因矿床（图4-131）。

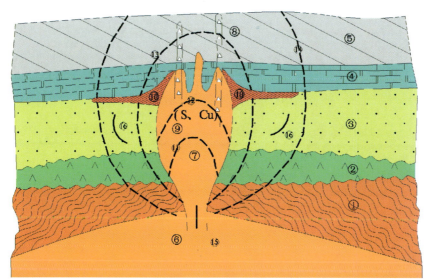

①基底岩石；②火山岩；③泥砂质岩；④碳酸盐岩；⑤泥质岩；⑥深成岩基；⑦浅成斑岩体；⑧爆破角砾岩筒；⑨带黑点的范围表示斑岩型铜矿化；⑩硫化物型矿化；⑪钾化带外界；⑫绢英岩化带底界；⑬青磐岩化带底界；⑭青磐岩化带顶界；⑮上升岩浆流体；⑯循环天水

图4-131 别鲁乌图式硫铁矿成矿模式图

第十六节 磷矿典型矿床与成矿模式

一、沉积变质型磷矿床

该类型磷矿床主要有布龙图磷矿。

1. 矿区地质

矿区内出露地层主要为中元古界白云鄂博群尖山组第二岩段（Chj^2）、第三岩段（Chj^3）。尖山组第三岩段在矿区内按岩性分为9层，磷矿体主要赋存于第三岩段第二亚段（Chj^{3-2}）、第三亚段（Chj^{3-3}）中，含矿层主要岩性为灰色变质中粒含磷榴石石英砂岩、含磷砂质板岩、榴石铁闪石磷灰岩，灰黑色碳质板岩底部夹薄层榴石铁闪石磷灰岩，灰白色变质含磷长石石英砂岩、变质中粒含磷长石石英砂岩夹含磷砂质板岩及磷灰岩透镜体。含矿地层北段走向北东，倾向北西，南段走向南东，倾向南西，在地表形成"S"形，岩矿层倾角一般在18°～55°之间。

矿区内褶曲构造以布龙图倒转背斜为主，是矿区的主干构造，背斜轴走向北东，南东翼倒转，两翼地层倾向北西，北西翼倾角18°～20°，南东翼倾角50°～55°。该背斜自北东往南西倾没，地表呈"V"字形出露，在其两翼发育次一级的褶曲构造。矿区内断裂构造以北东向为主，主要断层有F_1、F_2、F_3、F_4、F_6，沿断层破碎带有石英斑岩脉贯入，对磷矿体有一定的破坏作用。

矿区北侧见有大面积二叠纪黑云母钾长花岗岩出露，脉岩十分发育，主要有石英斑岩脉、辉长辉绿岩脉等。

矿区内蚀变作用以硅化、钾化、褐铁矿化为主（图4-132）。

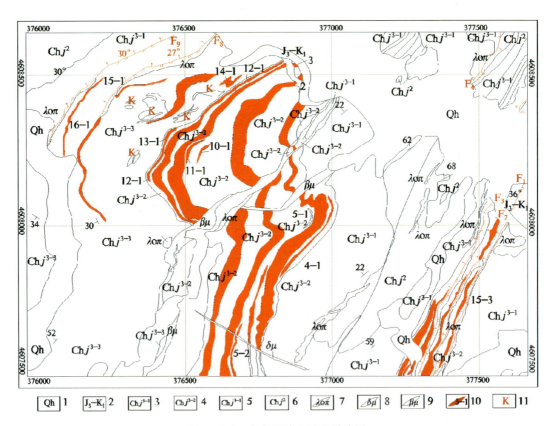

图4-132 布龙图磷矿区地质略图

1.砂土及砂砾层；2.玄武岩灰白色泥砾岩及红色黏土岩；3.板岩底部夹薄层榴石铁闪石磷灰岩；4.含磷层；5.板岩、含砾板岩、变质含砾砂岩；6.石英岩状砂岩及石英岩状砂岩夹板岩；7.石英斑岩脉；8.闪长玢岩脉；9.辉长辉绿岩脉；10.矿层及编号；11.钾化

2. 矿床地质

布龙图矿区尖山组第三岩段中赋存两个含磷层，上部称为第二含磷层，下部称为第一含磷层。其中第二含磷层普遍具有弱磷矿化，P_2O_5含量一般低于1%，个别样品P_2O_5含量可达14.45%，但厚度较小，在1m左右，且沿走向、倾向延伸不大，连续性极差，因此该含磷层无工业价值。

矿区内工业磷矿体赋存于第一含磷层中，矿体产于砂质板岩、变质砂岩中，与围岩呈渐变过渡接触。矿体赋存于布龙图倒转背斜两翼，总体走向北东20°~60°，局部走向南东，西翼矿体倾向北西、倾角18°~35°，东翼矿体倾向北西、倾角40°~55°。磷矿体主要部分赋存在布龙图倒转背斜的西翼。

第一含磷层内已探明规模不等的磷矿体共20个，其中1号、2号、3号矿体是主矿体，余者为次要矿体。1号、2号、3号主矿体空间位置上分别位于第一含磷层的下、中、上部位，次要矿体位于主矿体之间或其顶、底板围岩中。

1号、2号、3号主矿体沿布龙图倒转背斜两翼分布，西翼主矿体北起-11号勘探线，南至11号勘探线，控制长度4680~4950m，沿倾向最大延伸1600m，最大控制垂深495m，累计平均厚度28.51m，P_2O_5平均品位8.98%。东翼主矿体北起3号勘探线，南至11号勘探线，控制长度1300~1450m，沿倾向延伸70~550m，最大控制垂深420m，累计平均厚度29.48m，P_2O_5平均品位8.09%。

矿区内各矿体均无氧化富集或贫化现象。

矿石自然类型以榴石铁闪石磷灰岩型、砂板岩型磷灰岩为主,另有少量砂岩型磷灰岩和碳泥质磷灰岩型。前两种磷灰岩呈互层状组成磷矿层主体,后两种类型数量少、分布零星。各类型矿石在垂向上具有上部矿石结构颗粒细、下部矿石结构颗粒粗的特点。

组成磷矿石的矿物成分主要有磷灰石、石英、铁铝榴石、铁闪石和黑云母,少量的锰土、铁质、碳质、黄铁矿及褐铁矿以及微量的白云母、金红石、锆石、电气石、磁铁矿、锐钛矿、绿帘石、碳酸盐等。

不同的矿石类型,尽管组成矿石的矿物含量和颗粒有所差异,但主要矿物组合基本相似,反映了不同矿石类型在成因上具有一定的一致性和连续性。

矿石结构主要有显微纤状花岗变晶结构、变余泥质结构、变余砂状结构、变余砂泥质结构。矿石构造主要有块状构造、细粒浸染状构造、条带状构造及网状构造。

3. 矿床成因及成矿时代

布龙图磷矿赋存于白云鄂博群尖山组三岩段含磷岩系中,根据含磷岩系的岩性组合及其沉积韵律,可分为两个沉积旋回。其沉积特征都是由不稳定的砾岩或含砾中粒砂岩-板岩-含磷层-板岩组成。每个沉积旋回的中下部都有一个成磷期,而最下部的一期则为本区的主要成磷期,布龙图磷矿床即产于该期之中。沉积的磷经区域变质和叠加热变质作用,形成细小粒状和细粒集合体状磷灰石。据此确定布龙图磷矿床为沉积变质型磷灰岩矿床。成矿时代为中元古代。

4. 矿床成矿要素与成矿模式

矿床成矿要素见表 4-60。

表 4-60 布龙图式沉积变质型磷矿布龙图典型矿床成矿要素表

成矿要素		描述内容			要素分类
储量		$26\,578.60\times10^6$ t	平均品位	$P_2O_5:8.98\%$	
特征描述		沉积变质型磷矿床			
地质环境	构造背景	Ⅱ华北陆块区,Ⅱ-4 狼山-阴山陆块,Ⅱ-4-3 狼山-白云鄂博裂谷带			必要
	成矿环境	Ⅲ-11 华北地台北缘西段 Au-Fe-Nb-REE-Cu-Pb-Zn-Ag-Ni-Pt-W-石墨-白云母成矿带,Ⅲ-11-② 狼山-渣尔泰山 Pb-Zn-Au-Fe-Cu-Pt-Ni 成矿亚带			重要
	成矿时代	中元古代			必要
矿床特征	矿体形态	磷矿体以层状、似层状产出			次要
	岩石类型	灰黑色榴石铁闪磷灰岩、含磷砂质板岩、板岩、碳质板岩、砂质板岩、变质长石石英砂岩			重要
	岩石结构	变余泥质结构、显微鳞片变晶结构			次要
	矿石矿物	主要矿物有磷灰石、石英、铁铝榴石、铁闪石、黑云母,次为少量锰土矿、铁质、碳质、黄铁矿、褐铁矿及微量白云母、金红石、锆石、电气石、磁铁矿、绿帘石			重要
	矿石结构构造	变余砂状结构、变余泥质结构、花岗变晶结构;块状构造、板状构造、片状构造			次要
	围岩蚀变	硅化、钾化、褐铁矿化			次要
	主要控矿因素	1.中元古界长城系白云鄂博群尖山组;2.矿区内布龙图倒转背斜构造控制了磷矿体的分布规律;3.沿断层破碎带有石英斑岩脉贯入,对磷矿体有一定的破坏作用			必要

矿床成矿模式：如前所述，布龙图磷矿成因类型为沉积变质型磷灰岩矿床。成矿作用以沉积变质作用为主，其中沉积作用是矿床形成的关键，变质作用使有用元素进一步富集、矿石矿物颗粒增大。成矿后期的变形构造对矿体的连续性有一定的影响（图 4-133）。

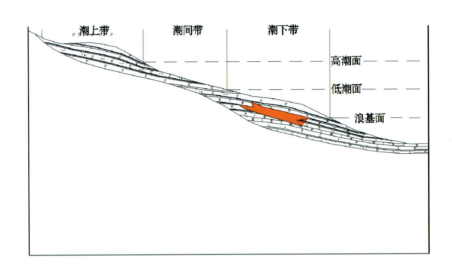

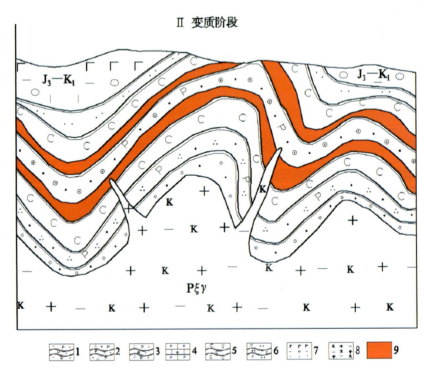

图 4-133 布龙图式磷矿成矿模式图

1. 含磷砂质板岩；2. 变质含磷石英砂岩；3. 含磷榴石石英砂岩；4. 榴石铁闪磷灰岩；
5. 碳质板岩；6. 粉砂质碳质板岩；7. 泥砾岩及黏土岩；8. 钾长黑云花岗岩；9. 磷矿体

二、沉积型磷矿床

该类型磷矿床主要有正目观磷矿、哈马胡头沟磷矿。

(一)正目观磷矿

1. 矿区地质

矿区出露的地层主要有南华系—震旦系王全口组、正目观组,寒武系馒头组、张夏组、炒米店组。王全口组主要为硅质灰岩。正目观组岩性主要为底砾岩、泥板岩。馒头组主要岩性为含磷砂质灰岩、含磷钙质砂岩夹磷块岩、灰岩、白云质灰岩以及页岩,是重要含矿地层。张夏组主要岩性为灰岩和千枚状页岩。炒米店组主要岩性为灰色厚层灰岩。

矿区位于贺兰山沉降带中部,断层较发育,断距大于 5m 的断层总计有 15 条,多为横切断层、斜交断层及逆掩断层,其中对矿体有较大影响的主要断层为双逆掩断层 F_{11}、F_{12} 及逆掩断层 F_{14}、F_1。均为成矿后断裂,对矿体有一定的破坏作用(图 4-134)。

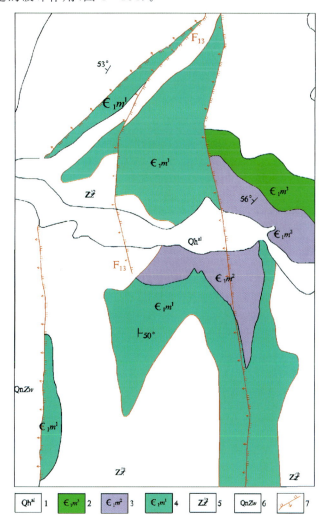

图 4-134 正目观磷矿区地质略图

1. 冲积层冲积砂砾岩;2. 紫褐色千枚状碳质页岩;3. 厚层砂质结晶灰岩及白云质灰岩;4. 厚层含磷、砂质灰岩及钙质砂岩;5. 灰绿色、灰色泥板岩;6. 硅质灰岩;7. 实测逆断层

2. 矿床地质

磷矿体赋存于下寒武统馒头组第一岩段中,矿体呈层状分布,矿体形态受地层控制,与地层产状保持一致。矿体的平均真厚度为 0.82m,P_2O_5 平均品位 15%(图 4-135)。

根据矿物组合特征,矿石自然类型划分为 3 个,即磷块岩型、钙质磷灰细砂岩型和含磷砾岩型。磷块岩型矿石矿物为胶磷矿及少量磷灰石,脉石矿物为石英、方解石、铁质。钙质磷灰细砂岩型和含磷砾岩型矿石矿物为磷灰石、少量胶磷矿,脉石矿物为石英、长石、钙质、泥质。

矿石结构主要为砂砾状结构、粉砂质结构、他形粒状结构、隐晶质结构、胶结结构。矿石构造有块状构造、条带状构造、条纹状构造。

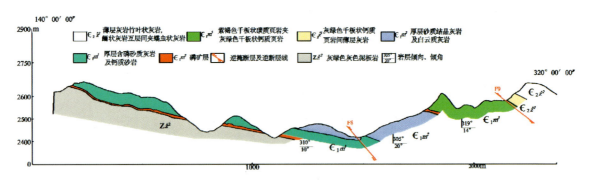

图 4-135 正目观矿区磷矿地层剖面图(局部)

3. 矿床成矿要素与成矿模式

矿床成矿要素见表 4-61,成矿模式见图 4-136。

表 4-61 正目观式沉积型磷矿正目观典型矿床成矿要素表

成矿要素		描述内容			要素分类
储量		$2366.8×10^4$t	平均品位	P_2O_5:15%	
特征描述		沉积型磷矿			
地质环境	构造背景	Ⅱ华北陆块区,Ⅱ-5 鄂尔多斯陆块,Ⅱ-5-2 贺兰山夭折裂谷			重要
	成矿环境	Ⅲ-12 鄂尔多斯西缘(台褶带)Fe-Pb-Zn-磷-石膏-芒硝成矿带			重要
	成矿时代	寒武纪			重要
矿床特征	矿体形态	层状、似层状			次要
	岩石类型	含磷砾岩、含磷细砂岩、钙质磷灰岩			重要
	岩石结构	砂状、砂砾状结构			次要
	矿石矿物	磷块岩型:主要矿物为胶磷矿,其次为石英、方解石、铁质。钙质磷灰细砂岩型和含磷砾岩型:主要矿物为磷灰石,其次为石英、长石、钙质、泥质			重要
	矿石结构构造	结构:砂砾状结构、粉砂质结构、他形粒状结构、隐晶质结构、胶结结构;构造:块状构造、条带状构造、条纹状构造			次要
	主要控矿因素	矿体产于寒武系馒头组第一岩段钙质砂岩、砂质灰岩中,成矿后的断裂构造对矿体有破坏作用			必要

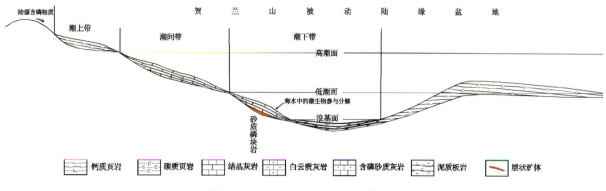

图 4-136 正目观式磷矿成矿模式图

（二）哈马胡头沟磷矿

1. 矿区地质

矿区内出露地层主要为震旦系草大板组，根据岩性组合，分成两个岩性段：第一岩性段是矿区内重要含磷地层，分布在矿区的中部，岩性为灰白色—灰色含磷石英砂岩、砂质磷质岩、含磷绢云母石英千枚岩；第二岩性段出露岩性主要为含砾千枚岩，分布不广，厚度不大。

矿区位于龙首山隆起的中段北缘，区内断层较多且很发育，其中多为压扭性断层以及张扭性断层，无论是压扭性断层还是张扭性断层，都对矿体起到了破坏作用，使矿体发生位移，最小的在1m左右，最大的达到20多米（图4-137）。

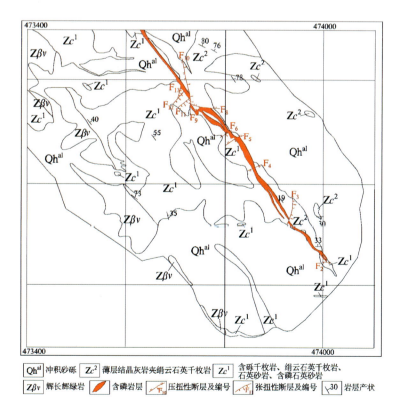

图 4-137 哈马胡头沟磷矿区地质略图

2. 矿床地质

矿体主要赋存于震旦系草大板组第一岩段底部含磷石英砂岩、砂质磷质岩、含磷绢云母石英千枚岩中。主矿体长2888m，厚度0.40~3.70m，平均厚度2.15m，延伸大于175m，P_2O_5平均品位7.82%。矿体走向120°~130°，总体倾向北东，倾角40°~60°，矿体产状与围岩一致。

根据矿石的矿物组成、结构、构造，将矿石类型划分5个自然类型：变含磷石英砂岩型、变砂质磷质岩型、含磷绢云母石英千枚岩型、变磷质石英砂岩型和变钙磷质石英砂岩型。

矿石矿物主要有磷灰岩、胶磷矿、黄(褐)铁矿，脉石矿物为石英、绢云母、方解石、钾长石。

矿石结构主要为变余砂状结构、显微鳞片花岗变晶结构。矿石构造有块状构造、条纹状构造、千枚状构造。

3. 矿床成矿要素及成矿模式

矿床成矿要素见表4-62，成矿模式见图4-138。

表4-62 哈马胡头沟式沉积型磷矿哈马胡头沟典型矿床成矿要素表

成矿要素		描述内容		要素分类
储量		604.86×10⁴t	平均品位	P_2O_5:7.82%	
特征描述		沉积型磷矿		
地质环境	构造背景	Ⅱ-7阿拉善陆块，Ⅱ-7-2龙首山基底杂岩带		重要
	成矿环境	Ⅲ-3阿拉善(台隆)Cu-Ni-Pt-Fe-REE-P-石墨-芒硝盐成矿亚带(Pt、Pz、Kz)，Ⅲ-3-②龙首山元古宙铜镍铁稀土成矿亚带(Pt、Nh—Z)		重要
	成矿时代	震旦纪		重要
矿床特征	矿体形态	层状、似层状		次要
	岩石类型	深灰色(变质)含磷石英砂岩、肉红色砂质磷质岩、灰色含磷绢云母石英千枚岩		重要
	岩石结构	砂状、砂砾状结构		次要
	矿石矿物	磷灰石、胶磷矿、黄(褐)铁矿、石英、绢云母、方解石、钾长石		重要
	矿石结构构造	结构：变余砂状结构、显微鳞片花岗变晶结构；构造：块状构造、条纹状构造、千枚状构造		次要
	主要控矿因素	磷矿体赋存于震旦系韩母山群草大板组(Zc)下部含磷石英砂岩、砂质磷质岩、含磷绢云母石英千枚岩中，矿体严格受地层控制。大地构造位于龙首山隆起之中段北缘，复式紧闭向斜的南翼，区内褶曲构造控制了矿体的产出形态		必要

三、岩浆型磷矿床

该类型磷矿床主要有盘路沟磷矿、三道沟磷矿。

盘路沟磷矿

1. 矿区地质

出露地层为中太古界集宁岩群变质岩，其次是第四系。中太古界集宁岩群岩性为混合岩化砂线石

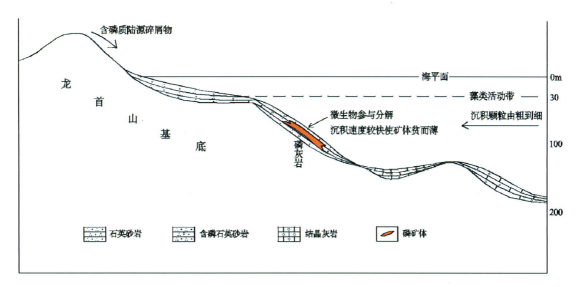

图4-138　哈马胡头沟式磷矿成矿模式图

榴斜长片麻岩、混合岩化石榴斜长片麻岩、混合岩化黑云石榴斜长片麻岩、钾长质混合岩等，岩层走向为北东东。第四系有残坡积层、冲洪积层，分布于平缓地势及冲沟、河谷地段。

区内断裂构造发育，与磷矿成矿有关的是一组呈北东东走向、向北倾斜的逆断层，为磷矿含矿岩浆的贯入和交代开辟了通道和空间。脉状磷灰石富矿即沿此断裂生成，但又为成矿后的断裂所破坏。

矿区内广泛出露脉状透辉岩及带状透辉正长岩体，呈北东东走向，倾向南东，少数倾向北西。本区磷矿的生成，与上述两种侵入岩有密切关系，单纯的透辉岩不含磷灰石，只有在方解石所充填的透辉石巨晶构成的晶洞中才能见到磷灰石单晶或磷灰石集合体；一般透辉正长岩含磷灰石也很少，多在1%以下，只有正长岩贯入或交代透辉岩地段或其附近，才发生磷灰石矿化作用，并在局部富集成矿。透辉岩及正长岩的侵入，均使围岩发生强烈的黑云母化，而且正长岩的侵入，对围岩产生显著的碱性交代作用，与围岩呈渐变过渡关系，即含磷灰石透辉正长岩→含黑云母条带或团块状钾长质混合岩→黑云母石榴斜长片麻岩→矽线石榴斜长片麻岩。正长岩贯入透辉岩时，在接触处及其附近往往产生方柱石化(图4-139)。

2. 矿床地质

贫磷灰石含矿带位于矿区中、西部，呈带状分布。其走向为北东东，倾向南东，倾角在45°～80°之间。含矿带长1800m，宽70～200m，厚49.67～137.34m，P_2O_5含量在3.18%～5.26%之间。整个含矿带由含磷透辉正长岩组成，夹有很多的脉状透辉岩和透镜状石榴花岗片麻岩的残留体。其中磷灰石分布不均匀，厚度变化大，连续性差，呈不连续的脉状及透镜状，大致平行产出，分布零散。脉状磷灰石富矿脉位于矿区中部狼窝沟中游，控制长度61.5m，开采斜深34m，矿脉厚度0.5～0.75m，平均厚0.57m，P_2O_5含量在15%以上。矿脉走向近东西，倾向北西，倾角25°～38°，一般在30°左右。该矿脉不仅仍受近东西向断裂构造控制，又受后期横向正断层密集强烈切割，使矿体受到破坏，显得零乱。在矿区内也可见到一些纯磷灰石细脉并沿北西倾斜的裂隙分布。在个别透辉岩中有磷灰石的集合体，呈团块状产出。因脉体过细及磷灰石团块分散无规律，均无工业价值。

矿石自然类型分为脉状磷灰石、混合型浸染状磷灰石和透辉石型浸染状磷灰石。

矿石矿物为磷灰石，脉石矿物主要为透辉石、钾长石，次为石榴子石、榍石、黄铁矿、斜长石、次闪石及碳酸盐等。

矿石结构为自形-半自形粒状结构、花岗变晶结构。矿石构造为块状构造、团块状构造、角砾状构造、浸染状构造。

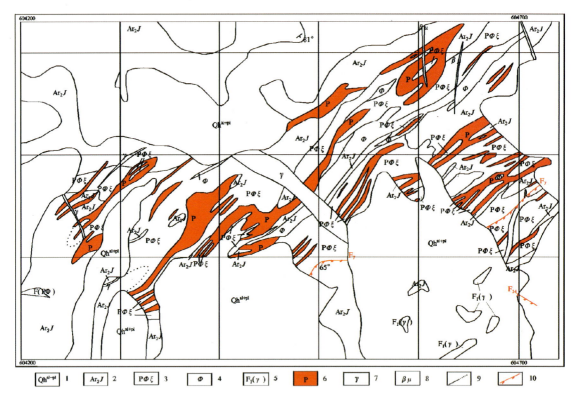

图 4-139 盘路沟矿区地质略图

1.冲积、洪积砂砾层;2.中太古界集宁岩群混合岩化石榴斜长片麻岩、混合岩化黑云石榴斜长片麻岩、钾长质混合岩;3.含磷透辉正长岩;4.透辉岩;5.构造破碎带;6.磷矿体;7.花岗岩;8.辉绿岩;9.实测及推测地质界线;10.压扭性断层及编号

3. 矿床成因及成矿时代

盘路沟磷矿赋存于中太古界集宁岩群变质岩地层与侵入岩内接触带。磷矿床主要受北东东走向的一组逆断层所控制,此断层为磷矿含矿热液的贯入、交代提供了通道和空间。因此确定盘路沟磷矿成因类型为岩浆岩型。成矿时代为中太古代。

4. 矿床成矿要素与成矿模式

矿床成矿要素见表 4-63。

表 4-63 盘路沟式岩浆岩型磷矿盘路沟典型矿床成矿要素表

成矿要素		描述内容			要素分类
储量		540.88×10^4 t	平均品位	$P_2O_5:4.75\%$	
特征描述		岩浆岩型磷矿床			
地质环境	构造背景	Ⅱ华北陆块区,Ⅱ-4狼山-阴山陆块,Ⅱ-4-1固阳-兴和陆核			必要
	成矿环境	Ⅲ-11华北地台北缘西段 Au-Fe-Nb-REE-Cu-Pb-Zn-Ag-Ni-Pt-W-石墨-白云母成矿带,Ⅲ-11-③乌拉山-集宁 Au-Ag-Fe-Cu-Pb-Zn-石墨-白云母成矿亚带			重要
	成矿时代	中太古代			必要

续表 4-63

成矿要素		描述内容			要素分类
储量		540.88×10^4 t	平均品位	$P_2O_5:4.75\%$	
特征描述		岩浆岩型磷矿床			
矿床特征	矿体形态	矿体以脉状、混合型浸染状、透辉石型浸染状产出			重要
	岩石类型	含磷透辉岩、含磷透辉正长岩、含磷方柱石透辉岩			重要
	岩石结构	中粒结构			次要
	矿石矿物	主要矿物为磷灰石,其次为透辉石、钾长石;共生和伴生矿物为磁铁矿、褐铁矿以及次闪石、绿泥石等			重要
	矿石结构构造	结构:自形-半自形粒状结构、交代结构、花岗变晶结构;构造:致密块状、浸染状、团块状、角砾状构造			次要
	围岩蚀变	黑云母化、方柱石化			次要
	主要控矿因素	矿区内断裂构造发育,与成矿有关的主要为北东东走向、向北西倾斜的一组逆断层,在断裂活动的同时,由于伴随着巨大的挤压作用沿岩层片麻理多次进行活动,使之破碎,为含矿热液的贯入、交代提供了通道和空间			必要

矿床成矿模式：盘路沟磷矿的矿床成因具有以下特征：①矿体主要赋存在中太古界集宁岩群变质岩地层中,矿体沿走向与地层产状一致,为北东东走向。②矿床受北东东走向的一组逆断层控制,区内有两条富矿脉即沿此断裂生成。③本矿区磷矿的生成,与脉状透辉岩及带状含磷透辉正长岩两种侵入岩有密切关系,只有正长岩贯入或交代透辉岩地段或其附近,才产生强烈的磷灰石富集现象(图 4-140)。

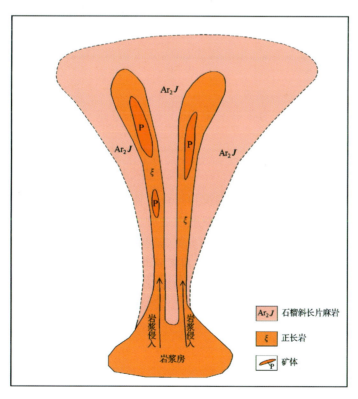

图 4-140 盘路沟式磷矿成矿模式图

第十七节 萤石矿典型矿床与成矿模式

一、沉积改造型萤石矿床

该类型矿床主要有苏莫查干敖包萤石矿。

1. 矿区地质

矿区出露地层主要为二叠系大石寨组。

矿区内褶皱构造发育,为北东向、北东东向的苏莫查干敖包束状褶皱群,与区域构造线方向一致,背斜轴部和翼部由陡变缓的斜坡上是萤石贮矿的有利空间。矿区内断裂构造较为发育,与萤石矿有关的断裂构造主要发育在大石寨组三岩组底部的层间断裂,为北东向压扭-张扭性断层,控制了萤石矿的厚度变化,为萤石矿的后期改造提供了场所。

2. 矿床地质

萤石矿赋存于大石寨组(P_1d)第三岩段底部结晶灰岩中,严格受地层控制,呈层状产出,产状与围岩一致。在地表断续出露长 2200m,由东向西共圈出 4 个矿体,各矿体之间均被结晶灰岩相隔,经钻探证实,4 个矿体深部连为一体。1 号矿体长 720m,平均厚 4.4m,斜深 1000m,CaF_2 41.15%~94.56%,平均 72.67%;2 号矿体长 364m,平均厚 3.9m,斜深 400m,CaF_2 39.42%~87.84%,平均 62.03%;3 号矿体长 70m,平均厚 1.6m,斜深 400m,CaF_2 55.87%~79.51%,平均 66.45%;4 号矿体长 66m,平均厚 1.9m,CaF_2 23.42%~73.98%,平均 51.61%。

矿石自然类型主要有:①残留的沉积萤石矿(纹层状菱铁矿-萤石矿、残留块状萤石矿);②弱改造型纹层萤石矿;③强改造型糖粒状萤石矿、角砾状萤石矿、条带状萤石矿、葡萄状萤石矿、伟晶状萤石矿、泥沙状萤石矿等。其中糖粒状萤石矿为本区主要自然类型。矿石成分主要为萤石(50%~90%),其次为方解石、石英、菱铁矿、黄铁矿、硅质、泥质等。

围岩蚀变以硅化、高岭土化及褐铁矿化为主,其次有绢云母化、碳酸盐化。这些蚀变均发育在萤石矿层的构造破碎带中。

3. 矿床成因与成矿时代

该矿床为典型的沉积改造型矿床,即先期沉积形成矿体,后期经过多期次的热液叠加改造,进而形成规模更大的矿体。沉积成矿时代为二叠纪,热液改造时代为燕山期。

根据矿床成矿地质条件的分析,区内萤石矿主要受到二叠系大石寨组碳酸盐岩地层的沉积作用,在沉积阶段产出有纹层状和条带状萤石集合体以及富萤石块体(矿胚),而在后期由于燕山期岩浆热液的叠加作用,岩浆体系自身的结晶分异作用可促使大量挥发性组分在岩浆房顶部或旁侧发生富集,进而形成富挥发性组分的花岗岩体。在构造薄弱地带,富挥发性组分流体可沿特定构造部位运移,并且对中二叠统大石寨组中的有用组分进行淋滤、萃取,在构造有利地段形成微细粒状和浸染状萤石和含萤石石英脉。

4. 矿床成矿要素与成矿模式

矿床成矿要素见表 4-64。

表 4-64 苏莫查干敖包式沉积-改造型萤石矿苏莫查干敖包典型矿床成矿要素表

成矿要素		描述内容		要素分类
储量		矿石量:20 330 000t CaF_2:12 962 410t	平均品位　　　　　　CaF_2:63.76%	
特征描述		沉积-改造型层状萤石矿床		
地质环境	构造背景	Ⅰ 天山-兴蒙造山系,Ⅰ-1 大兴安岭弧盆系,Ⅰ-1-7 锡林浩特岩浆		重要
	成矿环境	Ⅱ-12 大兴安岭成矿省,Ⅲ-7 白乃庙-锡林郭勒 Fe-Cu-Mo-Pb-Zn-Mn-Cr-Au-Ge-煤-天然碱-芒硝成矿带,Ⅲ-7-④苏莫查干敖包-二连 Mn-萤石成矿亚带		重要
	成矿时代	沉积成矿时代为二叠纪;改造成矿时代为燕山期		重要
矿床特征	矿体形态	层状、似层状		重要
	岩石类型	碳质板岩、绢云绿泥碳质板岩、绢云绿泥斑点板岩、结晶灰岩、大理岩		重要
	岩石结构	变余泥质结构、细粒变晶结构、隐晶质结构		次要
	矿石矿物	主要矿物为萤石,其次为石英、方解石、蛋白石、玉髓等		重要
	矿石结构构造	矿石结构:自形-半自形粒状结构、他形粒状结构、伟晶结构; 矿石构造:块状构造、纹层状构造、角砾状构造、同心圆状构造、梳状构造、蜂窝状构造、皮壳状构造、葡萄状构造等		次要
	围岩蚀变	绢云母化、硅化、碳酸盐化、高岭土化、褐铁(锰)矿化等		重要
	主要控矿因素	褶皱构造;断裂构造;中二叠统大石寨组流纹斑岩、碳质板岩、结晶灰岩;白垩纪(燕山晚期)花岗岩侵入体		必要

矿床成矿模式:苏莫查干敖包萤石矿床的形成过程主要由早、晚 2 个阶段构成,即海西晚期 (276Ma)火山-喷发沉积阶段和燕山期岩浆热液阶段。根据以往研究结果,认为苏莫查干敖包萤石矿床是不同来源和不同期次含矿热液活动的产物,矿石中的古大陆壳物质组分要远远多于幔源(或深源)物质组分(图 4-141)。

(1)海西晚期火山-喷发沉积阶段:海西晚期,华北陆台北缘中西段苏莫查干到西里庙一带有一系列规模大小不等和产出形态各异的裂陷盆地。各裂陷盆地内的火山喷发和沉积作用不仅形成有中二叠统大石寨组火山-沉积岩地层,而且还产出有纹层状和条带状萤石集合体以及富萤石块体(矿胚)。随着海底火山喷发活动的进行,一方面,挥发性组分(如 CO_2、H_2、F、Cl_2、HF 和 SiF_4)和成矿元素(Ca、Na、K、Pb、Zn 和 Fe)随火山碎屑、火山灰和喷气进入海水或直接沉淀下来,进而造成氟和钙的初步富集;另一方面,火山活动亦可导致区域地热梯度不断增高和热泉活动加剧,并且构成海水与围岩的对流循环。在上述地质作用过程中,HF^- 和 F^- 与 Ca^{2+} 发生化学反应,进而形成纹层状或条带状萤石矿体。

(2)燕山期岩浆热液阶段:燕山期区域性深大断裂的活化作用可诱发一定规模的中酸性岩浆活动。当深熔花岗质岩浆沿着有利构造部位上侵时,岩浆体系自身的结晶分异作用可促使大量挥发性组分 CO_2、F、Cl_2、H_2O 及 SiO_2 和 K_2O 等在岩浆房顶部或旁侧发生富集,进而形成富挥发性组分的花岗岩体。在构造薄弱地带,富挥发性组分流体可沿特定构造部位运移,并且对中二叠统大石寨组火山-沉积岩地层中的有用组分进行淋滤、萃取。在萤石成矿作用的早期阶段,含氟离子或氟络合物的热水溶液可通过岩(体)层粒间孔隙或原生冷凝细微裂隙进行扩散与运移,进而在构造有利地段形成微细粒状和浸染状萤石和含萤石石英脉。鉴于该阶段没有明显大气降水混入,因此,其元素地球化学特征和同位素组

图 4-141 苏莫查干敖包式萤石矿成矿模式图

成与岩浆水相似。随着成矿作用时间的推移和成矿体系的开放,大气降水和变质流体将会不断参与到成矿热液体系中来,并且与以岩浆水为主的含矿流体混合,进而形成混源型热液流体,由此所形成的萤石矿石,其元素地球化学特征和钕同位素组成与中二叠统大石寨组沉积岩的相似。另外,含氟混源热液流体对早期火山-沉积岩地层和萤石矿(化)体进行过不同程度的交代改造作用,水-岩反应主要表现在以下3个方面:其一,混源流体与地层或矿化体中的钙质发生化学反应,进而形成萤石集合体,化学反应式如下:

$$2CaCO_3 + SiF_4 = 2CaF_2 + SiO_2 + 2CO_2$$
$$CaCO_3 + 2F_2 = 2CaF_2 + 2CO_2 + O_2$$
$$CaCO_3 + 2HF = CaF_2 + H_2CO_3$$

其二,沉积岩地层中大量镁铁质矿物解体,释放出来的金属元素可与混源流体中的挥发性组分结合,进而形成萤石、黄铁矿、黄铜矿、绢云母和绿泥石;其三,受混源流体对早期萤石矿(化)体改造作用影响,许多微细粒萤石晶体发生明显次生长大现象,局部地段形成伟晶状集合体。在萤石成矿作用的晚期阶段,随着成矿流体中钙与氟的大量析出,成矿体系温度和压力的进一步降低,残余热水溶液在构造有利地段形成一些骨架状、葡萄状、钟乳状和瘤状萤石集合体。在此之后,含钙、硅、铁和锰的热液流体在萤石矿体裂隙面或在孔穴壁上形成方解石晶簇(脉)、石英晶簇和铁锰质细脉。

二、热液充填型萤石矿床

(一)东七一山矿区萤石矿

该矿床行政区划属阿拉善盟额济纳旗,大地构造属天山-兴蒙造山系(Ⅰ)、额济纳旗-北山弧盆系(Ⅰ-9)、公婆泉岛弧(Ⅰ-9-4)三级构造分区。

1. 矿区地质

矿区内构造以断裂构造为主,绝大多数与成矿有关,为矿液的通道和良好的沉淀场所,以北30°~

45°东和近于南北向的两组断裂最为发育。北东向的断裂特点是开口大、延伸小,在几十米至百米的距离内迅速尖灭,断裂带内角砾清楚,两壁凹凸不平,形态复杂,被石髓或石髓-萤石脉充填,为张扭性断裂。南北向的断裂一般向西陡倾,特点是开口小,延伸稳定,长数百米,两壁光滑,挤压现象明显,局部可见擦痕,平面上呈"S"形弯曲,其间多充填萤石矿脉,为压扭性断裂。北西向的断裂规模小,一般长几米至数十米,宽几十厘米,为萤石-石髓脉充填。上述为成矿前的断裂构造,但在成矿期和成矿后有继承性的复活,活动范围有限,对矿体破坏作用不甚明显。

海西中期岩浆热液的流动性赋予了萤石矿形成的一个基本条件,初期,高温热液带动含矿物质流动,正是由于岩浆具"流动性"的特征,热液贯入断裂的缝隙中,在伴有地下水的作用下,岩浆渐渐冷凝,在温度降到较低的时逐渐冷凝胶结,形成脉状、网脉状、囊状矿体(图4-142)。

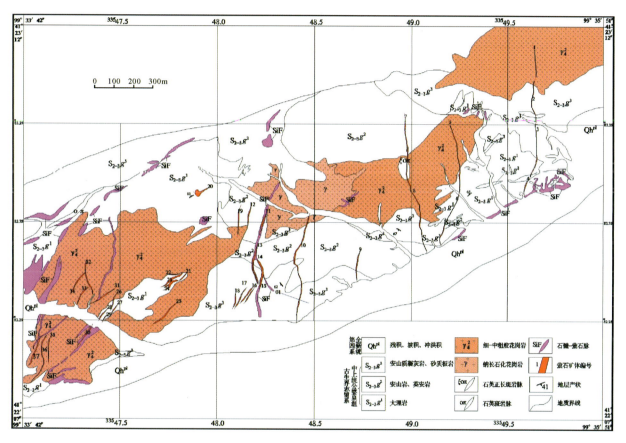

图4-142 东七一山萤石矿区地质略图

2. 矿床地质

矿区内共发现地表矿体200余个,散布矿区,其中较大的矿体37个,根据矿体的分布规律,呈成群出现和略有分段集中的特点,分4个矿段,叙述如下:

Ⅰ矿段位于酒泉县萤石矿驻地以东,矿体呈脉状产出,以南北向的矿体为主,矿体一般长一二百米,厚几十厘米,较大的矿体8个。其中8号矿体为区内规模最大、矿石质量较好的一个矿体,长570m,呈南北向延伸,向西倾斜,上陡下缓,平均倾角66°,平均厚度3.46m,深部有变厚的趋势,CaF_2品位91.72%,矿石质纯,色彩鲜艳,具彩色条带,部分矿石可供工艺原料。

Ⅱ矿段位于原额济纳旗采矿队驻地西侧和北侧,以南北向和北东向的矿体为主。北西向的矿脉极不发育,矿体形态复杂,呈脉状、网脉状。矿体一般长12m至100多米,厚几十厘米至十几米,较大的矿体12个。以10号矿体规模最大,长376m,其走向、倾向与8号矿体相同,平均倾角58°,平均厚度0.91m,向下厚度变薄,矿石中捕虏体和杂质增多,矿体上部矿石结构致密,色彩艳丽,质纯,油脂光泽强,是地表矿石质量最好的矿体,部分矿石可作工艺原料。

Ⅲ矿段位于原5415部队采矿队驻地北面,以北东向的扁豆状矿体最为发育,次为近于南北的脉状矿体,较大的矿体有17个,以23号、24号、28号、29号4个扁豆状矿体规模最大,该组矿体呈NE30°~45°方向分布,倾向南东,倾角69°~85°,形态复杂,一般厚几米至十几米,长几十米至100多米,延长、延深均不稳定,矿体内发育有大小不等的晶洞构造和含较多的蚀变围岩角砾及石英,褐铁矿质杂质。CaF_2的含量一般在70%左右。

Ⅳ矿段位于Ⅲ矿段以西,矿体产于大理岩中,沿290°~300°方向展布,因充填和交代作用的结果,矿体呈形态复杂的囊状,经个别采矿坑揭露,证实矿体延深小,几米内迅速尖灭,矿石质量差,含较多的石髓。

另外,在大理岩与花岗岩体接触带附近,发现8个矽卡岩型赤-磁铁矿(化)体,一般长10m左右,宽1~5m,目估全铁含量约40%,因规模太小,无工业价值。

矿石矿物为萤石,脉石矿物为石髓、石英、方解石、褐铁矿及蚀变围岩角砾,矿体地表裂隙中常有次生石膏、白垩充填。扁豆状、囊状矿体成分复杂,除萤石外,尚含上述所有的脉石矿物及蚀变围岩角砾,脉状矿体成分简单,脉石矿物含量少,往往分布于矿体的边部。

矿石的化学成分主要为CaF_2,脉状矿体的含量一般大于90%,扁豆状、囊状矿体的含量为70%左右,前者品位稳定,后者变化较大,不同形态的矿体SiO_2含量为0~37.7%,CaF_2和SiO_2在矿体中互为消长关系。

矿石类型分为块状矿石、条带状矿石、晶洞状矿石、同心圆状矿石及角砾状矿石,以前3种为主,后2种少见。

矿石结构以细粒为主,次为中粗粒及自形巨粒。脉状矿体以细粒结构为主,扁豆状和囊状矿体以中粗粒和自形巨粒为主。矿石构造分为块状、条带状、晶洞状、同心圆状及角砾状。

近矿围岩蚀变有高岭土化、赤铁矿化、硅化。

3. 矿床成因与成矿时代

东七一山萤石矿受花岗闪长岩、石闪长岩体的影响,为热液充填型萤石矿。成矿时代为海西中期。

4. 成矿要素与矿床成矿模式

矿床成矿要素见表4-65。

表4-65 东七一山式热液型萤石矿东七一山典型矿床成矿要素表

成矿要素		描述内容			要素分类
储量		矿石量:680 130t; CaF_2:555 390t	平均品位	CaF_2:81.66%	
特征描述		低温热液充填型脉状萤石矿床			
地质环境	构造背景	Ⅰ天山-兴蒙造山系,Ⅰ-9额济纳旗-北山弧盆系,Ⅰ-9-4公婆泉岛弧			重要
	成矿环境	Ⅱ-4塔里木成矿省,Ⅲ-2磁海-公婆泉Fe-Cu-Au-Pb-Zn-W-Sn-Rb-V-U-P成矿带,Ⅲ-2-①石板井-东七一山W-Mo-Cu-Fe-萤石成矿亚带			重要
	成矿时代	石炭纪(海西期)			重要

续表 4-65

成矿要素		描述内容			要素分类
储量		矿石量：680 130t；CaF_2：555 390t	平均品位	CaF_2：81.66%	
特征描述		低温热液充填型脉状萤石矿床			
矿床特征	矿体形态	矿体主要以脉状、囊状、扁豆状形式产出			重要
	岩石类型	中粗粒花岗岩、安山岩、英安岩、大理岩、安山质凝灰岩			重要
	岩石结构	细粒-中粗粒花岗结构、安山结构、凝灰结构			次要
	矿石矿物	主要矿物为萤石，其次为石髓、石英、方解石、褐铁矿等			重要
	矿石结构构造	矿石结构：以他形-半自形细粒结构为主，次为自形中粗粒-巨粒结构；矿石构造：以块状、条带状、晶洞状构造为主，次为同心圆状及角砾状构造			次要
	围岩蚀变	高岭土化、褐铁矿化、硅化			重要
	主要控矿因素	断裂构造；石炭纪（海西期）细粒-中粗粒花岗岩体			必要

矿床成矿模式：海西晚期，一系列的区域性深大断裂活化作用致使发生一定规模的中酸性岩浆活动。当岩浆热液沿着有利的构造部位上侵时，来自壳源的成矿物质伴随热液一起运移，随着温度的降低，岩浆体系结晶，并挥发出大量的 F、H_2O、SiO_2 等，在岩浆房的顶部或者岩浆房侧壁富集，含氟离子的热水溶液通过已冷凝成岩的岩体间隙或微裂隙进行扩散，在构造有利位置，大量的挥发组分以及流体沿断裂充填，形成囊状、扁豆状矿体。在残温的作用下，已形成的矿体周围形成石英脉，矿体与围岩界线清楚，交代现象不明显，围岩蚀变以高岭土化为主，矿物成分简单，无典型的高、中温矿物，故初步认为该矿床为裂隙充填的低温热液脉状萤石矿床(图 4-143)。

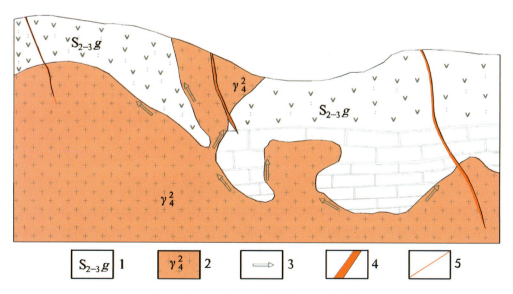

图 4-143　东七一山式萤石矿成矿模式图

1.古生界中上志留统公婆泉组安山质凝灰岩、砂质板岩、安山岩、英安岩、大理岩；2.海西期花岗岩体；
3.含矿热液运移方向；4.萤石矿体；5.张扭性断裂

(二)大西沟矿区萤石矿

该矿床大地构造属华北陆块区(Ⅱ),大青山-冀北古弧盆系(Pt_1)(Ⅱ-3),恒山-承德-建平古岩浆弧(Pt_1)(Ⅱ-3-1)。

1. 矿区地质

矿区内断裂活动比较频繁,按断裂方位可分为3组。北东向断裂、北西向断裂和北北东向断裂破碎带,其中北北东向断裂及其次级破碎带为主要的控矿构造。

区内侵入岩主要为燕山期花岗岩,为成矿母岩。从矿床资料中可以看出,矿体与断裂破碎带相重合,脉壁表面与断裂面形态相同,矿体产状与断裂破碎带的产状变相同,从矿物共生组合和围岩蚀变来看,属于岩浆期后热液充填的产物,所以认为是热液充填脉状萤石矿床。

2. 矿床地质

矿区出露9条矿体,主要矿体为2号、3号矿体。

2号矿体地表断续出露长1550m,深部在850m水平标高,矿体有4处不连续地段,最大间断距离40m,矿体走向近南北向,倾向东,局部走向变化范围±8°之间。地表走向呈舒缓波状,向深部亦如此,矿体最大倾角67°,最小倾角54°。沿走向厚度变化从0.1~2.3m,呈明显的串珠状,两条矿体相交处,厚度变大。三道沟以北,矿体的直接围岩60m以上是凝灰岩,60m以下和三道沟以南矿体的直接围岩是花岗岩。CaF_2平均含量71.41%。

3号矿体分为3段,通过浅井及小平巷揭露,地表不连续,呈雁行状排列。3-1号矿体位于三道沟的两叉沟之间,出露长250m,走向南北,倾向东,倾角51°~65°,地表矿体的直接围岩是凝灰岩,深部为花岗岩,由于断裂破碎带宽度不大,围岩蚀变也较弱,萤石质量较差,深部矿化较弱。平均厚度0.37m,CaF_2平均品位73.28%。3-2号矿体南起三道沟,北至画匠沟,出露长400m,45线以南走向北北西,45线以北走向北北东,走向变化在±12°之间,倾向东,倾角66°~79°。地表矿体厚度0.71m,向深部逐渐变薄,CaF_2平均品位62.82%。3-3号矿体地表矿石质量较差,属含萤石的石英脉,地表走向北北东,倾向东,长150米,深部产状不详。

3. 矿床成因与成矿时代

从矿体的空间上看,矿体与断裂破碎带相重合,脉壁表面与断裂面形态相同,矿体产状与断裂破碎带的产状变相同,从矿物共生组合和围岩蚀变来看,属于岩浆期后热液充填的产物,所以认为是热液充填脉状萤石矿床。成矿时代为燕山期。

4. 矿床成矿要素与成矿模式

矿床成矿要素见表4-66。

矿床成矿模式:含矿物质来源于壳源以及幔源,燕山期花岗岩高温碱性流体与岩体发生的钾化和继之发生的钠化,不仅形成了相应的蚀变带而且可使早期进入的矿化组分活化进入流体,同时流体向酸性方向转化。当岩体与化学性质不活泼的围岩接触时赋矿化组分流体在岩体突起部位及边部集中并且在岩体内外接触带沿裂隙发生充填交代作用形成石英脉型矿床(图4-144)。

表 4-66 大西沟式热液型萤石矿大西沟典型矿床成矿要素表

成矿要素		描述内容			要素分类
储量		矿石量:277 740t; CaF_2:210 270t	平均品位	CaF_2:75.51%	
特征描述		热液充填型脉状萤石矿床			
地质环境	构造背景	Ⅱ华北陆块区,Ⅱ-3冀北古弧盆系,Ⅱ-3-1恒山-承德-建平古岩浆弧			重要
	成矿环境	Ⅱ-14华北成矿省,Ⅲ-10华北地台北缘东段 Fe-Cu-Mo-Pb-Zn-Au-Ag-Mn-磷-煤-膨润土成矿带,Ⅲ-10-①内蒙古隆起东段 Fe-Cu-Mo-Pb-Zn-Au-Ag-Mn-磷-煤-膨润土成矿带			重要
	成矿时代	侏罗纪—白垩纪(燕山期)			重要
矿床特征	矿体形态	脉状			重要
	岩石类型	下白垩统义县组凝灰岩、凝灰砂砾岩,侏罗纪中细粒花岗岩			重要
	岩石结构	凝灰结构、砂砾结构、中细粒花岗结构			次要
	矿石矿物	主要矿物为萤石,其次为赤铁矿、褐铁矿、黄铁矿、石英、长石、高岭土、绢云母、方解石等			重要
	矿石结构构造	矿石结构:自形-半自形中粗粒结构、他形粒状结构;矿石构造:致密块状、条带状、环带状、角砾状、嵌布状构造			次要
	围岩蚀变	硅化、绢云母化、高岭土化、碳酸盐化			重要
	主要控矿因素	断裂构造;侏罗纪(燕山早期)中细粒花岗岩体			必要

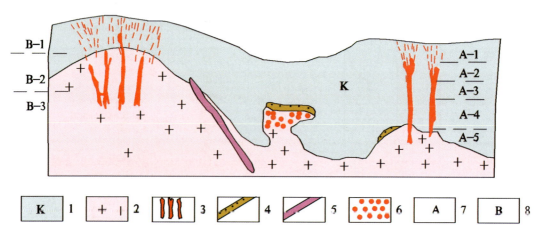

图 4-144 大西沟式萤石矿成矿模式图

1.安山岩、凝灰岩、凝灰质砂砾岩;2.花岗岩;3.石英脉型矿床;4.伟晶岩型矿床;5.云英岩型矿床;6.花岗岩型矿床;7."五层楼"结构(A-1.线脉带;A-2.细脉带;A-3.细-大脉带;A-4.大脉带;A-5.尖灭带);8."三层楼"结构(B-1.线细脉带;B-2.大(细)脉带;B-3.尖灭带)

（三）昆库力矿区萤石矿

该矿床大地构造属大地构造位置属天山-兴蒙造山系（Ⅰ），大兴安岭弧盆系（Ⅰ-Ⅰ），海拉尔-呼玛弧后盆地（Pz）（Ⅰ-Ⅰ-3）三级构造。

1. 矿区地质

侵入岩主要为海西期黑云母花岗岩,为成矿母岩(图 4-145)。

矿区内断裂构造发育,可分为东西向、北东向、北北东向、北北西向及北西向构造。其中 F_1、F_2、F_3、F_4 为成矿构造,并且均为断裂破碎带。破碎带内充填有石英脉及多条萤石矿脉,显张性特征。

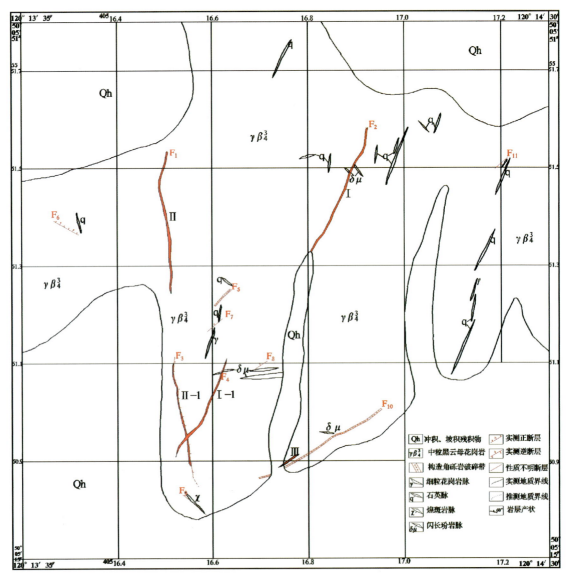

图 4-145 昆库力萤石矿区地质略图

2. 矿床地质

矿区内共有 5 条矿脉,其中地表都有出露。萤石矿脉的形态受断裂构造破碎带控制,产状与破碎带一致,呈陡倾斜产出。

萤石矿体均呈单脉产出,可见尖灭再现、分支复合现象。矿体规模较小,矿体长 60~180m。其中 I 号、I-1 号、II 号、II-1 号矿体属富矿性,产于张性破碎带内,其膨缩具有一定的规律性,平面上在走向变化转折端处变厚,剖面上产状由缓变陡处矿体由薄变厚,平均品位 74.14%~87.56%。III 号矿体的含矿构造为一压性破碎带,矿石属贫矿性,平均厚度 1.65m,平均品位 34.77%。

矿石自然类型主要为石英-萤石型,萤石型次之。Ⅲ号矿体为贫矿型工业矿体,矿石自然类型为石英-萤石型。

3. 矿床成因与成矿时代

该矿床为比较典型的热液充填型脉状矿床,矿体赋存于中粒黑云母花岗岩体中的断裂破碎带内,未见成矿后构造破坏,萤石矿脉的形态受断裂构造破碎带控制,产状与破碎带一致,呈陡倾斜产出。

矿床的形成时代为海西中期,主要受到海西中期黑云母花岗岩影响。

4. 矿床成矿要素与成矿模式

矿床成矿要素见表4-67。

表4-67 昆库力式热液型萤石矿昆库力典型矿床成矿要素表

成矿要素		描述内容			要素分类
储量		矿石量:54 400t；CaF_2:40 300t	平均品位	CaF_2:74.08%	
特征描述		热液充填型脉状萤石矿床			
地质环境	构造背景	Ⅰ-1 大兴安岭弧盆系,Ⅰ-1-3 海拉尔-呼玛弧后盆地			重要
	成矿环境	Ⅱ-12 大兴安岭成矿省,Ⅲ-5 新巴尔虎右旗(拉张区)Cu-Mo-Pb-Zn-Au-萤石-煤(铀)成矿带,Ⅲ-5-②陈巴尔虎旗-根河 Au-Fe-Zn-萤石成矿亚带			重要
	成矿时代	石炭纪			重要
矿床特征	矿体形态	萤石矿体均呈单脉产出,可见尖灭再现、分支复合现象			重要
	岩石类型	中粒黑云母花岗岩体			重要
	岩石结构	花岗结构			次要
	矿石矿物	以萤石、石英为主,偶见绢云母,萤石粒度为2～10mm,石英呈他形-半自形叶片状、细脉状沿萤石裂隙或晶体间隙充填分布			重要
	矿石结构构造	他形-半自形粒状结构、结晶结构;块状构造、条带状构造、角砾状构造			次要
	围岩蚀变	硅化			重要
	主要控矿因素	矿体产于石炭纪中粒黑云母花岗岩体			必要
		萤石矿脉的形态受断裂构造破碎带控制,产状与破碎带一致,呈陡倾斜产出			必要

矿床成矿模式:矿体产于海西期黑云母花岗岩体中的断裂破碎带内,且矿床矿化具有多期次特点,主要由含矿构造期次分为两期矿化。第一期次,岩浆热液流动,带动来自壳源与幔源的赋矿元素沿构造裂隙及破碎带运移,形成矿体,在矿体内见有晚期的硅质团块内包裹早期的硅质角砾。第二期次,岩浆再次活动,形成的矿体切割第一期次的矿体,且矿化较第一期矿化更为强烈、品位更高。矿体即在张性构造中产出,亦在压性构造中可见,张性构造中的矿石结构以致密块状为主,见有条带状构造,但在压性构造中矿石呈浸染状、角砾状,矿石品位较低。综上,矿体形成具有多期次特点,与构造和岩浆活动密不可分,属充填型脉状矿床(图4-146)。

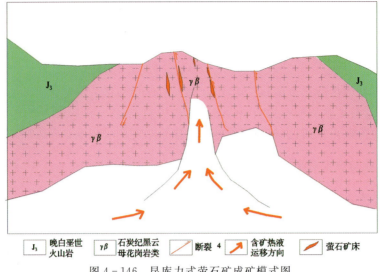

图 4-146 昆库力式萤石矿成矿模式图

第十八节 重晶石矿典型矿床与成矿模式

该类型矿床主要有巴升河热液型重晶石矿。

地层为中生界上侏罗统满克头鄂博组，岩性为凝灰质砂岩、粉砂岩、安山玢岩及安山质凝灰熔岩，为赋矿围岩。

与成矿有关的侵入岩为中生代早白垩世正长花岗岩，呈岩基产出。

矿区构造较发育，主要呈北西向和北东东向展布，一般为成矿后构造（图 4-147）。

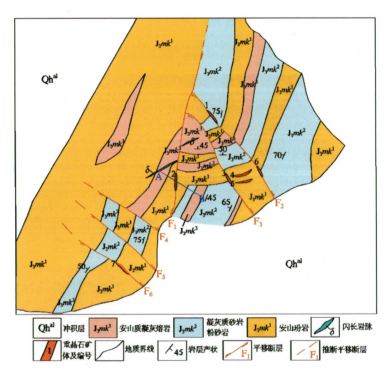

图 4-147 巴升河重晶石矿区地质略图

重晶石矿脉主要产在构造断裂局部张开部位,矿体为北西向成矿后构造所错动,水平断距1～5m,矿体围岩有安山玢岩、安山质凝灰熔岩和凝灰质砂岩、粉砂岩等。

矿脉常有石英脉伴生,个别的也没有石英脉伴生。主要矿脉特征见表4-68。

表4-68 巴升河重晶石矿床矿体特征一览表

矿床编号	形状	产状			规模		BaSO₄平均含量(%)
		走向	倾向	倾角	长度(m)	宽度(m)	
1	脉状	325°～360°	北东—东	50°～60°	46	1.50	28.23
2	似透镜状	近南北	75°～95°	60°～70°	48	2.35	58.24
3	脉状	近南北	240°～260°	50°～77°	45	1.08	77.50
4	脉状	北偏西	60°	83°	23	1.20	73.86
5	脉状	北东东	305°～340°	40°～65°	32	0.55	67.18
6	脉状	北偏西	北东东	陡立	20	0.70	68.53
7	似透镜状	北西	40°	55°～60°	45	2.30	47.86

矿石结构多为粒状结构,构造有致密块状和角砾状构造。矿物成分主要为重晶石,其次是石英和少量褐色蚀变的安山玢岩角砾。

近矿围岩蚀变主要有硅化,其他有绿帘石化、黄铁矿化、磁铁矿化,矿脉生成晚于石英脉和硅化(图4-148)。

矿床成因类型为热液型。成矿时代为白垩纪。

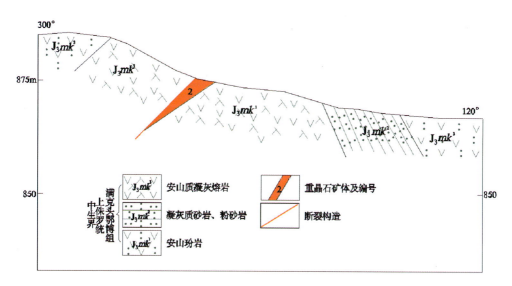

图4-148 巴升河重晶石矿区A—B图切剖面

矿床成矿要素见表4-69,成矿模式见图4-149。

表 4-69 巴升河式热液型重晶石矿巴升河典型矿床成矿要素表

成矿要素特征描述		描述内容 热液型重晶石矿床	要素分类
地质环境	构造背景	Ⅰ天山-兴蒙造山系，Ⅰ-1大兴安岭弧盆系，Ⅰ-1-5东乌旗-多宝山岛弧	必要
	成矿环境	Ⅰ-4滨太平洋成矿域，Ⅱ-12大兴安岭成矿省，Ⅲ-6东乌珠穆沁旗-嫩江（中强挤压区）Cu-Mo-Pb-Zn-Au-W-Sn-Cr成矿带，Ⅲ-6-②朝不楞-博克图W-Fe-Zn-Pb成矿亚带	必要
	成矿时代	白垩纪（燕山期）	必要
矿床特征	矿体形态	矿体主要以脉状、似透镜状形式产出	重要
	岩石类型	安山质凝灰熔岩、凝灰质砂岩、凝灰质粉砂岩、安山玢岩	重要
	岩石结构	凝灰结构、砂粒结构、斑状结构	次要
	矿石矿物	主要矿物为重晶石，其次为石英	重要
	矿石结构构造	粒状结构；致密块状、角砾状构造	次要
	围岩蚀变	硅化、绿帘石化、黄铁矿化、磁铁矿化	次要
	主要控矿因素	北北东向及北西向断裂构造；燕山期正长花岗岩岩体	必要

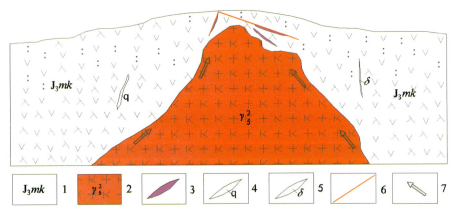

图 4-149 巴升河式重晶石矿成矿模式图

1.中生界上侏罗统满克头鄂博组安山质凝灰熔岩、凝灰质砂岩、凝灰质粉砂岩、安山玢岩；2.中生代白垩纪正长花岗岩岩体；3.重晶石矿脉；4.石英脉；5.闪长岩脉；6.断裂构造；7.含矿热液运移方向

第十九节 菱镁矿典型矿床与成矿模式

察汗奴鲁菱镁矿矿床行政隶属于内蒙古自治区巴彦淖尔市乌拉特中旗管辖，邻近中蒙国境。

该矿床大地构造环境位于古生代蒙古地槽南面内蒙地台背斜区，索伦山位于地槽中一隆起复背斜构造的北翼，超基性侵入岩体沿此复背斜轴部侵入。矿区内构造不发育，与菱镁矿有关的构造仅为矿体内部构造。侵入岩主要是早二叠世纯橄榄岩和斜方辉橄岩岩体。受岩浆热液作用和风化剥蚀作用的影响，矿区围岩蚀变以蛇纹石化为主。

菱镁矿赋存在碳酸盐化淋滤蛇纹岩带中。上部及下部菱镁矿所占比例均不大，一般不超过10%~20%。菱镁矿占25%~50%或以上的富集带大致位于海拔1325~1375m之间。富集带的埋藏深度各地不一，或直接暴露地表，或位于地面下10~30m间。在侵蚀切割剧烈处，富集带多被侵蚀失去而未保留。

菱镁矿呈不规则透镜状及层状，水平或近水平产于纯橄榄岩硅质的菱镁矿富集带中，走向东西向，长440m，宽50~60m，最宽200m。经钻探资料证明，菱镁矿系由许多大小不等、形状极为复杂的矿体组成，一般厚度2~5m，最厚12m，由于矿体与围岩互相交错产出，没有明显界线，矿体内夹有大量围岩，矿体的形状、产状变化很大，且无规律可循，故无法准确地圈出单独矿体。

矿石主要由非晶质菱镁矿组成，按物理性质的不同可分两种：一种为块状非晶质菱镁矿；另一种为块状纯菱镁矿，雪白色，风化表面呈乳黄色，外观细致光滑，质纯，吸水性强。

矿化蚀变主要为蛇纹石化，分布无规律可循。

矿石自然类型主要为蛇纹石化纯橄榄岩和蛇纹石化斜方辉橄岩。矿石工业类型为菱镁矿富矿。矿石中矿石矿物为菱镁矿，脉石矿物有石髓、蛋白石、石英、方解石，其他矿物有氧化铁。

矿石结构主要为半自形-自形粒状结构；矿石构造主要为致密块状、浸染状构造。

该矿床成矿可划分为3个阶段，即化学风化阶段、沿裂隙渗入阶段和沉积成矿阶段。菱镁矿主要分布于淋滤带内（图4-150）。

矿床成矿模式：察汗奴鲁菱镁矿矿床成因类型为风化壳型菱镁矿矿床，成因机制是：超基性岩侵入

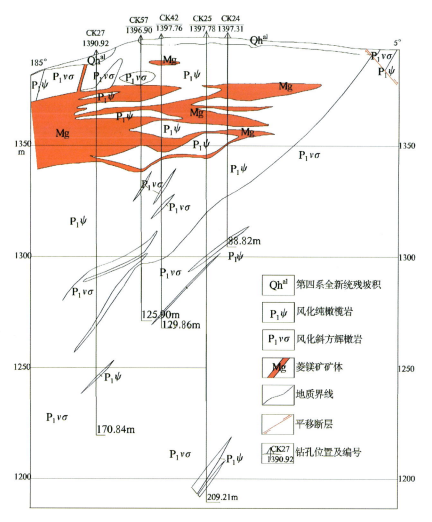

图4-150　察汗奴鲁菱镁矿矿区第1勘探线剖面图

体的上部接近地表部分的蛇纹岩受到含有碳酸的地表水的影响极易发生化学风化作用,引起岩石的分解;含有菱镁矿的地表水沿裂隙渗入地下循环,并在风化壳的孔穴和裂隙中将菱镁矿沉积下来而形成矿床(图 4-151)。

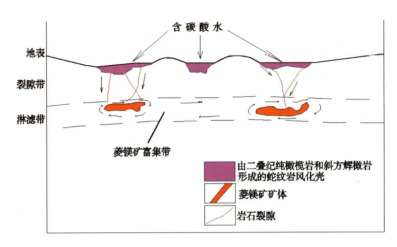

图 4-151 察汗奴鲁式菱镁矿成矿模式图

第五章 Ⅳ级成矿亚带及Ⅴ级矿集区的划分

根据全国矿产资源潜力评价技术要求,本次工作自治区境内Ⅰ级成矿域、Ⅱ级成矿省、Ⅲ级成矿(区)带,统一按照《重要矿产和区域成矿规律研究技术要求》(陈毓川等,2010)及《中国成矿区带划分方案》(徐志刚等,2008)中涉及到的区带名称使用,不再重新划分。为了以后应用方便,对自治区境内的Ⅲ级成矿(区)带从左至右、从上而下,进行了重新编号(从Ⅲ-1到Ⅲ-14)。同时为方便全国及大区汇总组使用,在每个区带后面均备注有全国统一的编号。

本次工作主要在全国统一Ⅲ级成矿区带的基础上,进行Ⅳ级成矿亚带和Ⅴ级矿集区的划分,其中Ⅳ级成矿亚带是全覆盖的。Ⅳ级成矿亚带的边界以明显的地层、构造和岩体及相关的成矿作用为区别标准,具体地区具体分析,如在相同的沉积岩地区,以构造和岩浆岩作为关键性区别标志。

第一节 内蒙古Ⅳ级成矿亚带的划分

内蒙古自治区地处祖国北部边疆,北与蒙古和俄罗斯接壤。经历了漫长的地质构造演化,岩浆活动强烈,蕴藏了丰富的矿产资源,是我国重要的能源、稀土及有色金属基地。

内蒙古自治区横跨古亚洲成矿域(Ⅰ-1)、秦祁昆成矿域(Ⅰ-2)和滨太平洋成矿域(叠加在古亚洲成矿域之上)(Ⅰ-4)三大成矿域,共划分出(涉及到)8个Ⅱ级成矿省和14个Ⅲ级成矿(区)带。

一、Ⅳ级成矿亚带的划分原则

Ⅳ级成矿亚带指受同一成矿作用控制和几个主导控矿因素的矿田(矿集区)分布区,展示了矿化富集区的成矿作用特征。

划分原则:在Ⅲ级成矿(区)带内,在成矿规律研究、成矿系列划分的基础上,根据矿床的分布、成因类型、成矿时代,充分考虑其成矿地质条件,结合区域构造、区域岩浆岩、区域地层等合理划分Ⅳ级成矿亚带。其边界以明显的地层、构造和岩体及相关的成矿作用为区别标准。尽量将同一成矿作用下,主导控矿因素不同,形成的不同类型、不同矿种组合的矿床分布区域,结合地层、侵入岩分布,主要依据各种断裂构造,对其进行合理划分。同时考虑:①Ⅳ级构造单元;②大兴安岭成矿省(Ⅲ-5、Ⅲ-6、Ⅲ-8),受滨太平洋构造域影响,成矿期主要为燕山期,成矿与燕山期火山侵入岩浆活动有关,控矿表现为断隆(前中生代基底)与断坳交接部位、坳中隆及火山机构等,Ⅳ级成矿亚带的划分主要依据火山盆地及隆起;③中西部由于受中生代滨太平洋构造域影响较小,主体继承了古生代以来的构造格局,与东部划分原则有所区别。

Ⅳ级成矿亚带的编号,在Ⅲ级成矿(区)带编号的基础上,后面再加上序号。如Ⅲ-8-①表示Ⅲ-8区带中的一个Ⅳ级成矿亚带,划分多个Ⅳ级成矿亚带时,按照从左至右、从上至下依次编号。

二、Ⅳ级成矿亚带的划分

根据上述原则,对自治区进行了全覆盖的Ⅳ级成矿亚带的划分,共划分出 34 个Ⅳ级成矿亚带(图 5-1)。

图 5-1　内蒙古自治区Ⅲ级成矿(区)带、Ⅳ级成矿亚带划分示意图

第二节　内蒙古Ⅴ级矿集区的划分

一、Ⅴ级矿集区的划分原则

根据《重要矿产和区域成矿规律研究技术要求》,在全国成矿规律图上划分Ⅲ级成矿区、带;省、市、自治区、大区进行Ⅳ级成矿区、带(成矿亚带)及Ⅴ级矿集区或矿田的划分。划分成矿区(带)的级别和序次中规定"矿田,又称Ⅴ级成矿带",认为"在各种控矿条件最佳耦合情况下,在一定区域内一个或多个成

矿旋回叠加作用,可形成矿化强度大、矿床分布集中的矿化密集区"。根据以上对于Ⅴ级矿集区(矿田)的定义,在内蒙古自治区Ⅳ级成矿亚区(带)的基础上,对Ⅴ级矿集区进行划分,具体划分原则如下:

(1)选择已知矿床较密集的地区圈定Ⅴ级矿集区,尽量将同一成矿类型的矿产地圈在一起。

(2)分布面积原则上在$100\sim1000km^2$之间,对于不同类型、不同矿种的矿产地相对集中的地区或同一矿产类型但密集程度较低的分布范围圈定的面积适当放大。

(3)矿集区内必须有已知矿床而不能只是出现矿化异常,原则上只有一个矿产地的地区不圈定矿集区,但对于重要类型的矿产地或超大型矿产地分布地区,沿成矿地质体或矿化异常边界圈定矿集区。

(4)圈定矿集区时,考虑了次级构造线、含矿地质体的分布范围。

二、Ⅴ级矿集区的划分

根据上述原则,共划分Ⅴ级矿集区148个(表5-1)。

表 5-1 内蒙古自治区成矿区带划分表

Ⅰ级成矿单元	Ⅱ级成矿单元	Ⅲ级成矿单元	Ⅳ级成矿单元	Ⅴ级成矿单元	面积(km²)	代表性矿床(点)	全国
Ⅰ-1 古亚洲成矿域	Ⅱ-2 准噶尔成矿省	Ⅲ-1 宽罗塔格-黑鹰山 Cu-Ni-Fe-Au-Ag-Mo-W-石膏-硅灰石-膨润土-煤成矿带	Ⅲ-1-① 黑鹰山-小狐狸山 Fe-Au-Cu-Mo-Cr 成矿亚带(Vm,I)	Ⅴ-1 黑鹰山-流沙山 Fe-Mo 矿集区	471.27	黑鹰山铁矿、流沙山钼金矿、百合山铁矿、碧玉山铁矿、黑山铁矿	Ⅲ-8
				Ⅴ-2 乌珠尔嘎顺-小狐狸山 Fe-Mo 矿集区	646.98	乌珠尔嘎顺铁矿、小狐狸山钼矿、独龙包钼矿鸽矿镍矿	
		Ⅲ-2 磁海-公婆泉 Fe-Cu-Au-Pb-Zn-Mn-W-Sn-Rb-V-U-磷成矿带	Ⅲ-2-① 石板井-东七一山 W-Sn-Rb-Mo-Cu-Fe-Au-Cr-萤石矿成矿亚带(C,V)	Ⅴ-3 三个井-蓼饮水井 Au-Fe 矿集区	495.88	蓼饮水井铁矿、三个井金矿	
				Ⅴ-4 小红山-乌兰赤海 Au-Fe 矿集区	313.15	小红山铁矿磷矿、乌兰赤海硫铁矿	
				Ⅴ-5 东七一山-索索井 W-Mo-Cu-Fe-萤石矿集区	530.93	索索井铁矿多金属矿、七一山钨铜矿、东七一山萤石矿	
			Ⅲ-2-② 阿木乌苏-老硐沟 Au-W-Sb-萤石成矿亚带(V)	Ⅴ-6 阿木乌苏-老硐沟 Au-W-Sb 矿集区	1711.23	老硐沟金多金属矿、阿木乌苏锑钨矿、鹰嘴红山钨矿	Ⅲ-14
				Ⅴ-7 神螺山-玉石山萤石矿集区	766.03	神螺山萤石矿	
	Ⅱ-4 塔里木成矿省		Ⅲ-2-③ 珠斯楞-乌拉尚德 Cu-Au-Ni-Pb-Zn-煤成矿亚带(Pt,V)	Ⅴ-8 珠斯楞海尔雅干 Cu-Pb-Zn-Ni 矿集区	1113.95	亚干铜镍矿、珠斯楞海尔罕铅锌铜多金属矿	
				Ⅴ-9 碱泉子卡休他铁拜金矿集区	990.83	三个井铁矿、碱泉子金矿	
		Ⅱ-14 华北(陆块)Cu-Ni-Pt-Fe-REE-磷-石墨-芒硝盐类成矿省(最西部)	Ⅲ-3-① 碱泉子-卡休他 Au-Cu-Fe-Co 成矿亚带(V)	Ⅴ-10 卡休他铁拜金矿集区	595.75	卡休他铁矿、特拜金矿	
		Ⅲ-3 阿拉善(隆起)	Ⅲ-3-② 龙首山 Cu-Ni-Fe-Zn-REE-石墨-磷成矿亚带(Pt,Nh-Z,V)	Ⅴ-11 桃花拉山 REE 矿集区	610.53	桃花拉山稀土铌矿	
				Ⅴ-12 宽湾井 Fe-磷矿集区	329.59	宽湾井铁矿、哈马胡头沟磷矿、夹沟磷矿、青井子磷矿	
			Ⅲ-3-③ 雅布赖-沙拉西别 Fe-Cu-Pt-萤石-盐类-芒硝成矿亚带(Pt,V,I,Q)	Ⅴ-13 阿拉腾散包萤石-Pt-Fe 矿集区	976.85	哈布达拉尔铁矿、阿拉腾散包萤石矿	Ⅲ-17
				Ⅴ-14 沙拉西别-克布勒 Fe-Cu-萤石矿集区	716.76	克布勒铁矿、巴格尔乌苏铁矿、沙拉西别铜矿、恩格勒萤石矿	
			Ⅲ-3-④ 图兰泰-朱拉扎嘎 Au-盐-芒硝-石膏成矿亚带(Pt,V,Q)	Ⅴ-15 朱拉扎嘎金矿集区	411.81	朱拉扎嘎金矿	
				Ⅴ-16 巴彦乌拉山 Au-芒硝-石膏矿集区	603.81	哈尧尔哈尔矿、乌兰呼都格金矿	

续表 5-1

Ⅰ级成矿单元	Ⅱ级成矿单元	Ⅲ级成矿单元	Ⅳ级成矿单元	Ⅴ级成矿单元	面积（km²）	代表性矿床（点）	全国
	Ⅰ-2秦祁昆成矿域	Ⅱ-5阿尔金-祁连成矿省	Ⅲ-4河西走廊 Fe-Mn-萤石-盐类-回凸棒石-石油成矿带	Ⅲ-4-①闾地拉图 Fe-Mo-Ni 成矿亚带（C, Vm）	Ⅴ-17 闾地拉图 Fe 矿集区	1018.23	喇嘛敖包铁矿，闾地拉图铁矿	Ⅲ-20
				Ⅴ-18 元山子 Mo-Ni 矿集区	702.76	元山子钼镍矿	
Ⅰ-4滨太平洋成矿域（叠加在古亚洲成矿域之上）	Ⅱ-12大兴安岭成矿省	Ⅲ-5新巴尔虎右旗-根河（拉张区）Cu-Mo-Pb-Zn-Ag-Au-萤石-煤（铀）矿带	Ⅲ-5-①莫尔道嘎 Fe-Pb-Zn-Ag-Au 成矿亚带（Pt, V, Y, Q）	Ⅴ-19 乌玛河-吉兴沟砂金矿集区	2567.71	吉兴沟砂金矿，恩和哈达砂金矿，狼贝沟砂金矿，草塘沟砂金矿，乌玛河砂金矿	Ⅲ-47
				Ⅴ-20 吉拉林-西牛尔河砂金-Fe 矿集区	2616.72	干里亚河铁矿，毕拉河铁矿	
				Ⅴ-21 地营子-小伊诺盖沟 Au-Fe 矿集区	778.18	地营子铁矿，小伊诺盖沟金矿	
				Ⅴ-22 下护林-比利亚谷 Pb-Zn-Ag 矿集区	1678.31	下护林铅锌银矿，三河铅锌银矿，三道桥铅锌银矿，比利亚谷铅锌矿	
			Ⅲ-5-②八大关-陈巴尔虎旗 Cu-Mo-Pb-Zn-Ag-Mn 成矿亚带（Y）	Ⅴ-23 八大关-八八一 Cu-Mo 矿集区	1072.64	八大关铜钼矿，八八一铜矿	
				Ⅴ-24 乌努格吐山 Cu-Mo 矿集区	640.90	乌努格吐山铜钼矿	
				Ⅴ-25 甲乌拉-额仁陶勒盖 Ag-Pb-Zn 集区	2541.91	额仁陶勒盖银锰矿，甲乌拉铅锌银矿，查干布拉根铅锌银多金属矿	
			Ⅲ-5-③根河-甘河 Mo-Pb-Zn-Ag 成矿亚带（Y）	Ⅴ-26 岔路口 Mo 矿集区	1962.90	岔路口钼矿	
				Ⅴ-27 外新河-哈达汗 Mo-萤石矿集区	956.54	外新河钼矿，哈达汗萤石矿	
				Ⅴ-28 昆库力旺石山萤石矿集区	2295.24	东山红萤石矿，旺石山萤石矿，昆库力萤石矿	
			Ⅲ-5-④额尔古纳 Au-Fe-Zn-硫-萤石成矿亚带（V, Y）	Ⅴ-29 谢尔塔拉-六一 Fe-Zn-硫铁矿集区	1401.65	谢尔塔拉铁锌矿，红旗沟铅锌矿，七一牧场北山铅锌铜矿，六一硫铁矿，十五里堆硫铁矿	
				Ⅴ-30 四五牧场 Au 矿集区	673.30	四五牧场金矿	
			Ⅲ-5-⑤海拉尔盆地煤-油气成矿亚带（Mz）				

续表 5-1

Ⅰ级成矿单元	Ⅱ级成矿单元	Ⅲ级成矿单元	Ⅳ级成矿单元	Ⅴ级成矿单元	面积（km²）	代表性矿床（点）	全国
Ⅰ-4 滨太平洋成矿域（叠加在古亚洲成矿域之上）	Ⅱ-12 大兴安岭成矿省	Ⅲ-6 东乌珠穆沁旗-嫩江（中强挤压区）Cu-Mo-Pb-Zn-Au-W-Sn-Cr 成矿带	Ⅲ-6-①大杨树-古利库 Au-Ag-Mo 成矿亚带（Y,Q）	V-31 古利库 Au 矿集区	1077.92	古利库金矿	
				V-32 太平沟 Mo-砂矿集区	1040.72	太平沟钼铜矿	
			Ⅲ-6-②罕达盖-博克图 Fe-Cu-Mo-Zn-Pb-Ag-Be 成矿亚带（V,Y）	V-33 八十公里-巴林 Pb-Zn-Cu 矿集区	961.50	八十公里锌铅铜、巴林锌铜银矿	Ⅲ-48
				V-34 梨子山-塔尔其 Fe-Pb-Zn-Ag 矿集区	565.82	梨子山铁银铜铅锌钼矿、塔尔其铜银矿、中道山铁矿、重石山钼钨铜矿	
				V-35 花岗山-二道河 Pb-Zn-Ag-Cu-Mo 矿集区	898.30	花岗山钼铜铅矿、巴升河重晶石、二道河银铅矿	
				V-36 罕达盖-苏呼和 Fe-Cu-REE 矿集区	1222.10	罟秋铁矿、苏呼和铁稀土多金属矿、罕达盖铜铁矿	
				V-37 朝木楞-阿尔哈达 Fe-Sn-Pb-Zn-Ag 矿集区	1467.84	朝木楞铁锡银多金属矿、阿尔哈达铅锌银矿	
				V-38 吉林宝力格-迪安钦阿木 Ag-Mo-Fe-Pb-Zn-Au 矿集区	1134.81	姆哈戈旗陶勒盖铁矿、吉林宝力格银多金属矿、查干敖包金属铅铁银矿、迪安钦阿木钼矿	
				V-39 沙麦 W 矿集区	363.01	沙麦钨矿	
				V-40 奥尤特-巴彦都兰 Cu-Au-Ag 矿集区	742.24	巴彦都兰铜金银多金属矿、奥尤特铜银矿	
			Ⅲ-6-③二连-东乌旗 W-Mo-Fe-Zn-Pb-Au-Ag-Cr 成矿亚带（V,Y）	V-41 小坝梁 Au-Cu 矿集区	726.58	小坝梁铜金矿	
				V-42 贺根山 Cr 矿集区	524.58	赫白区铬铁矿、贺白区铬散拉3756铬铁矿、赫格散拉620铬铁矿	
				V-43 哈达特陶勒盖-沙木尔吉 Pb-Zn-Ag-Cu 矿集区	576.05	沙木尔吉铜铅锌多金属矿、哈达特陶勒盖铅锌银矿	
				V-44 乌兰德勒-准苏吉花 Cu-Mo 矿集区	768.46	准苏吉花铜钼矿、乌兰德勒钼矿	
				V-45 红格尔-乌日尼图 Mo-W-Au 矿集区	389.74	红格尔金矿、乌日尼图钨钼矿	
				V-46 哈拉图庙 Cu-Ni 矿集区	469.98	哈拉图庙铜镍铂矿	

续表 5-1

Ⅰ级成矿单元	Ⅱ级成矿单元	Ⅲ级成矿单元	Ⅳ级成矿单元	Ⅴ级成矿单元	面积（km²）	代表性矿床（点）	全国
			Ⅲ-7-①乌力吉-欧布拉格Cu-Au成矿亚带（Ⅴ）	Ⅴ-47 欧布拉格Cu-Au矿集区	614.91	欧布拉格铜金银矿	Ⅲ-49
				Ⅴ-48 达布迹Ni-Co-Au矿集区	573.01	二八地区金矿、284东金银矿、达布迹镍钴矿	
			Ⅲ-7-②查干此老-巴音杭盖Fe-Au-W-Mo-Cu-Ni-Co成矿亚带（C,V,I）	Ⅴ-49 东加干Fe-Mn矿集区	156.41	呼任西博铁矿、查干浩绕铁矿、新乌素铁矿、东加干锰矿、扎嘎乌苏铁矿	
				Ⅴ-50 查干此老-巴音杭盖Au矿集区	382.14	图古日格金矿、查干此老金矿、巴音杭盖金矿、河西铅锌铜矿	
				Ⅴ-51 查干花Mo-W矿集区	608.80	查干花钼矿	
				Ⅴ-52 额布图Cu-Ni矿集区	790.17	欧布乙铁矿、额布图镍钴矿	
			Ⅲ-7-③索伦山-查干哈达庙Cr-Cu成矿亚带（Ⅴm）	Ⅴ-53 索伦山-乌珠尔Cr矿集区	542.95	索伦山铬铁矿、紫干胡勒铬铁矿、乌珠尔铬铁矿、克兀齐硫铁矿	
Ⅰ-4 滨太平洋成矿域（叠加在古亚洲成矿域之上）	Ⅱ-12 大兴安岭成矿省	Ⅲ-7 白乃庙Fe-Cu-Mo-Pb-Zn-Mn-Cr-Au-Ge-煤-天然碱-芒硝成矿带		Ⅴ-54 巴音花-查干哈达庙Cu矿集区	1126.68	小西滩铁矿、查干哈达金矿、查干哈达庙铜矿、巴音花铜锌矿	
			Ⅲ-7-④苏木查干散包-二连Mn-萤石成矿亚带（Ⅵ）	Ⅴ-55 散包图-苏木查干散包萤石矿集区	635.18	西里庙锰矿、西里庙萤石矿、北敖包吐萤石矿、苏莫查干敖包萤石矿、满提萤石矿	
				Ⅴ-56 白音散包萤石矿集区	589.15	白音脑包萤石矿	
				Ⅴ-57 比鲁甘干Mo矿集区	200.73	必鲁甘干钼矿	
				Ⅴ-58 巴彦哈尔散包Au矿集区	474.74	巴彦哈尔散包金矿、巴彦宝力道金矿、香达铜铜矿	
			Ⅲ-7-⑤温都尔庙-红格尔庙Fe-Au-Cu-Mo成矿亚带（Pt,V,Y）	Ⅴ-59 卡巴-白音散包Fe-Mn矿集区	1123.02	白音散包铁矿、包日汗铁矿、卡巴铁矿、昭哈其克尔铁矿、奔克布呼都铁矿、白音宝力道铁矿、军科锰矿	
				Ⅴ-60 红格尔庙-跃进萤石矿集区	990.54	红格尔哈达铁矿、哈拉散包萤石矿、斯布尔格萤石矿、跃进萤石矿	
				Ⅴ-61 白乃庙-白音车勒Cu-Au-Fe矿集区	1419.05	哈尔哈达铁矿、白音车勒散包铁矿、小敖包铁矿、白云散包铁矿、白乃庙金矿	
				Ⅴ-62 黑沙图萤石矿集区	560.42	黑沙图萤石矿	
				Ⅴ-63 乌花散包-阿贵Fe-Ag-Au矿集区	475.65	阿贵铁矿、乌花散包金矿、西皮金矿	
			Ⅲ-7-⑥白乃庙-哈达庙Cu-Au-萤石成矿亚带（Pt,V,Y）	Ⅴ-64 白乃庙-谷那乌素Cu-Au矿集区	941.25	白音哈达庙铜硫铁铅矿、谷那乌苏铜金银矿钼铜硫铁铜金银矿	
				Ⅴ-65 别鲁乌图Cu矿集区	905.71	别鲁乌图铜硫铁铅锌矿	
				Ⅴ-66 毕力藤-哈达庙Au矿集区	956.92	毕力藤金矿、哈达庙金矿	

续表 5-1

Ⅰ级成矿单元	Ⅱ级成矿单元	Ⅲ级成矿单元	Ⅳ级成矿单元	Ⅴ级成矿单元	面积（km²）	代表性矿床（点）	全国
Ⅰ-4 滨太平洋成矿域（叠加在古亚洲成矿域之上）	Ⅱ-12 大兴安岭成矿省	Ⅲ-8 索伦-翁牛特 Pb-Zn-Ag-Cu-Fe-Sn-REE 成矿带	Ⅲ-8-①索伦镇-黄岗 Fe-Sn-Cu-Pb-Zn-Ag-Ag 成矿亚带(V,Y)	Ⅴ-67 毛登-白音乌拉 Pb-Zn-Sn 矿集区	2507.74	毛登矿银多金属矿、小孤山锡锌多金属矿、白音乌拉铅锌多金属矿	
				Ⅴ-68 拜仁达坝 Pb-Zn-Ag 矿集区	412.30	双山银铅锌铜矿、拜仁达坝铅锌铜银硫铁矿、巴彦乌拉铅锌银矿、维拉斯托铜银铅多金属矿	
				Ⅴ-69 道伦达坝 Fe-Cu-Sn-Pb-Zn-Ag 矿集区	1238.02	小海青铁锡钨矿、道伦达坝铜银钨多金属矿、五十家锌铅锌银铜矿、大坝东沟铅锌银铜多金属矿	
				Ⅴ-70 白音锡勒牧场-桃山萤石-Pb-Zn-Ag 矿集区	1111.16	三七地铅锌钨矿、白音查干铅锌银矿、敖包山铅锌铜银矿、水头萤石矿、桃山萤石矿、白音锡勒牧场萤石矿	
				Ⅴ-71 黄岗梁-同兴 Fe-Sn-Pb-Zn-Ag 矿集区	841.75	黄岗梁铁锡铅锌铜多金属矿、同兴锌银钨矿	
				Ⅴ-72 永隆-曹家屯 Pb-Zn-Ag-Cu-Au 矿集区	1162.13	永隆铁矿、小莫古吐铁锌矿、下地银锌矿、塔黄土金铜矿、曹家屯钼银锌铜矿、永隆铅锌铜矿、大石山铅锌矿、那斯台铅锌矿、贾营子铅锌铜银矿、下地南铅锌银矿、二八地铅锌银矿、黄土梁铅锌银矿、赤沟铅锌铜矿、架子山铅锌矿、哈达吐铅锌银矿	
				Ⅴ-73 珠尔很沟-白音胡硕 Ni-Co 矿集区	730.69	珠尔很沟镍钴矿、白音胡硕镍钴矿	
				Ⅴ-74 张家沟 Cu-Mo-Pb-Zn-Ag 矿集区	1157.07	张家沟铜银矿金矿、沙布楞山铜钼锌矿、查宾敖包铅锌银锡矿、布嘎特乌兰格乌兰铅锌铜矿、东拉格乌兰格铅锌钼铜银矿	
				Ⅴ-75 花敖包特 Pb-Zn-Ag 矿集区	331.30	花敖包特铅锌银硫铁矿	
				Ⅴ-76 扎木钦 Ag-Pb-Zn-Ag 矿集区	1039.09	扎木钦铅锌银矿	

续表 5-1

Ⅰ级成矿单元	Ⅱ级成矿单元	Ⅲ级成矿单元	Ⅳ级成矿亚带	Ⅴ级成矿单元	面积(km²)	代表性矿床（点）	全国
Ⅰ-4 滨太平洋成矿域（叠加在古亚洲成矿域之上）	Ⅱ-12 大兴安岭成矿省	Ⅲ-8 奎泉-翁牛特 Pb-Zn-Ag-Cu-Fe-Sn-REE 成矿带	Ⅲ-8-②神山-大井子 Cu-Pb-Zn-Ag-Fe-Mo-Sn-REE-Nb-Ta-萤石成矿亚带(I,Y)	Ⅴ-77 神山 Fe-Pb-Zn 矿集区	541.05	神山铁铜锌银铅钼矿、四五棵树铁矿	Ⅲ-50
				Ⅴ-78 呼和哈达-马鞍山 Cr-Fe 矿集区	469.06	马鞍山铁矿、呼和哈达铁矿、呼和哈达铬铁矿	
				Ⅴ-79 协林六合屯萤石矿集区	540.33	六合屯萤石矿、协林萤石矿	
				Ⅴ-80 闹牛山-长春岭 Cu-Pb-Zn-Ag 矿集区	330.40	莲花山铜硫铁银铅矿、闹牛山铜银矿、长春岭铅银铜矿	
				Ⅴ-81 孟恩陶勒盖-布敦花 Ag-Cu-Pb-Zn 矿集区	803.32	孔雀山铜铋钴银矿、布敦花铜银矿、金鸡岭铜金银铍铁矿、查干楚鲁锡铅锌、孟恩盖银铅矿、毛呼都格铅银矿、牧场铅银矿	
				Ⅴ-82 巴尔哲（八○一）Nb-Ta-REE 矿集区	517.67	八○一稀土铌锆矿	
				Ⅴ-83 石长温都尔-敖林达 Pb-Zn-Ag-Cu 矿集区	617.72	石长温都尔银铅锌矿、敖林达铅锌铜矿	
				Ⅴ-84 敖仑花 Cu-Mo-Pb-Zn-萤石矿集区	508.17	敖仑花铜钼矿、乌兰坝衣场铅矿、富铬屯萤石矿	
				Ⅴ-85 巴彦包包温都尔包力高-阿根他拉 Cu-Fe 矿集区	258.30	阿根他拉铜铁矿、巴彦包包温都尔包力高铜矿	
				Ⅴ-86 浩布高-哈布特盖 Pb-Zn-Ag 矿集区	1321.57	乃林坝铁矿、敖脑达巴铜铅矿、呼赉浑迪锌铅银矿、特尼格尔图铝铅锌矿、浩布高铅锌铜矿、乃林坝铅锌铜银矿、榆林锌铅银铁铜矿、继兴铅锌铜银矿、双尖子山铅锌银矿、小北沟铝锌银矿	

续表 5-1

Ⅰ级成矿单元	Ⅱ级成矿单元	Ⅲ级成矿单元	Ⅳ级成矿单元	Ⅴ级成矿单元	面积（km²）	代表性矿床（点）	全国
Ⅰ-4 滨太平洋成矿域（叠加在古亚洲成矿域之上）	Ⅱ-12 大兴安岭成矿省	Ⅲ-8 突泉-翁牛特 Pb-Zn-Ag-Cu-Fe-Sn-REE 成矿带	Ⅲ-8-②神山-大井子 Cu-Pb-Zn-Ag-Fe-Mo-Sn-REE-Nb-Ta-萤石成矿亚带（I,Y）	Ⅴ-87 白音诺尔-乃林坝 Pb-Zn-Cu-Fe 矿集区	338.48	小井子铜铅锌矿、白音诺尔锌铅银矿、坤兑铅锌银铜矿、收发地铅锌矿、哈拉白旗铅锌铜矿、二道营子铅锌钼铜矿	Ⅲ-50
				Ⅴ-88 小西沟-阿贵浑德伦 Ag-Pb-Zn 矿集区	499.49	骆驼场金银矿、琥珀沟铅锌矿、哈拉白旗铜铅金银矿、马场铅锌银矿、杨家营子铅锌矿、后卜河铅锌银矿、小西沟铅锌银矿、阿贵浑德伦铅锌银矿	
				Ⅴ-89 喇嘛罕山-潘家段 Cu-Pb-Zn 矿集区	67.11	潘家段铜铅锌矿、喇嘛罕山锌铅银钼矿	
				Ⅴ-90 驼峰山-扁扁山 Ag-Pb-Zn-Cu-磷矿集区	187.36	龙头山银铅锌矿、三楞子山锌铅铜银矿、扁扁山铅锌铜金矿、驼峰山硫铁铜矿	
				Ⅴ-91 诺尔盖-羊场 Cu-Pb-Zn-Ag-萤石矿集区	315.40	幸福之路铜铅银矿、羊场铜铅锌银矿、诺尔盖铅锌矿、罗布格铅锌矿、苏达勒萤石矿	
				Ⅴ-92 大井子 Cu-Pb-Zn-Ag-Sn 矿集区	484.85	大井子铜银铅锌矿、徐家营子铅锌银矿、沙龙沟铅锌银矿、沙布台北山铅锌矿、大井西山根铅锌银铜矿、大新铅锌银铜矿、大井平北锡铜锌矿	
			Ⅲ-8-③卯都房子-毫义哈达 W-Pb-Zn-Cr-萤石成矿亚带（V,Y）	Ⅴ-93 毫义哈达-毛汰山 W-Au 矿集区	199.68	毛汰山区岩金矿、毫义哈达钨矿	
				Ⅴ-94 石匠山-达盖滩萤石矿集区	144.58	石匠山萤石矿、达盖滩萤石矿	

第五章　Ⅳ级成矿亚带及Ⅴ级矿集区的划分

续表 5-1

Ⅰ级成矿单元	Ⅱ级成矿单元	Ⅲ级成矿单元	Ⅳ级成矿单元	Ⅴ级成矿单元	面积（km²）	代表矿床（点）	全国
Ⅰ-4滨太平洋成矿域（叠加在古亚洲成矿域之上）	Ⅱ-12大兴安岭成矿省	Ⅲ-8突泉-翁牛特Pb-Zn-Ag-Cu-Fe-Sn-REE成矿带		Ⅴ-95小东沟-大黑山Mo-Fb-Zn-Cu-Ag矿集区	341.29	大黑山铁矿、广义德铜锌矿、柳条沟钼矿、小东沟铜矿、二道沟铅锌银铬铁矿	
				Ⅴ-96铜子-七分地Pb-Zn-Ag矿集区	344.75	七分地铅锌银矿、铜子锌铅银铜矿、大座子山铅银矿	
			Ⅲ-8-④小东沟-小营子Mo-Pb-Zn-Cu成矿带(Vm,Y)	Ⅴ-97余家窝铺-二道沟Cu-Pb-Zn-Ag矿集区	550.68	武家沟金银矿、荷尔乌苏锌银矿、小营子铅锌银矿、毕家营子铅锌银矿、天桥沟铅锌银矿、炮手营子铅锌银硫铁矿、余家窝铺锌银铜矿、大新铅锌矿、青石洞子西铅锌铜矿、观音堂铅锌矿、兴隆地铅锌银铜矿、西水泉铅锌矿、和页匆苏铅锌银矿、香房地铅锌银矿、九分地锌铅银矿、黄花沟锡矿、银铜矿、四梭子山锌铅银矿、二道沟锡矿	
				Ⅴ-98官地-敖包山Au-Ag矿集区	389.04	官地金银矿、敖包山银金铅矿、四梭子山银锰矿、青山银金矿、温德沟银矿、二台营子村金矿、啷嗦沟金矿	
				Ⅴ-99鸡冠山-关家营Cu-Pb-Zn-Mo矿集区	345.87	关家营钼铜铅矿、鸡冠山锌铜矿、敖包山锌铅铜矿	
Ⅰ-4滨太平洋成矿域（叠加在古亚洲成矿域之上）	Ⅱ-13吉黑成矿省	Ⅲ-9松辽地石油-天然气-铀成矿区	Ⅲ-9-①通辽科尔沁盆地煤-油气成矿亚带(Mz)				Ⅲ-51
			Ⅲ-9-②库里吐-汤家杖子Mo-Cu-Pb-Zn-W-Au成矿亚带(Vm,Y)	Ⅴ-100白马石沟Cu-Au-Mo矿集区	83.11	白马石沟铜钼金矿、鸭鸡山铜矿、库里吐钼矿	
				Ⅴ-101撰山子-各力各Au-Ag矿集区	730.21	霍家沟铁矿、各力各金矿、撰山子金银矿、中井金银矿、毛头山兴金矿、后公地铅锌银矿	
				Ⅴ-102老西沟-六道沟Au-Ag-Cu-萤石矿集区	340.64	六道沟金银矿、老西沟铜矿、白杖子萤石矿	
				Ⅴ-103土城子-头道沟Fe矿集区	203.62	头道沟铁矿、房框沟铅矿、土城子铁矿	
				Ⅴ-104汤家杖子-哈拉火烧Fe-W-Cu-Pb-Zn矿集区	287.77	哈拉火烧铁矿、苏斯沟锌铅矿、卧力吐铅锌银铜矿、赵家湾钨矿	

续表 5-1

I级成矿单元	II级成矿单元	III级成矿单元	IV级成矿单元	V级成矿单元	面积(km²)	代表性矿床(点)	全国
I-4 滨太平洋成矿域（叠加在古亚洲洲成矿域之上）	II-14 华北成矿省	III-10 华北陆块北缘东段 Fe-Cu-Mo-Pb-Zn-Au-Ag-Mn-U-磷-煤-膨润土成矿带	III-10-①内蒙古隆起东段 Fe-Cu-Mo-Pb-Zn-Au-Ag成矿亚带(Ar,Y)	V-105 车户沟-后塔子铜、钼矿集区	903.60	车户沟铜钼银矿、胡彩沟铜矿、四道沟钼铜矿、后塔子铜矿、车户沟三区钼铜矿	III-57
				V-106 索虎沟-柴火栏子 Au-Ag-Fe矿集区	732.23	上窝铺铁矿、石灰窑沟铁矿、于家沟金矿、索虎沟金矿、石人沟铁矿、台音波罗大西沟金矿、官村沟金银矿、柴火栏子金矿、莲花山金银矿、红花沟金银矿、梨树沟金银矿、徐家窑子金矿、彭家营金矿、柴胡栏子金银矿、石板沟金矿、聂家营子金银矿、红花沟86号金银矿、白羊沟铅锌银矿	
				V-107 樱桃沟-明干山 Au-Ag-Cu-Fe矿集区	462.53	塘水铁矿、安家营子金自然铜硫银矿、蟾山金矿、鸽子洞金银矿、鸡冠子山金银硫铁矿、南湾子金银矿、饮马处金铜银硫铁矿、长桌金铜矿、樱桃沟金银矿、乃林沟金矿、线沟金铜矿、明干山铜矿、八家沟金银钼矿、七分二金银矿、八家寨硫铁矿	
				V-108 大西沟-山河达 Mo-Cu-萤石矿集区	536.72	福合元铜钼矿、山河达铜钼铁矿、大西沟萤石矿	
				V-109 陈家杖子 Au-Cu-Mo-Fe矿集区	119.85	二道沟铁矿、陈家杖子金铜铅矿、北毛扎子铜钼矿	
				V-110 张家营子-耿家营子 Fe-Au矿集区	289.03	曲家梁铁矿、杀牛沟铁矿、西冶铁矿、王家窝铺铁矿、佰沟子铁矿、杨树沟铁矿、张家营子铁矿、霍家铁矿、东北沟铁矿、头道沟铁矿、长青铁矿、耿家营子金矿、热水金矿、王家营子铁矿	
				V-111 黄金梁-东风 Au-Fe矿集区	1024.83	西箭铺铁矿、杨树沟铁矿、五官营子铁矿、七家铁矿、丛家窝铺铁矿、胡墩楼铁矿、十八台铁矿、哈拉文洞铁矿、东风金矿	
				V-112 金厂沟梁 Au-Fe矿集区	965.63	金厂沟梁金矿、下湾子铁-硫铁矿、兰杖子铁矿、马家楼铁矿、丰山金矿、敖包山铁矿、牛夕河铁矿、胡头沟金矿、卧牛沟铁矿、黄金沟金银矿、徐北沟铁矿、芦家地钼铜矿、水泉屯铁矿	
				V-113 南湾子-长岭 Fe-Pb-Zn矿集区	349.62	南湾子铁矿、四椤山铁矿、对面沟铜钼矿、青龙山铜矿、长岭山铅锌矿	

第五章 Ⅳ级成矿亚带及Ⅴ级矿集区的划分

续表 5-1

Ⅰ级成矿单元	Ⅱ级成矿单元	Ⅲ级成矿单元	Ⅳ级成矿亚带	Ⅴ级成矿单元	面积（km²）	代表性矿床（点）	全国
Ⅰ-4滨太平洋成矿域(叠加在古亚洲成矿域之上)	Ⅱ-14华北陆块北缘成矿省	Ⅲ-11华北陆块北缘西段Au-Fe-Nb-REE-Cu-Pt-Zn-Ag-Ni-P-W-石墨-白云母成矿带	Ⅲ-11-①白云鄂博-商都Au-Fe-Nb-REE-Cu-Ni成矿亚带(Ar₃,Pt,V,Y)	Ⅴ-114白云鄂博Fe-REE-Au矿集区	566.28	白云鄂博铁稀土矿、赛乌素金矿、比鲁特金矿、白云鄂博北金矿、白云鄂都拉哈稀土铌矿	Ⅲ-58
				Ⅴ-115克布Cu-Ni-Fe矿集区	158.36	乌兰赤老铁矿、克布镍铜钴矿	
				Ⅴ-116浩尧尔忽洞-双胜美Au-Fe-磷-萤石矿集区	939.97	后石兰哈达铁矿、东印壕铁矿、希三壕铁矿、前大旗铁矿、张三壕铁矿、浩尧尔忽洞金矿、乌花朝鲁金矿、双胜美金银矿、布龙图磷矿、西大旗磷矿、巴音哈太萤石矿	
				Ⅴ-117合教Fe矿集区	378.72	陈大壕铁矿、杨六汊卜铁矿、张三壕铁矿、教敖铁矿、那浪浪图铁矿、门格图铁矿、同太永铁矿、老羊壕金矿	
				Ⅴ-118黑脑包-翁公山Fe矿集区	555.21	黑脑包铁矿、高腰海铁矿、灰板申铁矿、翁公山铁矿、毛忽洞铁矿、黑脑包外围铁矿	
				Ⅴ-119黄花滩-小南山Cu-Ni-Fe矿集区	897.27	宫胡洞铜矿、小南山镍银矿、土脑包镍钴铜矿	
				Ⅴ-120头沟地-郝家沟Fe-Au-Ag-萤石矿集区	993.77	白土堡子铁矿、黑毛湾铁矿、头股地铁矿、谢家村金银矿、郝家沟萤石矿	
				Ⅴ-121迭布斯格Fe矿集区	320.14	克林哈达铁矿、沃林呼都格铁矿、查泮陶勒盖铁矿、伊克乌苏东铁矿、叠布斯格铁矿	
				Ⅴ-122盖沙图Cu矿集区	91.19	盖沙图铜矿	
			Ⅲ-11-②狼山-渣尔泰山Pb-Zn-Au-Fe-Cu-Pt-Ni-硫成矿亚带(Ar₃,Pt,V)	Ⅴ-123炭窑口-东升庙硫-Pb-Zn-Cu矿集区	338.65	炭窑口锌铅铜磷硫铁银铁铅锌铁铜铁矿	
				Ⅴ-124霍各乞Cu-Fe-Pb-Zn-Au硫矿集区	221.85	霍各乞铜铅锌铁银银铁矿	
				Ⅴ-125对门山-罕乌拉Pb-Zn-Au硫矿集区	302.43	呼鲁斯太铁矿、罕乌拉金银矿、对门山硫铁矿	
				Ⅴ-126翁根山-公忽洞Fe矿集区	575.82	哈亚胡同铁矿、南场村铁矿、石哈河南铁矿、莫忙内铁矿、翁根山东铁矿、淖尔兔铁矿、公忽洞铁矿、杨家店铁矿、格卡盆铁矿	
				Ⅴ-127甲生盘Fe-Pb-Zn-硫矿集区	668.68	书记沟铁矿、扎板内铁矿、红壕铁矿、龙阁庙铁矿、联进铁矿、大白山铅锌银矿、甲生盘锌铅硫矿、山片沟硫铁矿	

续表 5-1

I级成矿单元	II级成矿单元	III级成矿单元	IV级成矿单元	V级成矿单元	面积（km²）	代表性矿床（点）	全国
I-4 滨太平洋成矿域（叠加在古亚洲成矿域之上）	II-14 华北成矿省	III-11 华北陆块北缘西段 Au-Fe-Nb-REE-Cu-Pb-Zn-Ag-Ni-Pt-W-石墨-白云母成矿带	III-11-③固阳-白银查干Au-Fe-Cu-Pb-Zn-石墨成矿亚带(Ar₃,Pt)	V-128 邬二湾-乔二沟 Fe-Mn 矿集区	758.66	东五分子铁矿、王成沟铁矿、哈不沁铁矿、哈不气铁矿、二兰沟铁矿、乔二沟铁矿、四五份子铁矿、阴圪捞铁矿、马虎沟铁矿、苏独仑泉胜沟铁矿、白山沟铁矿、万岭沟铁矿、邬二湾铁矿、乔二沟锰矿、六大股沟铁矿、东五分子锰矿	
				V-129 十八顷蒙 Au 矿集区	847.33	公巨成铁矿、兴茂蒙矿、东五分子金矿、十八顷蒙金矿、脑包金矿、木泉分子金矿、梁前金矿、上十二份子金矿	
				V-130 公益明-车铺渠 Fe 矿集区	802.65	车铺渠铁矿、汗海子铁矿、公益明铁矿	
				V-131 三合明 Fe-Au 矿集区	1320.75	下岗岗铁矿、青灰洞铁矿、太和村铁矿、三合明铁矿、前哈忽洞铁矿、黄合少铁矿、小南沟铁矿、公忽洞铁矿、乌拉陶勒盖铁矿、湾而兔铁矿、中岔壕铁矿、德尔斯太沟铁矿、大井村金矿、东毛金矿、小元山铁矿	
				V-132 阳坡-银宫山 Au-Fe-Cu-Pb-Zn 矿集区	631.37	下地铁矿、库伦图铁矿、高台金矿、公洞金铜银矿、银宫山金矿、正南房铜铁矿、阳坡铅锌矿	
				V-133 新地沟 Au-Fe 矿集区	147.33	盘羊山铁矿、新地沟金矿	
			III-11-④乌拉山-集宁 Fe-Au-Ag-Mo-Cu-Pb-Zn-石墨-白云母成矿亚带(Ar₁₋₂,I,Y)	V-134 大梁村-北地 Fe 矿集区	261.40	大九号铁矿、北地铁矿、罗珠村铁矿、石层坝铁矿、土圐圙铁矿、大梁村铁矿	
				V-135 贾格尔其庙 Fe 矿集区	638.76	点力斯太铁矿、乌落托盖沟铁矿、沃吉高勒铁矿、达拉盖沟铁矿、湾兔沟铁矿、当中沟铁矿、点斯勒斯太铁矿、五台沟铁矿、白石头铁矿、海流派斯铁矿、温图铁矿、架子山铁矿、乌流不浪铁矿、白彦花铁矿、白山-架山铁矿、乌日兔铁矿、泥日图铁矿、公洞都铁矿、何家店铁矿、黄土窑铁矿、邵北铁矿、贾格尔其庙铁矿、西沙德盖钼矿	

续表 5-1

Ⅰ级成矿单元	Ⅱ级成矿单元	Ⅲ级成矿单元	Ⅳ级成矿单元	Ⅴ级成矿单元	面积（km²）	代表性矿床（点）	全国
Ⅰ-4 滨太平洋成矿域（叠加在古亚洲成矿域之上）	Ⅱ-14 华北成矿省	Ⅲ-11 华北陆块北缘西段 Au-Fe-Nb-REE-Cu-Pb-Zn-Ag-Ni-Pt-W-石墨-白云母成矿带	Ⅲ-11-④乌拉山-集宁 Fe-Au-Ag-Mo-Cu-Pb-Zn-石墨-白云母成矿亚带（Ar₁₋₂,J,Y）	Ⅴ-136 乌拉山 Au-Fe 矿集区	348.54	陈四窑子铁矿、哈德门沟铁矿、劳贵沟铁矿、乌拉山金矿、甲浪沟金钼矿	
				Ⅴ-137 乔圪气 Fe 矿集区	558.91	榆树沟铁矿、乔圪气铁矿、甲石兔铁矿、叶贝沟铁矿、凤凰山铁矿、香柏沟铁矿、邦郎沟铁矿、阿木多沟铁矿、小北沟铁矿、梅峰山铁矿、柳林沟铁矿	
				Ⅴ-138 壕赖沟 Fe 矿集区	158.62	山河原沟铁矿、乱石架-后海流铁矿、壕赖沟铁矿	
				Ⅴ-139 六分子-小耗赖 Fe 矿集区	728.50	小耗赖铁矿、梅令沟铁矿、大地渠铁矿、白银铜铁矿、温席挖兔铁矿、十五号铁矿、六顶帐铁矿、毡房窑子铁矿、桂家村铁矿、前大地渠铁矿、老营河铁矿、后全乌骨铁矿、杨树坝铁矿、后石头沟铁矿、白石头沟铁矿、盆沁铁铜矿、后石腮忽洞铁矿、文圪乙铁磷矿、四益昌铁矿、马连壕铁矿、后石花铁矿、六分子铁矿、白壕沟铁矿、乌兰乌素铁矿、西二分子铁矿	
				Ⅴ-140 东伙房-东河子西 Au-Ag-Fe 矿集区	1663.74	头号铁矿、哈不庆铁矿、稍林沟铁矿、大沟里铁矿、潘家沟银铅矿、营公山银铅锌矿、奎素金银矿、二道沟金矿、哈拉汉板金矿、摩天岭金矿、东伙房金银铜矿、棋盘沟金矿、泡牛坡金矿、常福龙金矿、后达赖沟金银矿、南泉子金矿、瓦窑村矿	
				Ⅴ-141 盘路沟-白银木浪磷-Fe 矿集区	1483.07	东河子西铁矿、白银木浪铁矿、乌兰铁矿、梨花铁矿、小南沟金矿、东河子金矿、盘路沟磷矿	

续表 5-1

Ⅰ级成矿单元	Ⅱ级成矿单元	Ⅲ级成矿单元	Ⅳ级成矿单元	Ⅴ级成矿单元	面积（km²）	代表性矿床（点）	全国
Ⅰ-4 滨太平洋成矿域（叠加在古亚洲成矿域之上）	Ⅱ-14 华北成矿省	Ⅲ-11 华北陆块北缘西段 Au-Fe-Nb-REE-Cu-Pb-Zn-Ag-Ni-Pt-W-石墨-白云母成矿带	Ⅲ-11-④乌拉山-集宁 Fe-Au-Ag-Mo-Cu-Pb-Zn-石墨-白云母成矿亚带（Ar₁₋₂,I,Y）	Ⅴ-142 李清地-曹四天 Mo-Pb-Zn-Ag-矿集区	2412.78	三道沟铁矿、大西沟铁矿、九龙湾银铅锌矿、李清地银铅锌锰矿、驼盘金矿、大苏计钼矿、曹四天钼矿、老松窑磷矿、三道沟磷稀土铁矿、旗杆梁稀土磷矿	
				Ⅴ-143 九沟-四道沟 Fe 矿集区	1046.73	赶牛沟铁矿、沟掌村铁矿、红花沟铁矿、北京沟铁矿、四道沟铁矿、店子镇铁矿、五道沟铁矿、常顺沟铁矿、马安舒铁矿、西连沟铁矿、清家窑铁矿、白红沟铁矿、唐爷沟铁矿、喇嘛营铁矿、王掌沟铁矿、旧马屯铁矿、三岔口铁矿、西沟门铁矿、八龙山铁矿、桦树坡铁矿、红石崖铁矿、南沟铁矿、角来沟铁矿、老柳沟铁矿、对九沟铁矿	
		Ⅲ-12 鄂尔多斯西缘（陆缘坳褶带）Fe-Pb-Zn-磷-石膏-芒硝成矿带		Ⅴ-144 正目观磷矿集区	233.16	正目观磷矿、南寺磷矿、崔子岔磷矿	Ⅲ-59
				Ⅴ-145 代兰塔拉 Pb-Zn-Ag-Fe 矿集区	483.24	骆驼山铁矿、代兰塔拉铅锌银矿、其日格铅锌铁矿、那伦布拉格银锌矿	
				Ⅴ-146 马斯亥沟-哈龙拐 Fe 矿集区	323.18	察干郭勒铁矿、贺玉树铁矿、千里沟口铁矿、采台山铁矿、哈布其盖铁矿、马斯亥斯铁矿	
		Ⅲ-13 鄂尔多斯（盆地）U-石油-天然气-煤-盐类成矿区		Ⅴ-147 城坡铝土矿集区	132.70	城坡铝土矿、焦稍沟铝土矿	Ⅲ-60
		Ⅲ-14 山西（断隆）Fe-铝土矿-石膏-煤-煤层气成矿带		Ⅴ-148 榆树湾硫铁矿-煤矿集区	103.07	戚家沟硫铁矿、房塔沟硫铁矿	Ⅲ-61

第六章 重要Ⅲ级成矿区带成矿特征及其演化

第一节 觉罗塔格-黑鹰山 Cu-Ni-Fe-Au-Ag-Mo-W-石膏-硅灰石-膨润土-煤成矿带(Ⅲ-1)

该成矿带位于北山成矿远景区北部,呈近东西向分布,北与蒙古毗邻。属于古亚洲成矿域(Ⅰ-1)准噶尔成矿省(Ⅱ-2)。

一、区域成矿地质背景

本区构造单元属于天山-兴蒙造山系(Ⅰ)额济纳旗-北山弧盆系(Ⅰ-9),成矿带区域地质矿产特征见图6-1。

该成矿带分布于明水-旱山地块北侧,为从奥陶纪到泥盆纪长期发育的岛弧和弧内、弧前陆坡盆地等构造环境的一个构造单元。奥陶系咸水湖组为以安山岩为主的安山岩-英安岩-流纹岩等钙碱性火山岩、火山碎屑岩,该火山弧两侧则为罗雅楚山组浅-次深海相的陆缘斜坡性质的细砂岩-粉砂岩-硅质岩建造、笔石页岩建造。志留纪早期为圆包山组陆棚相砂岩-粉砂岩-泥页岩建造,中晚期则为以公婆泉组安山岩为主的安山岩、英安岩、流纹岩等陆缘火山弧的喷溢活动,弧前陆坡盆地为中上志留统碎石山组浅-半深海相砂岩、粉砂岩、粉砂质泥岩夹硅质岩岩石组合。泥盆纪继承了志留纪火山活动特点,但火山-沉积范围较志留纪大为缩小。岛弧火山岩为雀儿山组安山玄武岩、安山岩、流纹岩、凝灰熔岩岩石组合。

石炭纪为陆缘火山弧和弧内盆地沉积环境。火山弧白山组为安山岩、英安岩、流纹岩、流纹质、英安质凝灰岩岩石组合。弧内盆地绿条山组为长石砂岩、粉砂岩、粉砂质泥岩夹灰岩岩石组合。同期发育有俯冲岩浆杂岩(TTG)岩石构造组合,还出现有蛇绿岩组合的超基性岩、辉长岩、角闪辉长岩等。

二叠纪仍为陆缘弧环境,发育有中二叠统金塔组英安岩、流纹岩、大理岩岩石组合和俯冲型靠海一侧的TTG岩石构造组合。上二叠统出现陆相火山岩。早侏罗世本区出现伸展构造环境,局部见有后造山岩浆杂岩。

本成矿带岩浆活动强烈,侵入岩分布广泛,从深成相到浅成相,从超基性岩、基性岩到中性岩、酸性岩均有分布,其中以中酸性侵入岩为主,形成时代主要为石炭纪和二叠纪,其分布受区域构造控制,总体上呈近东西向带状展布。

本成矿带主控断裂为近北西—北西西向展布的甜水井-六驼山区域性深大断裂带,该断裂带由多组互相平行向北逆冲断层、劈理带、韧性剪切带等构造形迹组成,形成由强弱变形域交织而成的宽度达数千米乃至数十千米的构造网络带,断裂延伸方向与地层的走向相近。断裂带在区域重、磁场中为场的分界线或梯度带。

二、区域成矿规律

目前该成矿带已知有黑鹰山、碧玉山铁矿,乌珠尔嘎顺铁铜矿床,流沙山斑岩型钼矿床,小狐狸山钼铅锌矿。

本成矿带志留纪—泥盆纪岛弧火山建造具备形成斑岩铜矿的有利背景；石炭纪—二叠纪具备形成海相火山沉积铁矿、热液型铜矿的有利背景；中生代古陆壳活化重熔型花岗岩具有形成钨钼金属矿的有利背景。

1. 空间分布规律

成矿带内成型的矿床数量不多，主要为铁矿和钼矿。黑鹰山式海相火山岩型铁矿目前发现5处矿床、矿点，集中分布在黑鹰山—甜水井地区，与具陆缘弧性质的下石炭统白山组火山岩密不可分。斑岩型钼矿有流沙山钼矿和小狐狸山钼矿，形成于晚海西期和印支期，目前仅各发现1处矿床。此外分布有较多的铜矿（化）点，多与奥陶纪、志留纪岛弧火山岩关系密切。

2. 时间分布规律

本区成矿时代集中于海西期和印支期。黑鹰山海相火山岩型铁矿 Sm-Nd 等时线年龄为 322.0 ± 4.3Ma（聂凤军等，2005），额勒根斑岩型钼铜矿辉钼矿 Re-Os 等时线年龄为 332.0 ± 9.0Ma（聂凤军等，2005）。流沙山钼金矿两件角闪石的 K-Ar 表面年龄值分别为 261 ± 3Ma 和 262 ± 4Ma，辉钼矿 Re-Os 等时线年龄为 260 ± 10Ma（聂凤军等，2002）。

小狐狸山斑岩型钼矿辉钼矿 Re-Os 模式年龄加权平均值为 213.2 ± 4.6Ma，与成矿关系密切的花岗斑岩的 LA-ICP-MS 锆石 U-Pb 年龄为 216.9 ± 0.5Ma，成矿期为印支期。

3. 主要控矿因素

1）构造背景对成矿的控制作用

北山石炭纪—二叠纪陆缘火山弧控制了海相火山岩型铁矿（黑鹰山式）、与侵入杂岩体有关矽卡岩型铁矿（乌珠尔嘎顺式）、斑岩型钼铜矿（额勒根式）的分布。深大断裂带及其次级断裂为岩浆热液成矿提供了通道及富集空间，特别是其次一级断裂构造的交会部位是金属矿床（点）产出的有利部位。

印支期本区处于板内构造发育阶段，表现为板内伸展环境，含矿岩体沿断裂侵位从而形成小狐狸山钼铅锌矿。

2）岩浆对成矿的控制作用

石炭纪中酸性火山活动强烈，形成与海相火山岩相关的黑鹰山铁矿床。晚期大规模海西期中酸性岩浆侵位，形成矽卡岩型铁铜矿（乌珠尔嘎顺）、斑岩型额勒根钼铜矿床。

流沙山钼金矿床是海西期构造岩浆活动的产物，矿体的空间展布形态明显受环状裂隙的控制，矿床类型为与花岗岩有关的热液成因钾长石-石英脉型矿床，资料表明（聂凤军等，2002）中酸性岩浆 $\varepsilon Nd(t)=2.74\sim10.89$，均为正值，推断含钼金中酸性岩浆来源于年轻幔源物质的重熔。

印支期酸性—超酸性铝过饱和花岗岩是小狐狸山钼铅锌矿含矿母岩。

4. 成矿物质演化

成矿物质的变化一般与成因类型关系密切。海相火山岩型黑鹰山铁矿金属矿物多为磁铁矿、赤铁矿、穆磁铁矿等，相对比较单一，并形成富矿体。矽卡岩型铁矿多为铁多金属矿，如乌珠尔嘎顺铁铜矿。

三、矿床成矿系列划分

按照成矿系列划分的原则（陈毓川等，1998，2006），本成矿区带成矿系列划分见表6-1。

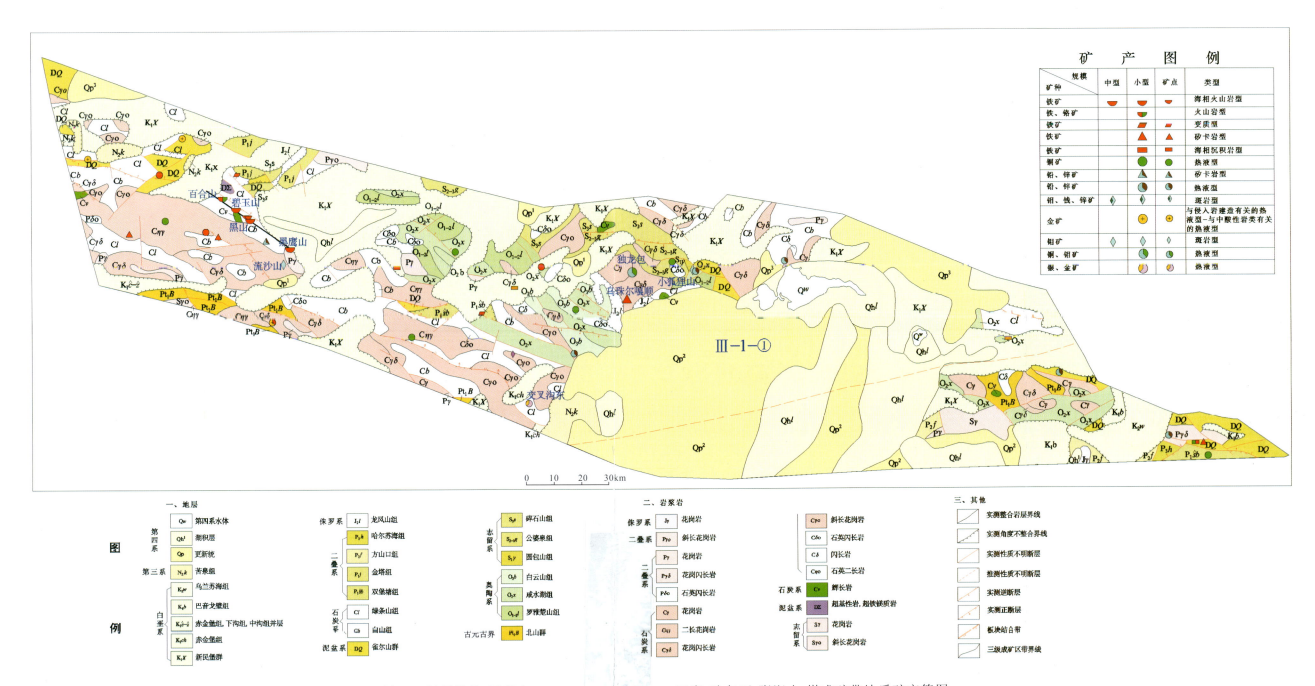

图6-1 觉罗塔格-黑鹰山Cu-Ni-Fe-Au-Ag-Mo-W-石膏-硅灰石-膨润土-煤成矿带地质矿产简图

第六章 重要Ⅲ级成矿区带成矿特征及其演化

表 6-1 内蒙古自治区重要Ⅲ级成矿带矿床成矿系列划分一览表

矿床成矿系列及编号	矿床成矿亚系列	成矿元素	矿床	类型	矿床式	成矿时代
Ⅲ-1 宽罗塔格-黑鹰山 Cu-Ni-Fe-Au-Ag-Mo-W-石膏-硅灰石-膨润土-煤成矿带（Ⅲ-8）						
小狐狸山与印支期中酸性花岗岩活动有关的 Mo,Pb,Zn 矿床成矿系列 Mz_1-01	与海西期中酸性岩浆活动有关的 Mo,Cu,Fe,Pb 矿床成矿亚系列 Pz_2-01a	钼,铅,锌	小狐狸山	斑岩型	小狐狸山式	小狐狸山：LA-ICP-MS 锆石 U-Pb 年龄 216.9±0.5Ma；辉钼矿 Re-Os 模式年龄加权平均值为 213.2±4.6Ma
黑鹰山-乌珠尔嘎顺与海西期超基性-基性-中酸性岩浆活动有关的 Fe,Cu,Mo,Pb,Cr 矿床成矿系列 Pz_2-01		钼,铜	额勒根,流沙山	斑岩型	额勒根式	额勒根：辉钼矿 Re-Os 532.0±9.0Ma；流沙山：角闪石 K-Ar 表面年龄值为 261±3Ma 和 262±4Ma，辉钼矿 Re-Os 同位素等时线年龄≥60±10Ma
		铁,铅,铜	乌珠尔嘎顺	接触交代型	乌珠尔嘎顺式	晚石炭世（花岗岩类）
	与石炭纪海底火山喷发有关的 Fe 矿床成矿亚系列 Pz_2-01b	铁	黑鹰山,碧玉山	海相火山岩型	黑鹰山式	Sm-Nd 等时线年龄为 322.0±4.3Ma（黑鹰山）
	与海西期超基性岩浆有关的 Cr 矿床成矿亚系列 Pz_2-01c	铬,铁	百合山	岩浆型	百合山式	石炭纪
Ⅲ-2 磁海-公婆泉 Fe-Cu-Au-Pb-Zn-W-Sn-Rb-V-U-磷成矿带（Ⅲ-14）						
七一山-鹰嘴红山与燕山期中酸性岩浆活动有关的 W,Mo,Sn,Sb 矿床成矿系列 Mz_2-01		钨,钼,锡	七一山,鹰嘴红山	热液型	七一山式	燕山早期（钠长石化花岗岩）
		锑	阿木乌素	低温热液脉型	阿木乌素式	早白垩世（二长花岗岩）
索索井与印支期中酸性花岗岩有关的 Fe 矿床成矿系列 Mz_1-02		铁	索索井	矽卡岩型	索索井式	三叠纪（钾长花岗岩，斑状花岗岩）

续表 6-1

矿床成矿系列及编号	成矿元素	矿床	类型	矿床式	成矿时代
三个井-老硐沟与海西期中酸性岩浆活动有关 Au,Pb,Cu,萤石矿床成矿系列 Pz$_2$-02 — 与海西中晚期中酸性岩浆活动有关 Au,Pb,Cu,萤石矿床成矿亚系列 Pz$_2$-02a	铜	珠斯楞	热液型	珠斯楞海尔罕式	海西期（花岗闪长岩）
	金、铅	老硐沟	热液-氧化淋滤型	老硐沟式	海西晚期
与海西中期中酸性岩浆活动有关 Au,萤石矿床成矿亚系列 Pz$_2$-02b	萤石	神螺山	热液充填型	神螺山式	海西晚期（二叠纪）
	萤石	东七一山	热液充填型	东七一山式	海西中期（石炭纪）
	金	三个井	热液型	三个井式	石炭纪晚期（英云闪长岩）
亚干与新元古代基性-超基性侵入岩有关的 Cu,Ni 矿床成矿系列 Pt-01	铜、镍	亚干	岩浆熔离型	亚干式	新元古代（辉长岩）
III-3 阿拉善（隆起）Cu-Ni-Pt-Fe-REE-磷-石墨-芒硝-盐类成矿带（III-17）					
恩格勒地区与印支期-燕山期花岗岩有关的萤石矿床成矿系列 Mz$_1$-03	萤石	恩格勒	热液充填型	恩格勒式	印支期（中粗粒花岗岩、黑云二长花岗岩）
朱拉扎嘎-白云鄂博地区与中元古代喷流沉积作用有关的 Fe,Au,Fe,Pb,Zn,REE,Cu,REE,Mn,P,硫矿床成矿系列 Pt-02 — 朱拉扎嘎-渣尔泰山地区与中元古代喷流沉积作用有关的 Fe,Au,Cu,Pb,Zn,硫矿床成矿亚系列 Pt-02a	金	朱拉扎嘎	沉积-热液改造型	朱拉扎嘎式	朱拉扎嘎金矿：1293~1187Ma（Sm-Nd法）
卡休他他-沙拉西别地区与古生代基性-中酸性岩浆活动有关的 Fe,Cu,Au,Pb,Zn 矿床成矿系列 Pz$_2$-03 — 与海西期基性-中酸性岩浆作用有关的 Fe,Au 矿床成矿亚系列 Pz$_2$-03a	铁（金）	卡休他他	矽卡岩型	卡休他他式	晚石炭世
与海西期中酸性岩浆作用有关的 Fe,Cu,Au,Pb,Zn 矿床成矿亚系列 Pz$_2$-03b	铁、铜、铅、锌	沙拉西别、克布勒	接触交代型	沙拉西别式	晚石炭世
	金	碱泉子、特拜	热液型	碱泉子式	海西期

续表 6-1

矿床成矿系列及编号	矿床成矿亚系列	成矿元素	矿床	类型	矿床式	成矿时代
桃花拉山与古元古代海相火山沉积-变质作用有关的REE、Nb矿床成矿系列 Pt-03		稀土、铌	桃花拉山	沉积变质型	桃花拉山式	古元古代
宽湾井-青井子地区与新元古代海相沉积作用有关的Fe、磷矿床成矿系列 Pt-04		铁	宽湾井	沉积型	宽湾井式	南华纪—震旦纪
		磷	青井子、哈马胡头沟	沉积型	哈马胡头沟式	南华纪—震旦纪
Ⅲ-4 河西走廊 Fe-Mn-Ni-萤石-盐类-凹凸棒石-石油成矿带						
元山子与寒武纪海相沉积作用有关的Mo、Ni矿床成矿系列 Pz₁-01		钼、镍	元山子	沉积型	元山子式	晚寒武世
阎地拉图与海西期中酸性岩浆作用有关的Fe矿床成矿系列 Pz₂-04		铁	阎地拉图	热液型	阎地拉图式	海西期（闪长岩）
Ⅲ-5 新巴尔虎右旗-根河 Cu-Mo-Pb-Zn-Au-萤石（铀）成矿带（Ⅲ-47）						
乌努格吐山-盆路口地区与燕山期中酸性火山-侵入岩浆活动有关的Cu、Mo、Au、Ag、Pb、Zn、萤石矿床成矿系列 Mz₂-02	与燕山早期酸性火山-侵入杂岩岩浆活动有关的Cu、Mo、Au、Ag矿床成矿亚系列 Mz₂-02a	铜（钼）	乌努格吐山、八大关八一	斑岩型	乌努克吐山式	乌努格吐山：180Ma（辉钼矿 Re-Os）、183.5Ma（K-Ar，蚀变绢云母）
		金（银）	小伊诺盖沟、小干沟、下宝音沟、四五牧场	火山热液型，隐爆角砾岩型	小伊诺盖沟式、四五牧场式	
		铜（钼）	盆路口	斑岩型	盆路口式	
	与燕山晚期超浅成-浅成中酸性岩浆入侵活动有关的Cu、Mo、Ag、Pb、Zn、萤石矿床成矿亚系列 Mz₂-02b	钼、铅、锌、银	甲乌拉、查干布拉根、三河、二道河、下护林、额仁比利亚合、旺石山	火山热液型，次火山热液型	甲乌拉式、额仁陶勒盖式、比利亚合式、旺石山式	甲乌拉：140Ma（石英 Rb-Sr）；盆路口：146.97±0.79Ma（辉钼矿 Re-Os）；石英斑岩全岩 117～115Ma；花岗斑岩全岩 109.9Ma；Rb-Sr 等时线年龄 120±6Ma
		银、萤石	银、萤石	火山热液型		

第六章 重要Ⅲ级成矿区带成矿特征及其演化

续表 6-1

矿床成矿系列及编号	矿床成矿亚系列	成矿元素	矿床	类型	矿床式	成矿时代
地营子—谢尔塔拉地区与海西期中酸性岩浆活动有关的 Fe、Zn、Cu、硫矿床成矿系列 Pz_2-05	与海西期海相基性—中酸性火山活动有关的 Fe、Zn、Cu、硫矿床成矿亚系列 Pz_2-05a	铁（锌）	谢尔塔拉	海相火山岩型	谢尔塔拉式	早石炭世
		硫（铜）	六一牧场	海相火山岩型	六一牧场式	中泥盆世—晚泥盆世早期
	与海西期晚期中酸性侵入岩有关的 Fe 矿床成矿亚系列 Pz_2-05b	铁	千里亚河、毕拉河	热液型	毕拉河式	二叠纪
			地营子	热液型	地营子式	石炭纪
莫尔道嘎地区与第四纪冲积沉积作用有关的 Au 矿床成矿系列 Cz-01		砂金	狼须河、吉拉林	冲积型	吉拉林式	第四纪
Ⅲ-6 东乌珠穆沁旗—嫩江 Cu-Mo-Pb-Zn-Au-W-Sn-Cr 成矿带 (Ⅲ-48)						
贺根山—小坝梁地区与海西期超基性岩浆活动有关的 Cr、Cu、Au 矿床成矿系列 Pz_2-06	与海西期超基性岩浆活动有关的 Cr 矿床成矿亚系列 Pz_2-06a	铬	赫格敖拉	蛇绿岩型	赫格敖拉式	K-Ar 法：460~364Ma
	与海西期基性岩浆活动有关的 Cu、Au 矿床成矿亚系列 Pz_2-06b	铜（金）	小坝梁	海相火山岩型	小坝梁式	晚石炭世—早二叠世
罕达盖—梨子山地区与海西期中酸性岩浆活动有关的 Fe、Mo、Cu、硫矿床成矿系列 Pz_2-07		铁（钼、铜、钼、铁	梨子山、罕达盖、塔尔气、中道山、八十公里、苏呼河	接触交代型、砂卡岩型	梨子山式、罕达盖式	海西中晚期（闪长）岩、石英闪长岩 308.8±1.2Ma/(U-Pb)
		钨	沙麦	石英脉型、热液型、岩浆热液型	沙麦式	朝不楞：136Ma（花岗岩，SHRIMP），140Ma（辉钼矿 Re-Os）
红格尔—东乌旗地区与燕山期中酸性岩浆活动有关的 Fe、Zn、Pb、Cu、Au、W、Mo、Ag 矿系列 Mz_2-03	与燕山期中酸性岩浆活动有关的 Fe、Zn、Pb、Cu、W、Mo、Ag 矿床成矿亚系列 Mz_2-03a	银、铅锌、钨、钼	吉林宝力格、阿尔哈达、乌日尼图	接触交代型	吉林宝力格式、阿尔哈达式、乌日尼图式	乌日尼图：133.6Ma（细粒花岗岩，SHRIMP）
		铁、锌、铅	朝不楞、查干放包	接触交代型	朝不楞式	
	与燕山期超浅成—浅成酸性岩浆活动有关的 Cu、Au、Ag 矿床成矿亚系列 Mz_2-03b	钼、银、铅锌、钼铜金、铅	迪彦钦阿木、太平沟、乌兰德勒	斑岩型	迪彦钦阿木式、太平沟式、乌兰德勒式	辉钼矿-铼年龄 156.2Ma，乌兰德勒：134Ma（辉钼矿 Re-Os，SHRIMP），131Ma（细粒花岗岩，SHRIMP），太平沟：130Ma（辉钼矿 Re-Os）
		金（银）铜、钼铜金、银	古利库、奥尤特、巴林	火山热液型、爆破角砾岩型	古利库式、奥尤特式	

续表 6-1

矿床成矿系列及编号	矿床成矿亚系列	成矿元素	矿床	类型	矿床式	成矿时代
索伦山—贺根山地区与第四纪风化作用有关的 Ni、菱镁矿矿床成矿系列 Cz-02		镍镁	索伦山、白音胡硕	风化壳型	索伦山式	第四纪（？）
Ⅲ-？：白乃庙—锡林郭勒 Fe-Cu-Mo-Pb-Zn-Mn-Cr-Au-Ge-煤-天然碱-芒硝成矿带（Ⅲ-49）							
红格尔庙—温都尔庙地区与中元古代海相火山喷发作用有关的 Fe 矿床成矿系列 Pt-05		铁	大敖包、小敖包、卡巴、包尔汉、白银敖包、红格尔庙	海相火山岩型	温都尔庙式	中元古代
白乃庙地区与新元古代中酸性火山活动有关的 Cu、Mo、Au 矿床成矿系列 Pt-06		铜（钼、金）	白乃庙、各那乌苏	火山喷流-沉积型＋斑岩型	白乃庙式	U-Pb 法：1130±16Ma，白乃庙北矿带容矿斑岩中辉钼矿 Re-Os 年龄为 444±30Ma
东加干与古生代海相沉积作用有关的 Mn 矿床成矿系列 Pz₁-02		锰	东加干	沉积型	东加干式	早中奥陶世
欧布拉格—哈达庙地区与海西期超基性—基性—中酸性岩浆活动有关的 Cr、Ni、Cu、Au、Mn、Mo、萤石矿床成矿系列 Pz₂-08	与海西期超基性—基性岩浆活动有关的 Cr、Ni、Cu 矿床成矿亚系列 Pz₂-08a	铬	索伦山、乌珠巴尔	蛇绿岩型	索伦山式	海西期
		铜、镍	达布逊、哈拉图庙	岩浆熔离型	达布逊式	晚石炭世
		铜多金属	克克齐、查干哈达庙、别鲁乌图	火山-沉积型	查干哈达庙式	晚石炭世
	与海西期中酸性岩浆活动有关的 Mo、Cu、Au、Mn、萤石矿床亚系列 Pz₂-08b	铜、金	欧布拉格	热液型	欧布拉格式	欧布拉格：铜-金矿体中石英的 ⁴⁰Ar-³⁹Ar 年龄为 264.26±0.46Ma
		钼	武花敖包	热液型	武花敖包式	花岗闪长岩 SHRIMP 年龄 320～297Ma

续表 6-1

矿床成矿系列及编号	矿床成矿亚系列	成矿元素	矿床	类型	矿床式	成矿时代
欧布拉格—哈达庙地区与海西期超基性—中酸性岩浆活动有关的 Cr, Ni, Cu, Au, Mn, Mo, 萤石矿床成矿系列 Pz_2-08	与海西期中酸性岩浆活动有关的 Mo, Cu, Mn, Au, Mn, 萤石矿床成矿亚系列 Pz_2-08b	金	白乃庙	热液型	白乃庙式	263~218Ma
			毕力赫, 哈达庙	斑岩型	毕力赫式	毕力赫:271.3±1.7Ma(辉钼矿铼-锇等时线年龄);283.8±4.2Ma~279.9±6.8Ma(含金次火山侵入杂岩体);264.2Ma(钾长花岗斑岩)
查干花—必鲁甘干地区与印支期中酸性侵入岩有关的 Au, Mo, Cu, Bi, W 矿床成矿系列 Mz_1-04	与印支期中酸性侵入岩有关的 Mo, Cu, Bi, W 矿床成矿亚系列 Mz_1-04a	锰,萤石	西里庙, 苏莫查干敖包	火山热液型	西里庙式, 苏莫查干敖包式	早二叠世
		钼,铋,钨,钼,铜	查干花, 必鲁甘干	斑岩型	查干花式, 必鲁甘干式	查干花:242.7±3.5Ma(辉钼矿 Re-Os等时线年龄)
	与印支期中酸性侵入岩有关的 Au 成矿亚系列 Mz_1-04b	金	巴彦温都尔	中低温热液型	巴彦温都尔式	粗粒斑状黑云母二长花岗岩 U-Pb 一致线年龄为220Ma
白银脑包与燕山期酸性岩浆活动有关的 Au, 萤石矿床成矿系列 Mz_2-04		萤石	白银脑包, 石匠山, 达盖图	热液型	白银脑包式	燕山晚期
Ⅲ-8 笑天泉-翁牛特 Pb-Zn-Ag-Cu-Fe-Sn-REE 成矿带(Ⅲ-50)						
拜仁达坝—呼和哈达地区与海西期超基性—中酸性岩浆活动有关的 Cr, Fe, Cu, Pb, Zn, Ag, Be 矿床成矿系列 Pz_2-09	与超基性岩浆活动有关的 Cr 矿床成矿亚系列 Pz_2-09a	铬	柯单山, 呼和哈达	岩浆熔离型	柯单山式	早二叠世(?)
	与海西期基性—中酸性火山活动有关的 Fe, 硫铁矿 矿床成矿亚系列 Pz_2-09b	铁	呼和哈达	火山-沉积型	呼和哈达式	早二叠世大石寨期
		硫铁矿	驼峰山	火山-沉积型	驼峰山式	早二叠世大石寨期
		铍(铌,钽)	碧流台	伟晶岩型	碧流台式	海西晚期花岗闪长岩
	与中酸性岩浆活动有关的 Cu, Pb, Zn, Ag, Be 矿床成矿亚系列 Pz_2-09c	铜	道伦达坝	热液型	道伦达坝式	前进场岩体:280Ma(黑云母 K-Ar), 286Ma(锆石 U-Pb)
		铅锌,银	拜仁达坝	热液型	拜仁达坝式	石英闪长岩:326Ma(SHRIMP),116Ma(Rb-Sr)

续表 6-1

矿床成矿系列及编号	矿床成矿亚系列	成矿元素	矿床	类型	矿床式	成矿时代
布敦花—莲花山地区与燕山早期中酸性岩浆活动有关的 Cu,Pb,Zn,Ag,Au,Mo,Sn,萤石矿床成矿系列 Mz_2-05	与燕山早期中酸性岩浆活动相关的 Cu,Ag,Pb,Zn,Mo,Au,萤石矿床成矿亚系列 Mz_2-05a	铜、银、金	闹牛山、莲花山、布敦花、敖尔盖	热液型	闹牛山式 布敦花式	闹牛山:161.8(闪长玢岩 Rb-Sr 法); 莲花山:161Ma(花岗闪长斑岩 U-Pb 法); 布敦花:166Ma(花岗闪长岩 Rb-Sr 法)
		铅、锌	哈达吐、小井子	接触交代型	哈达吐式	K-Ar 法:169~126Ma
		萤石	苏达勒	热液型	苏达勒式	
	与燕山早期酸性岩浆活动有关的 Pb,Zn,Ag,Sn 矿床成矿亚系列 Mz_2-05b	银铅锌	孟恩陶勒盖	热液型	孟恩陶勒盖式	Rb-Sr 等时线:166+2Ma
		锡多金属	宝盖沟	热液型	宝盖沟式	Pb 模式年龄:184Ma
黄岗—神山地区与燕山晚期中酸性岩浆活动有关的 Fe,Cu,Pb,Zn,Ag,Mo,Sn 矿床成矿系列 Mz_2-06	与燕山晚期中酸性岩浆活动有关的 Fe,Cu,Sn,Ag,Mo 矿床成矿亚系列 Mz_2-06a	铜银锡	大井子	热液型	大井子式	大井子:132.8Ma(英安斑岩 K-Ar)、138.3Ma(Ar-Ar); 敖仑花:132Ma(辉钼矿 Re-Os); 敖脑达坝:148Ma(花岗斑岩 Rb-Sr)
		铜、钼	敖仑花	斑岩型	敖仑花式	
		铜(金、铅、锌)	后朴河、哈拉白旗	热液型	后朴河式	
		铅锌(银、铜)	收发地	热液型	收发地式	
		铜铅锌	水泉、敖林达	热液型	水泉式	
		铜铅锌	敖脑达坝	斑岩型	敖脑达坝式	
		铁、锡	黄岗	接触交代型	黄岗式	黄岗:142Ma(Rb-Sr)、133.6~141.2Ma (辉钼矿 Re-Os); 毛登:149Ma(花岗斑岩 Rb-Sr)
		铁(铜)	神山	接触交代型	神山式	
		锡	莫古吐	接触交代型	莫古吐式	
		钼	曹家屯	热液型	曹家屯式	
		锡、铜	毛登、安乐	热液型	毛登式	

续表 6-1

矿床成矿系列及编号	矿床成矿亚系列	成矿元素	矿床	类型	矿床式	成矿时代
黄岗—神山地区与燕山晚期中酸性岩浆活动有关的Fe、Cu、Pb、Zn、Ag、Mo、Sn成矿系列 Mz_2-06	与燕山晚期中酸性岩浆活动有关的Pb、Zn、Ag成矿亚系列 Mz_2-06b	铅锌	扎木钦	层控热液型	扎木钦式	131.3±1.3Ma(花岗斑岩脉,SHRIMP),146.1±2Ma～137.6±1.9Ma(辉钼矿Re-Os)
		铅锌、银	白音乌拉	热液型	白音乌拉式	
		铅、锌、银(铜)	白音诺尔、浩布高、长春岭	接触交代型	白音诺尔式	白音诺尔:171Ma和160Ma(花岗闪长斑岩和矿区火山岩,Rb-Sr),134.8±1.2Ma(花岗岩,U-Pb),244.5±0.9Ma(花岗闪长斑岩,U-Pb),129.2±1.4Ma(石英斑岩,U-Pb);浩布高:132.2Ma(Rb-Sr)
小东沟—撰山子地区与燕山晚期酸性岩浆活动有关的Cu、Pb、Zn、W、Mo、Au、Ag成矿系列 Mz_2-07	与燕山晚期酸性岩浆活动有关的Pb、Zn、Mo、W、Cu成矿亚系列 Mz_2-07a	铅、锌	小营子、敖包山	接触交代型	小营子式	
			锏子、荷尔乌苏、天桥沟、后公地	热液型	天桥沟式	小东沟:135.5±1.5Ma(辉钼矿Re-Os)鸡冠山:154.2±9.6Ma(辉钼矿Re-Os)
		铜	五家子、白马石沟	热液型	白马石沟式	
		钨	汤家杖子、毫又哈达、赵家湾子	热液型	毫又哈达式	
		钼	小东沟、鸡冠山	斑岩型	小东沟式	
			碾子沟	热液型	碾子沟式	辉钼矿中Re-Os等时线年龄为154.3±3.6Ma
	与燕山期酸性岩浆活动有关的Au、Ag矿床成矿亚系列 Mz_2-07b	金、银	撰山子、奈林沟	热液型	撰山子式	
巴尔哲与燕山晚期碱性花岗岩有关的稀有、稀土矿床成矿系列 Mz_2-08		铌、钼、钇、铍	巴尔哲	岩浆岩型	巴尔哲式	Rb-Sr法:127.2Ma

Ⅲ-10 华北陆块北缘东段 Fe-Cu-Mo-Pb-Zn-Au-Ag-Mn-U-磷-煤-膨润土成矿带(Ⅲ-57)

续表 6-1

矿床成矿系列及编号	矿床成矿亚系列	成矿元素	矿床	类型	矿床式	成矿时代
包头—集宁—赤峰地区与中太古代火山-沉积变质作用、混合岩化作用有关的 Fe 矿床成矿系列 Ar-01		铁	头道沟、二道沟、曲家梁、兰帐子、三宝	变质火山沉积型	鞍山式	太古宙
南湾子与海西期酸性岩浆活动有关的 Fe,Au 矿床成矿系列 Pz₂-10		铁	西箭	热液型	西箭式	二叠纪
		金	南湾子	热液型	南湾子式	二叠纪
千斤沟—车户沟地区与燕山期中酸性岩浆活动有关的 Fe,Au,Ag,Pb,Zn,Cu,Mo,Sn,萤石矿床成矿系列 Mz₂-09	与燕山期中酸性火山-浅成侵入岩有关的 Fe,Au,Ag 矿床成矿亚系列 Mz₂-9a	铁	五官营子	热液型	五官营子式	燕山期
		铁	伊河沟、上窑铺	接触交代型	伊河沟式	燕山期
		金(银)	金厂沟梁、官地、大水清、红花沟、莲花山、东伙房、柴火栏子	热液型	金沟梁式	K-Ar 法:121.71~100.02Ma K-Ar 法:159Ma 晚侏罗世—早白垩世
	与燕山期中酸性岩浆活动相关的 Au,Cu,Mo,Pb,Zn,Sn,萤石矿床成矿亚系列 Mz₂-9b	金(银)	陈家杖子	爆破角砾岩型	陈家杖子式	燕山期
		铜	车户沟、明干山	斑岩型 热液型	车户沟式、明干山式	燕山期
		铅、锌	白羊沟、长岭山	热液型	长岭山式	燕山期
		钼	四道沟、后塔子、青龙山	热液型	后塔子式	燕山期
		萤石	大西沟、东郊	热液充填型	大西沟式	燕山期
		锡	千斤沟	热液型	千斤沟式	燕山期
Ⅲ-11 华北陆块北缘西段 Au-Fe-Nb-REE-Cu-Pb-Zn-Ag-Ni-Pt-W-石墨-白云母成矿带(Ⅲ-58)						
包头—集宁—赤峰地区中太古代火山-沉积变质作用有关的 Fe 矿床成矿系列 Ar-01		铁	迭布斯格、壕赖沟、贾格尔其庙	火山-沉积变质型	鞍山式	中太古代

续表 6-1

矿床成矿亚系列及编号	矿床成矿亚系列	成矿元素	矿床	类型	矿床式	成矿时代
包头—集宁地区与新太古代火山-沉积变质作用有关的 Fe 矿床成矿系列 Ar-02		铁	书记沟、公益明、东五分子、高腰海、黑脑包、三合明	火山-沉积变质型	鞍山式	新太古代
包头—集宁地区与古元古代岩浆作用、变质作用有关的 Au、REE、磷、石墨、白云母成矿亚系列 Pt-07		稀土	三道沟	岩浆岩型	三道沟式	古太古代
		磷	盘路沟	沉积变质型	盘路沟式	中太古代
		白云母	土贵乌拉、乌拉山、高家窑	伟晶岩型	乌拉山式	古元古代(土贵乌拉 K-Ar:1880 Ma)
		石墨	五当召、黄土窑、灯笼素、庙沟	变质型	五当召式	中太古代
		金	新地沟	绿岩型	新地沟式	古元古代
白云鄂博地区与中元古代喷流沉积-热液改造(或叠加)作用有关的 Fe、REE、Au 矿床成矿亚系列 Pt-02b		金	赛乌素	热液型	赛乌素式	K-Ar 法:965~963Ma
		铁、稀土	白云鄂博	喷流沉积-热液改造型	白云鄂博式	中元古代 U-Pb 1278±2Ma、1692~1683Ma、1300~1200Ma、555±17Ma、398±10Ma
朱拉扎嘎—白云鄂博地区与中元古代喷流沉积作用有关的 Au、Fe、Pb、Zn、Cu、REE、Mn、P 硫矿床成矿系列 Pt-02	朱拉扎嘎—渣尔泰山地区与中元古代喷流沉积作用有关的 Fe、Au、Cu、Pb、Zn、硫矿床成矿亚系列 Pt-02a	铜、铅、锌	霍各乞、东升庙	喷流-沉积型	霍各乞式	
		锌、硫	炭窑口、甲生盘、对门山	喷流-沉积型	甲生盘式	U-Pb 法:1659-2~1679Ma
		硫	三片沟	喷流-沉积型	三片沟式	中元古代
	与中元古代海相化学沉积作用有关的 Fe、Mn、磷矿床成矿亚系列 Pt-02c	铁	西德岭山、王成沟	沉积变质型	西德岭式	中元古代
		锰	红壕	沉积变质型	红壕式	中元古代
		磷	布龙图	沉积变质型	布龙图式	中元古代
克布—小南山地区与海西期基性—超基性岩浆活动有关的 Cu、Ni、Pt、Au、Fe 矿床成矿系列 Pz_2-11		铜、镍、铂	小南山、黄花滩、克布	岩浆熔离型	小南山式	367Ma(全岩 K-Ar)
		金	浩饶尔忽洞、赛乌素永生村	热液型	浩饶尔忽洞式	
		铁	查干此老永生村	岩浆型	查干此老式	

续表 6-1

矿床成矿亚系列及编号	成矿元素	矿床	类型	矿床式	成矿时代
大苏计—沙德盖地区与印支期酸性岩浆作用有关的 Mo、Pb、Zn、Au 矿床成矿系列 Mz_1-05	钼、铅、锌	大苏计	斑岩型	大苏计式	三叠纪
	金	老羊壕	热液型	老羊壕式	三叠纪
哈达门沟—兴和地区与燕山期酸性岩浆活动有关的 Au、Ag、W、Mo 矿床成矿系列 Mz_2-10	钨	中斯拉、白石头洼	热液型	白石头洼式	燕山晚期
	钼	曹四天	斑岩型	曹四天式	燕山晚期
与燕山晚期酸性岩浆活动有关的 W、Mo 矿床成矿亚系列 Mz_2-10a					
与燕山期酸性岩浆活动有关的 Au、Ag、Pb、Zn 矿床成矿亚系列 Mz_2-10b	金	哈达门沟、银宫山、高台、伊胡寨	热液型	哈达门沟式	燕山期（银宫山 U-Pb:199Ma）
	银、铅、锌	李清地	热液型	李清地式	燕山期
百流图—金盆地区与第四纪冲积沉积作用有关的 Au 矿床成矿系列 $Cz-03$	砂金	金盆、哈尼河、段油房、五福堂、西乌兰木浪、中后河	冲积沉积型	金盆式	第四纪全新世
Ⅲ-12 鄂尔多斯西缘（陆缘坳褶带）Fe-Pb-Zn-磷-石膏-芒硝成矿带					
千里山地区与中太古代火山沉积变质作用有关的 Fe 矿床成矿系列 $Ar-01$	铁	查干鄂勒、哈龙拐、采石山、千里沟	沉积变质型	鞍山式	太古宙
阿拉善左旗地区与早古生代沉积作用有关的磷矿床成矿系列 Pz_1-03	磷	正目观、南寺、雀子窑沟	沉积型	正目观式	K-Ar 法:965~963Ma
雀儿沟—榆树湾地区与晚古生代沉积作用有关的 Fe、Al、硫铁矿矿床成矿系列 Pz_2-12	铁	雀儿沟、黑龙贵	沉积型	雀儿沟式	石炭纪
	铝	城坡	沉积型	城坡式	石炭纪
	硫铁矿	榆树湾、房塔沟	沉积型	榆树湾式	石炭纪
乌海地区与燕山期酸性岩浆活动有关的 Fe、Pb、Zn 矿床成矿系列 Mz_2-11	铅、锌	代兰塔拉、其日格	热液型	代兰塔拉式	燕山期
	铁	棋盘井	热液型	棋盘井式	燕山期

矿床成矿系列、亚系列编号：分太古宙(Ar)、元古宙(Pt)、早古生代(Pz_1)、晚古生代(Pz_2)、早中生代(印支期，Mz_1)、晚中生代(燕山期，Mz_2)、新生代(Kz)7个地质时代，每个时代下面按照三级区带的顺序依次用阿拉伯数字编号，01，02，…，亚系列在系列编号的后面加字母a、b、c、…。

本成矿区带与岩浆作用有关的矿床成矿系列非常发育，主要以海西期、印支期二次成矿高峰为特征，尤以海西期成矿最为重要。

(1) 黑鹰山-乌珠尔嘎顺与海西期超基性—基性—中酸性岩浆活动有关的Fe、Cu、Mo、Pb、Cr矿床成矿系列(Pz_2-01)，包括3个亚系列：

①与石炭纪海底火山喷发有关的Fe矿床成矿亚系列。分布在黑鹰山、碧玉山等地，在成因上与石炭纪陆缘弧发展阶段的海底火山喷发活动有密切联系，矿床类型为海相火山岩型。主要矿床有黑鹰山、碧玉山铁矿床。

②与海西期中酸性岩浆活动有关的Mo、Cu、Fe、Pb矿床成矿亚系列。本亚系列与石炭纪陆缘弧发育期产生的壳源(或壳幔混合源)花岗质岩浆(花岗闪长岩，黑云母花岗岩)活动有密切的成因联系，形成斑岩型铜钼矿(流沙山钼矿、额勒根钼铜矿)，接触交代型铁铜矿床(乌珠尔嘎顺)。

③与海西期超基性岩浆有关的Cr矿床成矿亚系列。分布在甜水井西，与超基性岩的分异结晶作用有关，如百合山铬铁矿(蛇绿岩型?)。

(2) 小狐狸山与印支期中酸性花岗岩活动有关的Mo、Pb、Zn矿床成矿系列(Mz_1-01)。仅见于小狐狸山地区，与印支期后造山中酸性花岗岩有关，形成小狐狸山斑岩型钼铅锌矿床。

四、区域成矿模式及成矿谱系

本区从奥陶纪到泥盆纪为长期发育的岛弧和弧内、弧前陆坡盆地等构造环境的一个构造单元，分布有许多与该期岛弧火山岩关系密切的铜矿(化)点。石炭纪—二叠纪逐渐演化为活动大陆边缘环境，并伴有强烈火山喷发活动及大规模海西期花岗岩类侵位。石炭纪火山-沉积岩中形成了与火山岩有关的海相火山岩型黑鹰山铁矿床，重熔花岗岩浆与本区海西期铜、钼、金、铅、锌成矿相关，如斑岩型流沙山钼金矿床、接触交代型乌珠尔嘎顺铁矿。印支期为陆内环境，矿化与构造-岩浆活化作用有关，如小狐狸山斑岩型钼铅锌矿床。区域成矿模式见图6-2，区域成矿谱系见图6-3。

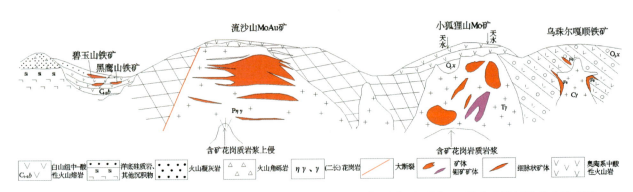

图6-2 觉罗塔格-黑鹰山Cu-Ni-Fe-Au-Ag-Mo-W-石膏-硅灰石-膨润土-煤成矿带区域成矿模式图

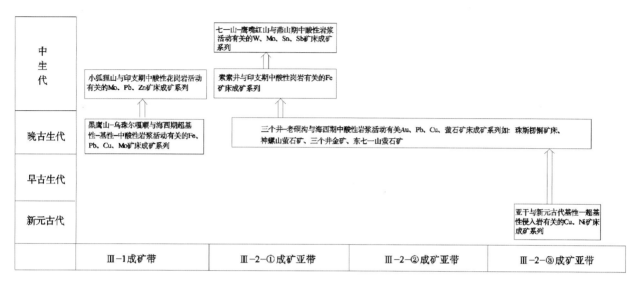

图 6-3 觉罗塔格-黑鹰山Ⅲ-1、磁海-公婆泉Ⅲ-2成矿带区域成矿谱系图

第二节 磁海-公婆泉 Fe-Cu-Au-Pb-Zn-W-Sn-Rb-V-U-磷成矿带(Ⅲ-2)

该成矿区带北以甜水井-六驼山断裂与觉罗塔格-黑鹰山 Cu-Ni-Fe-Au-Ag-Mo-W-石膏-硅灰石-膨润土-煤成矿带(Ⅲ-1)相邻,南以恩格尔乌苏深断裂为界。跨北山弧盆系和塔里木陆块两个构造单元,属于古亚洲成矿域(Ⅰ-1)塔里木成矿省(Ⅱ-4)。成矿带地质矿产特征见图 6-4。

一、区域成矿地质背景

该成矿带根据成矿作用、主导控矿因素、成矿类型及矿种组合等特征,进一步划分为3个成矿亚带。

(1)Ⅲ-2-①石板井-东七一山 W-Mo-Cu-Fe-萤石成矿亚带(C,V),受甜水井-六驼山深大断裂、白云石-月牙山-湖西新村断裂带及银额盆地边界断裂围限。大地构造属于天山-兴蒙造山系(Ⅰ)额济纳旗-北山弧盆系(Ⅰ-9)。

该成矿亚带北侧为明水岩浆弧(Ⅰ-9-3),南侧为公婆泉岛弧(Ⅰ-9-4),二者大致以石板井-小黄山断裂为界。

明水岩浆弧亦称为明水-旱山地块,是一个建立在古老变质基底岩系之上的岩浆弧,基底岩系由中-新太古代黑云斜长变粒岩、石英岩、斜长角闪混合岩、黑云斜长片麻岩等变质建造以及古元古代北山岩群黑云石英片岩、绢云石英片岩、石英岩、大理岩等变质建造组成。推测是在奥陶纪从塔里木陆块分裂出来的地块。志留纪有俯冲岩浆杂岩侵入,可能与南部公婆泉岛弧的再生洋盆俯冲消减有关。石炭纪为陆缘弧环境,为由白山组和绿条山组构成的陆缘火山弧和弧内盆地碎屑岩沉积。同期伴有石炭纪、二叠纪俯冲岩浆杂岩(TTG_1)岩石构造组合。侏罗纪至早白垩世为后造山岩浆杂岩侵入的伸展构造环境。

公婆泉岛弧是一个从塔里木陆块于中奥陶世拉伸裂开的再生洋盆发育起来的构造单元,出露有中元古代至早中奥陶世被动陆缘性质的陆棚碎屑岩和碳酸盐岩台地的岩石组合。包括中元古界长城系古硐井群,中、新元古界蓟县系—青白口系圆藻山群,下寒武统双鹰山组,中寒武统至下奥陶统西双鹰山组及中下奥陶统罗雅楚山组。中奥陶世至志留纪,再生洋盆内发育有火山弧玄武岩、安山岩、英安岩、碧玉岩的中、上奥陶统锡林柯博组岩石组合和白云山组浅海相长石石英砂岩、杂砂岩、粉砂岩、灰岩的弧背沉积的岩石组合,并形成 SSZ 型蛇绿混杂岩。志留纪,随着洋盆的不断扩展,伴有洋壳向两侧俯冲消减,形成中上志留统公婆泉组以安山岩为主的玄武岩、英安岩、大理岩火山弧岩石组合,同期有半深海相的碳酸盐岩、石英砂岩、硅质岩等弧内沉积的岩石组合,以中下志留统圆包山组和中上志留统碎石山组为代表。晚志留世洋盆封闭。石炭纪本区发育俯冲岩浆杂岩岩石构造组合(TTG)。二叠纪为俯冲岩浆杂岩 G_1G_2 岩石构造组合,该岩石构造组合与其北部的圆包山岩浆弧、红石山蛇绿混杂岩带、明水岩浆弧内的 TTG 岩石构造组合可以构成由北向南的俯冲极性。三叠纪为后碰撞岩浆杂岩岩石构造组合,为过铝质高钾钙碱性花岗岩、二长花岗岩岩石组合。侏罗纪至白垩纪为后造山岩浆杂岩岩石构造组合。

(2) Ⅲ-2-② 阿木乌苏-老硐沟 Au-W-Sb-萤石成矿亚带(Ⅴ),北东向以白云石-月牙山-湖西新村断裂带及银额盆地边界断裂为界。大地构造属于塔里木陆块区敦煌陆块柳园裂谷(Ⅲ-2-1)。

本区基底为长城系古硐井群(ChG)、蓟县系平头山组(Jxp)及部分青白口系大豁落山组(Qbd),局部出露有太古宇—古元古界的敦煌杂岩(Ar_2Pt_1Dh)。中新元古代至寒武纪,为稳定的被动陆缘陆棚碎屑岩和碳酸盐岩台地环境,属于敦煌陆块盖层性质的沉积。石炭纪和二叠纪发育有裂谷中心的双峰式火山岩(玄武岩和流纹岩),裂谷边缘则有浅海相的石英岩、粉砂岩、页岩、碳酸盐岩组合。

三叠纪以后,本区进入盆山构造体系。三叠纪为断陷盆地和后碰撞岩浆杂岩侵入活动的主要时期。侏罗纪、白垩纪为后造山岩浆杂岩侵入的板内伸展构造环境。

(3) Ⅲ-2-③ 珠斯楞-乌拉尚德 Cu-Au-Ni-煤成矿亚带(Pt、Ⅴ),东侧为隆起区,西侧为中新生代的银额盆地。大地构造属天山-兴蒙造山系(Ⅰ)额济纳旗-北山弧盆系(Ⅰ-9)珠斯楞海尔汗陆缘弧(Ⅰ-9-5)。

该亚带是一个发育在中元古代至泥盆纪稳定的被动陆缘之上的以石炭纪—二叠纪陆缘弧为优势构造相的构造单元。基底出露有古元古界北山岩群黑云角闪斜长片麻岩、变粒岩岩石组合。中元古代至泥盆纪,本区进入相对稳定的被动陆缘的构造环境,出露有中元古界古硐井群,中新元古界圆藻山组,中寒武统至下奥陶统西双鹰山组,中上奥陶统白云山组,上奥陶统至下志留统班定陶勒盖组,下志留统圆包山组,上志留统碎石山组,中下泥盆统伊克乌苏组,中上泥盆统卧驼山组、西屏山组。

石炭纪本区进入活动陆缘阶段,发育石炭纪和二叠纪的陆缘火山弧和俯冲岩浆杂岩(TTG)岩石构造组合。石炭纪陆缘火山弧为石炭系白山组海相流纹岩、英安岩、安山岩、流纹质、英安质凝灰岩岩石组合;同期弧内沉积为绿条山组浅海相长石石英砂岩、灰岩组。下二叠统双堡塘组为陆棚碎屑砂岩、粉砂岩、泥岩岩石组合;陆缘火山弧为中二叠统金塔组海相英安质凝灰岩、砂岩、粉砂岩、泥岩岩石组合;上二叠统哈尔苏海组为弧背沉积砂砾岩、砂岩、粉砂质泥岩岩石组合,标志着本区陆缘火山活动的终结。

三叠纪以后,本区发育陆内断陷盆地和少量后碰撞、后造山构造岩浆岩侵入活动。

中生代之后总体以形成近东西向和北东—北北东向断陷盆地和隆起相伴的格局为特征。

二、区域成矿规律

1. 空间分布规律

新元古代古陆裂解初期具有形成与基性—超基性岩有关的岩浆型铜镍矿的有利背景(亚干铜镍矿);早古生代被动陆缘浅海-次深海具有形成磷-钒-铀-锰沉积矿产的有利背景;奥陶纪洋盆及弧后盆地具备形成与海相火山-沉积岩系有关铜矿的有利背景;志留纪—泥盆纪岛弧火山建造具备形成斑岩铜矿的有利背景(珠斯楞铜矿);石炭纪岛弧具备形成海相火山沉积铁矿、与侵入杂岩有关铜矿的有利背景;中生代古陆壳活化重熔型花岗岩具有形成钨-钼-锡-锑矿、萤石矿的有利背景。

4. 索伦山—贺根山地区与第四纪(?)风化作用有关的 Ni、菱镁矿矿床成矿系列(Cz-02)

该矿床成矿系列分布于东乌旗及索伦山一带超基性岩风化壳中，为表生风化作用产物，在近地表形成风化壳型镍矿床及菱铁矿床。成矿期为第四纪(?)。

四、区域成矿模式及成矿谱系

本区是一个以奥陶纪和泥盆纪岛弧为优势构造相的构造单元，中生代为陆内发展阶段。成矿作用主要发生在海西期和燕山期。

晚古生代，由于二连-贺根山洋的持续向北西消减，形成北东向岛弧岩浆岩带，在岛弧中酸性侵入岩与奥陶纪地层接触的有利部位形成接触交代型铁铜、铁钼矿床(梨子山)，并形成与岛弧火山作用有关的铜金矿床(小坝梁)。早二叠世洋盆消亡，蛇绿岩构造侵位，形成与超基性岩有关的铬铁矿。

燕山期处于滨太平洋构造域，构造岩浆活动强烈，形成与火山侵入杂岩有关的铁、铅锌、钨钼及铜矿。

该成矿带横亘于内蒙古自治区北部及东部，东西全长大于1200km，近年矿产勘查有很大突破，是极具找矿前景的成矿区带之一，根据本区地质背景及区域成矿特征，分别建立了与海西期超基—基性—中酸性岩浆活动有关的铬、铁、铜、金、钼矿床区域成矿模式和与燕山期中酸性岩浆活动有关的钨、钼、铋、铁、金、萤石矿床区域成矿模式，见图6-16和图6-17。

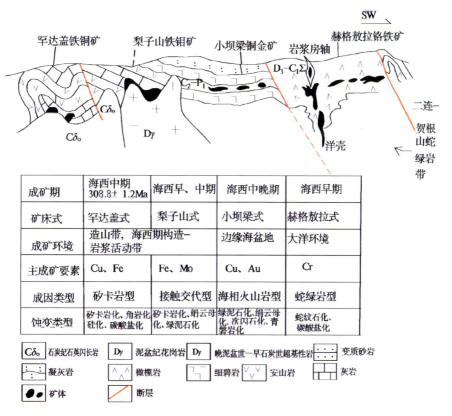

图6-16 东乌旗-嫩江与海西期超基—基性—中酸性岩浆活动有关的
铬、铁、铜、金、钼矿床区域成矿模式图

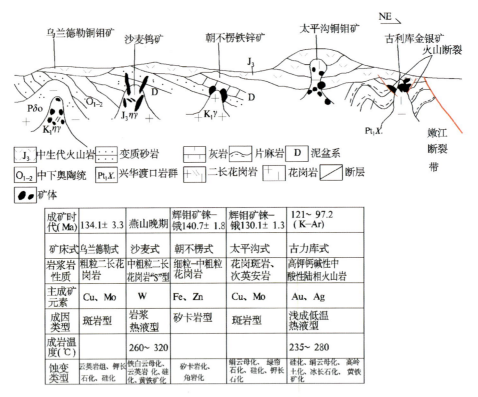

图 6-17 东乌旗-嫩江与印支期、燕山期中酸性岩浆活动有关的
钨、钼、铋、铁、金、萤石矿床区域成矿模式图

第七节 白乃庙-锡林郭勒 Fe-Cu-Mo-Pb-Zn-Mn-Cr-Au-Ge-煤-天然碱-芒硝成矿带(Ⅲ-7)

一、区域成矿地质背景

本区南界以槽台断裂为界,西北侧以阿尔金断裂为界,北侧为二连-贺根山断裂,东侧沿锡林浩特市—镶黄旗一线与突泉-翁牛特旗成矿带为界。本区大地构造单元属大兴安岭弧盆系、索伦山-西拉木伦结合带、包尔汗图-温都尔庙弧盆系及额济纳旗-北山弧盆系等多个二级单元,跨越多个三级大地构造单元,包括哈布其特岩浆弧、巴音戈壁弧后盆地、宝音图岩浆弧及锡林浩特岩浆弧的中西段、索伦山蛇绿混杂岩带和宝音图岩浆弧,详见本区地质矿产简图(图 6-18)。

本区地质背景属古亚洲洋构造域,为华北陆块北部近东西向展布的巨大陆缘俯冲—碰撞造山带,其内发育复理石建造、硅质岩建造、细碧角斑岩建造、混杂堆积、磨拉石建造等板缘造山带常见的典型建造类型。在贺根山、索伦山、温都尔庙-西拉木伦河等地带,形成多期蛇绿岩套,发育加里东期与海西期岛弧型火山岩带和多期强烈的中酸性侵入岩系。主体是以晚古生代岛弧为优势构造相的构造单元。

区内分布有宝音图、艾力格庙-锡林浩特等微地块,主要由古元古界宝音图岩群组成;中元古界温都尔庙群、新元古界白乃庙组是与洋壳俯冲形成的岛弧火山沉积岩系。

古生代是古亚洲洋演化的重要阶段,发生多期的洋壳俯冲消减事件,并形成与之相关的岛弧火山-沉积建造和侵入岩组合。早古生代(主要为奥陶纪),洋壳向南北的双向俯冲,在南侧靠近华北陆块北

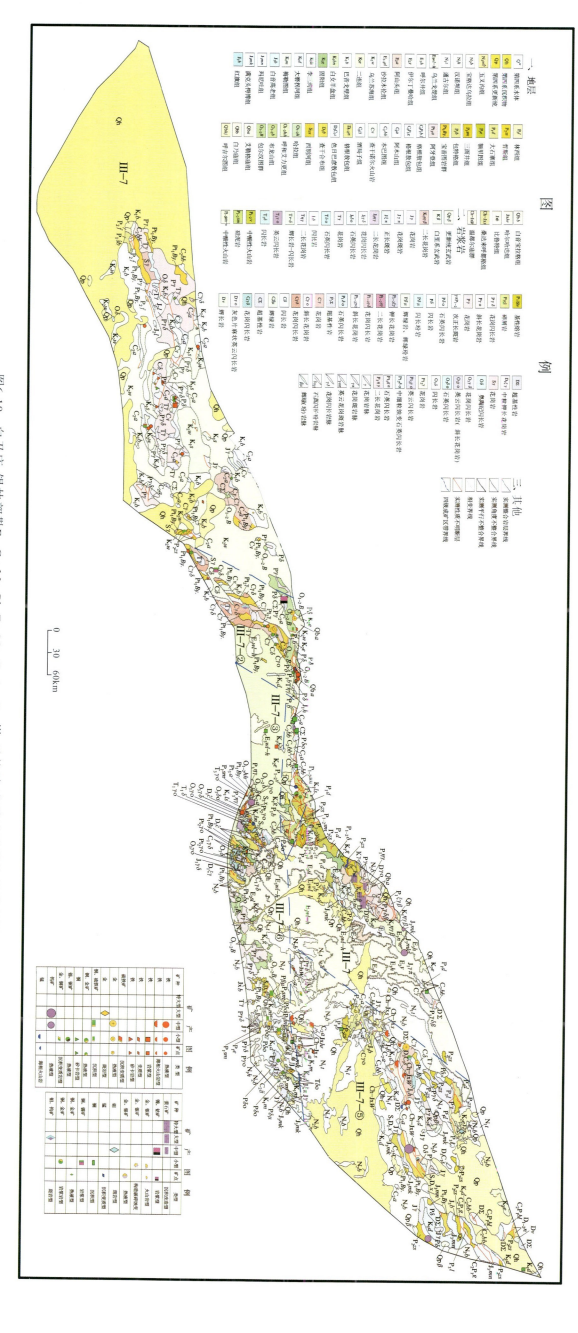

图6-18 白乃庙-锡林郭勒Fe-Cu-Mo-Pb-Zn-Mn-Cr-Au-Ge 洲 天然碱 芒硝成矿带地质矿产图

缘,形成包尔汉图群岛弧火山-沉积岩系及 TTG 岩系(Adakites),在北侧白音宝力道-锡林浩特形成岛弧 TTG 岩系。志留纪—泥盆纪趋于稳定陆缘沉积。

石炭纪—二叠纪洋壳持续俯冲消减,形成大石寨组岛弧火山岩及相应的侵入岩。早二叠世末,古亚洲洋闭合,进入陆内演化。至此造就了本区的古时代构造格局。

中生代形成近东西和北东向展布的断陷盆地,但火山活动较弱,堆积了含煤建造,但燕山期花岗岩类分布较广并与金、铜、萤石的成矿作用有着重要的关系。

1. Ⅲ-7-①乌力吉-欧布拉格 Cu-Au 成矿亚带(V)

本区出露地层主要有古元古界宝音图岩群片岩、片麻岩,下石炭统本巴图组火山岩、阿木山组碳酸盐岩、下二叠统碎屑岩及火山岩。中生代为陆相碎屑沉积岩及中基性火山岩。侵入岩有泥盆纪—石炭纪超镁铁质-镁铁质岩、辉长岩、闪长岩及花岗岩,二叠纪、三叠纪及侏罗纪花岗岩。区内构造表现为褶皱、断裂及韧性剪切带。该成矿亚带有热液型欧布拉格铜金矿、东德乌苏金矿。

2. Ⅲ-7-②查干此老-巴音杭盖 Fe-Au-W-Mo-Cu-Ni-Co 成矿亚带(C、V、I)

该区位于中蒙边境,狼山北东向构造带的北东端。它是古亚洲洋中的一个由古元古界宝音图岩群组成的一个古地块,在北端有中元古代温都尔庙群浅变质岩系及古生代奥陶纪和志留纪地层分布。该区在中生代经历了滨西太平洋活动大陆边缘构造发育阶段,因而形成了一批燕山晚期成矿的金矿床及金矿点。目前已知有3个热液型金矿床(巴音杭盖、查干此老、图古日勒)。新发现达布逊镍矿床和查干花大型斑岩型钼钨铋矿床,赋矿地质体分别为石炭纪超镁铁质岩及三叠纪二长花岗岩-花岗闪长岩。

3. Ⅲ-7-③索伦山-查干哈达庙 Cr-Cu 成矿亚带(Vm)

该成矿亚带位于中蒙边境地区,总体位于索伦山蛇绿岩带东段,出露石炭系本巴图组、阿木山组,二叠系大石寨组、哲斯组;中生代为河湖相碎屑岩。侵入岩有泥盆纪—二叠纪蛇绿岩、二叠纪二长花岗岩及浅成斑岩体。构造以断裂和褶皱构造为主,逆冲推覆构造发育。本区成矿期主要集中于石炭纪,形成与本巴图组火山岩有关的查干哈达庙、克克齐海相火山岩型铜矿和与蛇绿岩有关的索伦山铬铁矿床等。

4. Ⅲ-7-④苏木查干敖包-二连 Mn-萤石成矿亚带(Vl)

本成矿亚带位于四子王旗北部,区内出露地层主要有中新元古界温都尔庙群,下石炭统本巴图组、中下二叠统大石寨组及哲斯组,中生代地层主要为上侏罗统中酸性火山岩、下白垩统大磨拐河组及上白垩统二连组碎屑岩,新生代为古近系及新近系陆相河湖相碎屑岩。侵入岩构成北东向构造岩浆岩带,主要为泥盆纪超基性岩、辉长岩、闪长岩、花岗闪长岩,早二叠世二长花岗岩及早白垩世花岗岩等。大石寨组板岩及火山凝灰岩中产出特大型沉积热液改造型萤石矿,与火山构造有关的火山热液型锰矿床,以及与超基性岩有关的镍矿床。

5. Ⅲ-7-⑤温都尔庙-红格尔庙 Fe-Au-Cu-Mo 成矿亚带(Pt、V、Y)

该区位于苏尼特右旗—阿巴嘎旗一线,出露地层有古元古界宝音图岩群、中元古界温都尔庙群桑达来呼都格组及哈尔哈达组、志留系—泥盆系西别河组、中上泥盆统色日巴彦敖包组、石炭系本巴图组及阿木山组、二叠系大石寨组及哲斯组,中生代陆相火山岩零星分布。侵入岩有石炭纪—二叠纪基性-超基性、中酸性侵入岩,以及三叠纪二长花岗岩、花岗闪长岩。区内北东向断裂构造发育,苏尼特左旗一带三叠纪花岗岩中韧性剪切作用显著,形成大规模的韧性变形带。代表性矿床有温都尔庙式海相火山岩型铁矿、白音温都尔热液型金矿床、必鲁甘干铜钼矿。

6. Ⅲ-7-⑥白乃庙-哈达庙 Cu-Au-萤石成矿亚带(Pt、V、Y)

该区位于华北板块北缘深断裂北侧,出露地层有古元古代片麻岩、变粒岩,新元古界白乃庙组基性-中酸性火山岩及其碎屑岩,下古生界包尔汉图群、西别河组,上古生界本巴图组、阿木山组、三面井组等。晚侏罗世酸性火山岩及其碎屑岩零星分布。岩浆活动强烈,从中元古代—中生代均有不同程度的火山沉积地层,古生代及中生代侵入岩发育。该区构造呈东西向展布,而控制该区成矿的断裂构造为白乃庙-镶黄旗断裂,其与北东向断裂交会处则往往是成矿的有利部位。目前该区已知的代表性矿床有毕力赫斑岩型金矿、白乃庙斑岩型铜钼矿、别鲁乌图块状硫化物型铜硫矿床。

二、区域成矿规律

1. 构造对成矿的控制作用

1)成矿地质构造环境的控矿作用

新元古代火山弧内形成与中基性—中酸性火山-侵入研究活动有关的铜钼矿床(白乃庙)。

古生代,板块体制发育,在古亚洲洋洋盆成生发育、消亡的过程中,在不同的构造环境内发生不同的成矿作用。奥陶纪在沟-弧-盆环境内形成与岛弧侵入岩有关的金矿(白音宝力道)和与海相化学沉积有关的锰矿床(东加干);石炭纪火山弧环境则形成海相火山块状硫化物型铜硫矿床(查干哈达庙),二叠纪形成与岛弧岩浆活动有关的斑岩型金铜矿(毕力赫)及热液型萤石矿床(苏莫查干敖包)、锰矿床(西里庙)。

2)韧性剪切变形变质带的控矿作用

韧性剪切变形变质带,尤其是韧-脆性剪切变形变质带的控矿性在本区表现得较为明显,这是因为剪切变形变质带的形成过程中会产生不同方向的裂隙构造带。例如苏尼特左旗巴彦温都尔金矿即为韧脆性剪切变形变质带内赋存的构造蚀变岩型金矿床。

3)火山构造的控矿作用

本区燕山期构造岩浆活动亦表现得较为明显,火山机构、火山断裂及火山喷发后期形成的高位浅成斑岩型是重要的含矿建造,如毕力赫及哈达庙均为与浅成斑岩体有关的斑岩型金矿。

2. 地层对成矿的控制作用

本区地层对成矿的控制作用主要表现在成岩过程中直接成矿。中元古界温都尔庙群中的温都尔庙、大敖包等铁矿床,新元古界白乃庙群的铜钼矿床,早石炭世与海相基性—中酸性火山-沉积岩有关的铜、铜硫矿床等都是在地层岩石形成的同时成矿物质大量富集而形成的。

3. 矿床的时空分布规律

与温都尔庙群有关的海相火山岩型铁矿集中分布的温都尔庙—红格尔地区。金矿主要分布在巴音杭盖地区和哈达庙—毕力赫地区。铜矿分布在查干哈达庙和白乃庙地区,与石炭系本巴图组和新元古界白乃庙组密切相关。金铜矿床的形成与大洋俯冲形成的岛弧火山岩系及侵入岩有关。与残余洋壳有关的铬、镍矿床分布在蛇绿岩带内。与岩浆热液有关的铜、金、钨钼、萤石等矿床受不同时代岩浆岩带控制。

本区带内成矿从中新元古代—燕山期均有不同程度分布,主要为海西期和印支期,其次为中-新元古代和燕山期,加里东期亦有少量分布,见表6-4。

从矿床类型种类分析,中元古代为变质海相火山-沉积型矿床。早古生代有海相沉积型锰矿床。晚古生代矿床类型有海相火山-沉积型铜硫矿床;与中酸性岩浆岩有关的斑岩型及热液型矿床;与残余洋壳有关的岩浆熔离型矿床。印支期有与中酸性侵入岩有关的斑岩型钼钨矿床及热液型金矿床。燕山期有热液型钨、金矿床。

表 6-4 白乃庙-锡林浩特成矿带成矿时代一览表

三级成矿带	矿床成因类型	成矿期	矿床名称
Ⅲ-7白乃庙-锡林浩特成矿带	火山热液型	二叠纪	西里庙锰矿
	沉积变质型	奥陶纪	东加干锰矿
	岩浆熔离型	海西中期	达布逊镍矿
	蛇绿岩型	早二叠世	索伦山铬铁矿
	中低温热液型	粗粒斑状黑云母二长花岗岩 U-Pb 一致线年龄为 220Ma（三叠纪）（徐备,1995）	巴彦温多尔金矿床
	热液型	海西晚期花岗闪长斑岩 K-Ar 同位素地质年龄为 240Ma	白乃庙金矿
	岩浆热液-石英脉型	海西中期	巴音杭盖金矿
	热液型	晚石炭世—早二叠世花岗闪长岩 SHRIMP 年龄为 320～297Ma（陶继雄等,2009）	苏尼特左旗武花敖包钼矿
	斑岩型	辉钼矿 Re-Os 等时线年龄为 271.3±1.7Ma（张文钊,2010）	毕力赫金矿 哈达庙金矿
	斑岩型	T_2 辉钼矿 Re-Os 等时线年龄为 242.7±3.5Ma（蔡明海等,2011）	查干花钼钨铋矿
	斑岩型	侏罗纪	必鲁甘干铜矿
	火山-沉积型	石炭纪	查干哈达庙、别鲁乌图
	沉积型	U-Pb 法：1130±16Ma，白乃庙北矿带容矿斑岩中辉钼矿 Re-Os 年龄为 444±30Ma（陈衍景等,2009）	白乃庙铜钼矿
	海相火山岩型	U-Pb 法：1691Ma Sm-Nd 法：1511Ma（邵和明,2002）	白云敖包铁矿
	热液型	铜-金矿体中石英的 $^{40}Ar-^{39}Ar$ 年龄为 264.26±0.46Ma（李俊建等,2010）	欧布拉格铜金矿
	似层状热液交代型	萤石的 K-Ar 年龄为 141.5Ma（邵和明,2002）	苏莫查干敖包萤石矿

三、矿床成矿系列划分

该区划分出 6 个矿床成矿系列，进一步划分为 4 个成矿亚系列，见表 6-1。

1. 红格尔庙-温都尔庙地区与中元古代海相基性火山喷发作用有关的 Fe 矿床成矿系列（Pt-05）

该系列分布在温都尔庙—红格尔庙一带。在成因上与大陆边缘发展阶段的海底火山喷发活动有密切联系，赋矿围岩为中元古界温都尔庙群火山沉积变质岩系。矿化作用以火山喷发-沉积作用为主，但都不同程度地受到后期变质作用叠加影响。成矿时代为中元古代。代表性铁矿床有大敖包、小敖包、红格尔庙等。

2. 白乃庙地区与新元古代中酸性火山活动有关的 Cu、Mo、Au 矿床成矿系列（Pt-06）

该系列分布在白乃庙地区。由于洋壳的俯冲，伴随有强烈的岛弧海相火山-潜火山活动，形成了一系列的基性到酸性的火山熔岩、凝灰岩及沉积碎屑岩。矿化产于基性—酸性的熔岩和凝灰岩中，矿体呈似层状、透镜状产出，并遭受了后期变质作用及热液活动的叠加影响。聂凤军等（1991）在白乃庙组中获得 1130Ma 的年龄（Sm-Nd 等时线），唐克东等（1992）在与白乃庙铜矿有密切关系的花岗闪长斑岩中获得 466～427Ma 的年龄，因此白乃庙铜矿在早古生代遭受岩浆热液活动的叠加改造。矿床有白乃庙、谷那乌苏铜（钼）矿床。

3. 东加干与古生代海相沉积作用有关的 Mn 矿床成矿系列（Pz_1-02）

该矿床成矿系列分布于索伦山一线，早—中奥陶统乌宾敖包组浅海相碎屑沉积岩是锰矿的赋矿层位。区域变质作用和构造变动以及岩浆活动所带来的变质热水及其他热量，使锰的碳酸盐发生强烈的分解和氧化，锰质被热液带出，形成高价锰的氧化物，聚集和富集在矿层中，进一步形成具有团块状构造的锰矿层。

4. 欧布拉格—哈达庙地区与海西期超基性—基性—中酸性岩浆活动有关的 Cr、Ni、Cu、Au、Mn、Mo、萤石矿床成矿系列（Pz_2-08）

1）与海西期超基性-基性岩浆活动有关的 Cr、Ni、Cu 矿床成矿亚系列（Pz_2-08a）

该成矿亚系列主要分布在达布逊—索伦山—哈拉图庙一带，成矿主要与海西期镁铁质-超镁铁质岩浆活动有关，成矿类型有蛇绿岩型及岩浆熔离型，主要矿床有索伦山铬铁矿、达布逊镍矿和哈拉图庙镍矿。

2）与海西期中酸性岩浆活动有关的 Mo、Cu、Au、Mn、萤石矿床成矿亚系列（Pz_2-08b）

该组合分布在乌拉特后旗那仁宝力格—四子王旗—镶黄旗一带。该区主要出露石炭纪—二叠纪火山-沉积岩系及大量的海西期侵入岩。成矿类型有热液型、斑岩型及海相火山-沉积型。代表性矿床有欧布拉格铜金矿、毕力赫金矿、查干哈达庙铜矿、西里庙锰矿和苏莫查干敖包萤石矿等。

5. 查干花—必鲁甘干地区与印支期中酸性侵入岩有关的 Au、Mo、Cu、Bi、W 矿床成矿系列（Mz_1-04）

1）与印支期中酸性侵入岩有关的 Mo、Cu、Bi、W 矿床成矿亚系列（Mz_1-04a）

该成矿亚系列主要分布于乌拉特后旗巴音前达门及阿巴嘎旗等地，出露前寒武纪宝音图岩群、二叠纪海相及陆相火山-沉积岩系及印支期—海西期中酸性深成花岗岩。成矿与印支期中酸性侵入岩有关，代表性矿床有查干花钼钨铋矿床和必鲁甘干铜钼矿。

2）与印支期中酸性侵入岩有关的 Au 成矿亚系列（Mz_1-04b）

该成矿亚系列分布于苏尼特左旗一带，该区出露前寒武纪变质岩系、海西期及印支期花岗岩，北东东向韧性剪切带内发育低温热液型金矿及部分金矿点，代表性矿床为巴彦温都尔金矿，成矿时代为印支期。

6. 白音敖包与燕山期酸性岩浆活动有关的 Au、萤石矿床成矿系列（Mz_2-04）

该矿床成矿系列主要分布于乌拉特后旗巴音前达门西宝音图隆起和达茂旗等地，成矿与燕山期酸性岩浆活动有关，多为沿北东向构造带产出的低温热型矿床，代表性矿床有图古日格金矿、白音敖包萤石矿等。

四、区域成矿模式及成矿谱系

本区成矿最早可以追溯到古元古代，含矿岩系为宝音图岩群，成矿与海底火山沉积变质作用有关，目前仅发现一些 BIF 型铁矿点；中元古代在大陆边缘海盆形成与海相火山作用有关的铁矿；新元古代早期在白乃庙地区形成与洋壳俯冲形成的火山侵入岩系有关的铜钼矿床；古生代之后，本区进入古亚洲洋演化阶段，晚古生代在华北北部陆缘增生带、锡林浩特-艾力格庙南缘增生带形成与洋壳俯冲作用有关的岛弧火山-沉积岩系和岛弧侵入岩（TTG 岩系），与之相伴形成海相火山岩型铜矿、热液型铜金矿、锰矿及萤石矿、岩浆型镍矿等；晚古生代末，古亚洲洋闭合，洋壳岩石组合构造侵位，形成蛇绿岩型铬铁矿；中生代进入陆内伸展（后造山）阶段，形成与陆壳重熔有关的中酸性侵入岩，相伴产出有斑岩型钼矿、金矿等。

结合区内不同矿种典型矿床综合研究，初步建立本区不同成矿期区域成矿模式，分别见图 6-19 和图 6-20。

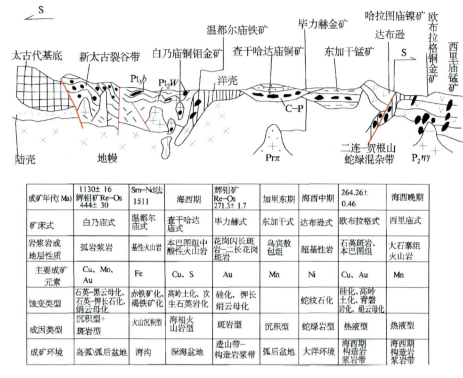

图 6-19 白乃庙-锡林浩特与中新元古代、海西期超基性—基性—
中酸性岩浆活动有关的铁、铜、钼、金、镍、锰、硫矿床区域成矿模式图

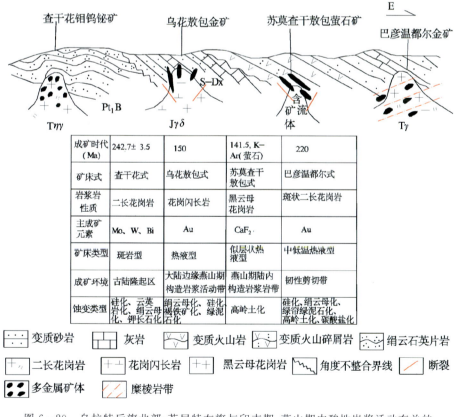

图 6-20 乌拉特后旗北部-苏尼特左旗与印支期、燕山期中酸性岩浆活动有关的
钨、钼、铋、铁、金、萤石矿床区域成矿模式图

第八节　突泉-翁牛特 Pb-Zn-Ag-Cu-Fe-Sn-REE 成矿带（Ⅲ-8）

一、区域成矿地质背景

本成矿带的北西以二连-贺根山-扎兰屯断裂为界，西界呈斜线状，即镶黄旗-锡林浩特，南界为槽台断裂，东南以嫩江-八里罕断裂为界。本区跨越了温都尔庙俯冲增生杂岩带和锡林浩特岩浆弧等两个三级大地构造单元的东段，分属包尔汗图-温都尔庙弧盆系、大兴安岭弧盆系两个Ⅱ级大地构造单元，本区地质矿产特征见图6-21。

本区古生代地质构造背景和演化与Ⅲ-7成矿区带基本一致，此处不再赘述。

中生代发生强烈的构造岩浆活动，构成大兴安岭火山岩带的南段。

自三叠纪开始本区进入了滨西太平洋构造域发展阶段。早中侏罗世在断裂控制下形成串珠状的北东向断陷盆地和隆起。断陷盆地中堆积陆相含煤建造，并已有火山喷发活动。晚侏罗世—早白垩世喷发活动强烈，尤以晚侏罗世最强烈，造成巨厚的陆相火山岩堆积，火山岩性总体为基性—中性—酸性—基性的变化。

印支期侵入岩，在突泉及科右中旗一带已有大量发现，主要为二长花岗岩、花岗岩及花岗闪长岩。

燕山期强烈的火山喷发活动同时，岩浆侵入活动亦极为强烈，区域上由东南往北西方向燕山期花岗岩类时代有变新趋势，成分有酸、碱度增高的趋向，区内众多有色、稀有稀土、贵金属矿床成矿作用主要与燕山期花岗岩浆活动有关。

1. Ⅲ-8-①索伦镇-黄岗 Fe-Sn-Cu-Pb-Zn-Ag 成矿亚带（V、Y）

该成矿亚带位于克什克腾旗—索伦镇一线西北地区，出露地层有下元古界宝音图岩群，石炭系本巴图组、阿木山组，石炭系—二叠系格根敖包组，二叠系寿山沟组、大石寨组及哲斯组，中生代河湖相碎屑岩及陆相火山岩广泛分布。侵入岩有泥盆纪蛇绿岩，石炭纪—二叠纪及燕山期中酸性侵入岩发育，早古生代侵入岩出露则相对较少。区内北东向断裂构造发育，蛇绿岩组合主要分布于西乌旗以北乌斯尼黑一线，形成蛇绿岩型铬铁矿。区内有黄岗铁锡矿、安乐铜锡矿、毛登铜锡矿、道伦达坝铜矿、拜仁达坝银铅锌矿、花敖包特铅锌矿、巴洛哈达铜矿、沙不楞山铜铅锌矿、曹家屯钼矿、扎木钦铅锌矿。

2. Ⅲ-8-②神山—大井子 Cu-Pb-Zn-Ag-Fe-Mo-稀土-铌-钽-萤石成矿亚带（Ⅰ、Y）

本区位于大兴安岭主峰中南段呈北东向展布的中生代断隆带和断陷带。区内晚古生代地层主要为二叠系，侵入岩为海西期—燕山期中酸性侵入岩及燕山期浅成斑岩体。在中生代断隆带上主要分布Pb、Zn、Cu、Ag矿床。矿体围岩为早二叠世火山-碎屑岩和碳酸盐岩及晚二叠世林西组砂板岩。与成矿有关的岩浆岩为超浅成-浅成小侵入体，其岩石组合为花岗闪长斑岩-石英正长斑岩和石英二长岩（或二长花岗岩）-钾长花岗岩，成岩时代主要为晚侏罗世—早白垩世。矿床类型以接触交代型为主（白音诺尔、浩布岩），即与碱性花岗岩有关的岩浆岩型稀土、铌、钽矿床（八〇一），热液型矿床（大井子、莲花山、布敦化、孟恩陶勒盖矿床），少量斑岩型矿床（敖仑花铜钼矿）。

3. Ⅲ-8-③卯都房子-毫义哈达 Fe-W-Pb-Zn-Cr-萤石成矿亚带（V、Y）

该成矿亚带位于化德槽台断裂以北，化德—正白旗—多化县一带，出露地层有古元古界宝音图岩群、下二叠统三面井组砂板岩、中-下二叠统额里图组陆相中酸性火山岩及上二叠统于家北沟组海陆交

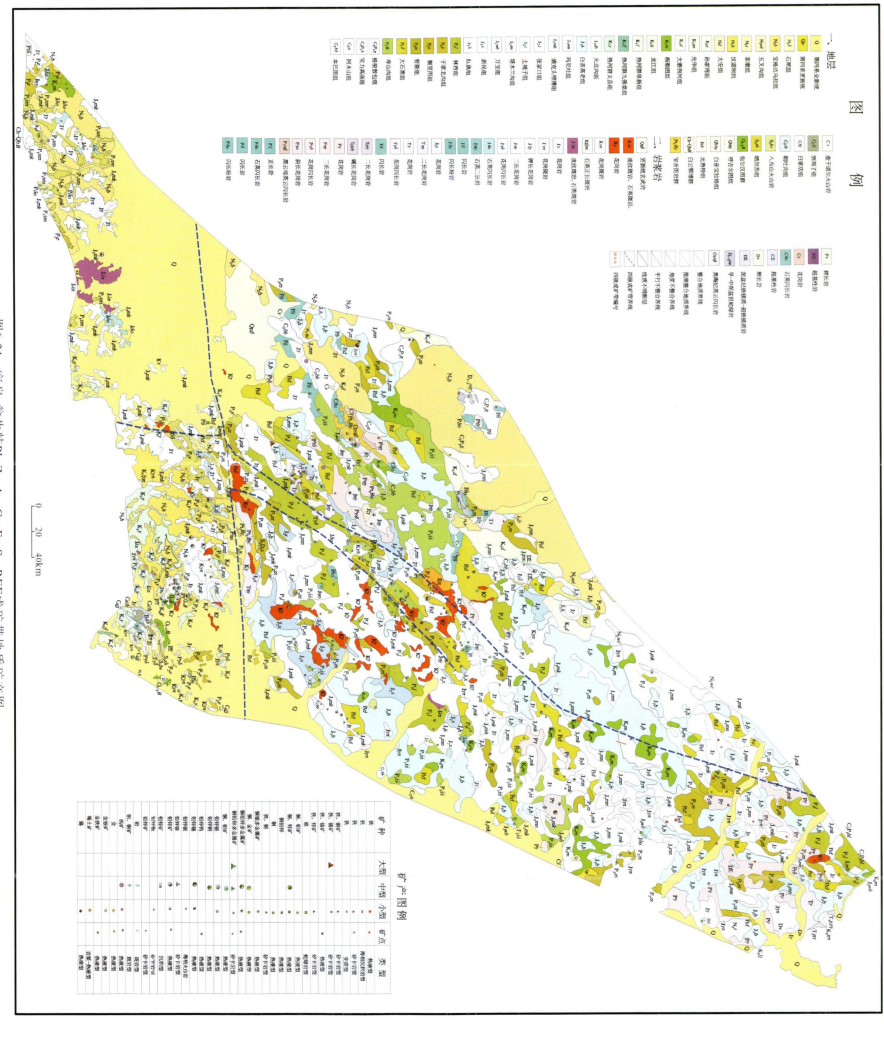

图6-21 瓷泉-翁牛特Pb-Zn-Ag-Cu-Fe-Sn-REE成矿带地质矿产图

互相碎屑岩,中生代陆相中基性及酸性火山岩广泛分布。侵入岩以海西期及燕山期中酸性侵入岩为主。区内矿床主要类型为燕山期矽卡岩型、高温热液型或石英脉型钨矿,矿床主要有额里图铁矿和毫义哈达钨矿床。

4. Ⅲ-8-④小东沟-小营子 Mo-Pb-Zn-Cu 成矿亚带（Vm、Y）

该成矿亚带位于西拉木伦河断裂和华北板块北缘深断裂之间,前中生代基底由太古宙—元古宙片麻岩、片岩及早古生代洋壳残余和基性火山-沉积岩及晚古生代碎屑岩、碳酸盐岩组成。中生代滨西太平洋活动大陆边缘构造发育阶段,形成了近东西向排列的断隆和坳陷构造格局,发育了中酸性火山-深成岩。同时该区为区域地球化学场的 Cu、Pb、Zn、Mo、Ag 高背景区。地球物理资料表明,该区处于北东向重力梯级带向西弯曲的变异部位,是成矿的有利部位。

燕山期与成矿有关的岩浆岩为花岗岩类。燕山早期为石英闪长岩-花岗闪长岩-花岗岩组合,时代为 170~153Ma。燕山晚期为钾长花岗岩-花岗斑岩组合,时代为 125Ma。它们主要沿近东西向—北北西向断裂与北北东向断裂的交会部位产出,形成东西成矿带,北北东成矿分布的格局。钼、铅、锌矿床主要分布在中生代断隆区中燕山期花岗岩体的外接触带。控矿构造为北西-南东向的次级构造裂隙带。

该区已知矿床类型为接触交代型（小营子、余家窝铺、敖包山、柳条沟）、热液型（硐子、天桥沟、荷尔乌苏、碾子沟）及斑岩型（小东沟、鸡冠山）。接触交代型矿床分布在燕山期花岗岩类与碳酸盐岩接触处形成的矽卡岩带中。热液矿床位于燕山期侵入体外接触带和晚古生代火山-沉积地层中,少数分布在燕山期侵入体和火山岩中。

二、区域成矿规律

1. 区域性深断裂构造带对成矿的控制作用

北北东向展布的嫩江-八里罕深断裂带和近东西向展布的西拉木伦河深断裂带联合控制了大兴安岭火山-岩浆构造带中南段与陆相中、酸性火山-侵入杂岩有关的斑岩型、接触交代型和热液型铁、锡、铜、铅、锌、银、金、钨等矿床的形成和分布。

2. 地层中成矿物质的初始预富集作用

大兴安岭成矿省林西-孙吴成矿带内,许多有色金属矿床的围岩为二叠纪地层,根据前人的研究认为二叠纪地层,特别是大石寨组和哲斯组富集 Pb、Zn、Sn、Ag 等金属元素,浓集系数 Pb、Zn 在 1~2 之间,Sn、Ag 均大于 2,在某些岩石类型中高达 3~4 或更高。Cu 在二叠纪地层中的含量低于克拉克值,但在基性火山熔岩、细碧岩和玄武岩中,Cu 含量高于克拉克值,浓集系数可达 1~3。地层中所富集的元素恰恰是该地区内的成矿元素。在成矿带南部地层中以富 Sn、Zn 为特征,故在南部地区主要产出 Sn 多金属矿床,如黄岗矿床和大井矿床;北部地区地层中富 Ag、Pb,故北部地区较发育 Pb、Zn、Ag 和锡多金属矿床。这反映了地层可能提供矿质来源。

3. 岩浆岩对成矿的控制作用

与以铜为主矿床有关的中酸性侵入岩:与燕山早期早阶段的中酸性超浅成—浅成岩浆侵入岩（173~161Ma）活动有关,其岩石组合为石英闪长岩-花岗闪长岩-斜长花岗斑岩组合,矿床为莲花山、布敦花、闹牛山等铜矿床。成矿岩体具有基性程度高、来源深的特点,它们的 $^{87}Sr/^{86}Sr$ 初始比值为 0.704~0.705,表明与成矿有关岩浆岩起源于下地壳—上地幔岩浆的衍生物,混入上地壳物质较少（邵和明,2002）。

与铅锌矿床有关的中酸性侵入岩:这类中酸性侵入岩主要岩石为石英二长岩-石英二长闪长岩-花

岗闪长岩-黑云母二长斑岩-花岗闪长斑岩,次为黑云母二长花岗斑岩,为超浅成-浅成岩石,$^{87}Sr/^{86}Sr$ 初始比值为 0.706~0.707,全岩 $\delta^{18}O$ 为 $-8.1‰~1.0‰$。岩浆起源于下地壳。

与稀有稀土有关的碱性花岗岩:该类岩石呈岩株状产出,富含钠闪石,并具有晶洞构造。$^{87}Sr/^{86}Sr$ 初始比值为 0.707,$^{143}Nd/^{144}Nd$ 为 0.5127,$\varepsilon Nd(t)$ 为 1.88~2.4,岩石 $\delta^{18}O$ 为 $-5.2‰~-8.1‰$(杨武斌等,2011)。

4. 矿床的空间分布规律

(1)矿床沿深断裂带两侧呈线型带状分布。中生代矿床由于受基底东西向构造和北东—北北东向构造联合控制而呈东西向成行,北东—北北东向呈带分布,林西-孙吴三级成矿带东界为北东—北北东向嫩江深断裂带,南界为东西向西拉木伦河深断裂,因此该区由北东—北北东向断裂和东西向断裂相交构成了格子状构造格架。这种构造架就控制了该区矿床的空间分布规律。东西向西拉木伦河断裂以北约40km间距出现两条东西向断裂,相应地分布着两行(东西向)矿床(点)。沿嫩江深断裂西侧分布的莲花山-布敦花-香山-好来宝-代铜山等矿床(点),大体上按照60~80km间距呈北东—北北东向排列,沿黄岗-甘珠尔庙-乌兰浩特断裂带分布的锡、铅、锌、铜矿床(点),大致按40~60km间距呈北东向线状排列。

(2)矿床分布在隆起区与坳陷区过渡带靠隆起区一侧,或坳陷区内的局部隆起上。例如黄岗铁锡矿床、毛登锡铜矿床分布地隆起区边部;白音诺尔、浩布高铅锌矿床分布坳陷区的局部隆起上;莲花山、布敦花铜矿床分布在隆起区与坳陷区过渡带上。

5. 矿床的时间分布规律

(1)根据本成矿带内有确切成矿时代测年数据及典型矿床研究结果表明,主要成矿期为晚古生代和中生代,而且中生代成矿年龄集中在燕山期,且有两个高峰期(表 6-5),即晚侏罗世和早白垩世,个别矿床为印支期和早中侏罗世。

表 6-5 突泉-翁牛特成矿带主要矿床成矿时代一览表

三级成矿带	矿床成因类型	成矿期	矿床名称
Ⅲ-8 突泉-翁牛特成矿带	矽卡岩型	辉钼矿 Re-Os 年龄为 141.2±4.3Ma,岩体 Rb-Sr 等时线年龄为 140.7Ma(邵和明,2002)	黄岗梁铁锡矿床
	高温热液型	燕山期	毛登小孤山铜锡矿
	矽卡岩型	燕山期	神山铁矿
	热液型	燕山期	马鞍山式铁矿
	中低温次火山热液型	晚侏罗世	花敖包特铅锌矿
	斑岩型	辉钼矿 Re-OS 等时线年龄为 154.2±9.6Ma(陈郑辉,2010),花岗斑岩 SHRIMP U-Pb 年龄为 245.5±2.7Ma(曾庆栋等,2009)	鸡冠山钼矿
	矽卡岩型	燕山早期	白音诺尔铅锌矿
	矽卡岩型	燕山晚期	余家窝铺铅锌矿
	火山热液型	燕山期 花岗斑岩脉中铅锌矿石中锆石 SHRIMP U-Pb 年龄为 131.3±1.3Ma(陈郑辉,2009)	扎木钦铅锌矿
	次火山热液型	矿石中方铅矿铅同位素比值模式年龄为 118~108Ma(邵和明,2002)	长春岭铅锌银矿床
	热液型	侏罗纪	布敦花铜矿

续表 6-5

三级成矿带	矿床成因类型	成矿期	矿床名称
Ⅲ-8 突泉-翁牛特成矿带	热液型	二叠纪	道伦达坝铜矿
	斑岩型	燕山期	敖瑙达巴铜矿
	中低温热液充填交代脉型	燕山期	天桥沟铅锌矿
	斑岩型	辉钼矿中 Re-Os 等时线年龄为 132 ± 1 Ma(马星华,2009)	敖仑花铜钼矿
	热液型	燕山期	曹家屯钼矿
	斑岩型	Re-Os 等时线年龄为 135.5 ± 1.5 Ma(聂凤军等,2007)	小东沟钼矿
	热液型(石英脉型)	辉钼矿中 Re-Os 等时线年龄为 154.3 ± 3.6 Ma(张作仑等,2009)	碾子沟钼矿
	中低温热液型	三叠纪—早侏罗世	孟恩陶勒盖银铅矿
	次火山热液型	燕山早期	大井子铜锡矿
	热液型	泥盆纪	拜仁达坝银铅锌矿
	热液型	晚侏罗世	花敖包特银铅锌矿
	碱性花岗岩型	全岩 Rb-Sr 等时线年龄为 127.2 Ma(邵和明,2002)	八〇一稀土矿
	岩浆熔离型	晚二叠世	呼和哈达铬铁矿
	岩浆熔离型	中奥陶世	柯单山铬铁矿
	风化淋积型	海西期	白音胡硕硅酸镍矿

(2)从矿床类型、种类分析,晚古生代成矿类型为热液型和岩浆熔离型矿床。中生代类型丰富,有斑岩型、矽卡岩型、热液型、陆相火山岩型多金属矿床。成矿类型由单一到多样。

三、矿床成矿系列划分

该区共划分矿床成矿系列等 5 个,进一步划分 9 个成矿亚系列,见表 6-1。

1. 拜仁达坝—呼和哈达地区与海西期超基性、基性—中酸性岩浆活动有关的 Cr、Ni、Fe、Cu、Pb、Zn、Ag、Be 矿床成矿系列(Pz_2-09)

1)与海西期超基性岩浆活动有关的 Cr 矿床成矿亚系列(Pz_2-09a)

该成矿亚系列主要分布于西拉木伦河及科尔沁右翼前旗。柯单山蛇绿岩带沿西拉木伦河北岸分布,成矿类型为蛇绿岩型,代表性矿床有柯单山铬铁矿。呼和哈达地区主要出露二叠系大石寨组及晚古生代镁铁质-超镁铁质岩,铬铁矿成矿类型为岩浆熔离型,代表性矿床有呼和哈达铬铁矿。

2)与海西期海相基性-中酸性火山活动有关的 Fe、硫铁矿矿床成矿亚系列(Pz_2-09b)

该亚系列分布于科右前旗大石寨、驼峰山地区。铁矿、硫铁矿均赋存于下二叠统大石寨组细斑岩、细碧角斑岩及玄武岩等海相中基性火山岩及碎屑岩中,成矿类型为海相火山-沉积型,代表性矿床有呼和哈达铁矿、驼峰山硫铁矿。

3)与海西期中酸性岩浆活动有关的 Cu、Pb、Zn、Ag 矿床成矿亚系列(Pz_2-09c)

该成矿亚系列分布于大兴安岭西坡,构造单元属锡林浩特岩浆弧,区内出露古元古界宝音图岩群、二叠纪海相火山—沉积建造及大量的晚古生代中酸性侵入岩,成矿类型为热液型,成矿时代为石炭纪—

二叠纪,代表性矿床有道伦达坝铜矿、拜仁达坝银铅锌矿。

2. 布敦花—莲花山地区与燕山早期中酸性岩浆活动有关的 Cu、Pb、Zn、Ag、Au、Mo、Sn、萤石矿床成矿系列($Mz_2 - 05$)

该成矿系列分布在大兴安岭中南段东坡,靠近嫩江深断裂的西侧,成矿时限为 171～161Ma。与其他燕山期成矿系列的成矿岩体比较,该成矿系列的成矿岩体具有基性程度较高、来源深的特点。

1)与燕山早期中酸性岩浆活动相关的 Cu、Ag、Pb、Zn、Mo、Au、萤石矿床成矿亚系列($Mz_2 - 05a$)

在该成矿亚系列中,与成矿有关的岩浆岩为闪长玢岩、斜长花岗斑岩、花岗闪长斑岩等,矿床产于二叠纪隆起与侏罗纪火山断陷盆地的过渡位置。赋矿围岩大多为二叠纪凝灰质砂板岩,亦有部分产于侏罗纪浅成火山侵入体及火山盆地中,围岩蚀变是钾硅化、绢英岩化和青磐岩化等。主要形成铜多金属矿床成矿组合,成矿类型有热液型、次火山热液型、接触交代型和斑岩型,代表性矿床有莲花山铜银矿、布敦花铜矿(以热液型为主,兼具斑岩型特征)和苏达勒萤石矿。成矿期为燕山早期。

2)与燕山早期酸性岩浆活动有关的 Pb、Zn、Ag、Sn 矿床成矿亚系列($Mz_2 - 05b$)

与成矿有关的岩体为黑云母二长花岗岩、花岗闪长岩,主要表现为铅锌多金属成矿组合,如孟恩陶勒盖(Ag、Zn、Pb)。近矿围岩蚀变有白云母化、绢英岩化和青磐岩化。成矿温度相对较低。

3. 黄岗—神山地区与燕山晚期中酸性岩浆活动有关的 Fe、Cu、Pb、Zn、Ag、Mo、Sn 矿床成矿系列($Mz_2 - 06$)

1)与燕山晚期中酸性岩浆活动有关的 Fe、Cu、Sn、Ag、Mo 矿床成矿亚系列($Mz_2 - 06a$)

该成矿亚系列分布在大兴安岭主脊及西坡,成矿与壳幔混合源的酸性侵入杂岩体有关。成矿时代为 155～140Ma。成矿岩体以富硅富碱,以富含 W、Sn、Bi 和挥发分为特征。形成矽卡岩型、热液型及斑岩型矿床。

本亚系列矿床具有明显的空间分带,如大井子矿床,按远离成矿岩体方向,依次为 Sn→Sn、Cu(Ag)→Pb、Zn、Ag,安乐矿床远离花岗斑岩依次为 Cu、Sn、Mo→Sn、Cu、Ag→Sn、Zn、Pb→Zn、Pb、Ag。敖脑达坝锡矿化产于岩体中部,向两侧接触带为铜、铅、锌矿化,银矿化为晚期成矿阶段形成,叠加于早期矿体之上,应属于斑岩型铜多金属矿床。

该亚系列代表性矿床有大井铜锡矿、敖脑达坝铜矿、敖仑花铜钼矿、黄岗铁锡矿、神山铁铜矿、毛登锡矿、安乐铜锡矿和曹家屯钼矿等。

2)与燕山晚期中酸性岩浆活动有关的 Pb、Zn、Ag 矿床成矿亚系列($Mz_2 - 06b$)

该成矿亚系列分布在大兴安岭主脊及东坡,以银、铅锌为主,成矿时限为 148～131Ma,以中生代火山断陷区为构造背景,矿床一般分布于火山断陷区中局部隆起(坳中隆)或火山断陷区的边缘与断隆区的交接部位。矿床中常分布一套火山岩-潜火山岩、超浅成-浅成侵入体,其岩性组合主要为花岗闪长斑岩-石英正长斑岩(白音诺)、石英二长岩-二长花岗岩-钾长花岗岩(浩布高)。成岩时代主要为晚侏罗世—早白垩世。成矿岩体多为小岩株,具有斑状结构。此类的矿床主要属于由矽卡岩型、层控热液型和热液脉型矿床组合而成的矿床亚系列,主要代表性矿床有白音诺尔铅锌矿、浩布高铅锌矿、白音乌拉铅锌矿、扎木钦银铅锌矿和长春岭铅锌银矿。

4. 小东沟-撰山子地区与燕山期酸性岩浆活动有关的 Cu、Pb、Zn、W、Mo、Au、Ag 矿床成矿系列($Mz_2 - 07$)

该成矿系列分布于西拉木伦河以南、槽台断裂以北地区,地质背景为华北板块北部陆缘增生区,属古生代赤峰地层小区,地质单元主要为晚新生代海相-海陆交互相火山-沉积岩系,侵入岩为晚古生代及燕山期中酸性侵入体。成矿时限为燕山早期—燕山晚期。成矿元素组合为铜、铅、锌、钼、钨、金。

1) 与燕山期酸性岩浆活动有关的 Pb、Zn、Mo、W、Cu 矿床成矿亚系列（Mz$_2$ - 07a）

该亚系列矿床类型及代表性矿床为：斑岩型：小东沟钼矿床；接触交代型矿床：小营子铅锌矿床，敖包山铜、铅锌矿床；热液型：五家子铜矿床、白马石沟铜矿床、毫义哈达钨矿。成矿时代为燕山期，介于 170～150Ma 之间。

2) 与燕山期酸性岩浆活动有关的 Au、Ag 矿床成矿亚系列（Mz$_2$ - 07b）

该亚系列矿床类型及代表性矿床主要为热液型：后公地铅、锌矿床，佘家窝铺铅锌矿床，撰山子、奈村沟金矿床。成矿时代为燕山期，介于 135～120Ma 之间。

5. 巴尔哲与燕山晚期碱性花岗岩有关的稀有、稀土矿床成矿系列（Mz$_2$ - 08）

该成矿系列产在霍林河东西断裂带南侧巴尔哲稀土地球化学异常区，成矿时限为 127～125Ma。成矿岩体为晶洞状钠闪石花岗岩，具有 A 型花岗岩特点，代表性矿床为八〇一稀有稀土矿床。

四、区域成矿模式及成矿谱系

本成矿带属大兴安岭南段，区域成矿特点上，南段西坡——富铅锌富银铜，既有断裂控矿的中生代热液脉型矿床，也有海西期形成的热液型（海底热液喷流沉积的块状硫化物矿床？）；南段主峰——富锡铅锌铁铜；东坡——以铜为主的多金属成矿亚带；西拉沐沦河以南则以铅锌钼为主要成矿元素。据此，建立本区区域成矿模式，详见图 6 - 22～图 6 - 24。

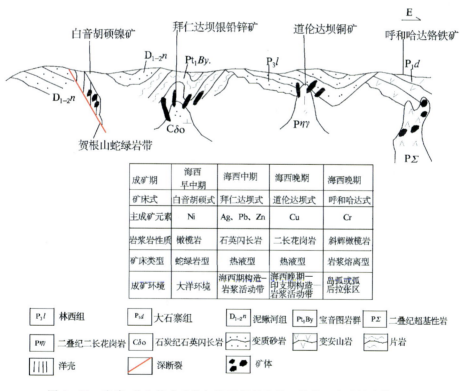

图 6 - 22　突泉-翁牛特成矿带与海西期超基性—基性—中酸性岩浆活动
有关的铬、镍、铁、铜、铅锌、银矿床区域成矿模式图

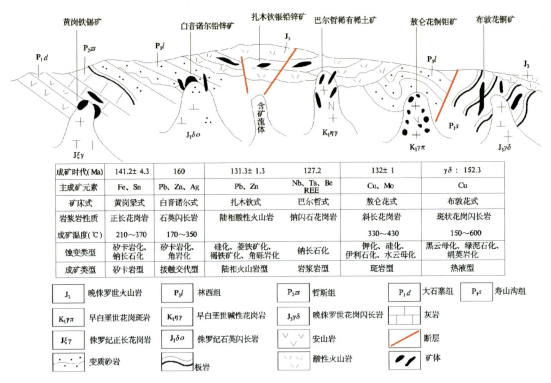

图 6-23　突泉-林西与燕山期岩浆活动有关的铁、金、铜、铅锌、银、锡、铌钽、钼矿床区域成矿模式图

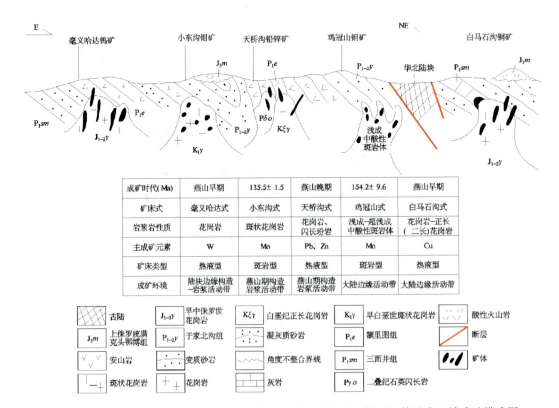

图 6-24　西拉木伦河南与燕山期酸性岩浆活动有关的铜、铅、锌、钼、钨矿床区域成矿模式图

第九节 华北陆块北缘东段 Fe-Cu-Mo-Pb-Zn-Au-Ag-Mn-U-磷-煤-膨润土成矿带（Ⅲ-10）

一、区域成矿地质背景

该成矿带主体位于在太仆寺旗-赤峰以南，南侧与山西、河北、辽宁接壤，西侧延伸至山西境内，北界为化德-赤峰-开源深大断裂，与突泉-翁牛特 Pb-Zn-Cu-Mo-Au-Cr-Fe-Sn-Ag-REE-萤石-硫铁矿成矿带（Ⅲ-8）为邻。大地构造单元属华北地块阴山断隆，该成矿带跨越冀北古弧盆系（Ⅱ-3）、狼山-阴山陆块（Ⅱ-4）两个二级大地构造单元。本区地质矿产特征见图6-25。

该成矿带出露地层较齐全，除缺少元古宇外，太古宇、古生界、中生界、新生界均有不同程度分布，但各断代地层多不齐全，以中、新生界分布最广，其次是太古宇。区内太古界主要分布在努鲁尔虎山、七老图山和铭山3个隆断带上，少部分出露于锡伯河、老哈河2个坳断带中，主要为中太古界乌拉山岩群，为一套角闪岩相-高绿片岩相变质岩，包括黑云斜长片麻岩、黑云角闪变粒岩、黑云钾长片麻岩、斜长角闪岩、大理岩、绿片岩等，普遍遭受过强烈的区域混合岩化作用，其原岩为一套海相中基性火山-沉积岩。古生代时期，南部为相对稳定的陆表海沉积，为一套灰岩-砂岩建造；北部区处于活动陆缘环境，沉积了一套火山岩-沉积岩建造。中生代本区处于滨太平洋岩浆岩带（内带），主要表现为差异性升降，形成断隆与坳陷相间的格局，沉积了陆相湖盆含煤沉积建造、陆相火山岩建造等。新生界遍布沟谷及平川。

区内岩浆岩极为发育，特别是到了中生代，由于太平洋板块向欧亚板块的俯冲作用，使华北地台强烈活化，伴随有强烈的构造活动及岩浆侵入和火山喷发活动。强烈的燕山运动打破了元古宙以来的东西向构造格局，由于扭动而产生一系列的北东向断裂，并引起呈北东向延伸的岩浆活动，在本区形成了北东向展布的岩浆岩带。

区域内的断裂构造主要表现为3组，分别为东西向、北西向和北北东—北东向，规模较大，构成大型的断裂带。这些断裂控制了该区中生代盆地和火山机构的形成。东西向断裂是区内出现最早的断裂，多被后期的北东向和北西向断裂带所切割。北西向断裂早于北东向断裂，而且多被北东向断裂切割推移，北西向断裂是本区主要的导岩、导矿和容矿构造。

二、区域成矿规律

1. 构造对成矿的控制作用

近东西向展布的赤峰-开源深断裂带和北北东向展布的嫩江-青龙河断裂带联合控制了与陆相中、酸性火山有关的斑岩型、接触交代型、爆破角砾岩和热液型铁、金、银、铅、锌、铜、钼、锡、萤石等矿床的形成和分布。

2. 地层对成矿的控制作用

1）成矿物质的初始预富集作用

太古宙—古元古代绿岩带内的原岩为中基性火山岩系，其含有较富的易活化金丰度值而使金得到初始预富集，为后期地质作用成矿提供成矿物源。例如赤峰地区太古宙变质岩系含 Au 丰度值为$(7\sim 9)\times 10^{-9}$（邵和明等，2001），是地壳金平均值的2~3倍，尤其是原岩为中基性火山岩的黑云角闪斜长片麻岩；角闪斜长片麻岩、斜长角岩等的金丰度值变化于$(7.5\sim 11.87)\times 10^{-9}$（邵和明等，2001）之间，而且这类岩石中富含黄铁矿,黄铁矿含 Au 丰度为 $1584×10^{-9}$。

2)在成岩过程中直接成矿

本区已探明储量铁矿床中有 60% 与乌拉山岩群变质岩系有关;铁矿直接产于乌拉山岩群变质岩中。太古宙结晶基底可以作为铁矿及后生金矿的原始矿源层,也为以后的地质时期中铁、金等元素的活化、迁移、富集提供了丰厚的物质来源。

3. 矿床的时空分布规律

主成矿期为太古宙和中生代,次为海西期。

太古宙基底隆起区分布有条带状铁矿床,在基底边缘坳陷区分布有中生代斑岩型铜铅矿床(车户沟)、热液型铅锌铜矿床(对面沟、后塔子、四道沟)、金银矿床(柴火栏子、莲花沟、红花沟、金厂沟梁)。沿北缘晚古生代构造岩浆活化带分布有海西期热液型 Fe、Au 矿。

三、矿床成矿系列划分

依据本成矿带内地质背景、区域成矿特征、矿床形成构造环境,划分为 3 个矿床成矿系列,见表 6-1。

1. 包头-集宁-赤峰地区与中太古代火山-沉积变质作用有关的 Fe 矿床成矿系列(Ar-01)

在本区带内,该成矿系列主要分布在赤峰南部宁城县、敖汉旗,呈北东东向展布,其矿床分布与太古宇乌拉山岩群的分布一致,乌拉山岩群是铁矿的重要赋矿层位,其岩石组合包括黑云斜长片麻岩、黑云角闪变粒岩、黑云钾长片麻岩、斜长角闪岩、大理岩、绿片岩等,普遍遭受过强烈的区域混合岩化作用。

代表性矿床有沉积变质型头道沟铁矿、二道沟铁矿、曲家梁铁矿。

2. 南湾子与海西期酸性岩浆活动有关的 Fe、Au 矿床成矿系列(Pz_2-10)

海西晚期,由于西伯利亚板块与华北板块碰撞拼合,在南湾子-哈拉火烧地段发生构造-岩浆活化,形成了与酸性岩浆活动有关的热液型铁、金矿床(热液型南湾子金矿、西箭铁矿)。

3. 千斤沟—车户沟地区与燕山期中酸性岩浆活动有关的 Fe、Au、Ag、Pb、Zn、Cu、Mo、Sn、萤石矿床成矿系列(Mz_2-09)

该成矿系列分布在华北板块北缘东段,与花岗闪长岩、闪长岩、正长花岗岩、正长斑岩、黑云母花岗岩等中酸性岩浆活动有关,成矿时代为中生代,并以晚侏罗世—早白垩世为主,赋矿岩石为太古宙片麻岩、侏罗纪火山岩等,矿床类型有斑岩型、热液型和隐爆角砾岩型。

代表性矿床如下:车户沟斑岩型铜钼矿床、长岭山热液型铅锌矿床、陈家杖子隐爆角砾岩型金矿床等。

四、区域成矿模式及成矿谱系

该成矿带由太古宙变质火山沉积岩系组成华北陆块,发育有与海相火山-沉积作用有关的铁矿床成矿系列。吕梁运动后地壳处于稳定状态。海西晚期,由于西伯利亚板块与华北板块碰撞拼合,在南湾子-哈拉火烧地段发生构造-岩浆活化,形成了与酸性岩浆活动有关的铁、铁锌矿床成矿系列。中生代本区进入滨西太平洋活动大陆边缘构造发育阶段,在千斤沟-车户沟地区形成与燕山期中酸性岩浆活动有关的 Fe、Au、Ag、Pb、Zn、Cu、Mo、Sn、萤石矿床成矿系列,形成了热液型金厂沟梁大型金矿床和陈家杖子火山隐爆角砾岩型大型金矿床(成矿时限为 121~100Ma;引自邵和明等,2001)及千斤沟锡矿、太仆寺

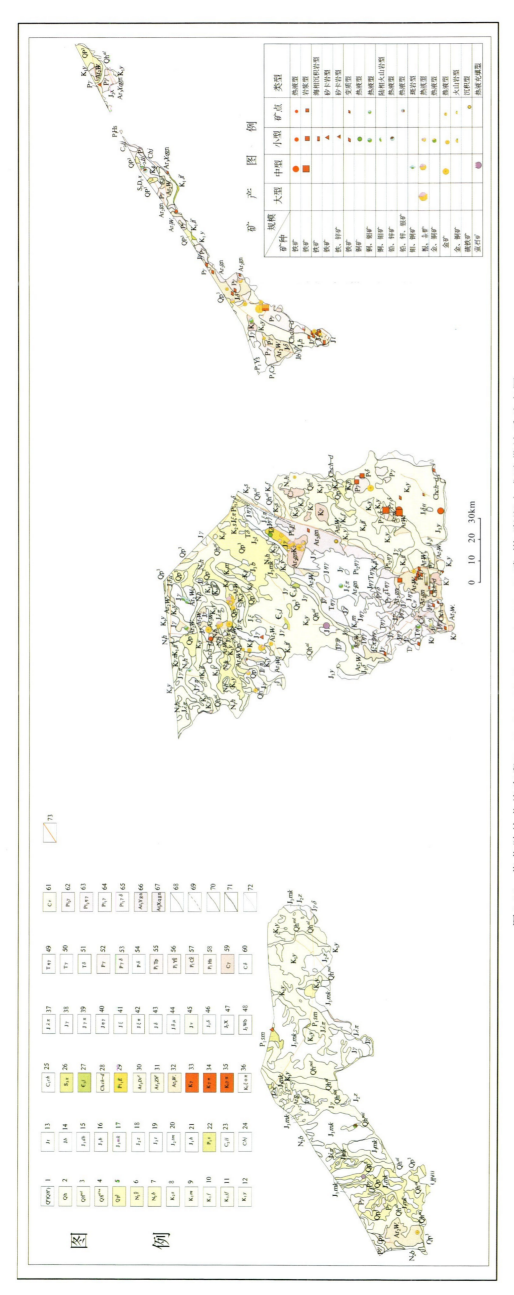

图6-25 华北陆块北缘东段Fe-Cu-Mo-Pb-Zn-Au-Ag-Mn-U-磷-煤-膨润土成矿带地质矿产图

东郊萤石矿等。

该成矿带成矿谱系见图6-26,区域成矿模式见图6-27。

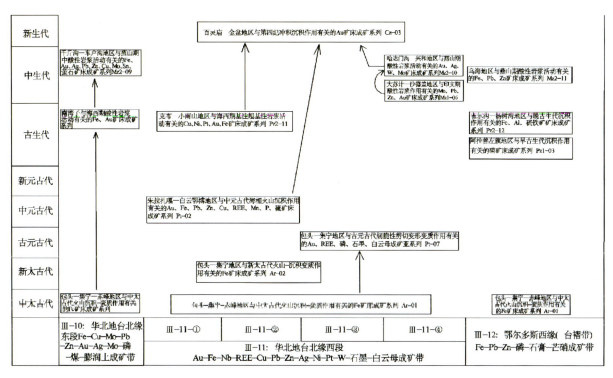

图6-26 华北地台北缘东段成矿谱系图

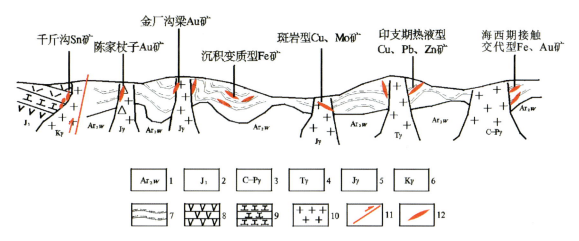

图6-27 华北地台北缘东段区域成矿模式图

1.中太古代乌拉山岩组;2.晚侏罗世火山岩;3.石炭纪—二叠纪酸性侵入岩;4.三叠纪侵入岩;5.侏罗纪侵入岩;6.白垩纪侵入岩;7.片麻岩;8.安山岩;9.粗面岩;10.花岗岩;11.逆断层;12.矿体

第十节 华北陆块北缘西段 Au-Fe-Nb-REE-Cu-Pb-Zn-Ag-Ni-Pt-W-石墨-白云母成矿带（Ⅲ-11）

一、区域成矿地质背景

本成矿带位于华北陆块区狼山-阴山陆块，跨越多个三级大地构造单元，包括固阳-兴和陆核、色尔腾山-太仆寺旗古岩浆弧、狼山-白云鄂博裂谷及吉兰泰-包头断陷盆地。

本区经历了古太古代陆核形成、中新太古代陆核增生形成不同的陆块，至古元古代（19Ga左右）最终形成统一的华北陆块结晶基底。中新元古代，在白云鄂博和渣尔泰山一带形成两条近平行分布的裂陷槽（裂谷），沉积了巨厚的碎屑岩-碳酸盐建造，是华北陆块上第一套稳定盖层沉积。

震旦纪在阴山南麓形成什那干陆表海，沉积了稳定型地台盖层碳酸盐岩建造。震旦纪末发生抬升，海水退出本区。至寒武纪开始下沉，海水自华北和祁连入侵。

寒武纪—中奥陶世为海相碳酸盐岩和砂泥质建造。缺少志留纪—早石炭世沉积。晚石炭世又有从华北来的海水经清水河与贺兰海沟通，海水时侵时退，为海陆交互相沉积。在阴山地区早二叠世有多个小型山间盆地，除陆源碎屑外，火山活动强烈，表明阴山地区构造活动趋于强烈。

晚古生代受北侧古亚洲洋消减的影响，在陆块北缘形成具陆缘弧性质的岩浆岩带。

中新生代本区大部分地区仍处于隆起状态，由于受滨太平洋构造域的影响，地壳活动性增强，西伯利亚与华北板块之间的碰撞所引起的南北向挤压力（邵和明等，2001）造成了本区侏罗纪及早白垩世产生了多个东西向或近东西向的山间断陷盆地、褶皱、断裂及推覆构造，并伴有强烈的中生代岩浆活动，见图6-28。

1. Ⅲ-11-①白云鄂博-商都 Au-Fe-Nb-REE-Cu-Ni 成矿亚带（Pt、V）

该成矿亚带与白云鄂博裂陷槽分布范围相当，除出露有白云鄂博群外，还出露有太古宙结晶基底，少量晚古生代火山-沉积地层、中生代陆相盆地沉积及火山岩建造。广泛出露前寒武纪变质侵入岩及晚古生代、中生代侵入岩。分布的矿产主要有与白云鄂博群有关的铁铌稀土矿（白云鄂博）及金矿（赛乌苏），与晚古生代基性超基性岩有关的铜镍矿（小南山）。

2. Ⅲ-11-②狼山-渣尔泰山 Pb-Zn-Au-Fe-Cu-Pt-Ni 成矿亚带（Ar_3、Pt、V）

该成矿亚带与渣尔泰山裂陷槽范围基本一致，大面积出露渣尔泰山群和前寒武纪结晶基底。该成矿亚带与北侧白云鄂博-商都 Au-Fe-Nb-REE-Cu-Ni 成矿亚带大致具有相同或相似的地质构造演化，只是主成矿元素、赋矿层位有所差别。由于古亚洲洋的俯冲、碰撞作用，本区发生构造岩浆活化作用，分布有海西期侵入体，中生代形成受断裂控制的近东西向和北东向展布的断陷盆地，同时有印支期和燕山期花岗岩类侵位。

3. Ⅲ-11-③固阳-白银查干 Au-Fe-Cu-Pb-Zn-石墨-硫铁矿成矿亚带（Ar_3、Pt）

该成矿亚带与色尔腾山-太仆寺旗岩浆弧（Ar_3）范围相当，出露新太古界色尔腾山岩群及同时代TTG岩系。震旦纪—奥陶纪，沉积了一套稳定的陆表海岩石组合，石炭纪—二叠纪为活动大陆边缘，有大规模的中酸性岩浆侵入及喷发活动。中生代岩浆活动强烈，侏罗纪—白垩纪火山岩均有分布，尤其白垩纪火山喷发强烈。

该区构造呈东西向展布，而控制该区成矿的断裂构造为大佘太-固阳-武川-察哈尔右翼中旗深断

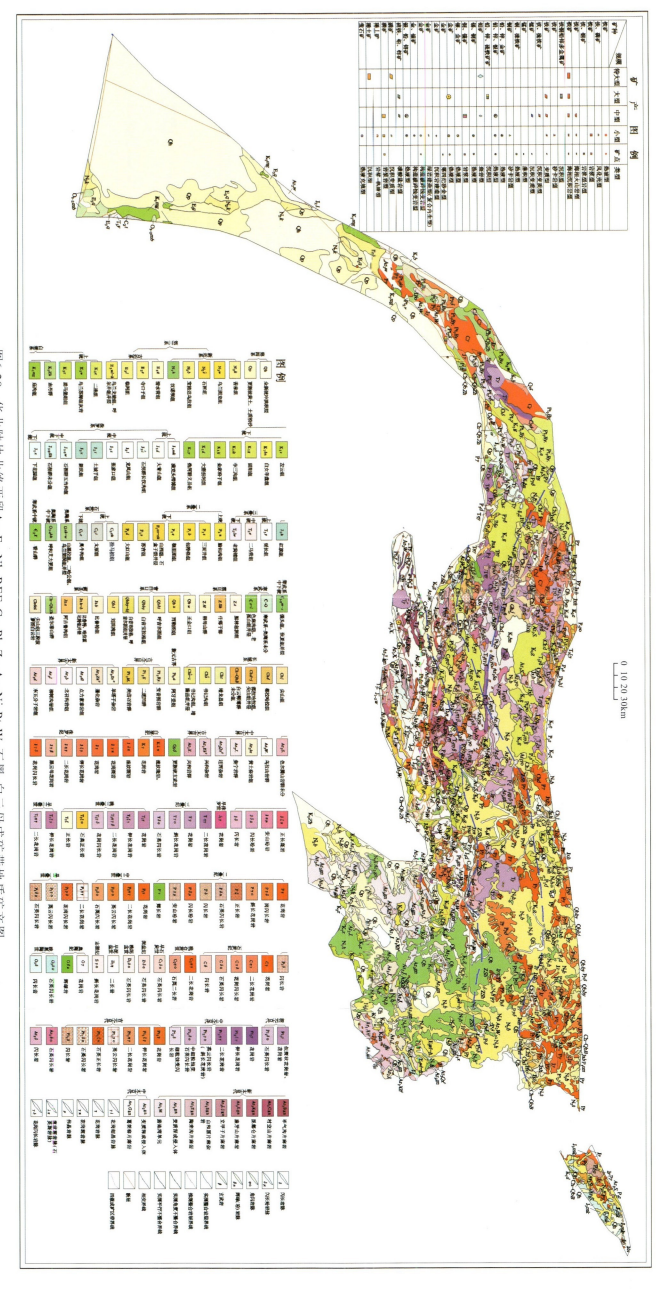

图6-28 华北陆块北缘西段Au-Fe-Nb-REE-Cu-Pb-Zn-Ag-Ni-Pt-W-石墨-白云母成矿带地质矿产图

裂,深断裂带北侧与北西向次级断裂交会处往往是铁、金矿床成矿的有利部位。

4. Ⅲ-11-④乌拉山-集宁 Fe-Au-Ag-Mo-Cu-Pb-Zn-石墨-白云母成矿亚带（Ar_{1-2}、I、Y）

该成矿亚带与固阳-兴和陆核范围一致,由兴和岩群、乌拉山岩群、集宁群组成结晶基底。古生代、中生代与整个华北陆块有基本相同的地质构造演化。古生代由于北侧古亚洲洋的俯冲、碰撞作用,本区发生构造岩浆活化作用而有早海西期花岗岩侵位。因中生代西滨太平洋构造域的叠加,本区形成近东西向山间断陷盆地,堆积含煤建造,并有火山活动,伴随有燕山期花岗岩侵位,并与金、银矿化密切相关。

二、区域成矿规律

1. 成矿构造环境的控矿作用

太古宙—古元古代陆块中的花岗岩-绿岩带内赋存条带状铁矿（或称鞍山式铁矿）和绿岩型金矿,同时在高级变质岩区赋存众多的非金属矿床,例如石墨矿、白云母矿和透辉石型磷矿等。中新元古代裂陷槽内控制了与海相火山-沉积作用有关的铜、铅、锌、金、硫铁矿及铁、铌、稀土矿床,同时,有与海相化学同沉积作用有关的铁、锰、磷矿床形成。

晚古生代,受古亚洲洋俯冲作用影响,陆块北缘演变为活动大陆边缘,在这种构造环境下,在北缘形成了与基性岩浆有关的熔离型铜、镍、铂矿床,中酸性岩浆侵位形成了接触交代型、热液型、铁、铅、锌、金、萤石矿床。

中生代形成与陆相中酸性火山-侵入杂岩相关的众多不同类型的铁、铅、锌、钨、钼、银、金、萤石等矿床。

2. 地层对成矿的控制作用

1）成矿物质的初始预富集作用

太古宇乌拉山岩群和集宁岩群原岩为含碳质岩层,经过区域麻粒岩相变质作用和混合岩化作用常形成规模不等的石墨矿床。古元古界宝音图岩群中富铝泥质岩层经过区域角闪岩相变质作用形成石榴子石矿床。乌拉山岩群和集宁岩群原岩为泥质-半黏土质岩层经过1700～1800Ma的变质-混合岩化作用形成伟晶岩型白云母矿床。

太古宙—古元古代绿岩带内原岩为中基性火山岩系,其含有较富的易活化金丰度值而使金得到初始预富集,为后期成矿作用提供物源,如乌拉山金矿等。

2）在成岩过程中直接成矿

太古宇乌拉山岩群、色尔腾山岩群中的条带铁矿床,渣尔泰山群中的铁、铜、铅、锌、硫铁矿、金矿床,白云鄂博群中的白云鄂博铁、铌、稀土矿床及磷矿床都是在地层岩石形成的同时,成矿物质大量富集而形成的。中元古代与海相化学沉积有关的铁、磷矿床亦是如此。

3. 矿床的空间分布规律

太古宙—古元古代基底隆起区分布太古宙—古元古代条带状铁矿床、绿岩型金矿床、石墨矿床和白云母矿床。中新元古代裂陷槽分布有与海相火山沉积作用有关的铜、铁、铅、锌、硫、金矿床及铁、稀有稀土矿床。与海西期基性—超基性、中酸性岩浆作用有关的铜、镍、铁铜等矿床沿陆块北缘分布。

4. 矿床的时间分布规律

主要成矿期为太古宙和元古宙,其次为晚古生代、中生代。不同矿种其主成矿期也不同,铁矿为太古宙,铅锌硫为中元古代,金矿为中生代,铜镍硫化物型矿床为古生代等。简而言之,就是一老一新带中间。

三、矿床成矿系列划分

本成矿区带内共划分矿床成矿系列 8 个,进一步划分 3 个成矿亚系列,见表 6-1。

1. 包头—集宁—赤峰地区与中太古代火山-沉积变质作用有关的 Fe 矿床成矿系列(Ar-01)

该成矿系列分布于华北陆块北缘的古老隆起区,是与前寒武纪火山沉积变质建造有关的条带状(条纹状)铁矿床(鞍山式铁矿),含矿岩系原岩为前寒武纪含铁石英岩和基性-中酸性火山岩系,受后期混合岩化及其他变质作用改造。铁矿赋存在兴和岩群、乌拉山岩群中,变质程度为高角闪岩相-麻粒岩相(壕赖沟铁矿床、贾格尔其庙铁矿)。

2. 包头—集宁地区与新太古代火山-沉积变质作用有关的 Fe 矿床成矿系列(Ar-02)

该成矿系列赋存在新太古界色尔腾山岩群中,为变质型铁矿(BIF 铁矿),变质程度为低角闪岩相-绿片岩相(三合明铁矿床)。

3. 与古元古代岩浆作用、变质作用有关的 Au、REE、磷、石墨、白云母成矿系列(Pt-07)

该成矿系列分布在华北陆块北缘,受古元古代末期吕梁运动影响,由区域变质变形作用在太古宇乌拉山岩群、集宁岩群及古元古界二道洼岩群中,形成伟晶岩型、热液型及变质型 Be、白云母、金云母、稀土、磷、石棉、石墨及 Au 等矿床。如土贵乌拉伟晶岩型白云母矿、黄土窑变质型石墨矿、新地沟变质热液型金矿(绿岩型金矿)等。

4. 朱拉扎嘎—白云鄂博地区与中元古代喷流沉积作用有关的 Au、Fe、Pb、Zn、Cu、REE、硫矿床成矿系列(Pt-02)

该成矿系列可具体划分为 3 个成矿亚系列。

(1)白云鄂博地区与中元古代喷流沉积-改造(或叠加)作用有关的 Fe、REE、Au 矿床成矿亚系列(Pt-02b):分布在白云鄂博—商都一带,赋矿围岩主要为白云鄂博群哈拉霍疙特组、比鲁特组。有白云鄂博铁、铌、稀土矿床,赛乌苏金矿等。

(2)渣尔泰山地区与中元古代喷流沉积作用有关的 Au、Fe、Pb、Zn、Cu、硫矿床成矿亚系列(Pt-02c):分布在狼山-渣尔泰山地区,赋矿围岩为渣尔泰山群阿古鲁沟组。矿床有用元素组合自西向东变化为:Cu(PbZn)(霍各乞)→以 Zn 为主多金属,Cu>Pb(炭窑口)→以 Zn 为主多金属,Cu≈Pb(东升庙)→Zn、Pb、S,无 Cu(甲生盘)。

(3)与中元古代海相化学沉积作用有关的 Fe、Mn、磷矿床成矿亚系列(Pt-02d):矿床均赋存在渣尔泰山群和白云鄂博群中,前者构成的矿床成矿系列完整,后者到目前为止还未发现锰矿。铁、锰、磷等沉积矿床均赋存在海侵阶段,铁矿沉积在近古陆边缘最浅部位,矿层位于海侵层序下部,矿石为赤铁矿;锰矿的沉积位置比铁矿距海岸远些,沉积深度也较大,矿石矿物为软锰矿、硬锰矿;磷矿床形成于浅海中较深水环境,矿石矿物以胶状磷灰石为主。铁矿床的代表为西德岭铁矿床,锰矿床代表为红壕、东加干锰矿床,磷矿代表为布龙土磷矿床。

5. 克布—小南山地区与海西期基性-超基性岩浆活动有关的 Cu、Ni、Pt、Au、Fe 矿床成矿系列(Pz_2-11)

该成矿系列与铁质基性—超基性侵入杂岩体密切相关,沿华北陆块北缘分布,与区域性深断裂带方向一致。铜、镍、铂矿床与辉长岩、橄长岩相关,以岩浆熔离方式成矿,矿体为似层状、透镜状产于岩体底部,如小南山铜镍矿。

6. 大苏计—沙德盖地区与印支期酸性岩浆作用有关的 Mo、Pb、Zn、Au 矿床成矿系列（Mz_1 - 05）

该成矿系列成矿与印支期浅成超浅成的花岗斑岩、正长斑岩、石英斑岩等有关，赋矿围岩为老变质岩及斑岩体，矿化蚀变具斑岩型矿床特征。如大苏计斑岩型钼矿床等。

7. 哈达门沟—兴和地区与燕山期酸性岩浆活动有关的 Au、Ag、W、Mo 矿床成矿系列（Mz_2 - 10）

该成矿系列沿乌拉特前旗-呼和浩特-集宁深断裂分布，成矿作用与燕山期中酸性岩浆活动密切相关。赋矿岩石为太古宙片麻岩、侏罗纪火山岩等。金矿与钼矿分布在两种不同类型的结晶基底中，金矿主要分布在乌拉山岩群的变质基性火山岩区，而钼矿则主要分布在集宁岩群的矽线榴片麻岩中。代表性矿床有李清地热液型银铅锌矿床、白石头洼热液型钨矿床、曹四夭斑岩型钼矿、哈达门沟热液型金矿等。

8. 百流图—金盆地区与第四纪冲积沉积作用有关的 Au 矿床成矿系列（Cz - 03）（略）

四、区域成矿模式及成矿谱系

该成矿带由太古宙变质火山沉积岩系组成华北陆块结晶基底，发育有与海相火山-沉积变质作用有关的铁矿床成矿系列。吕梁运动在高级变质岩区形成了与区域变质变形作用有关的金、稀土、白云母等矿产。中元古代在华北陆块边缘处于拉张构造环境，发育长 300 余千米，宽 20～30km 的陆缘裂陷槽或裂谷，沉积了巨厚的碎屑岩-碳酸盐建造，局部夹少量火山岩，形成了与此相关的铁、稀土、铌、铜、铅、锌、硫、金矿床，同时形成与海相化学沉积作用有关的铁、锰、磷矿床。晋宁运动时期，裂陷槽关闭成陆，本区地壳趋于稳定状态。晚古生代，由于华北板块北侧古亚洲洋向南消减俯冲，在华北板块北缘西段发生构造-岩浆活化，从而形成与晚古生代基性岩浆活动有关的铜镍、铁、金矿。中生代本区进入滨西太平洋活动大陆边缘构造发育阶段。该成矿带区域成矿模式见图 6-29，成矿谱系见图 6-26。

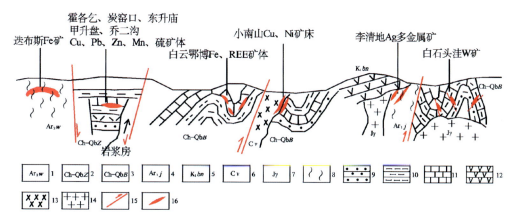

图 6-29 华北地台北缘西段区域成矿模式图

1.中太古界乌拉山岩组；2.元古宇渣尔泰山群；3.元古宇白云鄂博群；4.太古宇集宁岩群；5.白垩系白女羊盘组；6.石炭纪侵入岩；7.侏罗纪侵入岩；8.片麻岩；9.砂岩；10.泥岩；11.灰岩；12.安山岩；13.辉长岩；14.花岗岩；15.逆断层；16.矿体

第十一节 鄂尔多斯西缘 Fe-Pb-Zn-磷-石膏-芒硝成矿带（Ⅲ-12）

一、区域成矿地质背景

鄂尔多斯盆地西缘位于华北陆块的西部，西邻阿拉善地块，东为鄂尔多斯盆地，北为狼山造山带，南为秦祁昆碰撞带。它处于我国东部环太平洋构造域与西部古特提斯-喜马拉雅构造域的多期反复交替拉张和挤压作用相互影响、互为补偿的接合区，属于贺兰山被动陆缘盆地四级构造单元。本区地质矿产特征见图6-30。

该成矿带总体以贺兰山-桌子山为主体。基底岩系为太古宇乌拉山岩群（原千里山群），其上被中元古界不整合覆盖。中元古界发育西勒图组和王全口组，为浅海相石英岩建造、泥页岩建造、镁质碳酸盐岩建造，显示了封闭的断陷盆地的沉积环境。寒武系和奥陶系为浅海相碳酸盐岩建造，其上平行不整合覆盖石炭系、二叠系，为海陆交互相或陆相含煤建造，三叠系为湖沼相含煤建造、碎屑岩建造。

二、区域成矿规律

在太古宙结晶基底中内赋存条带状铁矿（鞍山式铁矿），在寒武纪海相沉积地层中赋存有沉积型磷矿，在二叠纪海陆交互相沉积地层中赋存有沉积型铁矿。中生代构造岩浆活化形成少量热液型铅锌矿。

三、矿床成矿系列划分

共划分了4个矿床成矿系列，见表6-1。

1. 千里山地区与中太古代火山沉积变质作用有关的 Fe 矿床成矿系列（Ar-01）

铁矿床产于乌拉山岩群（原千里山群）中，赋矿围岩主要为片麻岩、变粒岩等。代表性矿床为查干郭勒沉积变质型铁矿、千里沟沉积变质型铁矿。

2. 阿拉善左旗地区与早古生代海相沉积作用有关的磷矿床成矿系列（Pz_1-03）

该成矿系列与寒武系馒头组关系密切，矿体与围岩产状一致。代表性矿床为沉积型正目观沉积型磷矿。

3. 雀儿沟-榆树湾地区与晚古生代沉积作用有关的 Fe、Al、硫铁矿矿床成矿系列（Pz_2-12）

该成矿系列分布在鄂尔多斯西缘桌子山断裂带南部和东缘的清水河地区，形成与海陆过渡相沉积有关的铁、铝及硫铁矿床，其代表性矿床为雀儿沟褐铁矿床、城坡铝土矿。

4. 乌海地区与燕山期酸性岩浆活动有关的 Fe、Pb、Zn 矿床成矿系列（Mz_2-11）

该成矿系列矿化与燕山期构造-岩浆活化作用侵位的花岗岩类有关。代表性矿床为代兰塔拉热液型铅锌矿。

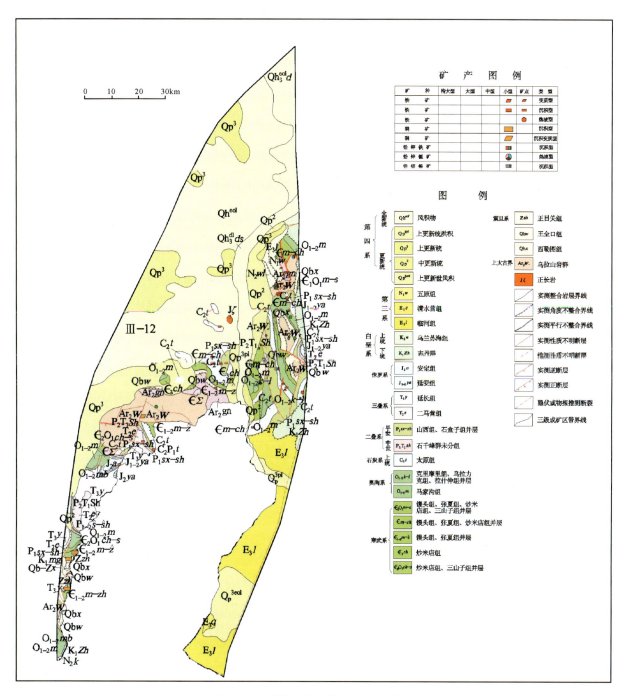

图6-30 鄂尔多斯西缘地质矿产简图

四、区域成矿模式及成矿谱系

该成矿带由太古宙基底组成华北陆块，发育有与海相火山-沉积变质作用有关的铁矿床成矿系列。

早古生代华北陆块整体处于陆表海的稳定环境，寒武系和奥陶系主要由碳酸盐岩和碎屑岩组成，形成沉积型磷矿床。

到了晚古生代，可能南北两侧挤压作用减缓，华北陆块再次整体下陷，从晚石炭世开始广泛接受浅海相沉积，并很快向海陆交互相、陆相沉积转变，到二叠纪则主要是陆相沉积。期间形成海相沉积型铁矿,这一时期华北陆块处于低纬度下的湿热气候,是地球上植物大繁盛时期,成为最有利的成煤时期。

燕山运动所导致的东西向挤压力,形成与燕山期酸性岩浆活动有关的铅、锌矿床成矿系列。

该成矿带区域成矿模式见图6-31。成矿谱系见图6-26。

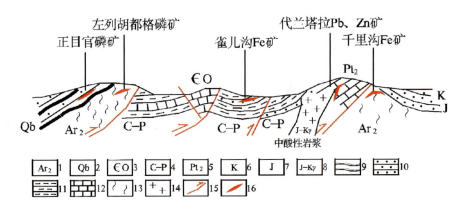

图6-31 鄂尔多斯西缘(台褶带)区域成矿模式图

1.中太古代岩组;2.青白口系;3.寒武系—奥陶系;4.石炭系—二叠系;5.中元古代;6.白垩系;7.侏罗系;8.侏罗纪—白垩纪花岗岩;9.板岩;10.砂岩;11.泥岩;12.灰岩;13.片麻岩;14.花岗岩;15.逆断层;16.矿体

第七章 重要矿种成矿规律总结

矿床是地壳发展演化过程中一定阶段、一定地质作用的产物,成矿作用是地质作用的一部分,它的形成必然会受到区域地质演化过程中诸多因素的制约。

内蒙古自治区地质构造复杂,经历了多旋回的发展。有相对稳定的华北陆块,又有不同时期的造山带,还有巨型中生代火山岩带。在整个地质历史过程中,地层发育、岩浆活动、热水作用、变质作用、构造作用等具有长期性、多样性、频繁性、复杂性,因此成矿作用也必然是复杂的、多期次和多样性的。

第一节 矿床的空间分布规律

截至 2010 年底,本次工作涉及的 20 个矿种上内蒙古自治区储量平衡表的共计 862 处矿床(单矿种统计为 1232 处),区域上集中分布于"四带"内。"四带"指华北陆块北缘成矿带(Ⅲ-10、Ⅲ-11)、突泉-翁牛特旗成矿带(Ⅲ-8)、东乌旗-嫩江成矿带(Ⅲ-6)和新巴尔虎右旗-根河成矿带(Ⅲ-5)。

一、华北陆块北缘成矿带

包括华北陆块北缘东段成矿带(Ⅲ-10)和西段成矿带(Ⅲ-11),主要分布有稀土、铁矿、金矿、铅锌矿、硫铁矿等。超大型矿床 5 处,分别为:白云鄂博铁铌稀土矿、布龙图磷矿、东升庙硫铁矿、曹四夭钼矿、都拉哈拉稀土矿。大型矿床 8 处。集中分布于全区:稀土资源储量的 99.5%,铁资源储量的 85%,金资源储量的 64%,硫铁矿资源储量的 75%,铅资源储量的 28%,锌资源储量的 42%,钼资源储量的 24%,铜资源储量的 23%,磷资源储量的 82%。是内蒙古自治区重要的铁、稀土及金成矿带。

二、突泉-翁牛特旗 Pb-Zn-Ag-Cu-Fe-Sn-REE 成矿带(Ⅲ-8)

主要有锡矿、铅锌银矿、铜矿、铁矿等。特大型矿床 1 处,即黄岗梁锡铁矿。大型矿床 4 处。集中分布于全区:铅资源储量的 46%,锌资源储量的 37%,铜资源储量的 20%,钨资源储量的 50%,锡资源储量的 98%,银资源储量的 60%。

三、东乌旗-嫩江成矿带(Ⅲ-6)

主要有铁多金属矿、铅锌矿、钼矿、铬铁矿等。特大型矿床 1 处:迪彦钦阿木钼矿。大型矿床 2 处,集中分布于全区:钼资源储量的 20%,铬铁矿资源储量的 40%,钨矿资源储量的 38%。该区带近年矿产勘查有非常大的突破,发现了一批钼矿和铅锌矿,显示了很好的找矿前景。

四、新巴尔虎右旗-根河成矿带(Ⅲ-5)

主要有铜钼、铅锌银、金等矿产。特大型矿床 2 处：乌努格吐山铜钼矿、岔路口钼铅锌矿。大型矿床 3 处。集中分布有：银资源储量的 21%，铜资源储量的 42%，铅资源储量的 18%，锌资源储量的 12%，钼资源储量的 38%。

总体上"四带"集中了全区 70% 以上的矿床，铅资源储量的 96%，锌资源储量的 97%，稀土资源储量的 99.5%，铁资源储量的 92%，金资源储量的 72%，钼资源储量的 85%，铜资源储量的 88%，钨资源储量的 92%，锡资源储量的 99%，银资源储量的 98%，硫铁矿资源储量的 81%，磷资源储量的 82%（图 7-1）。

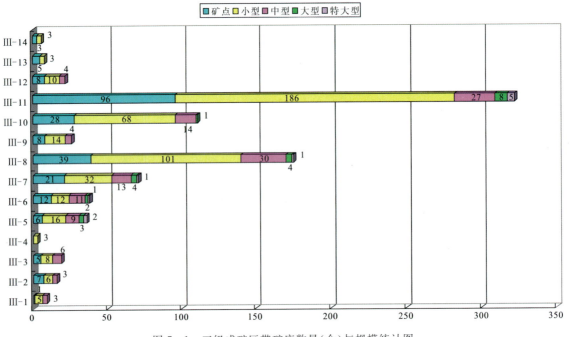

图 7-1 三级成矿区带矿床数量(个)与规模统计图

此外，不同矿种甚至同一矿种，由于成矿地质背景的差异，在不同的三级区带中的分布也不一样。如铁矿，其中沉积变质型铁矿主要分布在Ⅲ-11 区带，海相火山岩型铁矿分别出露在Ⅲ-1（黑鹰山铁矿）和Ⅲ-7 区带（温都尔庙铁矿），矽卡岩型、热液型则主要分布在Ⅲ-6 和Ⅲ-8 区带。铅锌矿则主要分布在Ⅲ-8 区带。反映了不同的地质历史时期，不同的构造环境下，形成不同矿种、不同类型的矿床。单矿种的空间分布规律在第三章中已有详细叙述，此处不再赘述。

综上，内蒙古自治区矿床的空间分布表现为"一老一新"。"一老"即华北陆块，出露有前寒武纪结晶基底，古生代及中生代遭受不同程度的构造岩浆活化；"一新"指大兴安岭中生代构造岩浆带，呈北北东向展布，叠加在近东西向古生代基底之上。

第二节 矿床的时间分布规律

根据 862 个矿床成矿时代的统计结果表明（图 7-2）：太古宙 235 个、元古代 89 个、早古生代 43 个、晚古生代 145 个、印支期 32 个、燕山期 276 个、喜马拉雅期 33 个、时代不明 9 个。

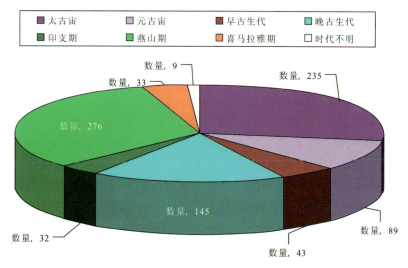

图 7-2 不同时代矿床数量(个)统计图

大型和特大型矿床共 32 个,按成矿时代:太古宙 1 个、元古宙 9 个、晚古生代 4 个、印支期 2 个、燕山期 16 个、喜马拉雅期 1 个;按矿种:铁矿 1 个,铁铌稀土矿 1 个,铁锡多金属矿 1 个,铜钼矿 1 个,铅锌矿 5 个,银矿 2 个,钼矿 5 个,金矿 6 个,铜铅锌硫 5 个,稀土矿 2 个,萤石矿 2 个,磷矿 1 个。特大型矿床 10 个,按成矿时代:中元古代 4 个,晚古生代 1 个,燕山期 5 个(图 7-3)。

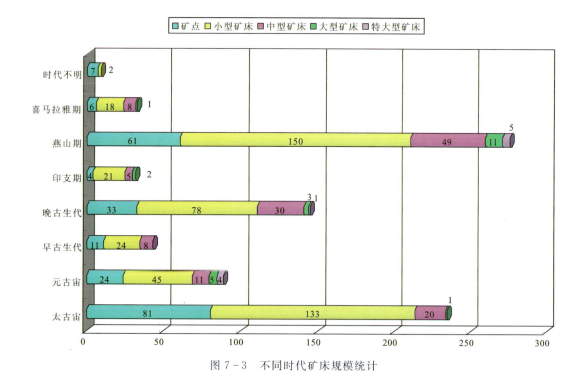

图 7-3 不同时代矿床规模统计

上述分析表明,内蒙古自治区境内主要成矿期为元古宙和中生代,其次为太古宙和晚古生代。不同矿种的重要成矿期也不完全相同(详见第三章)。从区域地质演化看,内蒙古自治区在古生代经历了古亚洲洋的发生发展与闭合,但是发现矿床的数量及规模与地质事件的强度不符(也可能与后期的剥蚀作用有关)。邻省在古生代(尤其是晚古生代)是重要成矿期,内蒙古自治区境内应加强古生代地质构造演化的研究,并重视在不同的构造单元内的找矿工作。

第三节 成矿物质演化规律

矿床成矿元素与矿床类型有密切关系。由太古宙—中生代—新生代矿床类型的种类基本上是由少—多—少。太古宙为陆核形成阶段,海相火山作用较发育,沉积变质型矿床占绝对优势;古元古代为地台形成时期,以变质热液型矿床为主;中元古代形成渣尔泰山和白云鄂博两个裂陷槽,以海底喷流沉积型矿床为主,新元古代以冰期沉积型矿床为主;古生代为古亚洲洋的发展及消亡时期,矿床以热液型、岩浆型、矽卡岩型及海相火山岩型为主;中生代受古太平洋板块及鄂霍次克洋板块俯冲影响,矿床主要以热液型、矽卡岩型、斑岩型为主;新生代则主要以冲积型、风化壳型为主。反映了不同时代的矿床类型种类与该时期的构造-岩浆活动的强弱成正比。地壳相对稳定时期,沉积型矿床发育,而地壳活跃时期构造岩浆活动强烈,多形成与岩浆作用有关的矿床(图7-4)。

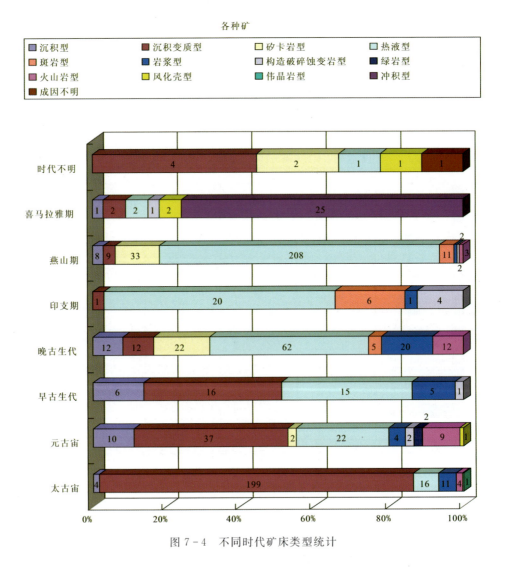

图7-4 不同时代矿床类型统计

一、金属矿床的成矿主元素

由太古宙成矿主元素简单→元古代繁多→早古生代简单→晚古生代增多→中生代更多→新生代简单,即由少→多→少→更多→少的变化趋势,与矿床类型的变化相一致。由太古宙—中生代变化如下:太古宙 Fe→古元古代 Fe、Au→中元古代 Fe、Cu、Pb、Zn、Au、Ag、Mo、Mn、稀有、稀土→新元古代 Fe→早古生代 Ti、Fe、Au→晚古生代 Fe、Cu、Pb、Zn、Ni、Pt 族、Au、Cr、Be、Mo、W、Mn→中生代 Fe、Sn、Cu、Pb、Zn、Mo、W、Ag、Ge、Be、Nb、Ta、ΣREE。

二、重要矿种的成矿物质演化规律

1. 铁矿床

矿石的元素组合由太古宙—古元古代的单 Fe→中元古代的 Fe、Cu、Pb、Zn/Fe、Nb、ΣREE→古生代的 Fe、FeZn、FeAuCo、Fe、Mo→晚中生代的 FeSn、FeCuPbZn。

2. 铜矿床

矿床元素组合:中元古代为 CuFePbZn,CuMo;中生代为 CuMo,CuSn,CuPbZnAgSn;晚古生代为 CuNiPt,CuAu,CuZnAg。

3. 铅锌矿床

矿床元素组合:中元古代为 CuPbZn,PbZn,PbZnS;晚古生代 PbZn,FeZn;晚中生代为 PbZnAg,PbZnCu,PbZn。

第四节 矿床成矿系列演化规律

一、时间演化规律

本次工作共划分矿床成矿系列 43 个,其中太古宙 2 个,元古宙 7 个,早古生代 3 个,晚古生代 12 个,中生代 16 个,新生代 3 个。与变质作用有关的成矿系列 3 个,时代均为太古宙;与沉积作用有关的成矿系列 10 个,元古宙 3 个,早古生代 3 个,晚古生代 1 个,新生代 3 个;与岩浆作用有关成矿系列 29 个,元古宙 2 个,晚古生代 12 个,中生代 16 个(图 7-5)。统计表明,与岩浆作用有关的成矿系列占 69%,而且从元古宙—中生代,数量逐渐增加,显示了构造岩浆活动的增强;与沉积作用有关的成矿系列主要分布在陆块内部相对稳定的环境,时代主要为元古宙、早古生代和新生代,元古宙时期在裂陷槽中沉积了 Sexdex 型矿床,早古生代在华北陆块内部陆表海中形成沉积矿床;与变质作用有关的成矿系列分布在华北陆块上,时代均为太古宙。

二、空间演化规律

空间分布上,华北陆块区(Ⅲ-3、Ⅲ-10、Ⅲ-11、Ⅲ-12)中有矿床成矿系列 17 个;天山-兴蒙造山系(Ⅲ-1、Ⅲ-2、Ⅲ-5、Ⅲ-6、Ⅲ-7、Ⅲ-8)中分布成矿系列 23 个,其中,大兴安岭弧盆系 17 个,北山弧盆系

6个;秦祁昆造山系(Ⅲ-4)中分布有成矿系列2个。各区带中成矿系列统计见图7-6。与岩浆作用有关的在各个区带中均有分布,与变质作用有关的仅在Ⅲ-10、Ⅲ-11、Ⅲ-12三个区带中有分布。

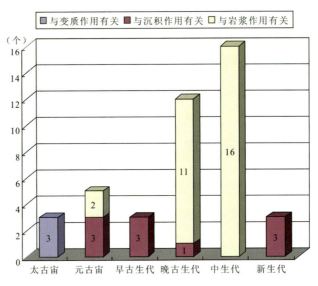

图7-5 不同时代形成的矿床成矿系列统计

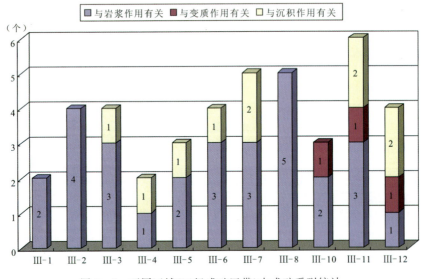

图7-6 不同区域(三级成矿区带)中成矿系列统计

三、区域成矿谱系

同一地质单元(成矿区带)内,由于成矿地质背景在区域构造演化方面的继承性,由此形成的矿床成矿系列在成矿物质间的内在联系,具有一定程度的亲缘性和演化趋势。内蒙古自治区境内同一地质单元(成矿区带)内不同时代形成的矿床成矿系列形成了的区域成矿谱系(图7-7)。

不同地质历史发展时期,由于成矿地质作用(主导成矿作用)不同,形成不同的矿床成矿系列。前南华纪[太古宙陆核形成时期(>25Ga),古元古代原始陆块形成时期(25~18Ga),中新元古代古中国大陆形成时期(1800~800Ma)],主要形成与变质作用、喷流沉积作用及海相火山沉积作用有关的矿床成矿

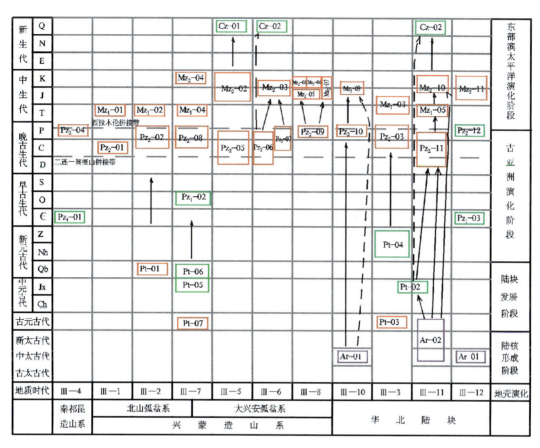

图 7-7 内蒙古各区带区域成矿谱系图

系列;南华纪—早三叠世为古亚洲洋演化阶段,保存有古亚洲洋发生、发展和消亡的地质记录,除形成有与海相火山作用有关的成矿系列外,在弧盆系及陆块北缘形成大量与超基性、基性、中酸性侵入岩浆作用有关的成矿系列,分别为洋中脊扩张、板块俯冲、碰撞及后碰撞环境;早三叠世之后,内蒙古自治区的中东部进入滨太平洋构造发展阶段,主体为与中酸性、碱性火山-侵入岩浆活动有关的成矿系列。

四、矿床成矿系列与矿产预测的关系探讨

区域成矿规律研究是矿产预测的基础,矿床成矿系列、亚系列是成矿规律研究的重要内容,是区域成矿规律的高度概括和总结。矿床成矿系列、亚系列的划分,进一步明确了预测矿种、矿产预测的范围、主要(或必要)的成矿要素(成矿地质体、地质作用),为矿产预测的顺利进行和可信度奠定了良好的基础。如布敦花—莲花山地区与燕山早期中酸性岩浆活动有关的 Cu、Pb、Zn、Ag、Au、Mo、Sn 成矿系列,预测的矿种为 Cu、Pb、Zn、Ag、Au、Mo、Sn,预测工作区的范围为布敦花-莲花山地区(大概地区,需根据成矿地质体的分布进一步圈定),成矿地质体为燕山早期中酸性岩浆岩。

第五节 构造对成矿的控制作用

矿床的形成过程中,成矿流体的运移和成矿物质的沉淀、定位空间以及其形成的保存条件无不与构造息息相关,它对成矿的控制作用表现为以下几个方面。

一、深部构造对成矿的控制作用

这里主要指内蒙古自治区莫霍面深度对成矿的控制作用。由于莫霍面是现今地壳、地幔分布的状态，可能代表中生代以来，甚至是晚白垩世以来壳幔状态，因此莫霍面的深度更多的是对中生代以来的内生矿产有一定的控制作用。

内蒙古自治区莫霍面总的变化趋势是自东向西逐渐加深，地壳由厚变薄。东部以通辽附近最浅，为35～36km；西部龙首山一带最深为56km，相对落差最大达21km。

大兴安岭幔坎与大兴安岭中生代火山-侵入杂岩带基本一致。受中生代滨太平洋构造域影响，基底断裂活化，产生断块运动，火山活动及中酸性侵入活动强烈而频繁，构成中生代火山岩区，形成丰富而有特色的内生矿产系列，即有色金属、贵重金属、黑色金属和稀有稀土矿产等。

华北地台北缘莫霍面处于凹、坳和凸、隆间过渡的幔坎形式，深部岩浆容易沿幔坎侵入，加之深断裂和次一级断裂构造发育，所以，沿槽台边界深断裂和地台北缘脆弱带，在元古宙末期、加里东期、海西期、印支期、燕山期均有岩浆活动，并形成岩浆岩带，进而控制有台缘特色的铁、金、铜、铅、锌、钴、镍、铂等矿床。

二、区域性深断裂构造带对成矿的控制作用

区域性深断裂构造带均为超壳断裂，有的甚至切穿了岩石圈，是地幔物质上涌的通道。与其有成生联系的次级断裂或裂隙构造带往往就是岩浆就位、成矿物质沉淀定位的空间。这些深断裂构造带具有长期活动的特点，所以在其一侧或两旁常形成不同时代的矿床。例如：得尔布干深断裂构造带和其次一级与北西向断裂复合部位，控制了燕山期中酸性火山-侵入杂岩的分布，进而控制了其北西侧的不同类型铜钼、铅锌、银矿床的分布；又如嫩江-八里罕深断裂带，大兴安岭主脊断裂带和西拉木伦河深断裂带联合控制了大兴安岭火山-岩浆构造带中南段与燕山期陆相中、酸性火山-侵入杂岩有关的斑岩型、接触交代型和热液型铁、锡、铜、铅、锌、银、金、钨等矿床的形成和分布；华北板块北缘深断裂带两侧分布不同时代形成的铁、铌、稀土、铜、镍、铅、锌、金、萤石等矿床等。

三、基底构造与新生构造的联合控矿作用

华北板块及其北侧古亚洲构造域的区域性构造基本上是近东西向展布，它们能控制的矿带亦是呈近东西向延展的。而进入中生代后，由于滨西太平洋活动大陆边缘的作用，一方面新生的区域性构造带呈北东—北北东向延展；另一方面，原先的基底构造亦发生活化，在这两组构造交会处往往是不同矿床的定位空间。因此纵观矿床分布，就非常明显地看到矿床东西成行，北东—北北东成带的棋盘格局，而且矿带间具有近等距性。

这种联合控矿作用在大兴安岭地区尤为明显。继二叠纪末形成了区域基底构造的基本格局之后，中生代时期，大兴安岭地区进入了滨太平洋大陆边缘活动阶段，构造以断裂活动为主，这些断裂大多是承袭、利用和改造前中生代基底构造而进行的，形成了一系列北东—北北东向断裂隆起带和坳陷带。大多数矿床点分布于断隆区内，多产于断隆的边部，部分矿床产于断陷带的边部——坳中隆的位置上，其中锡多金属矿床主要分布于断隆区，铅锌多金属矿床主要分布在断陷区中的隆起部位，铜多金属矿床主要分布在断隆和断陷交接部位，稀有稀土矿床产于断陷区。北东—北北东向矿带与北东—北北东向断隆、断陷格架相吻合，东西向的成矿区或矿集区受东西向深断裂和一系列东西向穿透式断隆控制，其等间距分布特点与上述格子状断裂系统的等间距分布特点相互对应。因此格子状断裂的交点往往是区内重要的矿化集中区或矿产地，是最有利的控矿构造部位（图7-8）。

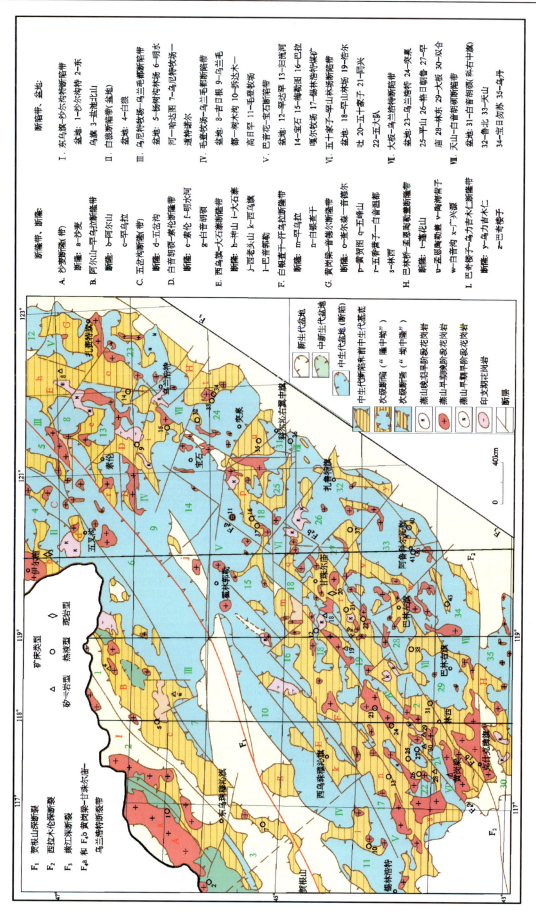

图7-8 黄岗梁—奈伦地区中生代基底隆起、火山盆地与矿床关系简图（据徐志刚，2013）

四、褶皱构造的控矿作用

褶皱构造的控矿作用主要表现为：一是为内生金属矿床就位场所；二是通过褶皱使先成矿体加厚变富。具体如下：

对于受变质火山-沉积矿床来说，褶皱构造的核部和倾伏端使矿层厚度增大，而翼部变薄，同时在核部或倾伏端矿石的品位有所提高，例如：三合明铁矿床。

对于热液矿床而言，褶皱构造，无论是背斜或向斜构造，在其核部常形成虚脱空间并在岩层中产生许多密集裂隙，从而增加了裂隙度，有利于大量成矿流体的进入和物质的沉淀，进而形成厚大矿体。例如白音诺尔铅锌矿床。

区域性背斜构造近轴部，常发育纵向追踪走向断裂或裂隙构造带，有利于成矿流体的进入和沉淀，而形成脉状矿体。

五、韧性剪切变形变质带的控矿作用

韧性剪切变形变质带，尤其是韧-脆性剪切变形变质带的控矿性越来越引起人们的注意。这是因为剪切变形变质带的形成过程中会产生不同方向的裂隙构造带。一方面，这些构造带极大地增加了岩层的孔隙性和渗透性，有利于成矿流体的进入，发生水岩反应而成矿物质沉淀成矿体。另一方面，在其自身形成过程中因变形变质作用产生大量流体而活化岩层中的成矿物质进入成矿流体而富集成矿。例如乌拉山山前韧-脆性剪切变形变质带内赋存有乌拉山金矿床；大青山北坡固阳-察右中旗区域性韧脆性剪切变形变质带，次级构造控制了一批金矿床的分布。新地沟金矿床、十八倾壕金矿床等均赋存在韧-脆性剪切变形变质带内。又例如白云鄂博铁、铌、稀土矿床的400Ma的一次矿化富集中亦与韧-脆性剪切变形变质构造相关而形成了条带状或条痕状构造矿石。白乃庙铜矿床亦是相似的情况。

简而言之，构造对成矿的控制是多方面的，从成矿作用开始直到矿床形成后的保存条件均受到构造的控制。

第六节 地层对成矿的控制作用

地层对成矿的控制可以分为以下几个方面。

一、在成岩过程中直接成矿

除铝土矿、沉积的铁矿、锰矿、磷矿等外生矿产直接受地层控制外，一些与海底火山喷发、喷流作用有关的铁、稀土、铜、铅锌、硫等矿产也明显受地层层位控制。

前者有产于下二叠统太原组中的城坡铝土矿、雀尔沟铁矿，奥陶系中的东加干锰矿，蓟县系阿古鲁沟组中的乔二沟锰矿，寒武系中的正目观磷矿等。矿床受一定的岩石组合和沉积相控制。

后者有：太古宇乌拉山岩群、色尔腾山岩群中的条带状铁矿床；中元古界白乃庙群的铜钼矿床；温都尔庙群中的铁矿床；渣尔泰山群中的铁、铜、铅、锌、硫铁矿、金矿床；白云鄂博群中的白云鄂博铁、铌、稀土矿床及磷矿床；早石炭世与海相基性—中酸性火山-侵入岩有关的铁、铁锌矿床（黑鹰山铁矿、谢尔塔拉铁锌矿）；晚石炭世本巴图组中的块状硫化物矿床（查干哈达庙铜矿）等都是在海底火山物质喷发、喷溢的同时，成矿物质大量富集而形成的。成矿受火山岩性岩相控制。中元古代与海相化学沉积有关的铁、磷矿床亦是如此。

二、成矿物质的初始预富集作用

许多成矿物质在火山喷发沉积作用过程中或在沉积过程中并未能富集成具有经济价值的矿体,再经历后期的变形变质作用、混合岩化作用和岩浆作用的再活化而富集成矿体。

太古宇乌拉山岩群和集宁岩群原岩为含碳质岩层,经过区域麻粒岩相变质作用和混合岩化作用常形成规模不等的石墨矿床。古元古界宝音图岩群中富铝泥质岩层经过区域角闪岩相变质作用形成石榴石矿床。乌拉山岩群和集宁岩群原岩为泥质-半黏土质岩层经过 1800~1700Ma 的变质-混合岩化作用形成伟晶岩型白云母矿床。

太古宙—古元古代绿岩带内原岩为中基性火山岩系,其含有较高的易活化的金,为后期地质作用成矿提供成矿源。分布在华北陆块北缘的大部分金矿均产在古老的变质结晶基底中,燕山期构造岩浆活动萃取了基底中高丰度的易活化金形成金矿床。例如赤峰地区太古宙变质岩系含金丰度值为 $(7\sim9)\times10^{-9}$(322 件样品),是地壳金平均值的 2~3 倍,尤其是原岩为中基性火山岩的黑云角闪斜长片麻岩;角闪斜长片麻岩、斜长角岩等的金丰度值变化于 $(7.5\sim11.87)\times10^{-9}$ 之间,而且这类岩石中富含黄铁矿,黄铁矿含 Au 丰度为 1584×10^{-9}。黄铁矿是易活化金的携带者,在后期地质作用下这部分金最易活化出来,经迁移沉淀富集成矿。大青山—乌拉山—色尔腾山地区太古宙—古元古代的绿岩系内的黑云斜长片麻岩、斜长角闪岩、角闪斜长片麻岩、变粒岩、绿色片岩等含金丰度值为 $(10\sim30)\times10^{-9}$,为地壳平均值的 3~10 倍,亦构成了金的初始预富集。

大兴安岭地区(尤其是中南段突泉-林西地区),许多有色金属矿床的围岩为二叠纪地层。研究认为二叠纪地层,特别是大石寨组和哲斯组富集 Pb、Zn、Sn、Ag 等金属元素,浓集系数 Pb、Zn 在 1~2 之间,Sn、Ag 均大于 2,在某些岩石类型中高达 3~4 或更高。Cu 在二叠纪地层中的含量低于克拉克值,但在基性火山熔岩、细碧岩和玄武岩中,Cu 含量大于克拉克值,浓集系数可达 1~3。地层中所富集的元素恰恰是该地区内的成矿元素。在成矿带南部地层中以富 Sn、Zn 为特征,故在南部地区主要产出 Sn 多金属矿床,如黄岗梁铁锡矿床和大井铜锡矿床;北部地区地层中富 Ag、Pb,故北部地区较发育 Pb、Zn、Ag 和锡多金属矿床。这反映了地层可能提供矿质来源。

上述资料表明,地层在形成过程中可使某些成矿元素预富,而为以后不同地质时期的地区成矿作用的活化、迁移、富集成矿提供丰厚的物质。

三、化学性质活泼的岩性间接控矿

侵入体在与围岩接触处产生两种效应:一类是热效应,没有物质交换,引起接触变质;另一类是热和从岩浆中溢出物质对围岩共同作用的双重效应,即是由侵入岩分离出来的含矿水热流体向围岩转移热量和物质交代的效应,产生接触交代作用,在接触带形成另一种新的岩性——矽卡岩。

能够形成矽卡岩的围岩都是钙质、镁质碳酸盐岩或碳酸盐,据内蒙古自治区境内统计多为灰岩、白云质灰岩、大理岩及白云质大理岩。在矽卡岩化和矽卡岩形成过程中容易形成铁多金属矽卡岩型矿床,这类矿床多有规模大、含矿品位高的特点。在内蒙古自治区,最重要的有利岩性层位是下二叠统,其次是泥盆系及元古宇。

第七节 火成岩对成矿的控制作用

岩浆是将热量和物质带到地球上部的主要载体,带来的能量对地壳进行改造,维持地热场并产生矿床(地球物质研究,1998)。

长期以来,火成岩与成矿关系的研究常常从火成岩的成矿专属性这一角度去鉴别含矿岩体与不含矿岩体的各种差异,他为矿床的形成、预测与寻找做出了许多积极的贡献。邓晋福等(1999)提出从火成岩系列和火成岩构造组合这个更大的时空尺度来考察火成岩的成矿专属性。

成矿作用是壳幔物质分异作用的表现和产物。成矿元素一部分是亲地幔的,如 Fe、Cr、Co、Ni、Au、Cu;另一部分是亲陆壳的,如 Pb、Mo、W、Sn、Hg、V、Th、REE 等。亲地幔的成矿元素可能直接源于地幔,也可能在陆壳中预富集,然后在另一次作用过程中被萃取成矿,有时壳-幔作用过程叠加进行,不同来源的成矿元素可能共生在一起,使得成矿物质来源与作用过程十分复杂。

火成岩有壳源的、幔源的,还有壳幔混合源的,不同构造环境下,各种可能的岩浆源和源的组合不同,产生不同的火成岩系列,岩浆形成后将萃取壳-幔成矿元素,并形成矿床。如陆内俯冲环境,壳源花岗岩为主,成矿元素为亲壳源的 W-Sn-Sb-Nb-Ta-REE-U 等;俯冲带之上的大陆边缘,发育壳幔混合源的岩浆系列,发育壳-幔成矿元素混合的 Au-Cu-Ag-Fe-Pb-Zn 等成矿作用。

内蒙古自治区境内各类火成岩比较发育,从中太古代至燕山晚期均有不同程度的岩浆活动;侵入岩的岩性种类齐全,超基性岩、基性岩、中性岩、碱性岩、酸性岩及它们的过渡类型岩体均有分布,其中以中酸性、酸性岩体出露面积比例较大。侵入岩的分布受构造单元的控制,并具有明显的分带性。

不考虑围岩对成矿的物质贡献,不同成分的侵入岩具有不同的成矿专属性。基性超基性岩与铬铁矿、铜镍矿床有密切关系,如索伦山铬铁矿、小南山铜镍矿;中酸性侵入岩与铜多金属矿有关,如乌努格吐山铜钼矿与花岗闪长斑岩有关,布敦花铜矿与花岗闪长岩有关等;酸性岩与钨钼多金属、铁多金属有关,如乌兰德勒钼矿与花岗斑岩、黄岗梁铁锡矿与细粒钾长花岗岩有关等;碱性花岗岩则与稀土稀有矿密切相关,如巴尔哲稀土矿。

各种不同的构造岩石组合,受威尔逊旋回演化不同阶段的构造背景所控制,从而形成不同的矿产。如离散板块边界形成铬铁矿、火山块状硫化物矿床,在兴蒙造山带中表现为蛇绿岩带及增生杂岩,如贺根山蛇绿岩带中赋存有铬铁矿,本巴图组中产有查干哈达庙块状硫化物铜矿床。俯冲边界形成斑岩型铜金矿等,如欧布拉格铜金矿,哈达庙金矿等。但是,板块对矿床的分布控制不是绝对的。

因此,对火成岩构造组合的详细划分、构造环境的准确判别,能够更加有效地指导找矿工作。

第八节 地质构造演化对成矿的控制作用

内蒙古自治区既有古老的陆块,也有年轻的造山带。从太古宙到中新生代经历了复杂的地质构造演化,不同的构造演化阶段由于地质构造背景的差异,形成不同的地质建造和含矿建造。

一、陆块区

内蒙古自治区境内出露有华北陆块和塔里木陆块,由于塔里木陆块分布范围小,矿产不多,因此不作介绍。华北陆块作为中国最古老的陆块之一,经历了陆核形成(2500Ma)、地台形成(1800Ma)及其后的盖层发育阶段。古生代以来沿华北陆块北缘发生构造岩浆活化,形成内蒙古地轴。不同的阶段形成不同的建造、构造,赋存有不同的矿产。

1. 太古宙陆核形成时期

原始小陆片边缘增生形成兴和岩群,地壳逐步增厚。迁西运动使之发生强烈变形和麻粒岩相变质作用,并伴随混合岩化和花岗岩化作用。阜平期地壳分异活动性盆地堆积了乌拉山岩群,而稳定盆地内形成集宁岩群,2600Ma 左右的阜平运动,使盆地封闭,地壳相继固结,表壳岩褶皱变形,发生高角闪岩相-麻粒岩相区域变质作用并伴随花岗岩侵入,地壳首次克拉通化,华北陆核形成。此期间有与海相基性火山岩相关的条带状铁矿形成。主要赋存沉积变质型铁、石墨矿,如产在兴和岩群中的毫赖沟铁矿、乌拉山岩群中的贾格尔其庙铁矿、黄土窑石墨矿等。

2. 新太古代晚期—古元古代原地台形成阶段

新太古代晚期,在阴山地区发育色尔腾山岩群火山-沉积岩系,五台运动使其强烈变质变形,华北地区发生显著克拉通化,陆块规模进一步扩大。期间形成条带状硅铁建造,如三合明沉积变质型铁矿。

古元古代早期在陆块边缘形成一套陆缘碎屑沉积物即宝音图岩群,陆块内部拉伸形成裂陷槽,沉积一套基性火山岩-碎屑岩建造(二道洼岩群)。古元古代末期的吕梁运动使上述地层普遍发生变质变形。与之相关的矿产有条带状硅铁建造——沉积变质型铁矿,赋存在二道洼岩群绿岩型金矿中,以及与花岗伟晶岩有关的白云母矿(天皮山)、与透辉石伟晶岩有关的稀土磷矿。

3. 中新元古代陆缘裂谷阶段

进入中新元古代,在华北陆块的北缘,产生了近东西向和北东东向的陆缘裂谷。裂谷可分为南北两支,南部裂谷由渣尔泰山群组成,主要赋存有喷流沉积型的铜、铅、锌、铁、金、硫铁矿,如霍各乞、东升庙、甲生盘、朱拉扎嘎等;北支由白云鄂博起,向东经四子旗至化德县一带,由白云鄂博群组成,形成了白云鄂博铁铌稀土矿。

4. 寒武纪—二叠纪陆块区盖层阶段

内蒙古自治区范围内由于中新生代坳陷盆地的掩盖,古生代地层的沉积仅出露在鄂尔多斯坳陷盆地的周缘一带,代表了华北陆块区最稳定的沉积环境,形成煤、油气、铁、磷、铝土矿、硫铁矿等沉积型矿产。

石炭纪、二叠纪时期,由于受北部天山-兴蒙造山带中大洋板块向南俯冲的影响,华北陆块北缘进入活动的构造时期,发育了大量的石炭纪、二叠纪俯冲岩浆杂岩,局部见有中酸性火山岩喷发。与之相关的矿产有矽卡岩型铁铜矿床(沙拉西别、卡休他他),硫化物型铜镍矿床(小南山),层控热液型金矿(浩饶尔忽洞)。

5. 三叠纪—白垩纪陆内盆地演化阶段

中生代,受中国东部造山-裂谷活动带的影响,在鄂尔多斯形成了大型坳陷盆地,蕴藏着丰富的煤、油气资源。

二、天山-兴蒙造山系

天山-兴蒙造山系具有漫长的地质历史的演化,记录了古亚洲洋发生、发展及消亡的全过程,经历了从中新元古代离散—古生代汇聚碰撞及造山开合的洋陆转化过程,主要由不同时期的火山弧(岛弧、陆缘弧、岩浆弧)、弧后盆地、俯冲增生杂岩、蛇绿混杂岩、碰撞及碰撞后岩浆岩带等构造相组成,形成了一系列与沉积事件、火山事件、侵入事件有密切关系的赋存在不同建造构造中的各种矿产。

在天山-兴蒙造山系中分布有一些微陆块,这些微陆块是从华北陆块或西伯利亚陆块裂解分离出去的,多具古元古代的基底,部分发育有沉积变质型铁矿床(点)。

中元古代时期在温都尔庙地区,形成与海底火山喷发有关的铁矿床即温都尔庙式海相火山岩型铁矿。

新元古代在扩张脊附近形成与火山喷气沉积作用有关的块状硫化物铜钼矿(白乃庙铜钼矿)。

早古生代,沿华北陆块北缘、锡林浩特中间地块南缘及二连—东乌旗一线,发生洋壳俯冲作用,形成岛弧火山岩及弧前、弧后火山-沉积岩系。目前与之相关的矿产发现得比较少。

晚古生代，大洋持续俯冲消减，南北大陆侧向增生。至晚古生代末，洋盆闭合。在结合带蛇绿岩中赋存有铬铁矿，遭受后期风化后可形成风化壳型镍矿和菱镁矿。形成与海相火山岩有关的硫铁矿（六一、驼峰山）、铁矿（黑鹰山）、铁锌矿（谢尔塔拉）、铜矿（查干哈达庙）、萤石矿（苏莫查干敖包），与岛弧或碰撞花岗岩有关的铁铜矿（罕达盖）、铜矿（珠斯楞）、金矿（毕力赫）等。

中生代受古太平洋板块及蒙古鄂霍次克海板块俯冲影响，叠加了北东向的大兴安岭岩浆岩带，形成了与燕山期中酸性火山侵入杂岩有关的多金属矿产。燕山早期阶段，形成与中酸性浅成-超浅成岩浆岩有关的铜钼铜金矿，分布在得尔布干地区的乌努格吐山—八大关一带，大兴安岭中南段的布敦花—莲花山。燕山晚期早阶段，形成与（中）酸性火山侵入杂岩有关的铁锡铜钼铅锌银金矿，主要分布的大兴安岭中南段突泉-黄岗梁地区，在大兴安岭北段的三河等地也有分布，类型为斑岩型、矽卡岩型、热液型。燕山晚期晚阶段，形成与碱性花岗岩有关的稀土铌矿，分布在大兴安岭中南段的巴尔哲地区，类型为岩浆晚期热液型。

第九节 物化探区域场信息与成矿关系

一、区域磁场信息与成矿关系

区域磁场信息与成矿关系既可以有直接关系，亦可以有间接关系。

1. 直接关系

对于由含磁性物质组成的矿床而言，区域磁场信息就可直接找矿。这就是说区域磁场中的局部正磁异常就可找到相关的矿床。例如太古宙—古元古代的条带状矿床，温都尔庙式铁矿床，黑鹰山式及谢尔塔拉式铁矿床，接触交代型铁多金属矿床，以及由磁黄铁矿、黄铁矿组成的铜多金属矿床。

（1）华北陆块区磁性铁矿成矿物质来源于古老地层的原岩建造之中，太古宙、元古宙火山活动提供了成矿物质流，基性、中基性岩浆既是含矿介质又是搬运成矿物质的载体，这些岩浆富含铁，为沉积变质型磁性铁矿提供充足的成矿物质来源。

狼山-阴山陆块构造单元为沉积变质型磁性铁矿床分布核心区。1∶50万航磁 ΔT 异常呈面型分布，为低值缓变正异常，四周被负值正常背景场或面形分布的负异常包围。异常总体呈不规则带状沿北西-南东向展布，平均走向方位角283°，长280km，平均宽约50km。

（2）东部同区混杂共生磁性铁矿床点阵区呈带状分布于大兴安岭山区，即大兴安岭主脊—林西岩石圈断裂带。

1∶50万航磁 ΔT 异常密布、正负兼有且场值较低，多呈点豆状、豆荚状，局部呈团块状产出，相间出现。矿床点分布于低值缓变的正或负异常区；点豆状及豆荚状或团块状异常的边部，个别分布于正负异常的过渡区。

2. 间接关系

区域磁场中的局部正异常可能为超基性、基性岩体所引起，主要沿着深大断裂呈串珠状正磁异常分布。这些岩体多形成铜镍铂矿床、铬镍矿床及金刚石矿床，与区域重力的相互验证，可以较为准确地确定是否为该类岩体引起的磁异常。

二、区域重力场信息与成矿关系

区内已知矿床所在区域重力场特征

多金属矿点基本都处在布格重力异常的边部梯级带处，对应的剩余重力异常多为正负异常交界处附近，或正异常的边部。

1）矿产与重力推断构造岩浆岩带的关系

重力推断的构造岩浆岩带重磁场特征一般表现为区域重力低、磁力高。这些区域矿产分布常常较为集中且矿产种类丰富。

比如内蒙古自治区中东部二连—东乌旗、查干敖包—镶黄旗—翁牛特旗、大兴安岭中南段（克什克腾旗—霍林郭勒市）、大兴安岭中段（阿尔山—五一林场）等地，其重磁场特征均为重力低、磁力高。地表以广泛出露密度较低的中酸性侵入岩及大面积分布侏罗纪火山岩为特征，是幔源岩浆沿深部构造上侵或喷出形成的巨型岩浆岩带。分布有众多不同类型的铁、铜、铅、锡、锌、钨、钼、银、稀土、金、水晶、巴林石、萤石等矿床。

以上区域以北东向展布的大兴安岭中南段重力低值区及其与近东西向展布的查干敖包-镶黄旗-翁牛特旗段交会部位翁牛特旗段矿床分布最为集中。该区域重力低不仅受北东向大兴安岭岭脊断裂及近东西向西拉木伦河断裂控制，更重要的是位于大兴安岭梯级带呈大"S"形展布的扭曲部位之西南侧，属明显的地幔变异带，见图7-9、图7-10，伴有呈面状、带状、等轴状展布的局部航磁正异常。在该变形区段向西凸出或向东凹进的边缘带上，是矿床（点）分布最集中的地段。上述现象说明，应用重力资料推断的每一个岩浆岩活动区（带）实质上是一个成矿系统。在空间上，这些岩浆岩活动区（带）控制着内生矿床的分布，在成因上它们存在着内在联系。布格重力异常图反应的岩浆岩活动区（带）特别是边部凹凸变异带是成矿最有利地段。

2）矿产与重力推断的基性-超基性岩（区）带的关系

最具代表性的区域为沿索伦山—二连—贺根山一带形成的重力相对高值区，于扎嘎乌苏、索仑山及贺根山、小坝梁一带形成几处明显的不规则块状隆起，背景值较高，由多个局部重力高组成，对应剩余重力正异常。磁场以负磁异常为背景，形成东西向或北东向延伸的局部磁力高值带，推断为基性-超基性岩带，见图7-11、图7-12。

在这一区域是铜镍铬等矿床的集中分布区。矿床的形成与基性-超基性岩及热液活动有关，所以对于重力推断的超基性岩区（带）亦是寻找上述矿床的有利地段。

3）矿产与重力推断的太古宙—古元古代隆起区的关系

重力推断的太古宙—古元古代隆起区，其显著特点是区域重力高，伴有较强的磁异常。该隆起区属华北陆块区太古宙—古元古代古陆核，是沉积变质型铁矿及绿岩型金矿的集中分布区。最有代表性的区段为沿乌拉山、大青山呈东西向展布的重力高值区，见图7-13、图7-14。所以对于重力推断隐伏半隐伏太古宙—古元古代基底隆起区应属找矿的重点靶区。

4）矿产与重力推断断裂构造的关系

由重力资料推断的北北东向深大断裂，对大兴安岭地区的岩浆岩、矿产的形成和分布起着一定的控制作用，如德尔布干断裂；近东西向深大断裂，控制着内蒙古自治区中部深源侵入岩和矿产的形成和分布，如二连-东乌旗断裂、西拉木伦河断裂等；近北西向深大断裂，控制着内蒙古自治区西部侵入岩和矿产的分布规律，如额济纳旗断裂、横蛮山-乌兰套海断裂等。深大断裂构造是深源岩浆岩的通道，断裂产状变化或交会处是矿产形成和富集的有利部位。

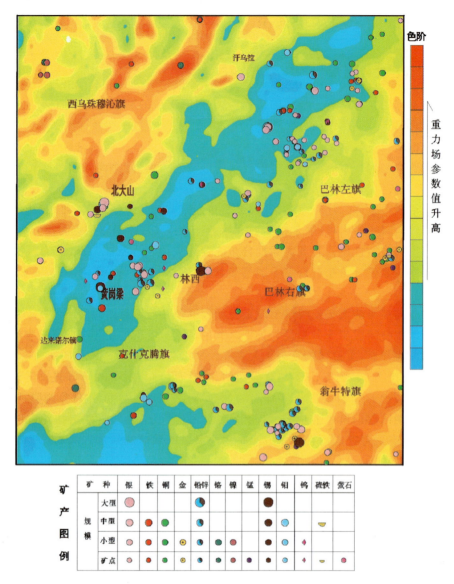

图 7-9 大兴安岭中南段布格重力异常与矿产关联图

三、化探区域场与成矿关系

化探区域场反映出地幔或地壳物质分布的不均匀性,因此预示着不同地区之间成矿远景的差异。在某几种成矿元素化探高背景场中,预示着可找到这些元素所形成的矿床,因此从某种意义上说,元素化探区域场可预示某一地区元素的成矿潜力,化探区域场的局部异常,就可找到某些元素形成的矿床,所以化探区域场特征有助于进行区域矿产资源预测。

Au、Ag、Cu、Pb、Zn、Sn、W、Mo 8 个元素的化探区域场图明显地表明,大兴安岭中南段为 Cu、Pb、Zn、Sn、W、Ag 等元素区域高背景场;额尔古纳成矿带是 Cu、Mo、Pb、Zn、Ag、Au 等元素区域高背景场;西拉木伦河南侧为 Pb、Zn、Mo、W 等元素区域高背景场;华北板块北缘为 Au、Cu、Pb、Zn、W 等元素区域高背景场;黑鹰山-雅干为 Cu、Mo、Zn、W、Hg 等元素区域高背景场;阿木乌素-老洞沟为 Au、W、Mo、Sb、Hg 等元素区域高背景场。在这些化探区域高背景场内正是相应元素矿床的集中分布区。

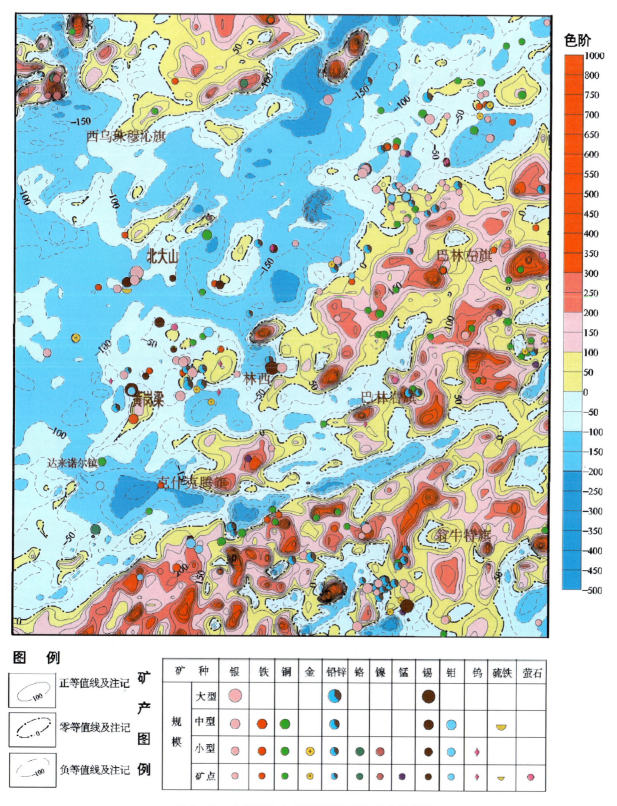

图 7-10 大兴安岭中南段航磁异常与矿产关联图

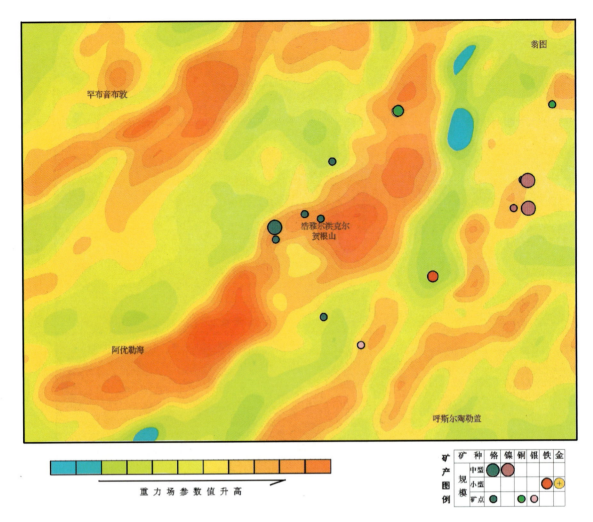

图 7-11 贺根山地区布格重力异常与矿产关联图

1. 大兴安岭中南 Cu、Pb、Zn、Sn、W、Ag 区域高背景场

该化探区域高背景场可进一步划分为:①大井子-莲花山 Cu、Pb、Zn、Ag、Mo 异常带;②白音诺尔-神山 Pb、Zn、Cu、Sn、Ag 异常带;③黄岗梁-索伦镇 Sn、W、Pb、Zn 异常带。这 3 个元素化探异常带亦正是这些元素矿床分布区。大井子-莲花山 Cu、Pb、Zn、Ag、Mo 异常带已知有莲花山、布敦花、闹牛山等铜矿床,孟恩陶勒盖银、铅、锌矿床,大井子银、铜、锡矿床。白音诺尔-神山 Pb、Zn、Cu、Sn、Ag 异常带内已知有白音诺尔、浩布高大型铅锌矿床,敖脑达坝铜、锡中型矿床,敖林达等 8 个铅锌矿床。黄岗-索伦镇 Sn、W、Pb、Zn 异常带内已知有黄岗铁锡大型矿床,安乐锡铜中型矿床,毛登、莫古吐中型锡矿床,沙不楞山锡铜多金属小型矿床。

2. 额尔古纳成矿带是 Cu、Mo、Zn、Ag、Au 元素区域高背景场

该区内,已知大型斑岩型铜钼矿床(乌奴克吐山)、大型铅锌银矿床(甲乌拉、查干布拉根)、大型银矿床(额仁陶勒盖);中型热液型铅锌矿(三河、二道河子);小型斑岩型铜钼矿(八八一、八大关)、小型热液型铅锌矿(下护林)、小型热液型金矿床(小伊诺盖沟)。

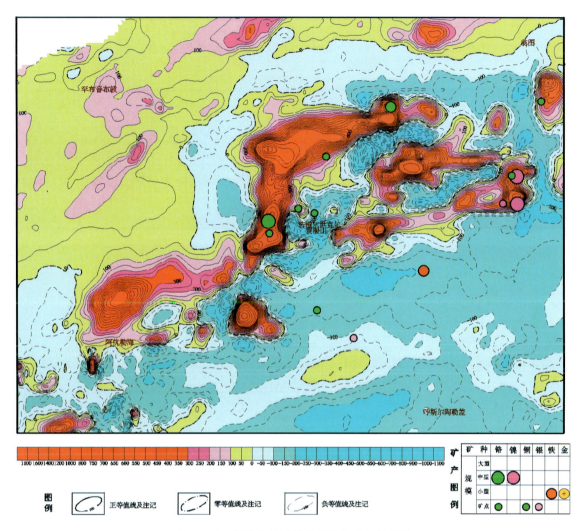

图 7-12 贺根山地区航磁异常与矿产关联图

3. 内蒙古自治区西部区区域化探异常特征

1)北山成矿带区域化探异常特征

区域化探异常分布规律：区域化探异常分布受区域地质因素控制，大致分为3个北西走向的区域化探异常带。北山中部为元古代陆壳和海西期中酸性侵入岩，以金、钍异常为主，北西走向，长约200km，宽50～60km，称为北山中部金钍异常带，主要寻找金矿资源。北山北部分布古生代碎屑岩、中基性—中酸性火山岩夹灰岩，以奥陶系和石炭系大面积分布为主，中生界以下白垩统新民堡组大面积分布为主，以铜、锌、钼、金、铋等元素异常为主，北西长约250km，宽约50km，称为北山北部铜、锌、金、钼异常带，主要寻找铜金矿和铜钼金矿等矿产资源。北山南部在元古代陆壳上零散分布古生界和中生界，以奥陶系、二叠系和下白垩统新民堡组分布为主，陆壳上以钨、钼、锑、砷、金异常为主，古生界上以铜、锌、金为主，北西长200余千米，南北宽百余千米，称为北山南部铜、钨、锑、金异常带，是寻找铜矿、钨钼矿和锑砷金矿的异常带。

区域化探异常特征如下。

北山北部铜、锌、金、钼异常带：成矿元素组合有铜、金、铋异常组合。该异常带是寻找斑岩型和热液型铜钼金矿有希望的地区。该区剥蚀程度相对较浅，特别要加强深部找矿评价工作。

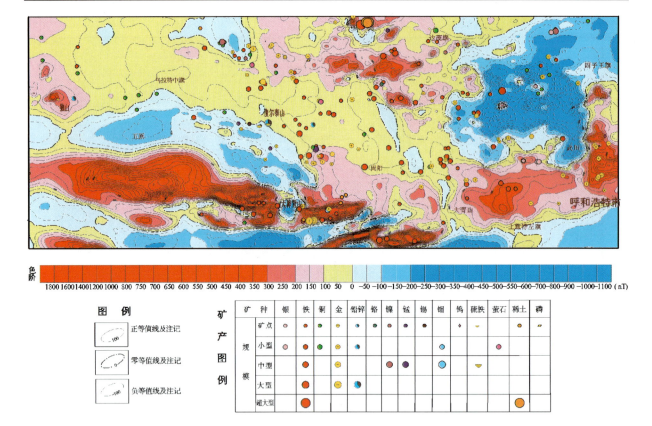

图 7-13 乌拉山—大青山一带航磁异常与矿产分布关联图

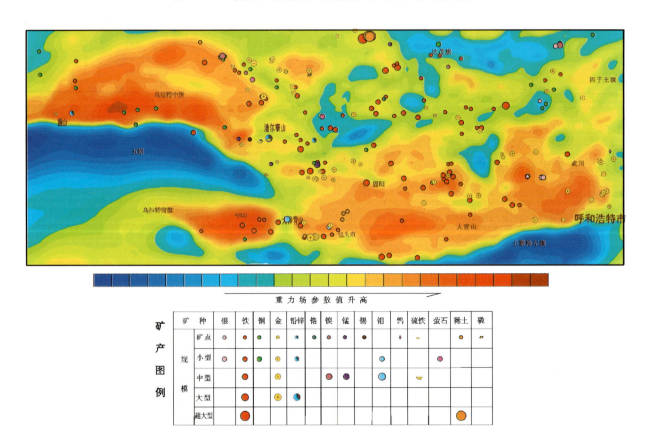

图 7-14 乌拉山—大青山一带布格重力异常与矿产分布关联图

北山中部金钍异常带：成矿元素组合为金、钍组合。是寻找金矿和钼金矿的异常。

北山南部铜、钨、锑、金异常带：成矿元素组合有钨、铋、锑、砷、铅组合，在元古界陆壳区分布；铜、锌、钼、钨组合，在古生界出露区；金铜组合，靠北山中部异常带分布。这些异常是寻找金矿、铜金矿、钨钼矿、锑砷矿的重要依据。

2) 阿拉善成矿带区域化探异常特征

区域化探异常分布规律：区域化探异常分布受大地构造环境控制，大致分为3个区域化探异常带。阿拉善北部异常带位于北山地槽最东段，以铜、金、钼异常为主，北西向分布，长200余千米，宽40~60km，称为阿拉善北部铜、金、钼异常带，主要寻找金矿和铜、钼矿资源。阿拉善中部异常带位于内蒙古自治区兴安褶皱带最西端，以金、铜、锑、铀异常为主，北东向分布，长400余千米，宽30~60km，称为阿拉善中部金、铜、锑、铀异常带，主要寻找金矿、金铜矿和铀矿资源。阿拉善南部异常带位于内蒙地轴最西段阿拉善隆起区，以金、铜、铋异常为主，北东向分布，长约300km，宽30~50km，称为阿拉善南部金、铜、铋异常带，主要寻找金矿及铜金矿资源。

区域化探异常特征如下。

阿拉善北部铜、金、钼异常带：该异常带除有中元古界陆壳零星分布外，主要大面积出露古生界各地层组碎屑岩、中基性—中酸性火山岩夹灰岩，且有海西期侵入岩侵入，北西向和北东向断裂构造发育，成矿元素组合与北山北部异常带相似。异常成矿元素组合为铜、锌、钼、金，伴有铁族元素。发现呼伦西伯金矿点和珠斯楞铜矿。这些异常是寻找金矿和铜、钼矿资源的有利地区。

阿拉善中部铜、金、锑、铀异常带：该带除局部出露早元古代陆壳外，还零星分布上石炭统阿木山组和广泛覆盖白垩系巴音戈壁群及苏红图组，大面积分布海西期酸性侵入岩，北东向断裂构造发育。异常成矿元素组合为铜、锌、金、锑、铀组合。推测：凡有强砷、锑汞异常呈带状分布区，是白垩纪盆缘断裂带的反映，或者深部矿床的头晕元素异常的显示；有砷、锑、铜、金、(铅、锌)异常，又有上石炭统—下二叠统零星分布区，是寻找欧布拉格类型铜金矿和含金多金属矿的异常；在白垩纪盆地内有铀、钼异常，是寻找次生砂岩型铀矿的异常。同时应重视苏红图组上稀有、稀土元素等异常的研究，评价该类异常有寻找稀有、稀土矿产资源的前景。

阿拉善南部金、铜、铋异常带：该带主要出露中新太古代片麻岩和绿岩建造、硅质含铁建造，以及中元古代含泥质、碳质的细碎屑岩建造，又有印支期和海西期酸性侵入岩侵入，中元古代基性岩较广泛侵入于前寒武纪变质岩系中，北东向和东西向断裂构造发育。成矿元素组合为金、铋、镉、铜、锡组合，伴有铬镍异常。这些异常主要是寻找层控型金矿、绿岩型金矿和含铁建造型金矿及接触交代型铜、多金属矿的远景地区。该区中元古代基性侵入岩较发育，区域上未形成明显的铁族元素异常，尤其在雅布赖山和龙首山分布较多的基性岩侵入体，未形成铁族元素异常，对寻找金川型镍铜矿未能提供更多的信息。

3) 狼山-色尔腾山成矿带区域化探异常特征

区域化探异常分布规律：大致分为4个区域化探异常带。狼山-色尔腾山北部金、铅异常带，处于内蒙地轴北部边缘带，以金、铅异常分布为主，东西长150余千米，宽30余千米。主要寻找金、铅矿资源。狼山-色尔腾山西部铜、铅、锌、金、铋异常带，位于狼山西段，主要处于海西期花岗岩与渣尔泰山群和色尔腾山岩群内外接触带上，以铜、铅、锌、金、铋、钨、锡异常分布为主，呈北东走向，长近200km，宽30~50km，主要寻找层控型铜、铅、锌、金矿资源。狼山-色尔腾山中部铜、金、银、锌异常带，位于狼山至色尔腾山，主要分布渣尔泰山群，以铜、金、银、锌、铅异常为主，呈东西走向，长150余千米，宽20余千米，主要寻找层控型铅、锌、金、铜矿。狼山-色尔腾山东部金、铜异常带，位于色尔腾山和乌拉山，主要分布色尔腾山岩群和乌拉山岩群，以金、铜异常分布为主，主要寻找绿岩型和含铁建造型金矿资源。

区域化探异常特征如下。

狼山-色尔腾山北部金、铅、铌、稀土元素异常带：该异常带主要出露白云鄂博群石英岩、泥质碳质板岩和色尔腾山岩群绢云绿泥片岩、含铁石英岩等，有海西花岗岩侵入，东西向构造发育。成矿元素组合为金、铅、钼、铋、铜、锌，以及铌、稀土元素组合异常。

狼山-色尔腾山西部铜、铅、锌、金、铋异常带：处于印支期和海西期花岗岩与渣尔泰山群细粒泥质碳质板岩、灰岩和色尔腾山岩群绢英绿泥片岩和含铁石英岩接触带上。金、铅、铜、银异常组合，是寻找层控型金多金属矿和热液型铜多金属矿的异常。

狼山-色尔腾山中部铜、金、银、锌异常带：主要出露渣尔泰山群石英岩，碳质板岩和灰岩，有印支期和海西期花岗岩侵入，近东西向构造发育。

狼山-色尔腾山东部金、铜异常带：分布色尔腾山岩群绢英绿泥片岩、含铁石英岩和乌拉山岩群角闪斜长片麻岩、斜长角闪岩，印支期—海西期花岗岩和中元古代花岗岩侵入其中。

4. 中部区区域化探异常特征

内蒙古地轴及其北缘成矿带地球化学异常特征

该带包括武川至集宁一带大青山区及其北部丘陵山地，以及凉城至丰镇一带山区。

区域地质地球化学特征：内蒙古地轴上主要分布太古宙及元古宙深变质岩系，北缘为海西期增生带，海西期花岗岩带在42°带分布，印支期—燕山期花岗岩沿北东向断裂带分布，以东西向断裂构造为主。带内为长期发育的古陆边缘构造-成矿系统，矿床类型众多，矿产丰富，是铁、金、稀土矿和铜铅锌等矿产的重要基地。区域岩石地球化学特征，乌拉山岩群富集 Au、Cu、Mo、W、铁族元素、稀土元素，色尔腾山岩群以 Au 均值和叠加强度系数均高为特征，二道洼群以 Au、Cu、Cr、Ni 元素组合和 Au 丰度值高为特征，海西期花岗岩类相对富集 Cu、Pb、Ag，而印支期—燕山期花岗岩以相对富集 Au、Ag、Pb、Zn、Sn、Mo、Bi 为特征。

主要参考文献

白鸽,袁忠信.碳酸岩地质及其矿产[C]//中国地质科学院矿床地质研究所所刊.北京:地质出版社,1985:107-135.

鲍庆中,张长捷,吴之理,等.内蒙古东南部晚古生代裂谷区花岗质岩石锆石SHRIMP U-Pb定年及其地质意义[J].中国地质,2007,34(5):790-798.

蔡明海,张志刚,屈文俊,等.内蒙古乌拉特后旗查干花钼矿床地质特征及Re-Os测年[J].地球学报,2011,32(1):64-68.

曹荣龙,朱寿华,王俊文.白云鄂博铁-稀土矿床的物质来源及成因理论问题[J].中国科学(B辑),1994,24(12):1298-1307.

陈德潜,赵平,魏振国.论小坝梁铜矿床的海底火山热液成因[J].地球学报,1995(2):190-202.

陈其平,陈建英,安国堡.内蒙古阿右旗卡休他他矽卡岩型铁金矿床地质特征及控矿因素探讨[J].地质找矿论丛,2009,24(4):286-291.

陈祥,李鹤年,郝国正.内蒙古额仁陶勒盖花岗岩成因与银矿床的形成[J].矿产与地质,1997,11(2):91-98.

陈衍景,翟明国,蒋少涌.华北大陆边缘造山过程与成矿研究的重要进展和问题[J].岩石学报,2009,25(11):2695-2721.

陈毓川,裴荣富,王登红.三论矿床的成矿系列问题[J].地质学报,2006,80(10):1501-1508.

陈毓川,裴荣富,宋天锐,等.中国矿床成矿系列初论[M].北京:地质出版社.1998.

仇一凡,张航,龚鹏.内蒙古呼伦贝尔盟科尔沁右翼中旗布敦花铜矿床成矿物质来源探讨[J].工程地球物理学报,2011,8(6):692-698.

储雪蕾,孙敏,周美夫.内蒙古林西大井铜多金属矿床矿石的铂族元素分布及物质来源[J].科学通报,2002,47(6):457-461.

费红彩,董普,安国英,等.内蒙古霍各乞铜多金属矿床的含矿建造及矿床成因分析[J].现代地质,2004,18(1):32-40.

冯祥发.内蒙古布敦花铜矿床稀土元素地球化学研究[J].内蒙古煤炭经济,2010(4):41-44.

付乐兵.华北克拉通北缘赤峰-朝阳地区中生代构造岩浆演化与金成矿[D].武汉:中国地质大学(武汉),2012.

龚全德.内蒙古巴彦温多尔金矿床地质特征及找矿潜力分析[D].长春:吉林大学,2012.

侯万荣,聂凤军,杜安道,等.内蒙古哈达门沟地区泥盆纪金(钼)矿化事件厘定的同位素证据[J].地质论评,2011,57(4):583-590.

侯万荣.内蒙古哈达门沟金矿床与金厂沟梁金矿床对比研究[D].北京:中国地质科学院,2011.

侯宗林.白云鄂博铁-铌-稀土矿床基本地质特征,成矿作用,成矿模式[J].地质与勘探,1989,25(7):1-5.

胡朋,聂凤军,赫英,等.内蒙古沙麦钨矿床地质及流体包裹体研究[J].矿床地质,2005,24(6):603-612.

胡朋.内蒙沙麦钨矿床地质与地球化学初步研究[D].西安:西北大学,2004.

黄崇轲,白冶,朱裕生,等.中国铜矿床[M].北京:地质出版社,2001.

江思宏,梁清玲,刘翼飞,等.内蒙古大井矿区及外围岩浆岩锆石 U-Pb 年龄及其对成矿时间的约束[J].岩石学报,2012,28(2):495-513

江思宏,聂凤军,白大明,等.内蒙古白音诺尔铅锌矿—印支期成矿?[J].矿床地质,2010,29(增刊):199-200.

江思宏,聂凤军,白大明,等.内蒙古白音诺尔铅锌矿床印支期成矿的年代学证据[J].矿床地质,2011,30(5):787-797.

江思宏,杨岳清,聂凤军,等.阿拉善地区朱拉扎嘎金矿床硫、铅同位素研究[J].地质论评,2001,47(4):438-445.

金力夫,孙凤兴.内蒙乌努格吐山斑岩铜钼矿床地质及深部预测[J].长春地质学院学报,1990,20(1):61-67.

孔维琼,刘翠,邓晋福,等.内蒙古二连浩特地区乌花敖包矿区火成岩特征和 LA-ICP MS 锆石年代学研究[J].地学前缘,2012,19(5):123-135.

李进文,赵士宝,黄光杰,等.内蒙古白乃庙铜矿成因研究[J].地质与勘探,2007,43(5):1-5.

李俊建,骆辉,周红英,等.内蒙古阿拉善地区朱拉扎嘎金矿的成矿时代[J].地球化学,2004,33(6):663-669.

李俊建,翟裕生,桑海清,等.内蒙古阿拉善欧布拉格铜-金矿床的成矿时代[J].矿物岩石地球化学通报,2010,29(4):323-327.

李俊建,翟裕生,杨永强,等.再论内蒙古阿拉善朱拉扎嘎金矿的成矿时代:来自锆石 SHRIMP U-Pb 年龄的新证据[J].地学前缘,2010,17(2):178-184.

李俊建,周学武,沈保丰,等.内蒙古中部大青山新地沟绿岩带型金矿的成矿时代[J].地质与勘探,2005,41(5):1-4.

李俊建.内蒙古阿拉善地块区域成矿系统[D].北京:中国地质大学(北京),2006.

李诺,孙亚莉,李晶,等.内蒙古乌努格吐山斑岩型铜钼矿床辉钼矿铼-锇等时线年龄及其成矿地球动力学背景[J].岩石学报,2007,23(11):2881-2888.

李伟,张月忠.内蒙古乌拉山金矿构造成矿作用浅析[J].黄金,2003,24(3):20-23.

李兆龙,许文斗,庞文忠.内蒙古中部层控多金属矿床硫、铅、碳和氧同位素组成及矿床成因[J].地球化学,1986(1):13-22.

李振祥,周福华,崔栋,等.内蒙古道伦达坝铜多金属矿矿床地质特征及成因初探[J].地质与资源,2009,18(1):27-30.

梁有彬,刘同有,宋国仁,等.中国铂族元素矿床[M].北京:冶金工业出版社,1998.

廖震,王玉往,王京彬,等.内蒙古大井锡多金属矿床岩脉 LA-ICP-MS 锆石 U-Pb 定年及其地质意义[J].岩石学报,2012,28(7):2292-2306.

刘翠,孔维琼,邓晋福,等.内蒙古乌日尼图钼矿区细粒花岗岩的 LA-ICP-MS 锆石 U-Pb 定年及对钼矿成矿时代的约束[J].矿床地质,2010,29(增刊):497.

刘国军,王建平.内蒙古镁铁质-超镁铁质岩型铜镍矿床成矿条件与找矿远景分析[J].地质与勘探,2004,40(1):17-20.

刘建明,张锐,张庆洲.大兴安岭地区的区域成矿特征[J].地学前缘,2004,11(1):269-277.

刘利,张连昌,代堰锫,等.内蒙古固阳绿岩带三合明 BIF 型铁矿的形成时代,地球化学特征及地质意义[J].岩石学报,2012,28(11):3623-3637.

刘玉龙,陈江峰,李惠民,等.白云鄂博矿床白云石型矿石中独居石单颗粒 U-Th-Pb-Sm-Nd 定年[J].岩石学报,2005,21(3):881-888.

刘玉强.毛登锡铜矿床成矿分带及其成因讨论[J].矿床地质,1996,15(4):318-329.

刘玉堂,李维杰.内蒙古霍各乞铜多金属矿床含矿建造及矿床成因[J].桂林工学院学报,2004,24(3):261-268.

路彦明,潘懋,卿敏,等.内蒙古毕力赫含金花岗岩类侵入岩锆石 U-Pb 年龄及地质意义[J].岩石学报,2012,28(3):993-1004.

吕林素,毛景文,刘珺,等.华北克拉通北缘岩浆 Ni-Cu-(PGE)硫化物矿床地质特征、形成时代及其地球动力学背景[J].地球学报,2007,28(2):148-166.

吕志成,张培萍,刘丛强,等.额仁陶勒盖银矿床银矿物的矿物学特征及形成条件[J].地质地球化学,2000,28(3):41-47.

罗红玲,吴泰然,李毅.乌拉特中旗克布岩体的地球化学特征及 SHRIMP 定年:早二叠世华北克拉通底侵作用的证据[J].岩石学报,2007,23(4):755-766.

孟二根,张有宽,陈旺.内蒙朱拉扎嘎金矿成矿地质条件及找矿方向初探[J].矿产与地质,2002,16(3):168-173.

孟贵祥,吕庆田,严加永,等.北山内蒙古地区铁矿成矿特征及其找矿前景[J].矿床地质,2009,28(6):815-829.

苗来成,Yumin Qiu,关康,等.哈达门沟金矿床成岩成矿时代的定点定年研究[J].矿床地质,2000,19(2):182-190.

聂凤军,江思宏,刘妍,等.内蒙古黑鹰山富铁矿床磷灰石钐-钕同位素年龄及其地质意义[J].矿床地质,2005.24(2):134-140.

聂凤军,江思宏,赵省民,等.内蒙古流沙山金(钼)矿床地质特征及矿床类型的划分[J].地质地球化学,2002,30(1):1-7.

聂凤军,孙振江,李超,等.黑龙江岔路口钼多金属矿床辉钼矿铼-锇同位素年龄及地质意义[J].矿床地质,2011,30(5):828-836.

聂凤军,张万益,杜安道,等.内蒙古朝不楞矽卡岩型铁多金属矿床辉钼矿铼-锇同位素年龄及地质意义[J].地球学报,2007,28(4):315-323.

聂凤军,张万益,杜安道,等.内蒙古小东沟斑岩钼矿床铼-锇同位素年龄及地质意义[J].地质学报,2007,81(7):898-905.

潘龙驹,孙恩守.内蒙古甲乌拉银铅锌矿床地质特征[J].矿床地质,1992,11(1):45-53.

裴荣富.中国矿床模式[M].北京:地质出版社,1995.

秦克章,李惠民,李伟实,等.内蒙古乌努格吐山斑岩铜钼矿床的成岩、成矿时代[J].地质论评,1999,45(2):181-185.

卿敏,葛良胜,唐明国,等.内蒙古苏尼特右旗毕力赫大型斑岩型金矿床辉钼矿 Re-Os 同位素年龄及其地质意义[J].矿床地质,2011(1):11-20.

裘愉卓,秦朝建,周国富,等.白云鄂博矿床年代学新资料[C]//第九届全国矿床会议论文集.北京:地质出版社,2009:477-479.

裘愉卓.白云鄂博独居石 SHRIMP 定年的思考[J].地球学报,1997,18(增刊):211-213.

任英忱,张英臣,张宗清.白云鄂博稀土超大型矿床的成矿时代及其主要热事件[J].地球学报,1994(1-2):95-101.

芮宗瑶,施林道,方如恒,等.华北陆块北缘及邻区有色金属矿床地质[M].北京:地质出版社,1994.

佘宏全,李红红,李进文,等.内蒙古大兴安岭中北段铜铅锌金银多金属矿床成矿规律与找矿方向[J].地质学报,2009,83(10):1456-1472.

佘宏全,张桂兰,张德全,等.赤峰陈家杖子隐爆角砾岩型金矿床地质地球化学特征与成因[J].矿床地质,2005,24(4):373-387.

孙恩守.内蒙满洲里-新巴尔虎右旗成矿带银的成矿规律[J].有色金属矿产与勘查,1995,4(1):23-

29.

孙艳霞,张达,张寿庭,等.内蒙古小坝梁铜金矿床的硫,铅同位素特征和喷流沉积成因[J].地质找矿论丛,2009,24(4):283-285.

陶继雄,王弢,陈郑辉,等.内蒙古苏尼特左旗乌兰德勒钼铜多金属矿床辉钼矿铼-锇同位素定年及其地质意义[J].岩矿测试,2009,28(3):249-253.

王大平,田筱鹏.甲乌拉矿床成矿次火山岩系构造地球化学特征[J].地质与勘探,1991(10):51-56.

王登红,陈郑辉,陈毓川,等.我国重要矿产地成岩成矿年代学研究新数据[J].地质学报,2010,84(7):1030-1040.

王楫,李双庆,王保良,等.狼山-白云鄂博裂谷系[M].北京:北京大学出版社,1992.

王建平,刘家军,江向东,等.内蒙古浩尧尔忽洞金矿床黑云母氩氩年龄及其地质意义[J].矿物学报,2011(增刊):643-644.

王建平,刘永山,董法先,等.内蒙古金厂沟梁金矿构造控矿分析[C]//中华人民共和国地质矿产部地质专报四.35.北京:地质出版社,1992:1-124.

王建平,孟宪刚,杨玉东,等.次火山岩型金矿床构造物理过程研究——以内蒙古金厂沟梁金矿为例[J].地质力学学报,1998,4(2):5-13.

王圣文,王建国,张达,等.大兴安岭太平沟钼矿床成矿年代学研究[J].岩石学报,2009,25(11):2913-2923.

王守光,王存贤,郑宝军,等.内蒙古新地沟绿岩型金矿床地球化学特征[J].地质调查与研究,2004,27(2):112-117.

王万军,孙振家,胡祥昭.内蒙古前进场花岗岩体的地质特征及其构造环境[J].地质与勘探,2005,41(2):35-40.

王湘云.内蒙古布敦花铜矿床地质特征及矿床成因探讨[J].内蒙古地质,1997(2):63-77.

王新亮,胡凤翔,苏茂荣,等.内蒙古大青山新地沟金矿地质特征,成矿条件及成矿规律[J].内蒙古地质,2002(4):1-7.

王一先,赵振华.巴尔哲超大型稀土铌铍锆矿床地球化学和成因[J].地球化学,1997,26(1):24-34.

王中杰.内蒙古四子王旗白乃庙铜矿地质特征及矿床成因研究[D].北京:中国地质大学(北京),2011.

肖伟,聂凤军,刘翼飞,等.内蒙古长山壕金矿区花岗岩同位素年代学研究及地质意义[J].岩石学报,2012,28(2):535-543.

徐毅,赵鹏大,张寿庭,等.内蒙古小坝梁铜金矿地质特征与综合找矿模型[J].黄金,2008,29(1):12-15.

徐志刚,陈毓川,王登红,等.中国成矿区带划分方案[M].北京:地质出版社,2008.

许东青,江思宏,张建华,等.内蒙古阿右旗卡休他他铁(金,钴)矿床地质地球化学特征[J].矿床地质,2006,25(3):231-242.

杨文华.内蒙古陈家杖子隐爆角砾岩筒及金矿床地质特征[J].内蒙古地质,2001(2):7-12.

杨武斌,单强,赵振华,等.巴尔哲地区碱性花岗岩的成岩和成矿作用:矿化和未矿化岩体的比较[J].吉林大学学报(地球科学版),2011,41(6):1689-1704.

杨增海,王建平,刘家军,等.内蒙古乌日尼图钨钼矿床成矿流体特征及地质意义[J].地球科学(中国地质大学学报),2012,37(6):1268-1278.

易建,魏俊浩,姚春亮,等.内蒙古白音诺尔铅锌矿区三叠纪侵入岩体的发现及地质意义:锆石U-Pb年代学证据[J].地质科技情报,2012,31(4):11-16.

袁忠信,张敏,万德芳. 低^{18}O碱性花岗岩成因讨论——以内蒙巴尔哲碱性花岗岩为例[J]. 岩石矿物学杂志,2003,22(3):119-124.

岳永君. 也谈大兴安岭南段前进场岩体成因类型和形成环境[J]. 岩石矿物学杂志,1994,13(4):305-308.

曾庆栋,刘建明,贾长顺,等. 内蒙古赤峰市白音诺尔铅锌矿沉积喷流成因:地质和硫同位素证据[J]. 吉林大学学报(地球科学版),2007,37(4):659-667.

翟德高,刘家军,杨永强,等. 内蒙古黄岗梁铁锡矿床成岩,成矿时代与构造背景[J]. 岩石矿物学杂志,2012,31(4):513-523.

张长春,王时麒,张韬. 内蒙古金厂沟梁金矿床稳定同位素组成和矿床成因讨论[J]. 地质力学学报,2002,8(2):156-165.

张德全. 敖瑙达巴斑岩型锡多金属矿床地质特征[J]. 矿床地质,1993,12(1):11-19.

张德全. 大井银铜锡矿体——一个浅火山热液矿床的特征和成因[J]. 火山地质与矿产,1993,14(1):37-47.

张海心. 内蒙古乌努格吐山铜钼矿床地质特征及成矿模式[D]. 长春:吉林大学. 2006.

张梅,翟裕生,沈存利,等. 大兴安岭中南段铜多金属矿床成矿系统[J]. 现代地质,2011.25(5):819-831.

张彤,陈志勇,许立权. 内蒙古卓资县大苏计钼矿辉钼矿铼-锇同位素定年及其地质意义[J]. 岩矿测试,2009,28(3):279-282.

张文钊. 内蒙古毕力赫大型斑岩型金矿床-地质特征-发现过程与启示意义[D]. 北京:中国地质大学(北京),2010.

张宗清,唐索寒,王进辉,等. 白云鄂博矿床白云岩的Sm-Nd、Rb-Sr同位素体系[J]. 岩石学报,2001,17(4):637-642.

张宗清,唐索寒,王进辉,等. 白云鄂博稀土矿床形成年龄的新数据[J]. 地球学报,1994(Z1):85-94.

张宗清,袁忠信,唐索寒,等. 白云鄂博矿床年龄和地球化学[M]. 北京:地质出版社,2003.

张作伦,曾庆栋,屈文俊,等. 内蒙古碾子沟钼矿床辉钼矿Re-Os同位素年龄及其地质意义[J]. 岩石学报,2009,25(1):212-218.

赵景德,任英忱. 以多种证据建立的白云鄂博稀土矿床成矿物质的生成顺序[J]. 地质找矿论丛,1991(4):1-17.

赵磊,吴泰然,罗红玲. 内蒙古乌拉特中旗北七哥陶辉长岩SHRIMP锆石U-Pb年龄,地球化学特征及其意义[J]. 岩石学报,2011,27(10):3071-382.

赵磊. 华北板块北缘中段晚古生代镁铁-超镁铁岩的岩石地球化学特征及其构造意义[D]. 北京:北京大学,2008.

赵一鸣,张德全. 大兴安岭及其邻区铜多金属矿床成矿规律与远景评价[M]. 北京:地震出版社,1997.

周乃武. 金厂沟梁金(铜)矿田成矿时代的理顺[J]. 黄金学报,2000,2(3):180-185.

周振华,吕林素,冯佳睿,等. 内蒙古黄岗矽卡岩型锡铁矿床辉钼矿Re-Os年龄及其地质意义[J]. 岩石学报,2010,26(3):667-679.

朱群,王恩德,李之彤,等. 古利库金(银)矿床的稳定同位素地球化学特征[J]. 地质与资源,2004,13(1):8-14.

朱晓颖. 内蒙古北山地区成矿信息提取技术与成矿预测研究[D]. 北京:中国地质科学院,2007.

Chao E C T, Back J M, Minkin J A, et al. The sedimentary carbonate-hosted GiantBayan Obo REE-Fe-Nb ore deposit of Inner Mongolia, China: A cornerstone example for giant polymetallic ore deposit of hydrothermal origin[J]. US Geological Survey Bulletin,1997:2143.

Wang J,Tatsumoto M,Li X,et al. A precise ^{232}Th–^{208}Pb chronology of fine-graine dmonazite: Age of the BayanObo REE-Fe-Nb ore deposit[J]. Geochimica et Cosmochimica Acta,1994,58 (15):3155-3169.

Yuan Z X,Bai G,Wu C Y. Geological features and genesis of the Bayan Obo REE ore deposit,Inner Mongolia,China[J]. Applied Geochemistry,1992(7):429-442.

主要内部资料

阿拉善盟千中元矿产品有限责任公司.内蒙古自治区阿拉善左旗元山子矿区镍钼矿详查报告[R].2007.

包头钢铁公司地质勘探公司第2队.内蒙古白云鄂博东介勒格勒铁矿稀土矿床地质普查报告[R].1961.

北京金有地质勘查有限责任公司.内蒙古自治区新巴尔虎右旗乌努格吐山矿区铜钼矿勘探报告[R].2006.

北京西蒙矿产勘查有限责任公司.内蒙古自治区乌拉特后旗霍各乞矿区一号矿床深部铜多金属矿详查报告[R].2007.

赤峰兴源矿业技术咨询服务有限责任公司.内蒙古自治区东乌珠穆沁旗小坝梁矿区铜矿资源储量核实报告[R].2007.

地质部105地质队.内蒙古白云鄂博铁矿稀有-稀土元素综合评价报告[R].1966.

地质部241地质队.内蒙古白云鄂博铁矿主东矿地质勘探报告[R].1954.

甘肃地矿局第4地质队.内蒙古自治区额济纳旗老硐沟金铅矿区详细普查地质报告[R].1984.

甘肃地质局第6地质队.甘肃阿右旗哈马胡头沟一带1972年磷矿普查勘探工作年度报告[R].1973.

甘肃地质局第四地质队.甘肃省额济纳旗七一山萤石矿区普查评价报告[R].1975.

甘肃省地矿局第4地质队.内蒙古自治区额济纳旗七一山钨钼矿区普查评价地质报告[R].1983.

甘肃省地质局第6地质队.甘肃省阿拉善右旗卡休他他M51铁矿地质勘探报告[R].1972.

核工业西北地质局二一七大队.内蒙古自治区乌拉特中旗浩尧尔忽洞矿区东矿带金矿详查报告[R].2002.

黑龙江省地质第六队.内蒙古自治区扎兰屯市巴升河地区普查地质报告[R].1978.

黑龙江省化工地质队.黑龙江省陈巴尔虎旗六一矿区硫铁矿地质勘探总结报告[R].1978.

黑龙江省冶金地质局地质公司第六地质队.内蒙古自治区扎兰屯市巴升河铁、重晶石矿点普查评价报告[R].1971.

黑龙江省有色金属地质勘查706队.内蒙古自治区新巴尔虎右旗甲乌拉矿区外围铅锌银矿详查报告[R].2005.

黑龙江省有色金属地质勘查七〇六队、大兴安岭金欣矿业有限公司.黑龙江省大兴安岭地区岔路口钼铅锌矿详查报告[R].2010.

黑龙江有色地勘局706队.内蒙古新巴尔虎右旗甲乌拉银铅锌矿床6-20线勘探报告[R].1991.

黑龙江有色地勘局706队.内蒙古自治区新巴尔虎右旗甲乌拉银铅锌矿床6—5,20—26线勘探报告[R].1992.

华北冶金地质勘探公司511队.内蒙霍各乞多金属矿区一号矿床1968年度总结报告[R].1968.

华北冶金勘探公司511队.内蒙古潮格旗霍各乞铜多金属矿区一号矿床地质勘探总结报告[R].1971.

华北有色地质勘查局综合普查大队.内蒙古自治区林西县官地乡大井矿区铜锡多金属矿(北)详查地质报告[R].1990.

化工部地质勘探公司内蒙古地质勘探大队.内蒙古自治区乌拉特后旗东升庙多金属硫铁矿区地质勘探报告[R].1992.

化学工业部地质勘探公司黑龙江地质勘探大队.内蒙古自治区陈巴尔虎旗"六一"硫铁矿补充勘探地质报告[R].1985.

吉林省地质局化探大队.内蒙古自治区扎鲁特旗"八零一"矿详查地质报告[R].1981.

内蒙古地质局102队.内蒙古兴和县三道沟磷矿六号脉勘探报告[R].1972.

内蒙古地质局昭乌达盟地质队.内蒙昭盟敖汉旗金厂沟梁金矿普查勘探报告[R].1958.

内蒙古地矿局103地质队.内蒙古自治区四子王旗白乃庙金矿26号脉勘探地质报告[R].1981.

内蒙古巴盟岭原地质矿产勘查有限责任公司.内蒙古自治区乌拉特后旗霍各乞及外围铜多金属矿普查地质报告[R].2002.

内蒙古巴盟岭原地质矿产勘查有限责任公司.内蒙古自治区乌拉特后旗霍各乞铜多金属矿区一号矿床——1—19线1834~1400米标高铜矿资源储量核实报告[R].2004.

内蒙古赤峰地质矿产勘查开发院.内蒙古自治区东乌珠穆沁旗沙麦矿区钨矿资源储量核实报告[R].2004.

内蒙古赤峰地质矿产勘查开发院.内蒙古自治区克什克腾旗黄岗铁锡矿III_2区锡矿I号脉详查地质报告[R].1997.

内蒙古赤峰地质矿产勘查开发院.内蒙古自治区宁城县陈家杖子矿区金矿及外围普查报告[R].2006.

内蒙古赤峰金源矿业开发有限责任公司.内蒙古自治区额尔古纳市昆库力萤石矿详查地质报告[R].1990.

内蒙古地矿局102地质队.内蒙古自治区四子王旗苏莫查干敖包矿区萤石矿初步勘探地质报告[R].1987.

内蒙古地矿局103地质队.内蒙古四子王旗白乃庙金矿V级成矿预测说明书[R].1980.

内蒙古地矿局103地质队.内蒙古自治区四子王旗白乃庙金矿21号脉详查及外围普查地质报告[R].1990.

内蒙古地矿局103地质队.内蒙古自治区四子王旗白乃庙铜矿北矿带(八矿段)铜钼矿普查报告[R].1977.

内蒙古地矿局105地质队.内蒙古自治区包头市郊区乌拉山金矿区113号脉中矿段详查地质报告[R].1993.

内蒙古地矿局108地质队.内蒙古自治区额济纳旗老硐沟矿区及外围黄金普查地质报告[R].1991.

内蒙古地矿局115地质队.内蒙古自治区阿鲁科尔沁旗敖瑙达巴矿区多金属矿区普查地质报告[R].1993.

内蒙古地矿局115地质队.内蒙古自治区科尔沁右翼中旗布敦花铜矿田隐伏铜矿成矿规律和成矿预测研究报告[R].1994.

内蒙古地矿局地研队.内蒙古阿拉善盟额济纳旗阿木乌苏-老硐沟地区锑、金成矿带得遥感影像特征研究(供审稿)[R].1992.

内蒙古地矿局第3地质大队.内蒙古自治区敖汉旗金厂沟梁西矿区金矿详查总结地质报告[R].1990.

内蒙古地质调查院.内蒙古自治区新巴尔虎左旗罕达盖林场矿区铁铜矿详查报告[R].2012.

内蒙古地质局102地质队.内蒙古兴和县三道沟磷矿区六号矿脉勘探报告[R].1972.

内蒙古地质局102地质队.内蒙古自治区达尔罕茂明安联合旗步龙土磷矿区北段详细勘探地质报告[R].1980.

内蒙古地质局103队.内蒙巴盟阿拉善旗贺兰山正目观磷矿区勘探地质报告[R].1960.

内蒙古地质局呼盟地质队.内蒙古呼伦贝尔盟科尔沁右翼中旗布敦花铜矿地质普查报告[R].1962.

内蒙古第三地勘院.内蒙古巴林左旗白音诺尔铅锌矿区北矿带79-125勘探线17、18、19号脉群勘探地质报告[R].1995.

内蒙古第十地质矿产勘查开发院.内蒙古自治区西乌珠穆沁旗道伦大坝二道沟矿区铜多金属矿资源储量核实报告[R].2009.

内蒙古第五地质矿产勘查开发院.内蒙古乌盟达茂旗三合明铁矿区地质勘探报告[R].2006.

内蒙古国土资源勘查开发院.内蒙古自治区阿拉善左旗朱拉扎嘎金矿区地质普查报告[R].1999.

内蒙古华域地质矿产勘查有限责任公司.内蒙古乌拉特后旗欧布拉格铜金矿普查总结报告[R].2002.

内蒙古华域地质矿产勘查有限责任公司.内蒙古乌拉特后旗欧布拉格铜金矿普查总结报告[R].2005.

内蒙古华域地质矿产勘查有限责任公司.内蒙古自治区四子王旗小南山铜镍矿地质普查总结报告[R].2005.

内蒙古华域地质矿产勘查有限责任公司.内蒙古自治区乌拉特后旗欧布拉格铜金矿普查总结报告[R].2005.

内蒙古金陶股份有限公司.内蒙古自治区敖汉旗金厂沟梁金矿区金矿资源储量核实报告[R].2005.

内蒙古金予矿业有限公司.内蒙古自治区新巴尔虎右旗乌努格吐山矿区铜钼矿勘探报告[R].2003.

内蒙古有色地勘局综合普查队.内蒙古自治区苏尼特右旗白云敖包铁矿资源储量核实报告[R].2004.

内蒙古有色地质勘查局511队.内蒙古自治区乌拉特后旗欧布拉格矿区铜矿资源储量核实报告[R].2006.

内蒙古有色地质勘查局综合普查队.内蒙古自治区卓资县大苏计矿区钼矿Ⅰ号矿体3—17线补充详查报告[R].2009.

内蒙古有色地质勘查局综合普查队.内蒙古自治区卓资县大苏计矿区钼矿Ⅰ号矿体详查报告[R].2007.

内蒙古自治区103地质队.内蒙古自治区四子王旗小南山铜镍矿综合勘探报告[R].1975.

内蒙古自治区地质调查院.内蒙古自治区阿拉善左旗朱拉扎嘎及外围金矿评价报告[R].2001.

内蒙古自治区地质局106地质队.内蒙古自治区呼和浩特市郊区盘路沟矿区磷矿地质普查报告[R].1975.

内蒙古自治区地质局108地质队.内蒙古自治区潮格旗炭窑口磷硫多金属矿区一号磷铜锌矿床详细普查地质报告[R].1980.

内蒙古自治区地质局二〇五地质队.索伦山地区菱镁矿普查评价地质报告[R].1963.

内蒙古自治区第5地勘院.内蒙古自治区包头市乌拉山金矿12号脉普查地质报告[R].1998.

内蒙古自治区第二地质矿产开发院.内蒙古自治区乌拉特后旗达布逊镍钴多金属矿普查(部分详查)阶段成果[R].2010.

内蒙古自治区第二物探化探队.内蒙古自治区四子王旗西里庙锰矿区Ⅰ、Ⅱ矿段详细普查地质报告[R].1988.

内蒙古自治区第九地质矿产勘查开发院.内蒙古自治区克什克腾旗拜仁达坝矿区银多金属矿详查报告[R].2004.

内蒙古自治区第六地质矿产勘查开发院.内蒙古自治区新巴尔虎右旗额仁陶勒盖银矿普查报告[R].1994.

内蒙古自治区第五地质勘查开发院.内蒙古自治区乌拉特前旗乔二沟矿区锰矿详查报告[R].2007.

内蒙古自治区东乌珠穆沁旗天贺矿业有限责任公司.内蒙古自治区东乌珠穆沁旗吉林宝力格矿区银矿详查报告[R].2005.

内蒙古自治区国土资源厅.内蒙古自治区矿产资源储量表[R].2010.

内蒙古自治区矿产实验研究所.内蒙古自治区察右中旗新地沟矿区上半沟矿段金矿普查报告[R].2003.

内蒙古自治区矿业开发总公司.内蒙古自治区额济纳旗黑鹰山矿区Ⅰ—Ⅴ矿段铁矿资源储量核实报告[R].2006.

内蒙古自治区一○五地质队.内蒙古乌拉特前旗山片沟硫铁矿区详细普查地质报告[R].1988.

内蒙古自治区一零三地质队.内蒙古自治区四子王旗白乃庙铜矿床地质特征及成矿规律研究[R].1987.

宁夏核工业地质勘查院.内蒙古自治区乌拉特中旗浩尧尔忽洞金矿床详查报告[R].2005.

山东省第五地质矿产勘查院.内蒙古自治区阿拉善左旗珠拉扎嘎矿区金矿资源储量核实报告[R].2008.

山东省鲁地矿业有限公司.内蒙古自治区锡林浩特市毛登小孤山北矿区锌锡矿详查报告[R].2008.

四子王旗鑫源矿业有限责任公司.内蒙古自治区四子王旗西里庙锰矿区Ⅱ矿段Ⅱ-3号矿体锰矿资源储量核实报告[R].2005.

锡林浩特市华东铬矿.内蒙古自治区锡林浩特市赫格敖拉矿区3756铬矿资源储量核实报告[R].2008.

冶金部西矿地质会战指挥部.内蒙古包头市白云鄂博铁矿西矿地质勘探报告[R].1987.

冶金工业部华北冶金地质勘探公司511队.内蒙古自治区潮格旗炭窑口多金属矿区普查评价总结报告[R].1970.

银川高新区石金矿业有限公司.内蒙古自治区阿拉善左旗元山子地区镍矿普查报告[R].2003.

有色内蒙古地勘局第1队.内蒙古乌拉特后旗霍各乞铜多金属矿区1号矿床3—16线(1630m标高以上)勘探地质报告[R].1992.

中国非金属工业协会矿物加工利用技术专业委.内蒙古敖汉旗金厂沟梁金矿区金矿资源储量核实报告[R].2002.

中化地质矿山总局内蒙古地质勘查院.内蒙古自治区巴林左旗驼峰山矿区多金属硫铁矿普查报告[R].2007.

中化地质矿山总局内蒙古地质勘查院.内蒙古自治区乌拉特后旗东升庙多金属硫铁矿区富锌矿0—19号勘探线北翼资源储量核实报告[R].2003.